Hermann Nienhaus
Physik für das Lehramt
De Gruyter Studium

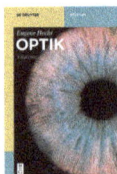

Hermann Nienhaus

Physik für das Lehramt

Band 2: Elektrodynamik und Optik

DE GRUYTER

Autor
Prof. Dr. Hermann Nienhaus
Universität Duisburg-Essen
Fakultät für Physik
Lotharstr. 1
47057 Duisburg

ISBN 978-3-11-046908-0
e-ISBN (PDF) 978-3-11-046909-7
e-ISBN (EPUB) 978-3-11-046923-3

Library of Congress Control Number: 2018952437

Bibliografische Information der Deutschen Nationalbibliothek
Die Deutsche Nationalbibliothek verzeichnet diese Publikation in der Deutschen
Nationalbibliografie; detaillierte bibliografische Daten sind im Internet über
http://dnb.dnb.de abrufbar.

© 2019 Walter de Gruyter GmbH, Berlin/Boston
Umschlaggestaltung: Deutsches Elektronen-Synchrotron (DESY), Hamburg (Vorderseite),
Rolf Möller (Autorenbild Rückseite)
Satz: le-tex publishing services GmbH, Leipzig
Druck und Bindung: CPI books GmbH, Leck

www.degruyter.com

Vorwort

Angehende Physiklehrer im Sekundarbereich benötigen eine eigenständige Ausbildung im Fach Physik, die die besonderen Herausforderungen des Lehrers als Brückenbauer zwischen Fachwelt und Alltag der Schüler berücksichtigt. Die auf vier Bände angelegte Reihe *Physik für das Lehramt* trägt dieser Sache Rechnung, indem der moderne physikalische Kanon anschaulich und mit vielen Bezügen zu Effekten und Anwendungen aus der Erfahrungswelt behandelt wird. Die unumgängliche mathematische Beschreibung der Gesetzmäßigkeiten wird dabei auf das notwendige Maß zurückgenommen und gelegentlich nur skizzenhaft diskutiert. Die Reihe entwickelte sich aus dem viersemestrigen Kurs der Experimentalphysik für das Lehramt an der Universität Duisburg-Essen, an der seit vielen Jahren eine auf das Lehramt zugeschnittene Fachausbildung stattfindet.

Dieses Buch behandelt die klassische Elektrodynamik und darauf aufbauend als wichtige technische Anwendung die Wellen- und die Strahlenoptik. Der rote Faden beginnt in der Elektrostatik, geht über die Betrachtung stationärer elektrischer Ströme zur Magnetostatik und über die Induktion zu zeitabhängigen elektromagnetischen Phänomenen, dem schwingenden Dipol und schließlich zu den elektromagnetischen Wellen. Der abschließende Blick auf die Relativitätstheorie soll den tieferen Zusammenhang zwischen elektrischen und magnetischen Erscheinungen nahebringen. Er erklärt zum Beispiel, warum die magnetische Kraft anders als die elektrische keine Grundkraft ist, was einem Physiklehrer qualitativ gegenwärtig sein sollte.

Abweichend von einem Physiker muss ein Physiklehrer die maxwellsche Feldtheorie der Elektrodynamik nicht praktisch anwenden können. Sie wird auch nicht im Schulunterricht behandelt. Um in der Elektrizitätslehre aber kompetent zu unterrichten, sollte eine richtige Anschauung vom elektromagnetischen Feld und von seinen Eigenschaften vorhanden sein. Daher wird in diesem Buch mit einfacher Mathematik behutsam in die Physik der klassischen Felder eingeführt. Die Feldgleichungen werden nur in Integralform diskutiert und auf die Verwendung des Vektorpotenzials sowie der Hilfsfelder $\vec{D}$ und $\vec{H}$ wird zugunsten von Darstellungen elektrischer, magnetischer und optischer Phänomene, Geräte und Anwendungen verzichtet. Kurze Ergänzungen zur Theorie, Mathematik, Historie und zu technischen Aspekten vertiefen den Lehrstoff. Alle ergänzenden Einschübe können beim ersten Lesen auch übersprungen werden. Die Übungen sind als Aufgaben im Lehramtsstudium praktisch erprobt.

Bei aller Sorgfalt lassen sich Fehler vor allem in einer Erstauflage nicht vollständig vermeiden. Ich bin für jeden Korrekturvorschlag und für konstruktive Kritik dankbar. Diese können Sie gerne an mich persönlich per Email (*hermann.nienhaus@uni-due.de*) richten.

Danksagung: Dieses Buch wäre ohne die große Hilfe anderer nicht in dieser Form entstanden. Ich möchte mich für die intensive Unterstützung bei der Erstellung vieler

https://doi.org/10.1515/9783110469097-201

Fotografien bei Frau Christina Jerig und Herrn Christoph Höfges (Vorlesungssammlung Campus Essen) herzlich bedanken. Herrn MSc Hüseyin Azazoglu danke ich für die Herstellung der dreidimensionalen Feldlinienbilder. Frau Prof. Dr. Ute Kraus (Universität Hildesheim), Frau Prof. Dr. Gudrun Waldschmidt (Universität Hamburg), Frau Claudia Hinz (glorie.de), Herrn Helmut Wentsch (Universität Freiburg), Herrn Prof. Dr. Joachim Schlichting (Universität Münster), Herrn Ruben Jakob und Herrn Christian Wolff danke ich für die freundliche Überlassung herausragender Abbildungen und Fotografien. Für die kleinen technischen Hilfen bei der Abfassung des Manuskripts danke ich Frau Nadja Schedensack (DeGruyter-Verlag Berlin). Herrn Prof. Dr. Rolf Möller (Universität Duisburg-Essen) bin ich für die vielfältigen und erhellenden Diskussionen über vermeintlich einfache Phänomene in der Elektrizitätslehre und Optik besonders verbunden. Für die kompetente Unterstützung gilt mein Dank auch dem Deutschen Geoforschungszentrum Potsdam, der Helmholtz-Gesellschaft, dem Deutschen Elektronensynchrotron Hamburg, der Nexans GmbH und der Siemens AG.

Duisburg, im August 2018   *Hermann Nienhaus*

Inhalt

1 Einführung

1.1 Vom Spektakel zur Wissenschaft

Gewitterblitze und natürliche Entladungen lassen Menschen auch heute noch respektvoll staunen. Menschen der Frühzeit waren diesen elektrischen Naturphänomenen ebenso ausgesetzt und wurden durch diese oft in Schrecken versetzt. Auch die Anziehungskräfte zwischen natürlichen Magneten wurden schon vor einigen tausend Jahren beobachtet und sehr früh in China zur Bestimmung von Himmelsrichtungen genutzt.

Obwohl die Erscheinungen, die wir heute als *elektromagnetisch* bezeichnen, die Menschen sehr früh beschäftigten, war der Weg zur ihrer richtigen und vollständigen Beschreibung gewunden und weit. Die tieferen, physikalischen Ursachen liegen nämlich in der quantenphysikalischen Natur der Materie und selbst heute sind elektromagnetische Eigenschaften komplexer Materialien Gegenstand aktueller Forschung.

Bereits in der Antike machte man genaue Beobachtungen sowohl zu dem Wesen, dem Wirken und zur Entstehung von Blitzen als auch von magnetischen Phänomenen. Das ist beeindruckend bei **Lukrez** (vermutlich 99–55 v. Chr.) in dem sechsten Buch seines um 55 v. Chr. entstandenen Gedichts *Über die Natur der Dinge* [1.1] nachzulesen. Er gab verständlicherweise keine physikalische Begründung, jedoch brachte er Blitze klar mit Wetterphänomenen in Verbindung und warnte explizit davor, die Phänomene mystisch oder religiös zu erklären. Bis zur frühen Neuzeit existierten vereinzelte Abhandlungen zur Elektrizität, die aber in Vergessenheit gerieten. Magnetismus wurde vor allem praktisch eingesetzt, wie z. B. der Magnetkompass zur Navigation. Im naturwissenschaftlich-technischen Aufbruch des 16. und frühen 17. Jahrhunderts wurden die neuen mechanischen Prinzipien ausgearbeitet und die Erkenntnisse in der Optik praktisch genutzt. Die wenigen Arbeiten, wie z. B. von **William Gilbert** (1544–1603), zum Dipolcharakter der Magnete und zum Magnetfeld der Erde fanden nahezu keine Beachtung.

Erst einhundert Jahre später, mit Beginn des 18. Jahrhunderts, änderte sich die Situation grundlegend. Die Erzeugung elektrischer Wechselwirkungen durch Reiben verschiedener Stoffe aneinander war lange bekannt. Jedoch die eher unbeabsichtigte Erfindung der Elektrisiermaschine um 1660 durch den Magdeburger Bürgermeister **Otto von Guericke** (1602–1686) und die spätere Entdeckung des ersten Kondensators (*Leidener Flasche*) als Ladungsspeicher ermöglichte spektakuläre Demonstrationen in den Salons der höfischen Gesellschaft.

Das Interesse an der Elektrizität nahm einen dynamischen Aufschwung. Elektrische Entladungen wurden zur Unterhaltung aber auch zur Behandlung verschiedener Krankheitsleiden eingesetzt. Ein typisches Beispiel zeigt der historische Stich eines elektrischen Kusses in Abb. 1.1. Die Dame stand elektrisch isoliert auf einem Schemel und ließ sich offenbar gleichmütig mit der Elektrisiermaschine aufladen. Der (ge-

https://doi.org/10.1515/9783110469097-001

Abb. 1.1: Zeitgenössische Darstellung eines elektrischen Kusses (*baiser électrique*).

Abb. 1.2: Benjamin Franklin (1706–1790). Historische Fotografie des Gemäldes von Joseph Duplessis. Retrieved from the Library of Congress, USA, www.loc.gov/item/2004671903/.

erdete) Verehrer gab ihr einen Kuss, der mit einem Funken und der Entladung einherging. Diese Prozedur muss schmerzhaft gewesen sein und war wohl nur wegen der schlechten Isolation überhaupt zu ertragen. Es ist davon abzuraten, das Experiment heute mit modernen Influenzmaschinen und guter Isolation zu wiederholen.

Mit der allgemeinen Begeisterung stieg auch das wissenschaftliche Interesse an elektrostatischen Effekten. **Stephen Gray** (1666–1736) experimentierte mit der Reibungselektrizität und fand den Effekt der Influenz auf elektrische Leiter. Der französische Naturforscher **Charles François de Cisternay Dufay** (1698–1739) stand mit Gray in Kontakt und entdeckte die zwei Arten von Elektrizität, die er *glasartig* bzw. *harzartig* nannte. Nach dem Reiben an einem Wolltuch stoßen sich gleiche Materialien (Glas-Glas, Harz-Harz) ab, während sich Glas und Harz anziehen.

Wir kennen recht genau die Fortschritte in der qualitativen Beschreibung der Elektrizität im 18. Jahrhundert durch das Übersichtswerk *The history and present state of electricity, with original experiments* von **Joseph Priestley** (1733–1804) aus dem Jahr 1767. Aus der Fülle der damaligen Forscher wollen wir eine überragende Persönlichkeit dieser Epoche hervorheben. Der angesehene Diplomat und Unterzeichner der amerikanischen Unabhängigkeitserklärung **Benjamin Franklin** (1706–1790) (Abb. 1.2) war auch ein enthusiastischer Forscher und Anwender elektrischer Phänomene. Er ließ Drachen zu Gewitterwolken hochsteigen, um mit Hilfe des Spitzeneffekts eine Leidener Flasche aufzuladen und damit die atmosphärische Elektrizität nachzuweisen. Ihm wird die Erfindung des Blitzableiters zugeschrieben. Er prägte den Begriff der *Ladung* und führte *Plus* und *Minus* für die Beschreibung des elektrischen Zustands ein. Dabei hatte Franklin noch die falsche Vorstellung, dass es nur eine Sorte von Ladung gibt, die er mit der positiven Glaselektrizität nach Dufay gleichsetzte und die mehr oder weniger vorhanden sei. Diese Idee hätte eine relative Ladungsskala zur Folge. Franklins Enthusiasmus für elektrische Effekte war allgemein bekannt. Ihm wurde nachgesagt, dass er in Gesellschaften Feuer mit elektrischen Funken entzündet, die Trinkgläser elektrisiert und die zubereitete Pute mit einem Stromstoß getötet haben soll [1.2].

1.2 Bedeutende Wissenschaftler

Um die Jahrhundertwende zum 19. Jahrhundert wurden verstärkt quantitativ belastbare Messungen durchgeführt und erste Theorien aufgestellt. Die Experimente verlagerten sich nach und nach von den Salons und Stuben in die neu entstandenen Labore. Es sollte das Jahrhundert der Elektrizität werden, die das alltägliche Leben nachhaltig und tiefgreifend veränderte. Viele Personen haben an der uns geläufigen Beschreibung der elektromagnetischen Effekte mitgewirkt. Weder die Auswahl noch die Würdigung der im Folgenden in aller Kürze dargestellten Persönlichkeiten haben den Anspruch auf Vollständigkeit. Der Überblick soll nur die enorme intellektuelle Leistung der Beteiligten erklären, aus den mannigfaltigen Effekten eine abgeschlossene Beschreibung der klassischen Elektrodynamik zu entwickeln.

Der französische Ingenieur und Offizier **Charles Augustin de Coulomb** (1736–1806) (Abb. 1.3 (a)) beschäftigte sich unter anderem mit Torsionsdrehwaagen (siehe Band 1) zur exakten Bestimmung von Anziehungs- und Abstoßungskräften. Er berichtete ab 1784 von Versuchen, die die Abstandsabhängigkeit der Kräfte zwischen elektrischen Ladungen von r^{-2} ergaben, wie man es von der Gravitation schon kannte.

Es dauerte verblüffend lange, bis die Verbindung zwischen elektrischem Strom und Magnetismus gefunden wurde. Ein Grund lag in dem Fehlen ausreichend konstanter Spannungsquellen, die Untersuchungen mit stärkeren Strömen ermöglichten. Erst um 1800 stellte der italienische Physiker **Alessandro Graf Volta** (1745–1827) (Abb. 1.3 (b)) seinen sogenannten *Säulenapparat* vor, der als erste Batterie funktionierte und aus mehreren galvanischen Elementen bestand. Die Arbeiten bauten auf Vorarbeiten von **Luigi Galvani** (1737–1798) auf, der die physiologische Elektrizität an Tiermuskeln erstmalig beschrieb.

Um 1820 berichtet der dänische Physiker und Naturphilosoph **Hans Christian Oersted** (1777–1851) von seiner aufsehenerregenden Beobachtung, dass elektrische Ströme Magnetnadeln beeinflussen. Davon inspiriert begann noch im selben Jahr

(a)   (b)

Abb. 1.3: (a) Charles Augustin de Coulomb (1736–1806). Mit freundlicher Genehmigung der AIP Emilio Segrè Visual Archives, E. Scott Barr Collection. (b) Alessandro Graf Volta (1745–1827). Mit freundlicher Genehmigung der AIP Emilio Segrè Visual Archives, Brittle Books Collection.

André Marie Ampère (1775–1836) (Abb. 1.4 (a)) seine Experimente zu den Wechselwirkungen zwischen elektrischen Strömen. Ampère formulierte daraufhin eine Theorie der elektromagnetischen Wechselwirkungen mit korrekten Kraftgesetzen. Die Beschreibung des Magnetismus in Materie durch elementare Ringströme geht auf ihn zurück. Er war ein sehr vielseitiger Gelehrter, der auch in der Mathematik bedeutende Beiträge leistete. Ungefähr um die gleiche Zeit (1826) gelang dem deutschen Physiker **Georg Simon Ohm** (1789–1854) (Abb. 1.4 (b)), die erstaunlich einfache und universelle Proportionalität zwischen Strom und Spannung bei elektrischen Leitern experimentell nachzuweisen. Auch wenn wir heute das ohmsche Gesetz schnell und leicht verifizieren können, war es seinerzeit wegen der instabilen Spannungs- und Stromquellen schwierig zu belegen. Ohm benutzte damals eine neuartige Stromquelle mit konstanter Spannung, das Thermoelement. Ohms Ergebnisse wurden zunächst skeptisch aufgenommen, aber später als Erlösung empfunden, die Ordnung in die mannigfaltigen Stromphänomene brachte.

Den Durchbruch zur Beschreibung des elektromagnetischen Felds verdanken wir zwei überragenden Forscherpersönlichkeiten, die sich kongenial ergänzten. Auf der Seite der Experimentalphysik steht **Michael Faraday** (1791–1867) (Abb. 1.5 (a)), der als Laborant im Labor des britischen Chemikers Humphry Davy begann. Davy nannte Faraday einmal seine wichtigste Entdeckung. Faraday war ein Autodidakt mit geringer mathematischer Vorbildung, der durch seinen Geist und sein Ausstrahlung bereits 1825 zum Direktor der Royal Institution berufen wurde. Er besaß eine erstaunliche Intuition und Erfindungsgabe, die sich in mehreren bahnbrechenden Entdeckungen und Arbeiten zeigten. Nach anfänglichen chemischen Forschungen widmete sich Fa-

(a)   (b)

Abb. 1.4: (a) André Marie Ampère (1775–1836). Mit freundlicher Genehmigung der AIP Emilio Segrè Visual Archives, Brittle Books Collection. (b) Georg Simon Ohm (1789–1854). Mit freundlicher Genehmigung der AIP Emilio Segrè Visual Archives, E. Scott Barr Collection.

(a)   (b)

Abb. 1.5: (a) Michael Faraday (1791–1867). Mit freundlicher Genehmigung der AIP Emilio Segrè Visual Archives, E. Scott Barr Collection. (b) James Clerk Maxwell (1831–1879). Stich von G. J. Stodart. Mit freundlicher Genehmigung der AIP Emilio Segrè Visual Archives.

raday ab 1820 der Elektrizität. Er entdeckte die elektrische Induktion und machte damit einen wichtigen Schritt zum vollständigen Verständnis des Elektromagnetismus. Gleichzeitig legte sie die Grundlage für elektrische Motoren und Transformatoren. Faraday verwarf die Fernwirkungsvorstellung und entwickelte den physikalischen Feldbegriff. Dazu verwendete er erstmalig Kraftfeldlinien. Darüber hinaus formulierte er die Gesetze der Elektrolyse, beschäftigte sich tiefgehend mit Dielektrika und entdeckte später die Wirkung magnetischer Felder auf die Lichtpolarisation in optisch aktiven Medien.

(a)    (b)

Abb. 1.6: (a) Heinrich Hertz (1857–1894). Deutsches Museum. Mit freundlicher Genehmigung der AIP Emilio Segrè Visual Archives, Physics Today Collection. (b) Albert Einstein (1879–1955). Fotografie John D. Schiff. Retrieved from the Library of Congress, USA, www.loc.gov/item/92519650/.

Auf der theoretischen Seite widmete sich mit **James Clerk Maxwell** (1831–1879) (Abb. 1.5 (b)) ein ebenso genialer Physiker den elektromagnetischen Phänomenen. Obwohl 40 Jahre jünger als Faraday gab es einen fruchtbaren wissenschaftlichen Austausch zwischen den beiden. Maxwell erweiterte den faradayschen Verschiebungsstrom um eine Komponente und erfand eine umfassende, klassische Feldtheorie. Im Jahr 1873 fasste er die Erkenntnisse in seinem zweibändigen Werk *Treatise* zusammen, das auch die sogenannten *Maxwell-Gleichungen* enthält. Sie sind die Grundlage der klassischen Elektrodynamik, wie auch dieses Buch sie darstellt. Es sollte noch Jahrzehnte dauern, bis die Maxwell-Theorie gleichbedeutend wie die Newton-Mechanik als Grundpfeiler der klassischen Physik anerkannt wurde.

Maxwell erkannte schnell, dass seine Theorie die Existenz elektromagnetischer Wellen vorhersagte und er vermutete bereits, dass Licht nichts anderes sei als solche Wellen. Der erste experimentelle Nachweis von elektromagnetischen Wellen, die sich von einem Dipol ablösen, gelang dem deutschen Physiker **Heinrich Hertz** (1857–1894) (Abb. 1.6 (a)) im November 1886. Das Ergebnis war eine fundamentale Bestätigung der Maxwell-Theorie und gleichzeitig Startpunkt eines unternehmerischen Wettlaufs um die erste Nutzung der Wellen für die drahtlose Kommunikation.

Zuletzt sei **Albert Einstein** (1879–1955) (Abb. 1.6 (b)) erwähnt, der mit seiner Arbeit *Zur Elektrodynamik bewegter Körper* ein neues Weltbild schuf. Diese als spezielle Relativitätstheorie bezeichnete neuartige Transformationsmethode zwischen Inertialsystemen beruhte auf zwei einfachen Annahmen (siehe Kapitel 10) und konnte die inneren Widersprüche der klassischen Feldtheorie auflösen. Seine Arbeit zeigt, dass sich das magnetische Feld als relativistischer Effekt aus dem elektrischen Feld herleiten lässt.

Die Optik, die bis dahin als eigenständiges Gebiet der Physik galt, wurde durch die maxwellsche Theorie zu einer technischen Anwendung der Elektrodynamik. Daher findet man sie oft – wie auch in diesem Buch – als Kapitel im Themenbereich der Elektrizität.

1.3 Elektrische Größen im SI-Einheiten-System

In der derzeit gültigen Fassung des SI(*Systeme International d'Unites*)-Einheitensystems ist die Einheit der elektrischen Stromstärke – **Ampere** – eine Basiseinheit. Ihre Definition lautet:

Die Basiseinheit 1 **Ampere** (A) ist die Stärke eines zeitlich unveränderlichen elektrischen Stromes I, der, durch zwei im Vakuum parallel im Abstand 1 Meter voneinander angeordnete, geradlinige, unendlich lange Leiter von vernachlässigbar kleinem, kreisförmigem Querschnitt fließend, zwischen diesen Leitern je 1 Meter Leiterlänge die Kraft 2×10^{-7} N hervorrufen würde: $[I] = $ A.

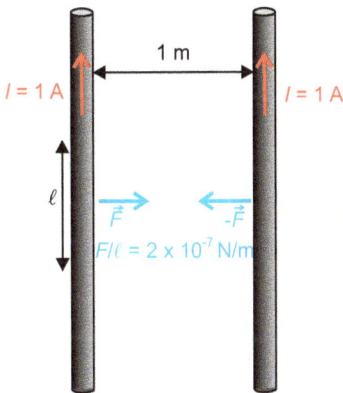

Abb. 1.7: Schematische Verdeutlichung der derzeit gültigen Definition der SI-Einheit *Ampere* für die Stromstärke.

Die Abb. 1.7 macht die Beschreibung schematisch klar. Die Formulierung verrät schon den idealen Charakter der Definition, die aber von keinem hohen praktischen Nutzen ist. Experimentelle Aufbauten, die diese Definition abbilden und auf einer Kraftmessung beruhen, erreichen relative Genauigkeiten von ungefähr 10^{-7}, was für moderne elektrische Anwendungen inakzeptabel ist. Insbesondere wird auf eine Kraft und damit auf die ungenaue Einheit der Masse zurückgegriffen.

Seit 1990 verwendet man daher praktische, elektrische Größen, die durch Quanteneffekte überall dargestellt und mit hoher Präzision reproduziert werden können.

Zum einen ergibt der sogenannte *Quanten-Hall-Effekt* die **von Klitzing-Konstante**

$$R_K = \frac{h}{e_0^2}$$

mit den Naturkonstanten h (Planck-Wirkungsquantum) und e_0 (Elementarladung). Die Konstante R_K stellt einen Widerstand dar, der 1990 aus praktischen Erwägungen auf den Wert

$$R_{K-90} = 25\,812,807\ \Omega$$

festgelegt wurde.

Der *Josephson-Effekt* ergibt die ebenfalls aus Naturkonstanten gebildete **Josephson-Konstante**

$$K_J = \frac{2e_0}{h}\ ,$$

der 1990 der Wert

$$K_{J-90} = 483\,597,9\ \frac{\text{GHz}}{V}$$

zugewiesen wurde. Sie bietet zusammen mit der extrem genauen Zeitmessung einen Spannungsstandard. Mit diesen Effekten konnten viele Jahre elektrische Größen mit relativen Fehlern von 10^{-9} reproduziert werden.

Auch dieses ist heute nicht mehr ausreichend. Die seit Jahren angestrebte Quantenmetrologie verfolgt das Ziel, physikalische Grundeinheiten mit festgelegten numerischen Werten von Naturkonstanten zu definieren und durch Quanteneffekte praktisch zu reproduzieren. Man ist diesem Ziel sehr nahe, denn voraussichtlich tritt ab 2019 offiziell ein grundlegend reformiertes SI-Einheiten-System in Kraft [1.3]. Es beruht auf dem Zeitnormal der Cs-Atomuhr und fehlerfreien, festen Werten der Naturkonstanten h, e_0, k_B (Boltzmann-Konstante), N_A (Avogadro-Konstante), c_0 (Vakuumlichtgeschwindigkeit) und dem technisch relevanten, photometrischen Strahlungsäquivalent K_{cd}. Auf die genauen Zahlenwerte wird man sich kurzfristig einigen. Das Ampere entspricht dann einer festen Zahl von Elementarladungen pro Sekunde.

1.4 Tabellen

In der Tab. 1.1 sind die numerischen Werte der für Band 1 und 2 der Reihe wichtigen Natur- und Fundamentalkonstanten mit Unsicherheiten angegeben. Es sind die derzeit gültigen Werte aufgelistet, die sich voraussichtlich ab 2019 durch die neuen Definitionen der Einheiten geringfügig ändern werden.

In Tab. 1.2 sind abgeleitete physikalische Größen und deren Einheiten aufgelistet, wie sie in den beiden ersten Bänden der Buchreihe vorkommen. Die Tab. 1.3 und Tab. 1.4 geben das griechische Alphabet bzw. Vorsätze zur Vergrößerung und Verkleinerung der Einheiten wieder.

Tab. 1.1: Natur- und Fundamentalkonstanten, die in Band 1 und 2 der Buchreihe verwendet werden.

Name	Zeichen	Wert	Einheit
Allgemeine Gaskonstante	R	$8,314\,459\,8(48)$	$\mathrm{J\,mol^{-1}\,K^{-1}}$
Avogadro-Konstante	N_A	$6,022\,140\,857(74)\cdot 10^{23}$	$\mathrm{mol^{-1}}$
Bohrsches Magneton	μ_B	$927,400\,999\,4(57)\cdot 10^{-26}$	$\mathrm{J\,T^{-1}}$
Boltzmann-Konstante	k_B	$1,380\,648\,52(79)\cdot 10^{-23}$	$\mathrm{J\,K^{-1}}$
Dielektrische Feldkonstante	ϵ_0	$8,854\,187\,817\ldots\cdot 10^{-12}$	$\mathrm{A\,s\,V^{-1}\,m^{-1}}$
Elementarladung	e_0	$1,602\,176\,620\,8(98)\cdot 10^{-19}$	C
Faraday-Konstante	F	$96\,485,332\,89(59)$	$\mathrm{C\,mol^{-1}}$
Gravitationskonstante	G	$6,674\,08(31)\cdot 10^{-11}$	$\mathrm{m^3\,kg^{-1}s^{-2}}$
Magnetische Feldkonstante	μ_0	$4\pi\cdot 10^{-7}$	$\mathrm{V\,s\,A^{-1}\,m^{-1}}$
Plancksches Wirkungsquantum	h	$6,626\,070\,040(81)\cdot 10^{-34}$	$\mathrm{J\,s}$
Reduzierte Planck-Konstante	$\hbar = h/(2\pi)$	$1,054\,571\,800(13)\cdot 10^{-34}$	$\mathrm{J\,s}$
Vakuumlichtgeschwindigkeit	c_0	$299\,792\,458$	$\mathrm{m\,s^{-1}}$

Tab. 1.2: Übersicht über abgeleitete physikalische Größen und deren Einheiten aus den beiden ersten Bänden der Reihe.

Name	Zeichen	Einheiten
Abbildungsmaßstab	M_T	
Absorptionskoeffizient	α	$\mathrm{m^{-1}}$
Arbeit	W	$\mathrm{J = N\,m = kg\,m^2\,s^{-2}}$
Beschleunigung	$\vec{a}$	$\mathrm{m\,s^{-2}}$
Beweglichkeit	μ	$\mathrm{m^2\,V^{-1}\,s^{-1}}$
Bildhöhe	B	m
Bildweite	b	m
Blindwiderstand	X	Ω
Brechkraft	D^*	$\mathrm{dpt = m^{-1}}$
Brechungsindex	n	
Brennweite	f	m
Brewster-Winkel	α_B	
Coulombkraft	$\vec{F}_C$	$\mathrm{N = kg\,m\,s^{-2}}$
Deutliche Sehweite	s_0	m
Dichte/Massendichte	ρ	$\mathrm{kg\,m^{-3}}$
Dielektrische Funktion	$\epsilon(\omega)$	
Dielektrische Suszeptibilität	χ_e	
Dielektrische Verschiebung	$\vec{D}$	$\mathrm{C\,m^{-2}}$
Drehimpuls	$\vec{L}$	$\mathrm{kg\,m^2\,s^{-1}}$
Drehmoment	$\vec{M}$	$\mathrm{N\,m}$
Driftgeschwindigkeit	$\vec{v}_D$	$\mathrm{m\,s^{-1}}$
Druck	p	$\mathrm{Pa = N\,m^{-2}}$
Effektive Spannung	U_{eff}	$\mathrm{V = J\,C^{-1}}$
Effektive Stromstärke	I_{eff}	$\mathrm{A = C\,s^{-1}}$
Elektrische Feldenergiedichte	w_{el}	$\mathrm{J\,m^{-3}}$
Elektrische Feldstärke	$\vec{E}$	$\mathrm{N\,C^{-1} = V\,m^{-1}}$
Elektrische Leitfähigkeit	σ	$\mathrm{\Omega^{-1}\,m^{-1}}$

Tab. 1.2: (Fortsetzung)

Name	Zeichen	Einheiten
Elektrische Stromstärke	I	$A = C\,s^{-1}$
Elektrischer Fluss	Φ_{el}	$V\,m$
Elektrisches Dipolmoment	$\vec{p}_{el}$	$C\,m$
Elektrisches Potenzial	φ_e, φ_{el}	$J\,C^{-1}$
Elektromagnetische Feldenergiedichte	$w_{e\text{-}m}$	$J\,m^{-3}$
Elektronegativität	χ	
Energie	E	$J = N\,m = kg\,m^2\,s^{-2}$
Energiedichte	w	$J\,m^{-3}$
Entropie	S	$J\,K^{-1}$
Erdbeschleunigung	$\vec{g}$	$m\,s^{-2}$
Extinktionskoeffizient	κ	
Federkonstante	D	$N\,m^{-1} = kg\,s^{-2}$
Fläche	A	m^2
Flächenladungsdichte	σ_{el}	$C\,m^{-2}$
Flächenstoßrate	v_S	$m^{-2}\,s^{-1}$
Frequenz	f	$Hz = s^{-1}$
g-Faktor	g	
Gegenstandshöhe	G	m
Gegenstandsweite	g	m
Geschwindigkeit	$\vec{v}$	$m\,s^{-1}$
Gewichtskraft	$\vec{F}_g$	$N = kg\,m\,s^{-2}$
Gitterfaktor	$|G|^2$	
Gleitreibungskoeffizient	μ_G	
Gravitationskraft	$\vec{F}_G$	$N = kg\,m\,s^{-2}$
Gravitationspotenzial	φ_G	$J\,kg^{-1}$
Grenzwinkel	β_G	
Gruppengeschwindigkeit	$\vec{v}_G$	$m\,s^{-1}$
Güte	Q	
Gyromagnetisches Verhältnis	γ	$C\,kg^{-1}$
Haftreibungskoeffizient	μ_H	
Hall-Konstante	R_H	$m^3\,C^{-1}$
Impedanz	$|Z|$	$\Omega = V\,A^{-1}$
Impuls	$\vec{p}$	$kg\,m\,s^{-1}$
Induktionsspannung	U_{ind}	V
Induktivität	L	$H = V\,s\,A^{-1} = \Omega\,s$
Innere Energie	U	$J = N\,m = kg\,m^2\,s^{-2}$
Intensität	I	$W\,m^{-2}$
Kapazität	C	$C\,V^{-1} = F$
Kinetische Energie	E_{kin}	$J = N\,m = kg\,m^2\,s^{-2}$
Komplexer Brechungsindex	$\tilde{n}$	
Komplexer Wechselstromwiderstand	Z	Ω
Kraft	$\vec{F}$	$N = kg\,m\,s^{-2}$
Kreisradiusvektor	$\vec{R}$	m
Ladung	q, Q	C
Ladungsdichte	ρ_q	$C\,m^{-3}$

(Fortsetzung)

Name	Zeichen	Einheiten
Ladungsträgerdichte	n_q	m^{-3}
Leistung	P	$W = J/s = kg\,m^2\,s^{-3}$
Linearer Ausdehnungskoeffizient	α	K^{-1}
Lorentz-Kraft	$\vec{F}_L$	$N = kg\,m\,s^{-2}$
Luftwiderstandsbeiwert	c_w	
Mach-Zahl	M	
Magnetische Feldenergiedichte	w_{mag}	$J\,m^{-3}$
Magnetische Feldstärke	$\vec{B}$	$T = V\,s\,m^{-2} = kg\,A^{-1}\,s^{-2}$
Magnetische Suszeptibilität	χ_m	
Magnetischer Fluss	Φ_{mag}	$T\,m^2$
Magnetisches Dipolmoment	$\vec{p}_{mag}$	$A\,m^2$
Magnetisierung	$\vec{M}$	$A\,m^{-1}$
Masse	m, M	kg
Numerische Apertur	NA	
Pegel	Q	$B = 10\,dB$
Periodendauer, Umlaufzeit	T	s
Polarisation	$\vec{P}$	$C\,m^{-2}$
Potenzielle Energie	E_{pot}	$J = N\,m = kg\,m^2\,s^{-2}$
Poynting-Vektor	$\vec{S}$	$W\,m^{-2}$
Relaxationszeit	τ	s
Raumwinkel	Ω	sr
Relative DK/Permittivität	ϵ_r	
Relative Permeabilität	μ_r	
Reduzierte Masse	μ	kg
Reflexionsvermögen	R	
Rotationsenergie, Zentrifugalpotenzial	E_{rot}	$J = N\,m = kg\,m^2\,s^{-2}$
Solarkonstante	E_0	$W\,m^{-2}$
Spannung	U	$V = J\,C^{-1}$
Spezifische Wärme	c	$J\,K^{-1}\,kg^{-1}$
Spezifischer Widerstand	ρ_{el}	$\Omega\,m$
Strahlungsdruck	p_S	Pa
Stromdichte	$\vec{j}$	$A\,m^{-2}$
Strukturfaktor	$|F|^2$	
Temperatur	T	K
Trägheitsmoment	I	$kg\,m^2$
Transmissionsvermögen	T	
Vektorpotenzial	$\vec{A}_M, \vec{A}$	$V\,s\,m^{-1}$
Viskosität (dynamisch)	η	$kg\,m^{-1}\,s^{-1}$
Volumen	V	m^3
Volumenausdehnungskoeffizient	γ	K^{-1}
Wärme, Wärmemenge	Q	$J = N\,m = kg\,m^2\,s^{-2}$
Wärmekapazität	C	$J\,K^{-1}$
Weg, Länge, Strecke, Ortsvektor	$\vec{r}, x, s, d, \ell \ldots$	m
Wellenlänge	λ	m
Wellenvektor, Wellenzahl	$\vec{k}, k$	m^{-1}

Tab. 1.2: (Fortsetzung)

Name	Zeichen	Einheiten
Widerstand	R	$\Omega = V\,A^{-1}$
Winkel	$\alpha, \beta, \varphi, \vartheta \ldots$	$°$, $rad = (\pi/180°)°$
Winkelbeschleunigung	$\vec{\alpha}$	s^{-2}
Winkelgeschwindigkeit, Kreisfrequenz	$\vec{\omega}, \omega$	s^{-1}
Wirkungsgrad	η	
Zentripetalbeschleunigung	$\vec{a}_z$	$m\,s^{-2}$
Zentrifugalkraft	$\vec{F}_{zf}$	$N = kg\,m\,s^{-2}$
Zentripetalkraft	$\vec{F}_z$	$N = kg\,m\,s^{-2}$
Zeit	t	s
Zyklotronfrequenz	ω_c	s^{-1}

Tab. 1.3: Griechisches Alphabet.

A, α	alpha	I, ι	iota	P, ρ	rho
B, β	beta	K, κ	kappa	Σ, σ	sigma
Γ, γ	gamma	Λ, λ	lambda	T, τ	tau
Δ, δ	delta	M, μ	mü	Y, υ	ypsilon
E, ϵ	epsilon	N, ν	nü	Φ, ϕ, φ	phi
Z, ζ	zeta	Ξ, ξ	xi	X, χ	chi
H, η	eta	O, o	omicron	Ψ, ψ	psi
$\Theta, \theta, \vartheta$	theta	Π, π	pi	Ω, ω	omega

Tab. 1.4: Vorsilben zur Vergrößerung und Verkleinerung von Einheiten.

Potenz	Name	Zeichen	Potenz	Name	Zeichen
10^{15}	Peta	P	10^{-1}	Dezi	d
10^{12}	Tera	T	10^{-2}	Zenti	c
10^{9}	Giga	G	10^{-3}	Milli	m
10^{6}	Mega	M	10^{-6}	Mikro	µ
10^{3}	Kilo	k	10^{-9}	Nano	n
10^{2}	Hekto	h	10^{-12}	Piko	p
10^{1}	Deka	da	10^{-15}	Femto	f

Quellenangaben

[1.1] Lukrez, Über die Natur der Dinge, Übersetzung aus dem Lateinischen von Hermann Diels, 4. Auflage (Holzinger, 2015).

[1.2] K. Simonyi, Kulturgeschichte der Physik, 3. Auflage (Harry Deutsch, 2001) S. 329.

[1.3] *Experimente für das neue Internationale Einheitensystem (SI)*, PTB-Mitteilungen 02/2016; *Das neue Internationale Einheitensystem (SI)*, PTB-Infoblatt 03/2017.

2 Elektrostatik

Zwischen elektrisch geladenen Körpern wirken anziehende oder abstoßende Kräfte. Ausgehend von dieser Beobachtung werden wir in diesem Kapitel das Konzept der elektrischen Ladung einführen und ihrem Ursprung nachspüren. Die Elektrostatik beschreibt diese Phänomene unter der Annahme, dass die Ladungen ruhen. Das Kraftgesetz zwischen zwei Punktladungen und die Begriffe der elektrischen Feldstärke und der Kapazität werden diskutiert. Abschließend werden einige elektrostatische Naturerscheinungen und technische Anwendungen vorgestellt.

2.1 Elektrische Ladung

2.1.1 Phänomene

Aus dem Alltag wissen wir, wie lästig kleine Kunststoffteilchen oder Flusen an Kleidung oder trockenen Händen haften können, wie in Abb. 2.1 mit Watte und Holundermarkstückchen an einem Luftballon demonstriert. Dieser Effekt kann verstärkt werden, wenn die Teilchen an dem Stoff gerieben werden. So haften Luftballone besonders gut, wenn sie vorher an der Kleidung gerieben wurden (Abb. 2.1). Das Phänomen beruht auf der *Tribo-* oder *Reibungselektrizität*.

Betrachten wir das Phänomen systematischer, so finden wir nicht nur anziehende, sondern auch abstoßende Kräfte. Die Abb. 2.2 gibt schematisch die Beobachtung wieder, wenn Glas- und Kunststoffstäbe mit einem Wolltuch abgerieben und angenähert werden. Ein Stab liegt dabei drehbar auf einer Nadel auf. Werden abgeriebene Stäbe gleichen Materials angenähert, stoßen sich diese ab. Glas- und Kunststoffstäbe ziehen sich dagegen an. Dieses Phänomen verschwindet nach einer gewissen Zeit, die umso kürzer ist je höher die Luftfeuchte. Erst nach erneutem Abreiben ist es wieder zu beobachten. In historischen Experimenten wurden anstelle von Plastik Bernstein oder andere natürliche Harze verwendet.

Abb. 2.1: Beispiele für die anziehende Wirkung zwischen durch Reibung elektrisch geladenen Materialien.

https://doi.org/10.1515/9783110469097-002

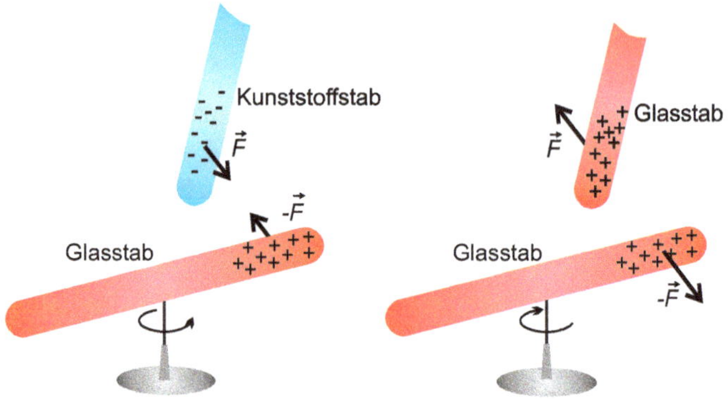

Abb. 2.2: Glas- und Kunststoffstäbe, die mit einem Wolltuch gerieben werden, tragen Ladungen unterschiedlicher Polarität. Gleich geladene Materialien stoßen sich ab, ungleich geladene ziehen sich an.

Mit dem Konzept der elektrischen Ladung gelingt es, diese Beobachtungen systematisch zu beschreiben. Durch die Reibung des Tuches an den Stäben werden diese elektrisch aufgeladen. In der Physik wird der elektrische Ladungszustand durch mathematische Vorzeichen ausgedrückt. Diese sind auch in Abb. 2.2 eingetragen. Die Vorzeichen der Stäbe erscheinen zunächst willkürlich. Jedoch wissen wir heute, dass in der gültigen Konvention der Ladungsvorzeichen der Glasstab positiv und der Kunststoffstab negativ geladen ist. Die Kraftwirkung zwischen den verschieden geladenen Materialien wird qualitativ durch das Konzept der **Polarität** erfasst.

- Es existieren positive (+) und negative (−) elektrische Ladungen.
- Ungleichnamige Ladungen (+/−) ziehen sich an.
- Gleichnamige Ladungen (+/+ oder −/−) stoßen sich ab.
- **Neutralität** bedeutet, dass ein Körper oder Stoff gleich viele positive wie negative Ladungen trägt. Man sagt, er ist *elektrisch neutral*.

2.1.2 Ladungsträger

Elektrische Ladung ist eine Eigenschaft der Materie und im Aufbau der Atome angelegt. Atome sind von außen betrachtet elektrisch neutral. Jedoch setzen sie sich aus Bausteinen zusammen, die charakteristische Ladungen tragen. Atome bestehen aus einem sehr kleinen Kern aus Protonen und Neutronen, der von einer Wolke von Elektronen umgeben ist, wie die Abb. 2.3 schematisch für ein Helium-Atom zeigt. Der Kern ist typischerweise 100 000-mal weniger ausgedehnt als die Elektronenwolke. Er enthält aber 99,95 % der Masse des Atoms! Im Helium-Atom ist der Kern zweifach positiv geladen, weil er aus zwei Protonen und zwei Neutronen besteht. Wegen der Neutrali-

Elektronenwolke

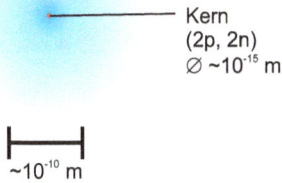

Kern
(2p, 2n)
⌀ ~10^{-15} m

~10^{-10} m

Abb. 2.3: Schematischer Aufbau eines Helium-Atoms mit zwei Protonen und zwei Neutronen im Kern und zwei Elektronen in der Elektronenwolke. Obwohl um fünf Größenordnungen kleiner als die Elektronenwolke trägt der Kern nahezu die gesamte Masse des Atoms.

Tab. 2.1: Grundbausteine der Atome. Die Zahlenwerte wurden auf drei Stellen hinter dem Komma gerundet.

Teilchen	Symbol	Masse [kg]	Ladung [e_0]	Magnetisches Moment [A m^2]
Elektron	e^-	$m_e = 9{,}109 \cdot 10^{-31}$	-1	$-928{,}476 \cdot 10^{-26}$
Proton	p^+, p	$m_p = 1{,}673 \cdot 10^{-27}$	$+1$	$+1{,}411 \cdot 10^{-26}$
Neutron	n	$m_n = 1{,}675 \cdot 10^{-27}$	0	$-0{,}966 \cdot 10^{-26}$

tät befinden sich in der Elektronenwolke zwei negative Elektronen. Den detaillierten Atomaufbau werden wir im Band 3 ausführlich vorstellen.

In der Tab. 2.1 sind Masse und elektrische Ladung der Atombausteine aufgelistet. Während Neutronen elektrisch neutral sind, tragen Elektron und Proton die entgegengesetzt gleiche elektrische Ladung mit dem festen Betrag der **Elementarladung** e_0. Der Ursprung der elektrischen Phänomene in unserer Umwelt liegt also in den Ladungen von Proton und Elektron.

Weil die Elementarladung konstant ist, können elektrische Ladungen immer nur ganzzahlige Vielfache von e_0 sein. Ladung ist also keine kontinuierliche Größe. Kleine Variationen sind nur in winzigen Portionen (**Quanten**) möglich. Entsprechende physikalische Größen bezeichnet man als **quantisiert**. Der experimentelle Nachweis der *Quantisierung* der elektrischen Ladung gelang erstmalig im Millikan-Fletcher-Versuch (Abschnitt 2.8).

Wie Tab. 2.1 auch verdeutlicht, besitzt das Proton eine mehr als 1 800-fach größere Masse als das Elektron. Elektrische Ladung ist immer mit einer Masse verbunden! Weil Atome in Molekülen, Flüssigkeiten oder Festkörpern Elektronen leicht aufnehmen oder abgeben können, sind elektrische Aufladungen in der materiellen Welt allgegenwärtig.

Die Bezeichnung *Elektron* wurde 1874 vom irischen Physiker George Johnstone Stoney (1826–1911) für die Elementarladung eingeführt und geht in Anspielung an die reibungselektrischen Experimente auf das griechische Wort $\eta\lambda\epsilon\kappa\tau\rho\nu$ für Bernstein zurück. Das Elementarteilchen Elektron wurde erst 23 Jahre später entdeckt.

Die genauen Vorgänge beim Ladungsübertrag durch Reiben verschiedener Materialien aneinander sind noch immer weitgehend ungeklärt. Die Aufladungsvorlieben

Teflon - Plastik - PVC - Acryl - Gummi - Harze - Papier - Nylon - Wolle - Glas - Katzenfell

Abb. 2.4: Qualitative triboelektrische Reihe. Weiter links stehende Stoffe werden bei Reibung eher negativ geladen.

der Materialien werden qualitativ durch die triboelektrische Reihe in Abb. 2.4 verdeutlicht. Werden zwei Stoffe z. B. durch Reibung miteinander in innigen Kontakt gebracht, wird sich das Material negativ aufladen, das in der Reihe weiter links steht. Wolle liegt zwischen Glas und Plastik, so dass sich – wie beobachtet – die Stäbe durch Reibung verschieden aufladen. In der Regel werden Elektronen übertragen, aber mikroskopische, geladene, stoffliche Ablagerungen sind auch möglich.

Um die triboelektrischen Effekte zu beobachten, dürfen die übertragenen Elektronen nicht vom Material abfließen. Idealerweise sind sie ortsfest. Stoffe, in denen sich Elektronen nicht frei bewegen können, werden elektrische **Isolatoren** genannt. Bei hoher Luftfeuchtigkeit sind viele geladene Wassermoleküle in der Luft vorhanden. Sie können Elektronen aufnehmen und abgeben und verfälschen oder schwächen die Effekte.

Elektrische Ladungen sind an den elementaren Bausteinen der Materie gebunden. Anders als in der klassischen Physik ist die Masse in der modernen Physik keine Erhaltungsgröße. Jedoch gilt für Ladungen ein strenger

Ladungserhaltungssatz.
Ohne Ladungsaustausch mit der Umgebung bleibt die Gesamtladung eines physikalischen Systems konstant.

Atome oder Moleküle, die durch Elektronenabgabe oder -aufnahme geladen sind, werden **Ionen** genannt. Wie später noch erklärt, werden positiv (negativ) geladene Ionen als *Kationen* (*Anionen*) bezeichnet.

2.1.3 Influenz

Neben den Isolatoren gibt es **Metalle**, die elektrisch leitfähig sind. Sie sind **Elektronenleiter**, d. h. in ihnen sind Elektronen frei beweglich. Sie können durch Zuführen (Abziehen) von Elektronen negativ (positiv) aufgeladen werden. Die überschüssigen Ladungen in einem Metall nehmen einen möglichst großen Abstand zueinander ein, weil sich gleichnamige Ladungen abstoßen. Das ist in Abb. 2.5 (a) schematisch gezeigt. Die Ladung auf der elektrisch isolierten Metallkugel ist gleichmäßig auf der Oberfläche verteilt. Solche Metallkugeln können als *Ladungslöffel* verwendet werden, mit de-

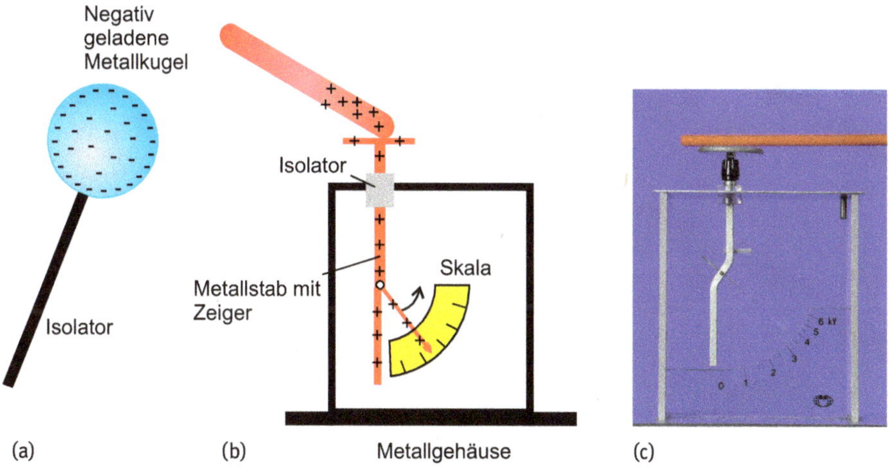

Abb. 2.5: (a) Geladene Metallkugel. Auf der Kugel verteilt sich die Ladung gleichmäßig.
(b) Zeiger-Elektroskop zum Nachweis von Ladungen. (c) Zeiger-Elektroskop aus dem Unterricht.

nen Ladung räumlich transportiert wird. Berührt der Löffel einen anders geladenen metallischen Gegenstand, werden instantan Elektronen übertragen.

Die Abstoßung von Elektronen in Metallen macht man sich auch im mechanischen **Elektroskop** zum Nachweis von Ladung zunutze. In den Abb. 2.5 (b) und (c) ist exemplarisch ein Zeiger-Elektroskop abgebildet. Es besteht aus einem beweglichen Metallzeiger auf einem festen Metallbügel, der elektrisch geschützt und isoliert in einem transparenten Gehäuse angebracht wird. Aufladungen führen zu einer gleichmäßigen Verteilung der Ladung auf der Metalloberfläche. Die elektrostatische Abstoßung lässt den Zeiger ausschlagen. Das Instrument kann durchaus Ladungsmengen messen, jedoch nicht zwischen verschiedenen Polaritäten unterscheiden. Instrumente, die Ladungen quantitativ messen können, werden *Elektrometer* genannt.

Elektronen in Metallen werden auch infolge der Kraftwirkung durch äußere Ladungen verschoben, ohne dass diese auf das Metall übergehen. Dieser Effekt wird **Influenz** genannt und ist in Abb. 2.6 für verschiedene Szenarien dargestellt. Kommt ein geladener Isolator zwei in Kontakt stehenden Kugeln nahe, führt dieses zu einer Elektronenverschiebung (Abb. 2.6 (a)) und kann zur Ladungstrennung genutzt werden. Werden beide Kugeln in Abb. 2.6 (b) getrennt, sind sie entgegengesetzt gleich geladen.

Influenzerscheinungen lassen sich auch mit einem Elektroskop beobachten. Der positive Ladungslöffel in Abb. 2.6 (c) taucht in den Metallbecher des Elektrometers ein, ohne ihn zu berühren. Dadurch entsteht im Becher eine negative und außen auf dem Becher eine positive Influenzladung, die den Drehzeiger ausschlagen lässt. Die Fotografie demonstriert den Effekt an einem realen Elektroskop mit Elektrodenteller.

Man kann die positive Ladung auf dem Becher auch abfließen lassen, indem man ihn von außen mit einem *geerdeten* Kabel berührt. **Erdung** bedeutet die Verbindung mit einem idealerweise unendlich großen, elektrisch neutralen Metallsystem, wie z. B.

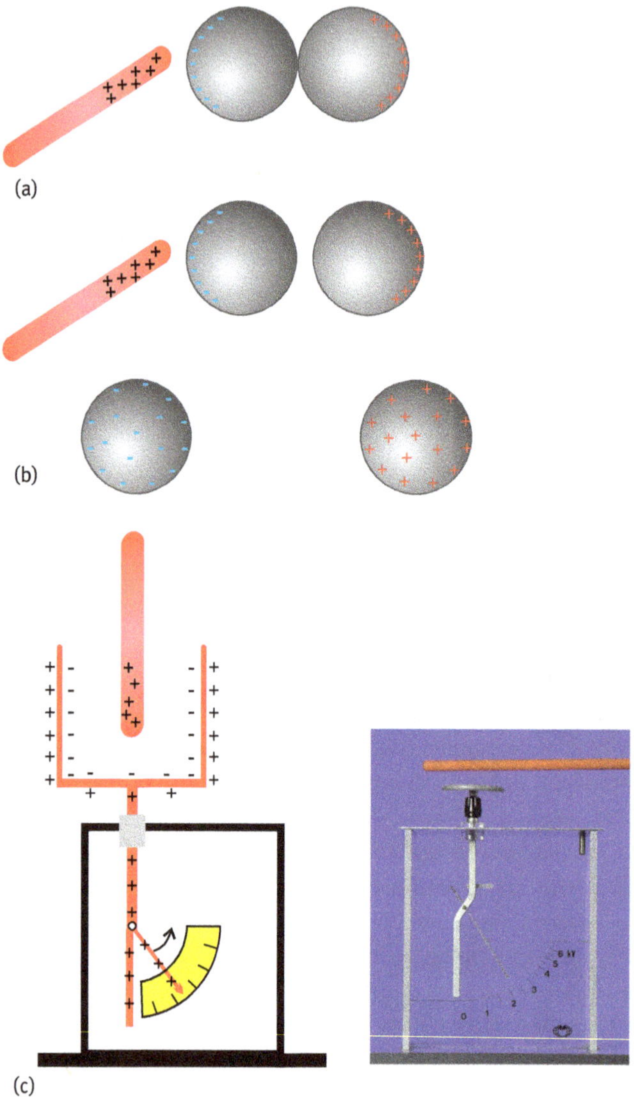

(a)

(b)

(c)

Abb. 2.6: (a) Laden von ursprünglich neutralen Metallkugeln durch berührungslose Influenz. Die influenzierende Ladung wird einer Kugel angenähert, was zur räumlichen Trennung der Ladungen führt. (b) Trennen der Kugeln und Entfernen der influenzierenden Ladung führt zu geladenen Kugeln. (c) Durch Influenz kann im Zeiger-Elektroskop ein Ausschlag hervorgerufen werden, obwohl das Instrument insgesamt neutral ist.

geerdeten Heizkörpern oder dem Erdkontakt in Steckdosen. Nach äußerer Erdung fällt der Drehzeiger in Abb. 2.6 (c) auf null zurück. Er schlägt wieder aus, wenn der geladene Löffel wieder herausgezogen wird, weil sich die Influenzladungen im Inneren des Bechers gleichmäßig verteilen.

2.2 Kräfte auf Ladungen und elektrisches Feld

Bisher haben wir rein phänomenologisch die Wirkungen von Ladungen betrachtet. Um elektrische Ladung als physikalische Größe mit Einheit zu definieren, benötigen wir eine Messvorschrift. Dazu müssen wir zunächst die Kraftwirkung zwischen Ladungen quantitativ erfassen.

2.2.1 Coulomb-Gesetz

Charles Auguste de Coulomb (1736–1806) konnte mit Hilfe einer Torsionsdrehwaage das Abstandsgesetz der Kraft zwischen zwei *Punktladungen* erstmals bestimmen. In der Abb. 2.7 (a) ist das historische Instrument und seine Einzelteile gezeigt. Es besteht im Wesentlichen aus einer Hantel mit zwei elektrisch isolierten Metallkugeln gleicher Masse, die über einen Ladungslöffel aufgeladen werden können. Die Hantel hängt an einem dünnen Torsionsfaden, der durch kleinste Drehmomente verdreht werden kann. Das Drehpendel hängt geschützt in einem Metallkäfig, damit andere äußere Ladungen nicht stören. Durch den Deckel des Käfigs kann eine weitere geladene Kugel (blau) eingeführt und einer Kugel der Hantel (rot) angenähert werden. Der Aufbau ähnelt der Cavendish-Drehwaage zur Messung der Gravitationskonstante (siehe Band 1, Kapitel 6).

   Aus den Messungen ermittelt man das Gesetz für die **Coulomb-Kraft** zwischen zwei elektrischen Punktladungen q_1 und q_2 im Abstand r

$$\vec{F}_C = \frac{1}{4\pi\epsilon_0} \frac{q_1 \cdot q_2}{r^2} \vec{e}_r \, . \tag{2.1}$$

Das Gesetz wird durch Kraft-Gegenkraft-Paare in der Abb. 2.7 (b) veranschaulicht. Es gilt das newtonsche Wechselwirkungsgesetz mit der Vorzeichenkonvention

$$\vec{F}_C = -F_C \vec{e}_r \Leftrightarrow q_1 \cdot q_2 < 0 \Leftrightarrow \text{anziehende Kraft bei ungleichnamigen Ladungen,}$$

$$\vec{F}_C = +F_C \vec{e}_r \Leftrightarrow q_1 \cdot q_2 > 0 \Leftrightarrow \text{abstoßende Kraft bei gleichnamigen Ladungen.}$$

Die Gl. (2.1) gilt in dieser Form nur im Vakuum. Man ermittelt aber für die Coulomb-Kräfte in Luft nahezu die gleichen Werte (siehe Abschnitt 2.6), so dass wir an dieser Stelle zwischen Vakuum und Luft nicht unterscheiden.

In SI-Einheiten lautet der Wert der **dielektrischen Feldkonstante** (auch Permittivität oder Dielektrizitätskonstante) des Vakuums

$$\epsilon_0 = 8{,}854\,187\,817\ldots \cdot 10^{-12} \, \frac{C}{V\,m} \, . \tag{2.2}$$

Dieser Wert hat im SI-Einheitensystem keine Ungenauigkeit, weil er exakt definiert ist.

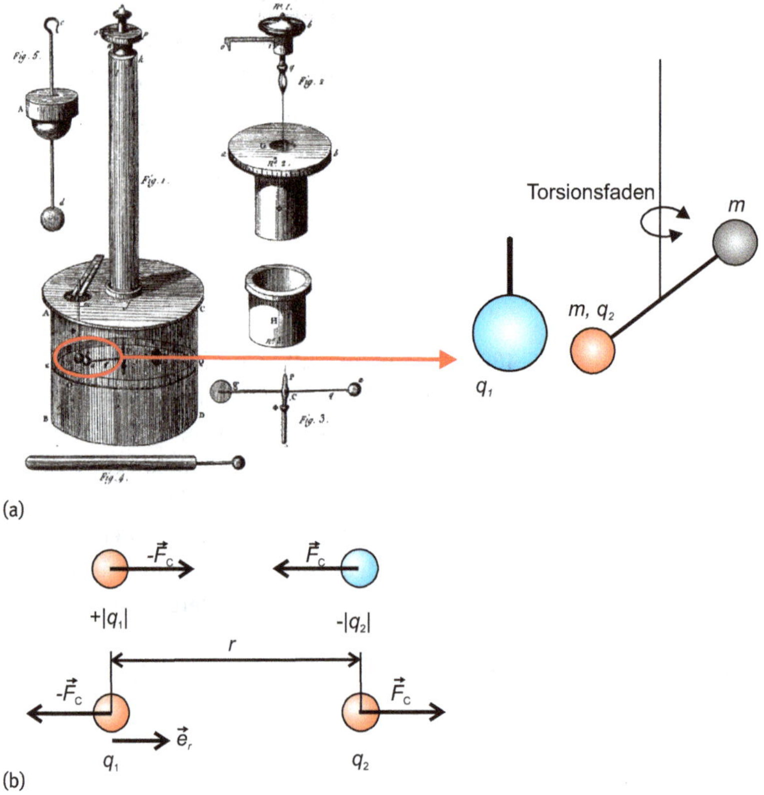

(a)

(b)

Abb. 2.7: (a) Coulombs Drehwaage zur Bestimmung des Abstandsgesetzes [2.1].
(b) Kraft-Gegenkraft-Paare mit Ladungen.

Die Coulomb-Kraft ist wie die Gravitationskraft eine elementare Grundkraft der Physik, die wir auch als *elektromagnetische Wechselwirkung* bezeichnen. Ebenso wie die Gravitation ist sie eine konservative *Zentralkraft*, weil sie entlang der Verbindungsachse der Punktladungen wirkt und nur vom Abstand der Ladungen abhängt,

$$\vec{F}_C = f(r)\vec{e}_r \ . \tag{2.3}$$

Mit Gl. (2.1) kann man Größe und Einheit der

Ladung
$$q, Q \ , \quad [Q] = C = \text{Coulomb} \ ,$$

definieren.

Haben zwei ungleichnamige elektrische Punktladungen im Abstand von einem Meter vom Betrage jeweils ein Coulomb, ziehen sie sich mit einer Kraft von $9 \cdot 10^9$ N an. Diese immens große Kraft erklärt bereits, dass eine Ladung von 1 C sehr groß und als statische Ladung im Allgemeinen nicht vorkommt. Sie zeigt auch die Stärke der elektrischen Kräfte. In unserem Alltag sind sie für die Wechselwirkung zwischen materiellen Dingen allein bestimmend. Die Gravitation spielt nur bei Massen kosmischen Ausmaßes eine Rolle.

Die Definition nach Gl. (2.1) ermöglicht auch, die Elementarladung in C anzugeben. Messungen z. B. im Millikan-Fletcher-Versuch (Abschnitt 2.8.2) ergeben den Wert dieser Naturkonstanten von

$$e_0 = 1{,}602\,176\,620\,8(98) \cdot 10^{-19}\,\text{C}\,. \tag{2.4}$$

Wir werden e_0 immer als positive Zahl nehmen! Negative Ladungen wie beim Elektron erhalten stets ein Minuszeichen, auch wenn sie in Einheiten von e_0 angegeben werden.

Beispiele

1. **Wasserstoffatom**

   Dass Gravitationskräfte beim Wirken von elektrischen Kräften auch im atomaren Bereich vollständig zu vernachlässigen sind, soll am Wasserstoffatom veranschaulicht werden. Es ist das einfachste Atom mit einem Proton im Kern und einem umgebenden Elektron. Der mittlere Abstand beider Teilchen beträgt ein Bohr-Radius $a_\text{B} \approx 5{,}29 \cdot 10^{-11}$ m, woraus eine Coulomb-Kraft von

   $$|\vec{F}_\text{C}| = \frac{e_0^2}{4\pi\epsilon_0 a_\text{B}^2} = 8{,}2 \cdot 10^{-8}\,\text{N}$$

   folgt. Demgegenüber beträgt die Gravitationskraft zwischen Proton und Elektron nur

   $$|\vec{F}_\text{G}| = G\frac{m_p m_e}{a_\text{B}^2} = 3{,}6 \cdot 10^{-47}\,\text{N}\,,$$

   was um mehr als 39 Größenordnungen kleiner ist!

2. **Flying stick – Schwebezauberstab**

   Elektrische Feldkräfte sind hinreichend groß, um leichte Objekte gegen die Gewichtskraft zum Schweben zu bringen, wie in Abb. 2.8 für einen Ring dargestellt.

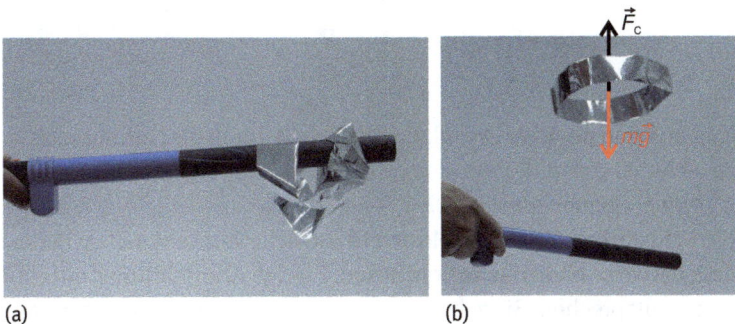

(a)   (b)

Abb. 2.8: Flying stick. (a) Ein Ring aus metallisierter Kunststofffolie wird am Stab aufgeladen. (b) Der Ring schwebt über dem Stab infolge der elektrostatischen Abstoßung.

Der *flying stick* wird elektrisch aufgeladen, indem ein kleiner eingebauter Elektromotor durch Reibung Ladung auf den Stab bringt.

Zunächst liegt der Ring aus Polyesterfolie auf dem Stab (Abb. 2.8 (a)). Weil die Folie mit einer extrem dünnen Aluminiumschicht bedeckt ist, geht ein Teil der erzeugten Ladung leicht vom Stab auf die Folie über. Schüttelt man die Figur ab, entfaltet sie sich durch elektrostatische Abstoßung und schwebt über dem Stab, weil er und die Figur Ladungen der gleichen Polarität tragen.

Aus Abb. 2.8 (b) wollen wir abschätzen, wie groß zwei gleiche Ladungen auf dem Stab bzw. der Folie sein müssten, um ein Schweben zu erreichen. Wir betrachten die Objekte als Punktladungen und gehen davon aus, dass der Polyesterring eine Masse von $m = 1\,\text{g}$ hat und sein Schwerpunkt ungefähr $d = 10\,\text{cm}$ oberhalb des Stabs ist. Dann folgt aus dem Kräftegleichgewicht zwischen Coulomb- und Gewichtskraft, $|\vec{F}_C| = mg$, eine Ladung auf Stab bzw. Folie von

$$q = d\,\sqrt{4\pi\epsilon_0 mg} = 0,1\,\text{m}\,\sqrt{4\pi\,8{,}85 \cdot 10^{-12}\,\text{C/(V\,m)} \cdot 10^{-3}\,\text{kg} \cdot 9{,}81\,\text{m/s}^2}$$
$$\approx 10^{-7}\,\text{C}\,.$$

Dabei haben wir die Einheitenrelation $\text{C/(V\,m)} = \text{C}^2/(\text{N\,m}^2)$ verwendet. Schon kleine Ladungen können beträchtliche Kräfte auf makroskopische Körper ausüben.

2.2.2 Elektrische Feldstärke

Die Wechselwirkung zwischen elektrischen Ladungen erfolgt nicht über ein materielles Medium. In der modernen Physik spricht man von einem **Feld**, das den Raum erfüllt. Ein solches Kraftfeld haben wir schon im Fall der Gravitation kennengelernt. Das *elektrische Feld* beschreibt die Kraftwirkung zwischen Ladungen. Seine Stärke wird durch die

Elektrische Feldstärke

$$\vec{E}(\vec{r}) = \frac{\vec{F}_C}{q}\,, \quad [\vec{E}] = \frac{\text{N}}{\text{C}} = \frac{\text{V}}{\text{m}}\,, \tag{2.5}$$

d. h. durch die Kraft auf eine **positive** Probeladung q geteilt durch die Ladung erfasst. Eine Probeladung ist dabei gedanklich so klein, dass ihr eigenes elektrisches Feld die Feldstärke am Ort $\vec{r}$ nicht nennenswert stört.

Die elektrische Feldstärke $\vec{E}(\vec{r})$ ist ein **Vektorfeld**. Anstelle von Vektoren im Raum, verwenden wir üblicherweise **elektrische Feldlinien**, die den Kraftfeldlinien auf eine positive Probeladung entsprechen. Sie geben an einem Ort im Raum die Richtung der Kraft auf q an. Die Dichte der Feldlinien ist ein Maß für die Stärke des Felds bzw. der Kraft auf q.

Ist die Feldstärke eines elektrischen Felds konstant, $\vec{E}$ = konstant, wird es als **homogen** bezeichnet. In einem homogenen elektrischen Feld verlaufen die Feldlinien parallel. Homogene Felder sind z. B. in Plattenkondensatoren zu finden.

Anwendungen
- **Punktladungen**
  Das elektrische Feld einer Punktladung Q im Vakuum ist kugelsymmetrisch und lautet

$$\vec{E}(\vec{r}) = \frac{Q}{4\pi\epsilon_0 r^2}\vec{e}_r . \qquad (2.6)$$

Das räumliche Vektorfeld ist schematisch in Abb. 2.9 (a) gezeichnet. Im Ursprung befindet sich eine positive Ladung Q. Die Pfeile geben Richtung und Stärke des Felds im Raum an und gehen radial von der Ladung nach außen. In der Abb. 2.9 (b) sind die radial nach außen verlaufenden elektrischen Feldlinien im Blau dreidimensional gezeichnet. Übersichtlicher sind Schnitte durch die dreidimensionale Feldverteilung, weshalb wir Felder als zweidimensionale Feldlinienbilder darstellen. Die Feldlinien einer positiven und einer negativen Punktladung Q sind in der Abb. 2.9 (c) und (d) als blaue Linien in der Zeichenebene gezeigt. Die schwarzen Kreise verbinden die Orte mit gleichem elektrischen Feldstärkebetrag in der Ebene. Im Raum entsprechen sie Kugelflächen um die Punktladungen.
Wie in Abschnitt 2.4.1 noch näher erläutert, lässt sich das Feldlinienbild auch wie ein Strömungsbild auffassen. Das elektrische Feld fließt von positiven zu negativen Ladungen. Deshalb bezeichnet man Ladungen Q auch als **Quellladungen** oder kurz **Quellen** des elektrischen Felds. Wie in Abb. 2.9 (c) und (d) zu erkennen, strömt aus einer positiven Ladung das Feld heraus (wahre Quelle), während es in die negative Ladung hineinströmt (Senke).
Elektrische Feldlinien können mit kleinen isolierenden Partikeln in einer nichtleitenden viskosen Flüssigkeit sichtbar gemacht werden. In Abb. 2.9 (e) richten sich kleine Griesteilchen in Öl entlang der Feldlinien einer zentralen Ladung aus. Die zentrale Ladung wird durch ein rundes Metallplättchen auf hohem elektrischen Potenzial verwirklicht. Der Gries wird im Feld elektrisch polarisiert und ordnet sich durch die elektrische Kraft parallel zu den Feldlinien aus. Man kann aus dem Bild nicht auf die Polarität der zentralen Ladung schließen.
- **Feldlinien vor einer Metalloberfläche**
  Elektrische Feldlinien stehen auf Metalloberflächen immer senkrecht, wie in Abb. 2.10 gezeigt. Gibt es noch eine parallel zur Oberfläche liegende Komponente von $\vec{E}$, verspüren die freien Ladungsträger eine Kraft in gleicher Richtung und sie bewegen sich solange, bis die Feldstärke schließlich senkrecht auf der Oberfläche steht. Die Ladungsträger können das Metall bei normalen Feldstärken nicht verlassen. Nur durch Aufbringen von ausreichender, äußerer Energie bzw. bei extrem großen Feldstärken werden Elektronen aus dem Material ausgelöst. Die in der Metalloberfläche influenzierte Ladung entspricht vom Betrage der Ladung vor

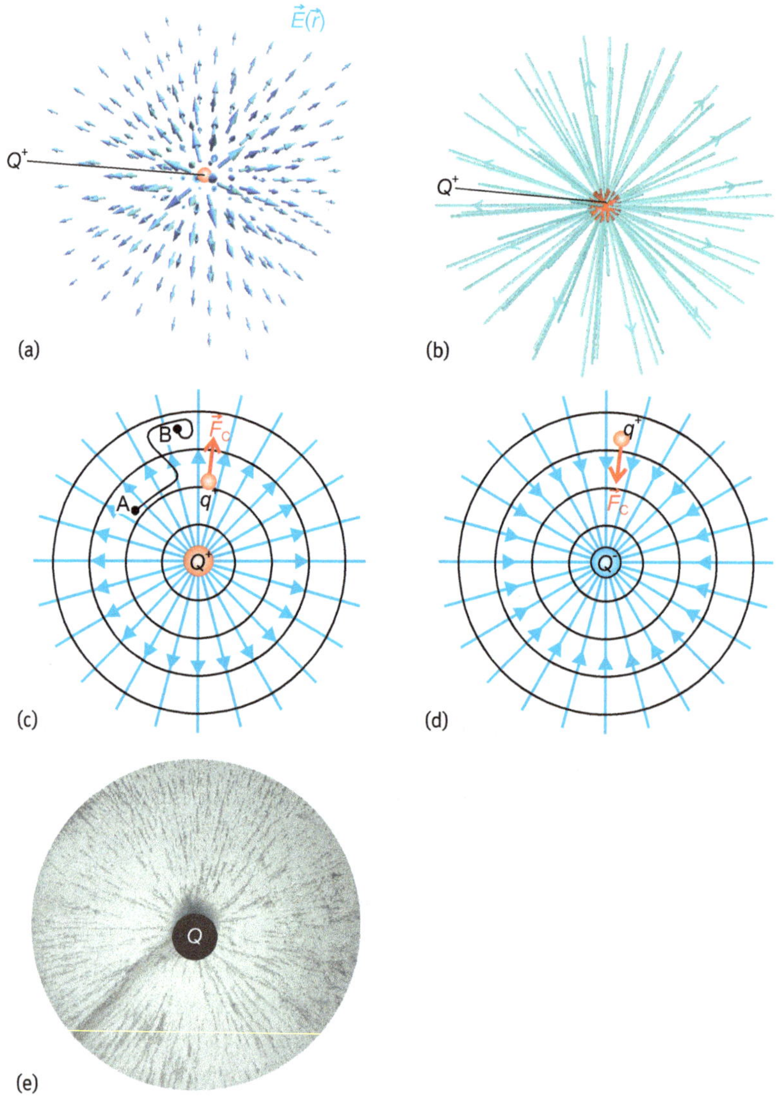

(a)

(b)

(c)

(d)

(e)

Abb. 2.9: (a) Dreidimensionales Vektorfeld der elektrischen Feldstärke einer positiven Punktladung. (b) Dreidimensionales Feldlinienbild einer positiven Punktladung. (c) Zweidimensionaler Schnitt durch das Feldlinienbild einer positiven Punktladung. (d) Zweidimensionaler Schnitt durch das Feldlinienbild einer negativen Punktladung. (e) Zweidimensionales Bild von ausgelenkten Griespartikeln in Öl unter der Wirkung einer Punktladung.

der Metalloberfläche. Sie ist wegen der variierenden Feldstärke nicht homogen in der Oberfläche verteilt. Wo viele Feldlinien auf die Oberfläche treffen, ist sie besonders groß. In Abschnitt 2.6.1 kommen wir auf diese Situation zurück und diskutieren sie im Modell der Spiegelladungen.

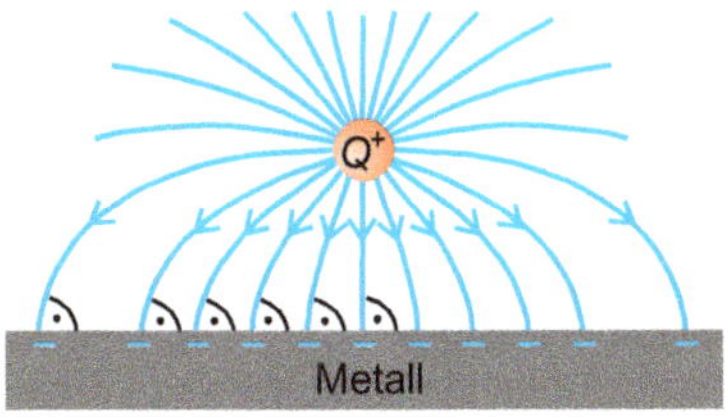

Abb. 2.10: Elektrische Feldlinien stehen immer senkrecht auf einer Metalloberfläche, weil Ladungen parallel zur Oberfläche frei verschiebbar sind.

2.2.3 Elektrisches Potenzial und Spannung

Das Coulomb-Kraftfeld ist *konservativ*. Wir können daraus – analog zum Gravitationsfeld – schließen, dass die Arbeit, eine Probeladung von Punkt A zu Punkt B zu bringen, nicht vom Weg abhängt. Das ist schematisch in der Abb. 2.9 (c) im Feld der positiven Ladung Q dargestellt. Die Arbeit W schreibt sich als Wegintegral

$$W = \int_A^B \vec{F}_m \cdot d\vec{r} = E_{\text{pot}}(B) - E_{\text{pot}}(A) = -\Delta E_{\text{pot}} \,. \tag{2.7}$$

Die Größe $\vec{F}_m$ im Wegintegral entspricht der mechanischen Kraft, die eine Bewegung der Ladung gegen die elektrische Feldkraft erfordert. Sie ist also entgegengesetzt gleich der Feldkraft, $\vec{F}_m = -q\vec{E}$. In Gl. (2.7) gilt die bekannte Vorzeichenkonvention, dass aufzubringende Arbeit positiv ist. Dann ist die potenzielle Energie E_{pot} am Punkt B größer als am Punkt A und $\Delta E_{\text{pot}} = E_{\text{pot}}(A) - E_{\text{pot}}(B)$ ist negativ.

Wegen der Möglichkeit unterschiedlicher Polaritäten ist es sinnvoll, die mechanische Kraft durch die elektrische Feldstärke und die Ladung auszudrücken. Unter Berücksichtigung der Vorzeichen schreibt man

$$W = -q \int_A^B \vec{E} \cdot d\vec{r} = E_{\text{pot}}(B) - E_{\text{pot}}(A) = q[\varphi_e(B) - \varphi_e(A)] \,. \tag{2.8}$$

In Gl. (2.8) wird eine neue physikalische Größe eingeführt, die

Elektrostatisches oder elektrisches Potenzial

$$\varphi_e(\vec{r}) = \frac{E_{\text{pot}}(\vec{r})}{q} \,, \quad [\varphi_e] = \frac{\text{J}}{\text{C}} \,, \tag{2.9}$$

genannt wird. Dabei ist E_{pot} die potenzielle Energie der Probeladung q im elektrischen Feld. Wie E_{pot} ist auch das elektrische Potenzial nur bis auf eine Konstante bestimmt. Das bedeutet, dass der Nullpunkt von φ_e frei wählbar ist und dass nur Differenzen von φ_e messbar sind!

In Abb. 2.9 (c) und (d) entsprechen die schwarzen Linien den Orten mit gleichem elektrischen Potenzial. Sie werden **Äquipotenzialflächen** bzw. **Äquipotenziallinien** genannt.

Wir erhalten aus den Relationen (2.8) und (2.9)

$$\Delta\varphi_e = \varphi_e(A) - \varphi_e(B) = \int_A^B \vec{E} \cdot d\vec{r} \,. \tag{2.10}$$

Im Band 1 haben wir schon erklärt, dass die Umkehrung des Wegintegrals der **Gradient** ist. Aus $\vec{F} = -\nabla E_{pot}(\vec{r}) = -q\nabla\varphi_e(\vec{r})$ können wir das elektrische Potenzial als negativen Gradienten der elektrischen Feldstärke schreiben,

$$\vec{E}(\vec{r}) = -\nabla\varphi_e(\vec{r}) \,. \tag{2.11}$$

Der Gradient wird durch den **Nabla-Operator** ∇ ausgedrückt. Er macht aus einer skalaren Funktion einen Vektor, der in Richtung der stärksten Veränderung der Funktion im Raum zeigt und dessen Länge die Steigung der Funktion in dieser Richtung ist. Er wird in kartesischen Koordinaten durch

$$\nabla\varphi_e = \begin{pmatrix} \frac{\partial\varphi_e}{\partial x} \\ \frac{\partial\varphi_e}{\partial y} \\ \frac{\partial\varphi_e}{\partial z} \end{pmatrix} \,. \tag{2.12}$$

berechnet.

❗ Es können nur Differenzen von elektrischen Potenzialen gemessen werden. Eine Potenzialdifferenz zwischen den Punkten A und B im Raum bezeichnet man als

Elektrische Spannung

$$U = \varphi_e(A) - \varphi_e(B) = \int_A^B \vec{E} \cdot d\vec{r} \,, \quad [U] = \frac{J}{C} = \text{Volt} = \text{V} \,. \tag{2.13}$$

Nach unserer Vorzeichenkonvention gilt für die Bewegung einer Ladung q von A nach B

$$\Delta E_{pot} = E_{pot}(A) - E_{pot}(B) = q\,U \tag{2.14}$$

und bedeutet, dass sich die potenzielle Energie einer Ladung q, die eine Spannung U durchfällt, um qU ändert. Ist die Spannung zwischen B und A positiv und die Ladung $q > 0\,\text{C}$, ist die potenzielle Energie im Punkt B kleiner als in A. Dementsprechend ist $\Delta E_{pot} = -W > 0\,\text{J}$ und Arbeit kann durch die positive Ladung verrichtet werden.

ℹ️ **Beispiel: Positive Punktladung**
Die Feldlinien einer zentralen Punktladung verlaufen radial geradlinig (Abb. 2.9 (b)). Alle komplizierten Integrale und Ableitungen können eindimensional geschrieben werden und die Formeln werden deutlich einfacher. Das elektrische Potenzial einer

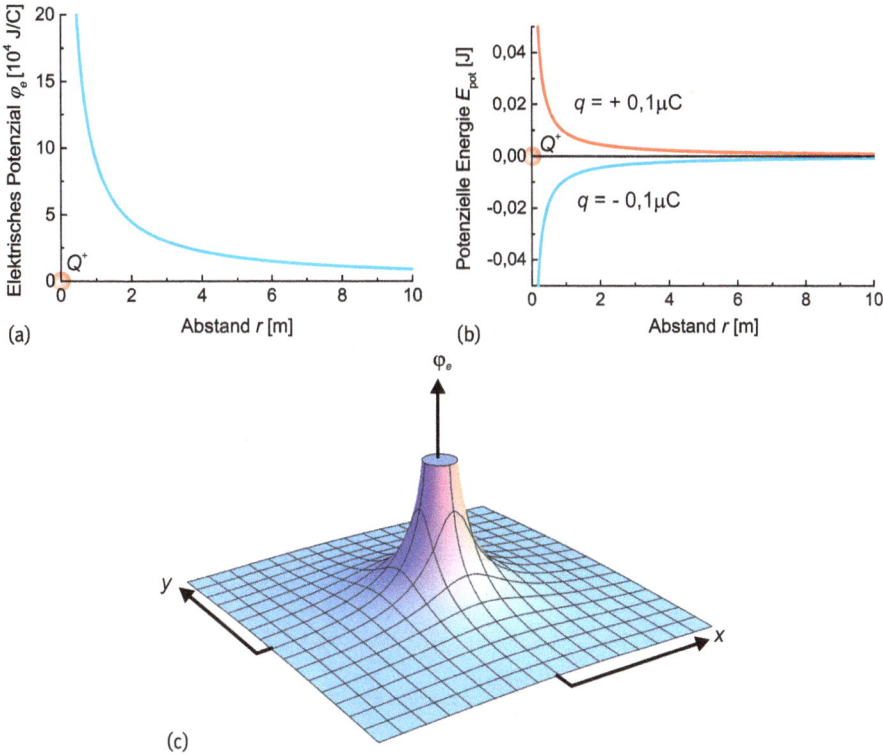

(a)

(b)

(c)

Abb. 2.11: (a) Elektrisches Potenzial einer Zentralladung von 10 µC als Funktion des Abstands. (b) Abstandsabhängigkeit der potenziellen Energie im Feld der Zentralladung für zwei Probeladungen q. (c) Dreidimensionale Darstellung des elektrischen Potenzials aus (a) über der x-y-Ebene.

Punktladung $Q > 0\,\mathrm{C}$ lautet mit Gl. (2.6)

$$\varphi_e(r) - \varphi_e(r_0) = -\int_r^{r_0} \frac{Q}{4\pi\epsilon_0 r'^2}\,\mathrm{d}r' = \frac{Q}{4\pi\epsilon_0}\left(\frac{1}{r} - \frac{1}{r_0}\right). \tag{2.15}$$

Wir wollen den Nullpunkt des Potenzials ins Unendliche legen, d. h. $\varphi_e(r_0 \to \infty) = 0\,\mathrm{J/C}$, so dass

$$\varphi_e(r) = \frac{Q}{4\pi\epsilon_0 r} \tag{2.16}$$

gilt. Das elektrische Potenzial $\varphi_e(r)$ einer positiven Zentralladung von $Q = 10\,\mu\mathrm{C}$ ist in der Abb. 2.11 (a) aufgetragen. Das elektrische Potenzial hat eine Unendlichkeitsstelle (Polstelle) am Nullpunkt und fällt in der Nähe der Ladung sehr stark ab. In einem Meter Entfernung beträgt es ungefähr 90 000 J/C. In Abb. 2.11 (c) ist das gleiche Potenzial dreidimensional über der x-y-Ebene gezeichnet. Die Wertebereiche gehen von $-5\,\mathrm{m}$ bis $+5\,\mathrm{m}$ und die Potenzialachse endet bei $2 \cdot 10^5\,\mathrm{J/C}$.

Das Vorzeichen der potenziellen Energie einer kleinen Probeladung q hängt von ihrem Ladungsvorzeichen ab, d. h.

$$E_{\text{pot}} = \frac{q \cdot Q}{4\pi\epsilon_0 r} = \begin{cases} > 0 \, \text{J}, & \text{wenn } q > 0 \, \text{C} , \\ < 0 \, \text{J}, & \text{wenn } q < 0 \, \text{C} . \end{cases} \qquad (2.17)$$

Die Abstandsabhängigkeit der potenziellen Energie für zwei Probeladungen mit $q = +0{,}1 \, \mu\text{C}$ und $q = -0{,}1 \, \mu\text{C}$ im zentralen Feld von $Q = 10 \, \mu\text{C}$ ist in Abb. 2.11 (b) aufgetragen. In einem Meter von der Zentralladung Q beträgt die Energie 9 mJ. Für die Beschreibung des Felds ist es vorteilhafter, das elektrische Potenzial und nicht die potenzielle Energie zu betrachten, weil letztere auch noch vom Vorzeichen der Probeladung abhängt. Bei negativen Zentralladungen drehen sich alle Vorzeichen um. Hier ist Vorsicht geboten, um Vorzeichenfehler zu vermeiden.

Der negative Gradient von Gl. (2.16) liefert wieder das elektrische Feld, denn es gilt

$$\vec{E} = -\nabla\varphi_e(r) = -\frac{Q}{4\pi\epsilon_0} \begin{pmatrix} \frac{\partial}{\partial x}\left(\frac{1}{r}\right) \\ \frac{\partial}{\partial y}\left(\frac{1}{r}\right) \\ \frac{\partial}{\partial z}\left(\frac{1}{r}\right) \end{pmatrix} , \qquad (2.18)$$

wobei

$$\frac{\partial}{\partial x}\left(\frac{1}{r}\right) = \frac{\partial}{\partial x} \frac{1}{\sqrt{x^2 + y^2 + z^2}} = -\frac{x}{r^3} , \qquad (2.19)$$

was die bekannte Beziehung

$$\vec{E} = \frac{Q}{4\pi\epsilon_0 r^3} \begin{pmatrix} x \\ y \\ z \end{pmatrix} = \frac{Q}{4\pi\epsilon_0 r^2}\vec{e}_r \qquad (2.20)$$

reproduziert.

2.2.4 Energieerhaltungssatz

In einem konservativen Kraftfeld bleibt die Gesamtenergie erhalten. Für eine punktartige Probeladung im elektrischen Feld ist die Summe von kinetischer und potenzieller Energie konstant, d. h.

$$E_{\text{ges}} = E_{\text{kin}} + E_{\text{pot}} = E_{\text{kin}} + q\varphi_e = \text{konstant} . \qquad (2.21)$$

Bewegt sich eine Ladung q von A nach B und durchläuft sie die Spannung $\varphi_e(\text{A}) - \varphi_e(\text{B})$, beträgt die kinetische Energie am Punkt B

$$E_{\text{kin,B}} = E_{\text{kin,A}} + q(\varphi_e(\text{A}) - \varphi_e(\text{B})) = E_{\text{kin,A}} + qU \qquad (2.22)$$

Eine positive (negative) Ladung q gewinnt kinetische Energie beim Durchfallen einer positiven (negativen) Spannung U.

Gerade im Falle elementarer Ladungen ist es sinnvoll, eine angepasste Energieeinheit zu verwenden. Die Energieeinheit

Elektronenvolt

$$1\,\text{eV} = 1e_0 \cdot 1\,\text{V} = 1{,}602\,176\,620 \cdot 10^{-19}\,\text{J} \tag{2.23}$$

entspricht dem kinetischen Energiegewinn einer Elementarladung beim Durchfallen einer Spannung von 1 V.

Beispiel: Beschleunigtes Elektron

Wird ein ruhendes Elektron durch eine Spannung von −10 000 V beschleunigt, berechnet sich die Geschwindigkeit in der klassischen Mechanik nach

$$\frac{m_e}{2}v^2 = -e_0 U \tag{2.24}$$

$$\Rightarrow \quad v = \sqrt{\frac{-2e_0 U}{m_e}} = \sqrt{\frac{2 \cdot 1{,}6 \cdot 10^{-19} \cdot 10\,000\,\text{J}}{9{,}1 \cdot 10^{-31}\,\text{kg}}} = 5{,}93 \cdot 10^7\,\frac{\text{m}}{\text{s}}\,. \tag{2.25}$$

In Gl. (2.24) wird die kinetische Energie als klassische Größe eingesetzt. Eine Spannung von 10 000 V bringt Elektronen schon auf eine Geschwindigkeit von mehr als 19 % der Vakuumlichtgeschwindigkeit c_0. Hier muss daher relativistisch gerechnet werden, wie in Kapitel 10 noch erläutert wird. In unserem Beispiel ist der relativistische Ansatz

$$(m(v) - m_e)c_0^2 = |e_0 U| \tag{2.26}$$

$$\Leftrightarrow \quad \left(\frac{1}{\sqrt{1 - \frac{v^2}{c_0^2}}} - 1 \right) = \frac{|e_0 U|}{m_e c_0^2} \tag{2.27}$$

richtiger (siehe Gl. (10.24)). Nach der Geschwindigkeit im Laborsystem aufgelöst, erhält man für eine Beschleunigungsspannung von −10 000 V

$$v = c_0 \sqrt{1 - \frac{1}{\left(1 + \frac{|e_0 U|}{m_e c_0^2}\right)^2}} = 5{,}84 \cdot 10^7\,\frac{\text{m}}{\text{s}}\,, \tag{2.28}$$

was durch die relativistische Massenzunahme des Elektrons ein wenig kleiner ist als der klassische Wert.

Anmerkung: Bahnkurven einer Ladung im zentralen Kraftfeld

Das Wasserstoffatom besteht aus einem relativ leichten, negativen Elektron und einem relativ schweren, positiven Proton. Die anziehende Coulomb-Kraft nach Gl. (2.1) ist mathematisch mit dem Gravitationsgesetz gleich jedoch mit anderen Vorfaktoren.

Durch einen Analogieschluss könnte man vermuten, dass die klassischen Bahnkurven des Elektrons um den Kern mit den Kepler-Bahnen eines Planeten um ein Zentralgestirn identisch sind. Im Falle der gebundenen Bewegung würde man Kreise und Ellipsen erwarten, je nach Drehimpuls und Gesamtenergie.

Auch wenn physikalische Analogien oft zu den richtigen Schlüssen führen, liegt man in diesem Fall falsch. Die elektromagnetische Wechselwirkung ist bezogen auf ihre Ladungen sehr viel stärker als die Gravitation. Wir müssen daher Energie und Impuls des elektromagnetischen Felds mit berücksichtigen. So erzeugen beschleunigte Punktladungen, z. B. auf einer Kreisbahn um den Kern, elektromagnetische Wellen, die der Bewegung Energie entziehen. Das Elektron müsste also in kurzer Zeit in den Kern fallen. Diese Erkenntnis hat Physikern zu Beginn des 20. Jahrhunderts Kopfzerbrechen bereitet.

Atome lassen sich also nicht als kleine Planetensysteme mit schwerem, positivem Zentralkern und Elektronen als Trabanten auf Kepler-Bahnen betrachten, denn in diesem Atommodell wären sie instabil. Klassische Mechanik und klassische Elektrizitätslehre sind hier am Ende. Ein gänzlich neues Konzept und eine neue Anschauung sind notwendig. Mit der Quantenmechanik, die zu Beginn des letzten Jahrhunderts entwickelt wurde, können die Phänomene konsistent verstanden werden. Sie wird im Band 3 der Reihe vorgestellt.

Mathematische Ergänzung: Koordinatensysteme

Die kartesischen Koordinaten sind der Symmetrie bestimmter physikalischer Systeme nicht angepasst. Obwohl die physikalischen Gesetze unabhängig von der Wahl des Koordinatensystems sind, kann der mathematische Aufwand durch ungeschickte Wahl gewaltig sein. Das elektrische Feld einer Punktladung ist z. B. kugelsymmetrisch und wird in Kugelkoordinaten einfacher und natürlich beschrieben. Im Folgenden werden die in diesem Band wichtigen nicht-kartesischen Koordinatensysteme kurz vorgestellt. Die Einheitsvektoren sind zwar orthogonal zueinander, aber anders als im kartesischen Koordinatensystem nicht ortsfest, d. h. ihre Richtung hängt vom Ort ab.

Ebene Polarkoordinaten

Ebene Polarkoordinaten, die auch Kreiskoordinaten genannt werden, wurden schon im Band 1 zur Be-

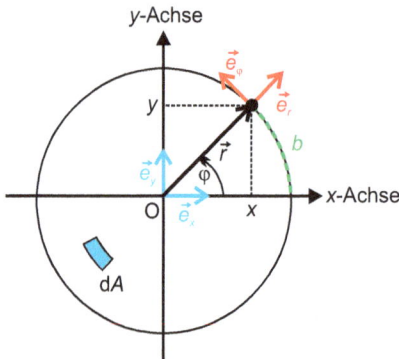

Abb. 2.12: Kreiskoordinatensystem.

schreibung von Kreisbewegungen verwendet. In Abb. 2.12 sind diese für einen Punkt in der Ebene eingezeichnet. Anstelle von x und y dienen Radius r und Azimuthwinkel φ als Koordinaten. Die Umrechnung zwischen beiden Koordinaten lautet

$$x = r\cos\varphi\,, \quad y = r\sin\varphi \tag{2.29}$$

bzw.

$$r = \sqrt{x^2 + y^2}\,, \quad \varphi = \arctan\frac{y}{x}\,. \tag{2.30}$$

Der Azimuthwinkel

$$\varphi = \frac{b}{r} \tag{2.31}$$

wird im *Bogenmaß* als Quotient von Bogenlänge und Radius gemessen. In der Abb. 2.12 ist auch ein elementares Flächenstück dA in Kreiskoordinaten eingezeichnet. Es entspricht im Grenzwert dem Produkt aus infinitesimaler Radiuslänge dr und infinitesimaler Bogenlänge r dφ, also

$$dA = r\,d\varphi\,dr\,. \tag{2.32}$$

Zylinderkoordinaten

Sie beschreiben Punkte im Raum und verwenden ebene Polarkoordinaten für eine Ebene und die kartesische z-Achse senkrecht darauf. In Abb. 2.13 sind die Zylinderkoordinaten eines Punkts P im Raum eingezeichnet. Die Umrechnungsrelationen zwischen ihnen und den kartesischen Koordinaten lauten wie bei den ebenen Polarkoordinaten

$$x = r\cos\varphi\,, \quad y = r\sin\varphi\,, \quad z = z \tag{2.33}$$

und umgekehrt

$$r = \sqrt{x^2 + y^2}\,, \quad \varphi = \arctan\frac{y}{x}\,, \quad z = z\,. \tag{2.34}$$

Die Einheitsvektoren und das elementare Volumenelement dV in Zylinderkoordinaten sind auch in Abb. 2.13 eingezeichnet. Die Größe

$$dV = r\,d\varphi\,dr\,dz \tag{2.35}$$

entspricht dem Flächenelement der Kreiskoordinaten mal dem infinitesimalen Längenstück in z-Richtung.

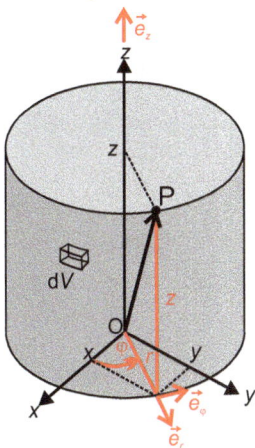

Abb. 2.13: Zylinderkoordinatensystem.

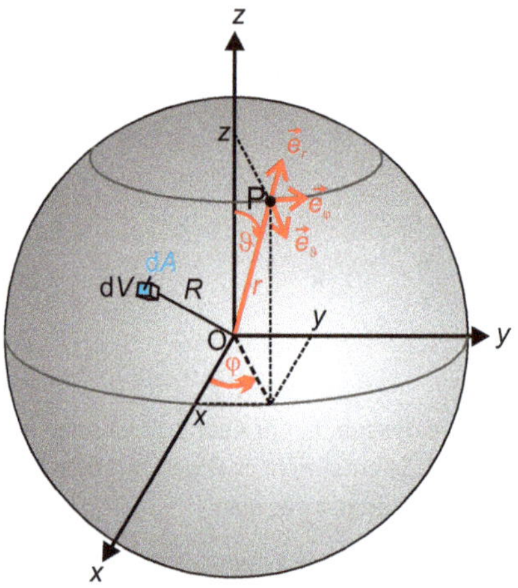

Abb. 2.14: Polarkoordinatensystem.

Polarkoordinaten

Polarkoordinaten sind der Kugelsymmetrie angepasst und werden in der Physik oft angewendet. Sie werden auch als *Kugelkoordinaten* oder *sphärische Koordinaten* bezeichnet und sind in Abb. 2.14 eingezeichnet. Sie bestehen aus dem Radius bzw. der Länge des Ortsvektors r, dem Azimuthwinkel φ als Winkel zwischen der x-Achse und der Projektion von $\vec{r}$ auf die x-y-Ebene und dem Polarwinkel ϑ zwischen z-Achse und $\vec{r}$. Entsprechend lassen sich kartesische und sphärische Koordinaten durch

$$x = r \sin \vartheta \cos \varphi \,, \quad y = r \sin \vartheta \sin \varphi \,, \quad z = r \cos \vartheta \,, \tag{2.36}$$

und

$$r = \sqrt{x^2 + y^2 + z^2} \,, \quad \varphi = \arctan \frac{y}{x} \,, \quad \vartheta = \arccos \frac{z}{r} \tag{2.37}$$

ineinander überführen. Ein räumlicher Winkelbereich aus der Kugel wird durch den *Raumwinkel Ω* beschrieben. Er ist ganz ähnlich zum Bogenmaß in der Ebene definiert. In Abb. 2.14 ist ein sphärisches Elementarvolumen dV eingezeichnet. Der Raumwinkelbereich, der durch dV definiert wird, wird durch den Kugelflächenausschnitt dA geteilt durch das Quadrat des Radius, R^2, berechnet,

$$d\Omega = \frac{dA}{R^2} \,. \tag{2.38}$$

Nicht-infinitesimale Raumwinkel lassen sich ebenso als Fläche durch Radiusquadrat bestimmen. Der gesamte Raum hat den Raumwinkel 4π, der Halbraum 2π, weil eine gesamte Kugeloberfläche gleich $4\pi R^2$ ist.

Das sphärische Volumenelement im Abstand r vom Ursprung ist durch das Produkt aus den drei infinitesimalen Längenelementen

$$dV = dr \cdot r \sin \vartheta \, d\varphi \cdot r \, d\vartheta = r^2 \sin \vartheta \, dr \, d\vartheta \, d\varphi \tag{2.39}$$

bestimmt.

2.3 Elektrische Felder von mehreren Punktladungen

2.3.1 Gesamtfeld und Ladungsschwerpunkt

In der Abb. 2.15 ist eine Gruppe von Punktladungen im Raum abgebildet. So wie wir den Schwerpunkt eines Systems aus Massenpunkten definiert haben, können wir analog einen *Ladungsschwerpunkt*

$$\vec{r}_Q = \frac{1}{Q_{\text{ges}}} \sum_{j=1}^{N} Q_j \cdot \vec{r}_j \qquad (2.40)$$

festlegen, wobei Q_{ges} die Gesamtladung des Systems ist. Nur wenn $Q_{\text{ges}} \neq 0\,\text{C}$ ist, ist der Ladungsschwerpunkt sinnvoll.

Die elektrischen Felder und die Potenziale der einzelnen Punktladungen in Abb. 2.15 addieren sich zu einem Gesamtfeld. Die Gesamtfeldstärke und das Gesamtpotenzial am Ort $\vec{r}$ lauten bei N Ladungen

$$\vec{E}_{\text{ges}} = \frac{1}{4\pi\epsilon_0} \sum_{j=1}^{N} \frac{Q_j}{|\vec{r} - \vec{r}_j|^3} (\vec{r} - \vec{r}_j) \quad \text{und} \qquad (2.41)$$

$$\varphi_{\text{e,ges}} = \frac{1}{4\pi\epsilon_0} \sum_{j=1}^{N} \frac{Q_j}{|\vec{r} - \vec{r}_j|} \,. \qquad (2.42)$$

In großer Entfernung von der Ladungswolke, wird die räumliche Anordung der Punktladungen keine große Rolle mehr spielen. Im Wesentlichen wird dort das elektrische Feld dem einer Punktladung Q_{ges} im Ladungsschwerpunkt entsprechen. Man bezeichnet diesen Anteil des elektrischen Felds als **Monopol**. Es gibt ihn nur im Falle einer Nettoladung. Je mehr wir uns aber der Punktladungsgruppe nähern, umso wichtiger wird ihre *intrinsische* (innerliche) Ladungsstruktur für das elektrische Feld.

Systeme ohne Monopolanteil sind zwar insgesamt elektrisch neutral, können jedoch eine intrinsische Ladungsstruktur besitzen. Der einfachste Fall dieser Art ist der Dipol mit zwei Ladungen, dem in der Physik und Chemie als Modellsystem eine fundamentale Bedeutung zukommt.

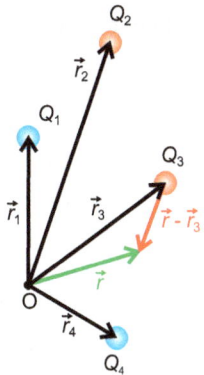

Abb. 2.15: Eine Gruppe aus punktförmigen Ladungen. Die Farben sollen die Polaritäten abbilden. Der Differenzvektor ist der Abstandsvektor zwischen einer Ladung und einem Punkt $\vec{r}$ im Raum.

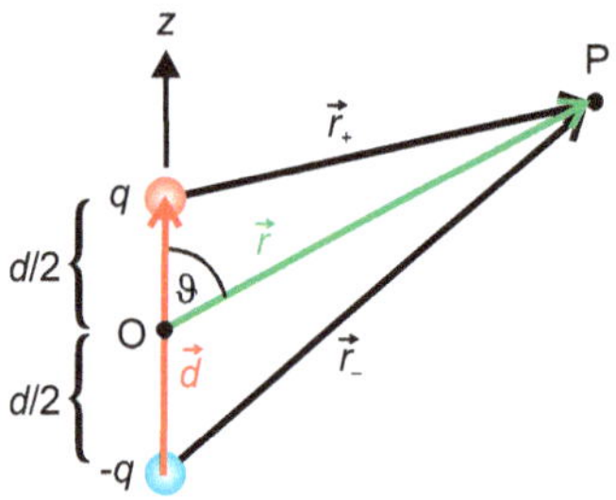

Abb. 2.16: Ein elektrischer Dipol besteht aus zwei entgegengesetzt gleichen Ladungen im Abstand d. Der Ursprung des Koordinatensystems wird in die Mitte des Dipols gesetzt.

2.3.2 Elektrischer Dipol

Das einfachste zusammengesetzte Feld besteht aus zwei entgegengesetzt gleich großen Ladungen q und $-q$ im Abstand $|\vec{d}|$, wie in Abb. 2.16 skizziert. Die Ladungen werden dabei auf dem konstanten Abstand gehalten. Wir wollen im Folgenden annehmen, dass q positiv ist. Diese Anordnung heißt **elektrischer Dipol**. Er ist elektrisch neutral. In der Abb. 2.16 sind auch die Abstandsvektoren $\vec{r}_+$ und $\vec{r}_-$ von den Einzelladungen zu einem Punkt P im Raum eingezeichnet. Der Ursprung des Koordinatensystems wird in die Mitte des Dipols gesetzt.

Die Richtung des Abstandsvektors $\vec{d}$ ist von der negativen zur positiven Ladung definiert, also umgekehrt zu den elektrischen Feldlinien. Diese Festlegung erweist sich als zweckmäßig. Der Dipol wird durch ein

Elektrisches Dipolmoment

$$\vec{p}_{el} = q \cdot \vec{d}, \quad [\vec{p}_{el}] = C\,m, \tag{2.43}$$

als physikalische Größe gekennzeichnet. Den Index *el* verwenden wir, um die Größe vom mechanischen Impuls zu unterscheiden. In molekularen Größenordnungen ist auch die Einheit

$$1\,\text{Debye} = 1\,D = 3{,}335\,641 \cdot 10^{-30} C\,m = 0{,}208\,194\,e_0\,\text{Å}$$

gebräuchlich.

In der Abb. 2.17 (a) sind die Feldlinien und die Äquipotenzialflächen des elektrischen Dipols dreidimensional dargestellt. Die Anordnung ist rotationssymmetrisch, weshalb die Feldlinien in einer Fläche dargestellt werden können, die die Dipolachse enthält, wie in Abb. 2.17 (b) gezeigt. Das räumliche Kraftfeldlinienbild entsteht durch Rotation der Zeichnung um die Dipolachse. Die Abb. 2.17 (c) stellt neben den elektrischen Feldlinien auch die Äquipotenziallinien als gestrichelte schwarze Linien dar, die aus dem Schnitt der Äquipotenzialflächen mit der Zeichenebene entstehen.

Die Abb. 2.17 (b) zeigt die Feldlinien im unmittelbarer Umgebung des Dipols, berechnet durch Addition der Punktladungsfelder. Das Feld wird auch als **Nahfeld** bezeichnet. Wegen der Symmetrie des Felds ist es sinnvoll, den Ursprung des Koordi-

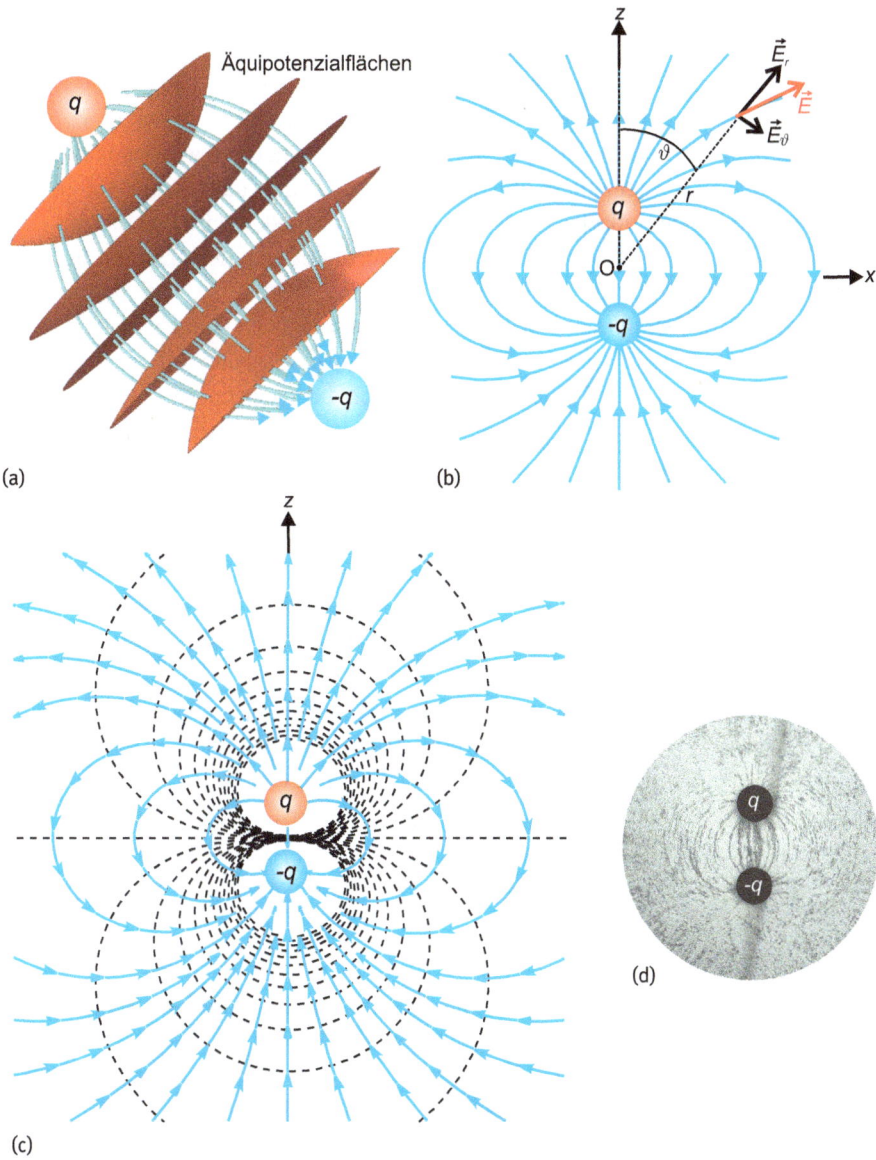

(a)

(b)

(c)

(d)

Abb. 2.17: (a) Dreidimensionale Darstellung des Feldlinienbilds und der Äquipotenzialflächen eines elektrischen Dipols. (b) Feldlinien im Querschnitt der Symmetrieebene des Dipols. (c) Feld- und Äquipotenziallinien im Querschnitt der Symmetrieebene des Dipols. (d) Fotografie von Griespartikeln, die durch zwei entgegengesetzt gleich große Elektroden ausgerichtet werden.

natensystems in die Mitte zwischen den Ladungen zu setzen, wie die Abb. 2.17 (b) verdeutlicht. Es sind für einen ausgesuchten Punkt die Radial- und die Polarkomponente der elektrischen Feldstärke eingezeichnet. Abb. 2.17 (d) gibt eine Fotografie von Griespartikelspuren eines Dipols wieder, die durch das Feld zweier entgegengesetzt geladener Elektroden ausgerichtet werden und die Feldlinien in der Ebene visualisieren.

Das Nahfeld kann nicht allein durch das Dipolmoment beschrieben werden, weil in $\vec{p}_{el}$ zwischen Länge und Einzelladung nicht unterschieden wird. Dipole mit gleichem Dipolmoment können sich in Länge und Einzelladung unterscheiden. Ihr Nahfeld ist daher nicht identisch!

Um das elektrische Dipolfeld zu berechnen, bestimmen wir zunächst das Gesamtpotenzial, z. B. am Punkt P in Abb. 2.16. Der Abstand von diesem Punkt zur positiven (negativen) Ladung sei $|\vec{r}_{+}|$ $(|\vec{r}_{-}|)$. Dann schreibt sich das Potenzial in P

$$\varphi_e(P) = \frac{q}{4\pi\epsilon_0}\left(\frac{1}{r_+} - \frac{1}{r_-}\right) = \frac{q}{4\pi\epsilon_0}\frac{r_- - r_+}{r_+ r_-} \tag{2.44}$$

mit

$$r_+ = \left|\vec{r} - \frac{\vec{d}}{2}\right| \quad \text{und} \quad r_- = \left|\vec{r} + \frac{\vec{d}}{2}\right|. \tag{2.45}$$

Das Feld folgt aus Gl. (2.11) durch Bestimmung des Gradienten, was nicht einfach zu berechnen ist.

Wir wollen hier nur das **Fernfeld** des elektrischen Dipols betrachten. In vielen Anwendungen ist die Feldstärke in großer Distanz zum Dipol relevant, d. h. für Abstände sehr viel größer als die Dipollänge d. Weil der Dipol neutral ist, gibt es keinen Monopolanteil.

In dem Grenzfall $r \gg d$ verlaufen $\vec{r}_+$ und $\vec{r}_-$ praktisch parallel. Mit dem Polarwinkel ϑ schreiben wir in guter Näherung

$$r_- \cdot r_+ \approx r^2 \quad \text{und} \quad r_- - r_+ \approx d\cos\vartheta = \vec{d} \cdot \vec{e}_r$$

mit $\vec{e}_r = \vec{r}/r$ als Einheitsvektor in Richtung $\vec{r}$. Setzt man die Näherungen ein, erhält man mit Gl. (2.43) das Potenzial im Fernfeld

$$\varphi_{e,\text{fern}}(\vec{r}) \approx \frac{q}{4\pi\epsilon_0}\frac{d\cos\vartheta}{r^2} = \frac{1}{4\pi\epsilon_0}\frac{\vec{p}_{el} \cdot \vec{r}}{r^3}. \tag{2.46}$$

Das Potenzial im Fernfeld eines Dipols ist vom Betrage maximal auf der Dipolmomentachse.

Das elektrische Fernfeld wird als Gradient von $\varphi_{e,\text{fern}}(\vec{r})$ bestimmt. Wir können die Rotationssymmetrie des räumlichen Felds nutzen. Eine Rotation um die Dipolachse ändert das Feld nicht. Das hat zur Folge, dass in der Zeichenebene die elektrische Feldstärke nur zwei Komponenten besitzt, eine in radialer Richtung mit $\vec{E}_r = E_r\vec{e}_r$ und eine in polarer Richtung mit $\vec{E}_\vartheta = E_\vartheta\vec{e}_\vartheta$. Beide Komponenten stehen wie in der Abb. 2.17 (b) senkrecht aufeinander.

Die gesamte elektrische Fernfeldstärke ergibt sich durch vektorielle Addition der Komponenten

$$\vec{E}_{\text{fern}} = \vec{E}_r + \vec{E}_\vartheta = \frac{qd}{4\pi\epsilon_0 r^3}(2\vec{e}_r \cos\vartheta + \vec{e}_\vartheta \sin\vartheta) \,, \tag{2.47}$$

wobei die Komponenten aus den Ableitungen des Potenzials

$$E_r = -\frac{\partial \varphi_{e,\text{fern}}}{\partial r} = -\frac{qd\cos\vartheta}{4\pi\epsilon_0}\frac{\partial}{\partial r}\frac{1}{r^2} = \frac{2qd\cos\vartheta}{4\pi\epsilon_0 r^3} \,, \tag{2.48}$$

$$E_\vartheta = -\frac{1}{r}\frac{\partial \varphi_{e,\text{fern}}}{\partial \vartheta} = -\frac{qd}{4\pi\epsilon_0 r^3}\frac{\partial\cos\vartheta}{\partial\vartheta} = \frac{qd\sin\vartheta}{4\pi\epsilon_0 r^3} \tag{2.49}$$

berechnet werden. Die Gl. (2.47) kann mit $\vec{p} = p(\vec{e}_r \cos\vartheta - \vec{e}_\vartheta \sin\vartheta)$ vektoriell zusammengefasst werden, woraus

$$\vec{E}_{\text{fern}} = \frac{3\vec{e}_r(\vec{e}_r \cdot \vec{p}_{\text{el}}) - \vec{p}_{\text{el}}}{4\pi\epsilon_0 r^3} \tag{2.50}$$

folgt. Die Abb. 2.18 zeigt die elektrischen Feldlinien des Dipolfernfelds in der Zeichenebene.

Im Fernfeld ist die eigentliche Länge und die Einzelladung des Dipols nicht mehr relevant. Er schrumpft idealerweise auf einen Punkt zusammen. Die elektrische Feldstärke eines Dipols nimmt im Fernfeld mit r^{-3} ab, während das Feld einer Punktladung (Monopol) mit r^{-2} schwächer abfällt. Das liegt eben daran, dass der Dipol insgesamt keine Nettoladung trägt. Dieses bestätigt quantitativ unsere oben gemachte Annahme, dass in großen Entfernungen von einer Ladungswolke mit einer Nettoladung der Monopolanteil überwiegt.

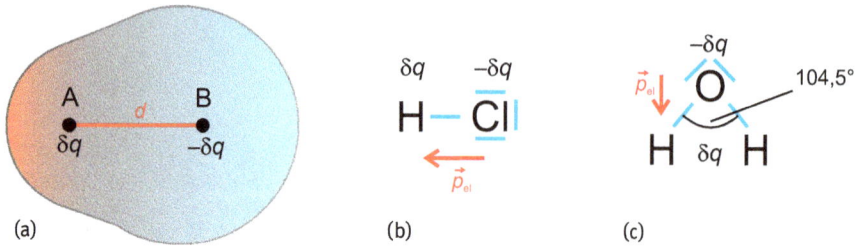

Abb. 2.19: (a) Polare chemische Bindung zwischen zwei Atomen A und B. (b) Lewis-Formel für Chlorwasserstoff. (c) Lewis-Formel für Wasser.

Anwendung: Molekulare Dipolmomente

Moleküle setzen sich aus mehreren Atomen zusammen. Im Modell einfacher chemischer Substanzen besteht jeweils zwischen zwei Atomen eine Bindung. Sind verschiedene chemische Elementen beteiligt, kommt es oft zur räumlichen Verschiebung der Bindungselektronen in Richtung des elektronegativeren Elements. Die *Elektronegativität* eines Elementatoms ist ein Maß für dessen Neigung, in Bindungen Elektronen anzuziehen. Die Verschiebung erzeugt eine *polare* Bindung, wie in Abb. 2.19 (a) schematisch für ein zweiatomiges Molekül A-B mit der Bindungslänge d gezeichnet. Es entsteht eine molekularer Dipol mit dem Dipolmoment

$$|\vec{p}_{el}| = p_{el} = \delta q\, d\,. \tag{2.51}$$

In der Zeichnung wird ein positives $\delta q > 0\,C$ angenommen. Die Farbwolke soll die Dichte der bindenden Valenzelektronen darstellen. Blau steht für einen Elektronenüberschuss und Rot für einen Elektronenmangel. Details der chemischen Bindung werden in Band 4 besprochen.

Die Ladungsverschiebung kann mit den Elektronegativitäten χ der Elemente abgeschätzt werden. Die Werte sind in Nachschlagewerken der Chemie tabelliert. Verwenden wir die *Pauling*-Skala, gilt in guter Näherung die empirische Formel

$$|\delta q| = e_0\left(0{,}16|\chi_A - \chi_B| + 0{,}035(\chi_A - \chi_B)^2\right) \tag{2.52}$$

für zwei Atome A und B mit den Elektronegativitäten χ_A und χ_B.

Wir wollen beispielhaft die Dipolmomente der Moleküle Chlorwasserstoff HCl und Wasser H_2O nachvollziehen. Sie sind in Abb. 2.19 (b) und (c) in einfacher Strichschreibweise (Lewis-Formel) skizziert. Die blaue Linie steht für eine Bindung mit zwei Elektronen. In Tabellen findet man die Elektronagativitätswerte $\chi_H = 2{,}20$, $\chi_O = 3{,}44$ und $\chi_{Cl} = 3{,}16$, woraus Ladungsverschiebungen von $0{,}25e_0$ für die H-O- und $0{,}19e_0$ für die H-Cl-Bindung folgen. Mit den Bindungslängen $d(\text{H-O}) = 0{,}096\,nm$ und $d(\text{H-Cl}) = 0{,}127\,nm$ lassen sich die molekularen Diplmomente überraschend genau abschätzen. Berücksichtigt man die Bindungsgeometrie in Abb. 2.19 (b) und (c), erhält man die Schätzwerte

$$p_{el}(HCl) = 3,8 \cdot 10^{-30} \, C\,m = 1,1 \, D$$

und

$$p_{el}(H_2O) = |\vec{p}_{el1} + \vec{p}_{el2}| = 2|\vec{p}_{el1}| \cos 52° = 4,7 \cdot 10^{-30} \, C\,m = 1,4 \, D,$$

die gut die gemessenen Werte von 1,1 D für Chlorwasserstoff und 1,8 D für Wasser wiedergeben.

2.3.3 Elektrischer Dipol in elektrischen Feldern

Ein Dipol trägt keine äußere Nettoladung und ist kein Monopol. Wegen seiner intrinsischen Ladungsstruktur besitzt er aber in einem elektrischen Feld $\vec{E}$ eine potenzielle Energie

$$E_{pot} = q(\varphi_{e,+} - \varphi_{e,-}) = qd\frac{\varphi_{e,+} - \varphi_{e,-}}{d} \approx -|\vec{E}|p_{el} \cos \alpha \tag{2.53}$$

wobei $\varphi_{e,+}$ und $\varphi_{e,-}$ die Potenziale der positiven bzw. negativen Ladung im Feld sind. Der Winkel zwischen $\vec{E}$ und $\vec{p}_{el}$ entspricht α. Die Näherung gilt, wenn das elektrische Feld am Dipol nur wenig variiert. Dann entspricht der Bruch in Gl. (2.53) dem negativen Betrag der elektrischen Feldstärke in Richtung der Dipolachse, was bis auf das Vorzeichen gleich dem Skalarprodukt zwischen Feld und Dipolmoment ist. Damit erhalten wir für die potenzielle Energie eines Dipols im elektrischen Feld

$$E_{pot} = -\vec{p}_{el} \cdot \vec{E}, \tag{2.54}$$

was aber nur in homogenen Feldern exakt richtig ist.

Das Verhalten eines Dipols im elektrischen Feld soll an drei Sonderfällen diskutiert werden.

1. **Dipol im homogenen Feld**
   Dieser Fall ist in der Abb. 2.20 (a) dargestellt. Auf die Einzelladungen des Dipols wirken entgegengesetzte Kräfte mit dem gleichen Betrag $F = q|\vec{E}|$. Insgesamt erfährt der Dipol keine Kraft aber ein Drehmoment

$$\vec{M} = \vec{r}_+ \times q\vec{E} - \vec{r}_- \times q\vec{E} = (\vec{r}_+ - \vec{r}_-) \times q\vec{E} = \vec{d} \times q\vec{E} = \vec{p}_{el} \times \vec{E}. \tag{2.55}$$

Dipole richten sich in einem homogenen Feld aus, bis das Dipolmoment $\vec{p}_{el}$ parallel zum elektrischen Feld $\vec{E}$ steht. Dann ist auch die potenzielle Energie nach Gl. (2.54) minimal.

Ein Dipol in einem homogenen elektrischen Feld erfährt keine Kraft aber ein Drehmoment, solange das Dipolmoment nicht parallel zur Feldrichtung steht!

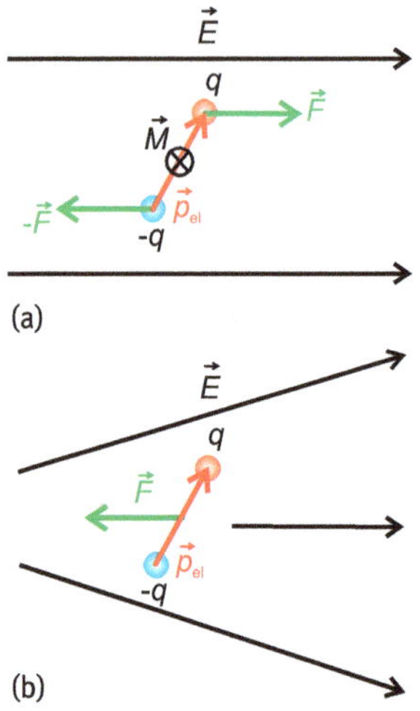

(a)

(b)

Abb. 2.20: (a) Im homogenen elektrischen Feld wirkt auf den Dipol ein Drehmoment, bis der Dipol parallel zu den Feldlinien liegt. (b) Im inhomogenen elektrischen Feld wirkt auf den Dipol eine Kraft in Richtung höherer Feldstärke.

2. **Dipol im inhomogenen Feld**

In inhomogenen Feldern wirkt auf den Dipol eine Kraft

$$\vec{F} = q[\vec{E}(\vec{r} + \vec{d}) - \vec{E}(\vec{r})] \, , \tag{2.56}$$

wie in Abb. 2.20 (b) gezeigt. Die runden Klammern in Gl. (2.56) geben den Ort als Variable an. Der Ursprung des Koordinatensystems liegt dabei in der negativen Punktladung. In der theoretischen Physik wird in Gl. (2.56) die Differenz durch ein Differenzial angenähert, das mit dem Vektor $\vec{d}$ multipliziert wird. Dieses Differenzial wird *Vektorgradient* genannt und entspricht den Ableitungen der Feldkomponenten nach den Ortskoordinaten

$$\nabla\vec{E} = \begin{pmatrix} \frac{\partial E_x}{\partial x} & \frac{\partial E_y}{\partial x} & \frac{\partial E_z}{\partial x} \\ \frac{\partial E_x}{\partial y} & \frac{\partial E_y}{\partial y} & \frac{\partial E_z}{\partial y} \\ \frac{\partial E_x}{\partial z} & \frac{\partial E_y}{\partial z} & \frac{\partial E_z}{\partial z} \end{pmatrix} . \tag{2.57}$$

Weil es drei Feld- und drei Raumkomponenten gibt, erhält man insgesamt neun Ableitungen. Der Vektorgradient ist eine (3×3)-Matrix, mit der sich die Kraft in Gl. (2.56) elegant durch

$$\vec{F} = (\vec{p}_{el} \cdot \nabla)\vec{E} \tag{2.58}$$

schreiben lässt. Hier wollen wir den einfachen Fall annehmen, dass $\vec{p}_{el}$ nur eine x-Komponente hat, woraus

$$\vec{F} = \begin{pmatrix} p_{el,x} \frac{\partial E_x}{\partial x} \\ p_{el,x} \frac{\partial E_y}{\partial x} \\ p_{el,x} \frac{\partial E_z}{\partial x} \end{pmatrix} . \tag{2.59}$$

folgt. Die Kraft auf den Dipol zeigt in Richtung zunehmender Feldstärke.

! Ein Dipol in einem inhomogenen elektrischen Feld erfährt eine Kraft in Richtung des stärkeren Felds.

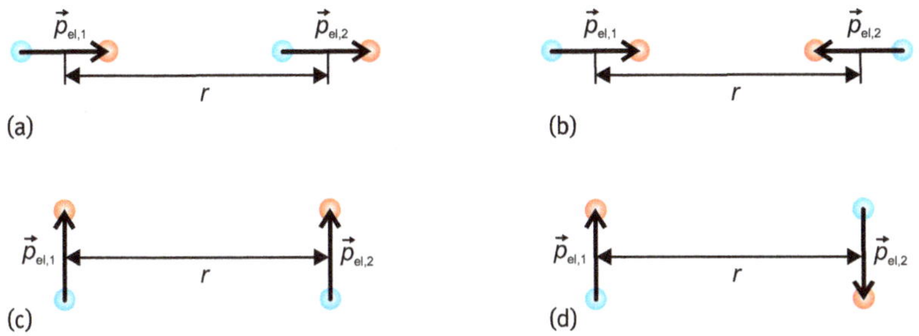

Abb. 2.21: Dipol-Dipol-Wechselwirkungen (a) Kollineare Dipole. (b) Anti-kollineare Dipole. (c) Parallele Dipole. (d) Anti-parallele Dipole.

3. **Wechselwirkung zwischen Dipolen**

Dipole üben aufeinander Kräfte aus, was man als *Dipol-Dipol-Wechselwirkung* bezeichnet. Im Fernfeld des Dipols $\vec{p}_{el,1}$ nach Gl. (2.50) hat der Dipol $\vec{p}_{el,2}$ die potenzielle Energie

$$E_{pot,12} = -\vec{p}_{el,2} \cdot \vec{E}_{fern,1} = -\frac{3(\vec{e}_r \cdot \vec{p}_{el,1})(\vec{e}_r \cdot \vec{p}_{el,2}) - \vec{p}_{el,1} \cdot \vec{p}_{el,2}}{4\pi\epsilon_0 r^3} \ . \tag{2.60}$$

Für vier Anordnungen, wie sie in Abb. 2.21 gezeigt sind, wollen wir die potenzielle Energie pro Dipol berechnen.

– **Abb. 2.21 (a): kollineare Dipolmomente**

Der Zähler in Gl. (2.60) lässt sich wegen $\vec{e}_r \cdot \vec{p}_{el,1} = p_{el,1}$, $\vec{e}_r \cdot \vec{p}_{el,2} = p_{el,2}$ und $\vec{p}_{el,1} \cdot \vec{p}_{el,2} = p_{el,1} p_{el,2}$ zusammenfassen, so dass in diesem Fall

$$E_{pot,12} = -\frac{2 p_{el,1} p_{el,2}}{4\pi\epsilon_0 r^3} \tag{2.61}$$

gilt.

– **Abb. 2.21 (b): anti-kollineare Dipolmomente**

Analog zum vorhergehenden Fall ermittelt man hier

$$E_{pot,12} = \frac{2 p_{el,1} p_{el,2}}{4\pi\epsilon_0 r^3} \ . \tag{2.62}$$

– **Abb. 2.21 (c): parallele Dipolmomente**

Der erste Summand im Zähler von Gl. (2.60) verschwindet und

$$E_{pot,12} = \frac{p_{el,1} p_{el,2}}{4\pi\epsilon_0 r^3} \ . \tag{2.63}$$

– **Abb. 2.21 (d): anti-parallele Dipolmomente**

Wie in vorangehenden Fall nur mit umgekehrten Vorzeichen folgt

$$E_{pot,12} = -\frac{p_{el,1} p_{el,2}}{4\pi\epsilon_0 r^3} \ . \tag{2.64}$$

Frei bewegliche Dipole streben also danach, sich auf einer Linie gleichsinnig anzuordnen. Können die Dipolmomente nur parallel zueinander liegen, wird dagegen eine entgegengesetzte Orientierung bevorzugt.

> ### Beispiel: Wechselwirkung zweier H₂O Moleküldipole
>
> Es kostet Energie, zwei kollinear angeordnete Wassermoleküldipole im Abstand von 0,5 nm zu trennen. Greifen wir auf Gl. (2.61) und den Wert des Dipolmoments für ein Wassermolekül zurück, erhalten wir eine potenzielle Energie von
>
> $$E_{\text{pot}} = -\frac{(4,7 \cdot 10^{-30}\,\text{C m})^2\,\text{V m}}{2\pi\,8,85 \cdot 10^{-12}\,\text{C}\,1,25 \cdot 10^{-28}\text{m}^3} \approx -20 \cdot 10^{-3}\,\text{eV} \qquad (2.65)$$
>
> pro Wassermolekül, was im Vergleich zu üblichen chemischen Bindungen zwar ungefähr hundertmal kleiner, aber dennoch für das Verhalten von Molekülgruppen in Gasen und Flüssigkeiten bedeutend ist.

Anmerkung: Multipole

Monopol und Dipol stellen zwei grundlegende, prototypische Ladungsverteilungen dar. Man kann diese Reihe mit weiteren hochsymmetrischen Anordnungen mehrerer Ladungen fortsetzen. Die nächste fundamentale Ladungsanordnung ist der *Quadrupol*, der in Abb. 2.22 (a) dargestellt ist. Er besteht aus vier Ladungen gleichen Betrags, die auf den Ecken eines Quadrats liegen. Der Quadrupol besitzt keine Monopolladung, denn er ist insgesamt neutral. Er hat auch kein resultierendes Dipolmoment, sondern stellt einen weiteren Prototypen einer diskreten Ladungsverteilung dar. Sein elektrisches Nahfeld ist in Abb. 2.22 (b) im Querschnitt gezeichnet. Es wurde ein positives q angenommen. Die elektrischen Feldlinien des Fernfelds sind in Abb. 2.22 (c) gezeichnet.

Es lässt sich zeigen, dass jede beliebige Ladungsverteilung als eine Summe von Feldanteilen eines Monopols, eines Dipols, eines Quadrupols, eines Oktupols u.s.w. geschrieben werden kann. Eine solche Entwicklung wird *Multipolentwicklung* genannt und ist für die Analyse von Ladungsverteilungen sehr hilfreich. Je höher die Ordnung desto kurzreichweitiger ist das Feld. Das haben wir schon im Vergleich von Monopol und Dipol gesehen. Das heißt der erste nicht verschwindende Anteil in der

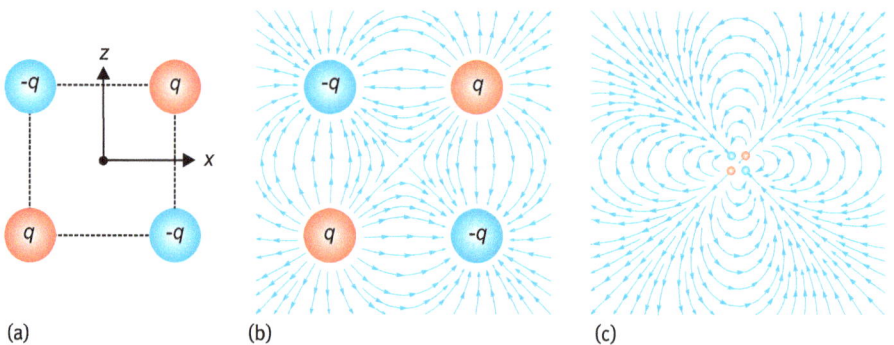

(a)   (b)   (c)

Abb. 2.22: (a) Schematische Ladungsanordnung eines Quadrupols. (b) Elektrische Feldlinien des Nahfelds eines Quadrupols. (c) Elektrische Feldlinien des Fernfelds eines Quadrupols.

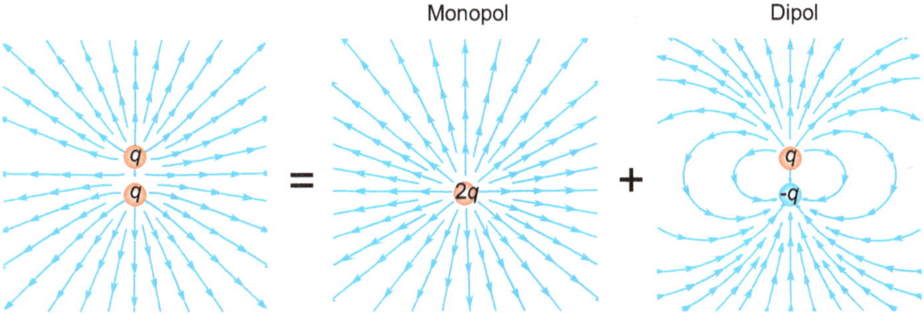

Abb. 2.23: Elektrische Feldlinien in der Ebene von zwei gleichnamigen Ladungen. Das Feld kann als Summe aus einem Monopol- und einem Dipolfeld zusammengesetzt werden.

Multipolentwicklung bestimmt das Fernfeld. Hat eine Ladungsverteilung insgesamt eine Nettoladung Q, wird der Monopolanteil im Fernfeld dominieren. Die Verteilung erscheint in großer Entfernung wie ein Punktladung.

Höhere Multipole werden immer komplizierter zu charakterisieren. Zur Beschreibung eines Monopols genügt ein Skalar, die Ladung. Für den Dipol muss schon ein Vektor, das Dipolmoment, herangezogen werden. Das Quadrupolmoment besteht aus einer (3×3)-Matrix u.s.f. Ein einfaches Beispiel einer diskreten Ladungsverteilung, die nicht durch einen einfachen Multipol beschrieben werden kann, ist in Abb. 2.23 gezeigt. Sie besteht aus zwei gleichnamigen Ladungen q. Das elektrische Feldlinienbild entsteht aus der Summe eines Dipols mit q und $-q$ sowie eines Monopols mit Ladung $2q$ am Ort der Ladung $-q$ des Dipols.

2.4 Elektrische Felder beliebig verteilter Ladungen

2.4.1 Das Gesetz von Gauß

Die elektrische Ladung ist quantisiert und wird von kleinsten Teilchen getragen, wobei das Elektron als Elementarteilchen punktförmig ist. Proton und Neutron haben zwar eine innere Struktur jedoch auf winzigen Längen. Werden Ladungen also auf der mikroskopischen Skala betrachtet, ist das Bild der Punktladung keine Idealvorstellung, sondern durchaus realistisch. Dementsprechend können wir das elektrische Feld einer Ladungsverteilung immer korrekt als Summe nach Gl. (2.41) auffassen.

In der meso- und makroskopischen Welt sind die Summen über Punktladungen unvorstellbar lang und daher für die Beschreibung des Felds nicht praktikabel. Wir wollen daher das Punktladungsbild verlassen und kontinuierliche Ladungsverteilungen annehmen. Dieses Vorgehen ähnelt dem Übergang vom Massenpunkt zum ausgedehnten Körper, weshalb hier analoge Größen definiert werden. Wie in Abb. 2.24 sei die Ladung Q auf ein Volumen V verteilt. In einem kleinen Teilvolumen ΔV befinde sich die Ladung ΔQ, womit wir die **Ladungsdichte**

$$\rho_q(\vec{r}) = \frac{\Delta Q}{\Delta V}, \quad [\rho_q] = \frac{C}{m^3} \tag{2.66}$$

definieren können. Die Ladungsdichte hängt im Allgemeinen vom Ort ab. Wenn $\rho_q = $ konstant ist, spricht man von einer *homogenen* Ladungsverteilung. Anders als die Massendichte kann die Ladungsdichte sowohl positiv als auch negativ sein.

Das elektrische Feld einer räumlich ausgedehnten Ladungsverteilung lässt sich formal aus der Gl. (2.41) herleiten, indem die Summe über die Punktladungsfeldstärken als Integral des elektrischen Felds von infinitesimal kleinen Ladungsportionen $dQ = \rho_q(\vec{r})dV$ über das Volumen

$$\vec{E}(\vec{r}) = \frac{1}{4\pi\epsilon_0} \int\limits_{\text{Vol}} \frac{\rho_q(\vec{r'})}{|\vec{r} - \vec{r'}|^3}(\vec{r} - \vec{r'})\,dV \tag{2.67}$$

geschrieben wird. Dieses Integral lässt sich meist nur numerisch berechnen. Wir wollen die Physik dahinter weiter verfolgen und einen anschaulichen Weg beschreiten, der uns zu den elektrischen Feldern einfacher Ladungsverteilungen führt.

Dazu verfolgen wir die Idee weiter, das elektrische Feld als abstrakten Fluss aus einer Quelle oder in eine Senke aufzufassen. Wir führen als physikalische Größe den **elektrischen Fluss** durch eine kleine Fläche $d\vec{A}$ als Skalarprodukt

$$d\Phi_{\text{el}} = \vec{E} \cdot d\vec{A} = E\,dA\cos\alpha \tag{2.68}$$

ein. Wie in Abb. 2.25 (a) dargestellt, steht der Vektor $d\vec{A}$ senkrecht auf der Fläche. Sein Betrag entspricht dem Flächeninhalt. Das elektrische Feld durchströmt die Fläche unter dem Winkel α gegenüber der normalen (senkrechten) Richtung. Der elektrische Fluss misst also den Anteil des Feld senkrecht zur Oberfläche.

Die Abb. 2.25 (b) zeigt eine geschlossene Oberfläche, die von einem äußeren elektrischen Feld durchströmt wird. Es ist plausibel, dass der Gesamtfluss durch die Oberfläche null ist, solange es im umschlossenen Volumen keine Ladungen gibt, von denen Feldlinien ausgehen. Was in das Volumen hineinströmt, fliesst auch wieder heraus.

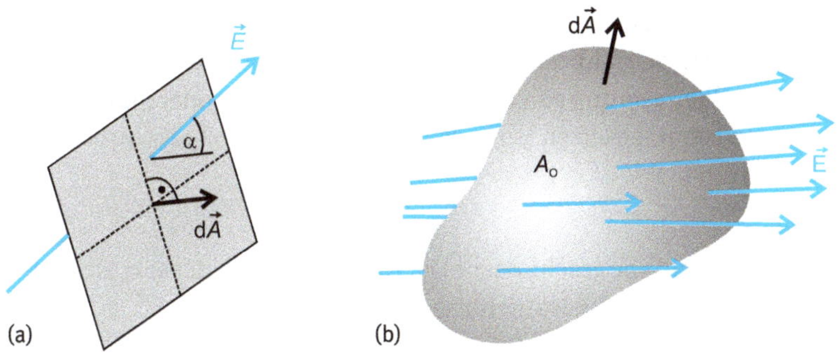

Abb. 2.25: (a) Zur Definition des elektrischen Flusses durch eine kleine Fläche $\mathrm{d}\vec{A}$. (b) Elektrischer Fluss durch eine geschlossene Oberfläche A_0.

Der Fluss durch eine geschlossene Fläche schreibt sich formal als *Oberflächenintegral*

$$\Phi_{el} = \oiint \vec{E} \cdot \mathrm{d}\vec{A} \; . \tag{2.69}$$

Die Berechnung dieses Integrals ist Gegenstand der theoretischen Physik.

Wir betrachten im Folgenden nur Sonderfälle, in denen das elektrische Feld senkrecht auf der betrachteten Oberfläche steht und konstant ist. Gl. (2.69) vereinfacht sich entsprechend zu

$$\Phi_{el} = E \cdot A_0 \tag{2.70}$$

mit A_0 als Betrag der Oberfläche.

Beispiel: Elektrischer Fluss aus einer Punktladung

In Abb. 2.26 stellt das Feld einer positiven Punktladung q dar. Die Feldstärke $\vec{E}$ ist konstant auf einer Kugeloberfläche mit Radius r und der Ladung im Mittelpunkt. Sie steht senkrecht auf der Kugelfläche. Der Fluss durch die Kugeloberfläche

$$\Phi_{el} = E \cdot \underbrace{4\pi r^2}_{\text{Kugeloberfläche}} = \frac{q}{4\pi\epsilon_0 r^2} 4\pi r^2 = \frac{q}{\epsilon_0} \tag{2.71}$$

ist konstant und wird nur von der Ladungsstärke bestimmt.

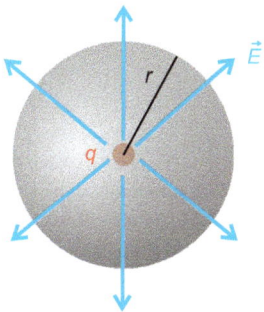

Abb. 2.26: Eine Kugelschale mit Radius r umschließt als geschlossene Fläche die Punktladung q im Mittelpunkt. Anwendung des Satz von Gauß liefert das elektrische Feld.

Es lässt sich allgemein zeigen, dass Gl. (2.71) für jede geschlossene Oberfläche gilt, die die Punktladung q umgibt. Weil man diskrete wie auch kontinuierliche Ladungsverteilungen durch additive Überlagerung von einzelnen Punktladungen oder infinitesimalen Ladungsanteilen zusammensetzen kann, folgt daraus ein wichtiges Grundgesetz der Elektrostatik, das

Gesetz von Gauß:
Der elektrische Fluss durch eine geschlossene Oberfläche ist gleich der eingeschlossenen Ladung geteilt durch die Dielektrizitätskonstante;

$$\oiint \vec{E} \cdot \mathrm{d}\vec{A} = \frac{Q}{\epsilon_0} . \tag{2.72}$$

Es ist nach dem wohl bedeutendsten Mathematiker des 18. bzw. 19. Jahrhunderts, Carl Friederich Gauß (1777–1855), benannt und ist von allgemeiner Gültigkeit. Es gilt für *jede Art von Ladungsverteilung* und *jede Form der Oberfläche*.

2.4.2 Felder einfacher Ladungsverteilungen

Das gaußsche Gesetz erlaubt es, für einige wenige, hochsymmetrische Ladungsanordnungen das elektrische Feld zu bestimmen. Das Punktladungsfeld ist ein Beispiel. Es folgt aus der Umkehrung von Gl. (2.71). Aus dem gaußschen Gesetz folgt also direkt das Coulomb-Gesetz!

1. **Feld einer geladenen Metallkugel**
   Die Metallkugel mit Radius R in Abb. 2.27 (a) trage die Ladung Q, die sich wegen der frei beweglichen Elektronen auf der Oberfläche der Kugel verteilt. Innerhalb der Kugel existiert keine Nettoladung, so dass dort das elektrische Feld verschwin-

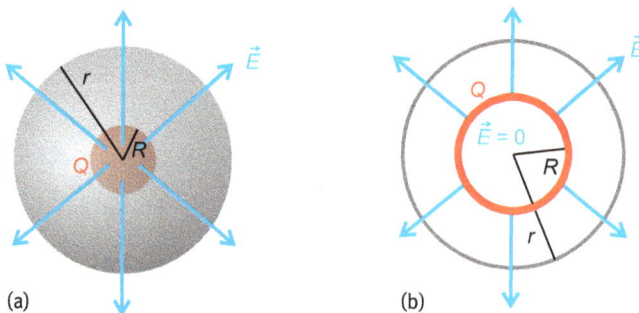

(a)   (b)

Abb. 2.27: (a) Das elektrische Feld einer geladenen Metallkugel mit Radius R ist außerhalb identisch mit dem Punktladungsfeld. Innerhalb der Kugel verschwindet das Feld. (b) Gleiches gilt für das Feld einer geladenen Hohlkugel mit Radius R, das im Querschnitt gezeichnet ist. In Grau ist eine Kugelschale als geschlossene Oberfläche markiert.

det. Die Feldlinien außerhalb der Kugel stehen senkrecht auf der Kugeloberfläche und verlaufen in radialer Richtung. Nehmen wir als geschlossene Oberfläche eine Kugel mit Radius r an, folgt aus dem gaußschen Satz

$$4\pi r^2 \cdot |\vec{E}| = \frac{Q}{\epsilon_0}$$

und damit

$$\vec{E} = \frac{Q}{4\pi\epsilon_0 r^2}\vec{e}_r \, . \tag{2.73}$$

Das Feld einer geladenen Metallkugel ist außerhalb der Kugel mit dem einer entsprechenden Punktladung identisch! Innerhalb der Kugel ist das Feld null.

2. **Feld einer geladenen, metallischen Hohlkugel und Faraday-Käfig**

Analog zum vorhergehenden Fall wird das elektrische Feld der metallischen Hohlkugel berechnet. In Abb. 2.27 (b) ist das Feld im Querschnitt gezeichnet. Es ergibt sich

$$\vec{E} = \begin{cases} \frac{Q}{4\pi\epsilon_0 r^2}\vec{e}_r, & \text{für } r \geq R \, , \\ 0, & \text{für } r < R \, . \end{cases} \tag{2.74}$$

Das Feld außerhalb der Hohlkugel ist wieder von dem der Punktladung nicht zu unterscheiden. Innerhalb der Hohlkugel verschwindet das Feld. Dieser Fall ist ein Beispiel für das allgemein gültige Prinzip des **Faraday-Käfigs**, das lautet:

> Ein Hohlraum, der vollständig von einem Metall umschlossen wird, ist immer feldfrei, wenn in ihm keine elektrischen Ladungen vorhanden sind.

Mit Metallen können Räume gegen elektrische Felder abgeschirmt werden. Wird wie in Abb. 2.28 ein metallischer Hohlkörper in ein äußeres elektrisches Feld gesetzt, werden Ladungen äußerlich influenziert. Wie beim metallischen Vollkörper kann das elektrische Feld nicht ins Innere eindringen. Felder innerhalb würden sofort zu einer kompensierenden Bewegung der Elektronen führen. Es gibt viele anschauliche Experimente, die die Wirkung des Faraday-Käfigs demonstrieren.

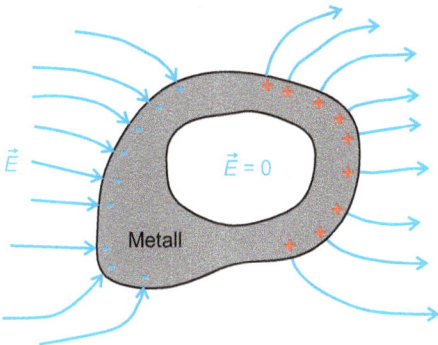

Abb. 2.28: Schematische Darstellung eines Faraday-Käfigs. Ein von einem Leiter umgebener Hohlraum ist feldfrei, wenn er keine Ladungen enthält. Metalle schirmen äußere elektrische Felder vollständig ab.

Die Abb. 2.29 (a) zeigt ein Elektroskop mit und ohne Drahtkäfig. Der Elektrode wird eine Ladung angenähert. Wird der Drahtkäfig übergestülpt, geht der Ausschlag auf null zurück. Der Versuch zeigt, dass der Faraday-Käfig nicht unbedingt geschlossen sein muss, sondern auch aus einem Gitter bestehen kann. Der sogenannte *Durchgriff* des Feldes bzw. die Stärke der Abschirmung hängt von der Maschengröße ab.

Ebenso ist der drahtlose Empfang von Radio- oder Telefonsignalen in metallisch abgeschirmten Räumen, z. B. in Tresorräumen mit Stahlbetonwänden nicht möglich. Auch in dem zweidimensionalen Feldlinienbild der Griespartikel in Abb. 2.29 (b) bleibt der Innenraum feldfrei. Die Metallspitze liegt auf einem hohen Potenzial. Die Feldliniendichte ist an einer Spitze besonders groß (*Spitzeneffekt*). Das elektrische Feld in Abb. 2.29 (b) dringt aber nicht in den Metallring ein.

Flugzeug- und Autoinnenräume stellen ebenfalls metallische Käfige dar, die die Insassen sogar vor heftigsten Ladungseinwirkungen wie Blitzeinschlägen schützen. Die Abb. 5.18 zeigt Entladungsblitze von einem Tesla-Transformator auf einen Faraday-Käfig. Insassen des Käfigs blieben unbeschadet.

3. **Feld einer sehr dünnen, geladenen Metallplatte**
In diesem Fall, der in Abb. 2.30 in der Seitenansicht skizziert ist, gehen wir von einer gedanklich unendlich ausgedehnten Platte aus, um Randeffekte zu vernachlässigen. Die weißen Linien in der Platte bedeuten Unterbrechungen. Es ist also nur ein Ausschnitt der Platte dargestellt. Sie sei auch extrem dünn, so dass man eine homogene ebene Ladungsverteilung annehmen kann. Die Ladung wird auf die Fläche normiert und durch die **Flächenladungsdichte**

$$\sigma_{el} = \frac{Q}{A}, \quad [\sigma_{el}] = \frac{C}{m^2},$$ (2.75)

angegeben. Erwartungsgemäß stehen die Feldlinien senkrecht auf der Platte. Das elektrische Feld dehnt sich auf beiden Seiten parallel in den Raum aus und ist homogen.

Die Feldstärke ermitteln wir mit einer quaderförmigen Schachtel, die die Platte durchstößt und Seitenflächen mit dem Inhalt A habe. Die Schachtel ist in Abb. 2.30 im Querschnitt als schwarzes Rechteck gezeichnet. Das elektrische Feld erzeugt nur einen Fluss durch die parallel zur Platte liegenden Seitenflächen

$$\Phi_{el} = 2A \cdot |\vec{E}| = \frac{\sigma_{el}A}{\epsilon_0},$$

woraus sich das homogene elektrische Feld mit der Stärke

$$|\vec{E}| = \frac{\sigma_{el}}{2\epsilon_0},$$ (2.76)

ergibt.

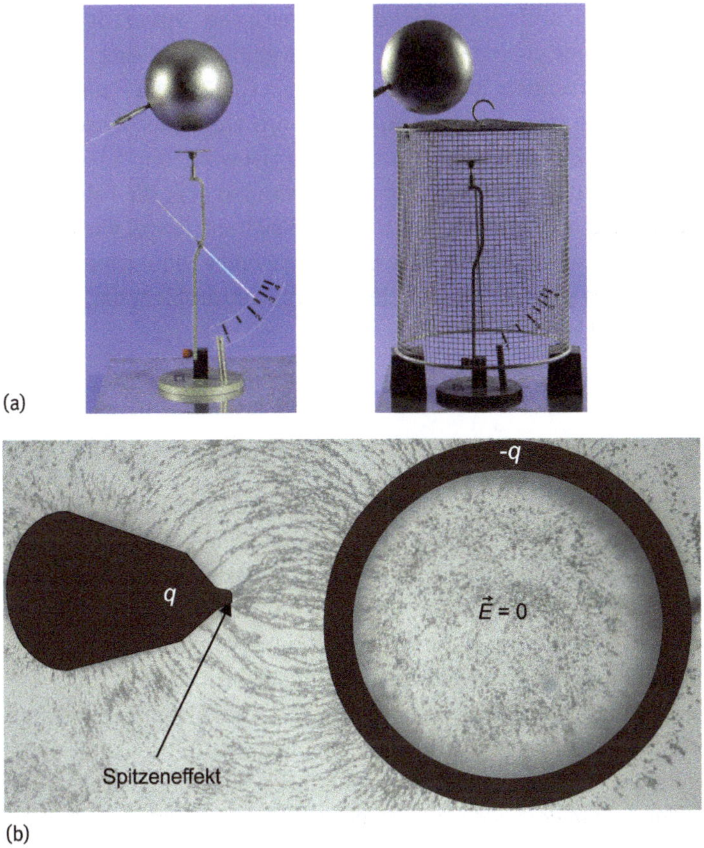

(a)

(b)

Abb. 2.29: (a) Ein Drahtkäfig schirmt das elektrische Feld einer äußeren Ladungsquelle ab. Der Ausschlag am Elektroskop geht auf null zurück. (b) Zwischen Metallspitze und Ring liegt ein starkes elektrisches Feld vor. Es kann wegen des Faraday-Käfig-Effekts nicht in das Innere des Rings eindringen.

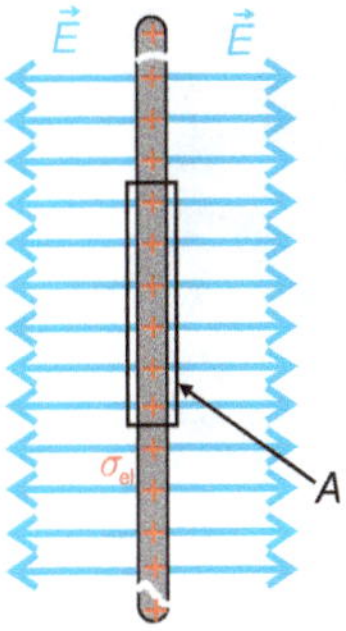

Abb. 2.30: Das Feld einer dünnen geladenen Metallplatte ist zu beiden Seiten homogen.

In diesen Beispielen haben wir stillschweigend die geometrische Symmetrie auf das Feld übertragen. Im Allgemeinen gelingt es nicht, aus dem gaußschen Gesetz eindeutig ein elektrisches Feld zu berechnen. Man kann nämlich in Gl. (2.72) zu $\vec{E}$ immer ein Hintergrundfeld addieren, das von Ladungen außerhalb des Volumens ausgeht, ohne das Integral zu verändern. Zur exakten Feldbestimmung ist weiterhin die Gl. (2.67) oder das entsprechende Potenzial notwendig. In der Praxis sind eher die Felder und Potenziale als die Ladungsverteilungen bekannt. Es stellt sich die Frage, wie Gegenstände und Körper die Felder stören oder wie die Umgebung einer Ladungsverteilung beschaffen ist. Diese Aufgabe stellt ein kompliziertes Randwertproblem dar, das oft nur numerisch gelöst werden kann.

2.4.3 Der Plattenkondensator

Der Plattenkondensator ist ein wichtiges Modellsystem in der Elektrodynamik. Wie in der Abb. 2.31 (a) dargestellt, besteht er aus zwei planparallelen Metallplatten im Abstand d, deren Abmessungen sehr viel größer sein sollen als der Abstand. Deshalb können wir das Streufeld an den Rändern der Platten mit ungeradlinigen Feldlinien vernachlässigen. Die Abb. 2.31 (b) zeigt einen typischen Plattenkondensator aus dem Physikunterricht, dessen Plattenabstand verändert werden kann.

Die Metallplatten können geladen bzw. auf ein elektrisches Potenzial gebracht werden. Die frei verschiebbaren Elektronen im Metall sorgen dafür, dass die elektrischen Feldlinien senkrecht auf den Oberflächen stehen. Das bedeutet, dass sich *auf den Innenseiten der Platten immer gleich viele entgegengesetzte Ladungen gegenüber-*

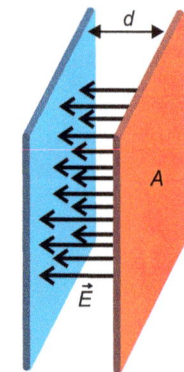

(a)   (b)

Abb. 2.31: (a) Ein idealer Plattenkondensator besteht aus zwei parallelen Metallplatten mit Ladung, deren Abstand klein gegenüber den Abmessungen der Platten ist. Das elektrische Feld innerhalb des Plattenkondensators ist homogen. (b) Typischer Plattenkondensator zur Demonstration im Unterricht mit variablem Plattenabstand.

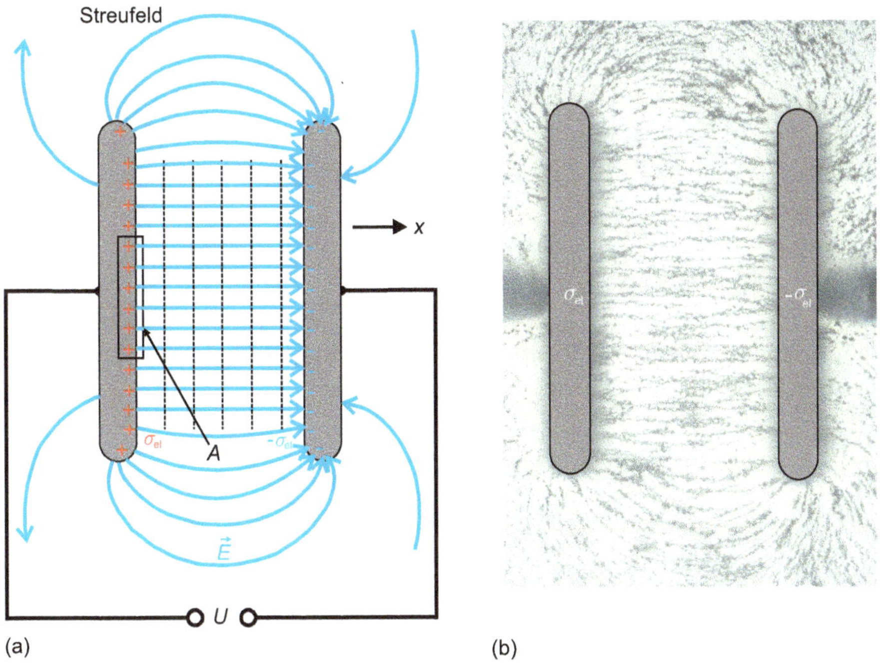

(a)   (b)

Abb. 2.32: (a) Schnitt durch den geladenen Plattenkondensator. Das Streu- bzw. Randfeld ist inhomogen und fällt schnell nach außen ab. (b) Griespartikelbild zwischen zwei geladenen geraden Leitern als Modell für das Feld des Plattenkondensators.

stehen. Folglich ist das elektrische Feld im Plattenkondensator stets *homogen.* Die Abb. 2.32 (a) und (b) zeigen den elektrischen Feldverlauf im Querschnitt bzw. visualisieren die Feldlinien durch Griespartikel. Es ist auch das inhomogene *Streufeld* an den Plattenrändern skizziert. Außerhalb des Plattenkondensators fällt das elektrische Feld sehr schnell ab. Die gestrichelten Linien zeigen Schnitte durch die Äquipotenzialflächen, die Ebenen parallel zu den Plattenflächen sind.

Gedanklich können wir das elektrische Feld durch Addition der Felder zweier entgegengesetzt geladener Platten nach Gl. (2.76) zusammensetzen. Man erkennt, dass sich außerhalb der Platten die beiden Felder aufheben und innerhalb zum doppelten Feld verstärken. Die Ladungen auf den Platten verschieben sich durch die Annäherung und konzentrieren sich auf den Innenseiten, wie in Abb. 2.32 (a) dargestellt. Dieses ist anschaulich nachvollziehbar, weil sich die ungleichnamigen Ladungen so nah wie möglich kommen wollen.

Das Gedankenspiel wird durch den gaußschen Satz bestätigt. Die Wahl der die Ladung umschließenden Oberfläche ist frei. Wir wählen eine zu den Platten parallele Schachtel mit Fläche A, wie in in Abb. 2.32 (a) gezeichnet. Sie umfasst jetzt die Oberflächenladungen auf der Innenseite einer Metallplatte.

Der elektrische Fluss geht nur durch die Flächen parallel zur Metallplatte, so dass der gaußsche Satz hier

$$\oiint_{Ofl} \vec{E} \cdot d\vec{A} = |\vec{E}|\, A = \frac{\sigma_{el}\, A}{\epsilon_0} \tag{2.77}$$

lautet. Daraus folgt für die Feldstärke des homogenen elektrischen Felds im Plattenkondensator

$$E = \frac{\sigma_{el}}{\epsilon_0} \quad \text{bzw.} \quad \vec{E} = \frac{\sigma_{el}}{\epsilon_0}\,\vec{e}_x \tag{2.78}$$

mit $\vec{e}_x$ als Einheitsvektor in x-Richtung. Aus der Feldstärke folgt die Spannung zwischen den Platten durch einfache Integration entlang x,

$$U = \varphi_e(+) - \varphi_e(-) = \int_0^d E\, dx = E\, d = \frac{\sigma_{el}\, d}{\epsilon_0}\,, \tag{2.79}$$

was die wichtige Relation

$$\vec{E} = \frac{U}{d}\,\vec{e}_x \quad \text{oder} \quad U = E\, d \tag{2.80}$$

ergibt.

Weitere Ladungsszenarien im Plattenkondensator

Damit es im Plattenkondensator ein homogenes Feld gibt, ist es nicht notwendig, dass die beiden Metallplatten die entgegengesetzt gleiche Ladung tragen. Es muss dazu nur eine Spannung zwischen den Platten bestehen. Dieses soll in den folgenden Beispielen verdeutlicht werden, wobei ohne Einschränkung der Allgemeingültigkeit $Q > 0\,\text{C}$ sein soll.

1. Entgegengesetzt gleich geladene Metallplatten (Abb. 2.33 (a))
    Dieser Fall ist oben ausführlich diskutiert worden. Die Ladungen σ_{el} und $-\sigma_{el}$ befinden sich auf den Innenseiten. Abgesehen von möglichen kleinen Streufeldern, ist das Feld außerhalb des Kondensators null.
2. Eine geladene und eine geerdete Platte (Abb. 2.33 (b))
    Dieser Fall ist identisch mit dem vorangegangenen, denn die geerdete Platte tauscht mit dem unendlichen Elektronenreservoir der Erdung genau Ladung von $-\sigma_{el}$ aus, die der geladenen Platte gegenübersteht. Nach außen bleibt die geerdete Platte neutral.
3. Eine geladene und eine neutrale Platte (Abb. 2.33 (c))
    Die Homogenität des Felds erfordert wieder vom Betrage gleiche Flächenladungen auf den Innenseiten. Die neutrale, nicht-geerdete Platte erfährt durch Influ-

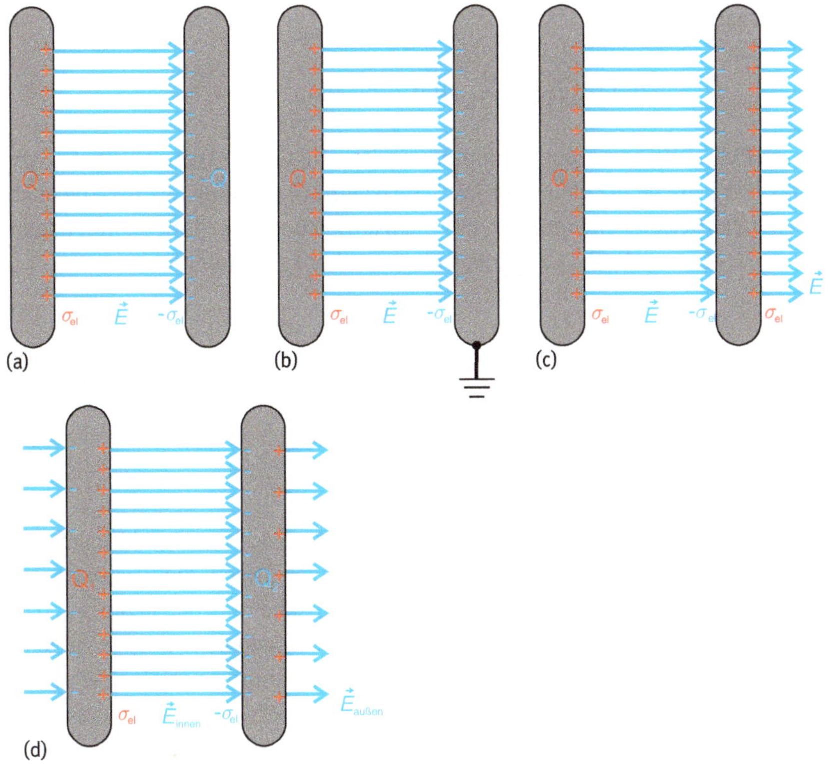

Abb. 2.33: Elektrische Feldlinien im idealisierten Plattenkondensator. (a) Zwei Platten mit entgegengesetzt gleichen Ladungen. (b) Eine geladene Platte steht einer geerdeten Platte gegenüber. (c) Eine geladene und eine neutrale Platte. (d) Zwei Platten mit unterschiedlichen Ladungen.

enz eine Ladungstrennung, wobei der negative Teil auf der Innenseite und somit der geladenen Platte gegenüber liegt. Die positive Influenzladung liegt außen und führt zu einem homogenen Außenfeld, das die gleiche Stärke besitzt wie das der Einzelplatte. Eine neutrale Metallplatte verändert das Ursprungsfeld also nicht, sondern setzt es durch Influenz weiter fort.

4. Zwei unterschiedlich geladene Platten (Abb. 2.33 (d))

   Die beiden Platten tragen jeweils die Ladung Q_1 und Q_2, die notwendigerweise nicht ungleichnamig sein müssen. Die Anwendung des gaußschen Satzes führt hier nicht zu einem eindeutigen Ergebnis. Er fordert nur erneut, dass auf den Innenseiten die gleichen Flächenladungen mit umgekehrten Vorzeichen vorliegen müssen. Über die Stärke der inneren und der äußeren Felder macht er keine Aussage. Die Feldstärke ermitteln wir daher wieder durch die gedankliche Addition der elektrischen Felder der Einzelplatten (siehe Übungen) und erhalten das richtige Ergebnis

$$|\vec{E}_{\text{innen}}| = \frac{|Q_1 - Q_2|}{2\epsilon_0 A} \quad \text{und} \quad |\vec{E}_{\text{außen}}| = \frac{|Q_1 + Q_2|}{2\epsilon_0 A} \tag{2.81}$$

mit A als Flächeninhalt einer Platteninnenseite. Die Gl. (2.81) ergibt ein Außenfeld, das links wie rechts gleich stark ist. Sie ist eine allgemeine Lösung, die auch die oben diskutierten Fälle umfasst. Der nach außen neutrale Plattenkondensator mit $Q_1 = -Q_2$ hat nach Gl. (2.81) nur ein Innen- aber kein Außenfeld.

2.5 Kapazität

2.5.1 Definition

Haben wir bisher das elektrische Potenzial bestimmter Ladungsanordnungen betrachtet, wollen wir nun nach den erforderlichen Ladungen fragen, die ein gewünschtes Potenzial in einer bestimmten Anordnung metallischer Körper erzeugen. Die Abb. 2.34 verdeutlicht die Frage anhand zweier elektrisch leitender Körper, die entgegengesetzt geladen sind, $Q_1 = -Q_2$. Insgesamt ist die Anordnung also elektrisch neutral. Beziehen sich die elektrischen Potenziale der Körper, $\varphi_{e,1}$ und $\varphi_{e,2}$, auf den gleichen Nullpunkt, z. B. im Unendlichen, lässt sich die Spannung zwischen den Körpern als

$$U = \varphi_{e,1} - \varphi_{e,2} \tag{2.82}$$

angeben. Weil sich das elektrische Potenzial linear mit den Ladungen verändert, wird die Spannung proportional zur Ladung sein,

$$Q \propto U. \tag{2.83}$$

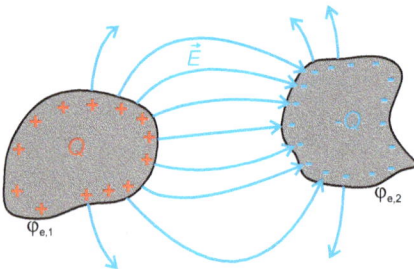

Abb. 2.34: Zur Definition der elektrischen Kapazität. Zwischen den beiden geladenen Metallobjekten besteht eine Spannung $U = \varphi_{\text{el},1} - \varphi_{\text{el},2}$.

Es sollen nur die Beträge von Ladung und Spannung gelten, so dass ohne Einschränkung $Q \geq 0\,\text{C}$ und $U \geq 0\,\text{V}$ angenommen werden kann. Wir definieren die

Kapazität

$$C = \frac{Q}{U}\,, \quad [C] = \frac{C}{V} = F = \text{Farad}\,, \tag{2.84}$$

als positiver Proportionalitätsfaktor zwischen Ladung und Spannung. Diese Größe ist anschaulich, denn sie gibt an, wieviel Ladung in einer bestimmten Anordnung zweier elektrischer Leiter gespeichert wird, wenn eine bestimmte Spannung zwischen den Leitern eingestellt wird. Die Kapazität misst die *Ladungsspeicherfähigkeit*. Die Einheit F ist sehr groß, weshalb Kapazitäten oft in pF, nF etc. angegeben werden.

Kapazitäten treten in allen elektrischen Anlagen und Anwendungen auf, in denen metallische Elektroden isoliert voneinander vorhanden sind. Oft werden Kapazitäten gezielt in Form von *Kondensatoren* mit definiertem C eingesetzt, manchmal stören sie elektronische Anwendungen und werden dann parasitäre oder Streu-Kapazitäten genannt.

2.5.2 Kondensatoren

Ein *Kondensator* ist ein wichtiges elektronisches Bauteil mit zwei Anschlüssen, die gegeneinander elektrisch isoliert sind. Es wird uns im weiteren Verlauf dieses Kurses immer wieder begegnen und zeichnet sich dadurch aus, dass es eine deklarierte Kapazität besitzt. In Kondensatoren können Ladungen gespeichert werden, solange eine Spannung an den Anschlüssen liegt. Je nach Bautyp gibt es meist eine Maximalspannung, ab der das Bauteil durch Überschlag von Ladungen zerstört wird. Abb. 2.35 zeigt zwei Schaltungszeichen, die offensichtlich einem Plattenkondensator nachempfunden sind. Das Pluszeichen verweist auf einen gepolten Kondensator, bei dem die Polarität der Anschlüsse wichtig ist. In Abschnitt 2.6.3 wird der technische Aufbau von modernen Kondensatoren vorgestellt, in denen bestimmte Materialien eingesetzt werden.

Abb. 2.35: Technische Schaltzeichen für Kondensatoren. Das Pluszeichen wird bei gepolten Kondensatoren verwendet.

ℹ Beispiele

1. **Plattenkondensator**

   An den Platten des Plattenkondensators in Abb. 2.32 wird eine Spannung U angelegt, so dass auf den Innenseiten entgegengesetzt gleiche Ladungen Q bzw. $-Q$ vorhanden sind. Wir vernachlässigen Randfelder und betrachen allein das homogene elektrische Feld zwischen den Platten. Es gilt nach Gl. (2.78) und (2.80)

   $$|\vec{E}| = \frac{|U|}{d} = \frac{\sigma_{el}}{\epsilon_0} = \frac{Q}{\epsilon_0 A}$$

   und damit

   $$C = \frac{\epsilon_0 A}{d} \tag{2.85}$$

   mit A als Gesamtinnenfläche und d als Plattenabstand. Für den Modellkondensator in Abb. 2.31 (b) ist die Gesamtfläche $A \approx 0{,}05\ \mathrm{m}^2$, so dass mit $d = 1\ \mathrm{cm}$ eine sehr kleine Kapazität von $C = 4{,}4 \cdot 10^{-11}\ \mathrm{F} = 44\ \mathrm{pF}$ folgt. Wird also an den Platten eine Spannung von 100 V angelegt, befinden sich auf den Innenseiten jeweils $2{,}7 \cdot 10^{10}$ Elementarladungen.

   In die Kapazität des Modellkondensators gehen nur geometrische Abmessungen ein. Wird z. B. der Plattenabstand vergrößert, verringert sich die Kapazität. Es ist nun zu unterscheiden, ob die Spannung oder die Ladung konstant gehalten wird. Im ersteren Fall ist eine Spannungsquelle, z. B. eine Batterie, an den Platten angeschlossen. Die Vergrößerung des Abstands führt zu einem Ladungsrückfluß vom Kondensator in die Batterie. Sind die Platten dagegen elektrisch isoliert, bleibt die Ladung konstant und ein Auseinanderziehen der Platten erhöht die Spannung proportional zu d.

2. **Kugelkondensator**

   Ein Kugelkondensator besteht aus zwei konzentrischen Metallkugelschalen mit den Radien R_1 und $R_2 > R_1$. Die Kugelschalen tragen entgegengesetzt gleiche Ladungen, wie in Abb. 2.36 (a) im Schnitt gezeigt. Das kugelsymmetrische elektrische Feld besteht nur im Zwischenraum und ist nach dem Gesetz von Gauß mit

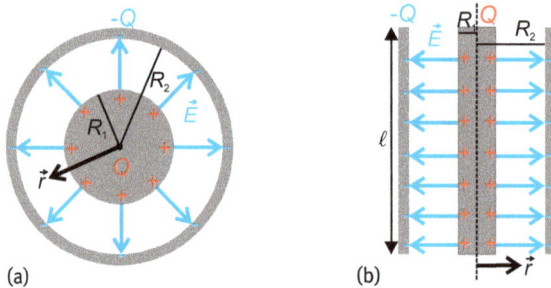

(a)   (b)

Abb. 2.36: Schnittzeichnungen von (a) einem Kugelkondensator, (b) einem Zylinderkondensator.

dem der Punktladung identisch, also mit $Q > 0\,\mathrm{C}$

$$|\vec{E}| = \begin{cases} \frac{Q}{4\pi\epsilon_0 r^2} & \text{für } R_1 \leq r \leq R_2 \,, \\ 0 & \text{für } r < R_1 \text{ oder } r > R_2 \,. \end{cases} \qquad (2.86)$$

Im Feldbereich zwischen den Kugeln lautet das elektrische Potenzial

$$\varphi_e = \frac{Q}{4\pi\epsilon_0 r}$$

mit dem Nullpotenzial im Unendlichen. Dementsprechend gilt für die Spannung zwischen den Schalen

$$U = \frac{Q}{4\pi\epsilon_0}\left(\frac{1}{R_1} - \frac{1}{R_2}\right),$$

woraus die Kapazität des Kugelkondensators

$$C = \frac{4\pi\epsilon_0}{\frac{1}{R_1} - \frac{1}{R_2}} \qquad (2.87)$$

folgt. Aus dieser Beziehung können wir die Kapazität einer einzelnen Metallkugel gegenüber einer im Unendlichen liegenden Elektrode bestimmen, indem der Grenzfall $R_2 \to \infty$ betrachtet wird, was

$$C_{\text{Kugel}} = 4\pi\epsilon_0 R_1 \qquad (2.88)$$

ergibt. Eine Metallkugel mit einem Radius von 10 cm besitzt eine Kapazität von ungefähr 11 pF gegenüber dem Unendlichen.

3. **Zylinderkondensator**

   Die Abb. 2.36 (b) zeigt einen solchen Kondensator mit zwei konzentrischen, zylinderförmigen Metallrohren der Länge ℓ und mit den Radien R_1, R_2. Als Übung kann man analog zu den vorangegangenen Fällen zunächst das radiale elektrische Feld zwischen den Rohren als

$$|\vec{E}| = \frac{Q}{2\pi\epsilon_0 r\ell}$$

bestimmen, woraus durch Integration über r das Potenzial

$$\varphi_e = \frac{Q\ln\left(\frac{r_0}{r}\right)}{2\pi\epsilon_0 \ell}$$

folgt mit einem frei wählbaren Radius r_0, auf dem das Potenzial verschwindet. Hieraus folgt wieder die Spannung

$$U = \frac{Q\ln\left(\frac{R_2}{R_1}\right)}{2\pi\epsilon_0 \ell}$$

und daraus die Kapazität des Zylinderkondensators

$$C = \frac{2\pi\epsilon_0 \ell}{\ln\left(\frac{R_2}{R_1}\right)} \,. \qquad (2.89)$$

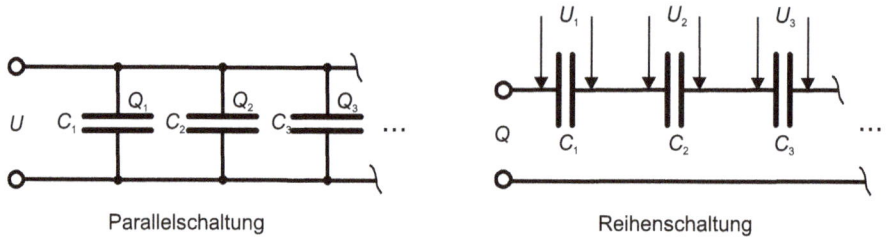

Abb. 2.37: Parallel- und Reihenschaltung von Kondensatoren.

2.5.3 Zusammengeschaltete Kondensatoren

Beliebige Netzwerke von Kondensatoren können auf die beiden Grundfälle der Reihenschaltung und der Parallelschaltung zurückgeführt werden. Sie sind in der Abb. 2.37 schematisch skizziert. Wir leiten folgende Regeln für die Gesamtkapazität ab.

– **Parallelschaltung**
   An parallel geschalteten Kondensatoren liegt die gleiche Spannung an. Jedoch tragen sie je nach Kapazität unterschiedliche Ladungen, so dass die Gesamtladung

$$Q = \sum_j Q_j = \sum_j C_j \cdot U = C_{\text{ges}} U$$

   entspricht, woraus eine Gesamtkapazität von

$$C_{\text{ges}} = \sum_j C_j = C_1 + C_2 + C_3 + \cdots \tag{2.90}$$

   folgt.

– **Reihen- oder Serienschaltung**
   Aufgereihte Kondensatoren tragen alle dieselbe Ladung. Gäbe es einen Unterschied auf den Elektroden/Platten, flösse sofort Ladung zum Ausgleich. Die Gesamtspannung teilt sich aber entsprechend auf,

$$U = \sum_j U_j = \sum_j \frac{Q}{C_j} = \frac{Q}{C_{\text{ges}}} \, ,$$

   so dass

$$\frac{1}{C_{\text{ges}}} = \sum_j \frac{1}{C_j} = \frac{1}{C_1} + \frac{1}{C_2} + \frac{1}{C_3} + \cdots \tag{2.91}$$

   folgt. Der Kehrwert der Gesamtkapazität entspricht der Summe über die Kehrwerte der Einzelkapazitäten. Damit ist in einer Reihenschaltung C_{ges} immer kleiner als die kleinste Einzelkapazität!

2.6 Materie in elektrischen Feldern

Elektrische Felder werden durch die Anwesenheit von Materie verändert bzw. gestört. Materielle Stoffe setzen sich aus Atomen zusammen und besitzen damit trotz ihrer Neutralität eine intrinsische Ladungsstruktur, die auf das äußere Feld reagiert. Wir haben oben bereits die Materie in elektrische Leiter und in Isolatoren/Dielektrika aufgeteilt. In der Realität sind Stoffe aber nicht generell den beiden Klassen zuzuordnen. So kann durch Erhöhen der Temperatur aus einem Isolator ein Leiter werden. Viele Stoffe wie z. B. Leitungswasser sind Dielektrika und schlechte elektrische Leiter zugleich. Im Folgenden diskutieren wir ideale Leiter und ideale Dielektrika.

2.6.1 Elektrische Leiter

In ideal elektrisch leitfähigen Materialien können sich viele Ladungsträger frei bewegen. Metalle wie Silber (Ag), Kupfer (Cu) oder Aluminium (Al) sind gute Elektronenleiter und in ihren Eigenschaften nahezu ideal. Andere Leiter wie z. B. Ionenleiter (*Elektrolyte*, siehe Abschnitt 3.5.1) haben dagegen deutlich geringere Leitfähigkeiten. Wir fassen die bisherigen Erkenntnisse über ideale elektrische Leiter (Metalle) zusammen.
- Nettoladungen auf einem idealen Leiter befinden sich immer auf seiner Oberfläche.
- Ohne äußeres elektrisches Feld nehmen einzelne Ladungen auf der Oberfläche immer den größtmöglichen Abstand zueinander ein. Ladungen verteilen sich also gleichmäßig auf der Oberfläche, solange keine äußeren Felder wirken.
- Elektrische Feldlinien stehen stets senkrecht auf einer metallischen Oberfläche.
- Auf einer zusammenhängenden, metallischen Oberfläche ist das elektrische Potenzial konstant, wenn keine Ladungen fließen (statischer Fall). Oberflächen idealer Leiter sind Äquipotenzialflächen.
- Innerhalb eines Metalls existiert kein elektrisches Feld bzw. ist das elektrische Potenzial konstant.
- Hohlräume, die von einem idealen elektrischen Leiter umschlossen werden, sind feldfrei, solange sie keine Nettoladung enthalten.
- *Geerdete* Flächen idealer Leiter bzw. von Metallen schirmen äußere elektrische Felder ab. Nicht-geerdete Flächen stören zwar das Feld, können es aber durch die Influenzladungen nicht effektiv abschirmen.

An drei Beispielen sollen diese Regeln diskutiert werden.

Beispiele
1. **Punktladung vor einer Metalloberfläche**
   In Abb. 2.38 befindet sich eine Punktladung Q vor einer ebenen Oberfläche eines idealen Leiters. Die Feldlinien, die als durchgezogene blaue Linien gezeichnet sind, treffen die Oberfläche unter dem rechten Winkel. Um die Felder von Punktla-

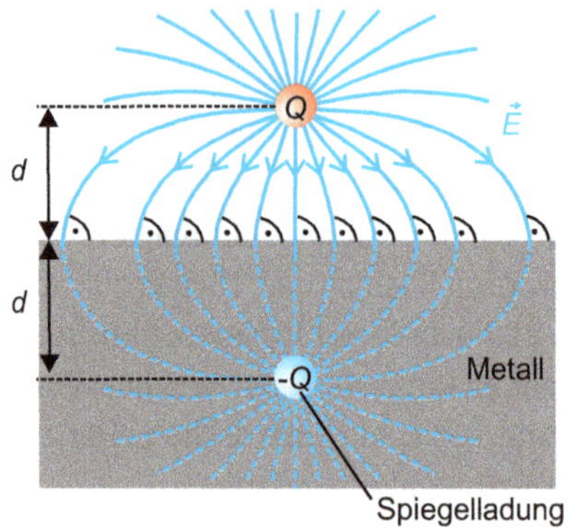

Abb. 2.38: Das Feldlinienbild einer Ladung vor einer Metalloberfläche kann gedanklich durch eine entgegengesetzt geladene, gleich weit von der Oberfläche entfernte Spiegelladung im Metall konstruiert werden. Eine solche Spiegelladung ist physikalisch nicht real.

dungen mit umgebenden metallischen Oberflächen zu konstruieren, gibt es in der theoretischen Physik die anschauliche Methode der **Bild**- oder **Spiegelladungen**. Spiegelladungen existieren nur gedanklich und sind nicht real. Jedoch ergibt die Summe der Felder aller Ladungen und ihrer Spiegelladungen das korrekte Feldlinienbild *außerhalb* der leitenden Körper.

Im vorliegenden Beispiel liegt die gedankliche Spiegelladung $-Q$ im Inneren des Metalls mit dem gleichen Abstand zur Oberfläche wie Q. Das Feld vor der Metalloberfläche entspricht also dem halbseitigen Dipolfeld von zwei Ladungen Q und $-Q$ im Abstand von $2d$. Die gestrichelten Feldlinien in Abb. 2.38 sind real nicht vorhanden, denn im Leiter ist das elektrische Feld null. Wie in Abb. 2.10 verschieben sich physikalisch freie Ladungen an der Metalloberfläche, bis die Feldlinien senkrecht auf der Oberfläche stehen.

Die Situation in Abb. 2.38 offenbart aber zwei verblüffende Tatsachen. Erstens, es werden geladene Körper von einer neutralen leitenden Platte angezogen, so wie die Punktladung die Coulomb-Kraft durch ihre Spiegelladung spürt. Zweitens, die Felder geladener Körper werden durch die nahe leitende Platte auch im Fernfeld geschwächt. In großem Abstand von der Platte in Abb. 2.38 wird ein schwaches Dipolfeld und nicht das ursprüngliche Punktladungsfeld wahrgenommen. Dieser Effekt von metallischen Platten wird *Abschirmung* genannt.

2. **Metallplatte in einem Plattenkondensator**

   Wird wie in Abb. 2.39 eine dünne, *nicht-geerdete* Metallplatte in das homogene Feld eines Plattenkondensators geschoben, ändert sich die Kapazität nicht. Nehmen wir an, dass die Kondensatorplatten Q bzw. $-Q$ geladen sind, werden sich auf der nicht-geerdeten Platte die gleichen entgegengesetzten Ladungen durch Influenz einstellen. Die Metallplatte sei sehr dünn, so dass $d \approx d_1 + d_2$ gilt. Dann entspricht die Anordnung zwei in Reihe geschalteten Plattenkondensatoren mit der Gesamtkapazität

   $$C = \left(\frac{1}{C_1} + \frac{1}{C_2} \right)^{-1} = \frac{\epsilon_0 A}{d_1 + d_2} \, ,$$

   was der Kapazität ohne Platte entspricht.

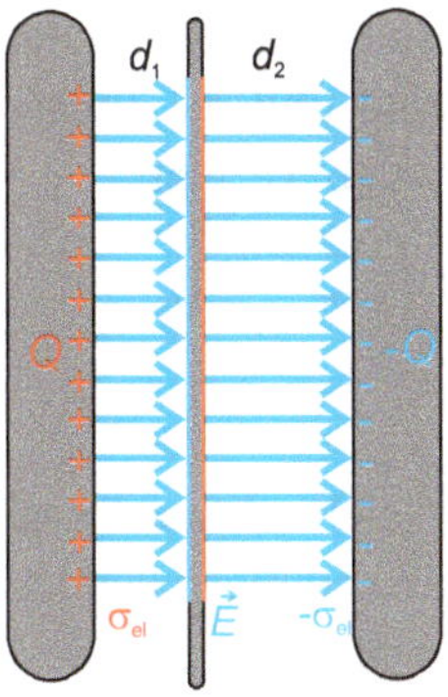

Abb. 2.39: Eine dünne, neutrale Metallplatte bildet im homogenen Feld des Plattenkondensators Influenzladungen aus, so dass das Ursprungsfeld nicht gestört wird.

3. **Punktladung in einem metallischen Hohlraum**
    Die Abb. 2.40 (a) zeigt den Schnitt durch einen nicht-geerdeten, metallischen Hohlwürfel, in der sich die (positive) Punktladung Q befindet. Durch Influenz entsteht eine gleich große Gegenladung (blaue Linie) auf der Innenseite, die dafür sorgt, dass innerhalb des Metalls das elektrische Feld verschwindet. Das gaußsche Gesetz ist also für jede Oberfläche innerhalb des Metalls erfüllt. Die positive Influenzladung verteilt sich auf der Außenfläche. Die rote Linie soll die Ladung auf der Außenfläche symbolisieren. Das Außenfeld entspricht also dem Feld eines mit Q geladenen Würfels. In großer Entfernung ist nur der Mono-

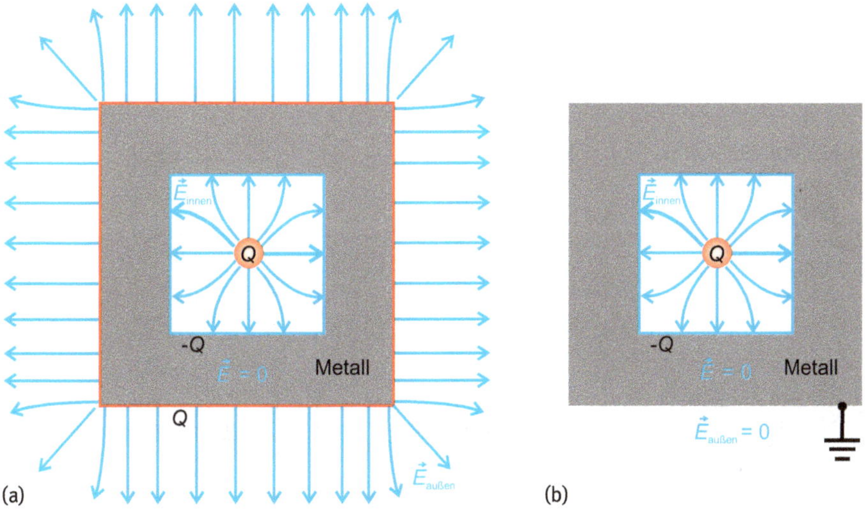

Abb. 2.40: (a) Eine Ladung in einem neutralen metallischen Hohlraum erzeugt durch Influenz ein Außenfeld, das identisch mit dem Feld ist, das durch Verteilen der Ladung auf der Außenfläche entsteht. (b) Wird der metallische Hohlkörper geerdet, existiert kein Außenfeld und das innere Feld wird vollständig abgeschirmt.

polanteil relevant und das elektrische Fernfeld wird radialsymmetrisch. Ist der metallische Hohlkörper geerdet, verschwindet das Außenfeld und das innere Punktladungsfeld wird komplett abgeschirmt, wie in Abb. 2.40 (b) gezeigt.

2.6.2 Polarisation von Dielektrika

In nicht-leitenden Dielektrika kann sich ein inneres elektrisches Feld aufbauen, weil die intrinsische Ladungsstruktur auf das äußere Feld reagiert. Die Ladungen können sich nicht frei bewegen, aber sie lassen sich gegeneinander verschieben. Dieser Effekt wird **elektrische Polarisation** genannt. Man unterscheidet allgemein zwei Arten der Polarisation.

1. **Orientierungspolarisation**

   In *polaren* Medien, wie z. B. Wasser, existieren permanente, molekulare Dipolmomente, die sich im äußeren Feld ausrichten, wie in Abb. 2.41 (a) schematisch gezeigt. Die Dipolfelder ändern also kollektiv ihre Orientierung und verstärken sich.

2. **Verschiebungspolarisation**

   Liegen keine permanenten Dipole vor, kann in der Materie durch Verschiebung ungleichnamiger Ladungen gegeneinander ein Dipolmonent induziert werden. Es existiert nur, solange das äußere elektrische Feld besteht. Die Abb. 2.41 (b) zeigt zwei typische Formen der Verschiebungspolarisation. Im Atom kann der positiv geladene Kern relativ zur umgebenden Elektronenwolke verschoben werden. Es baut sich ein atomares Dipolmoment auf. Das ist natürlich auch in unpolaren Mo-

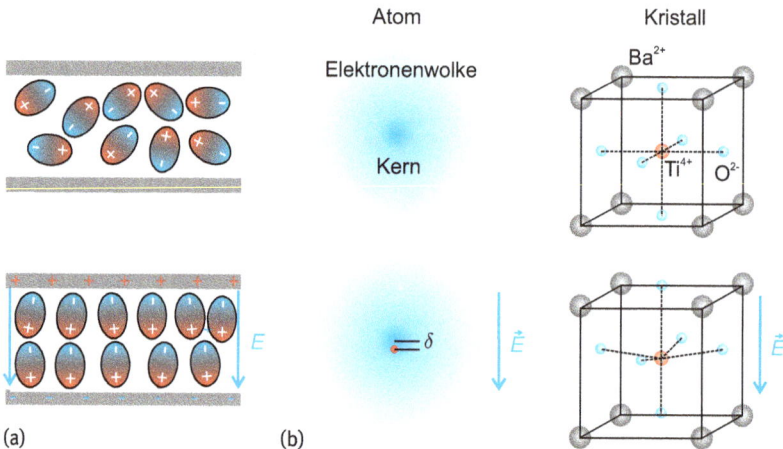

Abb. 2.41: (a) Prinzip der Orientierungspolarisation: permanente Dipole richten sich in einem äußeren Feld aus. (b) Verschiebungspolarisation in einem Atom und in einem $BaTiO_4$-Kristall extrem übertrieben dargestellt.

lekülen oder Festkörperkristallen möglich. In Abb. 2.41 (b) ist die kleinste Zelle eines BaTiO$_4$-Kristalls gezeigt, in der sich die geladenen Atome (Ionen) durch das äußere Feld gegeneinander verschieben und ein starkes Dipolmoment erzeugen. Diese Reaktion wird auch als *ionische* Polarisation bezeichnet. Die Verschiebungen sind in Abb. 2.41 (b) sehr stark übertrieben.

In beiden Fällen baut sich im Dielektrikum ein Gegenfeld auf, das dem polarisierenden, äußeren Feld entgegenwirkt. In Abb. 2.42 ist dieser Effekt im homogenen elektrischen Feld des Plattenkondensators gezeigt. An der Oberfläche des Dielektrikums entsteht durch die Dipolausrichtung eine Polarisationsflächenladung mit der Ladungsflächendichte σ_p. Es erzeugt ein inneres Feld, das durch die Größe der

Polarisation

$$\vec{P} = \frac{1}{V} \sum_{j=1}^{N} \vec{p}_{\text{el},j} \,, \quad |\vec{P}| = \sigma_p \,, \quad [\vec{P}] = \frac{C}{m^2} \,, \tag{2.92}$$

als räumliche Dichte der orientierten oder induzierten Dipolmomente beschrieben wird. Im Plattenkondensator wird das äußere elektrische Feld $\vec{E}_a$ durch das elektrische Polarisationsfeld mit der Stärke σ_p/ϵ_0 geschwächt. Als resultierendes inneres Feld im Dielektrikum erhält man

$$\vec{E} = \vec{E}_a - \frac{1}{\epsilon_0}\vec{P} \,. \tag{2.93}$$

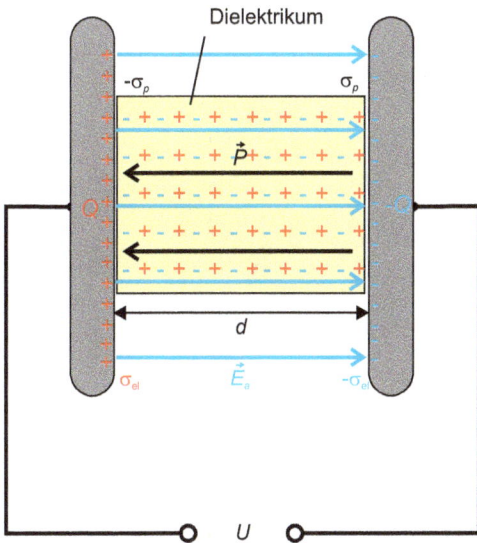

Abb. 2.42: Ein Dielektrikum wird im homogenen Feld eines Plattenkondensators polarisiert. Es entsteht eine Polarisation $\vec{P}$, die das äußere elektrische Feld schwächt.

Bei nicht zu großen Feldern verhalten sich viele Dielektrika linear, d. h. die Polarisation ist in sehr guter Näherung proportional zum inneren elektrischen Feld,

$$\vec{P} = \chi_e \epsilon_0 \vec{E} \, , \tag{2.94}$$

wobei die **dielektrische Suszeptibilität** χ_e eine einheitenlose Materialkonstante ist. In Gl. (2.94) wird auch vorausgesetzt, dass die Polarisation im Material *isotrop* ist, d. h. nicht von der Richtung des polarisierenden Felds abhängt. Nur dann liegen $\vec{E}$ und $\vec{P}$ parallel und χ ist eine einfache Zahl.

Werden Gl. (2.93) und (2.94) zusammengefasst, erhalten wir die Relation

$$\vec{E} = \vec{E}_a - \chi_e \vec{E} \quad \Rightarrow \quad \vec{E} = \frac{1}{1 + \chi_e} \vec{E}_a \, . \tag{2.95}$$

Üblicherweise wird anstelle der Suszeptibilität die **relative, statische Dielektrizitätskonstante (DK)** verwendet, die auch als **relative Permittivität** bezeichnet wird,

$$\epsilon_r = 1 + \chi_e \quad \text{mit} \quad \vec{E} = \frac{1}{\epsilon_r} \vec{E}_a \, . \tag{2.96}$$

Die relative, statische DK gibt also die Schwächung des äußeren Felds durch das Dielektrikum an. In der Tab. 2.2 sind Werte für einige Materialien aufgelistet. Es fällt auf, dass wegen der geringen Dipoldichte die DK von Gasen nahe dem Vakuumwert von eins liegen, während für stark polarisierbare Festkörper DK-Werte von mehreren Tausend erreicht werden.

Tab. 2.2: Relative, statische DK ausgesuchter Stoffe.

Material	ϵ_r
Quarzglas	3,75
Pyrexglas	4,1–4,6
Papier	1,2–4
Porzellan	6–7
Diamant	5,5
Kochsalz (NaCl)	6,1
Silizium	11,9
Titandioxid (TiO_2)	≈ 85
Bariumtitanat ($BaTiO_4$)	$\approx 2\,000$
Wasser (destilliert, 20 °C)	81
Ethanol	26
Benzol	2,3
Öl	2,3
Luft	1,000 59

Dielektrika schwächen stets das äußere elektrische Feld. Die ϵ_r-Werte sind immer grö- ![!]
ßer oder gleich eins. Weil es sich um Ensembles von vielen Dipolen handelt, werden
Dielektrika in inhomogenen Feldern immer in Richtung der größeren Feldstärke gezogen.

Anmerkung

In nahezu allen Darstellungen der Elektrodynamik und in einigen älteren Schulbüchern wird auch die physikalische Feldgröße der **dielektrischen Verschiebungs-
dichte**

$$\vec{D} = \epsilon_0 \vec{E} + \vec{P} = \epsilon_r \epsilon_0 \vec{E} = \epsilon_0 \vec{E}_a \tag{2.97}$$

eingeführt. Ihr Betrag entspricht der Flächenladungsdichte der äußeren, *wahren* Ladungen, die auf den Kondensatorplatten vorhanden sind. Sie ist bis auf die Feldkonstante gleich dem ungestörten äußeren Feld ohne Polarisation. Für die Übersichtlichkeit der Feldgleichungen und die Berechnung von Feldern bietet diese Größe Vorteile.
Wir werden uns jedoch in dem vorliegenden Band ausschließlich auf die elektrische
Feldstärke $\vec{E}$ beschränken. Sie ist durch die Kraftwirkung auf Ladungen anschaulich
definiert. Anstelle von $\vec{D}$ verwenden wir $\epsilon_0 \vec{E}_a$ oder $\epsilon_r \epsilon_0 \vec{E}$.

2.6.3 Dielektrika im Plattenkondensator

Füllt wie in Abb. 2.42 ein Dielektrikum den Zwischenraum eines Plattenkondensators
vollständig, wird das homogene elektrische Feld in Inneren nach Gl. (2.96) um den
Faktor ϵ_r abgeschwächt. Im Falle *konstanter Ladungen* auf den Platten gilt für Kapazität und Spannung

$$Q = C_0 U_0 = C U ,$$

wobei die Werte mit Index 0 für den Kondensator ohne Dielektrikum stehen. Daraus
folgt mit $U = Ed$

$$\frac{C}{C_0} = \frac{U_0}{U} = \frac{E_a d}{E d} = \epsilon_r ,$$

$$\Rightarrow \quad C = \epsilon_r C_0 = \frac{\epsilon_r \epsilon_0 A}{d} \tag{2.98}$$

mit A als Platteninnenfläche. Die Kapazität steigt um den Faktor ϵ_r, was bei geeigneter
Wahl des Dielektrikums mehrere Größenordnungen bedeuten kann. Bei konstanter
Ladung auf den Platten fällt die Spannung an den Platten um den Faktor ϵ_r, also $U = U_0/\epsilon_r$.

Der Fall einer *konstanter Spannung* an den Platten ist häufiger. Einfügen eines Dielektrikums und entsprechender Steigerung der Kapazität führen zu einer Erhöhung
der Plattenladung um den Faktor ϵ_r, also $Q = \epsilon_r Q_0$. Diese zusätzliche Ladung muss
von der Spannungsquelle zur Verfügung gestellt werden.

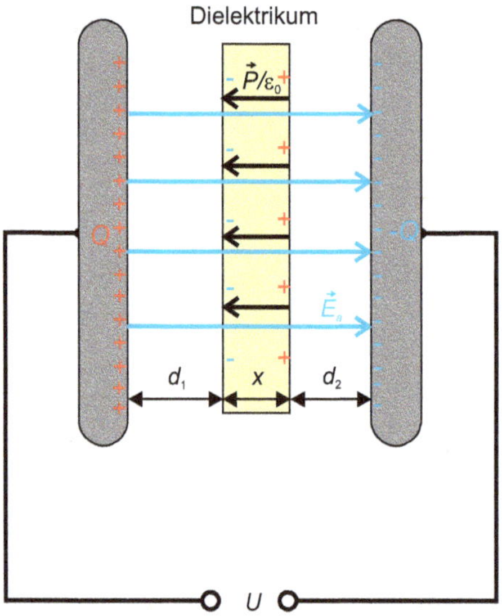

Abb. 2.43: Allgemeiner Fall eines Plattenkondensators mit Dielektrikum und Luftspalt.

Beispiel: Plattenkondensator mit Dielektrikum und Luftspalt

Wir betrachten jetzt ein scheibenförmiges Dielektrikum der Dicke $x < d$, das sich zwischen den Platten befindet und berechnen die Kapazität als Funktion von x. Die Abb. 2.43 zeigt die geometrische Anordnung als Seitenansicht. Die Felder können mit dem gaußschen Gesetz ermittelt werden. Wir werden aber den einfacheren Weg gehen und die Anordnung als Reihenschaltung dreier Kondensatoren betrachten. Dieses ist möglich, weil eine zusätzliche extrem dünne und planparallele Metallplatte im Kondensator nichts verändert. Wir fügen also gedanklich zwei Metallplatten auf den Endflächen des Dielektriums ein, so dass ganz offensichtlich drei Kondensatoren vorliegen mit

$$C_1 = \frac{\epsilon_0 A}{d_1}, \quad C_x = \frac{\epsilon_r \epsilon_0 A}{x} \quad \text{und} \quad C_2 = \frac{\epsilon_0 A}{d_2},$$

wie in der Abb. 2.43 zu erkennen. Die Gesamtkapazität folgt dann nach Gl. (2.91) als

$$C(x) = \frac{\epsilon_0 A}{d_1 + d_2 + \frac{x}{\epsilon_r}} = \frac{\epsilon_0 A}{d - x + \frac{x}{\epsilon_r}}$$

und ist von der Lage des Dielektrikums im Plattenkondensator unabhängig. Die Grenzfälle eines Kondensators mit vollständigem ($x = d$) und ohne ($x = 0$) Dielektrikum werden von der Formel richtig erfasst.

Als Zahlenwerte seien $A = 10\,\text{cm}^2$, $d = 1\,\text{cm}$, $x = 0{,}3\,\text{cm}$ und $\epsilon_r = 50$ gegeben. Ohne Dielektrikum hat der Kondensator eine Kapazität von $0{,}9\,\text{pF}$, mit vollständigem Dielektrikum von $44\,\text{pF}$ und mit dem Teildielektrikum von $1{,}3\,\text{pF}$.

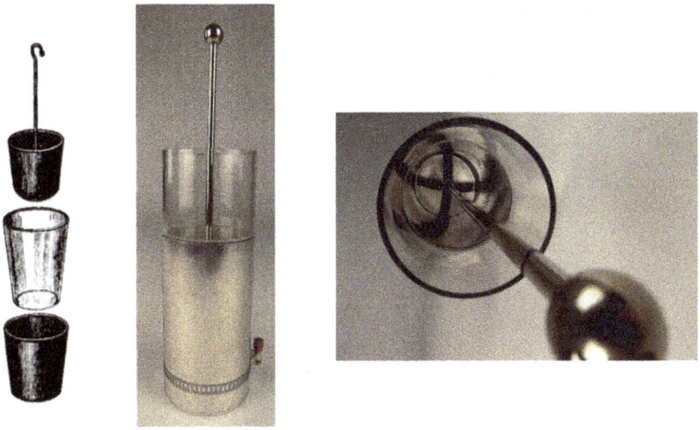

(a)   (b)

Abb. 2.44: (a) Historische Darstellung des Aufbaus einer Leidener Flasche [2.2]. (b) Fotografien eines heutigen Nachbaus.

Anwendungen: Kondensatoren in der Praxis

Um die Kapazität eines Kondensators zu steigern, sollte der Abstand der beiden getrennten Ladungsschichten möglichst klein sein und dazwischen ein Dielektrikum mit großem ϵ_r liegen. Schon die ersten Kondensatoren basierten auf diesem Prinzip, obwohl die Entdecker davon nicht viel wussten. Die frühen Exemplare bezeichnet man als *Leidener Flaschen*, die unabhängig von Ewald Georg von Kleist aus Cammin und Pieter van Musschenbroek aus Leiden 1745 als Ladungsspeicher entdeckt und entwickelt wurden.

Die historische Abb. 2.44 (a) verdeutlicht ihren Aufbau [2.2]. Eine Leidener Flasche besteht aus einem Glasbecher, der innen und außen Metallkontakte hat. Die beiden Metallflächen werden durch das Glas voneinander isoliert. Eine Leidener Flasche entsteht schnell durch passgenaues Zusammenstecken von einem Glasbecher und zwei Metallbechern. Die Abb. 2.44 (b) zeigt Bilder eines Nachbaus zu Demonstrationszwecken. Die Kapazität einer Leidener Flasche liegt typischerweise im nF-Bereich. Eine Elektrisiermaschine (siehe Ergänzung) kann Spannungen bis 150 000 V erzeugen. Wird eine Leidener Flasche mit einer Kapazität von 10 nF angeschlossen, speichert sie eine Ladung von 1,5 mC. Wie später noch erklärt, entspricht das einer elektrischen Energie von mehr als 112 J. Während das Anfassen der Elektroden an der Elektrisiermaschine zwar spürbar aber ungefährlich ist, kann die Berührung des geladenen Kondensator gesundheitsgefährdend sein.

Kommerziell erhältliche Folien- und Keramikkondensatoren bestehen aus dünnen Metallelektroden, die durch Kunststofffolien oder Keramikscheiben voneinander getrennt sind. Die Abb. 2.45 zeigt den schematischen Aufbau und einige reale Modelle, die für elektronische Schaltungen möglichst kompakt und klein sein sollten. In der Mikroelektronik wird heute üblicherweise die SMD-Technik (*surface mounted device*)

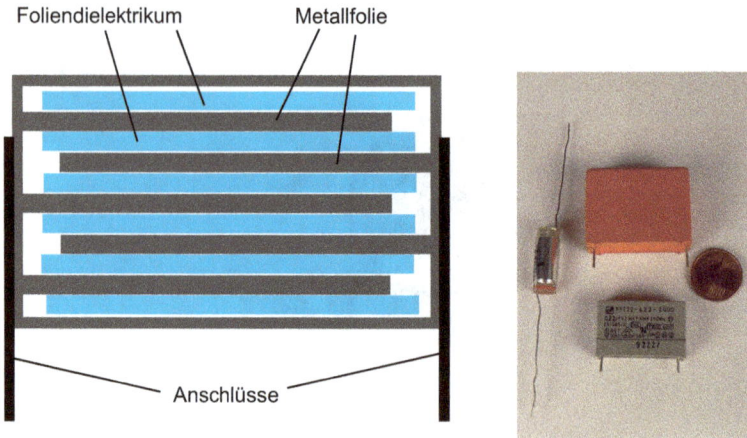

Abb. 2.45: Schematischer Querschnitt und Modelle von Folienkondensatoren.

eingesetzt, bei der Kondensatoren nur die Größe eines Stecknadelkopfes haben. Die Kapazität überstreicht typischerweise den Bereich zwischen pF und µF. Anders als bei der Leidener Flasche sind die höchsten verträglichen Spannungen unterhalb von 1 kV und damit um Größenordnungen geringer.

Die Schicht gegenüberstehender Ladungen ist im *Elektrolytkondensator* (Elko) noch einmal erheblich dünner. Die Abb. 2.46 (a) zeigt das Konstruktionsschema eines Aluminium-Elkos, in dem sich bewegliche Ionen einer Sorte aus dem Elektrolyten auf der dünnen Oxidschicht der Anode anlagern. Die gesamte Spannung am Kondensator fällt über die isolierende Oxidschicht als Dielektrikum ab. Die Kathode dient nur der Kontaktierung des Elektrolyten. Damit lassen sich kleine Kondensatoren mit

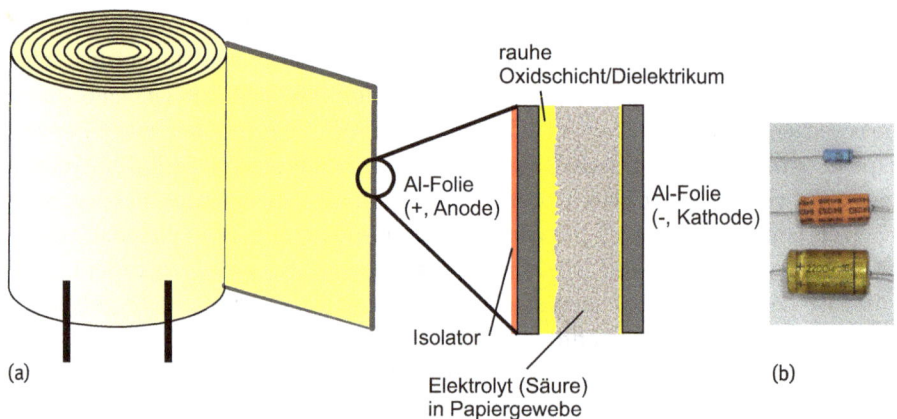

Abb. 2.46: (a) Prinzipieller Aufbau eines Elektrolytkondensators. (b) Typische Bauformen von Elkos.

Kapazitäten bis mF aufbauen. Der Nachteil dieser Bauelemente besteht zum einen in ihrer begrenzten Lebensdauer, weil die gel-artigen Elektrolyte im Laufe der Zeit austrocknen, zum anderen in den niedrigen Grenzspannungen, oberhalb derer die Kondensatoren zerstört werden. Ein Elko ist ein polares Bauelement, d. h. ihre Elektroden dürfen nur mit der richtigen Polarität an die Spannungsquelle angeschlossen werden, wenn man ein Zerplatzen des Bauteils vermeiden will.

Durch Einsatz von porösen Tantal-Elektroden kann das Volumen-zu-Kapazitäts-Verhältnis noch verbessert werden. Solche Ta-Elkos sind in vielen modernen elektronischen Geräten, z. B. Mobiltelefonen, verbaut. Eine neue Entwicklung sind elektrochemische Super-Kondensatoren (*super-caps*), in denen die Ladung auf den Elektroden in subnanometer-dünnen, elektrolytischen Doppelschichten gespeichert wird. Damit sind Kapazitäten von bis zu mehreren tausend Farad (!) möglich, allerdings bei Höchstspannungen von wenigen Volt. Diese Bauteile sind nicht für elektronische Schaltungen, sondern für die Speicherung elektrischer Energie von Interesse. Die Abb. 2.46 (b) zeigt einige typische Elkos.

2.6.4 Elektrische Felder in Dielektrika

Die Berechnung elektrischer Potenziale und Felder in Anwesenheit von Dielektrika ist ein anspruchsvolles Problem der theoretischen Physik, das fortgeschrittene mathematische Methoden erfordert. Es kann daher in dieser Darstellung nicht im Detail behandelt werden.

Wir wollen hier nur die Situation einer Punktladung Q im Abstand d vor einer dielektrischen Platte betrachten, ganz ähnlich wie in Abb. 2.38 für den Fall einer Metallplatte. Die Felder lassen sich auch mit dem Verfahren der Spiegelladungen bestimmen. Die resultierenden Feldlinien sind in der Abb. 2.47 für zwei Dielektrika mit $\epsilon_r = 2{,}5$ und 11 gezeichnet. Es fällt auf, dass im Dielektrikum die Feldlinien offenbar radial von der Punktladung ausgehen. Die Rechnung ergibt aber ein abgeschirmtes, elektrisches Feld, das scheinbar von einer kleineren Punktladung $2Q/(\epsilon_r+1)$ ausgeht. Im materiefreien Raum vor der Platte entspricht das Feld dem eines asymmetrischen Dipols mit den Ladungen Q und $-Q(\epsilon_r - 1)/(\epsilon_r + 1)$. Bei sehr großen ϵ_r-Werten stehen auch hier die Feldlinien fast senkrecht auf der Oberfläche. In der Abb. 2.47 ist gut zu erkennen, dass die Feldlinien an der Oberfläche abknicken und zwar umso schärfer, je größer die relative DK ist. Weil dieses dem Abknicken des Wellenvektors bei der Brechung einer Welle ähnelt, spricht man auch von der *Brechung der Feldlinien* an der dielektrischen Grenzfläche.

Der Knick ist eine Folge der Unstetigkeit der Normalkomponente $\vec{E}_\perp$ an der Grenzfläche. Die Parallelkomponente $\vec{E}_\parallel$ verändert sich dagegen nicht beim Übergang ins Medium. Dieses folgt direkt aus der Rotationsfreiheit des statischen elektrischen Felds und aus dem gaußschen Gesetz, wenn die Polarisationsladungen an der Oberfläche

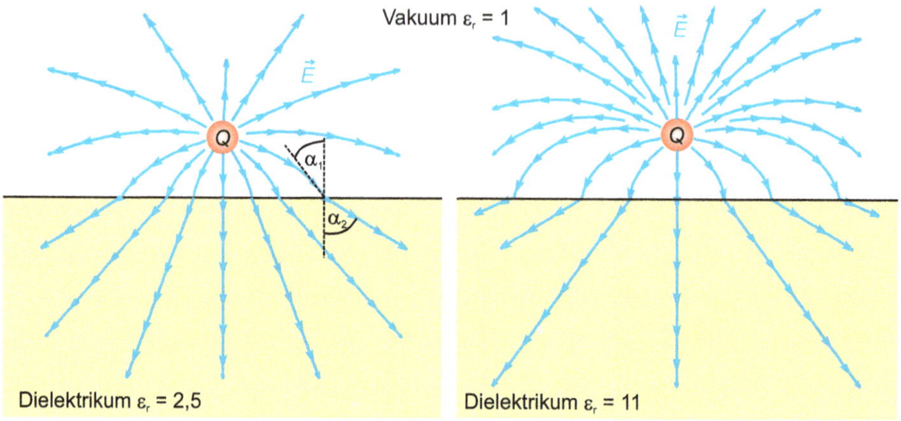

Abb. 2.47: Eine positive Punktladung Q vor Dielektrika. Die Feldlinien knicken an der Grenzfläche ab. Je größer die DK, desto stärker werden die Feldlinien gebrochen.

mit berücksichtigt werden. Man findet

$$\vec{E}_{\parallel,1} = \vec{E}_{\parallel,2} \quad \text{und} \quad \epsilon_r \vec{E}_{\perp,1} = \vec{E}_{\perp,2} \,, \tag{2.99}$$

woraus der Abknick- oder Brechungswinkel für den Feldstärkevektor an der Oberfläche aus der relativen DK durch

$$\epsilon_r \tan \alpha_1 = \tan \alpha_2 \tag{2.100}$$

ermittelt werden kann. Große relative DK führen zu fast parallelen Feldlinien im Dielektrikum, d. h. das elektrische Feld dringt nur wenig in das Medium ein.

2.7 Energiedichte des elektrischen Felds

Das elektrische Feld enthält Energie, die am Beispiel des Plattenkondensators in Abb. 2.48 bestimmt werden soll. Die Feldenergie ist gleich der Arbeit, die zum Laden des Kondensators aufgebracht werden muss. Für den Transport einer infinitesimalen, positiven Ladungsportion dq von der negativen zur positiven Platte muss die Arbeit

$$dW = |\vec{F}|d| = |\vec{E}|d \cdot dq = \frac{q}{\epsilon_0 A} d \cdot dq = \frac{q dq}{C} \tag{2.101}$$

aufgebracht werden. Für die Aufladung des Kondensators mit der Gesamtladung Q lautet damit die Gesamtarbeit

$$W = \int_0^Q dW = \frac{Q^2}{2C} = \frac{QU}{2} = \frac{CU^2}{2} \,. \tag{2.102}$$

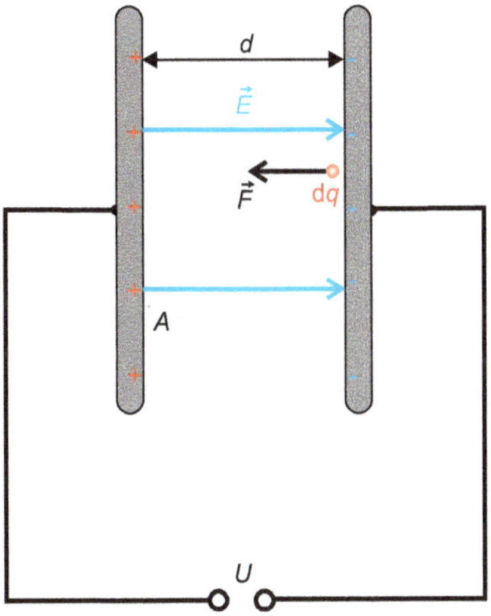

Abb. 2.48: Zur Berechnung der Energiedichte des elektrischen Felds wird der Kondensator gedanklich durch den Transport kleiner Ladungsportionen dq von der negativen zur positiven Platte geladen. Dabei ist Arbeit aufzubringen.

Die Gl. (2.102) lässt sich auf das elektrische Feld zurückführen, indem die Kapazität des Plattenkondensators eingesetzt wird,

$$W = \frac{\epsilon_r \epsilon_0 A}{2d}|\vec{E}|^2 d^2 = \frac{1}{2}\epsilon_r \epsilon_0 |\vec{E}|^2 \cdot \underbrace{A \cdot d}_{V} \tag{2.103}$$

mit dem Volumen V. Daraus erhält man eine allgemein gültige Beziehung für die

Energiedichte des elektrischen Felds

$$w_{\mathrm{el}} = \frac{W}{V} = \frac{1}{2}\epsilon_r \epsilon_0 |\vec{E}|^2 \ . \tag{2.104}$$

Die Energiedichte des elektrischen Felds hängt quadratisch von der elektrischen Feldstärke ab!

Phänomene und Anwendungen

1. **Kräfte im Plattenkondensator**

    Die geladenen Platten eines Kondensators ziehen sich gegenseitig an, weil sie ungleichnamig geladen sind. Um die Anziehungskraft richtig zu bestimmen, betrachten wir einen Plattenkondensator wie in Abb. 2.32 mit konstanter Flächenladungsdichte. Die Platteninnenseiten tragen die Ladungen Q und $-Q$. Wird der Plattenabstand um Δd vergrößert, muss Arbeit gegen die Anziehungskraft geleistet werden. Entsprechend erhöht sich nach Gl. (2.102) die Feldenergie um

    $$\Delta W = \frac{Q^2}{2\epsilon_r \epsilon_0 A}\Delta d \ ,$$

woraus die Kraft skalar

$$|\vec{F}| = \frac{\Delta W}{\Delta d} = \frac{Q^2}{2\epsilon_r\epsilon_0 A} = \frac{QU}{2d} = \frac{1}{2}Q \cdot |\vec{E}| \qquad (2.105)$$

folgt. Wir sind dabei ohne Beschränkung der Allgemeinheit wieder von $Q > 0\,C$ und $U > 0\,V$ ausgegangen. Dieses Ergebnis ist auf den ersten Blick überraschend, denn man hätte die Kraft intuitiv als ‚Plattenladung mal konstanter Feldstärke‘, $Q \cdot |\vec{E}|$, vermutet. Dass die wirkliche Kraft nur halb so groß ist, liegt daran, dass die Ladungen auf einer Platte untereinander keine Nettokraft ausüben und nur das Feld der gegenüberliegenden Flächenladung mit der halben Feldstärke nach Gl. (2.76) spüren.

2. **Kräfte auf Dielektrika im Plattenkondensator**

Das Streufeld an den Kanten des Plattenkondensators ist inhomogen, so dass auf die elektrischen Dipole im Dielektrikum eine Kraft in Richtung zunehmender Feldstärke wirkt. Als Konsequenz wird ein Dielektrikum in den Kondensator hineingezogen.

Ist das Dielektrikum flüssig, kann die Kraft anschaulich nachgewiesen werden. Der Kondensator in Abb. 2.49 taucht teilweise in eine Flüssigkeit mit der relativen DK ϵ_r ein. Der Plattenabstand sei d und die Plattenbreite b. An die Platten wird die Spannung U angelegt, wodurch die Flüssigkeit bis zu einer Höhe h hochgezogen wird. Dieses erfordert mechanisch aufzubringende Hubarbeit.

Bei einer Steighöhe x beträgt die Masse der Flüssigkeitssäule $m(x) = d \cdot b \cdot x \cdot \rho$ mit ρ als Massendichte. Um den Flüssigkeitsspiegel um dx zu erhöhen, beträgt

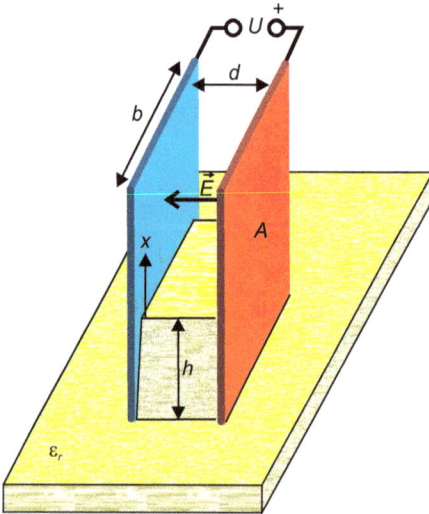

Abb. 2.49: Ein flüssiges Dielektrikum wird in den Zwischenraum eines geladenen Plattenkondensators unter Spannung hinaufgezogen.

die aufzubringende Arbeit $m(x)g \cdot dx$. Daraus folgt für die Gesamtarbeit

$$W = \int_0^h m(x)g\,dx = \int_0^h d\,b\,x\rho\,g\,dx = \frac{1}{2}\rho gh \cdot \underbrace{dbh}_{V} = \frac{1}{2}\rho ghV \qquad (2.106)$$

mit dem Volumen V der hochgezogenen Flüssigkeit. Auf der anderen Seite erhöht sich mit dem Dielektrikum im Kondensator die elektrische Feldenergie nach Gl. (2.102) um

$$\Delta W_{el} = \frac{1}{2}\epsilon_0\epsilon_r V\frac{U^2}{d^2} - \frac{1}{2}\epsilon_0 V\frac{U^2}{d^2} = \frac{1}{2}\epsilon_0(\epsilon_r - 1)V\frac{U^2}{d^2}\,. \qquad (2.107)$$

Von der Spannungsquelle muss die Arbeit W_Q

$$W_Q = \Delta Q \cdot U = (C_0 - C)U^2 = \frac{\epsilon_0 U^2}{d}bh(1 - \epsilon_r) = -\epsilon_0(\epsilon_r - 1)V\frac{U^2}{d^2} \qquad (2.108)$$

wegen der Kapazitätserhöhung von C_0 auf C aufgebracht werden. Die von der Batterie aufgebrachte Arbeit ist vom Betrage gleich der doppelten Feldenergieerhöhung. Die Bilanz der Gesamtenergie, die erhalten bleibt, ergibt

$$W + \Delta W_{el} + W_Q = 0\,\text{J}\,,$$

$$\Rightarrow \quad \frac{1}{2}\rho ghV = \frac{1}{2}\epsilon_0(\epsilon_r - 1)\frac{U^2}{d^2}V\,.$$

Die Gleichung liefert die praktische Beziehung

$$h = \frac{\epsilon_0(\epsilon_r - 1)U^2}{\rho g d^2}\,, \qquad (2.109)$$

womit die relative DK einer dielektrischen Flüssigkeit durch Messung der Steighöhe bei bekannter Spannung und Dichte gemessen werden kann.

Zahlenbeispiel
Wie weit wird destilliertes Wasser mit $\epsilon_r = 81$ in einem Plattenkondensator mit $d = 1\,\text{cm}$ bei einer Spannung von $5\,000\,\text{V}$ hochgezogen? Einsetzen in Gl. (2.109) ergibt

$$h = \frac{8{,}85 \cdot 10^{-12}\,\text{C}\,80 \cdot 25 \cdot 10^6\,\text{V}\,\text{m}^3\text{s}^2}{\text{V}\,\text{m}\,10^3\,\text{kg} \cdot 9{,}81\,\text{m}\,10^{-4}\,\text{m}^2} = 1{,}8\,\text{cm}\,.$$

Es sind hohe Spannungen notwendig, um eine bemerkbares Anheben der Flüssigkeitssäule zu erreichen.

3. **Kondensator- und Elektret-Mikrofone**
Wie in Abb. 2.50 schematisch im Querschnitt gezeigt, kann ein Plattenkondensator als Kapsel mit einer dünnen metallischen Membran gebaut werden. Der Kondensator arbeitet bei angelegter Spannung als Mikrofon. Schallwellen regen die

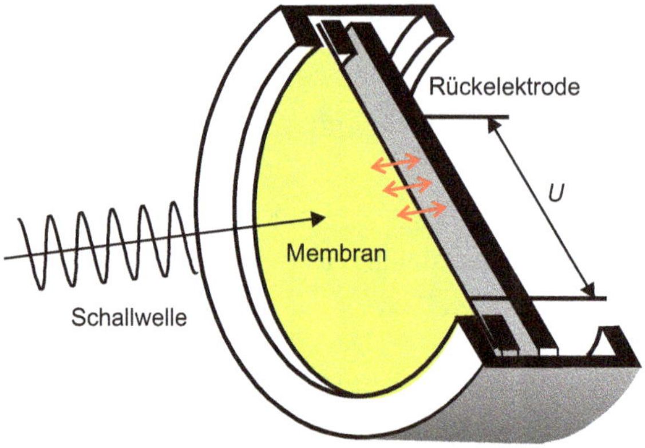

Abb. 2.50: Prinzipieller Aufbau eines Kondensatormikrofons. Wenn die Membran aus einem polarisierten Elektret besteht, wird keine Spannungsversorgung benötigt.

Membran zu Schwingungen an und variieren den Plattenabstand und die Kapazität des Kondensators. Die konstante Spannung ruft durch den Schall verstärkbare Ladungsströme hervor. Kondensatormikrofone haben exzellente akustische Eigenschaften und werden als Studiomikrofone eingesetzt. Sie benötigen aber immer eine externe Spannungsversorgung von typischerweise mehreren 10 V.

Für den alltäglichen Einsatz in kleinen Geräten wie z. B. Mobiltelefonen oder Hörgeräten sind einfache, miniaturisierte Mikrofone erforderlich. Sie sollen möglichst ohne eine Spannungsquelle auskommen und robust sein. Diese Eigenschaften werden erreicht, wenn die Membran aus einem *Elektret*-Material besteht, das dauerhaft elektrisch polarisiert ist. Die schwingende Elektretfolie influenziert Ladungen und Ströme in der Rückelektrode, die weiter verstärkt werden können. Eine Elektretmembran besteht meist aus einer Polymerfolie.

ℹ Technische Ergänzung: Elektrostatische Generatoren

Durch Influenz, Reibungselektrizität und Spitzenentladungen können mit mechanischen und hydrodynamischen Maschinen hohe Spannungen erzeugt werden. Liegen die Spannungen an großen Kapazitäten, werden beachtliche und gefährliche Ladungsmengen gespeichert. Elektrostatische Generatoren sind technisch ausgeklügelte Weiterentwicklungen der ersten Elektrisiermaschinen des Spätbarocks. Wir wollen zwei verbreitete Geräte vorstellen, die auch zur Demonstration im Schulunterricht eingesetzt werden.

Van de Graaff-Generator

Dieser vom amerikanischen Physiker Robert Van de Graaff (1901–1967) benannte Generator benutzt ein umlaufendes Kunststoffband zum Ladungstransport. Daher ist auch bei kleineren Bauformen der Name *Bandgenerator* geläufig. Das Funktionsprinzip eines fremderregten Generators und das Bild eines Demonstrationsmodells sind in Abb. 2.51 dargestellt. Fremderregt bedeutet, dass ein Ladungskamm mit Spitzen dicht am Band auf einer hohen (positiven) Spannung liegt und Ladungen auf das Band überträgt. Diese werden in die metallische Hohlkugel transportiert und von einem Absaugkamm mit Spitzen an die Innenseite der Kugel geleitet. Die Kugel ist ein Faraday-Käfig und daher innen feld-

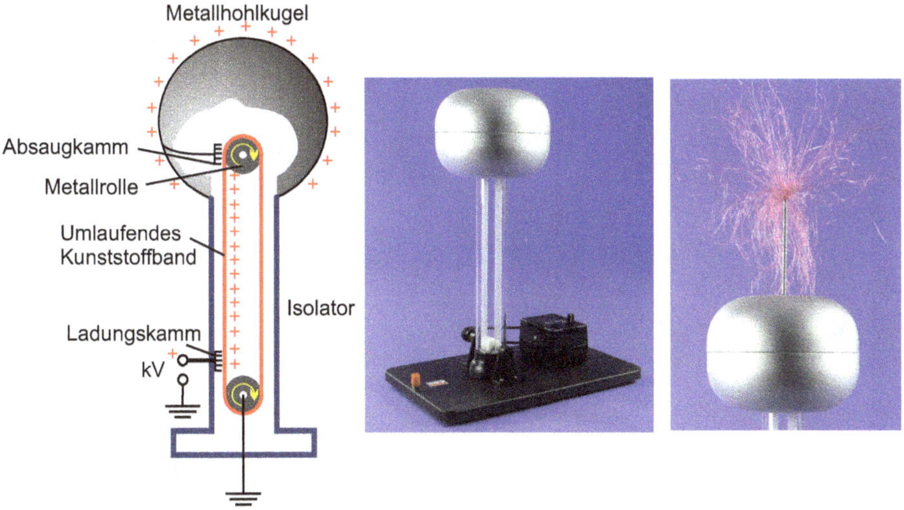

Abb. 2.51: Funktionsprinzip eines fremderregten van de Graaff-Generators und Foto eines Demonstrationsmodells.

frei. Die Ladungen sammeln sich auf der Außenfläche an und das entladene Band bewegt sich wieder nach unten, so dass der Vorgang aufs neue beginnen kann.

Große fremderregte Generatoren dieser Bauart wurden in den 1960er Jahren für Teilchenbeschleuniger verwendet, weil sie bis zu 10 MV erzeugen können. Demonstrationsmodelle aus dem Unterricht wie in Abb. 2.51 sind meist selbsterregt und benötigen keine Spannung. Der untere Kamm ist geerdet und es wird eine Erreger-Rolle (oft die untere Rolle) eingesetzt, die aus einem anderen Material als das Band besteht. Allein durch Reibungselektrizität wird dann das Band je nachdem positiv oder negativ geladen. Kleine selbsterregte Bandgeneratoren können bis zu 100 kV liefern, die Haare oder Papierschnitzel zu Berge stehen lassen.

Wimshurst-Generator

James Wimshurst erfand diese Maschine 1878, die eine selbsterregte Influenzmaschine ist. Die Abb. 2.52 zeigt ein Schulmodell mit zwei Leidener Flaschen als Kondensatoren. Die Maschine besteht aus zwei parallelen Kunststoffscheiben mit aufgeklebten Metallstreifen. Die Scheiben rotieren gegensinnig. Stehen sich zwei Metallsegmente gegenüber und ist eines durch Ladungsfluktuation geladen, entsteht auf dem anderen Metall eine Influenzladung mit entgegengesetztem Vorzeichen. Die influenzierte Ladungstrennung im Metall wird genutzt, indem die Ladung zu einem Streifen auf der gegenüberliegenden Seite der gleichen Scheibe übertragen wird. Durch Influenz entsteht auf den Metallstreifen eine reale Nettoladung. An einer bestimmten Stelle des weiteren Umlaufs werden die Ladungen von den Metallflächen abgenommen und den beiden Kondensatoren zugeführt. Nach Abfluss der Ladungen sind die Metallstreifen neutral. Sie begegnen aber im nächsten Moment wieder geladenen Streifen auf der anderen Scheibe und die Ladungstrennung durch Influenz beginnt erneut. Für eine ausführliche Beschreibung der Wimshurst-Maschine sei auf die reichen Resourcen in der Literatur und im Internet verwiesen [2.3].

Der Wimshurst-Generator kann Spannungen bis zu 200 kV erzeugen. An den Kondensatoren sind dann schon gefährliche Ladungsmengen vorhanden. Entladungsblitze, wie durch Langzeitbelichtung in der Fotografie der Abb. 2.52 gezeigt, können mehrere Zentimeter überbrücken.

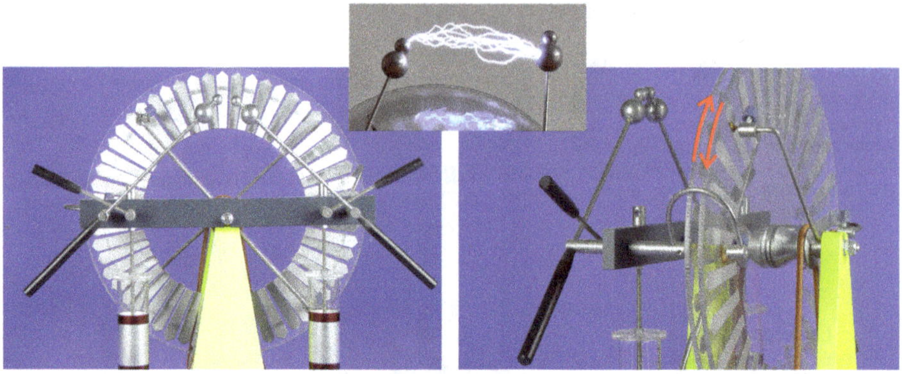

Abb. 2.52: Eine Wimshurst-Influenzmaschine für den Unterricht. Die beiden Scheiben drehen sich in entgegengesetzter Richtung. Die hohen Spannungen können lange Entladungsblitze erzeugen. Foto der Entladung mit freundlicher Genehmigung von Helmut Wentsch, Physikalisches Institut, Universität Freiburg.

2.8 Anwendungen der Elektrostatik

2.8.1 Ablenkung geladener Teilchenströme im Vakuum

Im Vakuum können frei bewegliche Ladungen z. B. durch Auslösen von Elektronen aus Metallen erzeugt werden. Deren Trajektorien lassen sich mit elektrischen Feldern manipulieren und steuern. Die Abb. 2.53 zeigt das Beispiel eines Kondensators, der die Bahnkurve eines Elektronenstrahls mit der kinetischen Energie $E_{kin} = e_0 U_B$ ablenkt. Wir betrachten exemplarisch ein einzelnes Elektron. An die untere Platte ist der positive Pol der Spannungsquelle angeschlossen. Der negative Pol und die obere Platte

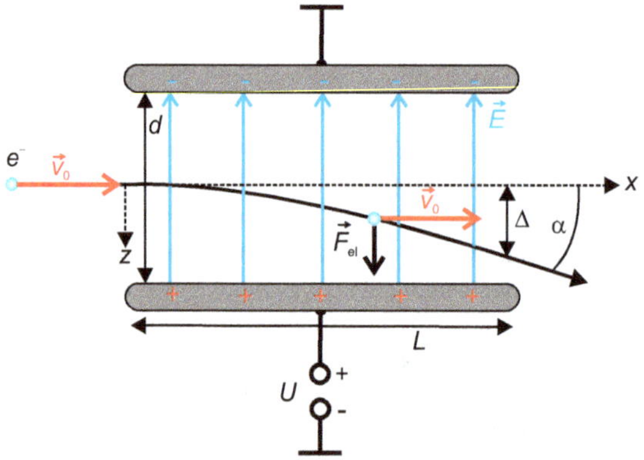

Abb. 2.53: Ein einfliegendes Elektron als exemplarischer Ladungsträger wird im homogenen elektrischen Feld eines Plattenkondensators abgelenkt. Die Situation ist analog zum waagerechten bzw. schiefen Wurf.

liegen auf demselben Potenzial, dargestellt durch den den waagerechten schwarzen Strich, der den sogenannten elektrischen *Massepunkt* symbolisiert.

Beim Durchfallen der Potenzialdifferenz von U_B wird das Elektron beschleunigt. Die Geschwindigkeit sei aber weit von der Lichtgeschwindigkeit entfernt. Das Elektron dringe senkrecht zu den Feldlinien in das homogene elektrische Feld des Plattenkondensators ein. Vernachlässigen wir die Wirkung der Randfelder, entspricht die dargestellte Situation dem waagerechten Wurf aus der Mechanik. Die Parallelgeschwindigkeit $\vec{v}_0$ ist konstant. Senkrecht dazu erfährt das Elektron eine nach unten gerichtete konstante Beschleunigung durch die elektrische Feldkraft $F_{el} = e_0|\vec{E}| = e_0 U/d$. Innerhalb des Plattenkondensators entspricht die Trajektorie einer Parabel (siehe Übungen)

$$z = \frac{e_0|\vec{E}|}{2m_e v_0^2}x^2 = \frac{U}{4U_B d}x^2 \, , \tag{2.110}$$

so dass am Ausgang des Plattenkondensators der Elektronenstrahl um

$$\Delta = \frac{U}{4U_B d}L^2 \tag{2.111}$$

von der Geradeausrichtung abgelenkt wird. Daraus kann durch Ableiten der Ablenkwinkel mit

$$\tan \alpha = \left(\frac{dz}{dx}\right)_{x=L} = \frac{e_0|\vec{E}|}{m_e v_0^2}L = \frac{U}{2U_B d}L \tag{2.112}$$

bestimmt werden. Im elektrostatischen Kondensator hängt der Ablenkwinkel von der kinetischen Eingangsenergie ab. Die Elektronen können also nach ihrer kinetischen Energie sortiert bzw. analysiert werden. Man spricht von einem *Energieanalysator*. In der Praxis hat der Plattenkondensator aber schlechte elektronenoptische Eigenschaften, so dass für die Energieanalyse heute in der Regel Halbkugelkondensatoren eingesetzt werden.

Die räumliche Lenkung von Elektronenstrahlen durch Ablenkplatten war eine verbreitete Methode in den Bildröhren von Oszilloskopen. Diese nach Ferdinand Braun benannten Röhren sind mit dem Aufkommen von Flachbildschirmen aus dem Alltag verschwunden. In den Bildröhren alter Fernseher steuern Magnetfelder den Elektronenstrahl.

2.8.2 Millikan-Fletcher-Experiment

Im Jahre 1923 wurde Robert Andrews Millikan (1868–1953) unter anderem für die exakte Vermessung der Elementarladung mit dem Nobelpreis ausgezeichnet. Die Experimente wurden um 1910 maßgeblich von seinem Doktoranden Harvey Fletcher (1884–1981) durchgeführt, dessen Ideen, z. B. bei der Wahl der Flüssigkeiten und Öle, maßgeblich zum Erfolg beigetragen haben [2.4], jedoch kaum gewürdigt wurden.

Das Messprinzip ist in Abb. 2.54 gezeigt. Er ist so einfach, dass der Millikan-Fletcher-Versuch auch quantitativ im Schulunterricht durchgeführt werden kann. In ei-

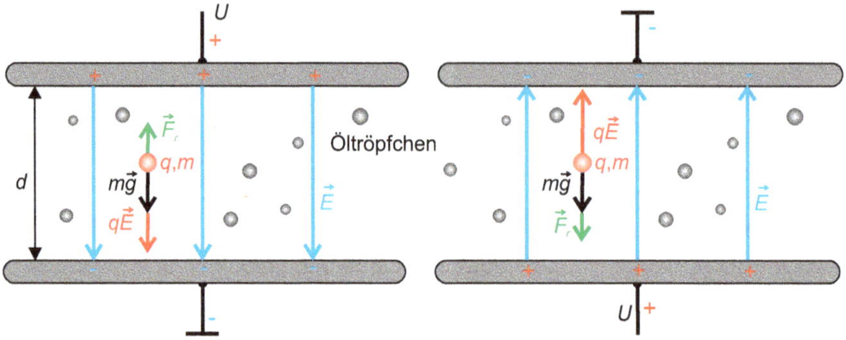

Abb. 2.54: Messprinzip des Millikan-Fletcher-Versuchs. Geladene Öltröpfchen in einem waagerechten Plattenkondensator werden durch Anlegen einer Spannung einmal nach oben und einmal nach unten bewegt. Durch die viskose Reibung sind die Geschwindigkeiten konstant. Aus diesen können der Radius und die Ladung der Tröpfchen bestimmt werden.

nen waagerecht liegenden Plattenkondensator werden Öltröpfchen eingeblasen. Dadurch werden einige Tropfen geladen. Auf einen kugelförmigen Tropfen mit Volumen $V = 4\pi R^3/3$ wirkt zum einen die Gewichtskraft $F_g = \rho Vg$, zum anderen die elektrische Feldkraft $F_{el} = q|\vec{E}| = qU/d$, wobei ρ die Massendichte und g die Erdbeschleunigung ist. Die sehr kleine Auftriebskraft des Tropfens in der Luft lassen wir hier außer Acht. Gelänge es durch Einstellen der Spannung U an den Platten den Tropfen in den Schwebezustand zu bringen, könnte man die Ladung aus dem Kräftegleichgewicht

$$F_g = F_{el} \quad \Rightarrow \quad q = \frac{\rho Vgd}{U} \tag{2.113}$$

bestimmen. Praktisch ist dieses aber nahezu unmöglich, weil der Schwebezustand wegen der *brownschen Bewegung* der Öltröpfchen nicht exakt bestimmt werden kann.

Man misst deshalb die Geschwindigkeiten der Tröpfchen für zwei entgegengesetzt gleiche, homogene Felder. Die beiden Messsituationen sind in Abb. 2.54 dargestellt. Man betrachtet die Tröpfchen im Mikroskop mit Längenmaßstab und polt die Spannung U jeweils um. Zur Feld- und Gravitationskraft kommt auch die viskose Reibungskraft F_r hinzu. Nehmen wir Stokes-Reibung an, gilt $F_r = 6\pi\eta Rv$ für kugelförmige Körper mit Radius R. Wird das Tröpfchen anfangs nach oben gezogen (in der Zeichnung rechts), gilt das Kräftegleichgewicht

$$q\frac{U}{d} = mg + 6\pi\eta R|v_1| \tag{2.114}$$

mit m als der Masse des Tröpfchens, η als Viskosität der Luft und $v_1 < 0\,\text{m/s}$ als Gleichgewichtsgeschwindigkeit. Polt man die Spannung an den Platten um, wird das Teilchen nach unten beschleunigt und durch die Reibung stellt sich die Geschwindig-

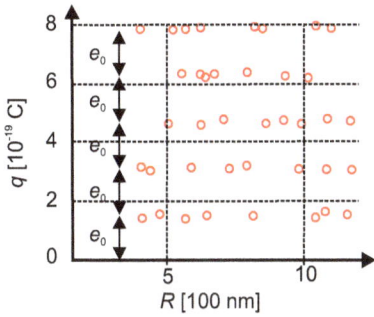

Abb. 2.55: Exemplarische Daten von q und R der Öltröpfchen aus einem Praktikumsversuch.

keit $v_2 > 0\,\text{m/s}$ ein, weil jetzt das Kräftegleichgewicht

$$-q\frac{U}{d} = mg - 6\pi\eta R|v_2| \tag{2.115}$$

vorliegt (in der Zeichnung links). Die Gl. (2.114) und (2.115) können addiert und subtrahiert werden, so dass man aus den Messgrößen sowohl den Radius als auch die Ladung der Teilchen erhält. Mit $m = \rho \cdot 4\pi R^3/3$ erhält man

$$R = \sqrt{\frac{9\eta(|v_2| - |v_1|)}{4g\rho}} \quad \text{und} \tag{2.116}$$

$$q = 3\pi\eta R\frac{d}{U}(|v_2| + |v_1|)\,. \tag{2.117}$$

Es gibt einen systematischen Fehler im Modell der Stokes-Reibung für kleine Tröpfchen, so dass der Ladungswert mit

$$q_{\text{korr}} = \frac{q}{\left(1 + \frac{8{,}6\cdot10^{-8}\,\text{m}}{R}\right)^{1{,}5}} \tag{2.118}$$

korrigiert werden muss (*Cunningham*-Korrektur). Die Abb. 2.55 zeigt Messungen der Ladungen an verschiedenen Tröpfchen. Die Messergebnisse sind diskret auf der Ladungsachse verteilt und entsprechen einem Vielfachen der Elementarladung.

2.8.3 Xerografie

Laserdrucker und Fotokopierer beruhen auf elektrostatischen Prinzipien. Die Xerografie (griechisch: *trockenes Schreiben*) geht auf eine patentierte Idee des Patentanwalts Chester Carlson (1906–1968) Ende der Dreißiger Jahre des letzten Jahrhunderts zurück. Zwischen der Patentierung und dem ersten brauchbaren Fotokopierer lagen aber noch über 20 Jahre Entwicklungsarbeit.

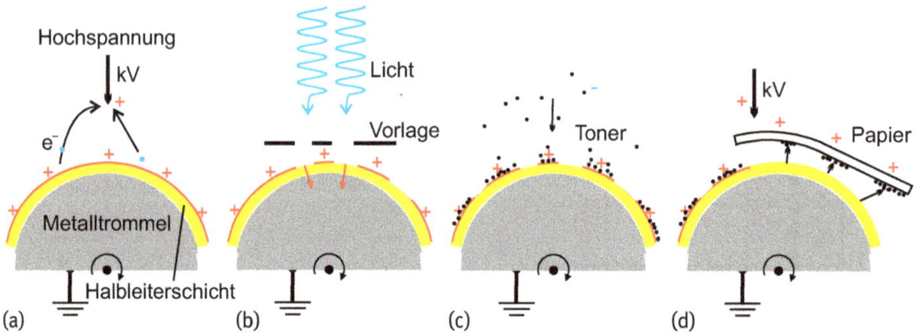

Abb. 2.56: Grundprinzip der Xerografie. (a) Die Halbleiterschicht auf der Oberfläche einer Bildtrommel wird positiv geladen. (b) Durch eine Abbildung der Vorlage wird die Halbleiterschicht (Fotoleiter) nur stellenweise belichtet. Dort fließt die Ladung ab. (c) Negativ geladene Tonerteilchen haften an den verbliebenen positiven Orten der Halbleiterschicht. (d) Das positiv geladene Papier übernimmt die Tonerteilchen, die anschließend fixiert werden.

Die Abb. 2.56 (a-d) zeigt das Funktionsprinzip für einen kleinen Ausschnitt der geerdeten, metallischen Bildtrommel, die um ihre Längsachse rotiert. Auf der zylindrischen Trommel befindet sich eine halbleitende Schicht (ursprünglich Selen), die unbeleuchtet elektrisch isolierend ist. Halbleiter sind Materialien, die unter Beleuchtung leitfähig werden (*Fotoleiter*). Zwischen dem Halbleiter und einer auf Hochspannung liegenden Spitze entsteht eine Entladung, die Elektronen abzieht und die Halbleiterschicht positiv auflädt (Abb. 2.56 (a)). Fotografisch wird ein Negativbild von der Vorlage auf die Trommel abgebildet. Weiße Stellen auf dem Papier entsprechen beleuchteten Bereichen auf der Trommel. Durch den photoelektrischen Effekt im Halbleiter werden diese Bereiche elektrisch leitfähig und entladen sich (Abb. 2.56 (b)). Die unbeleuchteten Bereiche bleiben geladen und können negativ geladene Farbpigmente (Tonerteilchen) binden (Abb. 2.56 (c)). Ein Blatt Papier kann beim Abrollen über die Trommel die Tonerteilchen übernehmen, wenn es zuvor durch den Spitzeneffekt positiv geladen wurde (Abb. 2.56 (d)). Eine Wärmebehandlung fixiert den Toner auf dem Papier und die Kopie ist fertig.

2.8.4 Elektrische Felder auf der Erde

Im ersten Band haben wir gelernt, dass Bewegungen der Himmelskörper durch die Gravitationskraft bestimmt werden. Wegen der starken Coulomb-Kraft zwischen elektrischen Ladungen folgt daraus, dass Himmelkörper nahezu elektrisch neutral sein müssen. Das ist erstaunlich, denn Sterne wie die Sonne strahlen mit dem *Sonnenwind* einen kontinuierlichen Strom geladener Teilchen ab. Auch die Erde ist dem Sonnen-

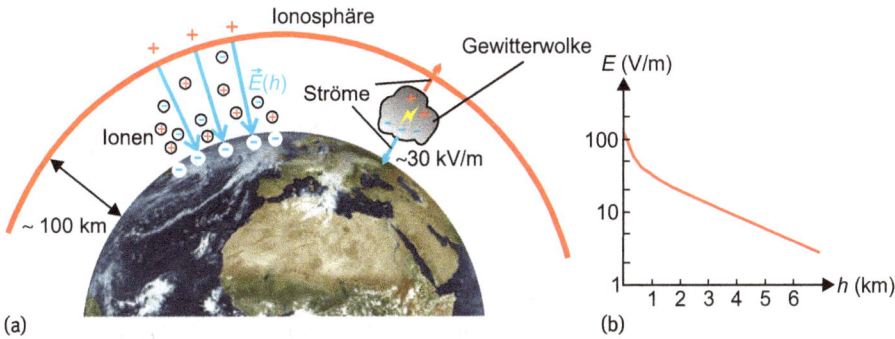

Abb. 2.57: (a) Vereinfachte Darstellung elektrischer Felder in der Erdatmosphäre zwischen negativer Erdoberfläche und Ionosphäre. (b) Höhenabhängigkeit des elektrischen Erdfelds bei heiterem Wetter.

wind ausgesetzt. Jedoch dringen die energiereichen Teilchen nicht wirkungsvoll in die Erdatmosphäre ein, weil das Erdmagnetfeld die geladenen Teilchen umleitet (siehe Kapitel 4).

Trotz der Neutralität sind aber elektrische Erscheinungen in der Atmosphäre der Erde allgegenwärtig. Es waren die atmosphärischen Entladungen, insbesondere Gewitterblitze, die frühen Forschern Anlass gaben, sich der Elektrizität zu widmen. Die elektrischen Phänomene auf der Erde sind äußerst komplex und hoch dynamisch. Hier sollen nur einige Grundtatsachen zusammengestellt werden.

Die Abb. 2.57 (a) zeigt stark vereinfacht und nicht maßstäblich die Situation der elektrischen Größen auf der Erde. Das elektrische Feld auf der Erde wird im Wesentlichen durch atmosphärische Prozesse zwischen Ionosphäre in ungefähr 100 km Höhe und Oberfläche bestimmt. An einem heiteren Tag wird auf freier Flur oder auf der Ozeanoberfläche eine elektrische Feldstärke von durchschnittlich $E_\oplus$ = (200 ± 100) V/m gemessen. Die Feldlinien zeigen in Richtung der Erdoberfläche, die eine negative Oberflächenladung besitzt. Aus dem gaußschen Satz und dem Erdradius von $R_\oplus = 6\,370$ km folgt damit eine Gesamtladung von

$$Q = -\epsilon_0 \cdot 4\pi R_\oplus^2 \cdot E_\oplus = -9 \cdot 10^5 \, \text{C} \, . \tag{2.119}$$

Erde und Ionosphäre bilden aber keinen perfekten Kugelkondensator, bei dem sich die Feldstärke mit der Höhe h über den Erdboden nach Gl. (2.86) mit $1/(R_\oplus + h)^2$ verkleinert. Man findet vielmehr einen sehr viel stärkeren, exponentiellen Abfall von $E(h)$, der in Abb. 2.57 (b) halblogarithmisch aufgetragen ist. Bereits in einer Höhe von 7 km ist die Feldstärke nahezu verschwunden. Das liegt vor allem an schweren, positiven Ionen, die sich dicht an der Erdoberfläche aufhalten und die negative Oberflächenladung abschirmen. Leichtere Ionen können sich dagegen bis zur Ionosphäre bewegen.

Das Wegintegral über das elektrische Feld ergibt eine Spannung zwischen Oberfläche und Ionosphäre von durchschnittlich 280 000 V. Dieser Wert schwankt zwischen 150 und 600 kV in Abhängigkeit vom Wetter, Ort, von der Jahres- und der Tageszeit. Die Ionen in der unteren Atmosphäre bewirken ebenfalls eine elektrische Leitfähigkeit, durch die es eigentlich zu einem Ladungsausgleich zwischen Erdoberfläche und Ionosphäre innerhalb von ungefähr 500 s kommen müsste. Das dauerhafte elektrische Feld erfordert demnach aktive atmosphärische Ladungsquellen, die diesem Entladungsstrom entgegenwirken (globaler elektrischer Stromkreis). Zwischen Ionosphäre und Erdoberfläche müssen mindestens 2 000 C/s erzeugt werden. Die Ladungserzeugung wird hauptsächlich von drei Quellen gespeist, wie in der Abb. 2.57 (a) angedeutet.

1. *Gewitterblitze* transportieren negative Ladungen zur Erde und positive in Richtung Ionosphäre.
2. *Gewitterwolken* haben auch ohne blitzartige Entladungen hohe interne elektrische Felder. Unter einer Gewitterwolke steigt die elektrische Feldstärke auf der Erdoberfläche leicht auf mehrere 10 kV. Diese Felder führen zu *kalten* Entladungsströmen zwischen Wolke und Erdoberfläche bzw. Ionosphäre.
3. *Geladene Nicht-Gewitterwolken.* Der hohe Ladungsstrom kann nicht allein durch Gewitter erklärt werden. Als weitere Quelle dienen Wolken, die ebenfalls geladen sind, aber keine Gewitter hervorrufen.

Die elektrische Leitfähigkeit des menschlichen Körpers oder auch anderer Objekte auf der Erde ist deutlich größer als die der Luft. Die Oberflächen dieser Körper sind daher Äquipotenzialflächen und verändern die elektrischen Feldlinien, wie in Abb. 2.58 gezeichnet. Der Mensch spürt also keinen Spannungsabfall von 400 V zwischen Kopf und Füßen. Der eingezeichnete metallische Stab konzentriert die Feldlinien unter einer Gewitterwolke an seiner Spitze, wo eine hohe Randfeldstärke zu einem Spitzeneffekt führt. Die Corona-Entladung an der Spitze ionisiert die Luft leicht, was anziehend

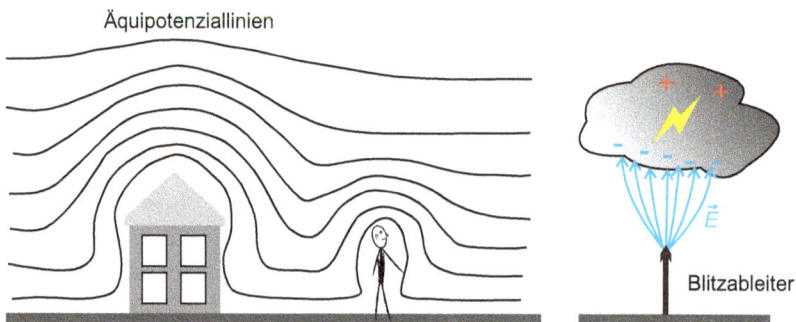

Abb. 2.58: Äquipotenziallinien auf der Erdoberfläche. Unter einer Gewitterwolke bündelt eine Fangeinrichtung für Blitze die elektrischen Feldlinien. Es kommt lokal zu einer elektrischen Entladung.

auf atmosphärische Entladungen bzw. Blitze wirkt. Dieses stellt das Funktionsprinzip der Fangeinrichtung eines *Blitzableiters* dar.

Quellenangaben

[2.1] Charles Augustin Coulomb, *Mémoires* (Gauthier-Villars, 1884) S. 109.

[2.2] John Tyndall, *Lessons in Electricity at the Royal Institution*, 1875–76, (Longmans, Green, 1876) S. 79.

[2.3] Eine kurze und anschauliche Darstellung findet sich bei Wikipedia. https://de.wikipedia.org/wiki/Wimshurstmaschine (Stand: 30.06.2018).

[2.4] Heinrich Zankl, *Nobelpreise: Brisante Affären, umstrittene Entscheidungen* (Wiley-VCH, 2005).

Übungen

1. Die hohe elektrische Neutralität der Himmelskörper wollen wir durch ein Gedankenexperiment veranschaulichen. Nehmen wir dazu an, Erde und Mond seien nur Punktladungen mit entgegengesetzt gleichen Ladungen. Zwischen ihnen wirke keine Gravitation. Wie groß müssten die Ladungen der Himmelskörper sein, um dieselbe Anziehungskraft hervorzurufen wie die Gravitation? Wie groß wären die Flächenladungen auf Mond und Erde, wenn die Ladungen homogen auf den Oberflächen verteilt werden? Wie groß wäre das elektrische Feld auf der Erdoberfläche?

2. Sechs gleiche Punktladungen q sitzen auf den Ecken eines ebenen regelmäßigen Sechsecks der Kantenlänge a. Das Sechseck liege in der x-y-Ebene mit dem Mittelpunkt am Ursprung des Koordinatensystems. Geben Sie das elektrische Feld auf der z-Achse an. Welche Kraft erfährt eine gleichnamige Ladung Q am Ursprung? Ist diese Position stabil? Für welche Abstände vom Nullpunkt wird die elektrische Feldkraft auf der z-Achse extremal? Welche Arbeit muss verrichtet werden, um die Ladung Q aus dem Unendlichen in die Mitte des Sechsecks zu setzen? Rechnen Sie mit den Werten $Q = 1\,\mu C$, $q = 10\,\mu C$ und $a = 10\,cm$.

3. Es sei eine negativ geladene Metallkugel mit einem Radius von 2 cm und einer Ladung $Q = -1\,\mu C$ gegeben. Ihr äußeres elektrisches Feld entspricht dem Feld einer gleich starken Punktladung im Kugelmittelpunkt. Es befinde sich ein ruhendes Elektron vor der Kugel. Der Abstand zwischen Elektron und Kugelmittelpunkt betrage 3 cm. Wie viele Elementarladungen befinden sich auf der Kugel und wie groß ist die homogene Flächenladungsdichte? Wie groß sind die Kraft auf das Elektron und das elektrische Potenzial, auf dem sich das Elektron befindet, wenn $V(r \rightarrow \infty) = 0$ ist?

4. In der Abb. 2.59 (a) sind zwei Fadenpendel der gleichen Länge von 1 m und mit gleichen (Punkt-)Massen von $m = 10\,g$ gezeigt. Die Massen tragen jeweils die gleiche elektrische Ladung. Durch die Abstoßung beträgt der Winkel zwischen den Fäden $\varphi = 40°$. Wie groß ist die Ladung auf jeder Masse? Wie groß ist die potenzielle Energie (Lageenergie plus elektrostatischer Energie) der geladenen Massen im Gleichgewicht bezogen auf den Fall ungeladener Massen?

5. In Abb. 2.59 (b) befindet sich ein Pendel mit 1 m Länge und einer Ladung $q = 10\,nC$ vor einer geladenen Platte mit der Flächenladungsdichte von $\sigma = 2 \cdot 10^{-5}\,C/m^2$. Das elektrische Feld

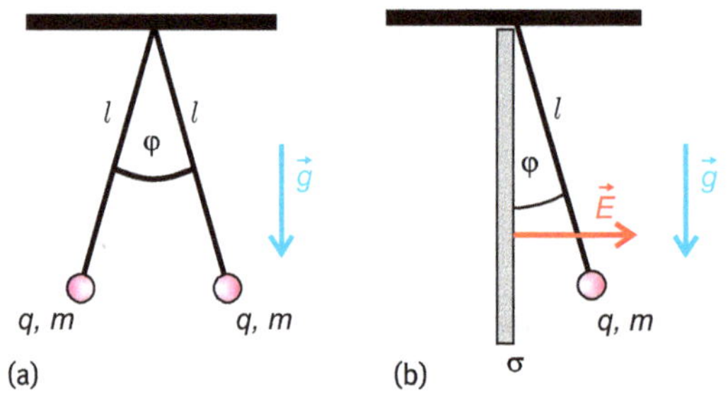

Abb. 2.59: Abstoßungskräfte auf geladene Pendel.

der Platte ist näherungsweise konstant, $\vec{E} = (\sigma/2\epsilon_0)\vec{e}_x$. Die Polaritäten von q und σ seien gleich. Unter welchem Winkel steht das Pendel von der Platte ab? Vernachlässigen Sie mögliche Influenzeffekte.

6. Es sei ein sehr dünner, gerader und gedanklich unendlich langer Draht gegeben, der eine gleichmäßige, negative Linienladung von $\lambda = -10^{-7}$ C/m trägt. Geben Sie eine allgemeine Formel für die elektrische Feldstärke $\vec{E}(\vec{r})$ und das elektrische Potenzial $\varphi_e(\vec{r})$ an, indem Sie das gaußsche Gesetz anwenden. Wie groß ist die Kraft auf ein Elektron im Abstand von 10 cm zum Draht? Wie groß ist die Geschwindigkeit des Elektrons in 3 m Entfernung vom Draht, wenn es losgelassen wird?

7. In Kapitel 2.4.3 werden verschiedene Ladungsszenarien im Plattenkondensator besprochen. Leiten Sie die Gl. (2.81) für den Fall unterschiedlich geladener Platten her.

8. Ein Plattenkondensator bestehe aus zwei planparallelen Metallplatten mit einer Fläche von je 100 cm^2 in einem Abstand von 5 cm. Berechnen Sie die Kapazität (i) ohne Dielektrikum, (ii) mit einer 2 cm dicken Metallplatte im Zwischenraum und (iii) mit einem 2 cm dicken Dielektrikum mit $\epsilon_r = 80$ im Zwischenraum. Der Kondensator sei jetzt vollständig mit dem Dielektrikum mit $\epsilon_r = 80$ gefüllt. Wie verändert sich die elektrische Feldenergie durch das Dielektrikum, wenn
    –   die Ladung auf den Platten mit je 1 µC konstant ist oder
    –   die Spannung zwischen den Platten konstant auf 10 000 V gehalten wird?

9. Ihnen stehen nur Kondensatoren mit den Kapazitäten von 12 nF und 60 nF zur Verfügung. Wie müssen Sie die Kondensatoren verschalten, um Gesamtkapazitäten von 4 nF, 10,9 nF, 42 nF und 180 nF zu erhalten?

10. Wie groß ist das Drehmoment auf das HCl-Molekül, wenn die Bindungsachse senkrecht zu den Feldlinien eines homogenen Felds von 1 000 V/m steht?

11. Eine Punktladung von 1 mC stehe im Abstand von 20 cm vor einer Metallplatte. Mit welcher Kraft wird die Ladung von der Platte angezogen?

12. Zwei gedanklich unendlich ausgedehnte Metallplatten stehen senkrecht aufeinander. Eine Punktladung von 1 mC befinde sich im Abstand von 10 cm zur ersten und im Abstand von 20 cm zur zweiten Platte. Mit welcher Kraft (Betrag und Richtung) wird die Punktladung angezogen?

13. Leiten Sie die parabelförmige Bahnkurve einer Ladung im Plattenkondensator nach Gl. (2.110) her. Gehen Sie davon aus, dass die Ladung parallel zu den Platten einfällt und vernachlässigen Sie Randfelder.

3 Elektrischer Strom

Die Bewegung von Ladungen wird als elektrischer Strom bezeichnet. Dieser kann durch Medien wie Festkörper, Flüssigkeiten, Gase oder auch durch einen evakuierten Raum gehen. Hinter diesen Strömen verbergen sich unterschiedliche Ladungstransporte, die in diesem Kapitel angesprochen werden. Wir betrachten die elektronische Leitfähigkeit in festen Stoffen genauer und stellen dafür das zentrale ohmsche Gesetz auf, das die physikalische Größe des elektrischen Widerstands bestimmt und mit dem einfache Stromkreise beschrieben werden können. Dabei werden auch verschiedene Arten von Messgeräten und Spannungsquellen angesprochen.

3.1 Definition und Einordnung

3.1.1 Elektrische Stromstärke

Strömen Ladungsträger q durch eine Fläche A, wie in der Abb. 3.1 (a) skizziert, wird die differenzielle Größe

Elektrische Stromstärke

$$I = \frac{dQ}{dt}, \quad [I] = \frac{C}{s} = \text{Ampere} = A, \tag{3.1}$$

als gesamte Ladung dQ definiert, die durch eine Fläche A pro Zeit dt fließt. Wir verwenden den Begriff *Strom* gleichbedeutend mit *Stromstärke*. Sie ist eine skalare Größe und gibt nur die Richtung als Vorzeichen an. Die Stromstärke ist positiv (negativ) für den Strom positiver (negativer) Ladungsträger. Die Richtung positiver Ladungsströme wird **technische Stromrichtung** genannt, d. h. bei einer elektrischen Potenzialdifferenz zeigt die technische Stromrichtung immer von Plus (+) nach Minus (−)!

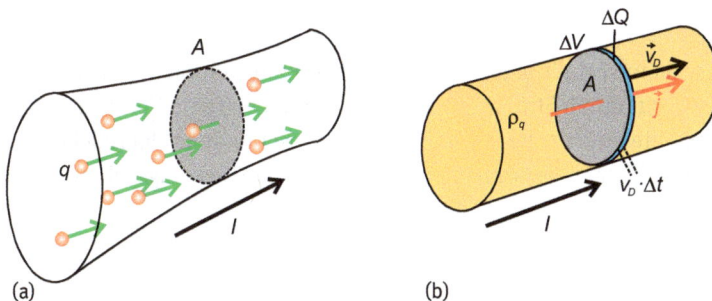

(a)   (b)

Abb. 3.1: (a) Die Stromstärke I gibt die Gesamtladung pro Zeit an, die durch eine Fläche A fließt. (b) Die Stromdichte ist die lokale, gerichtete Stromstärke pro Fläche, durch die der Strom senkrecht fließt.

https://doi.org/10.1515/9783110469097-003

3.1.2 Stromdichte

Um die Richtung der Stromstärke richtig zu beschreiben, benötigen wir eine vektorielle Größe. Betrachten wir dazu in Abb. 3.1 (b) den Fluss eines unermesslich großen, homogenen Ensembles beweglicher Ladungsträger. Es kann durch eine konstante Ladungsdichte ρ_q charakterisiert werden, wobei

$$\rho_q = q \cdot n_q \tag{3.2}$$

gilt. Die Größe n_q heißt **Ladungsträgerdichte** und ist die Zahl der Ladungsträger pro Volumen mit der Einheit $1/m^3$.

Das kleine, scheibenförmige Volumen ΔV im zylindrischen Leiter in Abb. 3.1 (b) trägt die bewegliche Ladung $\rho_q \Delta V$. Es bewege sich mit der **Driftgeschwindigkeit** $\vec{v}_D$ in Leiterrichtung, d. h. senkrecht zur Fläche A. Das Volumenelement entspricht dann $\Delta V = A \cdot |\vec{v}_D| \cdot \Delta t$ und die Stromstärke schreibt sich dann als Quotient kleiner Differenzen

$$I = \frac{\Delta Q}{\Delta t} = \frac{\Delta V}{\Delta t} \rho_q = \frac{|\vec{v}_D| A \Delta t}{\Delta t} q n_q = \underbrace{q n_q |\vec{v}_D|}_{|\vec{j}|} \cdot A \ . \tag{3.3}$$

Hieraus definieren wir die vektorielle Größe der

Stromdichte

$$\vec{j} = q n_q \vec{v}_D = \rho_q \vec{v}_D \ , \quad [\vec{j}] = \frac{A}{m^2} \ , \tag{3.4}$$

deren Richtung von der Driftgeschwindigkeit der Ladungsträger bestimmt wird und deren skalare Größe gleich I/A ist. Der Begriff der Driftgeschwindigkeit wird später klarer. Sie entspricht einem Mittelwert über viele Trajektorien der Ladungsträger.

Die Richtung der Stromdichte bei positiven Werten von I bzw. j zeigt in die Richtung des Flusses positiver Ladungsträger, also in die technische Stromrichtung.

3.1.3 Ladungserhaltung

Elektrische Ladung ist eine Erhaltungsgröße. Daher kann die Ladung in einem abgeschlossenen Volumen nur durch Ströme in das Volumen oder aus dem Volumen geändert werden. Der gesamte elektrische Strom durch eine geschlossene Oberfläche entspricht der negativen zeitlichen Veränderung von Q innerhalb des eingeschlossenen Volumens,

$$I_{\text{Oberfläche}} = -\frac{dQ}{dt}\bigg|_{\text{Volumen}} \ . \tag{3.5}$$

Diese Gleichung ist eine einfache Form der **Kontinuitätsgleichung**. Sie lässt sich auch formaler ausdrücken. Ähnlich der Definition des elektrischen Flusses durch eine geschlossene Oberfläche in Abb. 2.25 (b) entspricht der Gesamtstrom dem Oberflächenintegral der Stromdichte über die geschlossene Oberfläche. Dementsprechend ist die Ladung im Volumen gleich dem Volumenintegral der Ladungsdichte über das eingeschlossene Volumen,

$$\oiint \vec{j} \cdot \mathrm{d}\vec{A} = -\frac{\mathrm{d}}{\mathrm{d}t} \iiint \rho_q \, \mathrm{d}V \,. \tag{3.6}$$

Gl. (3.6) wird auch die Integralform der Kontinuitätsgleichung genannt.

3.1.4 Arten elektrischer Ströme

Es gibt verschiedene Arten elektrischer Ströme, die sich in der Ladungsträgersorte und in dem jeweiligen Träger des Stroms unterscheiden.

1. **Vakuumströme**

   In einem evakuierten Raum bzw. Rezipienten können geladene Teilchen makroskopische Strecken geradlinig zurücklegen. Beispiele sind energiereiche Elektronen- oder Protonenstrahlen oder auch Bewegungen von geladenen Atomen und Molekülen. Die Bewegung der mikoskopischen Teilchen kann durch äußere Felder beeinflusst werden. Ist die Dichte der Teilchen in einem Strahl groß, wirken auch untereinander abstoßende Coulomb-Kräfte, die den Strahl aufweiten. Dieser Einfluss wird *Raumladungseffekt* genannt.

2. **Elektronische Leiter**

   In Festkörpern wie Metallen oder Halbleitern oder in metallischen Flüssigkeiten werden elektrische Ströme durch frei bewegliche Ladungsträger getragen. In metallischen Systemen sind freie Elektronen vorhanden, während in Halbleitern auch fehlende Elektronen, sogenannte *Löcher*, vorhanden sein können, die eine positive Elementarladung tragen. Es gibt stets eine gleich große, kompensierende Gegenladung zu den beweglichen Ladungsträgern. Sie ist unbeweglich bzw. ortsfest und bewirkt Neutralität des Leiters. In Metallen z. B. liegt die positive Gegenladung zu den beweglichen Elektronen in den Ionenrümpfen, die das Kristallgitter aufbauen.

3. **Ionenleiter**

   Die beweglichen Ladungsträger sind in diesen Materialien positiv und negativ geladene Ionen. Diese Leiter werden auch als *Elektrolyte* bezeichnet. Sie können sowohl flüssig, als auch fest sein. In Festkörperelektrolyten sind im Allgemeinen Ionen erst bei höheren Temperaturen beweglich. Die Summe über alle ionischen Ladungen muss wieder gleich null sein, weil der Elektrolyt insgesamt neutral ist.

4. **Ströme in Gasen**

   Auch in gasförmigen Medien sind Ladungsströme möglich, wenn ein starkes elektrisches Feld die Gasteilchen ionisiert und eine *Gasentladung* oder ein sogenanntes *Plasma* hervorruft. Plasmen sind insgesamt neutral und bestehen aus Ionen und Elektronen, die sich bewegen können. Wegen der ionischen und elektronischen Leitung wird auch ein wenig irreführend von einem *gemischten* Leiter gesprochen.

⚠️ In metallischen Leitern fließen die freien Elektronen *entgegen der technischen Strom-richtung*!

Liegen in einem Leiter mehrere Sorten von Ladungsträgern vor (wie z. B. in bipolaren Halbleitern), addieren sich die Stromdichten der Einzelströme zur Gesamtstromdichte. Für das Beispiel von positiven und negativen Ladungsträgern folgt

$$\vec{j} = q_+ n_{q+} \vec{v}_{D+} + q_- n_{q-} \vec{v}_{D-} \,. \tag{3.7}$$

Im Folgenden werden wir uns auf die Diskussion der wichtigen elektronischen Leiter beschränken. Im Abschnitt 3.5 kommen wir dann noch einmal auf die anderen Leitungsmechanismen zurück.

ℹ️ **Beispiel: Driftgeschwindigkeit von Elektronen in Metallen**
Wir wollen an einem Beispiel diskutieren, was unter Driftgeschwindigkeit zu verstehen ist. Betrachten wir einen Kupferdraht, wie er in der Elektroinstallation in Wohnungen zu finden ist. Er hat eine Querschnittsfläche von $1,5\,\text{mm}^2$ und soll maximal einen Strom von $10\,\text{A}$ leiten. Die Dichte der frei beweglichen Elektronen in Kupfer schätzen wir in guter Näherung als die Dichte der Valenzelektronen ab. Jedes Cu-Atom besitzt ein Valenzelektron, das leicht gebunden ist.

Aus der Dichte des Kupfers, $\rho = 7\,900\,\text{kg/m}^3$, und dem Atomgewicht von $M_A = 63,5\,\text{u}$ folgt die freie Elektronendichte

$$n_q = \frac{\rho}{M_A} = \frac{7,9 \cdot 10^3\,\text{kg}}{63,5 \cdot 1,66 \cdot 10^{-27}\,\text{kg}\,\text{m}^3} = 7,5 \cdot 10^{22}/\text{cm}^3 \,. \tag{3.8}$$

Mit Gl. (3.3) erhält man eine Driftgeschwindigkeit von

$$|\vec{v}_D| = \frac{I}{e_0 n_q A} = \frac{10\,\text{A}\,\text{cm}^3}{1,6 \cdot 10^{-19}\,\text{C} \cdot 7,5 \cdot 10^{22} \cdot 1,5 \cdot 10^{-2}\,\text{cm}^2} = 0,056\,\frac{\text{cm}}{\text{s}} \,. \tag{3.9}$$

Dieser Wert erscheint sehr klein, wenn man bedenkt, dass die *Wirkung* des Stroms mit nahezu Lichtgeschwindigkeit (10^{10} cm/s) erfolgt. Tatsächlich ist die ungeordnete Bewegung der Elektronen sehr viel schneller. Wie im Abschnitt 3.2.4 genauer dargelegt, erwartet man bei klassischer thermischer Bewegung der Elektronen Geschwindigkeiten von 1/1000 der Lichtgeschwindigkeit. Auch dieser Wert ist noch um eine Größenordnung zu klein, wenn die Bewegung der Elektronen im Metall korrekt quantenmechanisch beschrieben wird.

Der Grund für diese krasse Diskrepanz zwischen Elektronen- und Driftgeschwindigkeit im Metall liegt daran, dass $\vec{v}_D$ *nicht* die Bewegung individueller Elektronen angibt. Sie stellt vielmehr eine Gleichgewichtsgeschwindigkeit des Elektronenensembles dar. Sie entsteht durch das Mittel über alle Stoßprozesse aller stromführender Elektronen.

In klassischer Vorstellung besteht ein Gleichgewicht zwischen beschleunigender Feldkraft $-e_0 \vec{E}$ und einer starken Reibungskraft, die der Beschleunigung entgegenwirkt. Erst dadurch erwartet man eine konstante Driftgeschwindigkeit.

3.2 Ohmsches Gesetz

3.2.1 Elektrisches Feld bei stationärem Strom

Betrachten wir einen homogenen, elektronischen Leiter, z. B. einen Metalldraht. Die Abb. 3.2 (a) verdeutlicht noch einmal den *elektrostatischen* Fall, dass sich der Leiter im homogenen Feld eines Kondensators befindet. An den Oberflächen werden Ladungen influenziert, so dass sich innerhalb des Leiters kein elektrisches Feld aufbauen kann. Das elektrische Potenzial auf dem Leiter ist konstant, weil die Oberfläche eine Äquipotenzialfläche darstellt. Spannungen fallen nur an den Spalten zwischen Leiter und Kondensatorplatten ab.

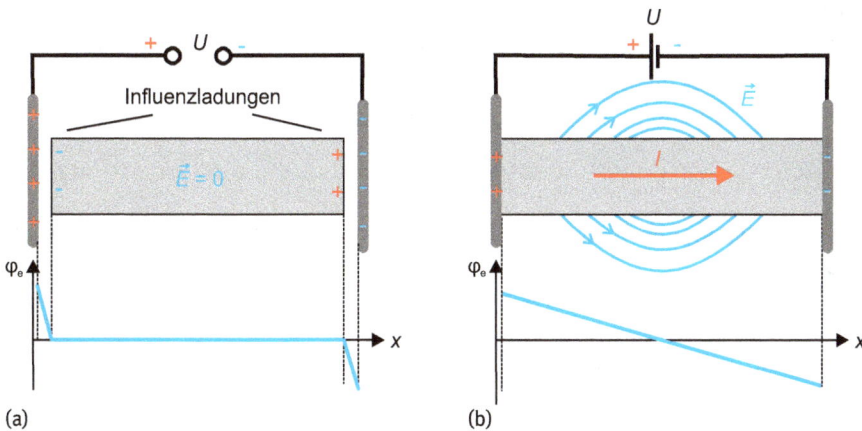

Abb. 3.2: (a) Elektrostatischer Fall eines Leiters im homogenen elektrischen Feld. (b) Stationärer Strom durch den Leiter mit linear abfallendem Potenzial im Leiter.

Wird jetzt eine Spannungsquelle an den Enden des Leitern angeschlossen, wie in Abb. 3.2 (b) gezeigt, fließt ein zeitlich konstanter Strom. Der Zustand ist nicht mehr statisch, aber man spricht wegen der zeitlichen Unveränderlichkeit des Stroms von einem **stationären** Zustand. In dem Leiter fällt nun ein elektrisches Potenzial ab. Hat der homogene Leiter einen konstanten Querschnitt, fällt das Potenzial linear entlang des Leiters ab. Es existiert dann ein konstantes elektrisches Feld im stromdurchflossenen Leiter. Man beachte aber, dass jedes Volumenelement im Leiter für sich elektrisch neutral ist. Der Feldlinienverlauf außerhalb des stromdurchflossenen Leiters ist in Abb. 3.2 (b) skizziert.

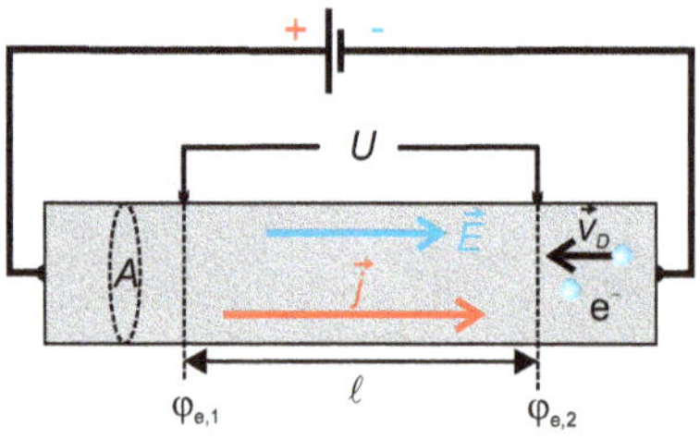

Abb. 3.3: Darstellung von elektrischem Feld, Spannung, Stromdichte und Driftgeschwindigkeit an einem stromdurchflossenen Leiterstück.

3.2.2 Elektrische Leitfähigkeit

In der Abb. 3.3 ist ein Abschnitt eines elektronischen Leiters mit der Querschnittsfläche A und der Länge ℓ vergrößert gezeichnet. Es ist eine Spannungsquelle angeschlossen, die den Strom speist. Die freien Elektronen bewegen sich scheinbar mit konstanter Driftgeschwindigkeit entgegen dem elektrischen Feld $\vec{E}$, was zu einer Stromdichte $\vec{\jmath}$ führt. In sehr guter Näherung sind Stromdichte und elektrisches Feld zueinander proportional. Das wird durch das **lokale ohmsche Gesetz**

$$\vec{\jmath} = \sigma \vec{E}, \tag{3.10}$$

ausgedrückt. Die Proportionalitätskonstante σ ist die **elektrische Leitfähigkeit** mit der Einheit

$$[\sigma] = \frac{A}{V\,m} = \frac{1}{\Omega\,m}.$$

Wir führen dazu die wichtige Einheit

$$Ohm = \Omega = \frac{V}{A}.$$

ein. Die elektrische Leitfähigkeit ist eine temperaturabhängige Materialkonstante und klassifiziert die Stoffe danach, wie gut sie bei einem gegebenen elektrischen Feld bzw. einer festen Spannung den Strom leiten. Wir nehmen in diesem Band immer an, dass Stromdichte und elektrisches Feld in die gleiche Richtung zeigen. In diesem Fall ist σ ein Skalar und der Stoff ist *isotrop*, d. h. die elektrische Leitfähigkeit hängt nicht von der Stromrichtung ab.

Werte der elektrischen Leitfähigkeit für ausgesuchte Festkörper bei Zimmertemperatur sind in der Tab. 3.1 aufgeführt. Man erkennt die ausgezeichnete Leitfähigkeit der Metalle insbesondere von Silber, Kupfer und Aluminium, die daher in der Elektrotechnik oft als gute Leiter eingesetzt werden. Die elektrische Leitfähigkeit σ hängt nicht von der Geometrie des Leiters, wie z. B. seinem Querschnitt oder seiner Länge ab. Daher spricht man bei Gl. (3.10) von einem *lokalen* Gesetz.

Tab. 3.1: Elektrische Leitfähigkeit in $1/(\Omega\,\text{m})$ für ausgesuchte Festkörper bei Zimmertemperatur.

Material	$\sigma\,[1/(\Omega\,\text{m})]$
Aluminium	$3{,}7\cdot10^{7}$
Kupfer	$5{,}9\cdot10^{7}$
Silber	$6{,}2\cdot10^{7}$
Eisen	$1{,}0\cdot10^{6}$
Blei	$4{,}8\cdot10^{6}$
Graphit	$10^{3}-10^{5}$
Kunststoff	$10^{-6}-10^{-10}$
Quarzglas	$4\cdot10^{-11}$

3.2.3 Elektrischer Widerstand

Das lokale ohmsche Gesetz kann auch in eine globale Form überführt werden, wenn die Abmessungen des Leiters bekannt sind. Entlang des Leiterstücks ℓ in der Abb. 3.3 fällt die Spannung $U = \varphi_{e,1} - \varphi_{e,2}$ ab. Dementsprechend können wir die vektoriellen Größen in makroskopische Messgrößen mit

$$j = \frac{I}{A} \quad \text{und} \quad E = \frac{U}{\ell} \tag{3.11}$$

umwandeln. Mit Gl. (3.10) folgt das **globale ohmsche Gesetz**

$$U = \frac{\ell}{A\,\sigma}I = R\cdot I \tag{3.12}$$

mit dem **elektrischen Widerstand**

$$R = \frac{\ell}{A\,\sigma} = \frac{\ell}{A}\rho_{\text{el}}\,, \quad [R] = \frac{\text{V}}{\text{A}} = \text{Ohm} = \Omega \tag{3.13}$$

und dem **spezifischen Widerstand**

$$\rho_{\text{el}} = \frac{1}{\sigma} = \frac{A}{\ell}R\,, \quad [\rho_{\text{el}}] = \Omega\,\text{m}\,. \tag{3.14}$$

Gebräuchlich ist auch die Größe des *elektrischen Leitwerts* $G = 1/R$ mit der Einheit S = Siemens = $1/\Omega$.

Das ohmsche Gesetz ist trotz der komplizierten und vielfältigen mikroskopischen Prozesse, die hinter dem Phänomen des elektrischen Widerstands stehen, über viele Größenordnungen exzellent erfüllt. Das Diagramm in Abb. 3.4 zeigt Messungen von Stromdichten in metallischen Leitern bei impulsartigem Anlegen hoher Spannungen von mehreren tausend Volt. Die Proportionalität zwischen Stromdichte und elektrischem Feld bzw. zwischen Strom und Spannung wird ausgezeichnet bestätigt.

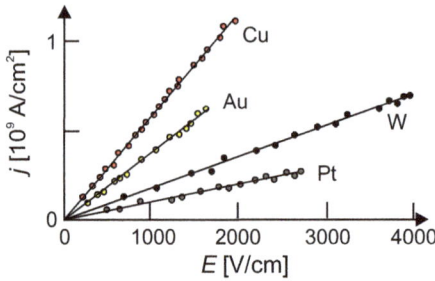

Abb. 3.4: Das ohmsche Gesetz ist auch noch bei extrem hohen Feldern und Strömen in Metallen gut erfüllt [3.1].

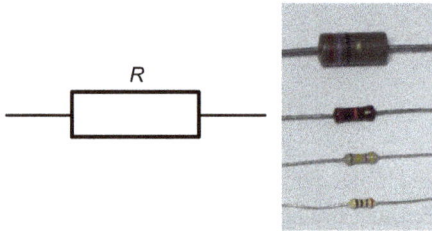

Abb. 3.5: Schaltzeichen und Bauformen konventioneller Widerstände.

Ohmsche Widerstände mit einem definierten Widerstandswert sind essentiell wichtige elektronische Bauelemente, denn mit Ihnen kann der Strom bei fester Spannung *begrenzt* werden. Das rechteckige Schaltzeichen und typische, nicht-miniaturisierte Bauformen sind in der Abb. 3.5 gezeigt. Die farbigen Ringe geben kodiert den Widerstandswert und die mögliche Schwankung um den Nennwert an, wobei Toleranzen von 5 % üblich sind. Kommerzielle Widerstände bestehen aus spiralförmig aufgewickelten Filmen aus speziellen Metallen, Kohlenstoff oder Oxiden. Größe und Bauform der Widerstände werden von der maximalen Leistung bestimmt, mit der elektrische Energie am Widerstand in Wärme umgewandelt wird, ohne das Bauteil durch Hitze zu zerstören bzw. *durchzubrennen*.

Anwendungen

1. **Reihenschaltung von ohmschen Widerständen**

   An der Reihenschaltung von Widerständen in Abb. 3.6 ist eine Spannungsquelle U angeschlossen. Der Gesamtstrom I ist in allen Widerständen gleich. Mit dem ohmschen Gesetz (3.12) fällt an dem Widerstand R_j die Spannung

$$U_j = I \cdot R_j \tag{3.15}$$

   ab. Alle Potenzialdifferenzen U_j addieren sich zur Gesamtspannung auf, so dass

$$U = \sum_j U_j = I \sum_j R_j = I \cdot R_{ges} \tag{3.16}$$

   gilt, woraus die Beziehung

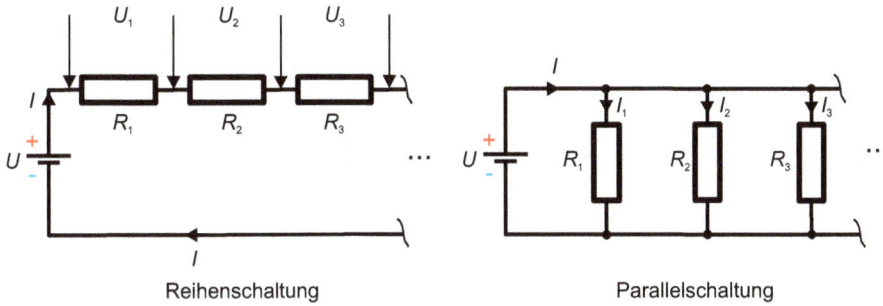

Abb. 3.6: Reihen- und Parallelschaltung von ohmschen Widerständen.

$$R_{\text{ges}} = R_1 + R_2 + R_3 \cdots = \sum_j R_j \tag{3.17}$$

folgt. Der Gesamtwiderstand einer Reihenschaltung von ohmschen Widerständen entspricht der Summe über alle Einzelwiderstände.

2. **Parallelschaltung von ohmschen Widerständen**
    In der Parallelschaltung ohmscher Widerstände in Abb. 3.6 teilt sich der Strom auf die einzelnen Widerstände auf, während die Spannung an allen R_j gleich ist. Dementsprechend gilt

$$I_j = \frac{U}{R_j} \quad \text{und} \quad I = \sum_j I_j = \frac{U}{R_{\text{ges}}}, \tag{3.18}$$

woraus sich die Additionsregel für die Parallelschaltung

$$\frac{1}{R_{\text{ges}}} = \frac{1}{R_1} + \frac{1}{R_2} + \frac{1}{R_3} + \cdots = \sum_j \frac{1}{R_j} \tag{3.19}$$

ableitet. Der Kehrwert des Gesamtwiderstands ist der Gesamtleitwert, der in der Parallelschaltung gleich der Summe der Einzelleitwerte $1/R_j$ ist. Damit sind die Additionsregeln für Widerstände gerade umgekehrt zu denen für Kapazitäten in Abschnitt 2.5.3.

3. **Spannungsteiler und Potentiometer**
    Eine Reihenschaltung von Widerständen gestattet die Teilung einer Spannung in kleinere Anteile. Die Anordnung in Abb. 3.7 (a) mit zwei Widerständen wird daher **Spannungsteiler** genannt. Die Spannung U am *Ausgang* der Schaltung leitet sich von der *Eingangsspannung* U_0 mit

$$U = I \cdot R_2 = \frac{R_2}{R_1 + R_2} U_0 \le U_0 \tag{3.20}$$

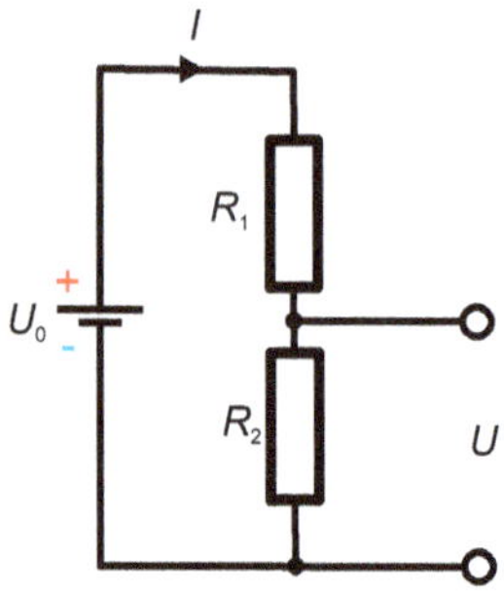

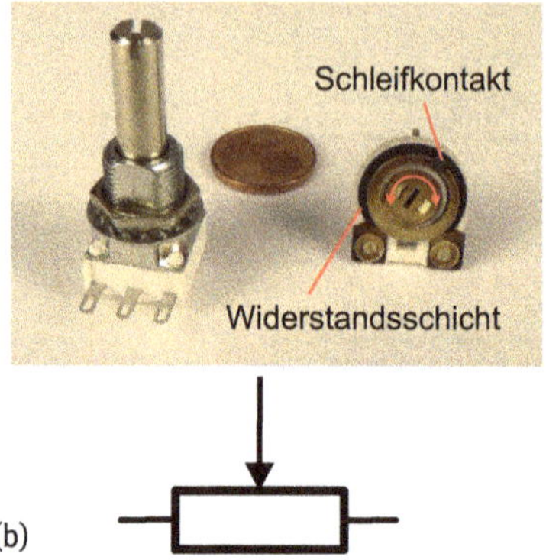

Abb. 3.7: (a) Einfacher Spannungsteiler mit zwei Widerständen. (b) Schaltzeichen eines Potentiometers und Foto von handelsüblichen Drehpotentiometern/Trimmern mit Schleifkontakt. Die 1-Cent-Münze dient zum Größenvergleich.

ab. Ist der Spannungsteiler variabel, spricht man von einem **Potentiometer**. Ein typisches Drehpotentiometer ist in Abb. 3.7 (b) abgebildet. Sie bestehen aus zwei festen und einem beweglichen Kontakt, der über eine Widerstandsschicht oder einen Widerstandsdraht schleift, wie am offenen Potentiometer (Trimmer) in Abb. 3.7 (b) zu erkennen ist.

Ein Spannungsteiler ist sinnvoll im Fall kleiner Ströme bzw. großen Werten für R_1 und R_2. Werden große Ströme am Ausgang benötigt, eignet sich ein Spannungsteiler mit Widerständen nicht, weil dann viel elektrische Energie in den Widerständen R_1 und R_2 in Wärme umgewandelt wird.

3.2.4 Mikroskopisches Modell des ohmschen Widerstands

Die elektronische Leitfähigkeit kann in einem einfachen klassischen Modell der einzelnen Stoßprozesse im Leiter betrachtet werden. Es wendet die Gesetze der klassischen Physik an und geht auf den Gießener Physiker Paul Drude (1863–1906) zurück. Im *Drude-Modell* werden die freien Elektronen im Leiter als isotropes, ideales Gas mit einer maxwellschen Geschwindigkeitsverteilung (siehe Band 1, Abschnitt 10) angesehen.

Die mittlere Geschwindigkeit der Elektronen hängt über die Relation

$$\bar{v} = \sqrt{\frac{8 k_{\mathrm{B}} T}{m_e \pi}} \tag{3.21}$$

von der Temperatur ab. Diese statistische Bewegung der Elektronen ist nicht gerichtet. Erst durch das elektrische Feld im Leiter werden die Ladungsträger entgegen der

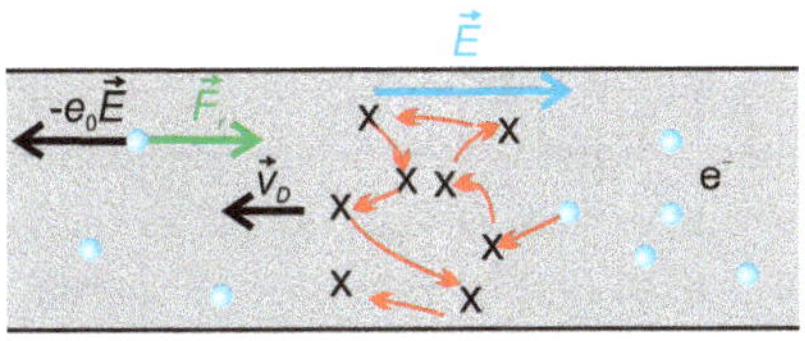

Abb. 3.8: Schematische Darstellung der inelastischen Stoßprozesse, die ein Elektron im elektrischen Feld in einem Metall erfährt. Die Streuzentren sind als Kreuz gezeichnet. Durch die Stöße wird der Beschleunigungskraft $-e_0\vec{E}$ eine gleich große Reibungskraft $\vec{F}_r$ entgegengesetzt.

Feldrichtung beschleunigt, wie in der Abb. 3.8 für Elektronen schematisch skizziert. Die kleine konstante Driftgeschwindigkeit ist Folge einer starken, abbremsenden Reibungskraft, die im Modell auf Stöße der Elektronen im Leiter zurückgeführt werden. Solche Stöße werden auch Streuprozesse genannt. Wie später noch näher erläutert, sind die Stoßpartner aber nicht die Atome im Material. In Abb. 3.8 ist jeder Stoßort bzw. jede Streuung als Kreuz gezeichnet. Dort verliert das beschleunigte Elektron durch einen inelastischen Stoß einen Teil seiner gewonnenen kinetischen Energie an die Atome, was zur Erwärmung führt.

Im Modell führt man eine mittlere Stoßzeit τ ein, die üblicherweise *Relaxationszeit* genannt wird. Sie gibt die Zeit zwischen zwei Stößen gemittelt über sehr viele Prozesse an. Im Modell wird der einfache Zusammenhang

$$v_D = a \cdot \tau = \frac{e_0|\vec{E}|\tau}{m_e} \tag{3.22}$$

zwischen dem Betrag der Driftgeschwindigkeit und der Relaxationszeit angenommen. Die Größe a ist die Beschleunigung der Elektronen durch die Feldkraft $e_0|\vec{E}|$. Mit den Gl. (3.4) und (3.10) verbinden wir die makroskopische Leitfähigkeit mit der mikroskopischen Modellgröße der mittleren Stoßzeit in einem Metall, so dass

$$\sigma = \frac{n_e e_0^2 \tau}{m_e} \tag{3.23}$$

folgt. Allgemein formulieren wir die Gleichung für Ladungsträger mit der Ladung q, der Masse m und der Teilchendichte n_q als

$$\sigma = \frac{n_q q^2 \tau}{m} = q \cdot n_q \cdot \mu \,. \tag{3.24}$$

Die **Beweglichkeit** der Ladungsträger,

$$\mu = \frac{q\tau}{m} \,, \quad [\mu] = \frac{\mathrm{m}^2}{\mathrm{V\,s}} \,, \tag{3.25}$$

ist die Proportionalitätskonstante zwischen Driftgeschwindigkeit und elektrischem Feld, $v_D = \mu|\vec{E}|$.

ℹ️ Beispiel: Drude-Modell für Kupfer

Für das bei Zimmertemperatur exzellent leitfähige Metall Kupfer wollen wir typische Zahlenwerte im Drude-Modell ermitteln. Die unkoordinierte thermische Bewegung der Elektronen wird als ideales, klassisches Gas angesehen. Die mittlere Geschwindigkeit hängt nach Gl. (3.21) nur von der Temperatur ab und beträgt bei Zimmertemperatur von 293 K

$$\overline{v} = \sqrt{\frac{8 \cdot 1{,}38 \cdot 10^{-23} \, \text{J} \, 293 \, \text{K}}{9{,}11 \cdot 10^{-31} \, \text{kg} \, \pi \, \text{K}}} \approx 1{,}06 \cdot 10^5 \frac{\text{m}}{\text{s}} \,,$$

was von der oben berechneten Driftgeschwindigkeit von $5{,}6 \cdot 10^{-4}$ m/s um viele Größenordnungen abweicht. Aus der elektrischen Leitfähigkeit des Kupfers bei Zimmertemperatur von $5{,}9 \cdot 10^7 / (\Omega \, \text{m})$ und der Elektronendichte von $7{,}5 \cdot 10^{28} / \text{m}^3$ folgt mit Gl. (3.23) eine mittlere Relaxationszeit von

$$\tau = \frac{m_e \sigma}{n_e e_0^2} = \frac{9{,}11 \cdot 10^{-31} \, \text{kg} \, \text{m}^3 \, 5{,}8 \cdot 10^7}{7{,}5 \cdot 10^{28} \cdot (1{,}6 \cdot 10^{-19})^2 \, \text{C}^2 \text{m} \, \Omega} \approx 3 \cdot 10^{-14} \, \text{s} \,,$$

was einen Stoß pro 10 fs (!) bedeutet. Die entsprechende Beweglichkeit der Elektronen in Kupfer bei 293 K beträgt nach Gl. (3.25)

$$\mu = \frac{1{,}6 \cdot 10^{-19} \, \text{C} \, 3 \cdot 10^{-14} \, \text{s}}{9{,}11 \cdot 10^{-31} \, \text{kg}} \approx 0{,}005 \frac{\text{m}^2}{\text{V s}} = 50 \frac{\text{cm}^2}{\text{V s}} \,.$$

Dieser Wert ist typisch für gut leitende Metalle. Woran die freien Elektronen gestreut werden, wird bei Betrachtung der Temperaturabhängigkeit des Widerstands klar.

Anmerkungen zur Gültigkeit des Drude-Modells

Erstaunlicherweise beschreibt das Drude-Modell die elektrische Leitfähigkeit einfacher Metalle, wie Aluminium, Kupfer, die Alkalimetalle u. a. recht gut. In Metallen ist die Elektronendichte aber eigentlich so groß, dass die Annahme eines idealen Gases aus freien und nicht-wechselwirkenden Elektronen unsinnig erscheint. Tatsächlich müssen die Metallelektronen mit Methoden der Quantenmechanik beschrieben werden. Ihre Geschwindigkeiten sind nicht nach Maxwell verteilt, sondern nach der sogenannten Fermi-Dirac-Verteilung mit der Folge, dass die thermische Bewegung mit ungefähr 1/100 der Lichtgeschwindigkeit, also zehnmal schneller als im idealen Gas erfolgt. Die Relaxationszeiten sind daher sogar noch kürzer! Auch stellt man fest, dass nur ein kleiner Teil der Valenzelektronen an der elektrischen Leitung teilnimmt. Die genaue Analyse liefert aber das erstaunliche Ergebnis, dass die elektrische Leitfähigkeit in einfachen Metallen immer noch proportional zur Valenzelektronendichte ist.

Das Drude-Modell ist dagegen eine exzellente Näherung für Ladungsträgergase mit geringen Dichten, wie sie in Halbleitern bei Zimmertemperatur und nicht zu großen Dotierungen vorliegen.

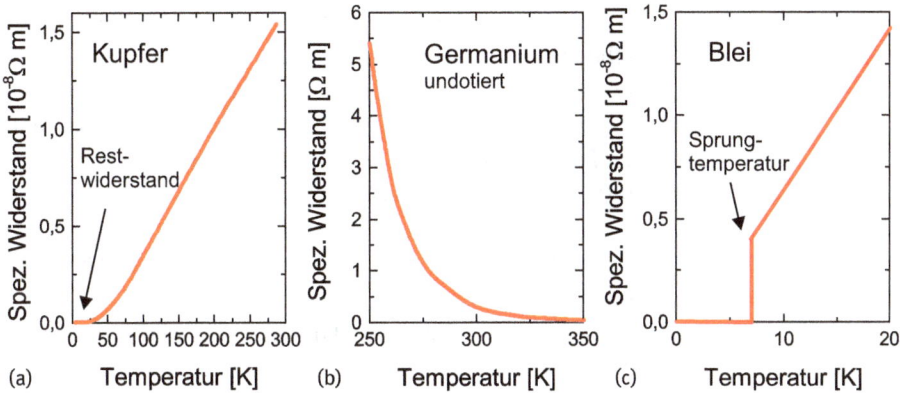

Abb. 3.9: Typische Temperaturabhängigkeiten des spezifischen Widerstands. (a) PTC-Verhalten von Kupfer. (b) NTC-Verhalten von Germanium. (c) Supraleitung von Blei.

3.2.5 Temperaturabhängigkeit des elektrischen Widerstands in Feststoffen

Der Widerstand ist in vielen Materialien temperaturabhängig, was z. B. in Widerstandsthermometern angewendet wird. Nach Gl. (3.24) kann sowohl die Dichte der stromführenden Ladungsträger als auch ihre Beweglichkeit für die T-Abhängigkeit sorgen. Wir betrachten drei grundsätzlich verschiedene Beispiele in Abb. 3.9.

– In *Metallen* ist die freie Elektronendichte nahezu konstant und wird z. B. durch die sehr schwache thermische Ausdehnung des Materials beeinflusst. Für das Beispielmetall Kupfer in Abb. 3.9 (a) findet man einen linearen Anstieg des spezifischen Widerstands mit der Temperatur. Man spricht von einem positiven Temperaturkoeffizienten oder einem *PTC-Widerstand*.

Die Ursache für das PTC-Verhalten liegt in der zunehmenden Anzahl von Stößen und der damit abnehmenden Beweglichkeit der Elektronen. Offensichtlich stoßen die Elektronen nicht mit den Atomen des Festkörpers inelastisch, denn diese lässt keine Variation des Widerstands mit T erwarten. Die genaue quantentheoretische Analyse, die die Elektronen als Wellen betrachtet, ergibt, dass die Ladungsträger an *Abweichungen der regelmäßigen Ordnung* im Festkörperkristall gestreut werden. Dazu zählen auch die Atomschwingungen im Kristall, die mit zunehmender Temperatur stärker werden. Bei sehr kleinen Temperaturen nehmen die Schwingungen und ebenso der elektrische Widerstand im Metall ab. Es bleibt aber ein konstanter *Restwiderstand*, der bei tiefen Temperaturen übrigbleibt und auf Defekte und Verunreinigungen im Metallkristall zurückgeführt werden kann.

– In *Halbleitern* und auch Isolatoren benötigen die Ladungsträger Energie, bevor sie sich frei bewegen können. In diesen Materialien steigt die Ladungsträgerkonzentration mit der Temperatur exponentiell an. Die genaue Analyse ergibt ~ $\exp[-\Delta E/(2k_B T)]$ für die exponentielle Abhängigkeit. Die Größe der Aktivierungsenergie ΔE ist in den unterschiedlichen Stoffen sehr verschieden. Dieses wird im Band 4 der Reihe noch ausführlich behandelt.

In Abb. 3.9 (b) ist der exponentielle Anstieg des spezifischen Widerstands mit fallender Temperatur für den undotierten Halbleiter Germanium (Ge) gezeigt. Man beachte die sehr viel größeren Werte im Vergleich zu Kupfer. Die Aktivierungsenergie beträgt ungefähr 0,7 eV. Halbleiter weisen einen negativen Temperaturkoeffizienten auf, was als *NTC-Verhalten* bezeichnet wird. Auch gute Isolatoren wie Glas können elektrisch leitfähig werden, wenn die Temperatur genügend hoch ist. Ihre Aktivierungsenergien betragen mehrere eV.

–   Anfang des letzten Jahrhunderts entbrannten kontroverse Diskussionen zwischen Physikern darüber, wie sich der elektrische Widerstand in extrem reinen und möglichst defektfreien Metallen bei sehr tiefen Temperaturen verhält. Sollte der Widerstand aufgrund der immer geringer werdenden Streuung an den Schwingungen kontinuierlich gegen null gehen oder sollte er durch ein *Einfrieren* der Elektronen wieder stark zunehmen?

Wie oft in der Physik wurde man von einem gänzlich neuen Effekt überrascht, der erst mit der technischen Verwirklichung der He-Verflüssigung bei 4 K im Jahr 1911 durch den Leidener Physiker Heike Kammerlingh Onnes (1853–1926) entdeckt wurde. Er beobachtete an Quecksilber, dass der Widerstand bei einer typischen *Sprungtemperatur* unmessbar klein wurde. Materialien mit dieser Eigenschaft nennen wir heute **Supraleiter**.

In der Abb. 3.9 (c) ist beispielhaft der spezifische Widerstand von Blei (Pb) im niedrigen Temperaturbereich dargestellt. Die Sprungtemperatur beträgt ungefähr 7 K und der Widerstand im supraleitenden Zustand ist unterhalb der heute besten Messgenauigkeit, also praktisch gleich null. Die Ursachen konnten erst Jahrzehnte später mit komplizierten, quantenfeldtheoretischen Modellen geklärt werden. Während Elementmetalle wie Quecksilber erst bei Temperaturen unter 10 K supraleitend werden, existieren auch keramische *Hochtemperatur-Supraleiter*, die bereits bei Temperaturen von flüssigem Stickstoff (77 K) und darüber ihren ohmschen Widerstand verlieren. Derzeitiger Rekordhalter bei der Sprungtemperatur unter Normalbedingungen ist eine komplizierte Kupferoxidkeramik mit 138 K.

Der Traum vom großtechnischen Transport elektrischer Ladungen ohne ohmschen Widerstand und damit ohne Verluste wurde mit der Entdeckung der Hochtemperatur-Supraleiter befeuert. Es bestehen aber erhebliche technische Probleme, die gelöst werden müssen, z. B. mit der Sprödigkeit des Materials.

Es gibt heute erste Mittelspannungs-Testleitungen mit 10 000 V, die durchgehend mit flüssigem Stickstoff gekühlt werden. Ein Beispiel ist das *Ampacity*-Projekt in der Essener Innenstadt. Die Abb. 3.10 zeigt den Aufbau des relativ biegsamen Kabels. Die drei stromführenden Supraleiterschichten werden innen und außen mit flüssigem Stickstoff gekühlt.

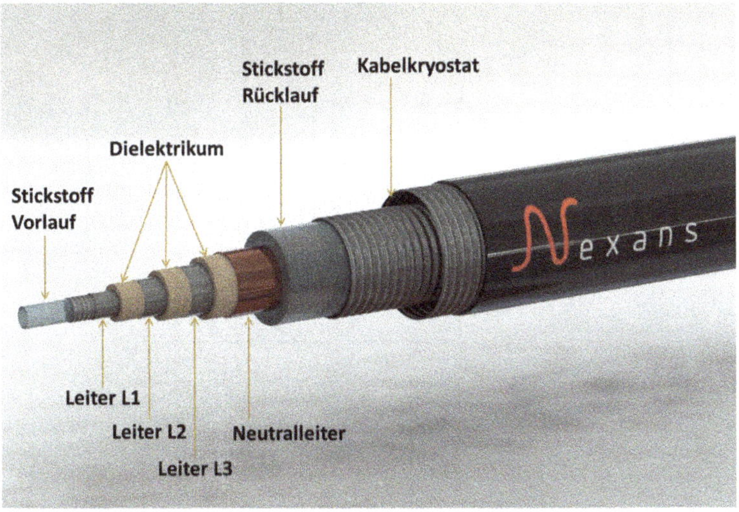

Abb. 3.10: Aufbau eines supraleitenden Mittelspannungskabels, wie es im Ampacity-Projekt in der Stadt Essen getestet wird. Mit freundlicher Genehmigung der Nexans GmbH.

3.2.6 Stromleistung

An einem elektrischen *Verbraucher* wird elektrische Energie in Arbeit und Wärme umgewandelt. Die momentane elektrische Leistung am Verbraucher ist bei konstanter Spannung gleich

$$P = \frac{\mathrm{d}W}{\mathrm{d}t} = U\frac{\mathrm{d}Q}{\mathrm{d}t} = U \cdot I\,, \tag{3.26}$$

dem Produkt von Spannung am Verbraucher und Strom durch den Verbraucher. Am ohmschen Widerstand des Verbrauchers erzeugt der Strom joulesche Wärme. Dort gilt entsprechend

$$P = I^2 \cdot R = \frac{U^2}{R}\,. \tag{3.27}$$

Beispiele: Strom-Spannungs-Kennlinien
In der Abb. 3.11 (a) sind Strom-Spannungs(I/U)-Verläufe dreier unterschiedlicher Verbraucher gezeigt. Die schwarze Kennlinie ist typisch für einen ohmschen Widerstand (16 Ω), bei dem Strom und Spannung zueinander proportional sind. Das Fahrrad-Glühbirnchen hat eine um den Nullpunkt symmetrischen I/U-Verlauf (rote Linie), weil die Stromrichtung für das Aufleuchten nicht entscheidend ist. Die Kennlinie zeigt einen nicht-linearen Verlauf. Der differenzielle Widerstand $\mathrm{d}U/\mathrm{d}I$ der Glühbirne nimmt nämlich mit der Spannung zu, weil die Temperatur der Glühwendel ansteigt. Die Di-

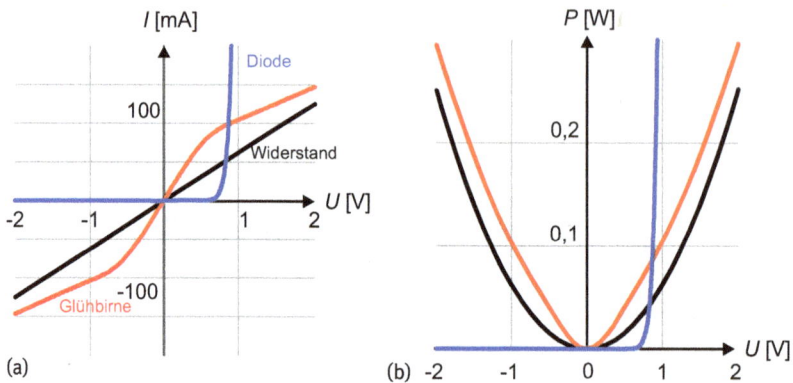

Abb. 3.11: (a) Strom-Spannungs-Kennlinien an verschiedenen Verbrauchern. (b) Momentane Leistung der gleichen Verbraucher.

oden-Kennlinie in Blau ist ebenfalls nicht-linear und asymmetrisch. Die Diode leitet in einer Stromrichtung gut (*Durchlassrichtung*) und sperrt in der anderen (*Sperrrichtung*). Die Kurve in Abb. 3.11 (a) verläuft exponentiell.

Die momentanen Leistungen sind in der gleichen Farbkodierung in Abb. 3.11 (b) wiedergegeben. Die Leistung in der Diode nimmt mit Spannung und Strom drastisch zu und führt schließlich zur Zerstörung. Deshalb muss z. B. der Strom durch eine Leuchtdiode mit einem in Reihe geschalteten, ohmschen Widerstand begrenzt werden.

3.3 Gleichstromkreise

3.3.1 Symbole und Darstellungen

In der Abb. 3.12 (a) ist ein einfacher Gleichstromkreis mit einer Ladungsquelle konstanter Spannung U und einem ohmschen Widerstand R dargestellt. Weil die Quellenspannung stets konstant sein soll, liegt eine *ideale Spannungsquelle* vor. Die technische Stromrichtung vom positiven zum negativen Pol ist markiert. Stromkreise müssen immer geschlossen sein, wenn Strom fließen und Leistung erbracht werden soll!

Ein Auswahl gängiger Schaltzeichen der Bauelemente eines Stromkreises sind in der Abb. 3.13 aufgelistet. Die Referenzpunkte **Masse** und **Erde** müssen nicht übereinstimmen. Während die Masse einen willkürlich gewählten Potenzialnullpunkt angibt, stellt der Erdkontakt immer eine Verbindung zu einem Referenzpunkt mit größtmöglichem Ladungsreservoir dar. Als Masse wird meist der Minuspol der Spannungsquelle gewählt. Der Erdpunkt wird z. B. in der Hausinstallation durch das Erdpotenzial der Stromversorgung definiert.

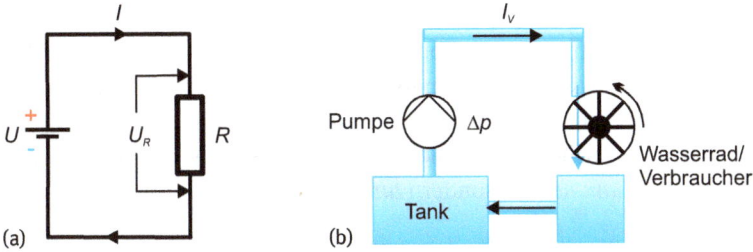

Abb. 3.12: (a) Einfacher elektrischer Stromkreis mit ohmschem Verbraucher R. (b) Analogie zu einem Wasserkreislauf.

Abb. 3.13: Ausgesuchte elektrische Schaltzeichen.

Im Schulunterricht wird oft die recht anschauliche Analogie zwischen einem elektrischen Stromkreis und einem Wasserkreislauf wie in Abb. 3.12 (b) gezogen. Dieser Vergleich zeigt einige verblüffende Parallelen auf. Die Spannungsquelle entspricht einer Pumpe, die für einen Druckunterschied sorgt. Die Differenz der Drücke Δp zwischen Ansaug- und Ausstoßseite entspricht der Potenzialdifferenz bzw. der Spannung. Von der Hochdruckseite fließt das Wasser durch Rohre und Verbraucher, an denen Arbeit verrichtet wird. In der Skizze stellt das Wasserrad den Verbraucher dar. Die Wassermenge ist wie die elektrische Ladung eine Erhaltungsgröße und der Wasserfluß ist zum elektrischen Strom äquivalent.

Wie für den elektrischen Strom gibt es auch im Wasserkreislauf ein ohmsches Gesetz $I_V = R \cdot \Delta p$, wobei I_V den Volumenstrom des Wassers gemessen in m^3/s und R den Flußwiderstand angibt. Wird der Rohrquerschnitt verkleinert oder die Rohrlänge vergrößert, erhöht sich ebenso der Widerstand der Leitung und der Wasserfluss geht bei gleicher Druckdiferenz zurück. Die Analogie versagt, wenn die Wasserströmung in den Rohren nicht mehr *laminar* ist, sondern *turbulent* wird.

3.3.2 Kirchhoffsche Regeln

Die Addition der elektrischen Spannungen entlang des geschlossenen elektrischen Stromkreises in Abb. 3.12 (a) ergibt null. Das Ergebnis ist nicht überraschend, weil die Potenzialdifferenzen die Änderung der potenziellen Energie einer Ladung darstellt. Die elektrische Feldkraft ist aber konservativ, so dass es über geschlossene Wege im Feld keine Spannungsabfälle gibt. Auf den einfachen Stromkreis angewendet, ergibt das

$$U + I \cdot R = U + U_R = 0\,\text{V} \quad \Rightarrow \quad U = -U_R\,. \tag{3.28}$$

Es gilt die Konvention, dass Spannungsabfälle an ohmschen Widerständen in Richtung des technischen Stroms I positiv und entgegen des Stroms negativ gewertet werden. An Spannungsquellen gilt analog, dass die Spannung negativ ist, wenn der Weg vom Minus- zum Pluspol verläuft und positiv im umgekehrten Fall.

In komplexen elektrischen Netzwerken aus Quellen und Widerständen können Ströme und Spannungen mit Hilfe der **Regeln von Kirchhoff** bestimmt werden, die sich durch zwei Sätze ausdrücken lassen.

Maschenregel:
In einem jeden geschlossenen Teilstromkreis (*Masche*) ist die Summe aller Spannungen gleich null, d. h. die Summe über alle Spannungsabfälle ist gleich der Summe aller Quellenspannungen:

$$\sum_j U_j = 0\,\text{V}\,. \tag{3.29}$$

Knotenregel:
An jeder Verzweigungsstelle (*Knoten*) im elektrischen Netzwerk ist die Summe der zufließenden und abfließenden Ströme gleich null:

$$\sum_j I_j = 0\,\text{A}\,. \tag{3.30}$$

In der Maschenregel drückt sich der konservative Charakter der elektrischen Feldkraft aus. Die Knotenregel beruht auf der Ladungserhaltung.

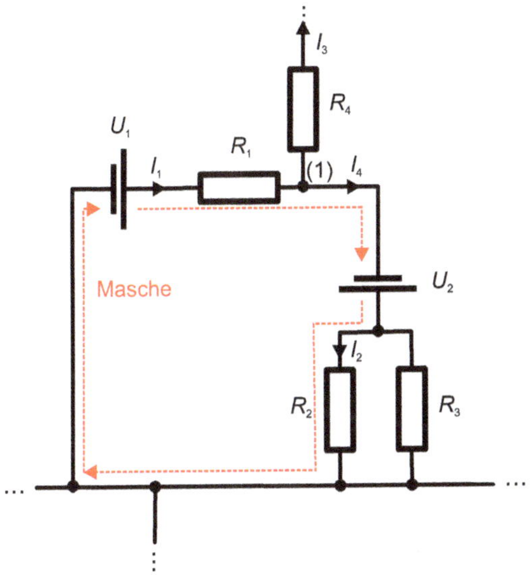

Abb. 3.14: Beispiel für die Maschen- und Knotenregel in einem elektronischen Netzwerk.

Nach der Konvention haben in der Knotenregel technische Ströme zum Knoten hin positives und vom Knoten weg negatives Vorzeichen. Die Abb. 3.14 verdeutlicht die Regeln beispielhaft an einer Masche und einem Knoten in einer komplizierten Schaltung. Die in Rot gezeichnete Masche wird rechts herum durchlaufen, so dass die Maschenregel

$$-U_1 + I_1 \cdot R_1 - U_2 + I_2 \cdot R_2 = 0\,\text{V}$$

ergibt. Für den Strom I_1 gilt am Knotenpunkt (1): $I_1 = I_3 + I_4$. Durch weitere Maschen und Verzweigungspunkte kann das Netzwerk vollständig beschrieben werden.

Die kirchhoffschen Regeln sind mächtig, weil sie nicht nur für Gleichstromschaltungen, sondern auch bei Wechselspannungen und -strömen mit anderen Bauelementen wie Kondensatoren und Spulen gelten. Die Wahl der Maschen und Knoten im Netzwerk für die Analyse ist nicht eindeutig und erfordert Geschick.

Anwendung: Wheatstonesche Brückenschaltung

Eine Brückenschaltung aus vier ohmschen Widerständen ist in der Abb. 3.15 dargestellt. Sie besteht aus zwei parallel geschalteten Zweigen, in denen jeweils zwei Bauelemente in Reihe geschaltet sind. Mit einer Brückenschaltung kann ein unbekannter Widerstandswert mit drei bekannten Widerständen gemessen werden. Dazu wird die Brückenspannung U gemessen und z. B. durch Variation des Widerstands R_2 auf null *abgeglichen*. Nullspannungen lassen sich oft präzise bestimmen. Für die abgeglichene Brücke verschwindet die Potenzialdifferenz zwischen den Punkten A und B. Über das

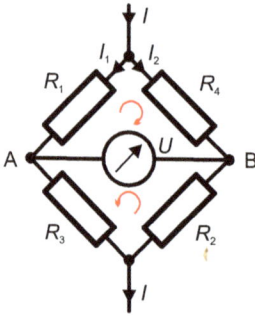

Abb. 3.15: Wheatstonesche Brückenschaltung mit vier ohmschen Widerständen.

Spannungsmessgerät soll kein Strom fließen. Die beiden roten Pfeile kennzeichnen zwei Maschen, für die wir nach Kirchhoff die Gleichungen

$$\text{Masche 1:}\quad I_2 \cdot R_4 - I_1 \cdot R_1 = 0\,\text{V}\,,$$
$$\text{Masche 2:}\quad I_2 \cdot R_2 - I_1 \cdot R_3 = 0\,\text{V}$$

aufstellen. Umformen ergibt die Abgleichbedingung der Wheatstoneschen Brücke für $U = 0\,\text{V}$,

$$R_1 \cdot R_2 = R_3 \cdot R_4\,. \tag{3.31}$$

3.3.3 Laden und Entladen von Kondensatoren

Beim Laden und Entladen von Kondensatoren fließen Ströme über ohmsche Widerstände. Die Abb. 3.16 (a) zeigt eine Schaltung, in der mit zwei Messgeräten der Ladestrom und die Spannung am Kondensator C als Funktion der Zeit gemessen werden, sobald der Schalter S geschlossen wird. Am idealen Strommessgerät soll keine Spannung abfallen und durch das ideale Spannungsmessgerät soll kein Strom fließen. Die zeitlichen Verläufe von U und I sind in Abb. 3.16 (b) für zwei Beispiele mit verschiedenen Kapazitäts- und Widerstandswerten gezeigt. Die Messungen verdeutlichen eine exponentielle Abnahme des Stroms und eine asymptotische Annäherung der Kondensatorspannung an den Nennwert. Die Zeitkonstante hängt offensichtlich von C und R ab. Große Kapazitäten und große Widerstände verlangsamen den Ladeprozess. Dieses ist rechnerisch nachvollziehbar, denn nach der kirchhoffschen Maschenregel gilt

$$I \cdot R = U_0 - U = U_0 - \frac{Q}{C} \quad \Rightarrow$$
$$\frac{\mathrm{d}I}{\mathrm{d}t} = -\frac{1}{RC}\frac{\mathrm{d}Q}{\mathrm{d}t} = -\frac{1}{RC}I\,.$$

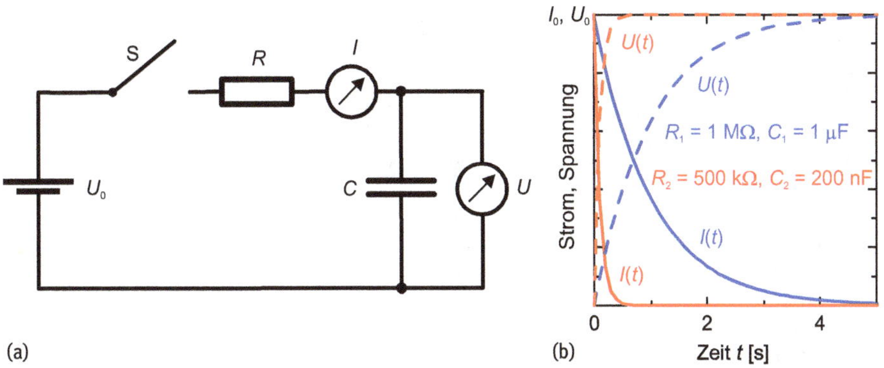

Abb. 3.16: (a) Schaltung zur Messung der Zeitabhängigkeiten von Spannung und Strom beim Laden eines Kondensators. (b) Beispiele für Ladekurven mit unterschiedlichen Zeitkonstanten.

Dieses ist eine lineare Differenzialgleichung für $I(t)$ mit der Lösung

$$I(t) = I_0 e^{-\frac{t}{\tau}} = I_0 e^{-\frac{t}{RC}} \,, \tag{3.32}$$

wobei I_0 der Startwert des Stroms beim Schließen des Schalters bei $t = 0\,\text{s}$ ist. Die Zeitkonstante

$$\tau = RC \tag{3.33}$$

wird durch das Produkt von Widerstand und Kapazität bestimmt. Zur Zeit τ ist der Strom auf den Wert $e^{-1} \cdot I_0 \approx 0{,}37 \cdot I_0$ gefallen. Für die beiden Beispiele in der Abb. 3.16 (b) betragen die Zeitkonstanten 0,1 s (rot) und 1 s (blau). Die Reihenschaltung von Kapazität und Widerstand wird als **RC-Glied** bezeichnet.

Der Spannungsverlauf am Kondensator in der Zeit ergibt sich sofort aus

$$U(t) = U_0 - RI(t) = U_0 \left(1 - e^{-\frac{t}{RC}}\right) \,, \tag{3.34}$$

was die Beobachtung in Abb. 3.16 (b) bestätigt.

Als Übung wird die Analyse des zeitlichen Verlaufs eines Entladestroms und der Kondensatorspannung im Entladevorgang über den Widerstand R empfohlen. Man beobachtet, dass beim *Entladen* die Relationen

$$I(t) = I_0 e^{-\frac{t}{RC}} \quad \text{und} \quad U(t) = U_0 e^{-\frac{t}{RC}} \tag{3.35}$$

gelten.

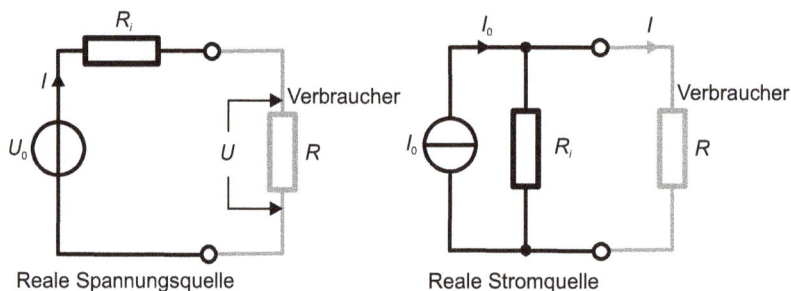

Abb. 3.17: Ersatzschaltbilder einer realen Spannungsquelle und einer realen Stromquelle mit Innenwiderständen.

3.4 Quellen und Messgeräte

3.4.1 Innenwiderstände von Quellen

Praktische Ladungsquellen wie Batterien, Akkumulatoren oder Netzgeräte arbeiten in der Regel als Spannungsquellen mit einer festen Nennspannung U_0. Eine ideale Spannungsquelle wie in Abb. 3.12 (a) erfordert aber einen stetig ansteigenden elektrischen Strom, wenn der Belastungswiderstand R kleiner wird. Im Grenzfall $R \rightarrow 0\,\Omega$ müsste bei konstanter Spannung der Strom im Kreis unendlich groß werden, was aber für eine reale Spannungsquelle nicht möglich ist.

Stromquellen mit einem festen Ausgangsstrom werden seltener eingesetzt. Ersetzt man in Abb. 3.12 (a) die Spannungsquelle gegen eine ideale Stromquelle, muss bei abnehmendem Widerstand die Ausgangsspannung beliebig weit erhöht, um den Strom konstant zu halten. Auch eine solche Quelle ist praktisch nicht realisierbar.

Reale Spannungs- und Stromquellen besitzen einen endlichen **Innenwiderstand**, der vom Aufbau der Quelle abhängt. Durch den konstruktiv bedingten Innenwiderstand werden Strom bzw. Spannung auf maximale Werte begrenzt.

Im Folgenden nehmen wir an, dass die Quellen linear sind und einen ohmschen Innenwiderstand R_i besitzen. Die Abb. 3.17 zeigt *Ersatzschaltbilder* für eine reale Stromquelle und eine reale Spannungsquelle. Während sich eine reale Stromquelle gedanklich aus einer idealen Stromquelle und einem dazu parallel liegenden Innenwiderstand zusammensetzt, liegt R_i in der realen Spannungsquelle zur idealen Quelle in Reihe. Welches Ersatzschaltbild für eine praktische Ladungsquelle angemessen ist, entscheidet ihr Innenwiderstand und ihre Verwendung. Quellen mit kleinem Innenwiderstand sind eher Spannungs- als Stromquellen.

Mit Hilfe des ohmschen Gesetzes lassen sich folgende Eigenschaften realer Quellen festhalten.

- Die Spannungsquelle liefert bei einstellbarem Strom I eine Spannung am ohmschen Verbraucher R von

$$U = U_0 - I \cdot R_i \qquad (3.36)$$

mit der nominellen Spannung U_0 der idealen Quelle. Wie oben schon erwähnt, sorgt der kleine Innenwiderstand bei einem nicht zu großen Strom für eine nahezu unveränderliche Spannung. Die reale Quelle kann einen maximalen Strom von $I_{max} = U_0/R_i$ bereitstellen, wenn $R \to 0\,\Omega$. Dieser Strom heißt **Kurzschlussstrom**. Jedoch kann die Quelle im Kurzschluss keine Spannung mehr liefern. Man sagt, die Spannung *bricht zusammen*.

- Die Stromquelle liefert bei einstellbarer Spannung U einen Strom durch den ohmschen Verbraucher R von

$$I = I_0 - \frac{U}{R_i} \qquad (3.37)$$

mit dem nominellen Strom I_0 der idealen Quelle. Die reale Quelle kann eine maximale Spannung von $U_{max} = I_0 \cdot R_i$ zur Verfügung stellen, wenn $R \to \infty\,\Omega$ geht. Diese Spannung wird auch **Leerlaufspannung** genannt.

Die Größe des Innenwiderstands einer Quelle ist wichtig für die maximale Leistung, die am Verbraucher eingesetzt werden kann. Innen- und Verbraucherwiderstand müssen aufeinander angepasst sein, um maximale Leistung zu erzielen. Die *Leistungsanpassung* betrachten wir genauer am Stromkreis mit ohmschem Widerstand R und realer Spannungsquelle mit Nennspannung U_0 in Abb. 3.17.

Die elektrische Leistung am Verbraucher R beträgt

$$P = I^2 \cdot R = \frac{U_0^2}{(R + R_i)^2} R \,. \qquad (3.38)$$

Um eine vorgegebene Leistung umzusetzen, kann Gl. (3.38) nach R umgeformt werden. Die daraus folgende quadratische Gleichung hat im Allgemeinen zwei Lösungen

$$R_{1,2} = \frac{U_0^2}{2P} - R_i \pm \frac{U_0^2}{2P} \sqrt{1 - \frac{4PR_i}{U_0^2}} \,. \qquad (3.39)$$

Das negative Vorzeichen vor der Wurzel ergibt einen sehr kleinen Verbraucherwiderstand, so dass der Strom sehr hoch und die Spannung der realen Spannungsquelle unter den Nennwert fallen wird. Dieser Zusammenbruch belastet die Spannungsquelle und kann durchaus zur Zerstörung führen. Das positive Vorzeichen in Gl. (3.39) gilt für den Fall, dass die Spannungsquelle moderater belastet wird.

Die maximale Leistung wird für einen Verbraucher erreicht, wenn

$$\frac{dP}{dR} = \frac{U_0^2}{(R + R_i)^2} - \frac{2U_0^2 R}{(R + R_i)^3} = 0 \qquad (3.40)$$

ist. Diese Gleichung ist erfüllt, wenn $R = R_i$ ist und die Wurzel in Gl. (3.39) zu null wird. Die maximale Leistung beträgt dann $P_{max} = \frac{U_0^2}{2R}$ und die Spannung an der realen Quelle ist auf den halben Nennwert gefallen.

! Eine Spannungsquelle verrichtet die maximale Leistung an einem Verbraucher, wenn
ihr Innenwiderstand gleich dem Verbraucherwiderstand ist. Jedoch wird die Spannungsquelle mit der gleichen Leistung belastet, was oft die Lebensdauer verkürzt.

i **Beispiel: Autobatterie**
Betrachten wir eine Autobatterie mit $U_0 = 12$ V und $R_i = 0{,}02\,\Omega$, die einen Anlassermotor mit einer Leistung von 1 000 W betreiben soll. Nach Gl. (3.39) gibt es zwei passende Motorenwiderstände, $0{,}1\,\Omega$ und $0{,}004\,\Omega$. Als Anlasserströme $I = U_0/(R + R_i)$ erhalten wir für die beiden Widerstandswerte Ströme von 100 A bzw. 500 A. Es ist offensichtlich ratsam, einen Motor mit dem größeren Widerstand zu wählen. Der kleinere Strom schont die Batterie und setzt weniger Verlustleistung in der Batterie um.

3.4.2 Galvanische Zellen

Alltäglich verwenden wir Batterien, Akkus oder auch Solarzellen als Gleichspannungsquellen für elektrische Kleingeräte. Bei Haushaltsgeräten oder bei der Beleuchtung greifen wir auf die elektrische Hausinstallation und die zentrale Stromversorgung zurück, die als Wechselspannung eingespeist wird (siehe Kapitel 6).

Hier sollen die wichtigen *galvanischen Zellen* kurz vorgestellt werden, die gespeicherte chemische Energie in elektrische Leistung umwandeln. Der Begriff geht auf den italienischen Arzt und Anatom Luigi Galvani (1737–1798) zurück, der in seinen Experimenten die Kontraktion von Tiermuskeln (Froschschenkeln) bei Kontakt mit verbundenen Metallpaaren wie Cu/Ag feststellte. Er hat damit unwissentlich den elektrochemischen Stromkreis entdeckt und das Fundament für die spätere Erfindung der Batterie durch Alessandro Volta (1745–1827) geschaffen.

Das Prinzip einer galvanischen Zelle ist in Abb. 3.18 dargestellt. Es nutzt die unterschiedliche Neigung von Stoffen aus, Elektronen abzugeben bzw. aufzunehmen. Elektronenabgabe und -aufnahme werden als *Oxidation* bzw. *Reduktion* bezeichnet. Stoffe, die gegenüber anderen leichter oxidiert werden können, sind elektropositiver und werden als unedler angesehen.

In dem Beispiel der Abb. 3.18 ist ein sogenanntes *Daniell-Element* gezeigt. Elektroden aus Zink (Zn) und Kupfer (Cu) tauchen jeweils in eine wässrige Sulfatlösung, die als Elektrolyt dient. Die beiden *Halbzellen* sind durch eine ionendurchlässige Membran voneinander getrennt, um eine Durchmischung der Lösungen zu unterbinden. Die Membran verbessert vor allem die elektrischen Eigenschaften der Zelle. Zn-Atome neigen viel leichter zur Elektronenabgabe als Cu-Atome. Das gesamte System ist also nicht im elektrochemischen Gleichgewicht, solange noch nicht alle Cu^{2+}-Ionen durch Zn^{2+}-Ionen ersetzt wurden. Dieses ist die chemische Energie, die sich elektrisch nutzen und durch eine elektrische Spannung angeben lässt.

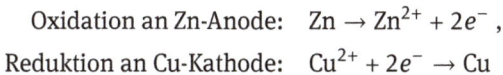

Abb. 3.18: Schematischer Aufbau eines Daniell-Elements mit Zn-Anode und Cu-Kathode.

Damit Zn-Atome Elektronen abgeben und als Zn^{2+}-Ionen in Lösung gehen können (Oxidation), müssen Elektronen über die Zn-Elektrode abgeführt werden, denn freie Elektronen können praktisch nicht in Lösung gehen. Ebenso müssen Elektronen über die Kupferelektrode zugeführt werden, um Cu^{2+}-Ionen aus der Lösung als Cu-Atome auf der Elektrode abzuscheiden und damit zu reduzieren. Gibt es keine elektrische Verbindung zwischen den Elektroden, können Reduktion und Oxidation nicht ablaufen. Die unterschiedliche Neigung zur Elektronenabgabe lässt sich in einer elektrochemischen Spannungsreihe ablesen. Die Differenz der Werte für die Elektroden ergibt für eine definierte, molare Konzentration der Sulfatlösung die elektrische Leerlaufspannung zwischen den Elektroden. Für das Daniell-Element in Abb. 3.18 beträgt sie ungefähr 1,1 V.

Wird ein Verbraucher angeschlossen, fließt unter Berücksichtigung des Innenwiderstands der Quelle ein Strom. Man beachte in der Abb. 3.18, dass Elektronenstrom und technische Stromrichtung I entgegengesetzt sind. An den Elektroden finden die Reaktionen der

$$\text{Oxidation an Zn-Anode:} \quad Zn \rightarrow Zn^{2+} + 2e^- \, ,$$
$$\text{Reduktion an Cu-Kathode:} \quad Cu^{2+} + 2e^- \rightarrow Cu$$

statt. In dieser Zelle fließen Elektronen von der Zn-Elektrode als Minuspol zur Cu-Elektrode als Pluspol.

Die Begriffe **Anode** und **Kathode** in einer galvanischen Zelle sind nicht durch Minus- oder Pluspol definiert, sondern immer dadurch, wo die Oxidation und wo die Reduktion erfolgt. An der Anode wird oxidiert und an der Kathode reduziert! Anschaulicher lässt sich das wie folgt formulieren: An der Anode geben Teilchen Elektronen an den Leiterdraht ab und an der Kathode nehmen Teilchen Elektronen aus dem Leiterdraht auf!

Drei im Alltag wichtige galvanische Zellen sollen genauer vorgestellt werden.

1. **Alkali-Manganoxid-Batterie**

    Batterien liefern elektrische Energie bei einer festen Nennspannung, bis sie erschöpft sind. Solche nicht regenerativen Zellen werden auch *Primärzellen* genannt. Der mit Abstand wichtigste Typ ist die Alkali-Manganoxid-Batterie, die 2016 in Deutschland in verschiedenen Bauformen mehr als eine milliarde Mal verkauft wurde. Sie gehört zu den *Trockenbatterien*, in denen die Elektrolyte durch Zusatzstoffe in Gelform verfestigt werden. Die Trockenbatterie wurde bereits 1866 von Georges Leclanché patentiert und wird auch *Leclanché-Element* genannt.

    In Abb. 3.19 ist der Aufbau einer solchen Zelle im Schnitt gezeichnet. Der Minuspol (Anode) besteht aus einem Zinkpulver, das gallertartig verfestigt wird. Es ist durch eine elektrisch isolierende Zellstoffschicht vom Pluspol (Kathode) getrennt, um einen inneren elektronischen Kurzschluss zu vermeiden. Die Kathode besteht aus Manganoxid, das für eine bessere Leitfähigkeit mit Kohlenstoff versetzt ist. Die Batterie ist mit einem gelartigen Elektrolyten gefüllt, der den Ionentransport ermöglicht und üblicherweise eine wässerige Kaliumhydroxidlösung (Kalilauge) enthält. Die Leerlaufspannung einer frischen Zelle beträgt ungefähr 1,6 V.

    Damit die ätzende Lauge nicht nach außen dringt, wird der gesamte Metallbecher gut abgedichtet. Wird die Batterie als Quelle genutzt, erfolgen die Hauptreaktionen an der

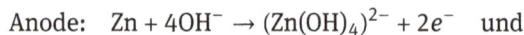

$$\text{Anode:} \quad Zn + 4OH^- \rightarrow (Zn(OH)_4)^{2-} + 2e^- \quad \text{und}$$

$$\text{Kathode:} \quad MnO_2 + H_2O + e^- \rightarrow MnO(OH) + OH^- .$$

Man erkennt, dass beim Stromfluss der Zelle Wasser entzogen wird. Sie läuft also trocken, wenn sie sich entleert. Werden neue Batterien nur gelagert und nicht belastet, entsteht in einer chemischen Nebenreaktion oft gasförmiger Wasserstoff.

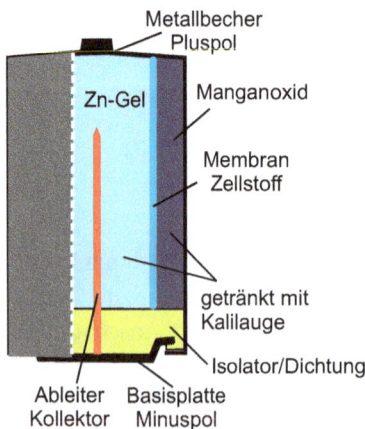

Abb. 3.19: Schematischer Schnitt durch eine Alkali-Manganoxid-Batterie.

Dadurch entsteht ein innerer Druck, der zum Aufbrechen und Auslaufen der Batterieflüssigkeit führt. Wegen des aggressiven Charakters der Lauge sind oft irreparable Schäden in Geräten die Folge.

Eine frische, handelsübliche AA-Batterie hat einen Innenwiderstand von $80\,m\Omega$. Die Zeit bis zur Erschöpfung hängt vom Belastungsstrom ab. Bei $500\,mA$ ist die Batterie nach ungefähr einer Stunde entleert, d. h. die Nennspannung ist auf $1,2\,V$ gesunken. Bei $5\,mA$ kann die Batterie bis zu 350 Stunden eingesetzt werden. Die nutzbare gespeicherte Ladung hängt also von der Belastung ab und beträgt bei $5\,mA$ mehr als $6\,000\,C$!

2. **Lithium-Ionen-Akkumulator**

Galvanische Zellen, die durch Anlegen einer äußeren Spannung wieder geladen werden können, sind sogenannte *Sekundärzellen*. Der technisch wichtigste Typ ist der Li^+-Ionen-Akkumulator, der zurzeit intensiv erforscht wird, um seine Speicherfähigkeit und Robustheit z. B. für den Einsatz in Elektroautos deutlich zu erhöhen. Der prinzipielle Aufbau ist in Abb. 3.20 dargestellt. Die Kathode besteht z. B. aus einer Keramik wie $Li_{1-x}Mn_2O_4$, in der Lithium ionenartig eingebunden ist, während Kohlenstoffschichten (Graphit) die Anode bilden, in die Lithium neutral, atomar eingebaut wird. Die beiden Elektroden sind durch eine dünne Li^+-leitende Schicht voneinander getrennt, die als Elektrolyt dient. Beim Entla-

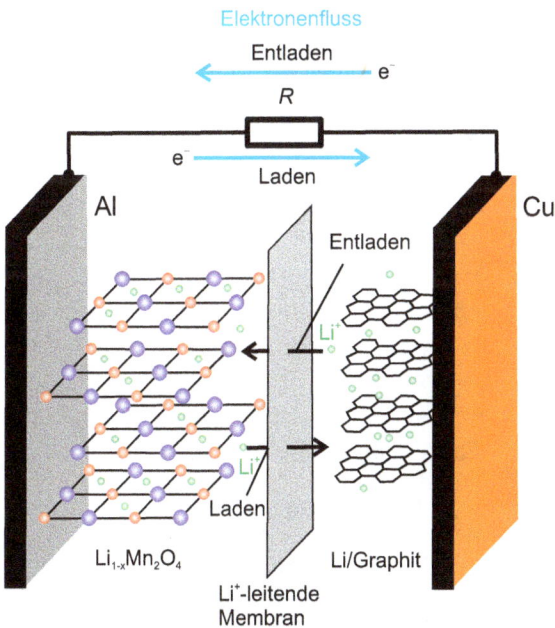

Abb. 3.20: Schematischer Aufbau eines Li-Ionen-Akkumulators. Beim Entladen arbeitet die Keramik $Li_{1-x}Mn_2O_4$ als Kathode und das Graphit als Anode.

devorgang geschehen folgende Reaktionen an der

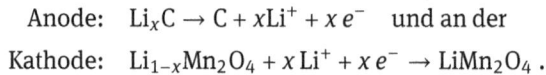

$$\text{Anode:} \quad \text{Li}_x\text{C} \rightarrow \text{C} + x\text{Li}^+ + x\,e^- \quad \text{und an der}$$
$$\text{Kathode:} \quad \text{Li}_{1-x}\text{Mn}_2\text{O}_4 + x\,\text{Li}^+ + x\,e^- \rightarrow \text{LiMn}_2\text{O}_4\,.$$

Beim Aufladen läuft der Prozess rückwärts ab. Dann wird aus der ursprünglichen Anode die Kathode und umgekehrt. Man erkennt, dass bei wiederaufladbaren Akkus die Bezeichnungen Anode und Kathode davon abhängen, ob der Akku ge- oder entladen wird.

Ein Lithium-Ionenakku in AA-Baugröße hat eine Nennspannung von typischerweise 3,6 V. Die Entladung wird meist unterhalb einer Akkuspannung von 2,5 V beendet, um die Lebensdauer zu vergrößern. Der Entladestrom kann mehrere A betragen. Die gespeicherte Ladung eines hochwertigen AA-Akkus kann bis zu 14 000 C erreichen.

3. **Brennstoffzelle**

Brennstoffzellen sind tertiäre galvanische Elemente, in denen die reagierenden Stoffe nicht bereits in der Zelle vorhanden sind, sondern von außen zugeführt werden. Das Prinzip der Brennstoffzelle wurde schon 1838 von Christian Schönbein beschrieben und auch demonstriert. Erst in der zweiten Hälfte des letzten Jahrhunderts wurde die Brennstoffzelle als elektrische Energiequelle mit hohem Wirkungsgrad und großem Einsatzpotenzial wiederentdeckt.

Wir wollen nur die einfache Wasserstoff-Brennstoffzelle diskutieren, die in der Abb. 3.21 schematisch im Querschnitt gezeichnet ist. Anodenseitig wird der Brennstoff H_2 zugeführt und mit Hilfe eines Katalysators, z. B. Platin, gespalten und oxidiert. Die Elektronen stehen im elektrischen Außenstromkreis zur Verfügung. Die gebildeten Wasserstoffionen bzw. Protonen H^+ können die trennende Polymer-Membran durchdringen. Die Folie versperrt den Weg für andere Gasteilchen. Die Wasserstoffionen gelangen zur Kathode, an der sie mit Sauerstoff zu Wasser reduziert werden. Dazu muss gewährleistet sein, dass die zugeführten Sauerstoffmoleküle O_2 ebenfalls katalytisch gespalten werden und das produzierte Wasser schnell abgeführt wird. Die Brennstoffzelle funktioniert bei Zimmertemperatur.

Die Gesamtreaktion innerhalb der Brennstoffzelle entspricht also einer *Knallgasreaktion* zwischen H_2 und O_2 unter Entstehung von Wasser, nämlich an der

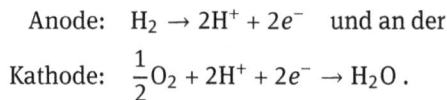

$$\text{Anode:} \quad H_2 \rightarrow 2H^+ + 2e^- \quad \text{und an der}$$
$$\text{Kathode:} \quad \frac{1}{2}O_2 + 2H^+ + 2e^- \rightarrow H_2O\,.$$

Die Zellenspannung liegt ungefähr bei 1 V, so dass für höhere Spannungen mehrere Zellen in Reihe geschaltet werden müssen. Der große Vorteil von Brennstoffzellen zur sauberen Stromerzeugung besteht darin, dass sie über einen großen

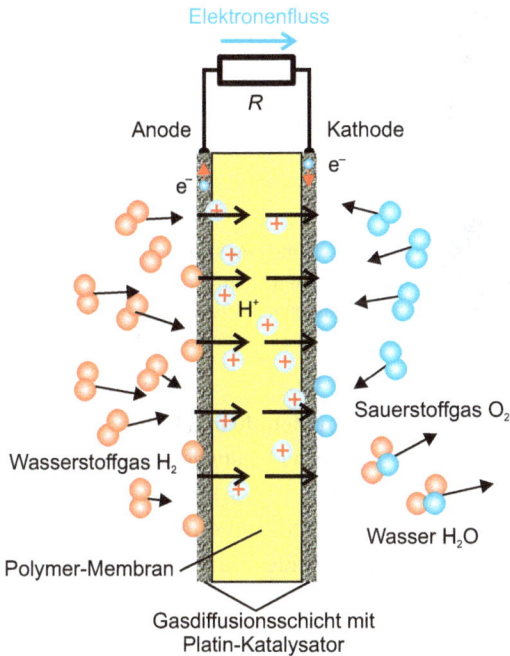

Abb. 3.21: Prinzip einer H_2/O_2-Brennstoffzelle.

Temperaturbereich und mit verschiedenen gasförmigen Brennstoffen arbeiten können. Ihre Robustheit und ihr hoher Wirkungsgrad machen sie zudem praxistauglich.

Solarzellen als Ladungsquellen erfordern tieferes Verständnis über die elektronischen Vorgänge in Halbleitern und werden in Band 4 behandelt.

Anmerkung: Zusammenschalten von Quellen

Zur Erhöhung von Spannungen werden gleiche Spannungsquellen in Reihe geschaltet. Dieses folgt aus der kirchhoffschen Maschenregel. Die Spannungsquellen sollten ähnliche Eigenschaften besitzen, um eine ungleiche Belastung zu vermeiden. Stromquellen werden parallel geschaltet, wenn der Gesamtstrom erhöht werden soll, in Einklang mit der kirchhoffschen Knotenregel.

Anwendung: Galvanische Elemente aus der Küche

Wir sind im Alltag von vielfältigen elektrolytischen Flüssigkeiten umgeben, wie z. B. dem sauren Saft der Zitrone oder der salzhaltigen Flüssigkeit einer Kartoffel. Dementsprechend lassen sich einfache Batterien herstellen, indem zwei ungleich edle Metalle in eine Frucht gesteckt werden. Die Abb. 3.22 zeigt eine Kartoffelbatterie, bzw. ein

Abb. 3.22: Foto eines Daniell-Elements aus Zn, Cu und einer Kartoffel. Bei Zusammenschalten mehrerer Elemente kann eine Leuchtdiode zum Glimmen gebracht werden.

Kartoffel-Daniell-Element, mit einem handelsüblichen Metallwinkel als Zn-Kathode und einem Stück Leiterplatte als Cu-Anode. Die Spannung ist etwas kleiner als beim herkömmlichen Daniell-Element und beträgt ungefähr 1 V. Der Innenwiderstand ist meist recht hoch, so dass keine großen elektrischen Leistungen erreicht werden. Für den Betrieb einer Leuchtdiode reicht die Spannung eines Elements nicht aus. Es müssen mindestens vier Elemente in Reihe geschaltet werden.

3.4.3 Strom- und Spannungsmessungen

In der Abb. 3.23 ist die typische Verschaltung von Strom- und Spannungsmessgeräten in einem Stromkreis mit Spannungsquelle und einem Verbraucher gezeichnet. Der Strom fließt durch Verbraucher und Strommessgerät, das entsprechend in Reihe geschaltet ist. Der Spannungsabfall am Verbraucher wird durch ein Messgerät parallel gemessen. Eine solche Messung ergibt die **Strom-Spannungs-Kennlinie** $I(U)$ des Verbrauchers, wie sie in Abb. 3.11 (a) zu sehen ist.

Die Zuverlässigkeit der Messwerte hängt von den Innenwiderständen der Messgeräte ab. In Abb. 3.23 gehen wir von idealen Messgeräten aus, d. h. das Strommessgerät hat einen verschwindenden und das Spannungsmessgerät einen unendlichen Innenwiderstand, um die Messwerte nicht zu verfälschen.

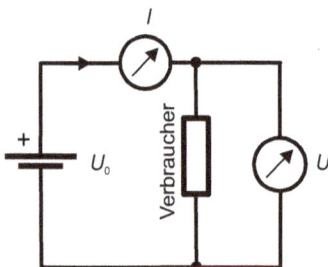

Abb. 3.23: Schaltkreis zur Messung einer $I(U)$-Kennlinie mit idealen Messgeräten.

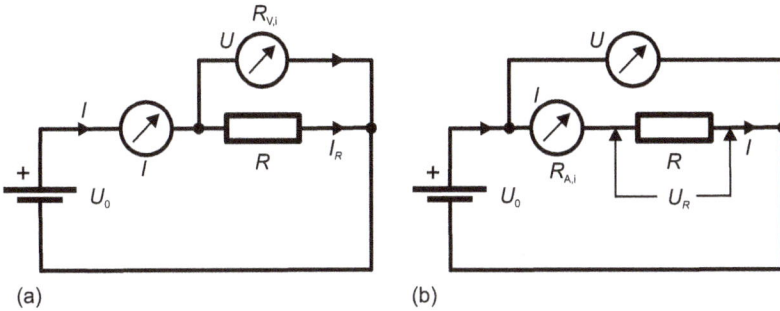

Abb. 3.24: (a) Stromfehlerschaltung: das Strommessgerät zeigt nicht exakt den Strom durch den Widerstand an. (b) Spannungsfehlerschaltung: das Spannungsmessgerät zeigt nicht exakt den Spannungsabfall über den Widerstand an.

Bei realen Messgeräten kann je nach Verschaltung entweder der Strom oder die Spannung exakt gemessen werden. In der **Stromfehlerschaltung** in Abb. 3.24 (a) liegt das reale Spannungsmessgerät direkt parallel zum Verbraucherwiderstand R. Infolge seines Innenwiderstands $R_{V,i}$ wird ein Stromwert

$$I = \underbrace{\frac{U}{R}}_{I_R} + \frac{U}{R_{V,i}} \tag{3.41}$$

oberhalb des richtigen Werts I_R gemessen.

In der **Spannungsfehlerschaltung** der Abb. 3.24 (b) liegt das reale Spannungsmessgerät parallel zu Widerstand und Strommessgerät, dessen Innenwiderstand $R_{A,i}$ den richtigen Spannungswert U_R verfälscht. Der gemessene Stromwert ist korrekt, während der Spannungsmesswert

$$U = \underbrace{I \cdot R}_{U_R} + I \cdot R_{A,i} \tag{3.42}$$

oberhalb des richtigen Werts U_R liegt.

Mit dem ohmschen Gesetz kann mit Hilfe eines geeichten Widerstands jede Strom- auf eine Spannungsmessung und umgekehrt zurückgeführt werden. Vorwiderstände zur Erweiterung von Messbereichen werden in der Elektrotechnik *Shunts* genannt. Es werden heute, ob im Labor oder im Haushalt, Spannungen und Ströme in der Regel mit elektronischen Digitalmultimetern gemessen.

In der Messelektronik eines elektronischen Multimeters werden hochempfindliche Bauelemente, oft sogenannte *Feldeffekt-Transistoren*, eingesetzt. Ihr Aufbau wird in Band 4 genauer erklärt. Sie haben sehr hohe Innenwiderstände von $10\,\text{M}\Omega$ in Standard-Multimetern bis zu $10^{17}\,\Omega$ in hochwertigen Labormessgeräten. Diese Werte erreicht man dadurch, dass die angelegte Messspannung Ladungen auf eine sehr gut isolierte Elektrode fließen lässt. Das statische elektrische Feld der Ladungen beeinflusst die Leitfähigkeit eines elektrischen Leitungskanals in der Nähe. Dieses Phänomen wird als *Feldeffekt* bezeichnet. Die Leitfähigkeitsänderung ist ein Maß für die Ladung und damit für die Spannung an der Elektrode. Um den Feldeffekt nutzen zu können, darf die Dichte der stromführenden Ladungsträger im Kanal nicht sehr groß sein. Daher sind Metalle nicht geeignet. Die Bauelemente werden aus Halbleitermaterialien hergestellt.

Gelegentlich werden noch ältere, analoge Zeigermessgeräte eingesetzt. In ihnen fließt ein Messstrom durch eine Leiterspule, die auf einem Eisenkern gewickelt ist und die sich in einem permanenten Magnetfeld eines magnetischen Kerns befindet. Ströme erfahren in Magnetfeldern eine Kraft (siehe Kapitel 4). Daher dreht sich eine Drehspule proportional zum Messstrom gegen die rücktreibende Kraft einer mechanisches Spiralfeder. Ein an der Spule befestigter Zeiger zeigt auf einer kalibrierten Skala den Messwert an. Analoge Messgeräte sind robust und benötigen für die Spannungs- bzw. Strommessung keine eigene Spannungsquelle. Nachteilig sind jedoch die notwendige manuelle Einstellung des optimalen Messbereichs, die beschränkte Genauigkeit durch die Skalenablesung und die ungünstigen Innenwiderstände. Typische Werte für Drehspulinstrumente sind ein Maximalstrom von $I_{max} = 100\,\mu A$ bei einen Innenwiderstand von $R_{A,i} = 500\,\Omega$.

3.5 Andere elektrische Ströme – eine Übersicht

In den vorangegangenen Abschnitten haben wir uns auf die elektrische Leitfähigkeit freier Ladungsträger, meist Elektronen, in Feststoffen beschränkt. Sie gehorcht in der Regel dem ohmschen Gesetz, wenn äußere Parameter wie die Temperatur oder der Druck konstant bleiben. Jetzt wollen wir kurz auf die Eigenschaften anderer Leitungsformen in Materie eingehen, die im Alltag ebenfalls sehr wichtig sind.

3.5.1 Ionenleitung

Ionen sind geladene Atome oder Moleküle, wobei negativ geladene **Anionen** und positiv geladene **Kationen** genannt werden. Ein Transport von Ionen in einem Elektrolyten ist immer mit Massetransport verbunden. Es findet keine Elektronenleitung in Elektrolyten statt. Wir haben bereits Ionenleitung bei der Diskussion galvanischer Elemente kennengelernt. Ionen entstehen aus chemischen Gründen, z. B. wenn ein Salz wie Kupferchlorid $CuCl_2$ in Wasser gelöst wird. In Säuren und Basen werden Ionen durch Spaltung von Wassermolekülen gebildet.

Ionenleiter sind oft Flüssigkeiten, aber in manchen Fällen auch Feststoffe bei höheren Temperaturen. Der Elektolyt bleibt als Ganzes aber elektrisch neutral, weil anionische und kationische Ladungen vom Betrage gleich sind. Der Transport von einem *Mol* eines Ions mit der Ladung $q = z \cdot e_0$ mit z als ganzer Zahl bewegt eine Gesamtladung

$$Q = N_A \cdot q = N_A e_0 \cdot z = F \cdot z \,. \qquad (3.43)$$

Dabei ist F die **Faraday-Konstante**

$$F = N_A \cdot e_0 = 96\,485{,}332\,89(59)\,\text{C/mol} \,. \qquad (3.44)$$

Sie ist das Produkt aus Avogadro-Konstante und Elementarladung und daher eine Fundamentalkonstante. Der Zahlenwert beziffert den Ladungsbetrag von 1 mol einwertiger Ionen. Wir betrachten im Folgenden die zwei Arten von Ionenleitern.

Flüssigelektrolyte

In der Abb. 3.25 wird eine wässrige Lösung von Kupferchlorid $CuCl_2$ als Beispiel eines flüssigen Ionenleiters betrachtet. Zwei gleiche Metallelektroden tauchen in die Flüssigkeit ein. Die Lösung enthält Cu^{2+}-Kationen und doppelt soviele Cl^--Anionen. Bei gleichen Metallen stellt sich keine galvanische Spannung zwischen den Elektroden ein. Legen wir eine äußere Spannung U_0 an die Kontakte, bewegen sich die Ionen durch die Feldkraft. Analog zu Gl. (3.24) lässt sich die elektrische Leitfähigkeit als

$$\sigma = q_+ n_+ \mu_+ + q_- n_- \mu_- \qquad (3.45)$$

schreiben mit den Ladungen q, den Konzentrationen n und den Beweglichkeiten μ von Kationen bzw. Anionen.

Diese Relation ist aber komplexer als im elektronischen Fall. Die Leitfähigkeit ist nur für kleine Konzentrationen proportional zu n, weil Ionen bereits schon in klei-

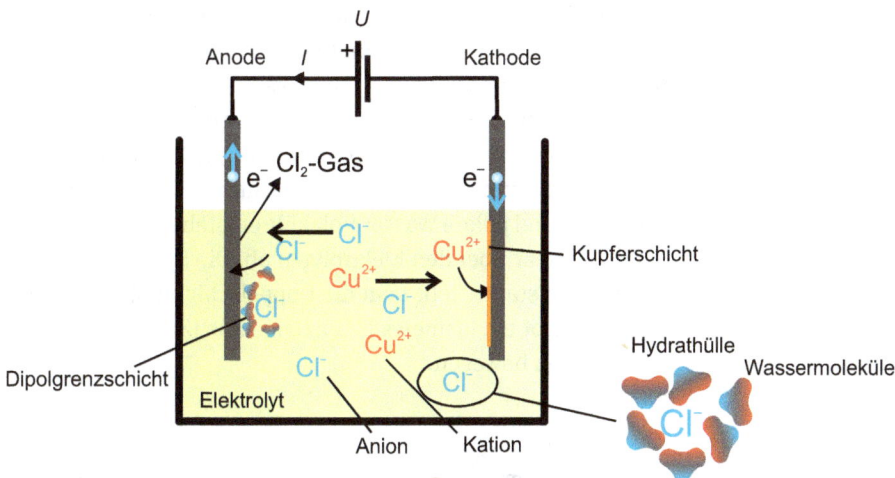

Abb. 3.25: Schematische Vorgänge bei der elektrischen Leitung durch Flüssigelektrolyte. An den Elektroden entstehen Dipolschichten. Dadurch fällt die Spannung über den Elektrolyten nicht linear ab.

nen Mengen miteinander wechselwirken und sich daher nicht wie freie Teilchen bewegen. Darüber hinaus hängt die Beweglichkeit von verschiedenen Faktoren ab, wie z. B. Masse, Größe und Konzentration der Ionen, Temperatur und die Viskosität des Elektrolyten.

Auch bilden sich um die Ionen Hydrathüllen. Das H_2O-Molekül ist ein elektrischer Dipol, der sich durch das inhomogene elektrische Feld des Ions ausrichtet und zum Ion gezogen wird. Eine Hydrathülle um ein Cl^--Ion ist in der Abb. 3.25 angedeutet. Sie werden beim Transport mitgeschleppt und beeinflussen die Beweglichkeit beträchtlich.

Bei geringen Ionenkonzentrationen kann ein einfaches viskoses Reibungsmodell für die Beweglichkeit von Ionen in flüssigen Elektrolyten aufgestellt werden. In Band 1 haben wir die stokessche Reibung auf kugelförmige Massen in viskosen Medien kennengelernt. Sie hängt linear von der Geschwindigkeit des Teilchens und der Viskosität des Mediums ab. Beim Ionentransport mit konstanter Driftgeschwindigkeit v_D muss ein Kräftegleichgewicht zwischen beschleunigender Feldkraft $|\vec{F}_{el}|$ und viskoser Reibungskraft $|\vec{F}_r|$ herrschen, so dass

$$|\vec{F}_{el}| = |\vec{F}_r| \quad \Rightarrow \quad ze_0|\vec{E}| = 6\pi\eta r_{ion}|\vec{v}_D| \tag{3.46}$$

folgt mit η als dynamischer Viskosität des Elektrolyten und r_{ion} als effektiver Ionenradius. Daraus kann für ein Ion eine Beweglichkeit

$$\mu_\pm = \frac{|\vec{E}|}{|\vec{v}_D|} = \frac{6\pi\eta r_{ion}}{e_0 z_\pm} \tag{3.47}$$

berechnet werden. Oft wird umgekehrt aus der gemessenen Beweglichkeit und der Viskosität mit Gl. (3.47) ein effektiver Ionenradius ermittelt.

Erreichen die Ionen die Elektroden, werden sie neutralisiert, was ein *Abscheiden* von Cu-Atomen an der Kathode und die Bildung von Cl_2-Gas an der Anode bedeutet (siehe Abb. 3.25). Werden keine Ionen nachgeführt, verringert sich also ihre Konzentration durch den Stromfluss im Laufe der Zeit. Die Veränderung oder Zersetzung des Elektrolyten durch elektrischen Stromtransport wird als *Elektrolyse* bezeichnet.

Eine Besonderheit flüssiger Elektrolyte sind die Dipolschichten an den Elektroden, die durch angelagerte Ionen und polare Wassermoleküle entstehen. Dadurch fällt die angelegte Spannung nicht linear über den Elektrolyten ab. Die Spannung verändert sich dicht an den Elektroden stark. Zieht man die Doppelschichtpotenziale von der angelegten Spannung ab, bleibt ein kleineres Potenzialgefälle (*Zetapotenzial*), in dem sich die Ionen im Elektrolyten bewegen.

Feststoffelektrolyte

Die Leitung von Ionen durch Feststoffen mag zunächst überraschen, aber im Lithium-Ionen-Akku ist uns der Einbau von Atomen und Ionen in Festkörpern schon begegnet. Die Bewegung der Teilchen durch den Festkörper wird als *Diffusion* bezeichnet. Ihre treibende Kraft ist ein Gefälle in der Konzentration oder ein elektrisches Feld.

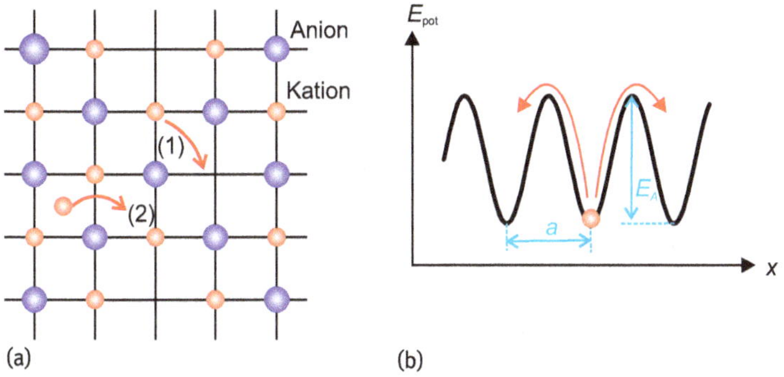

Abb. 3.26: Diffusion von Ionen in einem Festkörper. (a) Zweidimensionales Schema von Sprüngen auf Leerstellen (1) oder Zwischengitterplätzen (2). (b) Potenziallandschaft bei eindimensionaler Diffusion.

Die Art der Bewegung eines Ions im Festkörper unterscheidet sich aber wesentlich von der in der Flüssigkeit. Wie Abb. 3.26 (a) für einen Ionenkristall schematisch in der Ebene verdeutlicht, *hüpft* das Ion von einem Ort zum anderen. Es sind nur bestimmte Sprünge erlaubt. In Festkörperkristallen sind z. B. Sprünge auf *Leerstellen* (1) möglich, an denen ein Festkörperatom fehlt, oder Sprünge auf *Zwischengitterplätze* (2), auf denen sich das Ion zwischen den Festkörperatomen befindet. An anderen Plätzen kann es sich nicht stabil aufhalten.

Für den Sprung muss Energie aufgebracht werden, um einen Potenzialberg zu überwinden. Ist dieser überquert, wird die aufgebrachte Energie wieder frei. Es ist also zum Start eines Sprungs Energie aufzubringen. Sie wird daher *Aktivierungsenergie* genannt und der Potenzialberg entspricht der *Aktivierungsbarriere*. Die Abb. 3.26 (b) zeigt für eine eindimensionale Hüpfbewegung eines Ions die potenzielle Energielandschaft E_{pot}. Die Aufenthaltsorte des Ions im Festkörper seien äquivalent und in gleichen Abständen a, die typischerweise wenige 10^{-10} m betragen. Für einen Sprung muss die Aktivierungsenergie E_A aufgebracht werden.

Aktivierungsenergien liegen typischerweise in eV-Bereich, was so groß ist, dass bei Zimmertemperatur fast alle Ionen in ihrer Position verharren. Dieses lässt sich mit der statistischen Physik erklären, die als Sprungwahrscheinlichkeit über eine Barriere in guter Näherung

$$p_s = p_0 \cdot \exp\left[\frac{-E_A}{k_B T}\right] \qquad (3.48)$$

angibt. Die Wahrscheinlichkeit hat die Einheit Sprünge pro Zeit, so dass der Vorfaktor p_0 einer Frequenz entspricht.

Wir wollen einige Zahlenwerte abschätzen. Die *thermische Energie* $k_B T$ beträgt bei Zimmertemperatur von 293 K ungefähr 25 meV. Der Vorfaktor p_0 wird in guter Näherung mit der Schwingungsfrequenz der Atome in einem Festkörper in Verbindung gebracht und liegt im Bereich von 10^{13} Hz. Die Exponentialfunktion in Gl. (3.48) heißt auch *Boltzmann-Faktor*. Für $E_A = 1\,\text{eV}$ erhalten wir bei Zimmertemperatur einen Boltzmann-Faktor von $e^{-40} \approx 4 \cdot 10^{-18}$ und damit eine extrem kleine Sprungwahrscheinlichkeit von $p_s = 4 \cdot 10^{-5}/\text{s}$. Die Exponentialfunktion bestimmt maßgeblich die Temperaturabhängigkeit von p_s, denn schon bei $600\,\text{K}$ steigt die Wahrscheinlichkeit um neun Größenordnungen auf $20\,000\,\text{Hz}$. Die Bewegung in Abb. 3.26 ist richtungszufällig.

Liegt eine äußere Spannung am Ionenleiter an, entsteht eine Vorzugsrichtung in der Bewegung des Ions. Das konstante elektrische Feld führt zu einem linearen Potenzialabfall $-ze_0|\vec{E}| \cdot x$, der zur Potenziallandschaft addiert wird. In der Abb. 3.27 ist die eindimensionale potenzielle Energie mit elektrischem Feld gezeichnet. Durch die Neigung wird E_A für den Sprung nach rechts kleiner als für den Sprung nach links. Diese Asymmetrie der potenziellen Energie führt zur Ionenleitung. Wir wollen die elektrische Leitfähigkeit in einem einfachen Modell näher beleuchten.

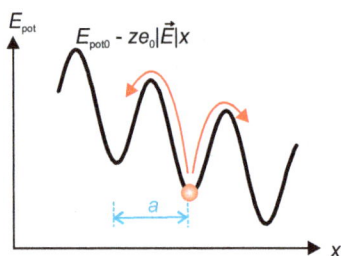

Abb. 3.27: Eindimensionale Potenziallandschaft für die Ionenleitung mit elektrischem Feld.

Die Wahrscheinlichkeiten für die beiden Sprünge mit elektrischem Feld lauten jetzt

$$p_{s,\pm} = p_0 \cdot \exp\left[\frac{-(E_A \pm ze_0|\vec{E}|a/2)}{k_B T}\right], \tag{3.49}$$

wobei das Pluszeichen (Minuszeichen) den höheren (niedrigeren) Potenzialberg berücksichtigt. Dabei wurde als Abstand des Ions von den Potenzialmaxima $a/2$ eingesetzt.

Die Driftgeschwindigkeit der Ionen im Festkörper ist proportional zur Differenz der beiden Sprungwahrscheinlichkeiten,

$$v_D = C(p_{s,+} - p_{s,-}) \tag{3.50}$$

mit einer Konstanten C. Einsetzen von Gl. (3.49) ergibt

$$v_D = Cp_0 \exp\left[\frac{-E_A}{k_B T}\right] 2\sinh\left[\frac{ze_0|\vec{E}|a}{2k_B T}\right], \tag{3.51}$$

wobei wir die Beziehung $\sinh x = \frac{1}{2}(e^x - e^{-x})$ verwendet haben. Man erkennt, dass im Allgemeinen die Driftgeschwindigkeit nicht proportional zum elektrischen Feld ist. Damit ist das ohmsche Gesetz nicht erfüllt.

Glücklicherweise sind die Felder aber sehr klein, denn mit Feldern bis zu 10^5 V/m ist $e_0|\vec{E}|a$ ungefähr 1 μeV oder kleiner und damit gegenüber der thermischen Energie zu vernachlässigen. In diesem Normalfall kann die sinh-Funktion linear angenähert werden und man erhält

$$v_D = Cp_0 \exp\left[\frac{-E_A}{k_B T}\right] \cdot \frac{ze_0|\vec{E}|a}{k_B T} = \mu|\vec{E}| \,. \tag{3.52}$$

woraus mit Gl. (3.45) das ohmsche Gesetz für die elektrische Leitfähigkeit $\sigma = ze_0 n_{ion}\mu$ folgt. Man erkennt, dass σ wie p_s eine exponentielle Temperaturabhängigkeit hat. Diese prägnante Temperaturabhängigkeit kann noch verstärkt werden, weil die Ionendichte n_{ion} auch exponentiell mit der Temperatur ansteigen kann. Alles zusammen erklärt das NTC-Verhalten eines festen Ionenleiters. Bei hoher Temperatur wird so aus einem gutem Isolator ein elektrischer Leiter.

Anwendung: Lambda-Sonde

Eine wichtiges Einsatzfeld ionenleitender Keramiken findet sich im Auspuffrohr eines jeden Autos. Um das richtige Kraftstoff-Luft-Verhältnis in einem Verbrennungsmotor einzustellen, muss die Konzentration des im Abgas verbliebenen Sauerstoffs (O_2) gegenüber der Konzentration in der Außenluft gemessen werden. Diese Messung geschieht durch die *Lambda-Sonde*, deren Funktionsweise in Abb. 3.28 schematisch gezeigt ist. Sie besteht aus einer Zirkoniumoxid-Keramik, die durch die heißen Abgase auf hohe Temperatur gebracht wird. Eine Seite der Keramik ist dem Abgas ausgesetzt und die andere der Außenluft. Die heiße Keramik ist ein guter Leiter für O^--Ionen.

Da es in der Luft wesentlich mehr Sauerstoffmoleküle als in Abgas gibt, existiert ein starkes Konzentrationsgefälle zwischen den beiden Seiten. Nach Aufspaltung der Moleküle an den porösen, katalytischen Platin(Pt)-Elektroden diffundieren die Ionen von der Luft- zur Abgasseite. Dabei laden sich die gasdurchlässigen Elektroden innen und außen auf. Das entstehende elektrische Feld wirkt der Diffusion der Ionen entgegen, bis im Gleichgewicht der Nettoionenstrom in der Keramik zum Erliegen kommt. Das Feld erzeugt über den Ionenleiter eine elektrische Sondenspannung U, die ein Maß für den Konzentrationsunterschied des Sauerstoffs ist.

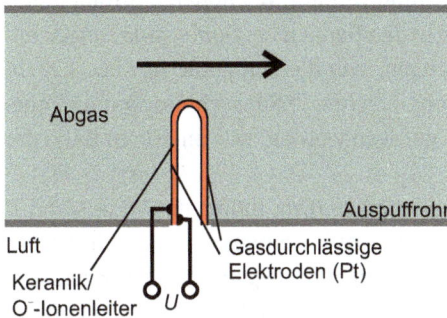

Abb. 3.28: Funktionsprinzip einer Lambda-Sonde zur Messung der Sauerstoffkonzentration im Abgas.

3.5.2 Elektrische Ströme in Gasen

Die Leitung elektrischer Ladung in Gasen ist ein komplexer Vorgang, der von einer Reihe von Parametern empfindlich abhängt und von spektakulären Phänomenen begleitet wird. Um elektrischen Strom zu leiten, müssen Ladungsträger im Gas erzeugt werden, entweder durch Ionisation der Gasteilchen oder durch Auslösen von Elektronen aus den Gefäßwänden. Dabei entstehen freie Elektronen und Ionen, deren Lebensdauer im Gas entscheidend von der Dichte bzw. dem Druck des Gases abhängt. Wenn es zum Stromfluss in einem Gas kommt, spricht man allgemein von *Gasentladungen*. Wenn Licht dabei entsteht, auch von *Glimmentladungen*.

Die Abb. 3.29 (a) zeigt eine Gasentladungsröhre, an der man die verschiedenen Phänomene studieren kann. Sie besteht aus einem evakuierbaren Glasgefäß, das mit Gas unter einem Druck p gefüllt werden kann. An den zwei Elektroden im Abstand d liegt über einen Widerstand R eine Spannung U_0 an, wobei wieder der Pluspol als Anode und der Minuspol als Kathode bezeichnet wird. Den Spannungsabfall zwischen den Elektroden nennen wir U. Ist die Röhre mit Gas bei einem Druck p gefüllt und wird die Spannung erhöht, beobachtet man ab einer *Zünd- oder Durchbruchspannung U_Z* einen plötzlichen Stromanstieg. Diese *selbständige Gasentladung* reduziert den Widerstand des Gases dramatisch. Ohne den strombegrenzenden Widerstand würde der Strom weiter steigen. Bei einem typischen Druck von 1 000 Pa liegen die Zündspannungen bei einigen Hundert Volt.

Die Strom-Spannungskennlinie einer Gasentladung ist schematisch in Abb. 3.30 (a) wiedergegeben, wobei die Stromachse logarithmisch unterteilt ist. Unterhalb von U_Z fliesst noch kein Strom, wenn nicht von außen, z. B. durch ionisierende Strahlung, Ladungen im Gas erzeugt werden, die eine nicht-selbständige Gasentladung hervorrufen. Diese werden wir im Band 3 bei der Vorstellung von Teilchenzählern kennenlernen.

Der abrupte Wechsel zur selbständigen Entladung bei U_Z kommt durch eine Ladungslawine zustande, wie sie in Abb. 3.30 (b) schematisch dargestellt ist. Zufällig vorhandene Elektronen gewinnen im starken elektrischen Feld soviel Energie, dass sie weitere Gasteilchen ionisieren können. Die Zahl der Ladungsträger wächst dadurch exponentiell. Ist der Strom noch nicht hoch, spricht man von einer *Dunkelentladung*, weil sie praktisch ohne Leuchterscheinung verläuft. Bei höheren Strömen und einem Gasdruck unter 1 000 Pa, kommt man in den Bereich der *Glimmentladungen* mit komplizierten und farbigen Lichterscheinungen, wie die Fotografie in Abb. 3.29 (b) zeigt. Aus der Struktur des Glimmens können tiefgehende Rückschlüsse auf die innere Struktur der Atome und Moleküle im Gas gezogen werden, was im dritten Band der Reihe im Einzelnen dargestellt wird.

Erlaubt man den Strom in der Röhre weiter zu steigen, indem der Widerstand R reduziert und der Gasdruck erhöht wird, kommt es zu einem massiven Stromfluß zwischen den Elektroden, der als *elektrischer Bogen* oder *Bogenentladung* bezeichnet wird. In der Abb. 3.30 (a) ist eine Fotografie eines elektrischen Lichtbogens in Luft un-

(a)

(b)

Abb. 3.29: (a) Aufbau und Verschaltung einer Gasentladungsröhre. (b) Glimmentladung in einer Gasentladungsröhre.

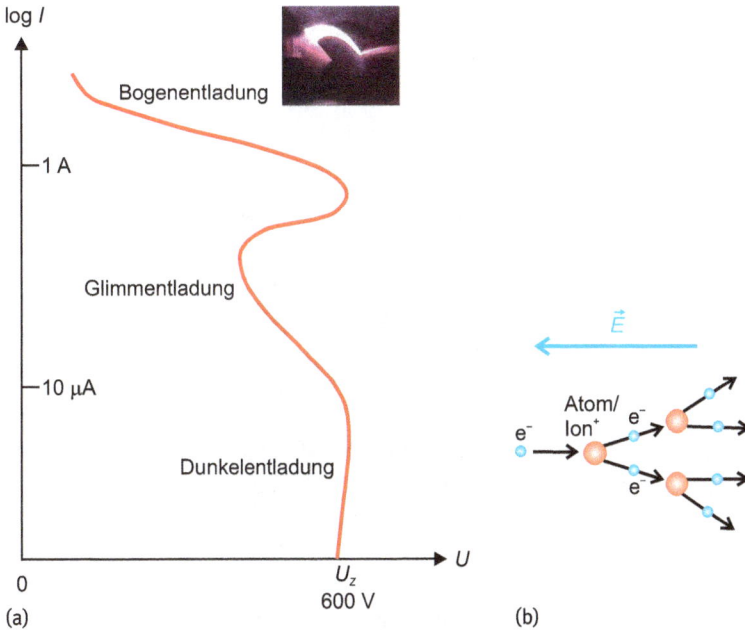

(a)

(b)

Abb. 3.30: (a) Schematische Strom-Spannungs-Kennlinie einer Gasentladung mit typischen Werten. Man beachte die logarithmische Stromachse. (b) Schematische Ladungsträgerlawine im starken elektrischen Feld.

ter Normaldruck zwischen zwei Kohleelektroden gezeigt. Die Temperatur im Bogen kann über 4 000 K betragen. Bogenlampen wurden früher in Projektionsapparaten verwendet. Allerdings werden die Elektroden enorm beansprucht, so dass sie innerhalb kurzer Zeit an Material verlieren und abbrennen. Heute werden Lichtbögen zum Elektroschweißen eingesetzt. Die Kennlinie zwischen Strom und Spannung in der Bogenentladung ist instabil, d. h. der Strom steigt bei sinkender Spannung immer weiter an, bis die Elektroden zerstört sind. Eine Strombegrenzung durch einen Widerstand in Reihe ist daher unerlässlich.

Die Zündspannung U_Z hängt vom Produkt aus Druck und Elektrodenabstand, $p \cdot d$, ab und folgt einer Kurve, die nach dem Physiker Friedrich Paschen (1865–1947) benannt ist und in Abb. 3.31 (a) für Stickstoffgas N_2 bei planparallelen Elektroden wie im Plattenkondensator aufgetragen ist. Es gibt ein Minimum der Durchbruchspannung bei $p \cdot d \approx 1$ Pa m. Das lässt sich eindruckvoll in einer *hittorfschen Umwegröhre* demonstrieren (Abb. 3.31 (b)). Liegt eine feste Spannung von einigen kV an den Elektroden an und wird dann das Gefäß langsam evakuiert, ist zunächst eine Entladung auf der kurzen Strecke zwischen Anode und Kathode zu sehen. Bei weiter sinkendem Druck schaltet die Entladung dann auf die lange Strecke des Umlenkrohrs um, weil der Druck so stark abgenommen hat, dass sich für den Minimumswert von $p \cdot d$ die Entladungsstrecke verlängern muss.

Die Paschen-Kurve kann weiter verfolgt, als in der Abb. 3.31 (a) gezeichnet. Für Stickstoff können wir daraus die Durchbruchspannung bei Normaldruck von unge-

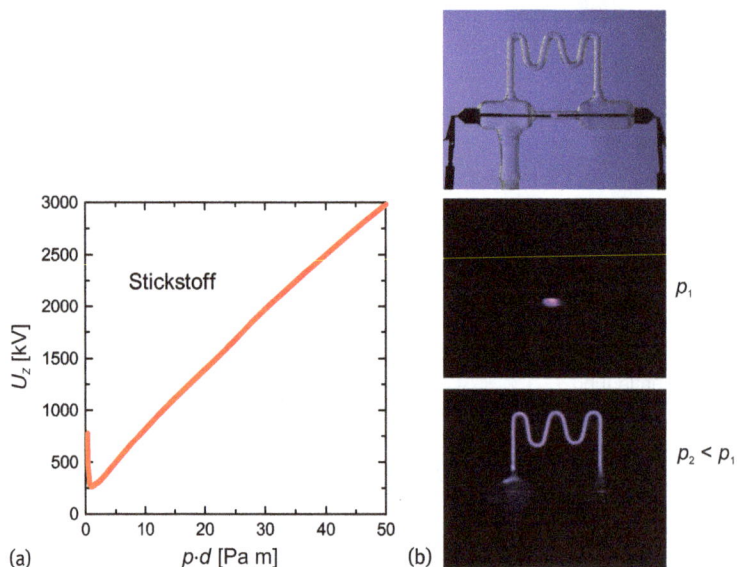

Abb. 3.31: (a) Paschen-Kurve für Stickstoff. (b) Hittorfsche Umwegröhre bei unterschiedlichem Druck.

fähr 10^5 Pa abschätzen. An den Plattenkondensator mit 1 cm Plattenabstand muss mit $p \cdot d$ = 1 000 Pa m eine Spannung von über 30 000 V angelegt werden. Stickstoff ist das dominierende Gas der Luft, so dass der Durchbruchswert auch für trockene Luft in guter Näherung gültig ist. Pro mm Elektrodenabstand sind bei Normaldruck in trockener Luft 3 000 V anzulegen. Aus der Länge des Entladungsfunkens kann auf die Spannung zurückgeschlossen werden. Luftfeuchtigkeit oder Spitzen an den Elektroden reduzieren den Wert drastisch.

Beispiele

– **Geißler-Röhren**

Glimmentladungen zeigen leuchtende Farben, die charakteristisch für die verwendeten Gase sind. Die Hittorf-Röhre in Abb. 3.31 (b) ist ein Beispiel. Ähnlich kunstvoll gewundene Röhren wurden im 19. Jahrhundert als *Geißler-Röhren* dekorativ eingesetzt. Farbige Leuchtröhren, meist einfach Neonröhren genannt, werden auch heute für Beleuchtungs- und Werbezwecke eingesetzt.

– **Leuchtstofflampen**

Eine alltägliche Anwendung der Glimmentladung ist die *Leuchtstofflampe*, die als Röhre oder Energiesparlampe zu finden ist. Sie ist eine Niederdruck-Gasentladungslampe mit Quecksilberdampf (Hg) und Argon als Gasfüllung und einem Innendruck von typischerweise 1 000 Pa. Die Quecksilberatome strahlen bei der Gasentladung ultraviolettes Licht aus, das vom fluoreszierenden Leuchtstoff an der Innenseite des Rohr in sichtbares Licht verwandelt wird. Je nach Leuchtstoff können unterschiedliche Farbtönungen und -temperaturen erzeugt werden. Das bekannte Flackern beim Einschalten zeigt, dass zum Zünden der Lampe eine hohe Spannung an den Elektroden anliegen muss. Die oft störende Zeit bis zum Erreichen der vollen Helligkeit liegt an der notwendigen Erwärmung, um genügend Quecksilberatome im Gas durch Verdampfen bereitzustellen.

Wegen des Quecksilbers sind defekte Leuchtstofflampen gesondert zu entsorgen. Während flüssiges Quecksilber verhältnismäßig ungefährlich ist, sind Hg-Dämpfe sehr giftig. Die Gefahr vor diesen Dämpfen bei einem Bruch einer Energiesparlampe oder Leuchtstoffröhre ist aber überschaubar. Während man in alten Röhren noch Quecksilbertropfen schaukeln sieht, dürfen heutige Lampen nur noch maximal 2,5 mg Hg enthalten. Meistens wird dieser Wert weit unterschritten. Messungen in geschlossenen Räumen nach Bruch einer Energiesparlampe ergeben Quecksilberkonzentrationen in der Atemluft, die um den Faktor drei kleiner sind als die derzeit gültige maximale Arbeitsplatzkonzentration von 20 µg/m^3. Durch Lüften kann man diese schnell auf null reduzieren. Es gibt Lampen, die kein elementares, sondern gebundenes Quecksilber in Form von Amalgamen verwenden und damit die Bildung von Dämpfen beim Bruch der Röhren verhindern. Irreführenderweise werden diese Lampen als quecksilberfrei beworben.

– **Funken- und Korona-Entladungen in Luft**

Bei Funkenentladungen kommt es zwischen unterschiedlich geladenen Bereichen zu einer Entladung durch einen Blitz oder Funken. Diese Erscheinungen
sind wohl bekannt z. B. als atmosphärische Blitze bei Gewittern oder als Funken zwischen metallischen Elektroden mit Potenzialgefälle oberhalb der Durchbruchspannung. Die Entladungsfunken an der Wimshurst-Influenzmaschine in
Abb. 2.52 sind ein Beispiel.

Gewitterblitze wie in Abb. 3.32 (a) bestehen meist aus mehreren (4–40) Einzel-
blitzen, wobei die Hauptentladung nach einigen Vorentladungen erfolgt. Die be-
ginnenden Entladungen bilden leitfähige Kanäle in der Atmosphäre, durch die
sich die Folgeblitze ausbreiten. Die meisten Entladungen sind Negativblitze, die
bei Sommergewittern auftreten und bei denen die Wolkenunterseite gegenüber
dem Erdboden negativ geladen ist (siehe Abb. 2.58). Das elektrische Feld, das
bei wolkenlosem Himmel in Richtung Erde zeigt, kehrt sich unter der Wolke um
und steigt um Größenordnungen auf bis zu 200 kV/m. Die Entladung geht durch
schwache Vorentladungen von der Wolke aus, denen sogenannte Fangentladun-
gen vom Erdboden entgegenkommen, so dass schließlich der Entladungskanal

(a) (b)

(c)

Abb. 3.32: (a) Atmosphärische Blitze während eines Gewitters. Mit freundlicher Genehmigung von
Claudia Hinz. (b) Entladungen am Korona-Ring einer Hochspannungsleitung. (c) Spitzenkarussel auf
einem Bandgenerator. Wegen des Spitzeneffekts dreht es sich bei Hochspannung.

geschlossen wird. Hauptblitze haben typische Stromstärken von einigen 10 000 A und dauern mehrere 10 µs.

Wir haben gelernt, dass Entladungen zwischen Kondensatorplatten hohe Durchbruchspannungen erfordern. Ist eine Elektrode jedoch nadelförmig, tritt der schon früher erwähnte *Spitzeneffekt* auf. An der Metallspitze herrscht ein hohes elektrisches Feld, das die Durchbruchspannung deutlich senkt. Elektronen können leicht und kontinuierlich aus dem Metall gelöst werden. Dieses führt zu *Korona-* oder *Büschel-Entladungen*. Je nach Polarität der Metallspitze treten unterschiedliche Entladungs- und Lichtphänomene auf. Ein negatives Potenzial an der Spitze (Kathode) führt zu einer Lichterscheinung dicht an der Spitze infolge der Ionisation der Luftmoleküle durch die austretenden Elektronen. Die positiven Ionen werden auf die Spitze bzw. Kathode beschleunigt und lösen weitere Elektronen aus. Liegt ein positives Potenzial an der Spitze als Anode bilden sich Entladungsbüschel mit Verästelungen, hinter denen komplexe Prozesse stehen.

Die Abb. 3.32 (b) zeigt eine Entladung am sogenannten Korona-Ring einer 500 kV-Hochspannungsleitung. Solche Ringe wirken wie Faraday-Käfige und verhindern unerwünschte Entladungen an den Enden der keramischen Isolatoren. In glücklichen Momenten können nachts in der Nähe von Gewitterwolken natürliche Korona-Entladungen an metallischen Spitzen beobachtet werden. Solche Lichterscheinungen werden auch *Elmsfeuer* genannt.

Die Entladungen übertragen Impuls auf die Spitzen. Das kann mit einem Karussell aus Entladungsspitzen, das sich auf einem Bandgenerator befindet, eindrucksvoll demonstriert werden (Abb. 3.32 (c)). Bei Ladung der Generatorkugel setzt sich das Karussell in Bewegung.

In Funkenstecken werden Sauerstoff- und Stickstoff-Molekülen der Luft angeregt, ionisiert und gespalten. Dadurch entstehen auch neue chemische Verbindungen wie z. B. das stechend riechende Ozon O_3. Das typische Knallen und Knistern, das bei den unterschiedlichen Entladungsformen zu hören ist, zeigt, dass Moleküle in der Luft mit den Ionen mitgerissen werden.

– **Plasma**

Unter einem Plasma versteht man ein insgesamt neutrales, aber stark ionisiertes Gas mit hoher elektrischer Leitfähigkeit. Es lässt sich durch elektrische und magnetische Felder manipulieren, bewegen, aufheizen oder auch einfangen. Der Zustand der Gase in Entladungen kommt dem Plasma recht nahe. Auch Flammen sind plasmaartig. Die Abb. 3.33 zeigt, wie eine Kerzenflamme durch eine elektrisches Feld im Plattenkondensator abgelenkt wird. Die Flamme wird zum negativen Pol gezogen, weil die positiven Ionen leuchten. In Sternen sind besonders heiße Plasmen vorhanden, die Licht, Ladungsträger und andere Teilchen abstrahlen.

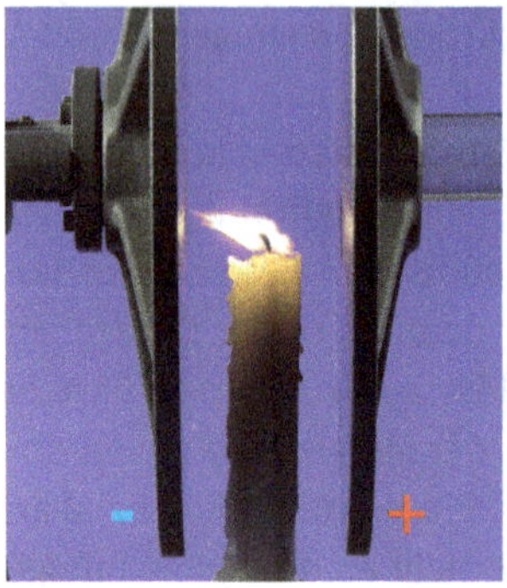

Abb. 3.33: Eine Kerzenflamme wird im elektrischen Feld abgelenkt, weil in ihr freie Ionen und Elektronen als Plasma vorhanden sind.

Die Plasmatechnologie ist eine Schlüsseltechnologie und findet weite Anwendung in den unterschiedlichsten Bereichen z. B.

– zum Aufbringen dünner Materialschichten auf Substanzen z. B. zur Veredelung und Härtung von Werkzeugoberflächen,
– zum Wachstum von Kristallen,
– zum Reinigen und nanometerweisen Abtragen von Schichten auf Oberflächen z. B. bei der Restaurierung von Kunstwerken durch Beschuss mit energiereichen Ionen (Kathodenzerstäubung),
– zur Heilung und Desinfektion von Wunden in der Medizin oder
– in der Fusionsforschung.

Quellenangaben

[3.1]   Messwerte aus der Vorlesung *Festkörperphysik 1* von Prof. Dr. W. Mönch (Gerhard-Mercator-Universität Duisburg, 1992) entnommen.

Übungen

1. Sie wollen drei elektrische Anschlüsse A, B und C so mit Widerständen verschalten, dass Sie zwischen A und B, zwischen B und C und zwischen A und C jeweils 100 Ω messen. Schlagen Sie eine Verschaltungsmöglichkeit vor.
2. In der Abb. 3.34 ist ein Netzwerk abgebildet. Ermitteln Sie die stationären Ströme I_1 bis I_5 und die Ladung auf dem Kondensator.
3. Zwölf Widerstände von je 100 Ω sind zu einem Würfel zusammengeschaltet, d. h. auf jeder Kante befindet sich ein Widerstand. Wie groß ist der Widerstand zwischen zwei diagonal gegenüber liegenden Eckpunkten?
4. Leiten Sie die Relationen (3.35) her.
5. Die Brücke in Abb. 3.35 erlaubt im Prinzip die Messung einer unbekannten Kapazität bei stationärem Strom. Welche Bedingung zwischen den Werten ist erfüllt, wenn die Brücke abgeglichen ist und das perfekte Spannungsmessgerät keine Spannung anzeigt?

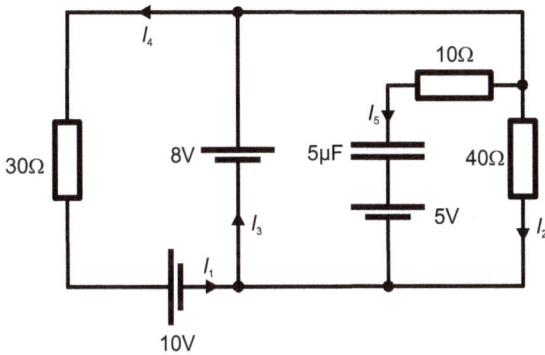

Abb. 3.34: Elektrisches Netzwerk.

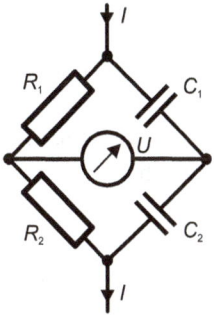

Abb. 3.35: Messbrücke für Kondensatoren.

6. Eine Batterie habe eine Nennspannung von 1,5 V, die bei offenen Kontakten gemessen wird. Es wird ein Verbraucher mit einem Widerstand von 10 Ω angeschlossen und ein Strom von 100 mA gemessen. Wie groß ist der Innenwiderstand der Batterie? Wie groß ist die am Verbraucher anliegende Spannung?

7. Ein 20 m langer Kupferdraht mit einem Querschnitt von 1,5 mm^2 wird von einem stationären Strom von 10 A durchflossen. Berechnen Sie den Spannungsabfall und die Wärme erzeugende Leistung am Draht. Wie lange würde es dauern, bis bei perfekter thermischer Isolation die Drahttemperatur um 100 K gestiegen ist?

8. Ein Kondensator mit 1 μF wird über einen Widerstand von 1 MΩ aufgeladen. Nach welcher Zeit liegt an ihm 90 % der Nennspannung an? Wieviel Energie wurde bis dahin von der Spannungsquelle mit 5 V geliefert? Wieviel davon wurde im Widerstand in Wärme umgewandelt und wieviel davon in elektrische Feldenergie?

9. Sie wollen den Strom durch einen Widerstand von 100 Ω und den Spannungsabfall an ihm mit einem Spannungs- und einem Strommessgerät gleichzeitig bestimmen. Welche Verschaltung wählen Sie, wenn der Innenwiderstand des Spannungsmessgeräts 100 kΩ und der des Strommessgeräts 10 Ω beträgt?

10. Eine Autobatterie habe die Energiedichte von 100 kJ/kg. Sie habe eine Masse von 15 kg und eine Nennspannung von 12 V. Wie viele Stunden kann die Batterie einen Strom von 5 A liefern? Wie häufig kann die geladene Batterie einen 10 μF-Kondensator aufladen?

4 Magnetostatik

Magnete und magnetische Anziehungs- und Abstoßungskräfte sind uns aus dem Alltag wohl bekannt. Das Phänomen selber gehört zu den ältesten bekannten Naturerscheinungen der Physik, die schon vor mehr als zwei Jahrtausenden beschrieben und angewendet wurden. Der langen Zeitspanne zum Trotz sind bis heute die genauen Ursachen magnetischer Eigenschaften der Materie nicht vollständig verstanden, denn diese beruhen auf komplexen quantenphysikalischen Eigenschaften der mikroskopischen Materie.

In diesem Kapitel werden wir zeitlich konstante Magnetfelder aus der Sicht der klassischen Elektrodynamik des 19. Jahrhunderts behandeln. Nach Vorstellung der wichtigsten Phänomene lernen wir den engen Zusammenhang zwischen Magnetfeld und stationären elektrischen Strömen kennen. Die Begriffe Magneto*statik* und Ladungsträger*bewegung* klingen zunächst widersprüchlich. Im Kapitel 10 werden wir dieses Rätsel auflösen. Dort werden wir auf eine moderne Betrachtung des magnetischen Felds als Konsequenz der Relativitätstheorie bewegter elektrischer Ladungen zurückkommen.

Im weiteren Verlauf des Kapitels diskutieren wir magnetische Eigenschaften der Materie und werden erkennen, dass die Modellvorstellungen der klassischen Physik rasch an Grenzen stoßen.

4.1 Phänomene und Beobachtungen

4.1.1 Magnetismus – seid alters vertraut

Die Kraft, die magnetische Mineralien wie Magnetit (Fe_3O_4) auf Eisenspäne ausüben, hat Menschen schon vor mehr als 2000 Jahren fasziniert. In China sind *Magnetlöffel* aus geschnitztem Magnetit aus dem dritten bis fünften Jahrhundert vor unserer Zeit-

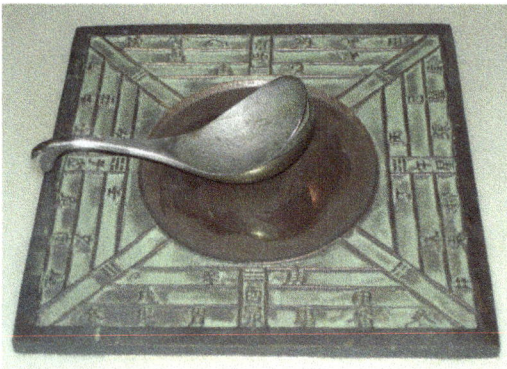

Abb. 4.1: Chinesischer Magnetlöffel (sinan). Mit freundlicher Genehmigung von Prof. Dr. Gudrun Wolfschmidt, Universität Hamburg.

https://doi.org/10.1515/9783110469097-004

rechnung bekannt [4.1]. Sie wurden als Kompass zur Navigation eingesetzt. Eine Nachbildung eines solchen *sinan* ist in der Abb. 4.1 gezeigt. Er besteht aus einem runden Schöpflöffel, der sich auf einer glatten Tafel drehen kann. Das Erdmagnetfeld richtet seinen Griff nach Süden aus. Kompassnadeln auf Flüssigkeiten wurden regelmäßig erst ab dem 11. Jahrhundert zur nautischen Navigation eingesetzt.

Historische Ergänzung: Ursprung des Worts Magnetismus

Lukrez (99–55 v. Chr.) war ein römischer Dichter und Philosoph, der in seinem unvollendeten Naturgedicht *De Rerum Natura* (Über die Natur der Dinge) die diesseitsbezogene Lehre des Epikur erklären will. Im sechsten und letzten Buch werden magnetische Wirkungen erwähnt. Demnach kann der Begriff Magnetismus auf einen Ort *Magnesia* zurückgeführt werden, an dem Magnetit gewonnen wurde. Es heißt dort:

> *„Schließlich will ich doch auch das Gesetz der Natur hier erörtern,*
> *Welches sich wirksam erweist in dem eisenanziehenden Steine,*
> *Den man Magneten benennt mit seinem griechischen Namen,*
> *Weil als sein Fundort gilt das Heimatland der Magneten.*
> *Seltsam scheint dem Menschen der Stein. Da hängt sich bisweilen*
> *Ring an Ring an ihn an und reihet sich also zur Kette.*
> *Kann man doch oft fünf Ringe, ja mehr noch untereinander*
> *Hängend erblicken, die leise im Spiele der Winde sich schaukeln,*
> *Wo sich der eine wie klebend von unten dem anderen anhängt*
> *Und wo jeder vom andern des Steines bindende Kraft lernt;*
> *So durchdringend erweist sich dabei sein magnetischer Kraftstrom."* [4.2]

4.1.2 Permanentmagnete

Permanentmagnete sind weit verbreitet und es lassen sich mit ihnen leicht Phänomene des Magnetismus beobachten und erfahren. Wir fassen die wichtigsten davon im Folgenden zusammen.

– **Kräfte zwischen Dipolen**
  Man macht die fundamentale Beobachtung:

  Magnete sind immer Dipole.

  Wie in der Abb. 4.2 (a) für einen Stabmagenten gezeigt, werden nach der Konvention die beiden Pole als **Nordpol** und **Südpol** bezeichnet. Oft werden der Nordpol in Rot und der Südpol in Grün farblich gekennzeichnet. Wie beim elektrostatischen Dipol stoßen sich gleichnamige Pole ab und ungleichnamige ziehen sich an.
  Das Aufbrechen eines Magneten in Abb. 4.2 (b), liefert keine isolierten Monopole und damit keine magnetischen Ladungen, sondern zwei neue, kleinere Dipole. In der Abb. 4.2 (c) sind einige gängige Starkmagnete für Jedermann aus Eisen-Neodym-Bor ($Fe_{14}Nd_2B$) gezeigt.

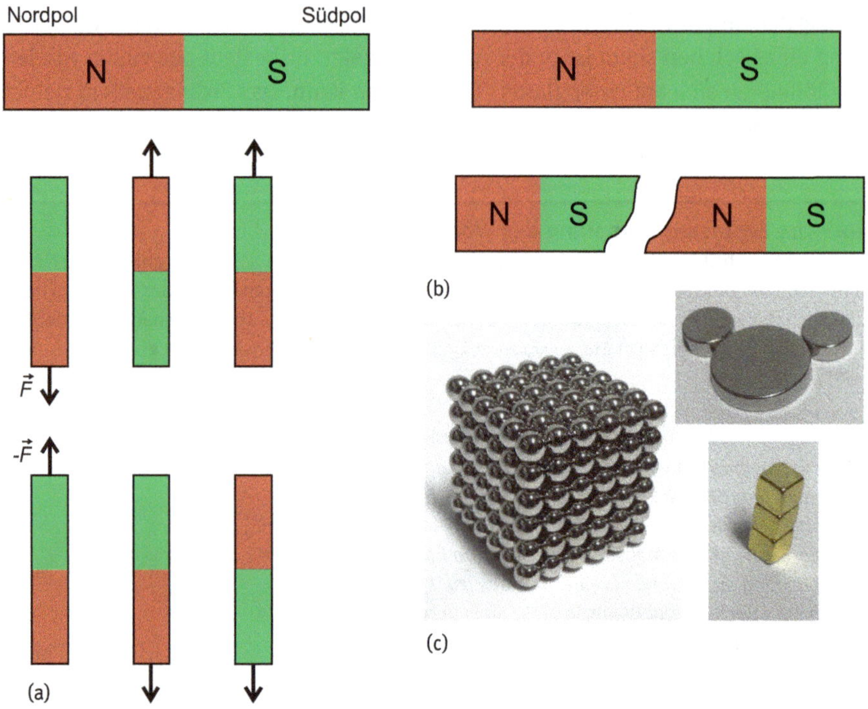

Abb. 4.2: (a) Darstellung eines Stabmagneten mit Nord- und Südpol und die Kraftwirkungen. Gleichnamige Pole stoßen sich ab, ungleichnamige ziehen sich an. (b) Teilen eines Magneten ergibt wieder Dipole. Bis heute wurden keine magnetischen Monopole gefunden. (c) Beispiele von (Stark-)Magneten.

– **Kräfte auf magnetische Metalle**
Magnete wirken anziehend auf die metallischen Elemente Eisen (Fe), Nickel (Ni) und Cobalt (Co) und einige Legierungen, die diese *ferromagnetischen* Metalle enthalten. Die Anziehung besteht auch, wenn die betreffenden Metalle selber nicht Magnete sind.

– **Abstandsgesetz der magnetischen Kraft**
Die Kraft zwischen zwei Magneten bzw. zwischen einem Magneten und einem ferromagmetischen Metall ist meist so stark, dass sie ohne großen Aufwand gemessen werden kann. Wir erwarten kein einfaches Abstandsgesetz wie das Coulomb-Gesetz für elektrische Punktladungen, weil durch den Dipolcharakter auch ein idealer Magnet immer eine räumliche Ausdehnung besitzt. Man muss daher zwischen Abständen unterscheiden, die klein oder ähnlich sind im Vergleich zur Dipollänge (Nahfeld) oder die sehr viel größer sind (Fernfeld). In der Abb. 4.3 sind auf eins normierte Anziehungskräfte zwischen Magneten als Funktion des Abstands r doppellogarithmisch aufgetragen. Diese Auftragung erlaubt es, die Potenz m des Kraftgesetzes $F(r) \propto r^m$ als Steigung der Geraden zu bestimmen.

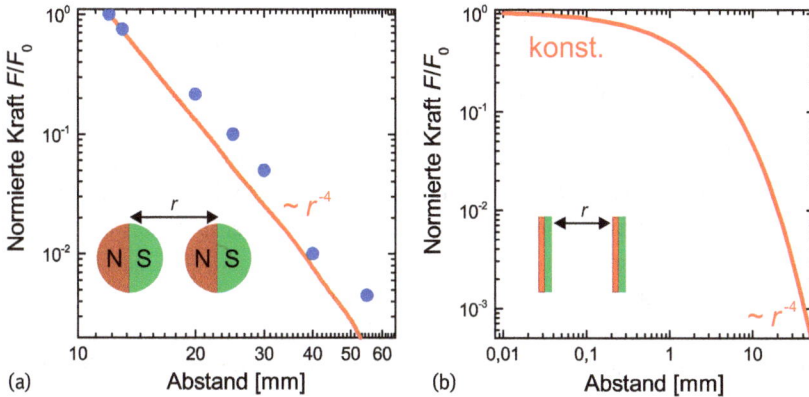

Abb. 4.3: Abhängigkeit der Anziehungskraft zwischen zwei Magneten vom Abstand. (a) Zwei Kugel-magnete mit Radius von 5 mm. Die rote Linie zeigt eine Simulation. Die blauen Punkte sind Mess-werte aus Ref. [4.4]. (b) Berechnete Kraft zwischen zwei Scheibenmagneten. Bei großen Abständen ermittelt man die für Dipole typische r^{-4}-Abhängigkeit.

In der Abb. 4.3 (a) sind Ergebnisse für zwei Magnetkugeln mit einem Durchmes-ser von ungefähr 10 mm gezeigt. Die rote Linie wurde durch eine Simulation mit dem Computer berechnet (siehe auch Referenz [4.3]) und die blauen Punkte sind Messwerte aus Referenz [4.4]. Aus der Steigung der näherungsweise geraden Linie ermitteln wir, dass die Anziehungskraft $F \propto r^{-4}$ für den gezeigten Ausschnitt mit dem Kehrwert der vierten Potenz des Abstands rasch abnimmt.

Für die berechnete Anziehungskraft in Abb. 4.3 (b) zwischen zwei kreisrunden Scheibenmagneten mit 2 mm Dicke und 15 mm Durchmesser erhalten wir für klei-ne Abstände eine konstante Kraft. Diese Situation, bei der der Abstand klein ge-genüber der Ausdehnung der Magnete ist, ähnelt dem des Plattenkondensators in der Elektrostatik. Zwischen den Magneten erwarten wir ebenfalls ein homogenes Magnetfeld mit konstanter Anziehungskraft. Bei größerem Abstand überwiegt das Fernfeld und Form und Ausdehnung der Magneten spielen eine immer gerin-gere Rolle. In großen Abständen erhalten wir wieder eine r^{-4}-Abhängigkeit der Kraft. Diese Kraft-Abstands-Relation ist typisch für die Fernfeldwechselwirkung zwischen Dipolen. Schon im Fall der elektrischen Dipole in Abschnitt 2.3.3 haben wir gesehen, dass die potenzielle Energie mit r^{-3} abhängt, woraus durch Ableiten bzw. Gradientenbildung die Kraft folgt, die mit r^{-4} abnimmt.

Eine noch viel stärkere Abnahme der Anziehungskraft mit $1/r^8$ findet man zwi-schen der Magnet- und der Eisenkugel. Diese kurzreichweitige Wirkung der mag-netischen Kraft folgt auch aus dem Dipolcharakter der Magnete, nur dass der Dipol in der Eisenkugel erst durch Magentisierung erzeugt werden muss [4.4].

– **Visualisierung des Magnetfelds**

Die Kraftwirkung wird wie beim elektrischen Feld durch ein Vektorfeld beschrieben, das als **Magnetfeld** $\vec{B}$ bezeichnet wird. Seine Stärke kann aber nicht über die Kraft auf magnetische Punktladungen gemessen werden. Messmethoden werden wir noch später vorstellen. Der Verlauf der Magnetfeldlinien lässt sich aber bestimmen, indem man eine magnetische Kompassnadel wie in Abb. 4.4 (a) benutzt. Als kleiner magnetischer Probedipol richtet er sich entlang der Feldlinien in einer Ebene aus, weil er auf einer Spitze drehbar gelagert ist. Das räumliche Feldlinienbild lässt sich dadurch mühsam rekonstruieren.

Das Feldlinienbild erhält man schneller mit kleinen Eisenspänen, die vom Magnetfeld zu Dipolen polarisiert werden und die sich entlang der Feldlinien ausrichten. Liegen diese auf einer Unterlage oder befinden sie sich in einer viskosen Flüssigkeit, werden sie zusätzlich fixiert und nicht durch Inhomogenitäten des Felds verschoben. Diese Visualisierung ist analog zu den Griesteilchenbildern des elektrischen Feldes.

Dreidimensionale Feldlinienbilder erhält man wie in Abb. 4.4 (b) durch Eisenspäne in einer viskosen Flüssigkeit. Es ist das Magnetfeld eines zylindrischen Stabmagneten gezeigt. In der Seitenansicht ist deutlich zu erkennen, dass das Magnetfeld an den Stabenden besonders stark ist. Die Dichte an Eisenspänen ist ein Maß für die Feldliniendichte. Entlang des Stabs ist das Feld eher schwach,

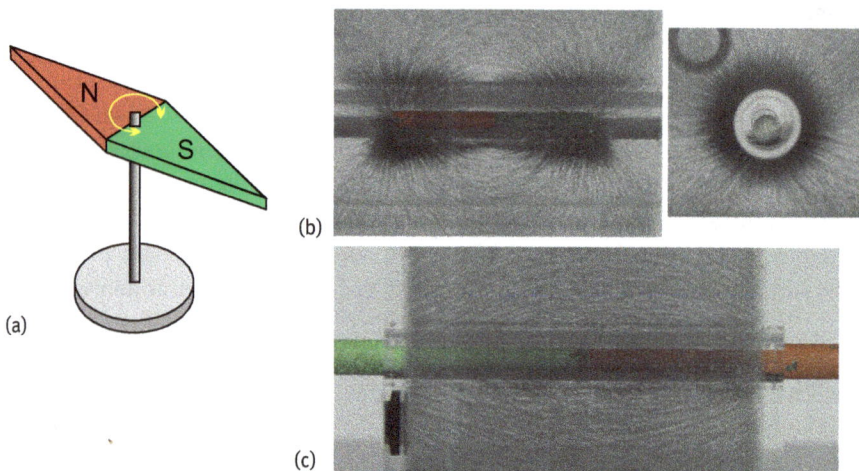

(a)
(b)
(c)

Abb. 4.4: (a) Mit einer drehbar gelagerten Magnet- bzw. Kompassnadel lassen sich räumlich Magnetfeldlinien verfolgen. (b) Eisenspäne z. B. in viskosen Flüssigkeiten visualisieren Magnetfeldlinienverläufe, hier am Beispiel eines Stabmagneten in Seiten- und Längsansicht. Man erkennt die hohe Feldliniendichte an den Enden. (c) Feldlinienbild entlang eines Stabmagneten.

wie an dem Magneten zu erkennen, dessen Enden außerhalb der Spänewolke ist (Abb. 4.4 (c)). Schaut man auf den Pol des Magneten, wird die rotationssymmetrische Struktur des Felds sichtbar.

Zweidimensionale Feldlinienbilder sind schematisch in der Abb. 4.5 für einen Stab- und einen Hufeisenmagneten abgebildet. Innerhalb der Schenkel des Hufeisenmagnets verlaufen die $\vec{B}$-Feldlinien nahezu parallel. Wie beim elektrischen Feld wird ein konstantes Magnetfeld mit parallelen Feldlinien als *homogen* bezeichnet.

Die Richtung der magnetischen Feldlinien ist durch Konvention festgelegt, wie in Abb. 4.5 gezeichnet. Es gilt:

Außerhalb (*Innerhalb*) eines Magneten verlaufen die $\vec{B}$-Feldlinien von Nord nach Süd, N → S (Süd nach Nord, S → N).

Innerhalb der Permanentmagneten in Abb. 4.5 sind die Feldlinien nur angedeutet, da das Magnetfeld und die Feldliniendichte sehr viel höher ist als im Außenraum (siehe Abschnitt 4.5).

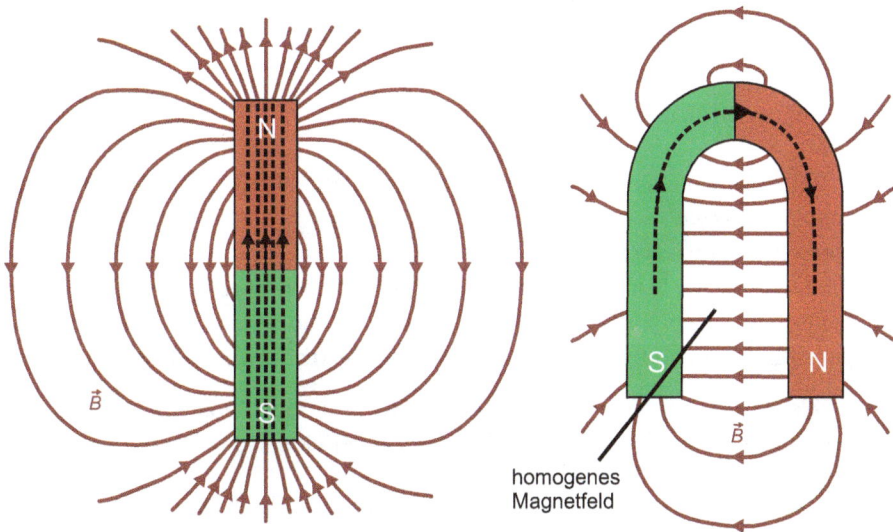

Abb. 4.5: Schematische Darstellung von Feldlinienbildern für einen Stabmagneten und einen Hufeisenmagneten.

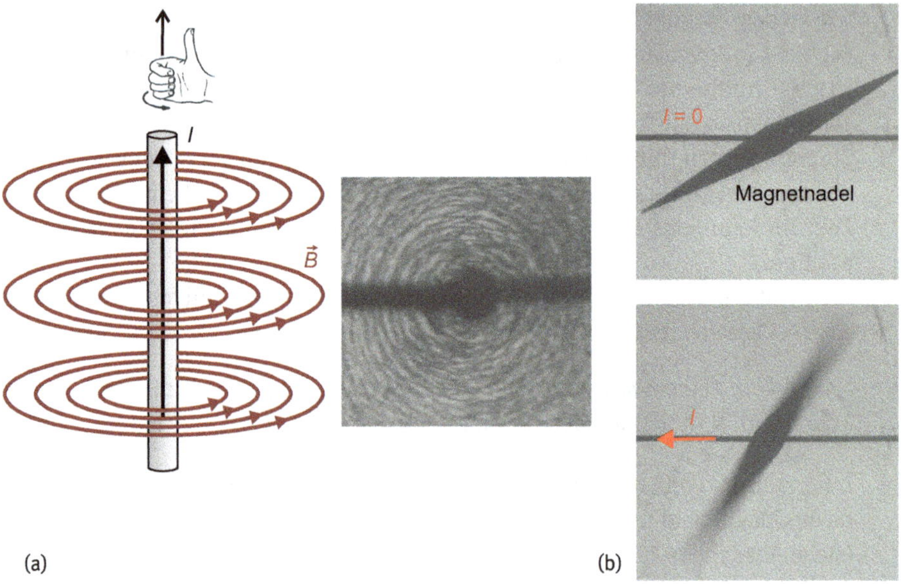

(a)   (b)

Abb. 4.6: (a) Das Magnetfeld eines geradlinigen, konstanten Stroms liegt konzentrisch um den Leiter. (b) Im Oersted-Versuch wird die Bewegung einer Magnetnadel in der Nähe eines stromdurchflossenen Leiters beobachtet.

4.1.3 Magnetfeld und elektrische Ströme

Magnetfelder sind immer mit bewegten Ladungen verbunden, was folgende wichtige Phänomene belegen.

– **Oersted-Versuch (1819)**

Eine elektrischer Strom erzeugt ein rotationssymmetrisches Magnetfeld um den Leiter, wie in Abb. 4.6 (a) schematisch gezeichnet und im Eisenspänebild wiedergegeben. Die Richtung des $\vec{B}$-Felds wird durch die **Rechte-Hand-Regel** festgelegt.

> Weist die technische Stromrichtung in Richtung des Daumens der rechten Hand, zeigen die Finger in Richtung des Magnetfelds.

Die Magnetfeldlinien sind geschlossene, konzentrische Kreise um den Leiter. Hans Christian Oersted (1777–1851) beobachtete bei Stromfluss, dass Kompassnadeln ausgelenkt wurden. Die Abb. 4.6 (b) verdeutlicht diese Bewegung der Magnetnadel bei Stromfluss. Das Experiment begründete den Elektromagnetismus. Die bis dahin getrennten Gebiete der Physik, Elektrizität und Magnetismus, sind Phänomene einer Grundkraft.

– **Magnetische Kräfte auf elektrische Ströme**

Wirkt ein Magnetfeld mit einer Komponente senkrecht auf einen stationären elektrischen Strom, erfährt der Leiter eine spürbare Kraft, die senkrecht zum Strom

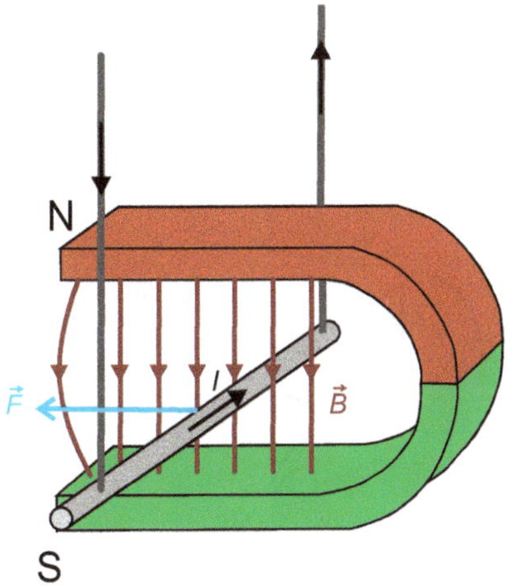

Abb. 4.7: Kraftwirkung auf einen stromdurchflossenen Leiter in einem Magnetfeld, das eine
Komponente senkrecht zum Strom besitzt.

und zum Magnetfeld steht. Diese Situation ist in der Abb. 4.7 für eine Leiterschaukel im homogenen Feld eines U-förmigen Magnets dargestellt. In diesem Fall stehen Strom, Magnetfeld und Kraft paarweise senkrecht aufeinander.

Dieser Effekt erlaubt es, durch eine Kraftmessung Richtung und Betrag des Magnetfelds zu bestimmen und damit das Magnetfeld $\vec{B}$ als physikalische Größe zu
definieren. Darüber hinaus stellt er die Grundlage für elektromechanische Anwendungen wie z. B. Elektromotoren dar. Zusammen mit der Oersted-Beobachtung
folgt auch, dass Ströme aufeinander Kräfte ausüben, wie wir es schon in Kapitel 1
in der Ampere-Definition erwähnt haben.

4.2 Magnetisches Feld

Die vorgestellten Phänomene erlauben es, eine Messvorschrift, d. h. eine physikalische Definition für das Magnetfeld anzugeben. Wir betrachten wie in der Leiterschaukel einen geradlinigen elektrischen Leiter in einem homogenen magnetischen Feld,
der von einem konstanten Strom I in z-Richtung durchflossen wird. Die Anordnung ist
in Abb. 4.8 schematisch wiedergegeben. Der Querschnitt der Leiterfläche sei A und die
Größe ℓ bezeichne einen Längenabschnitt. Man beobachtet, dass die Kraft pro Länge
gleich

$$\frac{\vec{F}}{\ell} = I\,\vec{e}_z \times \vec{B} \tag{4.1}$$

ist. In Gl. (4.1) entspricht $\vec{e}_z$ dem Einheitsvektor in z-Richtung. Die Kraft steht senkrecht auf technischer Strom- und Magnetfeldrichtung, wie nach der **Drei-Finger-
Regel** in Abb. 4.8 dargestellt.

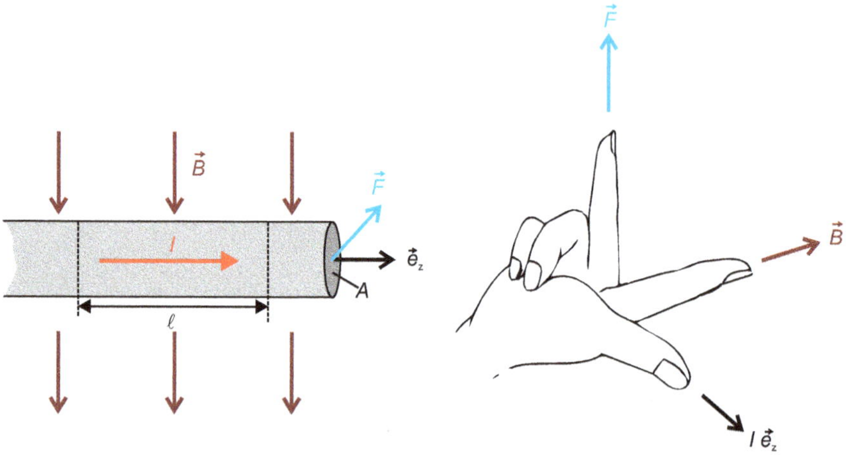

Abb. 4.8: Kraft auf einen stromdurchflossenen Leiter in einem homogenen Magnetfeld. Die drei Vektoren stehen paarweise senkrecht aufeinander. Die Richtung der Kraft wird durch die Drei-Finger-Regel bestimmt.

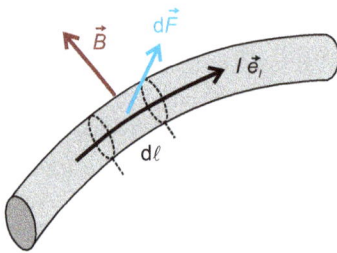

Abb. 4.9: Kraft auf ein stromdurchflossenes, infinitesimales Leiterstück im Magnetfeld.

Gl. (4.1) kann auch durch die Stromdichte und das Volumen $V = \ell \cdot A$ des Leiterstücks im Magnetfeld ausgedrückt werden,

$$\vec{F} = V \vec{j} \times \vec{B} \, . \tag{4.2}$$

Im Allgemeinen schreiben wir bei beliebig geformten Leitern im Magnetfeld die Relation (4.1) differenziell für ein infinitesimales Leiterstückchen $d\ell$ und dem Einheitsvektor $\vec{e}_I$ in technischer Stromrichtung, wie in Abb. 4.9 gezeichnet,

$$d\vec{F} = I \, d\ell \, \vec{e}_I \times \vec{B} \tag{4.3}$$

mit dem **Magnetfeld** bzw. der **magnetischen Feldstärke** $\vec{B}$,

$$[\vec{B}] = \frac{\mathrm{N}}{\mathrm{A\,m}} = \frac{\mathrm{V\,s}}{\mathrm{m}^2} = \mathrm{T} = \mathrm{Tesla} \, . \tag{4.4}$$

Ganz analog zur Gl. (2.68) für das elektrische Feld können wir einen **magnetischen Fluss** durch eine kleine Fläche $d\vec{A}$ als

$$d\Phi_{\mathrm{mag}} = \vec{B} \cdot d\vec{A} = B \, dA \cos\alpha \, , \quad [\Phi_{\mathrm{mag}}] = \mathrm{T\,m}^2 \tag{4.5}$$

definieren mit α als Winkel zwischen dem Magnetfeld und der Flächennormalen. Der magnetische Fluss durch eine geschlossene Fläche schreibt sich ebenso wie im elektrostatischen Fall

$$\Phi_{\mathrm{mag}} = \oiint \vec{B} \cdot \mathrm{d}\vec{A} \, . \tag{4.6}$$

Die Erfahrungstatsache, dass es für Magnetfelder keine Ladungen bzw. Quellen oder Senken gibt, lässt sich wie beim Gesetz von Gauss nun ausdrücken als

Quellenfreiheit des magnetischen Felds:

$$\oiint \vec{B} \cdot \mathrm{d}\vec{A} = 0 \, . \tag{4.7}$$

Daraus folgt direkt, dass magnetische Feldlinien stets geschlossen sind, denn sie gehen von keiner Quelle aus und enden in keiner Senke!

Anmerkungen

1. Die Einheit Tesla ist für irdische Verhältnisse eine große Einheit. Das Erdmagnetfeld beträgt z. B. 40 μT. An der Oberfläche eines starken, permanenten Magneten liegt ungefähr 1 T vor. In Laboren können mit viel Aufwand Dauermagnetfelder von einigen 10 T erzeugt werden. Im Kosmos existieren sehr hohe Feldstärken, z. B. auf einem Neutronenstern bis zu 10^8 T.
2. Wir bezeichnen die Größe $\vec{B}$ durchgehend als *magnetische Feldstärke* oder einfach als *Magnetfeld*. In traditionellen Darstellungen der Elektrodynamik werden auch die Bezeichnungen *magnetische Induktion* oder *magnetische Flussdichte* verwendet. Das liegt daran, dass oft das Hilfsfeld $\vec{H}$, das im Vakuum proportional zu $\vec{B}$ ist, magnetische Feldstärke genannt wird. Wir werden in dieser Darstellung auf das $\vec{H}$-Feld verzichten und das magnetische Feld ausschließlich durch $\vec{B}$ beschreiben und die älteren, meist verwirrenden Namen vermeiden.

4.3 Lorentz-Kraft

4.3.1 Definition

Die Kraft auf einen elektrischen Strom im Magnetfeld kann auf die einzelnen Ladungsträger zurückgeführt werden. Betrachten wir idealerweise einen Strom aus Ladungsträgern mit der Ladung q und der Geschwindigkeit $\vec{v}$, können wir Gl. (4.3) umschreiben, so dass mit der Ladungsdichte ρ_q

$$
\begin{aligned}
\mathrm{d}\vec{F} &= I \, \mathrm{d}\ell \, \vec{e}_I \times \vec{B} \\
&= A \, \mathrm{d}\ell \, \vec{j} \times \vec{B} \\
&= \underbrace{A \, \mathrm{d}\ell \, \rho_q}_{\mathrm{d}Q} \, \vec{v} \times \vec{B}
\end{aligned}
$$

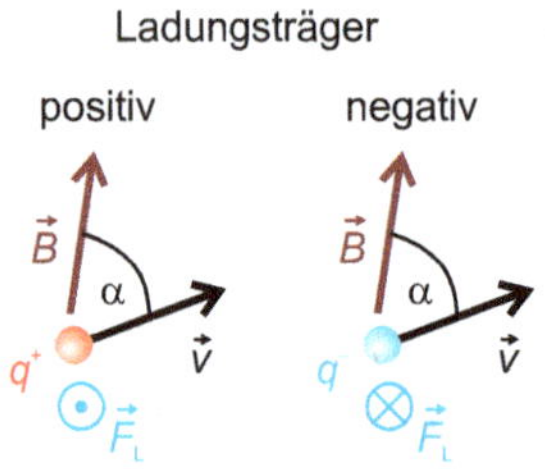

Ladungsträger

positiv   negativ

Abb. 4.10: Die Lorentz-Kraft steht senkrecht auf der von $\vec{B}$ und $\vec{v}$ aufgespannten Ebene und ihr Wert ist $F_\mathrm{L} = B\,v\,\sin\alpha$.

folgt. Die Gesamtladung entspricht einer Summe aus diskreten Ladungen mit der kleinsten Ladungsmenge $\mathrm{d}Q = q$. Die Kraft auf einen einzelnen, bewegten Ladungsträger q im Magnetfeld wird als **Lorentz-Kraft** bezeichnet und beträgt

$$\vec{F}_\mathrm{L} = q\,\vec{v} \times \vec{B}\,. \tag{4.8}$$

In der Abb. 4.10 ist die Wirkung der Lorentz-Kraft auf zwei ungleichnamige Ladungsträger gezeigt. Sie steht senkrecht auf $\vec{B}$ und $\vec{v}$ und ist vom Wert gleich $F_\mathrm{L} = B\,v\,\sin\alpha$. Für positive Ladungsträger gilt die Drei-Finger-Regel der rechten Hand. Die Lorentz-Kraft kann nicht den Betrag, sondern nur die Richtung der Geschwindigkeit der Ladungsträger ändern.

In einem kombinierten elektrischen und magnetischen Feld resultiert eine Gesamtkraft auf eine bewegte Punktladung q von

$$\vec{F} = q \cdot (\vec{E} + \vec{v} \times \vec{B})\,. \tag{4.9}$$

! Für negativ geladene Elektronen zeigt die Lorentz-Kraft in die zum Mittelfinger entgegengesetzte Richtung!

4.3.2 Anwendungen

1. **Fadenstrahlrohr**

   Im evakuierten Glasgefäß des Fadenstrahlrohrs in Abb. 4.11 (a) werden Elektronen aus einer Quelle beschleunigt, indem sie ein Spannungsgefälle U_0 durchlaufen. Ihre kinetische Energie beträgt $e_0 U_0 = \frac{m_e}{2}|\vec{v}|^2$. Senkrecht zum Elektronenstrahl wirkt ein einstellbares, homogenes Magnetfeld $\vec{B}$, das durch Helmholtz-Spulen (siehe Abschnitt 4.4.3) erzeugt wird. Im Kolben liegt ein sehr dünnes Restgas vor, das durch Stöße mit den Elektronen zur Fluoreszenz, d. h. zum Leuchten, angeregt wird. Dadurch wird die Trajektorie der Elektronen in Abb. 4.11 (b) sichtbar.

   Gibt es keine Geschwindigkeitskomponente der Elektronen in Magnetfeldrichtung, bewegen sie sich auf einer Kreisbahn. Der Radius R ist umgekehrt proportional zur Geschwindigkeit und zur Stärke des Magnetfelds. Wie in Abb. 4.11 (b) symbolisch für ein Elektron eingezeichnet, steht die Lorentz-Kraft senkrecht auf

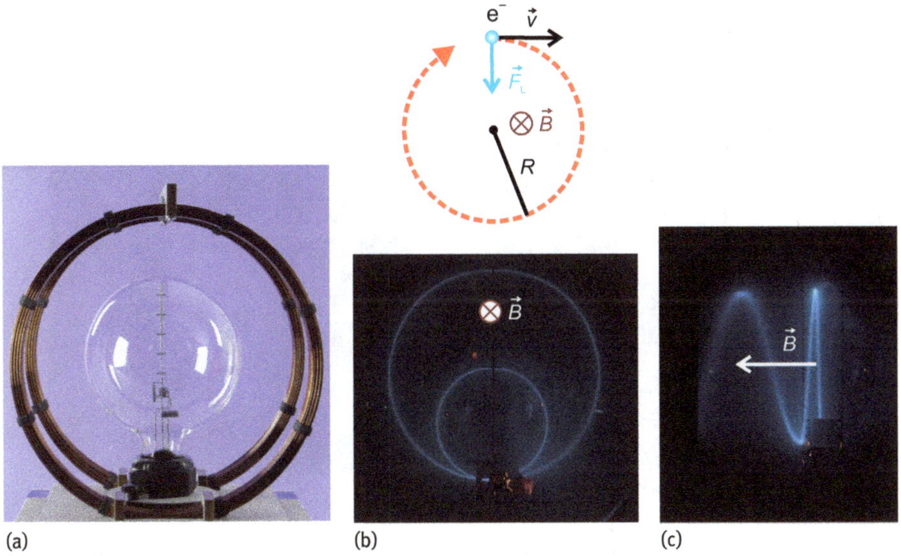

Abb. 4.11: (a) Fadenstrahlrohr. (b) Geschlossene Elektronenbahnen im Fadenstrahlrohr bei verschiedenen Magnetfeldern. Die relevanten Vektoren sind in der Skizze gezeichnet. (c) Spiralbahn des Elektrons um die Magnetfeldlinie in Seitenansicht.

der Geschwindigkeit und wirkt als Zentripetalkraft,

$$|\vec{F}_L| = |\vec{F}_z| \;\Leftrightarrow$$

$$e_0 v B = \frac{m_e v^2}{R} \,,$$

woraus für den Radius die Beziehung

$$R = \frac{m_e v}{e_0 B} = \frac{v}{\omega_c} \tag{4.10}$$

folgt. Die Größe

$$\omega_c = \frac{e_0 B}{m_e} \tag{4.11}$$

entspricht der Kreisfrequenz des Elektrons im Magnetfeld und wird **Zyklotronfrequenz** genannt. Entsprechend wird der Radius in Gl. (4.10) als Zyklotronradius bezeichnet. Besitzt das Elektron bereits eine Geschwindigkeit in $\vec{B}$-Richtung, verfolgt es eine Spiralbahn um die Feldlinien, wie in Abb. 4.11 (c) gezeigt.

Das Fadenstrahlrohr gestattet die Messung des q/m-Verhältnisses für Elektronen. Schon bei Bewegungen von Ladungen im Plattenkondensator haben wir gesehen, dass aus Bahnkurven immer nur das Verhältnis von Ladung und Masse bestimmt werden kann. Gleiches gilt für das Magnetfeld. Zur absoluten Bestimmung von Ladungen wie im Millikan-Fletcher-Versuch muss die Masse der Ladungsträger durch eine getrennte Messung oder Abschätzung ermittelt werden.

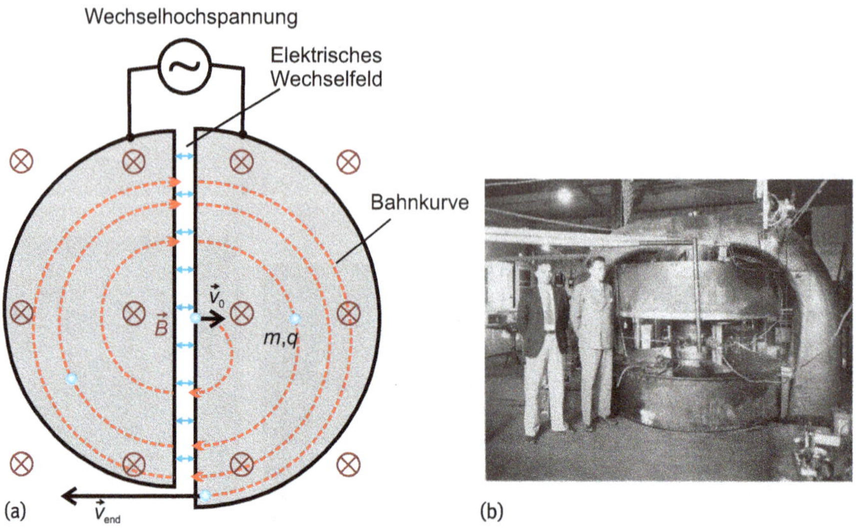

Wechselhochspannung

Elektrisches
Wechselfeld

Bahnkurve

(a) $\vec{v}_{end}$

(b)

Abb. 4.12: (a) Schematischer Aufbau eines Zyklotrons mit Zyklotronbahn für ein negativ geladenes Teilchen. (b) Zyklotron aus den 1930er Jahren mit M. Stanley Livingston (li.) und Ernest O. Lawrence in Berkeley. General records of the DOE, USA.

2. **Zyklotron**

Ein Typ eines ersten Teilchenbeschleunigers, mit dem geladene, elementare und atomare Teilchen auf sehr hohe kinetische Energien beschleunigt werden konnten, ist das **Zyklotron**, dessen Funktionsprinzip in Abb. 4.12 (a) für ein negativ geladenes Teilchen dargestellt ist. Zwei metallische, zylindrische Halbschalen werden von einem starken Magnetfeld senkrecht durchdrungen. Zwischen den Schalen liegt eine wechselnde Hochspannung an. Bei richtiger Einstellung der Phase wird das geladene Teilchen mit der Masse m und der Ladung q zwischen den Schalen maximal beschleunigt. Nach der Beschleunigung im Spalt durchläuft es im magnetischen Sektorfeld eine halbkreisförmige Bahn und tritt aus dem Sektorfeld in entgegengesetzter Richtung wieder aus, in der es eingetreten ist, wird wieder beschleunigt und so fort.

Mit zunehmender Geschwindigkeit nimmt mit Gl. (4.10) der Radius zu. Nähert sich die Geschwindigkeit der Vakuumlichtgeschwindigkeit, nimmt auch die Masse des Teilchens zu und die eigentlich konstante Zyklotronfrequenz, mit der die Beschleunigungsspannung alterniert, verändert sich. Zyklotrons haben durch die sich verändernde Bahn, die nicht nur von v, sondern auch von m abhängt, einen großen Nachteil gegenüber heute gebräuchlichen *Synchrotrons*, in denen sich geladene Teilchen auf einem geschlossenen Ring bewegen. Die Krümmung der Trajektorien im Synchrotron wird durch geregelte Umlenkmagnete erreicht.

Eines der ersten Zyklotrons aus den 1930er Jahren in Berkeley/Kalifornien ist zusammen mit ihren Erbauern M. Stanley Livingston (li.) und Ernest O. Lawrence in Abb. 4.12 (b) gezeigt. Die eigentliche Zyklotronkammer ist der mittlere Zylinder. Die großen Kammern ober- und unterhalb dienen der Herstellung des starken Magnetfelds.

3. **Magnetische Flaschen und Linsen**
   Weil die Lorentz-Kraft nur senkrecht zur Teilchengeschwindigkeit wirkt, bewegen sich Teilchen stets entlang der $\vec{B}$-Feldlinien, wie in schon bei der Spiralbahn im Fadenstrahlrohr in der Abb. 4.11 zu sehen. Bei genügend großem Feld ist der Zyklotronradius so klein, dass die Teilchenbahn wie in Abb. 4.13 (a) eng an der Feldlinie anliegt.

   Im Falle eines Magnetfeldgradienten, der die räumliche Veränderung der Magnetfeldstärke beschreibt, können geladene Teilchen sogar eingesperrt werden. Mit zunehmender Feldstärke wird der Rotationsradius kleiner. Diese Gradienten können wie ein Spiegel wirken und die Bahnkurve der Teilchen kehrt sich in einer Raumrichtung um. Das ist in Abb. 4.13 (b) schematisch für eine Trajektorie gezeigt. Zwei gegenüberliegende Spiegel dieser Art ergeben eine Falle für bewegte geladene Teilchen mit einer bestimmten Energie und Masse/Ladung-Relation. Solche Fallen werden auch *magnetische Flaschen* genannt. In ihnen können Teilchen durch inhomogene Magnetfelder eingesperrt werden. In der Kernfusionsforschung wird dieses eingesetzt, um ein extrem heißes Plasma geladener Teilchen ohne Kontakt zu Gefäßwänden einzusperren.

   Inhomogene Magnetfelder werden auch eingesetzt, um Elektronenstrahlen in Bildröhren oder Elektronenmikroskopen effektiv abzulenken. Dabei kommen hochpräzise Elektromagnete zum Einsatz. Die Felder haben geometrische Abbildungseigenschaften für Elektronenstrahlen, wie wir sie im Abschnitt 9 für optische Linsen genau kennenlernen werden. Daher spricht man auch von magnetischen Elektronenlinsen.

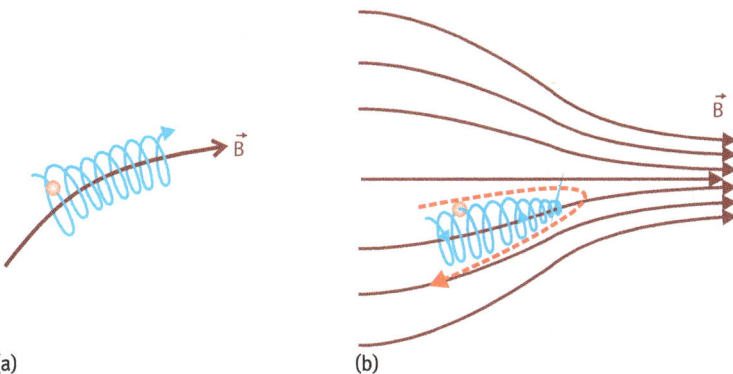

(a)　　　　(b)

Abb. 4.13: (a) Trajektorie eines geladenen Teilchens entlang einer $\vec{B}$-Feldlinie. (b) Prinzip eines magnetischen Spiegels durch einen $\vec{B}$-Feldgradienten.

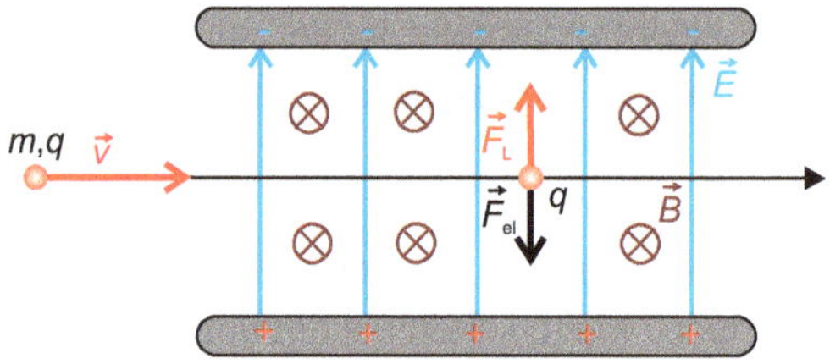

Abb. 4.14: Prinzip eines Wien-Geschwindigkeitsfilters mit gekreuzten elektrischen und magnetischen Feldlinien.

4. **Wien-Geschwindigkeitsfilter**

Ein Strahl von Teilchen unterschiedlicher Geschwindigkeit aber mit gleichem Verhältnis q/m kann durch gekreuzte elektrische und magnetische Felder nach Geschwindigkeiten sortiert werden. Die Abb. 4.14 zeigt die Funktionsweise des nach Wilhelm Wien (1864–1928) benannten Filters. Rand- und Streufelder wollen wir vernachlässigen. Im Plattenkondensator mit homogenem elektrischen Feld $\vec{E}$ liegt senkrecht dazu ein homogenes Magnetfeld $\vec{B}$. Teilchen durchqueren den Plattenkonsator unabgelenkt, wenn die Lorentz-Kraft $\vec{F}_L$ und elektrische Feldkraft $\vec{F}_{el}$ entgegengesetzt gleich sind. Für die Beträge bedeutet das

$$qv|\vec{B}| = q|\vec{E}| \, ,$$

woraus wir die Geschwindigkeitsbedingung für das ungehinderte Passieren des Teilchens durch das Wien-Filter

$$v = \frac{|\vec{E}|}{|\vec{B}|} \tag{4.12}$$

erhalten.

5. **Massenspektrometer mit magnetischem Sektorfeld**

Hinter dem Wien-Filter sind die Geschwindigkeiten von geladenen Teilchen mit unterschiedlichem q/m-Verhältnis gleich. Anschließend kann eine Selektion der Ionen nach q/m in einem homogenen, magnetischen Sektorfeld erfolgen, wie in Abb. 4.15 schematisch gezeichnet. Trifft der Ionenstrahl senkrecht auf die Eintrittsblende, erreichen Teilchen je nach q/m an unterschiedlichen Orten den Massendetektor auf der z-Achse, weil der Krümmungsradius der Kreisbahn im magnetischen Feld nach Gl. (4.10)

$$R = \frac{m \cdot v}{q \cdot B} \tag{4.13}$$

beträgt. Es überwiegen fast immer die einfach geladenen Ionen, so dass $|q| = e_0$ angenommen werden kann. Die räumliche Trennung bedeutet also eine Auftrennung nach den unterschiedlichen Ionenmassen.

In der Abb. 4.15 sind beispielhaft zwei Trajektorien mit unterschiedlichen Krümmungsradien eingetragen. In dem 90°-Sektorfeld kann die Auftreffposition z auf dem Detektor geometrisch berechnet werden. Der Abstand zwischen Eintrittsblende und z-Achse sei d. Das Dreieck ABC ist rechtwinkelig, so dass der Satz von Pythagoras

$$z = \sqrt{2dR - d^2} \tag{4.14}$$

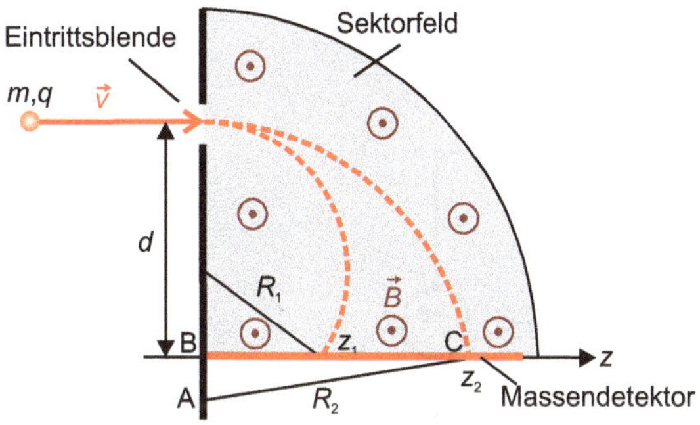

Abb. 4.15: Massenspektrometer mit 90° magnetischem Sektorfeld. Teilchen mit unterschiedlichem q/m-Verhältnis aber gleicher Geschwindigkeit werden im Sektorfeld getrennt.

ergibt. Magnetische Sektorfelder erfordern bei kleinen Ionenmassen relativ hohe kinetische Energien. Sie sind daher besonders gut für hochenergetische Ionenstrahlen oder hohe Ionenmassen geeignet.

Beispiel

Es sollen die Isotope des Chlors getrennt werden. Ihre Masse beträgt 35 bzw. 37 u. Der Cl^+-Ionenstrahl habe eine Geschwindigkeit von $v = 2 \cdot 10^5$ m/s und trete senkrecht in das Sektorfeld mit $B = 0,5$ T ein. Die Radien der Kreisbahnen betragen nach Gl. (4.10)

$$R(^{35}Cl) = 14,6\,cm \quad und \quad R(^{37}Cl) = 15,4\,cm$$

und für $d = 20$ cm ergibt sich ein Abstand von $\Delta z = |z(^{35}Cl) - z(^{37}Cl)| \approx 2$ mm.

6. **Hall-Effekt**

Der erstmals von dem amerikanischen Physiker Edwin Hall (1855–1938) entdeckte Effekt beruht auf der Wirkung der Lorentz-Kraft auf freie Ladungsträger in Metallen und Halbleitern. Die Abb. 4.16 zeigt das Messprinzip für verschieden polare Ladungsträger, wie sie z. B. in dotierten Halbleitern vorkommen.

Der Leiter mit der Dicke d und der Breite b wird von einem konstanten Strom durchflossen, wobei $\vec{j}$ in Richtung der technischen Stromdichte zeigt. Das Material wird senkrecht zur Stromrichtung von einem starken, konstanten Magnetfeld $\vec{B}$ durchsetzt. Die Lorentz-Kraft lenkt die Ladungsträger senkrecht zu $\vec{j}$ und $\vec{B}$ ab und zwar *unabhängig von der Polarität in die gleiche Richtung*! Das ist in Abb. 4.16 (a) für positiv und in Abb. 4.16 (b) für negativ geladene Ladungsträger dargestellt.

An der Probe gibt es üblicherweise sechs Anschlüsse. An den Elektroden A und B liegt die äußere Spannungsquelle an, die den Strom im Material speist. Die Anschlüsse C und D erlauben die Messung des spezifischen Widerstands der Probe, weil zwischen ihnen ein Spannungsabfall gemessen wird. Diese Spannung wird auch Längsspannung genannt. Die entscheidenden Kontakte für den Hall-Effekt

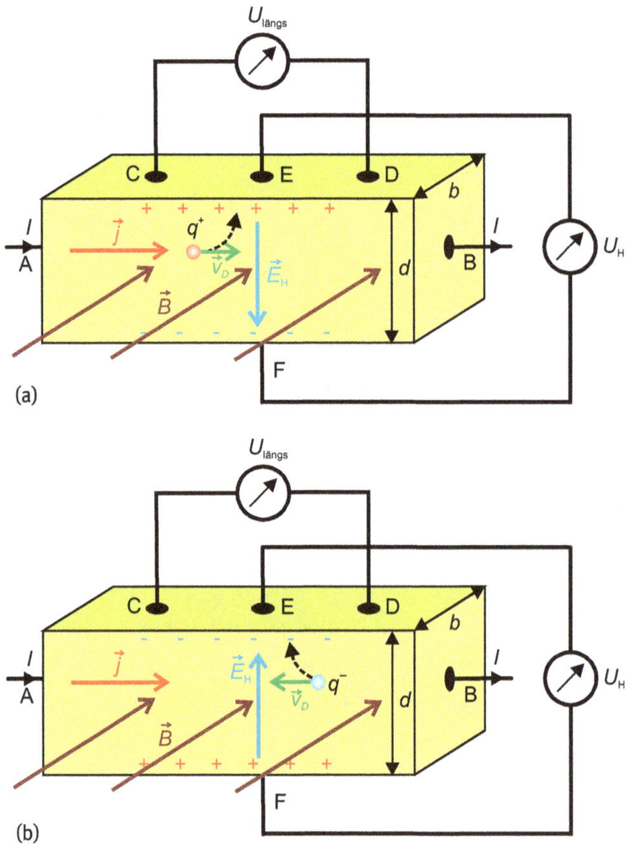

Abb. 4.16: Hall-Effekt in Leitern. Freie Ladungsträger im Strom $\vec{j}$ werden durch das Magnetfeld abgelenkt, so dass ein elektrisches Hall-Feld $\vec{E}_H$ entsteht. Seine Richtung ist abhängig von der Polarität der Ladungsträger. (a) Positive freie Ladungen. (b) Negative freie Ladungen.

sind E und F, von denen wir zunächst annehmen, dass sie auf einer Äquipotenziallinie liegen. Somit fällt keine Spannung infolge des Stroms an den beiden Kontakten E und F ab. Solange kein Magnetfeld wirkt, herrscht keine Spannung zwischen diesen Kontakten.

Erst mit einem Magnetfeld entsteht eine Querspannung durch die an den Ladungsträgern angreifende Lorentz-Kraft. Die Ladungsträgerablenkung geht soweit, bis die elektrische Kraft durch das Hall-Feld $\vec{E}_H$ die Lorentz-Kraft kompensiert bzw.

$$q\vec{E}_H = -q\,\vec{v}_D \times \vec{B} \qquad (4.15)$$

gilt. Wir nehmen an, dass die Vektoren paarweise senkrecht aufeinander stehen und das elektrische Hall-Feld nahezu homogen ist. Mit $\vec{v}_D = \vec{j}/(qn_q)$, $j = I/(b \cdot d)$

und der Hall-Spannung $U_H = |\vec{E}_H| d$ ergibt Gl. (4.15)

$$|\vec{E}_H| = v_D \cdot B \quad \Leftrightarrow$$

$$U_H = v_D \cdot B \cdot d = \frac{jBd}{qn_q} = \frac{IB}{qn_q b} = R_H \frac{IB}{b} \,. \tag{4.16}$$

Die Hall-Spannung zwischen den Anschlüssen E und F liefert bei bekannten Werten für Strom, Magnetfeldstärke und Dicke der Probe nicht nur die Polarität, sondern auch die Dichte der freien Ladungsträger im Material, weil $U_H \propto R_H = 1/(qn_q)$.

Die Größe R_H wird **Hall-Konstante** genannt. Ihr Vorzeichen gibt die Ladungsträgerpolarität und ihr Betrag den Kehrwert der Ladungsträgerkonzentration an, wenn nur eine Sorte von freien Ladungsträgern im Leiter vorhanden sind. Hall-Messungen sind heute eine Standardmethode zur Bestimmung der Ladungsträgerkonzentration in Proben. Der Hall-Effekt wird auch zum Messen von Magnetfeldern angewendet. Solche *Hall-Sensoren* bestehen aus dotierten Halbleitern, in denen die Ladungsträgerkonzentration eingestellt werden kann.

In der Praxis gibt es meist einen zusätzlichen, größeren Längsspannungsabfall an den Kontakten E und F durch den Strom. Um diesen abzuziehen, werden zwei Hall-Spannungsmessungen mit entgegengesetzten Magnetfeldern durchgeführt. Das Umdrehen der Magnetfeldrichtung kehrt das Vorzeichen der Hall-Spannung um, aber nicht das der Längsspannung. Die beiden Messwerte werden voneinander abgezogen und die Differenz ergibt die doppelte Hall-Spannung (vgl. Übungen).

4.4 Magnetfelder elektrischer Ströme

4.4.1 Geradliniger Leiter

In dem vorangegangenen Abschnitt haben wir Kräfte auf Ströme in Magnetfelder behandelt. Die Phänomene lassen den tiefen Zusammenhang zwischen elektrischem Strom und dem Entstehen eines Magnetfelds erkennen.

Die Messung des Magnetfelds, z. B. mit einer Hall-Sonde, um einen geradlinigen Leiter, der von einem Strom I durchflossen wird, liefert den Zusammenhang

$$\vec{B} = \frac{\mu_0 I}{2\pi r} \vec{e}_\varphi \,, \tag{4.17}$$

der in Abb. 4.17 dargestellt ist. Der Abstand r wird von der Leitermitte gemessen, aber die Gl. (4.17) gilt nur außerhalb des Leiters für $r \geq R$. Der Einheitsvektor $\vec{e}_\varphi$ zeigt in azimuthaler Richtung. Die $\vec{B}$-Feldlinien sind geschlossene, konzentrische Kreise um den Leiter, wie schon in Abb. 4.6 gesehen. Die Richtung des Magnetfelds wird durch

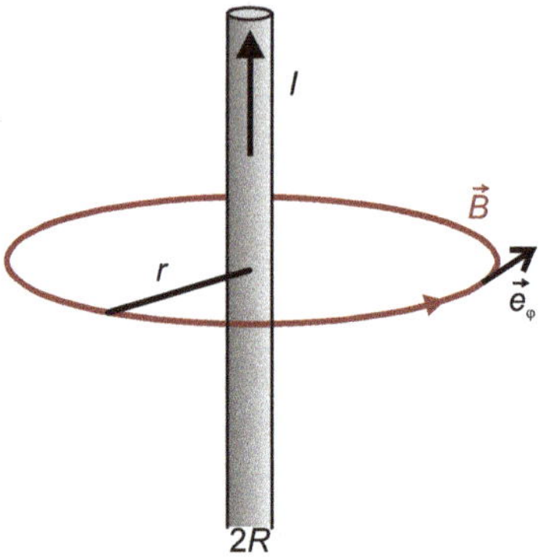

Abb. 4.17: Zur quantitativen Beschreibung des Magnetfelds um einen geraden stromdurchflossenen Leiter.

die Rechte-Hand-Regel bestimmt. Das magnetische Feld um den stromdurchflossenen Leiter ist zylindersymmetrisch. Die Magnetfeldstärke fällt mit dem Kehrwert des Abstands r ab.

Im SI-Einheiten-System hat die **magnetische Feldkonstante oder auch Permeabilität des Vakuums** den exakten Wert

$$\mu_0 = 4\pi \cdot 10^{-7} \frac{\text{V s}}{\text{A m}} \,. \tag{4.18}$$

4.4.2 Das Biot-Savart-Gesetz

Die Gl. (4.17) beschreibt den Spezialfall des geradlinigen Leiters. Das allgemeine Gesetz für ein Magnetfeld eines beliebig geformten, dünnen Leiters, der von einem konstanten Strom durchflossen wird, wurde bereits im Jahr 1820 von Jean-Baptiste Biot und Félix Savart empirisch aufgestellt. In Abb. 4.18 erzeugt ein infinitesimales Leiterstück ds, das vom Strom I durchflossen wird, am Punkt P ein Feld

$$d\vec{B} = \frac{\mu_0 I \, ds \, \vec{e}_I \times (\vec{r} - \vec{r}\,')}{4\pi |\vec{r} - \vec{r}\,'|^3} \,, \tag{4.19}$$

wobei die Ortsvektoren $\vec{r}\,'$ und $\vec{r}$ vom Ursprung auf das Leiterstück bzw. den Punkt P zeigen. Der Einheitsvektor $\vec{e}_I$ zeigt lokal in die technische Stromrichtung.

Aus der differenziellen Form in Gl. (4.19) erhält man das **Biot-Savart-Gesetz** in der üblichen Schreibweise durch Integration über den gesamten Leiterweg L. Das Magnetfeld am Ort $\vec{r}$ lautet deshalb

$$\vec{B}(\vec{r}) = \frac{\mu_0 I}{4\pi} \int_L \frac{\vec{e}_I(s) \times (\vec{r} - \vec{r}\,'(s))}{|\vec{r} - \vec{r}\,'|^3} ds \,. \tag{4.20}$$

Dieses Integral ist nicht leicht zu lösen, denn sowohl die Richtung von $\vec{e}_I$ als auch $\vec{r}\,'$ hängen von s ab. Schreibt man für die Stromdichte $\vec{j} = (I/A)\vec{e}_I$ mit A als Querschnitts-

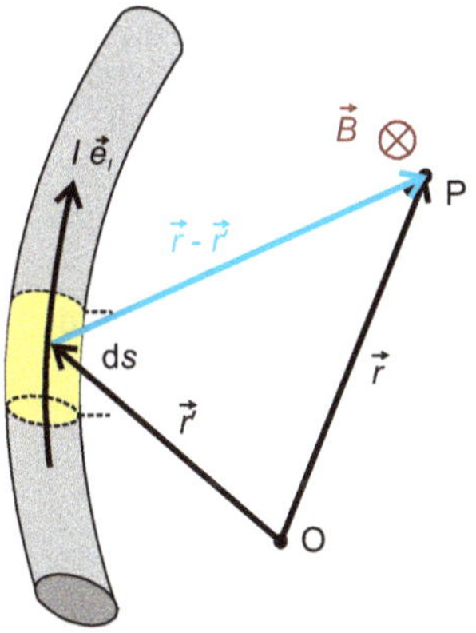

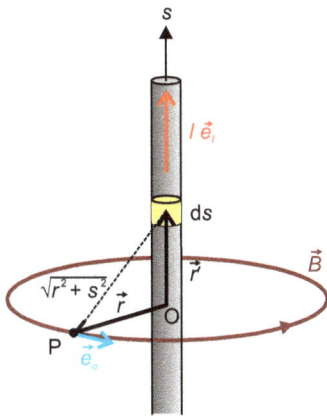

Abb. 4.18: Magnetfeld am Ort P durch einen Strom im infinitesimalen Leitstück ds.

Abb. 4.19: Relevante Größen zur Berechnung des Magnetfelds eines geraden, stromdurchflossenen Leiters nach der Biot-Savart-Formel.

fläche des Leiters, kann das Biot-Savart-Gesetz in Gl. (4.20) in eine elegantere Form gebracht werden,

$$\vec{B}(\vec{r}) = \frac{\mu_0}{4\pi} \int\limits_V \frac{\vec{j} \times (\vec{r} - \vec{r}\,'(s))}{|\vec{r} - \vec{r}\,'|^3} \, dV' \, , \tag{4.21}$$

in dem über das Volumen V des Leiters integriert wird.

Magnetfelder verschiedener Leiterformen können mit dem Biot-Savart-Gesetz analytisch berechnet werden, was in dieser Darstellung der Elektrodynamik aber zu weit führt. Dazu sei auf die Literatur der theoretischen Physik verwiesen.

Beispiel: Magnetfeld eines dünnen, geraden Leiters nach Biot-Savart
Wir wollen Gl. (4.17) aus dem Biot-Savart-Gesetz nachvollziehen. Die Abb. 4.19 zeigt die relevanten Größen. Der Ursprung wird in die Mitte des Leiters gelegt, so dass $\vec{r}$ und $\vec{r}\,'$ senkrecht aufeinander stehen. Die Richtung des $\vec{B}$-Vektors ist schnell bestimmt, denn $\vec{e}_I = \vec{r}\,'/|\vec{r}\,'|$ und somit

$$\vec{e}_I \times (\vec{r} - \vec{r}\,') = \frac{\vec{r}\,' \times \vec{r}}{r'} = r\vec{e}_\varphi \, .$$

Ebenso gilt $|\vec{r}\,'| = s$. Damit kann das Biot-Savart-Integral in Gl. (4.20) in ein einfaches Integral über den geraden Leiter umgeformt werden, so dass

$$\vec{B}(\vec{r}) = \vec{e}_\varphi \frac{\mu_0 I}{4\pi} \int\limits_{-\infty}^{\infty} \frac{r}{(\sqrt{r^2 + s^2})^3}\, ds \ .$$

Dieses Integral kann nachgeschlagen oder mit einem Trick leicht berechnet werden, was

$$\vec{B}(\vec{r}) = \vec{e}_\varphi \frac{\mu_0 I}{4\pi} \left[\frac{s}{r\sqrt{r^2 + s^2}} \right]_{-\infty}^{\infty} = \frac{\mu_0 I}{2\pi r} \vec{e}_\varphi$$

ergibt und Gl. (4.17) entspricht.

Bevor wir weitere einfache Beispiele diskutieren, führen wir ein wichtiges Grundgesetz der Elektrodynamik ein.

4.4.3 Ampèresches-Durchflutungsgesetz

In der Elektrostatik beschreibt das Gauß-Gesetz die fundamentale Beziehung zwischen elektrischem Feld und erzeugenden Ladungen. Das Ampère-Gesetz spielt die gleiche Rolle in der Magnetostatik, indem es eine Aussage über die Stärke eines Magnetfelds und dem erzeugenden stationären Strom macht. Bevor wir es in allgemeiner Form formulieren, betrachten wir noch einmal den geraden, stromdurchflossenen Leiter in Abb. 4.17. Das Wegintegral entlang einer geschlossenen Feldlinie mit Radius r, auf der die Magnetfeldstärke $|\vec{B}|$ konstant ist, liefert mit Gl. (4.17)

$$\oint \vec{B}\, d\vec{r} = B \oint d\vec{r} = B 2\pi r = \frac{\mu_0 I}{2\pi r} 2\pi r = \mu_0 I \ . \tag{4.22}$$

Das Wegintegral von $\vec{B}$ über den geschlossenen Weg ist proportional zum Strom durch den Leiter. Diese Erkenntnis gilt allgemein unabhängig von den geschlossenen Wegen und umschlossenen Strömen und wird beschrieben durch

das Ampèresche-Durchflutungsgesetz

$$\oint\limits_{K} \vec{B}\, d\vec{r} = \mu_0 I = \mu_0 \iint\limits_{A} \vec{j} \cdot d\vec{A} \ . \tag{4.23}$$

Das Integral von $\vec{B}$ über den geschlossenen Weg K ist gleich dem Strom durch die von K umrandete Fläche A multipliziert mit der magnetischen Feldkonstante.

Die Form der Fläche A ist dabei nicht festgelegt. Den kleinsten Inhalt hat die von K umschlossene Fläche. Sie wird bei Anwendung des Gesetzes in der Regel betrachtet. Mit dem Gesetz lassen sich die Felder für hochsymmetrische Stromgeometrien wie z. B. den geradlinigen Leiter bestimmen. Bei anderen Stromverläufen ist die Verwendung des Biot-Savart-Gesetzes vorteilhafter.

Beispiele

1. **Magnetfeld im Inneren eines stromdurchflossenen, geraden Leiters**

   Ist der Leiter in Abb. 4.17 homogen, d. h. die Stromdichte ist konstant, kann mit dem Durchflutungsgesetz das Magnetfeld in Inneren bestimmt werden. Die Richtung von $\vec{B}$ ist weiterhin konzentrisch um die Mittellinie des Leiters, so dass Gl. (4.23) für $r < R$

   $$\oint_K \vec{B}\, d\vec{r} = B_i 2\pi r = \mu_0 j \pi r^2 \tag{4.24}$$

   lautet, was für B_i im Inneren des Leiters

   $$B_i(r) = \frac{\mu_0 j r}{2} = \frac{\mu_0 I r}{2\pi R^2} \propto r \tag{4.25}$$

   liefert. Das innere Magnetfeld steigt proportional mit dem Abstand r von der Mitte.

2. **Magnetfeld einer langen Zylinderspule**

   Eine lange Spule besteht aus vielen Windungen eines leitenden Drahts, der von einem Strom durchflossen werden kann. Die Spule gilt als *lang*, wenn ihr Durchmesser D sehr viel kleiner als ihre Länge ist, $L \gg D$.

   Die Abb. 4.20 (a) zeigt eine Zylinderspule mit kreisförmigem Querschnitt. Sie wird auch als **Solenoid** bezeichnet. Wegen der Rotationssymmetrie der Spule erzeugt der Strom durch die Windungen auch ein rotationssymmetrisches Magnetfeld. Die Abb. 4.20 (b) zeigt die $\vec{B}$-Feldlinien in der Schnittebene der Spule. Das räumliche Feld entsteht durch Rotation des zweidimensionalen Felds um die Spulenachse. Die Kreuze (Punkte) auf den Windungen bedeuten, dass der Strom hier in die Zeichenebene hineinfließt (aus der Zeichenebene herausfließt). Das Feldlinienbild entspricht dem eines Stabmagneten. Es wird durch die Eisenspäne in Abb. 4.20 (c) bestätigt.

   Offenbar ist das Feld innerhalb der Spule gut homogen, während es außerhalb der Spule schnell abfällt. Die Homogenität wird umso besser, je länger die Spule ist. Wir wenden das Ampère-Gesetz an, um das homogene Feld innerhalb der Spule zu berechnen. Dazu ist in Abb. 4.20 (b) ein Integrationsweg in Grün gezeichnet, der N Windungen auf der Länge ℓ umfasst. Durch die Windungen fließe der Strom I. Der geschlossene Weg ABCD ist so gewählt, dass das Magnetfeld entlang der Strecke AB parallel und entlang BC und DA senkrecht verläuft. Die Verbindung CD sei so weit von der Spule entfernt, dass dort $B \approx 0\,\mathrm{T}$ ist. Das Ampère-Gesetzes nach Gl. (4.23) ergibt

   $$\oint_{ABCD} \vec{B}\, d\vec{r} = B_i \ell = \mu_0 N I \tag{4.26}$$

   so dass sich

   $$B_i = \frac{\mu_0 N I}{\ell} \tag{4.27}$$

   als Feldstärke im Inneren der langen Spule ergibt.

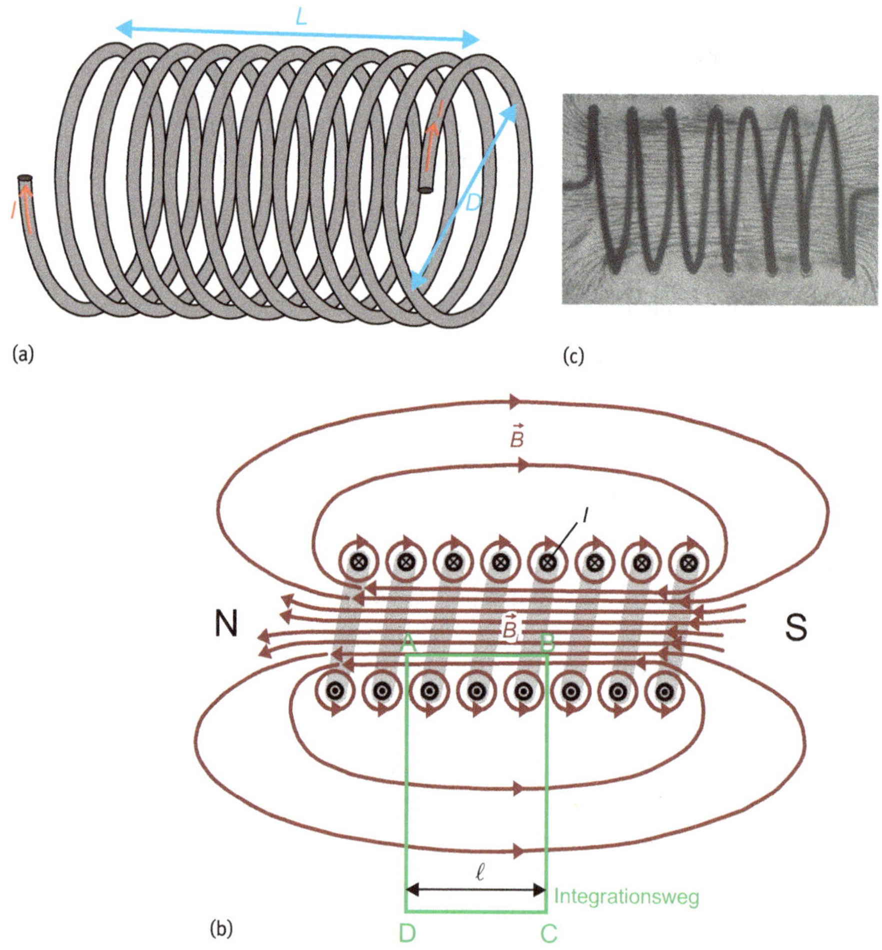

Abb. 4.20: (a) Darstellung eines Ausschnitts einer langen Spule, für die $L \gg D$ gilt. (b) Querschnitt durch das magnetische Feldlinienbild eines Solenoids. Innerhalb ist das Feld in guter Näherung homogen, außerhalb sehr klein. Es ist ein Integrationsweg in Grün eingezeichnet. (c) Visualisierung der Feldlinien mit Eisenspänen.

Als Beispiel sei eine lange Spule mit 100 Windungen/cm und einem Strom von 1 A gegeben. Ihr inneres Magnetfeld beträgt nach Gl. (4.27) 13,6 mT.

Das Feldlinienbild einer langen Spule gleicht dem eines Stabmagneten, jedoch ist das innere Feld und die Feldlinendichte um zwei Größenordnungen kleiner. Dementsprechend ist der Strauß der Feldlinien, die die Spule verlassen sehr viel dünner als bei einem starken Stabmagneten.

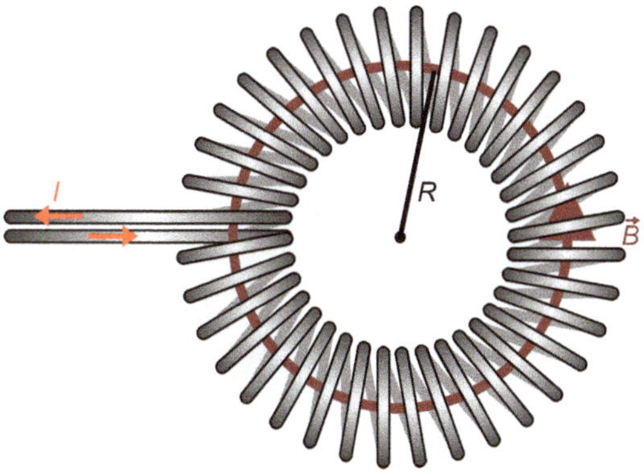

Abb. 4.21: Eine toroidale Spule erzeugt ein Ringmagnetfeld innerhalb der Spule.

3. **Feld einer kreisförmigen Zylinderspule**

   Eine zu einem Kreis gebogene Ringspule wie in Abb. 4.21 wird **Toroid** genannt. Das Magnetfeld im Inneren verläuft auf einem Kreis und ist vom Betrage ungefähr konstant, wenn der Radius des Torus erheblich größer als der Durchmesser der Spule ist. Außerhalb der Spule ist das Feld nahezu null. Nennen wir R den Toroidradius und N die Windungszahl, so folgt aus dem Ampère-Gesetz mit einem Weg entlang der kreisförmigen Feldlinie

$$B_i 2\pi R = \mu_0 N I \quad \Leftrightarrow$$

$$B_i = \frac{\mu_0 N I}{2\pi R} \, , \tag{4.28}$$

   was prinzipiell mit Gl. (4.27) identisch ist.

4. **Feld eines Kreisstroms**

   Das Magnetfeld der kreisförmigen Leiterschleife in Abb. 4.22, die von einem Kreisstrom I durchflossen wird, ist rotationssymmetrisch und im Allgemeinen nicht einfach zu berechnen. Später werden wir das Fernfeld kleiner Kreisströme betrachten, weil sie als elementare, magnetische Dipole angesehen werden können. Hier beschränken wir uns auf das $\vec{B}$-Feld entlang der z-Achse, das wegen der Zylindersymmetrie nur eine z-Komponente haben kann. Mit dem Koordinatenursprung in der Mitte der Leiterschleife ist $\vec{B}(\vec{r} = (0, 0, z)^T) = (0, 0, B_z)^T$. Das Biot-Savart-Gesetz für die Anordnung in Abb. 4.22 mit $\vec{r}\,' = \vec{R}$ lautet

$$\vec{B} = \frac{\mu_0 I}{4\pi} \int_{\text{Kreis}} \frac{(\vec{e}_I(s) \times \vec{e}_{r-R})|\vec{r} - \vec{R}|}{|\vec{r} - \vec{R}|^3} \, ds \, , \tag{4.29}$$

   weil der Einheitsvektor in technischer Stromrichtung senkrecht auf dem Einheitsvektor $\vec{e}_{r-R}$ in $\vec{r} - \vec{R}$-Richtung steht. Der Betrag des Kreuzprodukts $\vec{e}_I \times (\vec{r} - \vec{R})$ ist gerade der Abstand $|\vec{r} - \vec{R}| = \sqrt{z^2 + R^2}$ von der Leiterschleife zum Aufpunkt des

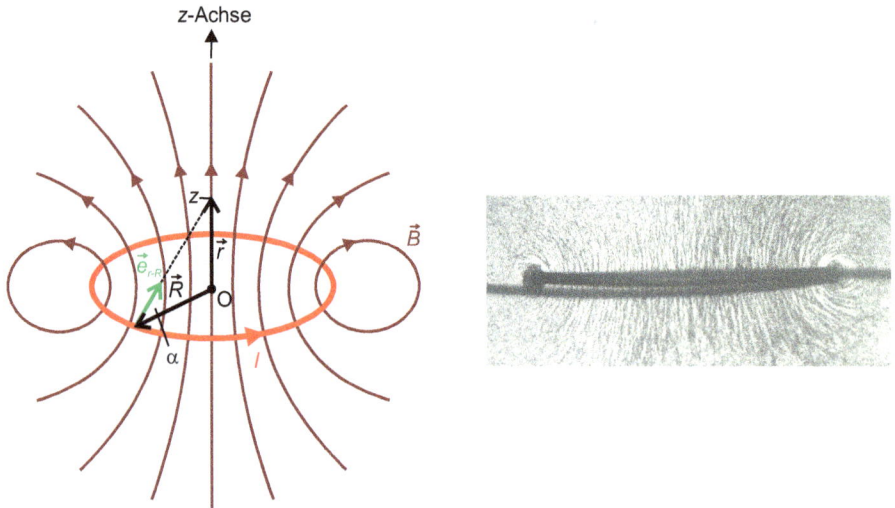

Ortsvektors. Es ist nur die z-Komponente des Magnetfelds von null verschieden, weshalb nur die z-Komponente des Vektorprodukts im Integral interessiert. Diese Komponente entspricht dem Spatprodukt

$$(\vec{e}_I(s) \times \vec{e}_{r-R}) \cdot \vec{e}_z = \cos \alpha . \tag{4.30}$$

Damit lässt sich Gl. (4.29) zu

$$\vec{B} = (0, 0, B_z)^{\mathrm{T}} \quad \text{mit} \quad B_z = \frac{\mu_0 I}{4\pi} \frac{\cos \alpha}{|\vec{r} - \vec{R}|^2} \underbrace{\int\limits_{\text{Kreis}} ds}_{2\pi R} \tag{4.31}$$

umformen. Man erkennt in Abb. 4.22, dass $\cos \alpha = R/|\vec{r} - \vec{R}|$. Als Endergebnis erhält man für das Magnetfeld auf der z-Achse

$$B_z = \frac{\mu_0 I R^2}{2|\vec{r} - \vec{R}|^3} = \frac{\mu_0 I R^2}{2(\sqrt{z^2 + R^2})^3} . \tag{4.32}$$

5. **Helmholtz-Spulen**

Das Ergebnis des Magnetfelds eines Kreisstroms auf der z-Achse in Gl. (4.32) erklärt eine wichtige technische Anwendung. Es lassen sich lokal sehr homogene Magnetfelder mit zwei gleichen, parallelen Ringspulen erzeugen, deren Abstand voneinander gleich dem Radius R der Spulen ist. Diese Anordnung wird **Helmholtz-Spulenpaar** genannt und ist schematisch in Abb. 4.23 (a) in Seitenansicht gezeichnet. Helmholtz-Spulen werden auch beim Fadenstrahlrohr in Abb. 4.11 verwendet.

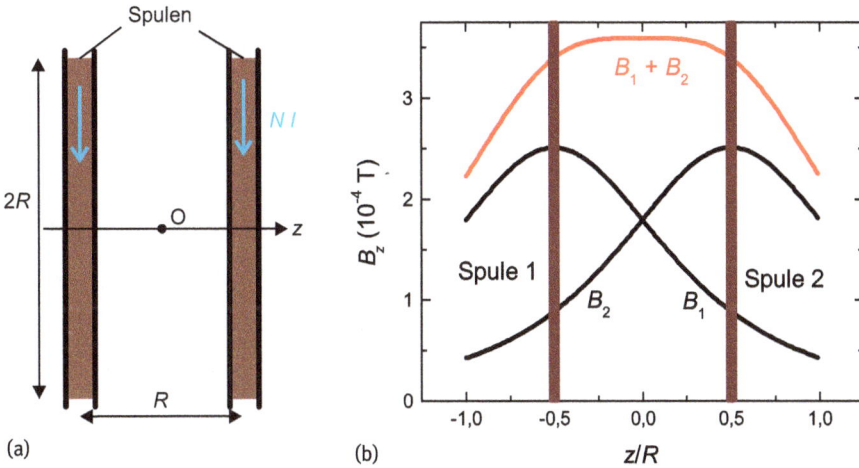

Abb. 4.23: (a) Seitenansicht auf ein Helmholtz-Spulenpaar. (b) Magnetfeldstärke auf der z-Achse der Einzelspulen und des Paars.

Besonders homogen ist das Magnetfeld auf der Symmetrieachse, die in Abb. 4.23 (a) der z-Achse entspricht. Auf dieser Achse ist der $\vec{B}$-Vektor parallel zur z-Achse. Nehmen wir an, dass die Spulen vom Strom I in gleicher Richtung durchströmt werden und N die Windungszahl einer Spule ist, dann beträgt die Feldstärke auf der Achse nach Gl. (4.32)

$$B_z(z) = B_1(z) + B_2(z)$$

$$= \frac{\mu_0 N I R^2}{2} \left(\frac{1}{(\sqrt{(z+R/2)^2 + R^2})^3} + \frac{1}{(\sqrt{(z-R/2)^2 + R^2})^3} \right), \qquad (4.33)$$

wenn der Koordinatenursprung in der Mitte der beiden Spulen liegt.

Die Abb. 4.23 (b) zeigt für das Beispiel $N = 100$, $I = 1$ A und $R = 25$ cm die Feldverläufe auf der z-Achse für die Einzelspulen und für das Spulenpaar. Das Gesamtfeld ist insbesondere innerhalb der Helmholtz-Spulen im Intervall $z \in [-R/2, R/2]$ in guter Näherung konstant gleich

$$B_z(0) = \frac{\mu_0 N I}{2R} \left(\frac{4}{5} \right)^{3/2}. \qquad (4.34)$$

4.4.4 Das magnetische Dipolmoment

Ein Magnetfeld besitzt keine Quellen und Senken. Weil es keine magnetischen Ladungen gibt, ist das einfachste, magnetfelderzeugende System ein Dipol. Der *elementare magnetische Dipol* ist ein Ringstrom in einer sehr kleinen (kreisförmigen) Leiterschlei-

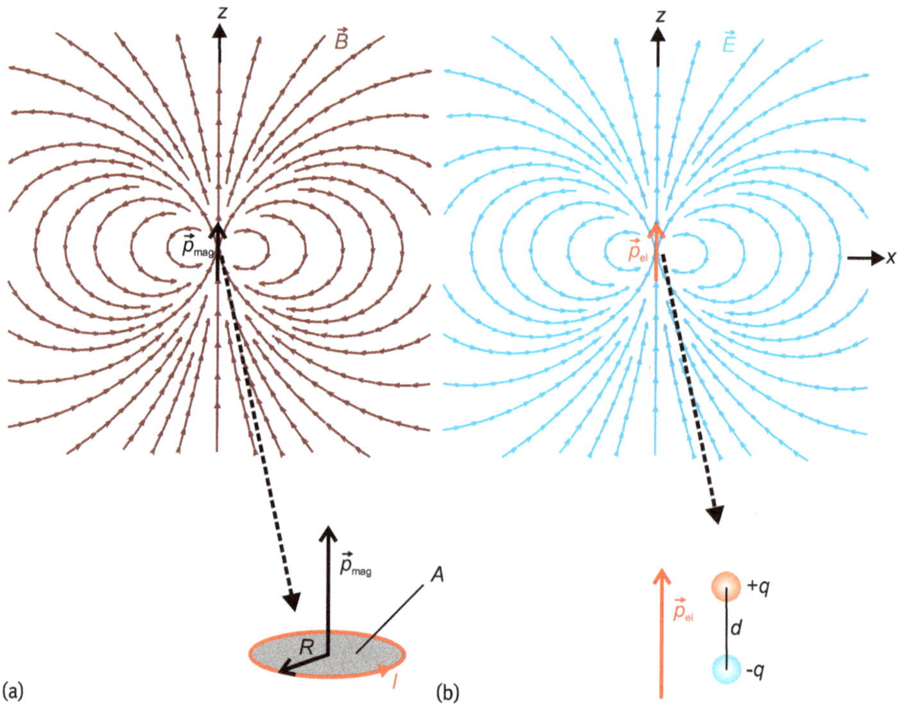

Abb. 4.24: (a) Querschnitt durch das Fernfeldlinienbild eines magnetischen Dipols. (b) Zum Vergleich das identische Feldlinienbild des elektrischen Dipols.

fe (siehe Abb. 4.22). Die Eigenschaft *klein* bedeutet, dass das $\vec{B}$-Feld für Abstände r vom Dipol betrachtet wird, die sehr viel größer als der Radius des Kreises sind.

Der Querschnitt durch das rotationssymmetrische *Fernfeld* des magnetischen Dipols ist in Abb. 4.24 (a) gezeichnet. Es ist vom Feldlinienverlauf identisch mit dem elektrischen Dipolfernfeld in Abb. 4.24 (b). Eine längere Rechnung belegt dieses, weil sich für den Grenzfall $r \gg R$ ein Dipol-Magnetfeld von

$$\vec{B}_{\text{fern}} = \frac{\mu_0[3\vec{e}_r(\vec{e}_r \cdot \vec{p}_{\text{mag}}) - \vec{p}_{\text{mag}}]}{4\pi r^3} \tag{4.35}$$

ergibt, was formal der Gl. (2.50) für den elektrischen Dipol entspricht. In der Fernfeldformel von Gl. (4.35) erscheint die neue physikalische Größe

Magnetisches Dipolmoment

$$\vec{p}_{\text{mag}} = I \cdot \vec{A} \,, \quad [\vec{p}_{\text{mag}}] = \text{A m}^2 \,, \tag{4.36}$$

als Produkt von Stromstärke und Flächenvektor. Die Richtung von $\vec{p}_{mag}$ wird durch $\vec{A}$ mit der Rechte-Hand-Regel festgelegt, wobei die Finger in technischer Stromrichtung zeigen. Der Betrag des magnetischen Dipolmoments ist gleich dem Flächeninhalt mal Stromstärke.

Dementsprechend kann auch das Leiterschleifen-Magnetfeld auf der z-Achse in Gl. (4.32) umgeschrieben werden zu

$$B_z = \frac{\mu_0 I R^2}{2 r^3} = \frac{\mu_0 |\vec{p}_{mag}|}{2 \pi r^3} \tag{4.37}$$

mit $r = \sqrt{z^2 + R^2}$ in der Fernfeldnäherung. Wie auch beim elektrischen Dipolfeld nimmt die Feldstärke des magnetischen Dipols mit einem $1/r^3$-Gesetz mit dem Abstand ab.

Die Ergebnisse aus der Elektrostatik können analog auf die Wirkung von äußeren Magnetfeldern auf kleine magnetische Dipolmomente übertragen werden.

1. **Magnetischer Dipol im homogenen magnetischen Feld**
   In einem homogenen Magnetfeld $\vec{B}$ erfährt ein Dipolmoment ein Drehmoment

$$\vec{M} = \vec{p}_{mag} \times \vec{B} \, , \tag{4.38}$$

bis $\vec{p}_{mag}$ parallel zum Magnetfeld ausgerichtet ist (siehe Übungen). Die potenzielle Energie des magnetischen Dipols berechnet sich mit

$$E_{pot} = -\vec{p}_{mag} \cdot \vec{B} \tag{4.39}$$

als negatives Skalarprodukt der beiden Vektoren.

2. **Magnetischer Dipol im inhomogenen magnetischen Feld**
   In einem inhomogenen Magnetfeld $\vec{B}$ erfährt ein Dipolmoment eine Kraft in Richtung höherer Feldstärken. Die Kraft wird als Vektorgradient

$$\vec{F} = (\vec{p}_{mag} \cdot \nabla)\vec{B} \, , \tag{4.40}$$

ausgedrückt.

3. **Wechselwirkung mit dem Fernfeld eines zweiten Dipols**
   Hier wollen wir nur den Spezialfall kollinearer Dipolmomente betrachten. Analog zur Gl. (2.61) lautet die potenzielle Energie pro Dipol

$$E_{pot,12} = -\frac{\mu_0 p_{mag,1} p_{mag,2}}{\pi r^3} \, . \tag{4.41}$$

Diese Gleichung erklärt bereits die beobachtete r^{-4}-Abstandsabhängigkeit der Kraft zwischen zwei magnetischen Dipolen.

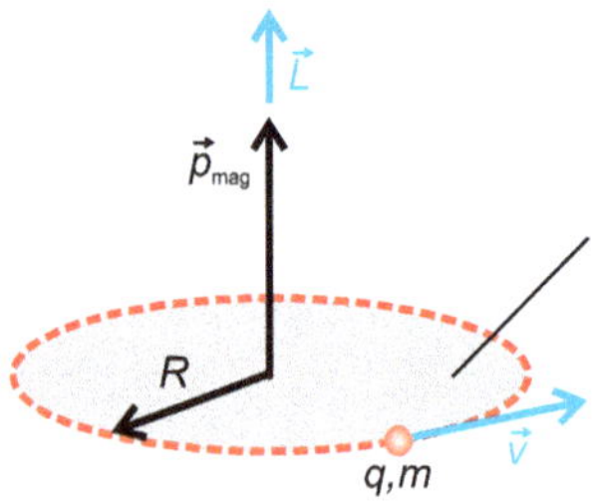

Abb. 4.25: Positive Punktladung auf einer Kreisbahn. Magnetisches Moment und Drehimpuls sind proportional zueinander.

4.4.5 Magnetisches Dipolmoment einer Punktladung auf einer Kreisbahn

Gedanklich soll der Kreisstrom eines magnetischen Dipols immer weiter reduziert werden, bis sich nur noch eine Punktladung q mit Masse m, z. B. ein Elektron, auf dem Kreis mit Bahngeschwindigkeit v bewegt. Das ist in Abb. 4.25 für eine positive Ladung schematisch gezeigt. Es sollen alle Reibungsverluste vernachlässigt werden. Der elektrische Kreisstrom ist gleich der Ladung pro Umlaufzeit oder

$$I = \frac{q \cdot v}{2\pi R}, \tag{4.42}$$

wobei im Nenner der Kreisumfang steht. Dieser elementare Strom besitzt das magnetische Moment

$$\vec{p}_{\text{mag}} = I\vec{A} = \frac{q \cdot v}{2\pi R}\pi R^2\, \vec{e}_A = \frac{q}{2m}\underbrace{mvR\vec{e}_A}_{\vec{L}} \tag{4.43}$$

mit $\vec{L}$ als Bahndrehimpuls der Teilchenbewegung. Magnetisches Dipolmoment und Drehimpuls sind zueinander proportional,

$$\vec{p}_{\text{mag}} = \frac{q}{2m}\vec{L}, \tag{4.44}$$

mit dem **gyromagnetischen Verhältnis**

$$\gamma = \frac{q}{2m}. \tag{4.45}$$

Auch wenn die Gl. (4.44) klassisch hergeleitet wurde, ist sie von allgemeiner Gültigkeit. Jeder Drehimpuls eines geladenen und damit massiven Teilchens zieht ein magnetisches Moment nach sich. Dieses gilt auch für Drehimpulse mikroskopischer Teilchen wie Atome, Kerne oder Elektronen, die nur durch die Quantenmechanik (Band 3) korrekt beschrieben werden. Dort werden wir neben dem Bahndrehimpuls auch den *Spin* eines Teilchens kennenlernen, für den es keine klassische Erklärung gibt. Das mit ihm verbundene magnetische Moment wird bis auf einen Faktor zwei auch durch Gl. (4.44) erfasst.

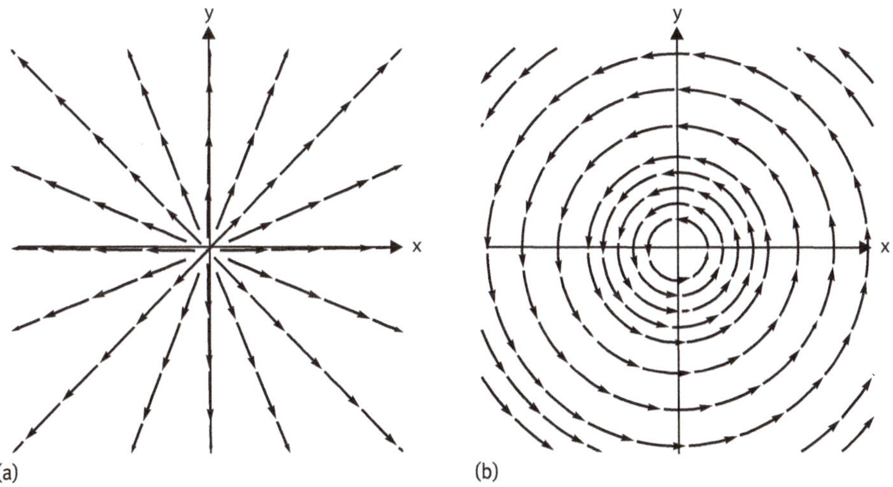

Abb. 4.26: (a) Querschnitt durch ein reines Quellenfeld. (b) Reines Wirbelfeld.

In der Atomphysik sind elektronische Drehimpulse in der Größenordnung der Planck-Konstante h bzw. $\hbar = h/(2\pi)$ üblich. Dementsprechend werden magnetische Dipolmomente in Einheiten des **Bohr-Magnetons**

$$\mu_B = \frac{e_0}{2m_e} \underbrace{\frac{h}{2\pi}}_{\hbar} \tag{4.46}$$

gemessen, so dass

$$|\vec{p}_{mag}| = g \cdot \mu_B \tag{4.47}$$

gilt. Der einheitenlose, positive Vorfaktor g wird dabei schlicht *g-Faktor* genannt und liegt typischerweise zwischen null und fünf.

Mathematische Ergänzung: Quellen- und Wirbelfelder

Das elektrische Feld $\vec{E}(\vec{r})$ und das magnetische Feld $\vec{B}(\vec{r})$ sind *Vektorfelder*, die an einem Punkt im Raum durch einen Vektor bestimmter Länge und Richtung dargestellt werden können. Noch anschaulicher sind Feldlinienbilder, die die Vektoren durch Flusslinien miteinander verbinden. Vektorfelder lassen sich aus zwei grundlegende Feldtypen zusammensetzen. Ein Typus ist das reine *Quellenfeld*, wie es in Abb. 4.26 (a) in der Ebene gezeichnet ist. Die Feldlinien gehen von Quellen aus oder enden in Senken. Der andere Typus ist das reine *Wirbelfeld*, wie in Abb. 4.26 (b) zweidimensional dargestellt. Mathematisch lassen sich die beiden Felder durch Rechenoperationen unterscheiden. Die **Divergenz** eines Vektorfelds $\vec{a}(\vec{r})$ ist ein Skalar und berechnet sich als Skalarprodukt mit dem Rechenoperator *Nabla*. In kartesischen Koordinaten gilt

$$\text{div } \vec{a} = \nabla \cdot \vec{a} = \frac{\partial a_x}{\partial x} + \frac{\partial a_y}{\partial y} + \frac{\partial a_z}{\partial z}. \tag{4.48}$$

Die Divergenz eines Felds zeigt an, ob Quellen bzw. Senken im Feld vorhanden sind.

Die **Rotation** eines Vektorfelds $\vec{a}(\vec{r})$ ist ein Vektor und bestimmt man durch das Vektorprodukt mit *Nabla*, in kartesischen Koordinaten

$$\text{rot } \vec{a} = \nabla \times \vec{a} = \begin{pmatrix} \frac{\partial a_z}{\partial y} - \frac{\partial a_y}{\partial z} \\ \frac{\partial a_x}{\partial z} - \frac{\partial a_z}{\partial x} \\ \frac{\partial a_y}{\partial x} - \frac{\partial a_x}{\partial y} \end{pmatrix} . \tag{4.49}$$

Sie ist ein Maß für die Wirbelhaftigkeit des Felds. Der resultierende Vektor wird durch die Lage und den Drehsinn des Wirbels bestimmt. Wirbelfelder haben geschlossene Feldlinien.

Wie sich leicht nachrechnen lässt, gelten folgenden Sätze.

− Ein Vektorfeld $\vec{b}(\vec{r}) = \nabla\beta(\vec{r})$, dass durch den Gradienten eines skalaren Felds entsteht, z. B. das elektrische Feld von Punktladungen, ist immer ein reines Quellenfeld, denn

$$\nabla \cdot (\nabla\beta(\vec{r})) = \Delta\beta = \frac{\partial^2 b_x}{\partial x^2} + \frac{\partial^2 b_y}{\partial y^2} + \frac{\partial^2 b_z}{\partial z^2} , \tag{4.50}$$

$$\nabla \times (\nabla\beta(\vec{r})) = 0 , \tag{4.51}$$

wobei der aus Band 1 bekannte *Laplace-Operator* Δ eingesetzt wurde.

− Ein Rotationsfeld $\nabla \times \vec{c}(\vec{r})$ ist ein reines Wirbelfeld, weil die Divergenz

$$\nabla \cdot (\nabla \times \vec{c}(\vec{r})) = 0 \tag{4.52}$$

stets verschwindet.

An den Beispielen aus Abb. 4.26 sollen die Regeln nachvollzogen werden. Weil Divergenz und Rotation immer dreidimensional definiert sind, müssen wir Annahmen über die z-Komponente machen. Das Quellenfeld in Abb. 4.26 (a) soll im Raum wie bei einer Punktladung radialsymmetrisch sein. Es sei

$$\vec{a} = (x/r^2, y/r^2, z/r^2)^\mathsf{T}$$

mit $r^2 = x^2 + y^2 + z^2$. Die Berechnung von Divergenz und Rotation ergibt

$$\nabla \cdot \vec{a} = (z^2 + y^2 - x^2)/r^4 + (z^2 + x^2 - y^2)/r^4 + (x^2 + y^2 - z^2)/r^4 = 1/r^2 > 0$$

$$\nabla \times \vec{a} = (-2zy/r^4 + 2zy/r^4, -2xz/r^4 + 2xz/r^4, -2xy/r^4 + 2xy/r^4)^\mathsf{T} = 0 .$$

Das Wirbelfeld in Abb. 4.26 (b) werde durch

$$\vec{b} = (-y/r^2, x/r^2, 0)^\mathsf{T}$$

beschrieben mit $r^2 = x^2 + y^2 + z^2$, so dass

$$\nabla \cdot \vec{b} = 2yx/r^4 - 2yx/r^4 = 0 ,$$

$$\nabla \times \vec{a} = \frac{2}{r^4}(xz, yz, z^2)^\mathsf{T} \neq 0 .$$

4.5 Materie im magnetischen Feld

4.5.1 Magnetisierung

Heben sich die Drehimpulse und Spins der elementaren Bausteine der Atome, vor allem der Elektronen, nicht gegenseitig auf, bleibt pro Atom oder Molekül ein Netto-Drehimpuls übrig. Dieses erzeugt nach Gl. (4.44) ein elementares magnetisches Dipolmoment $\vec{p}_{mag}$. Wir symbolisieren das Dipolmoment wie in Abb. 4.27 (a) ganz im Sinne des Ampère-Gesetzes durch einen Kreisstrom. Elementare Dipolmomente richten sich in einem äußeren Magnetfeld aus. In Schulbüchern werden anstelle der elementaren magnetischen Momente oft sogenannte *Elementarmagnete* in der Materie eingeführt, deren tieferer Grund aber unerklärt bleibt.

Die Wirkung eines äußeren Magnetfelds $\vec{B}_a$ auf Materie mit elementaren magnetischen Dipolmomenten wird ganz analog wie die elektrische Polarisation polarer Dielektrika beschrieben. In der Abb. 4.27 (b) sind die Größen eingezeichnet. Das homogene Material wird vom äußeren Magnetfeld durchsetzt und erfährt eine

Magnetisierung

$$\vec{M} = \frac{1}{V} \sum_{j=1}^{N} \vec{p}_{mag,j} \, , \quad [\vec{M}] = \frac{A}{m} \, . \tag{4.53}$$

Sie entspricht der räumlichen Dichte der durch das äußere Feld orientierten magnetischen Momente. Das Gesamtfeld in der Materie addiert sich zu

$$\vec{B} = \vec{B}_a + \mu_0 \vec{M} \, . \tag{4.54}$$

Nehmen wir wieder ein lineares, isotropes Medium an, in dem die Magnetisierung proportional zum *äußeren* Magnetfeld ist, folgt

$$\vec{M} = \chi_m \frac{\vec{B}_a}{\mu_0} \tag{4.55}$$

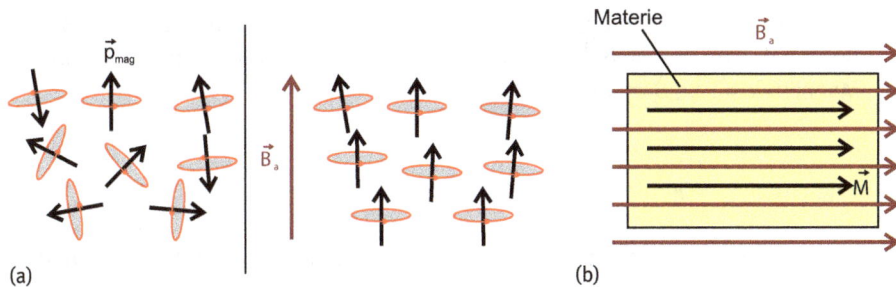

(a)   (b)

Abb. 4.27: (a) Elementare magnetische Momente werden durch kleine Kreisströme gekennzeichnet. Sie richten sich in einem äußeren Magnetfeld aus und verstärken dieses. (b) Magnetisierung in einem homogenen, isotropen Medium.

mit der einheitenlosen **magnetischen Suszeptibilität** χ_m, die eine Materialkonstante ist. Gl. (4.54) lautet dann

$$\vec{B} = \vec{B}_a + \chi_m \vec{B}_a = (1 + \chi_m)\vec{B}_a = \mu_r \vec{B}_a \qquad (4.56)$$

mit der **relativen Permeabilität** des Materials

$$\mu_r = 1 + \chi_m . \qquad (4.57)$$

Das ampèresche Durchflutungsgesetz im Vakuum muss bei Anwesenheit von Materie durch

$$\oint\limits_K \frac{\vec{B}}{\mu_r(\vec{r})}\, d\vec{r} = \mu_0 I \qquad (4.58)$$

ersetzt werden.

Anmerkungen

– Die Beziehungen für die elektrische Polarisation und die Magnetisierung sind formal gleich, aber es gibt einen wichtigen Unterschied. Wie im elektrischen Fall richtet auch das äußere Magnetfeld in Abb. 4.27 (a) die elementaren Dipole aus. Dadurch wird das Magnetfeld im Inneren jedoch verstärkt, anders als die elektrische Polarisation, die immer feldabschwächend wirkt. Damit die Suszeptibilität in beiden Fällen der Dipolausrichtung eine positive Zahl ist, steht in der Relation für $\vec{M}$ in Gl. (4.55) das *äußere* Feld $\vec{B}_a$ und nicht wie in Gl. (2.94) für die Polarisation das innere Feld.

– Im nächsten Abschnitt werden wir lernen, dass die Phänomene für Magnetfelder in Materie noch komplizierter sind. Je nach Material kann das Magnetfeld im Inneren nicht nur verstärkt, sondern auch extrem verstärkt oder sogar leicht abgeschwächt werden.

– In Gl. (4.55) steht die Größe $\vec{B}_a/\mu_0$, die in der klassischen Elektrodynamik auch als $\vec{H}$ bezeichnet und oft irreführend magnetische Erregung oder Feldstärke genannt wird. Das $\vec{H}$-Feld ist eine Hilfsgröße, die die Berechnung von Magnetfeldern mit Materie erleichtert. Im Vakuum oder auch in Luft sind beide Felder proportional, weil dort stets $\vec{B} = \mu_0 \vec{H}$ gilt. Wir werden in diesem Band stets nur die Magnetfeldstärke $\vec{B}$ verwenden.

4.5.2 Magnetismus der Materie

Stoffe lassen sich hinsichtlich ihres Verhaltens in magnetischen Feldern grob in drei Klassen unterteilen.

1. **Paramagnete**

   In paramagnetischen Materialien gibt es kleine elementare Dipolmomente, die ausgerichtet das äußere Magnetfeld in der Materie leicht verstärken. Die magne-

Tab. 4.1: Magnetische Suszeptibilitäten ausgesuchter Stoffe unter Normalbedingungen.

Material	χ_m
Paramagnete	
Natrium (Na)	$8{,}4 \cdot 10^{-6}$
Magnesium (Mg)	$12 \cdot 10^{-6}$
Aluminium (Al)	$21 \cdot 10^{-6}$
Platin (Pt)	$280 \cdot 10^{-6}$
Gadolinium (Gd)	$117\,000 \cdot 10^{-6}$
Sauerstoff (O_2)	$1{,}9 \cdot 10^{-6}$
Diamagnete	
Kohlenstoff (C)	$\approx -100 \cdot 10^{-6}$
Silizium (Si)	$-4{,}1 \cdot 10^{-6}$
Kupfer (Cu)	$-9{,}6 \cdot 10^{-6}$
Silber (Ag)	$-24 \cdot 10^{-6}$
Gold (Au)	$-34 \cdot 10^{-6}$
Wismut (Bi)	$-165 \cdot 10^{-6}$
Kochsalz (NaCl)	$-14 \cdot 10^{-6}$
Wasser (H_2O)	$-9{,}1 \cdot 10^{-6}$
Stickstoff (N_2)	$-6{,}7 \cdot 10^{-6}$
Ferromagnete	
Eisen (Fe)	$400-15\,000$
Kobalt (Co)	≈ 200
MuMetall (Ni/Cu/Co)	$12\,000-100\,000$

tische Suszeptibilität im Paramagnetismus ist positiv und überstreicht typischerweise einen Wertebereich von

$$\chi_m = +10^{-6} \cdots + 0{,}1 \,.$$

In der Tab. 4.1 sind Werte für einige Materialien aufgeführt. Bis auf wenige, unten genannte Ausnahmen sind die Elementmetalle paramagnetisch. Eine besondere Ausnahme ist das paramagnetische Sauerstoffmolekül (O_2). Der Tabellenwert bezieht sich auf Sauerstoffgas unter Normalbedingungen. Die Ursache liegt an der eigentümlichen Eigenschaft der Bindungselektronen im Molekül. Die seltenen Erden wie Gadolinium (Gd) weisen die größten χ_m-Werte um $\leq 0{,}1$ auf. Dennoch sind die Suszeptibilitäten klein und der Paramagnetismus ist daher ein verhältnismäßig kleiner Effekt. Das ist auch daran erkennbar, dass bei Zimmertemperatur durch die thermische Bewegung im Material die Ausrichtung der Dipolmomente verloren geht, sobald das äußere Magnetfeld abgeschaltet wird.

Ein Stoff lässt sich als Paramagnet identifizieren, wenn er in einem inhomogenen Magnetfeld in Richtung zunehmender Feldstärke gezogen wird. Bei sehr kleinen χ_m-Werten muss das Magnetfeld aber stark sein, um die Kraft nachweisen zu können.

2. **Diamagnete**

In diamagnetischer Materie sind keine oder nur extrem schwache elementare magnetische Momente vorhanden. Die Materie reagiert dennoch auf äußere Magnetfelder, indem sie in ihrem Inneren das Magnetfeld leicht schwächt. Dieser Effekt ist wieder von quantenmechanischer Natur. Eine Erklärung der klassischen Physik beruht auf der Induktion (Kapitel 5). Das äußere Magnetfeld induziert kleine atomare Ströme, deren Magnetfelder dem äußeren Feld entgegengesetzt sind.

Der Diamagnetismus ist sehr schwach und die negativen Suszeptiblitätswerte vom Betrage noch kleiner als im Paramagnetismus, typischerweise

$$\chi_m = -10^{-9} \cdots -10^{-4} \, .$$

In der Tab. 4.1 sind Beispiele für Normalbedingungen aufgelistet. Unter den Elementen sind bis auf Sauerstoff alle Nicht-Metalle diamagnetisch. Einige wenige Metalle, wie Kupfer (Cu), Silber (Ag), Gold (Au), Zink (Zn) oder Blei (Pb) sind schwache Diamagnete. Das Element Wismut (Bi) weist von allen Elementen den stärksten Diamagnetismus auf. Wasser, organische Verbindungen und damit biologische Substanzen sind ebenfalls diamagnetisch.

Supraleiter, die wir schon im Kapitel 3 als elektrische Leiter ohne ohmschen Widerstand kennengelernt haben, sind dagegen perfekte Diamagnete mit $\chi_m = -1$. Sie verdrängen aus ihrem Inneren Magnetfelder nahezu vollständig, was auch als *Meissner-Ochsenfeld-Effekt* bezeichnet wird.

Diamagnete erfahren eine abstoßende Kraft in inhomogenen Magnetfeldern und können bei geeigneter Anordnung zum Schweben gebracht werden. Dieses Phänomen wird als *diamagnetische Levitation* bezeichnet. Die Abb. 4.28 zeigt ein Beispiel aus dem Hochfeldlabor der niederländischen Raboud-Universität Nimwegen. Im inhomogenen Streufeld eines 16 T Magneten können organische Materialien wie z. B. Nüsse, Tomaten oder auch ganze Frösche zum Schweben gebracht werden.

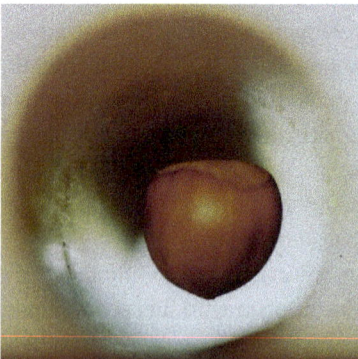

Abb. 4.28: Schwebende Haselnuss im starken inhomogenen Magnetfeld des 16 T-Magneten des Nijmegen High Field Magnet Laboratory der Raboud University.

Starke Haushaltsmagnete schweben auch eindrucksvoll über Hochtemperatur-Supraleitern. Zur Demonstration im Schulunterricht sei auf Experimente mit starken Magneten über Wismut- und Kohlenstoff-Plättchen verwiesen [4.5].

3. **Ferromagnete**

Das Elementmetall Eisen (Fe, lateinisch: *ferrum*) ist Namensgeber für ein Klasse besonderer Metalle, die Magnetfelder in ihrem Inneren extrem verstärken. Je nach Zusammensetzung und Behandlung der Materialien sind Suszeptibilitäten bzw. Permeabilitäten zwischen

$$\chi_m \approx \mu_r = +10^3 \cdots + 10^6 \, .$$

erreichbar. Neben Eisen weisen Nickel (Ni) und Kobalt (Co) als Elemente und Legierungen mit diesen Elementen ferromagnetisches Verhalten auf. Einige Permeabilitätswerte sind exemplarisch in der Tab. 4.1 aufgeführt. Die Werte zeigen nur qualitativ den großen Sprung zu den Para- und Diamagneten. Sie überstreichen große Bereiche je nach Materialbehandlung und äußerem Feld.

Dieses besondere Verhalten kann nicht durch die Ausrichtung einzelner magnetischer Dipolmomente wie im Paramagnetismus erklärt werden. In einem Ferromagneten gibt eine *spontane Magnetisierung* ganzer Bereiche auch ohne äußeres Magnetfeld. Sie heißen Domänen oder auch *weisssche Bezirke*. In ihnen sind die elementaren Magnetdipole bereits ausgerichtet, wie schematisch in einem Schnitt durch einen Ferromagneten in Abb. 4.29 (a) gezeichnet. Ein von außen wirkendes Magnetfeld orientiert die Magnetisierung der Bezirke in die Feldrichtung und neue größere Bezirke bilden sich (Abb. 4.29 (b)).

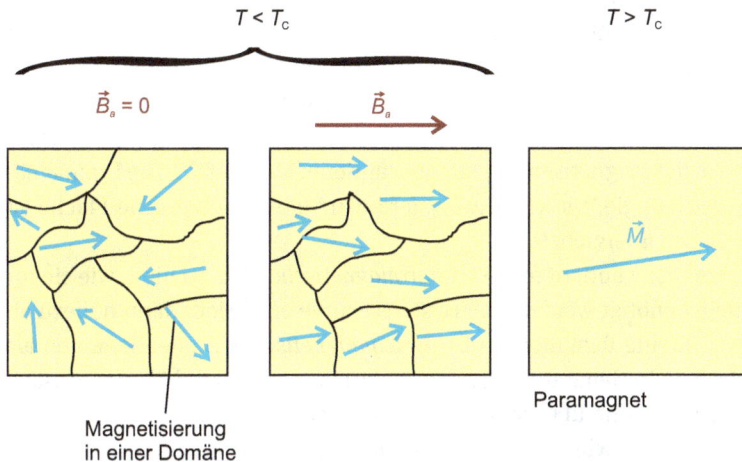

Magnetisierung in einer Domäne

Abb. 4.29: (a) Ferromagnet unterhalb der Curie-Temperatur und ohne äußeres Magnetfeld. (b) Ferromagnet unterhalb der Curie-Temperatur und mit äußerem Magnetfeld. Die Magnetisierung der Domänen wird ausgerichtet. (c) Oberhalb der Curie-Temperatur wird der Ferromagnet paramagnetisch.

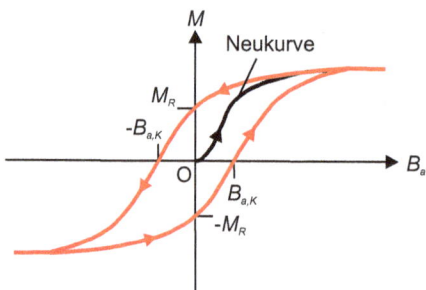

Abb. 4.30: Schematischer Verlauf einer magnetischen Hysteresekurve eines ferromagnetischen Materials.

Weil für das Ausrichten Energie aufgewendet werden muss, geschieht dieses nur allmählich mit wachsendem Feld. Die Abb. 4.30 erklärt dieses Verhalten. In dem Diagramm ist die Komponente M der Magnetisierung in Richtung des äußeren Felds gegen die Feldstärke des äußeren Magnetfelds aufgetragen. Weil wir die Richtungen und damit die Vorzeichen der Felder beachten müssen, gilt $\vec{M} = (M, 0, 0)^T$ und $\vec{B}_a = (B_a, 0, 0)^T$.

Wir starten am Koordinatenursprung mit einem Ferromagneten, in dem die Domänen gemischt magnetisiert sind, so dass keine Nettomagnetisierung außen spürbar ist. Steigern wir B_a, nimmt auch die Magnetisierung zu, bis diese einen Endwert erreicht. Dann sind alle Domänen orientiert und die Magnetisierung gesättigt. Dieser Teil der Funktion wird *Neukurve* genannt, denn ein Rückfahren des äußeren Felds lässt M nicht auf null zurückgehen.

Es bleibt eine **Remanenz** M_R, weil das Material magnetisiert wurde. Es ist zu einem Permanentmagneten geworden, weil es ein dauerhaftes magnetisches Feld behält. Wird das äußere Magnetfeld umgekehrt, dreht sich die Magnetisierung des Materials nur allmählich. Sie erreicht bei der *Koerzitivfeldstärke* $B_{a,K}$ den Wert null und kehrt seine Richtung mit steigendem äußeren Feld um. Der Vorgang wiederholt sich spiegelbildlich bei anschließender Erhöhung des äußeren Magnetfelds. Die Neukurve kann nicht mehr durchlaufen werden. Stattdessen entsteht eine **Hysterese** der Magnetisierung mit dem äußeren Magnetfeld. Die Ummagnetisierung kostet Energie. Die von der Hysteresekurve eingeschlossene Fläche ist ein Maß für diesen Energiebetrag.

Bei großer Remanenz spricht man von *hartmagnetischen* Materialien, wie sie für starke Magnete benötigt werden. Die Hysteresekurve entspricht dann nahezu einem Rechteck. Kleine Remanenzen bei *weichmagnetischen* Stoffen kommen als Elektrobleche z. B. in Generatoren und Transformatoren (Kapitel 5) zum Einsatz. Ihre Hysterese ist – wenn überhaupt vorhanden – sehr schmal.

Es stellt sich die Frage, wie magnetisierte Ferromagnete ihre Magnetisierung wieder verlieren können. Eine solche Demagnetisierung ist für viele technische Anwendungen von großer Bedeutung. Der Ferromagnetismus wird nur für Temperaturen unterhalb einer materialspezifischen Temperatur, der **Curie-Temperatur** T_C, beobachtet. Erhitzt man einen Ferromagneten auf Temperaturen oberhalb von T_C, wird er paramagnetisch (Abb. 4.29 (c)). Zum Beispiel beträgt die Curie-Temperatur von elementarem Eisen 1 041 K und von starken Haushaltsmagneten aus $Nd_2Fe_{14}B$ schon 600 K.

Die klassische Elektrodynamik erklärt nach Gl. (4.36) magnetische Momente mit klassischen Ringströmen von Ladungen im Material. Schon bei der geringen Verstärkung des Magnetfelds im Paramagneten kommen Zweifel an dieser Erklärung auf, weil sich die Frage nach der physikalischen Natur dieser widerstandsfreien Ströme stellt. Im Ferromagneten mit seiner Magnetfeldverstärkung um mehrere Größenordnungen erscheint diese Erklärung vollkommen abwegig, weil extrem hohe, dauerhafte Ströme im Material angenommen werden müssten. Auf der Oberfläche eines runden, 20 cm langen Stabmagneten mit einer typischen magnetischen Feldstärke von 1 T müsste nach Gl. (4.27) ein Strom von $N \cdot I = 160\,000$ A ohne Widerstand fließen!

Der Ferromagnetismus lässt sich nicht durch klassische Ringströme verstehen, sondern ist quantenmechanischer Natur und beruht auch auf dem gegenseitigen Wechselspiel der mikroskopischen Dipolmomente und Drehimpulse untereinander. Man spricht daher von einem *kooperativen* Phänomen, das theoretisch schwierig zu beschreiben ist. Auch heute sind der Ferromagnetismus und seine verwandten Phänomene Gegenstand moderner Forschung.

4.5.3 Magnetfeld an Grenzflächen

Ähnlich wie im elektrischen Feld werden magnetische Feldlinien an der Grenzfläche zwischen zwei Medien mit unterschiedlichen Permeabilitäten μ_{r1} und μ_{r2} gebrochen. Man kann zeigen, dass die Komponente, die senkrecht auf der Grenzfläche steht, stetig ist, d. h.

$$\vec{B}_{1\perp} = \vec{B}_{2\perp}\,, \tag{4.59}$$

während sich die Parallelkomponente sprunghaft ändert mit

$$\frac{\vec{B}_{1\parallel}}{\mu_{r1}} = \frac{\vec{B}_{2\parallel}}{\mu_{r2}}\,. \tag{4.60}$$

Daher treten an der Grenzfläche zwischen einem Ferromagneten $\mu_{r1} \gg 1$ und Luft $\mu_{r2} = 1$ die Feldlinien stets senkrecht aus dem Material heraus, weil die Parallelkomponente in Luft sehr klein wird!

Trifft eine Magnetfeldlinie aus Luft auf ein Material mit großer Permeabilität verläuft die Feldlinie im Material praktisch parallel zur Grenzfläche und wird dort weiter geführt. Im Falle von weichmagnetischen Ferromagneten, die nur schwer permanent zu magnetisieren sind, kann man damit Magnetfelder umlenken bzw. abschirmen. Dennoch ist diese Abschirmung nicht vollständig. Wegen fehlender magnetischer Quellen können Magnetfelder durch Materie nur geschwächt aber nie vollständig abgeschirmt werden, wie es mit Metallplatten beim elektrischen Feld gelingt. Einen magnetfeldfreien Raum kann man nur aktiv erzeugen, indem Spulen Gegenfelder aufbauen. In der Praxis tritt oft das Problem eines störenden Erdmagnetfelds auf, das dann z. B. mit Helmholtz-Spulen kompensiert wird.

4.5.4 Ferromagnete in Spulen

Zur Verstärkung von magnetischen Feldern werden ferromagnetische Materialien als *Kerne* in elektrische Spulen eingebracht. Verlaufen die magnetischen Feldlinien vollständig innerhalb des Materials wie in der Ringspule mit Kern in Abb. 4.31, erhöht sich die Feldstärke bzw. der magnetische Fluss innerhalb der Spule um μ_r, also

$$B_i = \frac{\mu_0 \mu_r N I}{2\pi R} \quad \text{bzw.} \quad \Phi_{\text{mag}} = \mu_r \Phi_{\text{mag},0} \,, \tag{4.61}$$

wobei $\Phi_{\text{mag},0}$ dem magnetischen Fluss innerhalb der Spule ohne ferromagnetischem Kern entspricht. Auch in einer langen Spule wie in Abb. 4.20 erhöht ein Ferromagnet das innere Feld um μ_r, weil der gleiche Intergrationsweg zur Berechnung des Magnetfelds genommen werden kann.

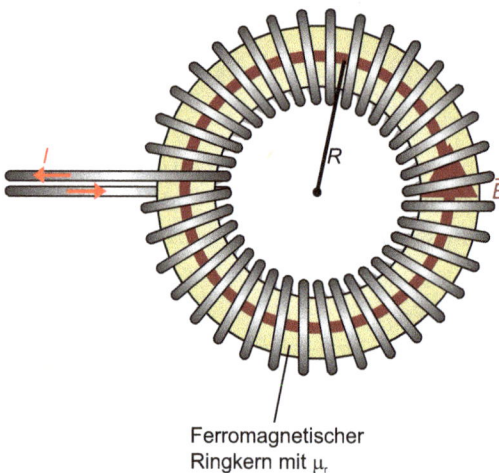

Ferromagnetischer Ringkern mit μ_r

Abb. 4.31: Toroid-Spule mit einem ferromagnetischen Kern. Das magnetische Feld im Kern ist um den Faktor μ_r größer.

Dennoch ist hier Vorsicht geboten! Innerhalb des Materials ist die Magnetfeldliniendichte um μ_r, demnach um Größenordnungen höher als in Luft. Weil es keine magnetischen Quellen und Senken gibt und der magnetische Fluss durch geschlossene Oberflächen nach Gl. (4.7) immer null ist, wird es kompliziert, wenn der magnetische Fluss das ferromagnetische Material verlassen muss. Dieses tritt z. B. am Ende von Solenoidspulen auf, wo die Feldlinien senkrecht und wegen der Stetigkeit der Senkrechtkomponenten mit gleicher Dichte in Luft austreten. Der große magnetische Fluss innerhalb muss gleich dem Fluss außerhalb des Materials sein. Die hohe Dichte austretender Feldlinien an den Polen eines permanenten Stabmagneten wird im Eisenspänebild in Abb. 4.4 anschaulich klar. Seitlich am Stab ist das magnetische Feld schwach.

Eine technisch wichtige Frage lautet, unter welchen Bedingungen der freie Raum den großen magnetischen Fluss aufnehmen kann und wie stark die Streufelder von Elektromagneten außerhalb der Kerne sind. Die Antwort hängt von den Randbedingungen und der Geometrie der Anordnung ab. Das Problem wird heutzutage mit Computerprogrammen gelöst.

Nach der Modellvorstellung von J. Hopkinson lässt sich der magnetische Fluss wie ein Strom behandeln, der in magnetischen Kreisen fließt. Diese Vorstellung ist anschaulich und zeigt einige Analogien zu elektrischen Stromkreisen. Beim Übergang vom Ferromagneten in Luft erhöht sich der Widerstand für den magnetischen Fluss gerade um den Faktor μ_r.

Beispiel: Toroid mit Luftspalt

Wir wollen an einem einfachen Beispiel verdeutlichen, was es bedeutet, wenn magnetische Feldlinien nicht in einem Kern gefangen bleiben, sondern diesen verlassen müssen. In Abb. 4.32 (a) ist ein Toroid mit einem dünnen Luftspalt der Dicke d im ferromagnetischen Ring gezeigt. Die Feldlinien mit hoher Dichte müssen den Luftbereich mit $\mu_r = 1$ durchdringen. Die Gl. (4.61) gilt hier nicht, sondern wir wenden das Ampère-Gesetz nach Gl. (4.23) an. Der geschlossene Weg geht durch die Spulenmitte und wird in die zwei Teilwege mit und ohne Materie unterteilt, so dass

$$\frac{B}{\mu_r}(2\pi R - d) + Bd = \mu_0 NI \qquad (4.62)$$

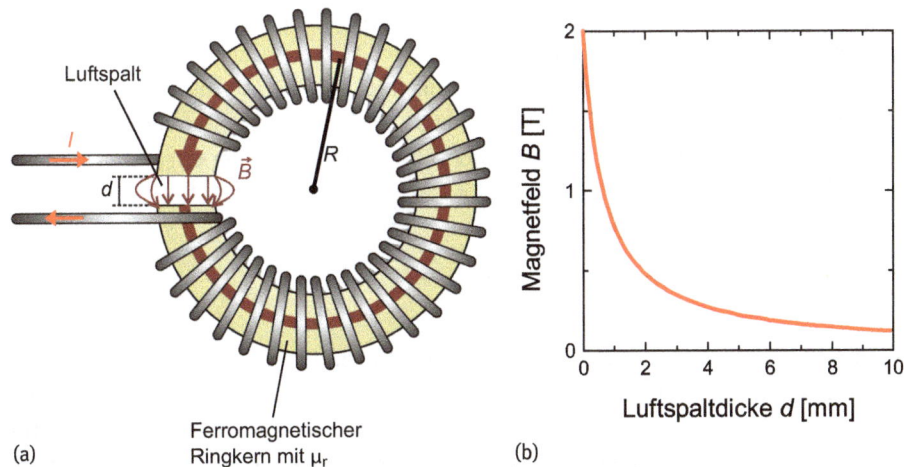

(a)

Luftspalt

Ferromagnetischer
Ringkern mit μ_r

(b)

Abb. 4.32: (a) Toroidspule mit Luftspalt. (b) Durch den Luftspalt wird das Magnetfeld erheblich geschwächt. Es entsteht ein starkes Streufeld im Luftspalt.

folgt. Die Auflösung nach B ergibt mit $\mu_r - 1 \approx \mu_r$ für große Suszeptibilitäten

$$B = \frac{\mu_0 \mu_r N I}{2\pi R + \mu_r d}, \tag{4.63}$$

was bei gleichem Strom I ein viel kleineres Feld ergibt als in Gl. (4.61). Um das gleiche Magnetfeld im Inneren des Toroiden mit Luftspalt zu erhalten wie ohne Luftspalt, muss der Strom und damit das äußere Magnetfeld erheblich gesteigert werden. Die Abb. 4.32 (b) zeigt die Magnetfeldstärke für eine Ringspule mit Eisenkern ($\mu_r = 500$), $R = 5$ cm, $N = 1\,000$ und $I = 1$ A als Funktion der Luftspaltdicke d. Bei größeren d ist Gl. (4.63) nicht zuverlässig.

Toroide mit kleinem Luftspalt werden als Elektromagnete verwendet, z. B. in miniaturisierter Bauweise zur Magnetisierung von Festplatten, weil das Luftstreufeld groß ist.

4.5.5 Energiedichte des magnetischen Felds

Wie das elektrische Feld enthält auch das Magnetfeld Energie. Die Energiedichte des Magnetfelds lässt ich wegen fehlender Quellen nicht so einfach herleiten wie Gl. (2.104) für das elektrische Feld. Sie lautet aber sehr ähnlich

$$w_{\text{mag}} = \frac{1}{2\mu_r \mu_0} |\vec{B}|^2 \tag{4.64}$$

und hängt quadratisch von der magnetischen Feldstärke ab. In Kapitel 5 wird diese Beziehung aus elektrischen Größen an Spulen abgeleitet.

ℹ Beispiel

Es soll die Energiedichte eines homogenen elektrischen Felds mit einem homogen magnetischen Feld im Vakuum verglichen werden. Ein relativ schwaches Magnetfeld von 0,01 T besitzt eine Energiedichte von ungefähr $w_{\text{mag}} = 40$ J/m^3. Für die gleiche Energiedichte muss ein elektrisches Feld von $3 \cdot 10^6$ V/m wirken. Der Vergleich macht klar, dass hohe Energiedichten mit magnetischen Feldern leichter erreichbar sind als mit elektrischen.

4.5.6 Magnete

Die Kraftwirkung auf und durch Permanentmagnete, die im Abschnitt 4.1.2 phänomenologisch betrachtet wurde, kann jetzt physikalisch erklärt werden. Ein Magnet ist ein magnetisierter, hartmagnetischer Ferromagnet, dessen Feldlinien praktisch senkrecht auf der Oberfläche stehen. Ein Stabmagnet erzeugt ein Feldlinienbild, das dem einer endlich langen Spule ähnlich ist. In großen Abständen zum Magneten spielen seine Abmessungen keine Rolle und er kann als magnetischer Elementardipol angesehen werden. Zwei kleine Magnete in einem verhältnismäßig großen Abstand erfahren also Kräfte, wie sie zwischen zwei Dipolen im Fernfeld wirken. Wir interessieren uns nur für die Abstandsabhängigkeit. Die Kraft zwischen zwei Dipolen erhält man aus dem Gradienten von Gl. (4.41), was eine r^{-4}-Abhängigkeit ergibt. Dieses wird auch experimentell beobachtet.

Die Kraftabhängigkeit zwischen einem Permanentmagneten und einer weichmagnetischen Eisenkugel ist sehr viel schwächer (r^{-8}), weil im dem Metall erst eine Magnetisierung erzeugt werden muss. Zwischen Scheibenmagneten herrscht in guter Näherung ein homogenes Magnetfeld, wenn ihr Abstand kleiner als der Scheibendurchmesser ist. Mit der Energiedichte nach Gl. (4.64) folgt eine konstante Kraft

$$F = \frac{d}{dx}\left(\frac{B^2 A x}{2\mu_0}\right) = \frac{B^2 A}{2\mu_0} \tag{4.65}$$

zwischen den Scheiben, was auch in Abb. 4.3 zu sehen ist.

Physikalische Ergänzung: Magnetfeld der Erde

Die Erde erzeugt ein sehr dynamisches magnetisches Feld, das gegenwärtig im Wesentlichen die Form eines Dipols besitzt. Die Abb. 4.33 (a) zeigt eine künstlerische Darstellung des Felds vom Geoforschungszentrum Potsdam (GFZ). An der Abbildung lassen sich einige qualitative Eigenschaften ablesen. Das Feld entsteht hauptsächlich durch komplexe Strömungen im flüssigen Eisenkern der Erde und ist Folge komplizierter magnetohydrodynamischer Prozesse. Der Südpol (Nordpol) des Dipols liegt in der Nähe des geografischen Nordpols (Südpols). Darauf beruhen auch die Bezeichnungen der Pole. Das nach Norden zeigende Ende einer Magnetnadel ist der Nordpol des Magneten. Die geomagnetische Achse ist derzeit um ungefähr 11° gegenüber der Rotationsachse der Erde geneigt. Die Stärke des Erdmagnetfelds schwankt zwischen 25 µT in Äquatornähe und 65 µT an den Polen. Für Duisburg wird ein Feld von ungefähr 49 µT bestimmt.

Das Erdmagnetfeld wird seit dem Mittelalter zur Navigation in der Schifffahrt genutzt. Auch heute sind magnetische Kompasse noch verbreitet, aber ihre Genauigkeit ist begrenzt. Sie sind nicht nur anfällig durch umgebende Streufelder, sondern auch ungenau wegen der zeitlichen Veränderung

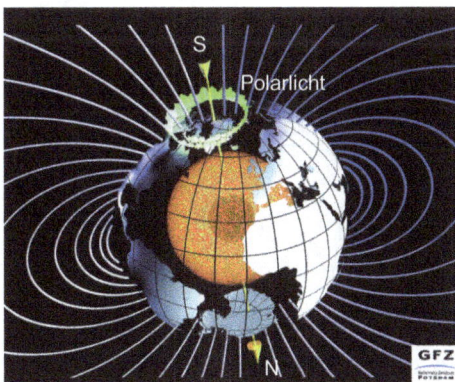

(a)

(b)

Abb. 4.33: (a) Schematische Darstellung des Erdmagnetfelds. Mit freundlicher Genehmigung des Deutschen GeoForschungszentrums (GFZ) Potsdam. (b) Fotografie eines Polarlichts über Berlin 2013 (Foto: Andreas Möller).

der Erdmagnetfeldachse. Durch die Neigung der Feldachse gegenüber der Rotationsachse und durch höhere Multipolanteile besteht eine Winkelabweichung zwischen Kompassanzeige und wahrer Nord-Süd-Richtung. Diese Diskrepanz heißt *Deklination* und hängt wesentlich vom Längengrad des Orts ab. In der Stadt Duisburg beträgt der Deklinationswinkel 2018 ungefähr 1°25′. Um diesen Winkel weicht die Kompassnadel von der geografischen Nordrichtung nach Osten ab. Wie in Abb. 4.33 (a) zu erkennen, treffen die Feldlinien nicht senkrecht auf die Erdoberfläche. Der Winkel zwischen Feldlinie und Erdoberfläche wird als *Inklinationswinkel* bezeichnet und beträgt für Duisburg ungefähr 67°.

Das Erdmagnetfeld ist nicht sehr stabil, sondern variiert nach geologischen Maßstäben auf kurzen Zeitskalen. So hat sich der magnetische Nordpol seit 1900 von 70° nördlicher Breite schnell in Richtung Nordpol bewegt. Er befindet sich heute auf 85° nördlicher Breite. Man konnte durch Tiefenbohrungen in die Erdkruste nachweisen, dass in unregelmäßigen Abständen das Dipolfeld schnell verschwindet und sich in umgekehrter Richtung wieder aufbaut. Die letzte Polumkehr liegt circa 800 000 Jahre zurück. Man geht aber von einer mittleren Umpolperiode von 250 000 Jahren aus. Inwieweit die Schwächung und Umpolung des Erdmagnetfelds Auswirkungen auf das Leben auf der Erde hat, ist nicht geklärt. Es gibt keine paläontologischen Hinweise, dass die letzten Umpolungen zu einem Massensterben biologischer Spezies geführt haben.

Der Bereich des sich in den Raum ausdehnenden Erdmagnetfelds wird *Magnetosphäre* genannt. Sie wird durch den *Sonnenwind* stark verformt, der einen Strom hochenergetischer geladener Teilchen von der Sonne (Protonen, Helium-Kerne, Elektronen) bezeichnet. Sonnenzugewandt ist die Magnetosphäre auf ungefähr 10 Erdradien gestaucht, während sie sich auf der sonnenabgewandten Seite schweifartig 1 000 und mehr Erdradien in den Raum erstreckt.

Die für biologische Organismen gefährlichen Teilchen werden durch die Lorentz-Kraft auf Bahnen entlang der Magnetfeldlinien gezwungen und so größtenteils um die Erde gelenkt. Das komplizierte Wechselspiel zwischen geladenen Teilchen (Plasma) und Magnetfeld hat zur Folge, dass energiereiche geladene Teilchen wie in einer magnetischen Flasche auf einem Gürtel um die Erde gefangen werden. Dort werden weitere Atome in ihre Bestandteile zerlegt. Der Strahlungsgürtel der Erde heißt nach seinem Entdecker auch *van-Allen-Gürtel*. Er weist hauptsächlich zwei Bereiche auf. Im Abstand bis zu 6 000 km von der Erde befinden sich meist Protonen, zwischen 15 000 und 25 000 km vorwiegend Elektronen. Für die Raumfahrt ist die Strahlenbelastung beim Durchqueren des van-Allen-Gürtels von großer Relevanz.

Ein nennenswerter Anteil der energetischen Solarwindelektronen erreicht die Polregionen, weil dort die Feldlinien zusammenlaufen. Dort können sie in der oberen Atmosphäre durch Anregung von Sauerstoff- und Stickstoffmolekülen eindrucksvolle Polarlichter (*aurora borealis*) hervorrufen. Diese sind besonders prägnant in Zeiten hoher Sonnenaktivität. Dann lassen sich sogar Polarlichter in Mitteleuropa beobachten. In Abb. 4.33 (a) sind Polarlichter schematisch eingezeichnet und Abb. 4.33 (b) zeigt eine Fotografie eines Berliner Polarlichts.

4.6 Elektrostatik und Magnetostatik

4.6.1 Vektorpotenzial

In Kapitel 2 haben wir das elektrische Feld als ein konservatives Kraftfeld auf eine Probeladung kennengelernt. Es kann daher als Gradient des skalaren elektrischen Potenzials geschrieben werden, das der potenziellen Energie pro Ladung entspricht. Die Potenzialdarstellung erlaubt eine deutlich einfachere Berechnung elektrischer Felder aus Ladungsverteilungen.

Auch das Magnetfeld lässt sich auf ein Potenzial zurückführen. Weil es aber kein konservatives Kraftfeld erzeugt, kann es nicht aus einem skalaren Potenzial abgeleitet werden. Aus der Quellenlosigkeit des magnetischen Felds lässt sich aber folgern, dass

$$\vec{B} = \nabla \times \vec{A}_M , \quad [\vec{A}_M] = \mathrm{T\,m} = \frac{\mathrm{V\,s}}{\mathrm{m}} = \frac{\mathrm{kg\,m}}{\mathrm{C\,s}} \tag{4.66}$$

geschrieben werden kann. Die Größe $\vec{A}_M$ wird **Vektorpotenzial** genannt und üblicherweise ohne den Index M notiert. Er soll hier verwendet werden, um die Größe gegenüber dem Flächenvektor zu unterscheiden. So wie das elektrische Potenzial nur bis auf eine Konstante bestimmt ist, ist auch $\vec{A}_M$ nicht eindeutig. Die Definition nach Gl. (4.66) erlaubt auch andere Vektorpotenziale, die das gleiche Magnetfeld erzeugen. Der Übergang von einem zum anderen Vektorpotenzial, ohne das messbare Magnetfeld zu verändern, nennt sich *Eichtransformation*. Die Bedingung, die das Vektorpotenzial erfüllen muss, bezeichnet man als *Eichung* und spielt in der theoretischen Physik eine wichtige Rolle.

Als Beispiel betrachten wir $\vec{A}'_M = \vec{A}_M + \nabla a$ mit einem beliebigen skalaren Feld $a(\vec{r})$. Es erzeugt das gleiche $\vec{B}$-Feld wie $\vec{A}_M$, denn es gilt

$$\nabla \times \vec{A}'_M = \nabla \times \vec{A}_M + \underbrace{\nabla \times \nabla a}_{=0} = \vec{B} . \tag{4.67}$$

Betrachtet man die Einheiten der einzelnen Potenziale, fällt eine Kuriosität auf, die bereits auf einen tieferen Zusammenhang mit mechanischen Observablen hindeutet. Das elektrische Potenzial ist eine Größe, die die Einheit von Energie pro Ladung besitzt. Die Einheit des Vektorpotenzials entspricht derjenigen von Impuls pro Ladung. Das elektrische Feld ist mit einem energieerhaltenden Kraftfeld verknüpft, während das Magnetfeld durch die Bewegung von Ladungen hervorgerufen wird.

Der praktische Vorteil des Vektorpotenzials liegt auch in der leichteren Berechenbarkeit von magnetischen Feldern bei gegebenen Stromverteilungen. Hier sei aber auf Lehrbücher der theoretischen Elektrodynamik verwiesen. Für die Darstellung der Lehramtsphysik werden wir im Weiteren auf die Verwendung des Vektorpotenzials verzichten.

4.6.2 Gegenüberstellung physikalischer Größen

Es sind markante Ähnlichkeiten und Unterschiede zwischen den elektrischen und magnetischen Größen in der klassischen Elektrodynamik zu Tage getreten. In der Tab. 4.2 sind die vergleichbaren Größen noch einmal zusammengefasst und gegenübergestellt.

Tab. 4.2: Gegenüberstellung elektrischer und magnetischer Feldgrößen.

Größe	Elektrisches Feld	Magnetisches Feld
Charakter	fundamental	abgeleitet
Ursache	Ladungen q	Ströme I
Quellen	Ladungen q	keine
Feldstärke	$\vec{E}$	$\vec{B}$
Potenzial	$\vec{E} = \nabla \varphi_e$	$\vec{B} = \nabla \times \vec{A}_\mathrm{M}$
Kraft	Coulomb-Kraft $\vec{F}_C = q_1 q_2 \vec{e}_r / (4\pi\epsilon_0 r^2)$ konservative Grundkraft zwischen Ladungen	Lorentz-Kraft $\vec{F}_L = q\vec{v} \times \vec{B}$ auf bewegte Ladungen
Dipolmoment	$\vec{p}_{el} = q\vec{d}$	$\vec{p}_{mag} = I\vec{A}$
Feldkonstante	ϵ_0	μ_0
Wirkung in Stoffen	Polarisation $\vec{P}$	Magnetisierung $\vec{M}$
Felder in Materie	$\vec{E} = \vec{E}_a / \epsilon_r$	$\vec{B} = \mu_r \vec{B}_a$
Materialgröße	Permittivität ϵ_r	Permeabilität μ_r
Energiedichte	$w_{el} = \dfrac{1}{2}\epsilon_r\epsilon_0 |\vec{E}|^2$	$w_{mag} = \dfrac{1}{2\mu_r\mu_0} |\vec{B}|^2$

Quellenangaben

[4.1] Gudrun Wolfschmidt (Hrsg.), *Navigare necesse est* – Geschichte der Navigation, Beiträge zur Geschichte der Naturwissenschaften, Band 14 (Books on Demand, Norderstedt, 2008).

[4.1] Lukrez, Über die Natur der Dinge, Übersetzung aus dem Lateinischen von Hermann Diels, 4. Auflage (Holzinger, 2015) S. 203.

[4.2] Simulationen der Kräfte zwischen Magneten sind für jedermann z. B. auf der Internetseite www.supermagnete.de zugänglich.

[4.3] Christian Ucke, H. Joachim Schlichting, *Spiel, Physik und Spaß* (Wiley-VCH, 2011) S. 105.

[4.4] Eine für die Schule zugeschnittene Darstellung ist: Bernd Scharlau, Volkhard Nordmeier, H. Joachim Schlichting, *Magnetische Levitation* In: Deutsche Physikalische Gesellschaft (Hrsg.): Didaktik der Physik. Augsburg 2003. (Lehmanns, Berlin, 2003).

Übungen

1. Betrachten Sie eine Leiterschaukel. Sie besteht aus einem 20 g schweren und 50 cm langen Metallstab, der waagerecht zur Erdoberfläche an zwei Federn aufgehängt ist. Senkrecht zum Draht und parallel zur Erdoberfläche wirke ein homogenes Magnetfeld mit der Stärke 0,2 T. Welcher Strom muss durch den Stab fließen, damit die Federn entspannt sind?

2. Elektronenstrahlen im Vakuum reagieren sehr empfindlich auf äußere Magnetfelder. Leiten Sie eine Formel für den Krümmungsradius der Flugbahn eines frei fliegenden Elektrons im homogenen Erdmagnetfeld von 30 µT her mit der kinetischen Energie in eV als Variable. Geben Sie Werte für 100 eV und 100 000 eV an.

3. Schätzen Sie die anziehende Kraft zwischen zwei scheibenförmigen, parallel zueinander liegenden Permanentmagneten ab. Die Fläche der Scheiben sei 5 cm^2 und ihr Abstand sei 5 mm. Das Magnetfeld zwischen den Scheiben kann näherungsweise als homogen angesehen werden und betrage 1 T. (Hilfestellung: Gehen Sie von der Energiedichte des Magnetfelds $\frac{B^2}{2\mu_0}$ im Zwischenraum aus und berechnen Sie die Kraft aus der Energieänderung bei Variation des Abstands.)

4. Durch zwei parallele Cu-Leiter mit einem Querschnitt von 2,5 mm^2 fließe jeweils ein Strom von 20 A in dieselbe Richtung. Die Leiter seien 1 cm voneinander entfernt und 5 m lang. Wie groß ist die Kraft pro Länge auf einen Leiter? Welche Richtung hat die Kraft?

5. Eine dünne Kupferfolie mit der Dicke $\Delta x = 0,1$ mm und der Breite $\Delta y = 1$ cm wird in x-Richtung senkrecht von einem Magnetfeld von 1 T durchsetzt und in z-Richtung von einem Strom von 10 A durchflossen. Nehmen Sie eine freie Elektronendichte im Kupfer von $8 \cdot 10^{22}$/cm^3 an, d. h. jedes Cu-Atom trägt ein freies Elektron. Der spezifische Widerstand von Kupfer bei 300 K beträgt 18 mΩ mm^2/m.
   - Wie groß ist die wirkende elektrische Feldstärke?
   - Wie groß ist die Driftgeschwindigkeit der Elektronen?
   - Wie groß sind die Beweglichkeit und die mittlere Stoßzeit der Elektronen in Kupfer?
   - Welche Hall-Spannung stellt sich ein?
   - Wie groß ist die Kraft pro Meter auf die Folie?

6. Zeigen Sie, dass auf einen Strom in einer beliebig geformten, geschlossenen Leiterschleife, die sich in einem homogenen Magnetfeld befindet, keine resultierende Kraft wirkt.

7. Eine kreisrunde, dielektrische und nicht-leitfähige Scheibe mit dem Radius $R = 10$ cm rotiere um die Hauptträgheitsachse mit dem höchsten Trägheitsmoment. Die Rotationsfrequenz betrage 1000 Umdrehungen pro Minute. Die Scheibe habe eine Masse von 3 kg und trage eine homogen im Volumen verteilte Gesamtladung von $q = 10^{-5}$ C. Berechnen Sie das magnetische Dipolmoment der rotierenden Scheibe. (Hinweis: Zerlegen Sie gedanklich die Scheibe in infinitesimal dünne Ringe und bestimmen Sie für einen Ring die Ladung, den Strom und das magnetische Moment.) Bestimmen Sie allgemein für eine rotierende, homogen geladene, dielektrische Scheibe das Verhältnis zwischen magnetischem Dipolmoment und Drehimpuls.

8. In Halbleitern können positive und negative Ladungsträger (*Löcher* und Elektronen) zur gleichen Zeit vorhanden sein. Sie tragen beide vom Betrage eine Elementarladung, haben aber unterschiedliche Massen, Beweglichkeiten und Dichten. Zeigen Sie, dass die Hall-Konstante in diesem Fall

$$R_H = \frac{n_+\mu_+^2 - n_-\mu_-^2}{e_0(n_+\mu_+ + n_-\mu_-)^2}$$

lautet, wobei der Index der Ladungsdichte n und der Beweglichkeit μ für die jeweiligen Ladungsträger gilt.

9. Ein Kupferleiter mit quadratischem Querschnitt von 2×2 mm^2 wird von einem Strom $I = 10$ A durchflossen. Senkrecht zum Strom wirkt ein homogenes Magnetfeld von $B = 0,5$ T. Wie groß ist die Hall-Spannung, wenn eine freie Elektronendichte von $8 \cdot 10^{22}$/cm^3 angenommen wird? Wie weit müssten die beiden Hall-Spannungskontakte in Stromrichtung gegeneinander versetzt sein, wenn der Spannungsabfall durch den Strom genauso hoch wie die Hall-Spannung sein soll?

10. Ein quadratischer Rahmen schließe ein kleine Fläche von $A = 5\,\text{cm}^2$ ein. Auf ihm seien $N = 500$ Windungen eines Drahts gewickelt, der von einem Strom $I = 1\,\text{A}$ durchflossen wird. Wie groß ist das magnetische Dipolmoment dieser flachen Spule? Die Anordnung ist als Drehspule ausgeführt, d. h., der Rahmen ist drehbar um die Mittelachse gelagert, die parallel zu den Rahmenkanten liegt und durch den Mittelpunkt des Rahmens geht. Die Drehspule liegt in einem homogenen Magnetfeld von $B = 0,4\,\text{T}$ senkrecht zur Drehachse. Berechnen Sie das Drehmoment auf die Spule als Funktion des Drehwinkels.

11. Die Drehspule der vorangehenden Aufgabe kann als Motor arbeiten, wenn in der Gleichgewichtslage der Spule der Strom umgekehrt wird. Dann macht die Spule eine halbe Umdrehung in die neue Gleichgewichtslage; es wird wieder umgepolt u.s.f. Welche Leistung erbringt der Motor, wenn er mit 1000 Umdrehungen pro Minute läuft?

5 Induktion und Verschiebungsstrom

In diesem Kapitel sollen die elektrodynamischen Effekte betrachtet werden, die bei
zeitlich veränderlichen magnetischen und elektrischen Größen auftreten. Im Mittelpunkt steht zunächst die magnetische Induktion von elektrischen Feldern, auf der
technische Anwendungen wie Transformatoren oder Wirbelstrombremsen beruhen.
Die Selbstinduktion erklärt die grundlegende Eigenschaft der Induktivität von elektronischen Bauelementen wie z. B. Spulen. Sie zeigen ein charakteristisches Ein- und
Ausschaltverhalten. Das Kapitel endet mit einem von Maxwell vorhergesagten Effekt,
der für die Existenz elektromagnetischer Wellen notwendig ist.

5.1 Faradaysches Induktionsgesetz

5.1.1 Induktionsphänomene

Es lassen sich zwei grundsätzliche Effekte bei zeitlich veränderlichen Vorgängen in
Magnetfeldern beobachten.

1. In der Abb. 5.1 (a) bewegt sich eine geschlossene Leiterschleife mit der Geschwindigkeit $\vec{v}$ teilweise in einem homogenen magnetischen Sektorfeld $\vec{B}$, das senkrecht
   aus der Zeichenebene heraussteht. Wir betrachten die Spannung beim Umlauf
   der Schleife. Sie kann punktuell an einem Leiterstück außerhalb des Magnetfelds
   gemessen werden. Die Lorentz-Kraft, die auf die freien Ladungsträger im Leiter
   wirkt, erzeugt eine Spannung zwischen den Punkten A und C. In der Zeichnung
   zeigt $\vec{F}_{\mathrm{L}}$ in die Richtung für positive Ladungsträger.
   Die Spannung wird nur dann im Spannungsmessgerät gemessen, wenn die
   Schleife teilweise vom Magnetfeld durchsetzt wird. Befindet sie sich vollständig
   im $\vec{B}$-Feld wie in Abb. 5.1 (b), tritt die gleiche Spannung zwischen den Punkten
   D und E auf. Der umlaufende Spannungsabfall ist null, weil die beiden Induktionsspannungen gegeneinander geschaltet sind. Die **Induktionsspannung** U_{ind}
   ergibt sich aus dem Kräftegleichgewicht von elektrischer Feldkraft und Lorentz-
   Kraft entlang des Leiterstücks zwischen A und C,

$$\frac{q U_{\mathrm{ind}}}{L} = q v B \quad \Rightarrow \quad U_{\mathrm{ind}} = L v B . \tag{5.1}$$

Weil Lv auch die von der Schleife überstrichene Magnetfeldfläche A pro Zeit ist,
kann Gl. (5.1) auch als

$$U_{\mathrm{ind}} = -\frac{\mathrm{d}A}{\mathrm{d}t} B = -\frac{\mathrm{d}(\vec{A} \cdot \vec{B})}{\mathrm{d}t} \tag{5.2}$$

geschrieben werden. Das Minuszeichen berücksichtigt die Polarität der Spannung. Die rechte Seite der Gleichung gibt also die negative zeitliche Änderung
des magnetischen Flusses durch die Schleife an.

https://doi.org/10.1515/9783110469097-005

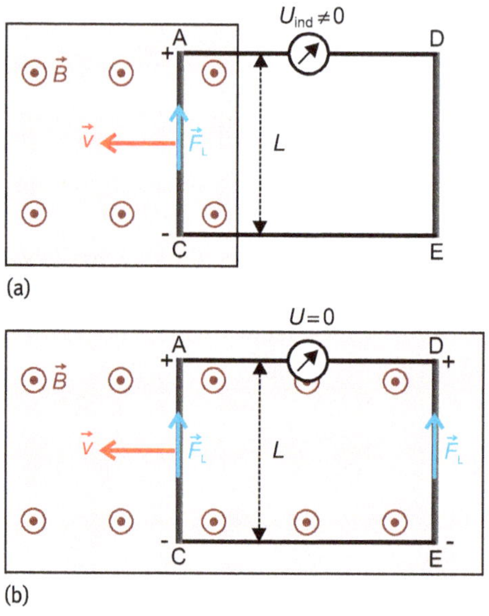

(a)

(b)

Abb. 5.1: (a) Eine Leiterschleife bewegt sich teilweise in einem homogenen Magnetfeld. Es kann eine Induktionsspannung gemessen werden. (b) Eine Leiterschleife bewegt sich vollständig in einem homogenen Magnetfeld. Es kann keine Spannung am Messgerät gemessen werden.

2. Eine zeitliche Änderung des magnetischen Flusses nach Gl. (5.2) liegt auch vor, wenn sich nur das Magnetfeld ändert und die durchströmte Fläche unverändert bleibt. In der Abb. 5.2 ist eine solche Versuchsanordnung gezeigt. Ein Stabmagnet wird in einer Spule bewegt. An den Spulenanschlüssen misst man eine Induktionsspannung, solange der Magnet bewegt wird und damit das Magnetfeld zeitlich variiert. Es fällt dabei auf, dass sich die Spannung mit der Bewegungsrichtung umkehrt und dass keine Spannung auftritt, wenn der Magnet in Ruhe ist.

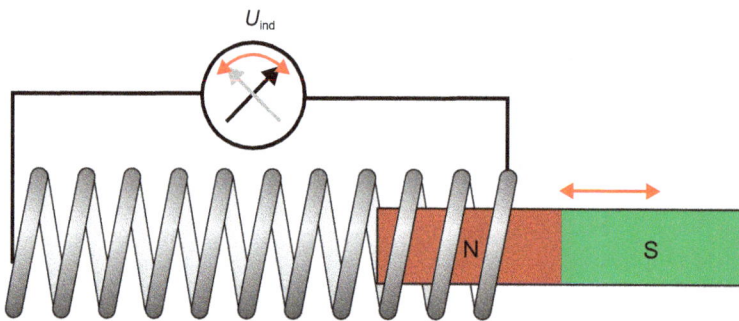

Abb. 5.2: Bewegung eines Magneten in der Spule führt zu einer Induktionsspannung. Das Vorzeichen der Spannung hängt von der Bewegungsrichtung ab.

5.1.2 Induktionsgesetz

Die Beispiele zeigen, dass eine zeitliche Änderung des magnetischen Flusses durch die Fläche einer Leiterschleife einen Spannungsabfall entlang der Schleife hervorruft. Schließt man die Schleife kurz, fließt ein *Induktionsstrom*. Die Richtung des Stroms ist offenbar so, dass er der Induktion entgegenwirkt. Im Falle der bewegten Leiterschleife in Abb. 5.1 (a) fließt der Strom in einer Richtung, so dass die Kraft auf ihn im Magnetfeld die Bewegung bremst. Im Falle der Spule in Abb. 5.2 wirkt das Feld aufgrund des Induktionsstroms der Änderung des äußeren Felds entgegen.

Diese Erscheinungen der magnetischen Induktion lassen sich durch das

Faradaysche Induktionsgesetz

$$\oint_K \vec{E} \cdot d\vec{r} = -\frac{d}{dt} \iint_A \vec{B} \cdot d\vec{A} \, . \tag{5.3}$$

mathematisch ausdrücken.

Wie in Abb. 5.3 schematisch gezeichnet, läuft der Weg des linken Integrals in Gl. (5.3) über eine geschlossene Kurve K und der magnetische Fluss des rechten Integrals wird durch eine einfache, zusammenhängende Fläche A gemessen, die von K *umrandet* wird.

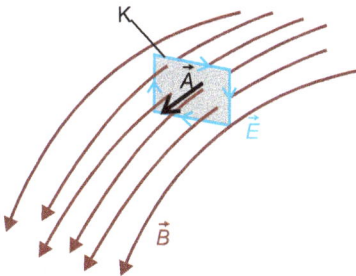

Abb. 5.3: Ein zeitlich veränderlicher, magnetischer Fluss durch die Fläche erzeugt ein elektrisches Wirbelfeld.

Das Induktionsgesetz ist unabhängig von der Form der Fläche! Sie könnte auch ballonartig vom Rand K ausgestülpt sein, weil der magnetische Fluss der gleiche ist. Jedoch ist die Bedingung der zusammenhängenden Fläche für die integrale Fassung des Induktionsgesetz in Gl. (5.3) wichtig. Das induzierte elektrische Feld ist als quellenfreies Wirbelfeld mit geschlossenen Feldlinien *nicht*-konservativ.

Durch die Definition von magnetischem Fluss und Induktionsspannung lässt sich Gl. (5.3) auch kurz als

$$U_{\text{ind}} = -\frac{d}{dt}\Phi_{\text{mag}} \tag{5.4}$$

schreiben. Das Minuszeichen ist dabei von großer Wichtigkeit, weil die Induktion der Veränderung des magnetischen Flusses entgegenwirkt. Das Gesetz eröffnet einen Weg, mechanische Bewegungsenergie in elektrische Energie umzuwandeln, wie das nachfolgende Beispiel verdeutlicht.

Beispiel: Rotierende Leiterschleife im homogenen Magnetfeld
Wir haben zuvor festgestellt, dass in einer Leiterschleife keine Spannung induziert wird, wenn sie sich vollständig und geradlinig in einem Magnetfeld bewegt. Bei der im Feld rotierenden Leiterschleife in Abb. 5.4 (a) ändert sich aber die Orientierung des Flächenvektors $\vec{A}$ relativ zum homogenen Magnetfeld $\vec{B}$ und somit auch der magnetische Fluss durch die Schleifenfläche. Wir nennen den Winkel $\sphericalangle(\vec{A}, \vec{B}) = \varphi(t)$, so dass für den Fluss

$$\Phi_{\text{mag}} = \vec{B} \cdot \vec{A} = B A \cos \varphi(t) \tag{5.5}$$

folgt. Eine gleichförmige Kreisbewegung mit

$$\varphi(t) = \omega t + \varphi_0 \tag{5.6}$$

und konstanter Winkelgeschwindigkeit ω bzw. festem Anfangsphasenwinkel φ_0 liefert

$$U_{\text{ind}} = -\frac{\mathrm{d}}{\mathrm{d}t} B A \cos(\omega t + \varphi_0) = \omega B A \sin(\omega t + \varphi_0) = U_0 \sin(\omega t + \varphi_0), \tag{5.7}$$

eine harmonische Wechselspannung mit Amplitude U_0. Sie ist zusammen mit dem magnetischen Fluss im Diagramm in Abb. 5.4 (b) aufgetragen. Liegt anstelle einer einzelnen Windung eine Spule mit N Windungen vor, erhöht sich die Spannungsamplitude auf $U_0 = N\omega B A$.

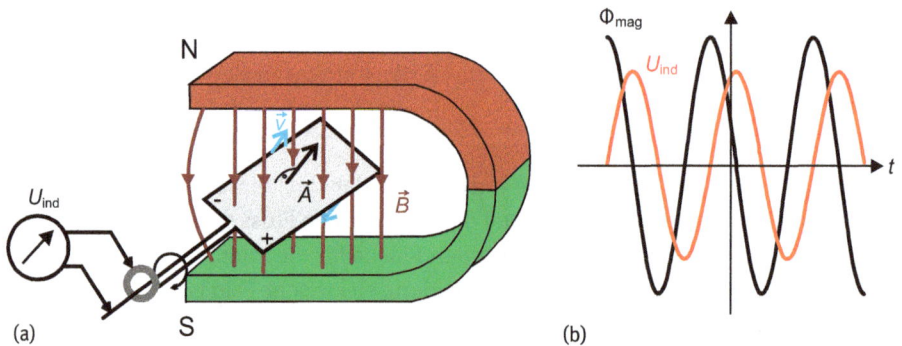

Abb. 5.4: (a) Schematische Darstellung einer rotierenden Leiterschleife in einem homogenen Magnetfeld. An den Anschlüssen entsteht eine harmonische Wechselspannung. (b) Zeitlicher Verlauf des magnetischen Flusses durch die Schleife und der Induktionsspannung.

Die Induktionsspannung wird immer dann extremal, wenn sich Φ_{mag} mit maximaler Rate ändert. Schließen wir die Schleife kurz, fließt ein mit U_{ind} phasengleicher Wechselstrom $I(t) = U_{ind}(t)/R$ durch die Schleife mit Widerstand R. Die Kraft auf den Strom im Magnetfeld hemmt die Bewegung. Die Rotation der Schleife erfordert dann ein erheblich höheres Drehmoment als bei offener Schleife, was eine Konsequenz des Energieerhaltungssatz ist. Die rotierende Leiterschleife im Magnetfeld stellt die Grundidee eines elektromechanischen Generators dar, der mechanische (Rotation) in elektrische Energie (Strom und Spannung) umwandelt.

Als Zahlenbeispiel soll $B = 1\,T$, $A = 10\,cm^2$, $N = 100$, $f = 5\,Hz$, $\omega = 2\pi f = 31{,}4/s$ gelten. Die Werte ergeben eine Amplitude für die Induktionsspannung von $U_0 = 3{,}13\,V$.

Anmerkung zur integralen Fassung des Induktionsgesetzes

Wie im vorangegangenen Beispiel der rotierenden Leiterschleife gesehen, lässt sich die integrale Form des Induktionsgesetzes nach Gl. (5.3) oder in der Kurzform nach Gl. (5.4) leicht anwenden. Die geschlossene Linie K ist dort in Form und Flächeninhalt zeitlich konstant und umrandet eine rechteckige, zusammenhängende Fläche. Es gibt aber Situationen, in denen bei der Bewegung eines Leiters im Magnetfeld die Kurve K selbst zeitabhängig ist oder eine zusammenhängende Fläche nicht existiert. In diesen Fällen ist es oft praktikabler, mit Hilfe der Lorentz-Kraft die Induktionsspannung zu beschreiben, weil sie bei bewegten Leitern für die Induktionserscheinungen verantwortlich ist.

In den folgenden Beispielen soll die Schwierigkeit mit dem Induktionsgesetz nach Gl. (5.3) für zeitlich variable Linien K erklärt werden.

1. **Bewegter Leiterstab im homogenen Magnetfeld**
   Zwischen den Enden eines stabförmigen Leiters der Länge L, der sich wie in Abb. 5.5 gleichförmig mit $\vec{v}$ in einem homogenen Magnetfeld $\vec{B}$ bewegt, entsteht eine Induktionsspannung nach Gl. (5.1),

$$U_{ind} = LvB .\tag{5.8}$$

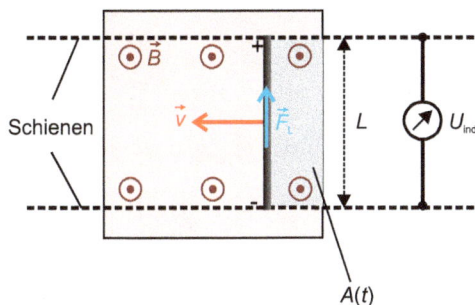

Abb. 5.5: An einem bewegten Stab im Magnetfeld entsteht wegen der Lorentz-Kraft eine Spannung. Die vom Stab überstrichene, felddurchströmte Fläche ändert sich mit der Zeit.

Das Induktionsgesetz kommt zu dem gleichen Ergebnis, wenn der Stab gedanklich reibungsfrei auf zwei festen Schienen läuft, an denen die Induktionsspannung abgegriffen wird. Damit ist die Schleife geschlossen. Die Zeitabhängigkeit des magnetischen Flusses kommt durch die in der Zeit zunehmenden Fläche

$$A(t) = A_0 + Lvt$$

zustande, die vom Stab überstrichen wird. Hier ist A_0 die Fläche am Zeitnullpunkt, die von Stab und Schienen umschlossen wird. Man erkennt, dass

$$|U_{ind}| = B\frac{dA}{dt} = LvB \tag{5.9}$$

gilt.

2. **Rotierender Leiterstab im homogenen Magnetfeld**
Die Abb. 5.6 zeigt einen im homogenen Magnetfeld rotierenden Stab. In ihm wird eine Spannung induziert, die zwischen Dreh- und Auflagepunkt abgegriffen werden kann. Die Spannung, die in dem kleinen Leiterstück ds im Abstand s zur Drehachse induziert wird, beträgt

$$dU_{ind} = \frac{F_L\,ds}{e_0} = \frac{e_0 s\,\omega B}{e_0}ds = \omega B\,s\,ds\,. \tag{5.10}$$

Die Lorentz-Kraft hängt vom Abstand von der Drehachse ab. Die gesamte Induktionsspannung folgt aus der Integration über die Stablänge L, also

$$U_{ind} = \int_0^L \omega B\,s\,ds = \frac{\omega B L^2}{2}\,. \tag{5.11}$$

Keine gedachte Schleife zwischen den Stabenden beschreibt in der Zeit eine wachsende zusammenhängende Fläche. Durch die Kreisbewegung werden periodisch

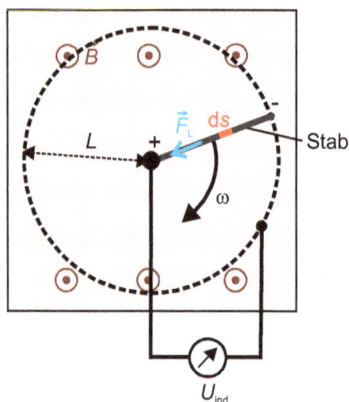

Abb. 5.6: Rotierender Leiterstab im homogenen Magnetfeld.

Flächen abgeschlossen. Das Induktionsgesetz nach Gl. (5.4) kann aber so angewendet werden, dass man die von dem Stab in der Zeit t überstrichene Fläche

$$A(t) = \frac{\pi L^2 t}{T} = \frac{\pi \omega L^2 t}{2\pi} = \frac{\omega L^2 t}{2} \tag{5.12}$$

einsetzt. Die Größe $T = 2\pi/\omega$ entspricht dabei der Umlaufzeit. Man erkennt, dass die Ableitung von $A(t)$ mit B multipliziert die Induktionsspannung ergibt.

Man findet übrigens analog zu diesem Beispiel eine ebenso große Induktionsspannung zwischen der Drehachse und dem Rand einer rotierenden Metallscheibe gleichen Radius im Magnetfeld.

5.1.3 Lenzsche Regel

Das in Gl. (5.3) bzw. (5.4) auftauchende Minuszeichen steht für eine Wirkungsregel, die in Worten als **lenzsche Regel** bekannt ist:

> **Durch Induktion entstehen Felder, Kräfte oder Ströme, die den induktions-verursachenden Vorgängen immer entgegenwirken.**

Durch Induktion können in Metallen starke elektrische Wirbelfelder erzeugt werden. Die Induktionsspannung wird kurzgeschlossen, wenn z. B. das Metall nicht vollständig vom Magnetfeld durchsetzt wird oder wenn sich die Ladungsträger entlang des Wirbelfelds bewegen können. Das elektrische Wirbelfeld bewirkt wegen des geringen elektrischen Widerstands Ringströme mit hohen Stromstärken. Induktionsströme in massiven, metallischen Festkörpern werden als **Wirbelströme** bezeichnet. Sie sind schwer zu berechnen, weil sie kompliziert von den Randbedingungen abhängen. Ihre Wirkung lässt sich aber beeindruckend und verhältnismäßig einfach demonstrieren.

Beispiele für Wirbelströme
1. **Magnetische Schleuder**
   Eine eindrucksvolle Demonstration der lenzschen Regel ist das magnetische Herausschleudern von Massen. Die Abb. 5.7 zeigt eine einfache Anordnung, bei der auf einem Eisenkern eine Spule mit vielen Windungen aufgeschoben ist. Oberhalb der Spule befindet sich ein massiver Ring aus einem sehr gut leitfähigen Metall wie Kupfer oder Aluminium. Er kann sich leicht auf dem Kern bewegen. Wird ein kurzer Stromimpuls auf die Spule gegeben, baut sich ein Magnetfeld auf, das vom Eisenkern verstärkt und geführt wird. Das schnelle Ansteigen der hohen Magnetfeldstärke induziert eine Spannung im Ring, die kurzgeschlossen ist und wegen des kleinen Widerstands einen großen Ringstrom hervorruft. Das magnetische Feld des Ringstroms ist dem Feld im Eisenkern entgegengerichtet. Die abstoßende Kraftwirkung zwischen den beiden Magnetfeldern, genauer die Lorentz-Kraft der inhomogenen Streufelder auf den hohen Ringstrom, beschleunigt den Ring kräf-

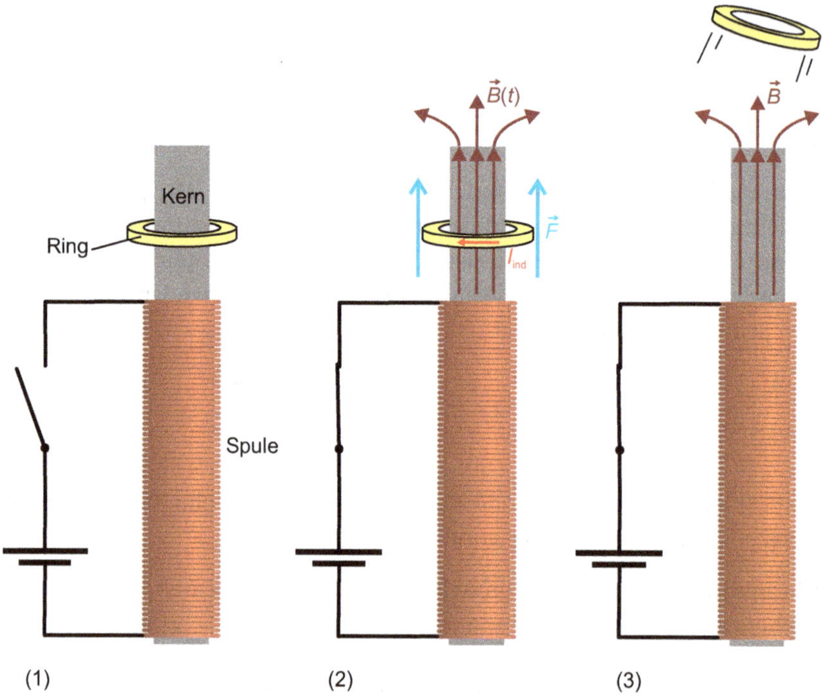

Abb. 5.7: Prinzip der magnetischen Schleuder. Ein Metallring wird vom ferromagnetischen Kern einer Spule fortgeschleudert, wenn der Spulenstrom plötzlich eingeschaltet wird.

tig vom Kern weg und kann zu Wurfhöhen von bis zu 10 m führen. Die Wirkung ist stärker, wenn der Ring gekühlt wird und sein elektrischer Widerstand kleiner ist. Bei einem geöffneten Ring kann kein Strom im Ring fließen und er wird nicht beschleunigt. Dennoch baut sich eine hohe Induktionsspannung auf, die durchaus zu Entladungsfunken führen kann.

2. **Berührungslose Mitführung**

Durch bewegte Magnetfelder lassen sich Kräfte auf nicht-ferromagnetische Metalle ausüben. Ein Beispiel ist der berührungslose Antrieb eines metallischen Drehtellers durch ein rotierendes Magnetfeld in der Nähe, wie in Abb. 5.8 gezeigt. Das Wirbelstromfeld folgt dem Induktionsfeld, um die Relativbewegung zwischen Magnet und Teller und somit die Induktion zu verkleinern. Baut man eine Spiralfeder mit einem rücktreibenden Drehmoment an den Teller, wird er soweit gedreht, bis die Drehmomente durch Antrieb und Feder entgegengesetzt gleich sind. Weil das Antriebsdrehmoment von der Rotationsgeschwindigkeit des Magneten abhängt, können auf diese Weise Drehgeschwindigkeiten gemessen werden. Dieses wird in Wirbelstromtachometern genutzt, wie sie z. B. bei Fahrrädern vorkommen.

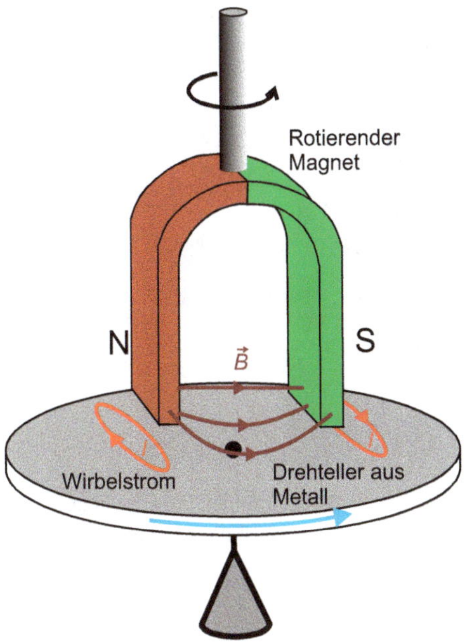

Abb. 5.8: Ein rotierendes Magnetfeld induziert in der Metallplatte Wirbelströme. Ohne den Magneten zu berühren, wird sie zur Drehung angetrieben.

3. **Wirbelstrombremse**

Von großer technischer Wichtigkeit sind *Wirbelstrombremsen*, weil ihre Bremskraft mit der Geschwindigkeit der Massen zunimmt. Ein Modell einer Wirbelstrombremse stellt das *Waltenhof-Pendel* dar, wie in Abb. 5.9 abgebildet. Eine Aluminiumplatte schwingt an einem Ausleger und durchquert ein örtlich begrenztes Magnetfeld, das z. B. von einem Elektromagneten erzeugt wird. Bei Durchtritt durch das Magnetfeld werden Wirbelströme im Metall induziert, auf die abbremsende Kräfte wirken. Die Verzögerung kann so stark sein, dass das Pendel bereits beim ersten Durchgang zum Stehen kommt. In der Fotografie der Abb. 5.9 schwingt eine kammartige Metallplatte, bei der die Bremswirkung viel kleiner ist. Zwischen den Zähnen des Kamms können sich nämlich keine starken Wirbelströme ausbilden.

Ein anderes Demonstrationsbeispiel ist in der Abb. 5.10 dargestellt. Ein starker Magnet fällt mit konstanter Geschwindigkeit innerhalb eines Kupferrohres mit dicker Wandung, weil die Reibungskraft der Gewichtskraft entgegengesetzt gleich groß ist. Die Fallgeschwindigkeit sinkt mit fallendem elektrischen Widerstand des Rohrs. Dieses lässt sich in der Schule gut mit verschiedenen Rohrstärken zeigen. Wird das Kupferrohr gekühlt, lässt sich die Fallgeschwindigkeit noch einmal deutlich reduzieren.

Wirbelstrombremsen werden vielfältig eingesetzt, insbesondere wenn hohe Geschwindigkeiten rasch verkleinert werden müssen und eine sehr verlässliche und verschleißfreie Bremsung erforderlich ist. Typische Beispiele sind Freifalltürme in

Abb. 5.9: Waltenhof-Pendel zur Demonstration von bremsenden Wirbelströmen. Die schwingende Kammplatte in der Fotografie wird viel schwächer abgebremst, weil keine starken Wirbelströme fließen können.

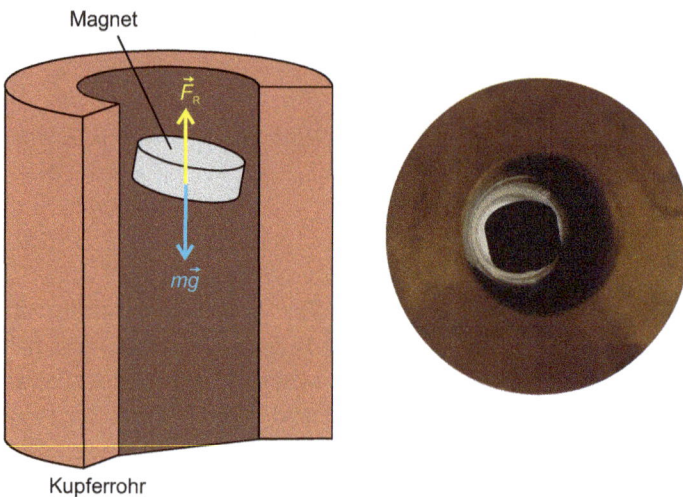

Abb. 5.10: Ein starker Magnet fällt mit konstanter Geschwindigkeit in einem Kupferrohr mit hoher elektrischer Leitfähigkeit. Die Fotografie erlaubt den Blick in die Fallröhre.

Vergnügungsparks. Die frei fallende Gondel wird zum Ende der Fallstrecke an sogenannten Bremsschwertern wirbelstromgebremst, bis sie eine genügend kleine Geschwindigkeit hat, um konventionell zum Stillstand gebracht zu werden. Die Bremsschwerter sind starke Metallbleche, an denen Magnete dicht vorbeigleiten, die an der Gondel befestigt sind. Der Energiesatz wird natürlich nicht verletzt, denn die Bewegungsenergie wird in Wärme umgewandelt, weil der elektrische Widerstand die Wirbelströme abklingen lässt.

Abb. 5.11: Schwebende Aluminium-Platte über starkem magnetischen Wechselfeld, das von vier Spulen auf Eisenjochen erzeugt wird.

4. **Magnetische Levitation**

   Die lenzsche Regel erfordert die Abstoßung zwischen Wirbelströmen und induktionsverursachenden Wechselfeldern. Dadurch können Metallplatten über Spulen zum Schweben gebracht, die ein magnetisches Wechselfeld erzeugen. Man spricht auch von magnetischer *Levitation*. Die Abb. 5.11 zeigt ein Foto einer schwebenden Aluminiumscheibe über vier Spulenkörpern auf jeweils einem U-förmigen Eisenjoch, die von einem sinusförmigen 50 Hz-Wechselstrom bei einer effektiven Spannung von 230 V durchflossen werden.

   Die Scheibe erwärmt sich infolge der Wechselströme erheblich. Nach dem gleichen Prinzip funktionieren Induktionskochfelder, bei denen Wechselfelder mit mehreren 10 kHz erzeugt werden. Die Kochtopfböden haben einen höheren Widerstand, so dass zwar kein Schweben aber eine effiziente Erhitzung erfolgt.

5. **Induktionsschleifen**

   Sie werden z. B. zur Verkehrsüberwachung in den Straßenasphalt eingelassen. In der dynamischen Ausführung werden in ihnen Induktionsspannungen und Wirbelströme erzeugt, wenn darüber fahrende Fahrzeuge das lokal vorhandene Magnetfeld z. B. der Erde kurzzeitig stören. Um auch ruhenden Verkehr damit zu überwachen, eignet sich der Induktionseffekt nicht, weil er immer eine zeitliche Variation des magnetischen Flusses erfordert. Im statischen Fall wird die Induktivität der Schleife bestimmt, die sich durch ein über ihr befindliches Auto verändert.

5.2 Induktivität

5.2.1 Definition

Ein elektrischer Strom erzeugt ein Magnetfeld. Verändert sich die Stromstärke, wird wegen des nicht-konstanten magnetischen Flusses stets eine Spannung induziert, die die Variation der Stromstärke behindert. Die Abb. 5.12 zeigt eine Spule auf einem Kern mit der Permeabilität μ_r. Mit Hilfe eines Schalters wird der Stromkreis mit Spule und Spannungsquelle U_0 geschlossen. An der Spule entsteht mit dem Anwachsen des Stroms eine Induktionsspannung nach Gl. (5.4) und für N Windungen

$$U_{\text{ind}} = -NA\frac{dB}{dt} \tag{5.13}$$

mit A als der Kernquerschnittsfläche. Bei den üblichen Feldstärken ist das Magnetfeld proportional zum Strom, $B(t) \propto I(t)$. Wir definieren aus Gl. (5.13) die physikalische Größe der

Induktivität L

$$U_{\text{ind}} = -L\frac{dI}{dt}, \quad [L] = \frac{V\,s}{A} = H = \text{Henry} . \tag{5.14}$$

Der Vergleich von Gl. (5.13) mit Gl. (5.14) liefert, dass für eine Leiterschleife ($N = 1$)

$$\Phi_{\text{mag}} = L\,I \tag{5.15}$$

gilt und die Induktivität die Proportionalitätskonstante zwischen magnetischem Fluss und Strom durch eine Leiterschleife ist.

Die Induktivität ist eine charakteristische Größe für ein Bauteil in einem Stromkreis. Sie ist ein Maß für die Stärke des hemmenden Magnetfelds, das mit der Änderung eines Stroms durch das Bauteil erzeugt wird. Jedes stromführende Element besitzt eine Induktivität, wobei Spulen auf ferromagnetischen Kernen besonders hohe Induktivitäten aufweisen. Die Abb. 5.12 zeigt auch das geläufige Schaltzeichen für Induktivitäten in Stromkreisen.

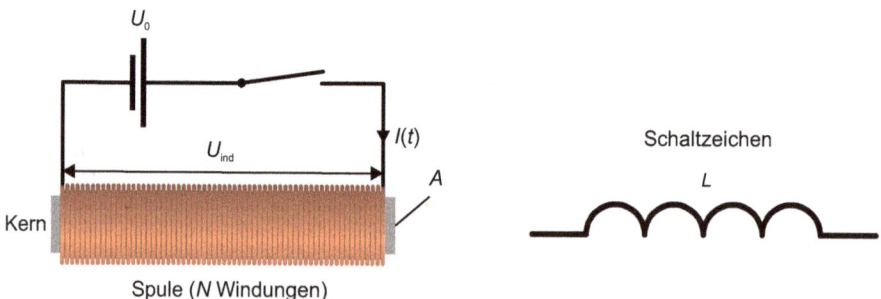

Abb. 5.12: Eine Induktivität in einem Stromkreis. Sobald der Schalter geschlossen wird, baut sich eine Induktionsspannung an der Spule auf, der der äußeren Spannung entgegenwirkt.

Beispiel: Induktivität einer langen Solenoid-Spule
Die Gl. (5.14) können wir für eine lange Spule mit Querschnittsfläche A und Länge ℓ auswerten, denn es gilt

$$U_{\text{ind}} = -AN\frac{dB}{dt} = -AN\frac{\mu_0\mu_r N}{\ell}\frac{dI}{dt},$$

woraus die Induktivität einer langen Spule

$$L = \frac{\mu_0\mu_r AN^2}{\ell} \qquad (5.16)$$

folgt.

Als Zahlenbeispiel sei eine Spule mit $N = 1\,000$, $\ell = 10\,\text{cm}$, $A = 10\,\text{cm}^2$ und $\mu_r = 100$ betrachtet. Gl. (5.16) ergibt eine Induktivität von $L = 0{,}13\,\text{H}$. Ähnlich wie das Farad ist auch die Einheit Henry verhältnismäßig groß.

5.2.2 Ein- und Auschaltvorgänge an Induktivitäten

Das zeitliche Verhalten des Stroms bei Schaltvorgängen an realen Induktivitäten, die auch einen ohmschem Widerstand in Reihe enthalten, lässt sich mit der Definition der Induktivität direkt berechnen. Die serielle Verschaltung von Induktivitäten und Widerständen wird **RL-Glied** genannt. Die einfachste Form der Reihenschaltung ist in Abb. 5.13 (a) gezeigt.

Beim Umlegen des Schalters fliesst ein zeitabhängiger Strom, der aus der kirchhoffschen Maschenregel

$$U_0 - I\cdot R - U_L = 0 \qquad (5.17)$$

folgt. Dabei entspricht die Spannung an der Induktivität $U_L = -U_{\text{ind}}$, so dass

$$U_0 = I\cdot R + L\frac{dI}{dt} \qquad (5.18)$$

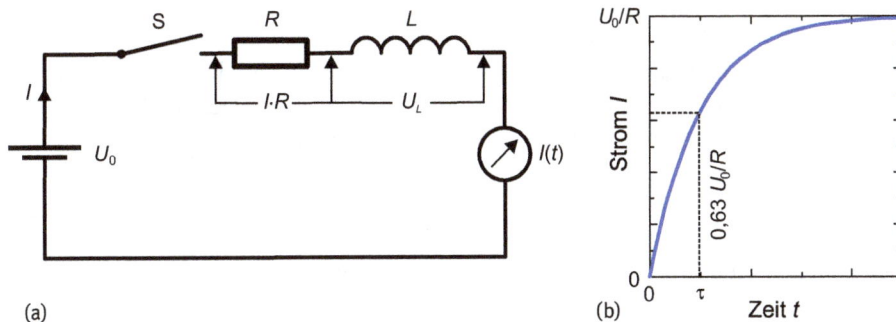

Abb. 5.13: (a) Schaltkreis mit einem RL-Glied. (b) Zeitlicher Verlauf des Stroms nach Schließen des Schalters.

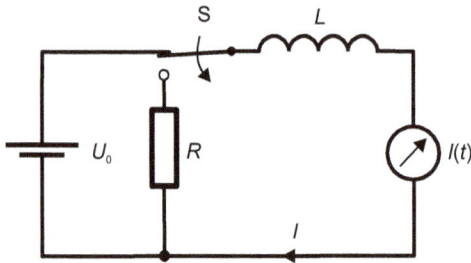

Abb. 5.14: Beim Umschalten fließt zunächst durch R und L ein Induktionsstrom, der zeitlich exponentiell abfällt.

folgt. Diese Gleichung ist eine inhomogene, lineare Differenzialgleichung erster Ordnung für den Strom, die mit

$$I(t) = \frac{U_0}{R}\left(1 - e^{-\frac{R}{L}t}\right) \tag{5.19}$$

gelöst wird. Der Strom steigt zunächst exponentiell an und schmiegt sich asymptotisch an den Endwert $I_0 = U_0/R$ an. Das ist im Diagramm in Abb. 5.13 (b) aufgetragen. Die typische Zeitkonstante

$$\tau = \frac{L}{R} \tag{5.20}$$

ist ein Maß für die Schnelligkeit des Anstiegs. Nach der Zeit τ hat der Strom ungefähr 63 % seines Endwerts erreicht. Je größer L bzw. je kleiner R desto länger ist die charakteristische Anstiegszeit.

Als Beispiel betrachten wir die Spule mit $L = 0,13$ H und $R = 100\,\Omega$ von oben. Für sie ist $\tau = 1,3$ ms.

Den Spannungsverlauf beim Ausschalten des Stroms diskutieren wir an dem Umschaltprozess im Schaltkreis der Abb. 5.14. Vor dem Umlegen des Schalters wird die Induktivität (Spule) von einem konstanten Strom $I_0 = U_0/R_v$ durchflossen. Wir nehmen an, dass die ideale Spule keinen ohmschen Widerstand besitzt bzw. dieser in R enthalten ist.

Wird der Schalter plötzlich umgelegt, ist die Spule über R kurzgeschlossen. Die Induktionsspannung U_{ind} erzeugt einen Induktionsstrom $I(t)$ durch R. Der Strom fließt in der gleichen Richtung durch die Spule wie zuvor I_0, weil er gegen die Abnahme des magnetischen Flusses in der Spule wirkt. Die Maschenregel

$$U_{\text{ind}} - R \cdot I = -L\frac{dI}{dt} - R \cdot I = 0 \tag{5.21}$$

liefert wieder eine Differenzialgleichung, die jetzt homogen ist und die einfache Lösung

$$I(t) = I_0 e^{-\frac{R}{L}t} \tag{5.22}$$

eines exponentiellen Abfalls mit der Zeitkonstante $\tau = L/R$ besitzt. Ebenso nimmt die induzierte Spannung an der Spule

$$U(t) = R \cdot I_0 e^{-\frac{R}{L}t} \qquad (5.23)$$

exponentiell ab. Der Anfangswert der Induktionsspannung, $R \cdot I_0$, steigt mit dem Kurzschlusswiderstand. Ist R sehr groß, kann sie zu Überschlägen oder z. B. zu Blitzen in Entladungslämpchen führen. In älteren Leuchtstofflampen werden Ströme durch Eisenkernspulen (Vorschaltdrosseln) von einem Starter plötzlich unterbrochen. Die induzierte Hochspannung von ungefähr 1 000 V wird zum Zünden der Glimmentladung in der Leuchtstoffröhre benötigt. Anstelle solcher Vorschaltgeräte wird in modernen Leuchtstoff- und Energiesparlampen die Hochspannung durch Transformation elektronisch erzeugt.

Im Grenzfall, dass es keinen Kurzschlusswiderstand gibt ($R \rightarrow \infty$), wird die Induktionsspannung so groß, dass in Spule und Zuleitungen die freien Ladungsträger zu resonanten Schwingungen angeregt werden, die durch ohmsche Verluste oder durch Abstrahlen elektromagnetischer Wellen die im Feld gespeicherte Energie abbauen.

5.2.3 Zusammengeschaltete Induktivitäten

Werden mehrere Induktivitäten zusammengeschaltet, gelten die gleichen Regeln wie für ohmsche Widerstände. Für die Reihenschaltung gilt

$$L_{\text{ges}} = \sum_j L_j = L_1 + L_2 + L_3 + \cdots . \qquad (5.24)$$

Parallel verschaltete Induktivitäten ergeben eine kleine Gesamtinduktivität, weil

$$\frac{1}{L_{\text{ges}}} = \sum_j \frac{1}{L_j} = \frac{1}{L_1} + \frac{1}{L_2} + \frac{1}{L_3} + \cdots . \qquad (5.25)$$

5.2.4 Transformatoren

Eine der wichtigsten technischen Anwendungen der Induktion ist der **Transformator** oder kurz *Trafo*, mit dem zeitlich variable, z. B. sinusförmige Spannungen vergrößert oder verkleinert werden können. Diese Transformation beruht auf dem zeitlich variablen magnetischen Fluss in einem ferromagnetischen Material.

Die Abb. 5.15 (a) zeigt den prinzipiellen Aufbau. Zwei Spulen mit den Windungszahlen N_1 und N_2 sind auf einem geschlossenen Eisenkern gewickelt. An die *Primär-*

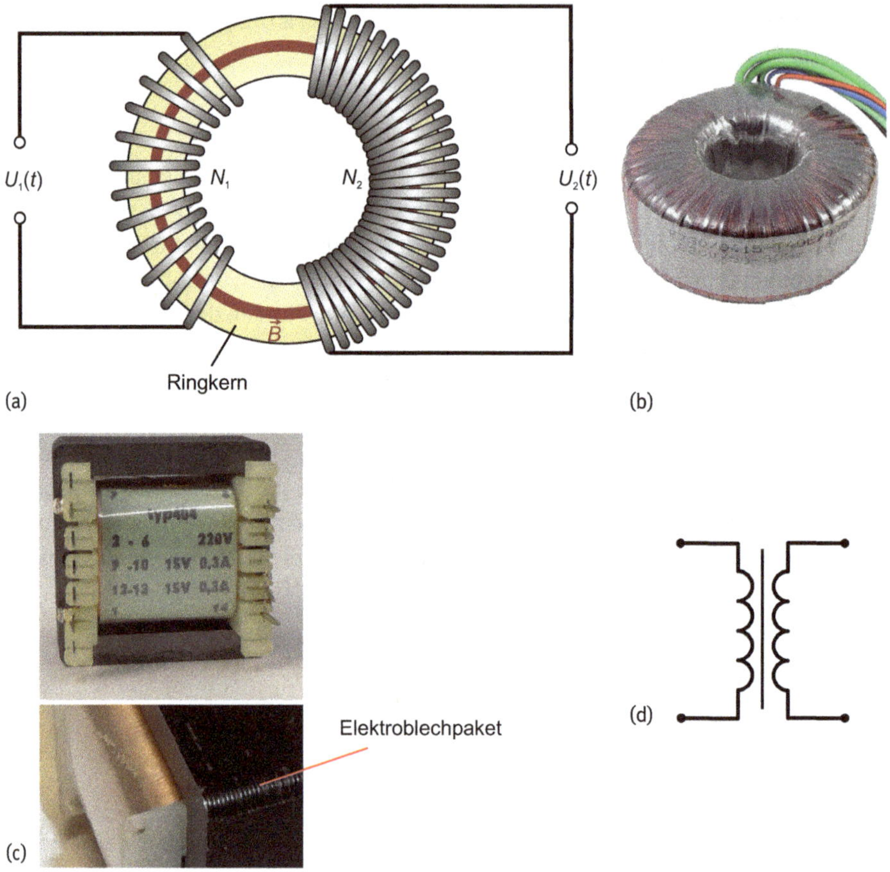

(a)

(b)

(c)

(d)

Elektroblechpaket

Abb. 5.15: (a) Prinzipieller Aufbau eines Ringkerntrafos. (b) Kommerzielle Ausführung eines Ring-
kerntransformators. (c) Verbreitete Bauform handelsüblicher Transformatoren mit Mittelstegkern.
(d) Typisches Schaltsymbol eines Trafos.

spule wird eine Wechselspannung $U_1(t)$ angelegt. Der Strom durch die Spule erzeugt
einen wechselnden Magnetfluss durch den Eisenkern, der in der *Sekundärspule* eine
Spannung $U_2(t)$ induziert.

Die beiden Spulen sind in realen Ausführungen wie beim Ringkerntransformator
in der Abb. 5.15 (b) nicht räumlich voneinander getrennt, sondern auf dem gesamten
ferromagnetischen Spulenkörper gewickelt. Es ist sehr wichtig, dass der Spulenkern
geschlossen ist, damit der magnetische Fluss geführt und ungehindert durch das Material transportiert wird. In Abb. 5.15 (c) ist eine andere, verbreitete Bauform von Transformatoren gezeigt, die Spulen auf dem mittleren Steg eines beidseitig geschlossenen
Eisenkerns haben. Die Abb. 5.15 (d) zeigt ein typisches Schaltsymbol für einen Transformator mit Eisenkern.

Nach dem Induktionsgesetz gelten für die beiden Spannungen die Relationen

$$U_1(t) = -U_{\text{ind}} = N_1 \frac{d\Phi_{\text{mag}}}{dt} \quad \text{bzw.} \quad U_2(t) = -N_2 \frac{d\Phi_{\text{mag}}}{dt}, \tag{5.26}$$

woraus die wichtige Gleichung

$$\frac{U_1}{U_2} = -\frac{N_1}{N_2} \tag{5.27}$$

folgt. Das Spannungsverhältnis wird also von dem Verhältnis der Windungszahlen bestimmt. Bei Wechselspannungen sind diese um den Phasenwinkel π verschoben, was durch das negative Vorzeichen in Gl. (5.27) wiedergegeben wird. Die Gl. (5.27) ist in dieser Form nur für den unbelasteten Trafo gültig, d. h. es wirken keine ohmschen Widerstände an den Anschlüssen.

Der periodisch wechselnde magnetische Fluss im Eisenkern erzeugt innerhalb des Metalls Wirbelströme, die den Trafo erwärmen und somit zu erheblichen Verlusten führen. Um diese Wirbelströme möglichst klein zu halten, besteht der Eisenkern nicht aus Vollmaterial, sondern aus geschichteten dünnen Blechen, die durch eine Lackierung elektrisch voneinander isoliert sind. Diese Elektroblechpakete ermöglichen einen hohen magnetischen Fluss bei kleinsten Wirbelstromverlusten. In der Abb. 5.15 (c) ist die Schichtstruktur des Kerns gut erkennbar.

Transformatoren dienen nicht nur zur Wechselspannungsänderung, sondern trennen auch Stromkreise voneinander. Es gibt keine direkte, leitende Verbindung zwischen Primär- und Sekundärstromkreis. Dieses bezeichnet man als *galvanische Trennung*. Mit ihr können Gleichspannungen oder Störungen in den elektrischen Signalen, die auf der Primärseite vorliegen, herausgefiltert werden.

Anwendungen

1. **Induktionsschweißen und -erhitzen**

   In der Gl. (5.27) wird nur das Spannungsverhältnis zwischen Primär- und Sekundärseite betrachtet. Dieses gilt für den unbelasteten Transformator. Fließen aber Ströme muss die Leistung betrachtet werden. Bei kleinen Verlusten im Eisenkern und ausreichenden Querschnitten der Spulendrähte, müssen wegen der Energieerhaltung Primär- und Sekundärleistung gleich sein, also $U_1 I_1 = U_2 I_2$. Bei kleiner Sekundärspannung können damit große Ströme entnommen werden. Das macht man sich in wichtigen Anwendungen zunutze, um mit einem großem Strom Wärme zu erzeugen.

   Die Abb. 5.16 zeigt einen Demonstrationsversuch aus der Schule, bei dem in der einzelnen Sekundärwindung Lötzinn geschmolzen wird. Die Primärspule wird mit Netzspannung beschickt und die Sekundärseite besteht nur aus einem Ring. Bei Windungsverhältnissen von mehreren Hundert lassen sich Ströme von einigen hundert A erzeugen.

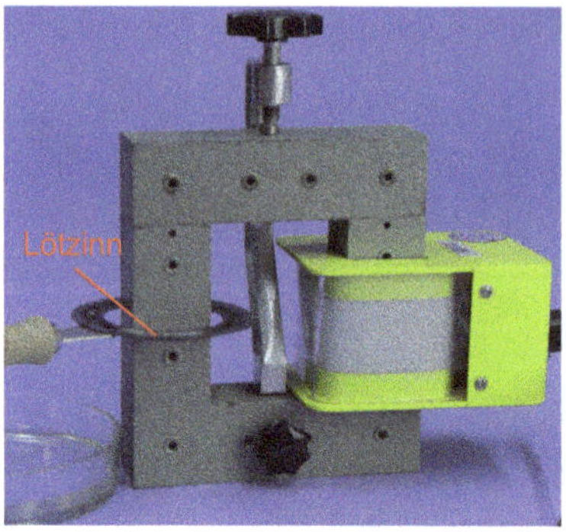

Abb. 5.16: In einem Sekundärring kann Lötzinn geschmolzen werden, weil der Strom in ihm sehr hoch ist.

Nach dem gleichen Prinzip arbeitet ein Induktionsschweißgerät, bei dem punktuell der Sekundärstromkreis geschlossen wird und am Kontaktpunkt Metalle miteinander verbindet.

2. **Tesla-Transformator**

Nikola Tesla (1856–1943) arbeitete an verschiedenen Konzepten, elektrische Energie durch Felder drahtlos zu übertragen. Eines davon sind hochfrequente Hochspannungsentladungen, die eindrucksvolle Effekte hervorrufen können. Das Prinzip eines Tesla-Transformators und ein realer Aufbau sind in Abb. 5.17 dargestellt. Ein handelsüblicher Transformator wird primär mit einer Netzwechselspannung von 230 V und 50 Hz versorgt (siehe Kapitel 6). Auf der Sekundärseite mit vielen Windungen wird die Spannung auf 10 000 V oder mehr hochtransformiert. Die Berührung der Netzspannung und erst recht der Hochspannung sind bei einer Frequenz von 50 Hz lebensgefährlich.

Die Hochspannung führt zu Entladungen auf einer Funkenstrecke. Die damit verbundenen starken elektrischen Felder regen einen Schwingkreis aus Kondensator C und Spule L_1 zu hochfrequenten Schwingungen an (siehe Abschnitt 6.3). Der magnetische Fluss durch die Spule L_1 durchströmt auch eine weitere (Tesla-) Spule L_2 mit vielen Wicklungen, an deren Enden eine hohe Spannung bei hoher Frequenz vorliegt. Vom Kopf der Tesla-Spule entstehen spektakuläre Entladungen, die aber für Menschen verhältnismäßig ungefährlich sind. Die Frequenz ist so hoch, dass physiologische Prozesse nicht beeinträchtigt werden. Große Tesla-Transformatoren sind daher eindruckvolle Objekte in Physik-Shows. In Abb. 5.18 (a) erzeugt ein großer Tesla-Trafo eine Entladung auf einen Faraday-Käfig. Mit diesen Entladungen lassen sich Leuchtstoffröhren im freien Raum zum Leuchten bringen (Abb. 5.18 (b)).

3. **Funken-Induktor**

Mit diesem Gerät können Hochspannungsimpulse von einigen 100 kV erzeugt werden. Der Schaltplan mit einem Querschnitt durch einen Induktor ist in Abb. 5.19 (a) dargestellt. Durch die Primärspule eines Transformators fließt ein Gleichstrom, der durch einen Schalter plötzlich unterbrochen werden kann. Der

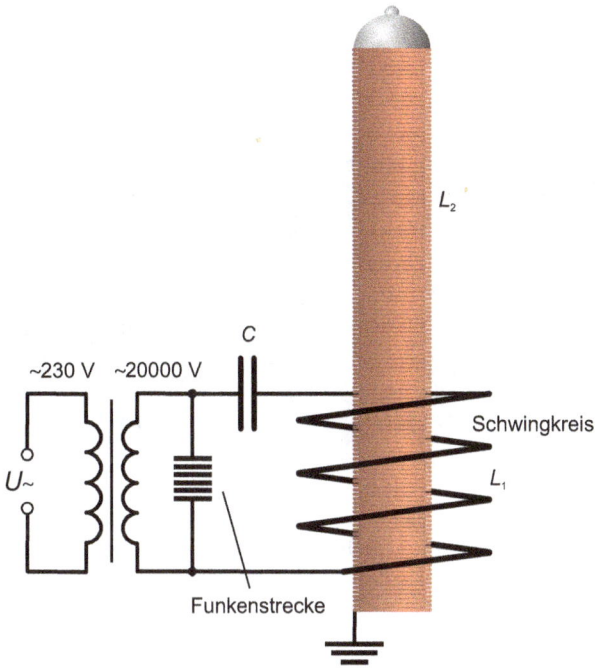

Abb. 5.17: Prinzipieller und realer Aufbau eines Tesla-Transformators für Demonstrationszwecke.

Kondensator C parallel zum Schalter dient dazu, dass für einen kurzen Moment der Strom weiterfließt, um einen Funken am Schalter zu vermeiden. Das plötzliche Abschalten des Stroms induziert eine hohe Spannung an der Primärspule und wegen des großen Windungszahlverhältnisses $N_2/N_1 \gg 1$ entsteht ein Hochspannungsimpuls an der Sekundärspule. Dieser Impuls ruft den Entladungsfunken hervor.

(a) (b)

Abb. 5.18: (a) Hochfrequente Entladungsblitze zwischen Tesla-Transformator und Faraday-Käfig. Mit freundlicher Genehmigung von Helmut Wentsch, Physikalisches Institut, Albert-Ludwigs-Universität Freiburg. (b) Im Feld einer Tesla-Spule können Leuchtstoffröhren kontaktlos gezündet werden.

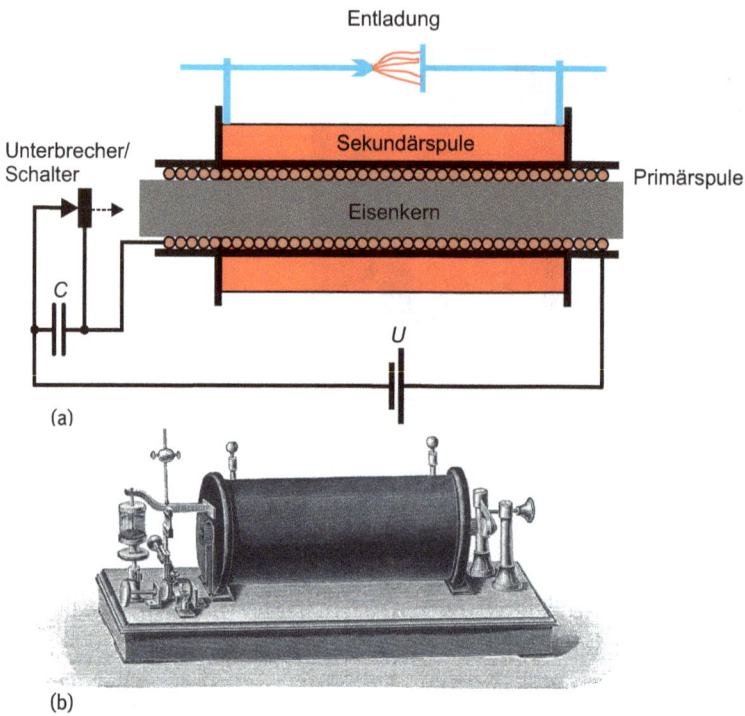

(a)

(b)

Abb. 5.19: (a) Prinzipieller Aufbau eines Funkeninduktors. (b) Induktor nach Rühmkorff.

Wird wie in Abb. 5.19 (a) der Unterbrecherkontakt durch das Magnetfeld der Primärspule gesteuert, erhält man periodische Hochspannungsimpulse. Der Strom durch die Primärspule steigt beim Schließen des Stromkreises langsam an. Ab einer gewissen Stromstärke wird der Kontakt geöffnet, das Magnetfeld bricht zusammen, der Entladungsfunken entsteht und der Schalter wird wieder geschlossen. Dieser Vorgang wiederholt sich periodisch.

Die Abb. 5.19 (b) zeigt einen historischen Stich eines ähnlich aufgebauten Rühmkorff-Induktors. Auf ähnliche Weise induzieren Zündspulen in Otto-Automotoren hohe Induktionsspannungen, um Funken in den Zündkerzen zu erzeugen. Mit Hilfe einer Zündspule aus dem Auto lassen sich einfache Induktoren herstellen. Aber Vorsicht! Es besteht Lebensgefahr bei Berührung!

5.2.5 Energiedichte des magnetischen Felds

In Abschnitt 4.5.5 wurde die Energiedichte des Magnetfelds ohne Herleitung angegeben. Die Größe der Induktivität erlaubt eine verständliche Erklärung der Gl. (4.64). Nach dem Abschalten der äußeren Spannungsquelle in Abb 5.14 fließt ein kleiner werdender Strom durch den Widerstand R. Die umgesetzte Energie entspricht dem Integral

$$W_{\text{mag}} = \int_0^\infty I(t)^2 R \, dt = R I_0^2 \int_0^\infty e^{-\frac{2R}{L}t} \, dt = \frac{1}{2} L I_0^2 \, . \tag{5.28}$$

Setzt man L aus Gl. (5.16) und I aus Gl. (4.27) mit μ_r für eine lange Spule ein, lässt sich die magnetische Energie zu

$$W_{\text{mag}} = \frac{1}{2} \mu_0 \mu_r \frac{N^2 A}{\ell} \left(\frac{B\ell}{N \mu_0 \mu_r} \right)^2 = \frac{1}{2\mu_0 \mu_r} \frac{A\ell}{V} B^2 \tag{5.29}$$

umformen. Die magnetische Energiedichte lautet daher wie in Gl. (4.64)

$$w_{\text{mag}} = \frac{W_{\text{mag}}}{V} = \frac{1}{2\mu_0 \mu_r} B^2 \, . \tag{5.30}$$

Treten elektrische und magnetische Felder gemeinsam auf, gilt entsprechend für die Energiedichte des *elektromagnetischen Felds*

$$w_{\text{e-m}} = \frac{1}{2} \epsilon_0 \epsilon_r E^2 + \frac{1}{2\mu_0 \mu_r} B^2 \, . \tag{5.31}$$

5.3 Maxwellscher Verschiebungsstrom

James Maxwell fiel auf, dass das ampèresche Durchflutungsgesetz nach Gl. (4.23) nicht die elektromagnetischen Wirkungen bei zeitlich veränderlichen Strömen vollständig beschreibt. Er ergänzte das Gesetz um einen wichtigen Term und konnte daraus die Existenz elektromagnetischer Wellen vorhersagen. Ihr Nachweis war eine eindrucksvolle Bestätigung seiner Theorie.

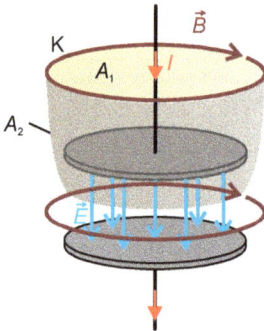

Abb. 5.20: Zur Erklärung des maxwellschen Verschiebungsstroms.

Wir wollen die maxwellsche Idee in der Abb. 5.20 im Prinzip erläutern. Beim Laden oder Entladen des Kondensators mit Kapazität C fliesst ein zeitabhängiger Strom I in den Zuleitungen. Das Durchflutungsgesetz betrachtet das Wegintegral des Magnetfelds $\vec{B}$ um dem Leiter, z. B. entlang der eingezeichneten Feldlinie K. Nimmt man die eingeschlossene Fläche A_1 gilt das Gesetz nach Ampère. Jedoch muss das Gesetz für jede Fläche gelten, insbesondere auch für die skizzierte, ausgebuchtete Fläche A_2, durch die kein elektrischer Strom fließt. Sie geht durch den Kondensator und wird von einem zeitlich variablen elektrischen Feld durchströmt, das sich beim Laden oder Entladen auf- bzw. abbaut. Maxwell ergänzte das Durchflutungsgesetz also in der Form, dass das Wegintegral über $\vec{B}$ nicht nur linear vom elektrischen Strom, sondern auch vom zeitabhängigen elektrischen Fluss abhängt. In integraler Form lautet das

Ampère-Maxwell-Gesetz

$$\oint_K \vec{B}\,\mathrm{d}\vec{r} = \mu_0 I + \underbrace{\mu_0\,\epsilon_0 \frac{\mathrm{d}}{\mathrm{d}t} \iint_A \vec{E}\,\mathrm{d}\vec{A}}_{I_v} \ . \tag{5.32}$$

In dieser Form gilt es nur im Vakuum. Die Größe I_v wird traditionell **Verschiebungsstrom** genannt, wenngleich diese Bezeichnung irreführend ist, weil im Allgemeinen Fall keine Ladung verschoben werden muss.

Das Gesetz bedeutet, dass ein zeitlich veränderlicher elektrischer Fluss magnetische Wirbelfelder erzeugt. Dieser Zusammenhang ähnelt der Induktion, bei der elektrische Wirbelfelder durch zeitliche Änderungen eines magnetischen Flusses entstehen. Wie in der Abb. 5.20 eingezeichnet, umgibt also das elektrische Feld $\vec{E}(t)$ geschlossene Magnetfeldlinien. Das Magnetfeld endet nicht abrupt an den Kondensatorplatten, sondern setzt sich kontinuierlich zwischen den Platten fort.

In dem abgebildeten, idealen Fall des Plattenkondensators ist übrigens der Ladestrom genauso groß wie der Verschiebungsstrom. Das Magnetfeld ist also um den Leiter und um den Plattenkondensator gleich, denn der Ladestrom auf den Kondensator lautet

$$I = \frac{\mathrm{d}Q}{\mathrm{d}t} = C\frac{\mathrm{d}U}{\mathrm{d}t} = C\,d\frac{\mathrm{d}E}{\mathrm{d}t} = \epsilon_0\,A\frac{\mathrm{d}E}{\mathrm{d}t} = I_v \,. \tag{5.33}$$

Beispiel

Mit der Anordnung in Abb. 5.20 lässt sich der Verschiebungsstrom nur schwer nachweisen, weil die Magnetfelder sehr klein sind. Für einen Plattenkondensator mit kreisrunden Elektroden wollen wir das Feld berechnen. Der Durchmesser und der Abstand der Platten sollen 30 cm bzw. 1 mm betragen. Die Kapazität beträgt ungefähr 0,6 nF. Im ersten Moment des Aufladens mit einer hohen Ladespannung von 10 000 V fließe ein Ladestrom vom 10 µA. Das zylindersymmetrische Magnetfeld im Abstand $R = 20$ cm beträgt mit Gl. (4.17) kaum messbare

$$B = \frac{\mu_0 I}{2\pi r} = \frac{4\pi \cdot 10^{-7} \cdot 10^{-5}\,\mathrm{V\,s\,A}}{2\pi\,0,2\,\mathrm{A\,m^2}} = 10\,\mathrm{pT} \,.$$

Den gleichen Wert erhält man aus dem Verschiebungsstrom.

Theoretische Ergänzung: Maxwell-Gleichungen

Unter den *Maxwell-Gleichungen* versteht man die Grundgleichungen der klassischen Elektrodynamik, die die elektrischen und magnetischen Felder bei gegebenen Ladungen und Strömen beschreiben. Die Feldgleichungen des Vakuums, d. h. ohne den nennenswerten Einfluss von Materie, bestehen aus den vier diskutierten Gesetzen: (i) das Gesetz von Gauß nach Gl. (2.72), (ii) die Quellenfreiheit des Magnetfelds nach Gl. (4.7), (iii) das Induktionsgesetz von Faraday nach Gl. (5.3) und (iv) das Ampère-Maxwell-Gesetz nach Gl. (5.32). Diese Gleichungen enthalten Integrale und werden auch als Maxwell-Gleichungen *in Integralform* bezeichnet.

Die Gleichungen können in eine *lokale* Form umgeformt werden, wenn man zwei fundamentale mathematische Gesetze für Vektorfelder anwendet. Der **Integralsatz von Gauß** führt das Oberflächenintegral des Vektorfelds $\vec{c}(\vec{r})$ in ein Volumenintegral der Divergenz von $\vec{c}(\vec{r})$ über das eingeschlossene Volumen zurück und lautet

$$\oiint \vec{c} \cdot \mathrm{d}\vec{A} = \iiint \nabla \cdot \vec{c}\,\mathrm{d}V \,. \tag{5.34}$$

Der **Integralsatz von Stokes** erlaubt die Berechnung eines geschlossenen Kurvenintegrals durch ein Flächenintegral der Rotation des Vektorfelds $\vec{c}(\vec{r})$ über die eingeschlossene Fläche und besagt

$$\oint \vec{c} \cdot \mathrm{d}\vec{r} = \iint (\nabla \times \vec{c}) \cdot \mathrm{d}\vec{A} \,. \tag{5.35}$$

Ersetzt man in den Maxwell-Gleichungen das geschlossene Oberflächenintegral durch ein Volumenintegral bzw. das Kurvenintegral durch das Flächenintegral, können die Integranden gleichgesetzt werden und es resultieren die kompakteren Feldgleichungen in *lokaler* bzw. differenzieller Form. Für den materiefreien Fall lauten die lokalen Maxwell-Gleichungen

$$\text{div } \vec{E} = \nabla \cdot \vec{E} = \frac{\rho_q}{\epsilon_0} , \tag{5.36}$$

$$\text{div } \vec{B} = \nabla \cdot \vec{B} = 0 , \tag{5.37}$$

$$\text{rot } \vec{E} = \nabla \times \vec{E} = -\frac{\partial \vec{B}}{\partial t} \quad \text{und} \tag{5.38}$$

$$\text{rot } \vec{B} = \nabla \times \vec{B} = \mu_0 \vec{j} + \mu_0 \epsilon_0 \frac{\partial \vec{E}}{\partial t} . \tag{5.39}$$

Mit diesen Gleichungen kann man relativ einfach die Existenz elektromagnetischer Wellen folgern (siehe Kapitel 7).

Berücksichtigt man die Wirkung von Materie, kommt das ohmsche Gesetz hinzu und in die Grundgleichungen sind die materialabhängigen Größen der Dielektrizitätskonstanten und der Permeabilität einzufügen.

5.4 Umwandlung zwischen mechanischer und elektromagnetischer Energie

Die vorangegangenen Kapitel haben gezeigt, dass elektrische und magnetische Felder Kräfte auf Ladungen und Ströme ausüben und dass umgekehrt mechanische Bewegung von Ladungsträgern infolge der Lorentz-Kraft zu Spannungen und Strömen führen. Dieses Wechselspiel ermöglicht technisch wichtige Maschinen wie Elektromotoren und Generatoren, die ab dem Ende des 19. Jahrhundert das moderne Leben durch Elektrizität revolutionierten. Das Prinzip einiger Maschinen soll in aller Kürze vorgestellt werden.

5.4.1 Generatoren

In *Generatoren* wird Bewegungsenergie in elektrische Energie umgewandelt, wobei praktisch immer eine Rotationsbewegung genutzt wird. Das Generatorprinzip beruht auf der Induktion von Spannungen, wie sie an den Kontakten der rotierenden Leiterschlaufe in Abb. 5.4 abgegriffen werden können. Der Generator besteht aus einem rotierenden Teil, dem *Läufer* oder *Rotor* und einem unbeweglichen Teil, dem *Ständer* oder *Stator*. Wird wie bei der Leiterschleife die elektrische Leistung den Rotoranschlüssen entnommen, spricht man von einer *Außenpolmaschine*, bei der das Magnetfeld vom äußeren Stator, hier dem Hufeisenmagnet, ausgeht. Diese Konstruktion hat viele Nachteile, weil hohe Ströme über anfällige Schleifkontakte abgeführt werden.

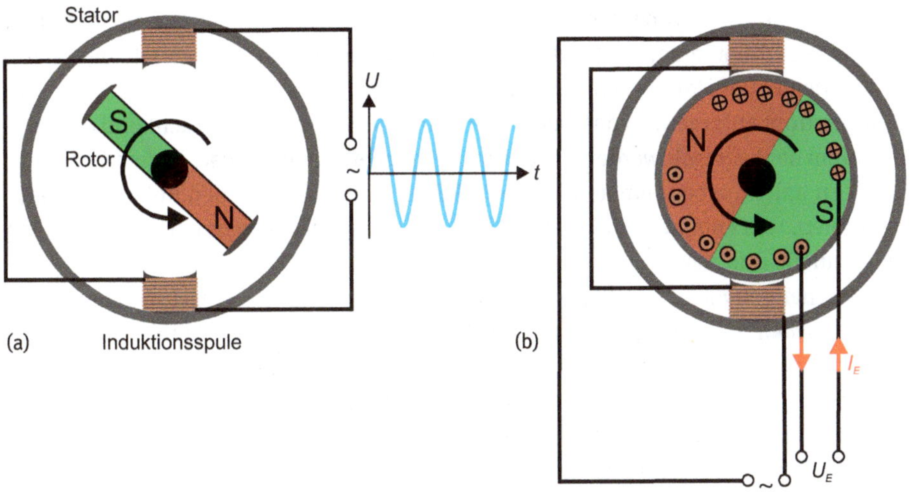

Abb. 5.21: (a) Prinzip eines permanent erregten Innenpolgenerators mit zwei Polen auf dem Rotor. Es wird idealerweise eine sinusförmige Wechselspannung erzeugt. (b) Querschnitt durch eine fremderregte Innenpolmaschine. Der Erregergleichstrom wird über Schleifkontakte den Rotorwicklungen zugeführt.

Eine bessere Konstruktion stellt die *Innenpolmaschine* dar, wie sie die Abb. 5.21 im Schnitt schematisch zeigt. In Abb. 5.21 (a) rotiert symbolisch ein Permanentmagnet, der ein magnetisches *Drehfeld* erzeugt. Der Stator besteht aus gegenüberliegenden ferromagnetischen Kernen, auf denen sich Spulen mit vielen Windungen befinden. Das Magnetfeld dreht sich also zwischen einem Spulenpaar und erzeugt an den Spulenkontakten eine periodische, idealerweise sinusförmige Wechselspannung mit der Rotationsfrequenz des Läufers. Weil das Magnetfeld permanent ist und nur zwei Pole hat, wird dieser Wechselstromgenerator auch als permanent erregte, zweipolige Innenpolmaschine bezeichnet. Gibt es $2n$ Pole auf dem Rotor mit n als natürlicher Zahl, ist die Wechselspannungsfrequenz um den Faktor n höher als die Rotationsfrequenz. Das hat Vorteile, wenn die Rotationsgeschwindigkeit aus mechanischen Gründen niedrig bleiben muss.

Ein Nachteil von Permanentmagneten liegt in der relativ niedrigen Magnetisierung, die Magnetfelder an den Polenden von unter 1 T hervorruft. Verwendet man anstelle der Magnete Spulen auf Eisenkernen, können wegen der hohen Sättigungsmagnetisierung bestimmter Eisensorten Felder von bis zu 2 T erreicht werden. Höhere Felder steigern den Wirkungsgrad. In der Abb. 5.21 (b) ist eine sogenannte *fremderregte* Innenpolmaschine schematisch im Querschnitt gezeigt. Die Spulenwindungen auf dem zylindrischen Rotor stehen senkrecht auf der Zeichenebene und erzeugen ein Dipolfeld. Über Schleifkontakte wird die rotierende Spule mit Gleichstrom erregt. Dieser Erregerstrom I_E ist aber erheblich kleiner als der Leistungsstrom im Stator und wird auch zur Steuerung des Generators verwendet. Wird elektrische Leistung den Kontakten entnommen, erfährt der Rotor nach der lenzschen Regel durch die starken Magnetfelder der Statorströme eine abbremsende Kraft. Die Induktion wirkt auch dem Erregerstrom entgegen, so dass mehr mechanische Energie aufgebracht und der Erregerstrom nachgeregelt werden muss. Um die magnetischen Verluste in dem Generator klein zu halten, ist auf einen möglichst kleinen Luftspalt zwischen Rotor und Stator zu achten, was entsprechend hohe Anforderungen an das Material und die Präzision der Bauteile erfordert.

Werner von Siemens (1816–1892) erfand 1866 eine Dynamomaschine, die auf der *magnetischen Selbsterregung* bzw. dem *Dynamo-Prinzip* beruht. Beim Anfahren des Generators wird aus der Restmagnetisierung des Rotors eine kleine Leistung in den Statorwicklungen erzeugt. Siemens führte den Erregerstrom aus diesen Feldspulen ab, machte aus dem Wechselstrom einen Gleichstrom (Gleichrichtung, siehe Kapitel 6) und erhöhte so das erregende Magnetfeld, was wiederum den erzeugten Strom vergrößerte und so fort. Der Generator verstärkte sich also bis zur Maximalleistung selbst, die durch die Sättigungsmagnetisierung des Eisens begrenzt wird. Seine Erfindung gilt heute als Beginn des elektrischen Zeitalters.

Das hier vorgestellte Prinzip des Wechselstromgenerators verwendet ein permanent- oder fremderregtes magnetisches Drehfeld. Weil die induzierten Wechselspannungen synchron, d. h. ohne Verzögerung, dem Drehfeld folgen, spricht man auch von *Synchrongeneratoren*.

Anwendungen

1. **Dreiphasen-Wechselstrom**

   Die Idee, drei unabhängige Spulenpaare in den Stator zu verbauen, geht auf unabhängige Vorarbeiten von Nikola Tesla, Galilei Ferrari und Friedrich August Haselwander zum Ende des 19. Jahrhunderts zurück. In der Zeit wurde das enorme ökonomische Potenzial der neuen Technologie erkannt, was einen Patent-Wettlauf zur Sicherung der erhofften finanziellen Erfolge auslöste.

   Wechselstrom hat den Vorteil der Transformierbarkeit und kann über lange Strecken besser transportiert werden. Eines der ersten großtechnischen Kraftwerke, das einen dreiphasigen Wechselstrom mit 50 Hz erzeugte, war das Wasserkraftwerk in Rheinfelden, das 1898 in Betrieb ging.

   Mindestens drei Spulenpaare sind notwendig, um mit einfacher Verschaltung unterschiedliche Spannungen zur Verfügung zu stellen (siehe Kapitel 6). Die Abb. 5.22 (a) zeigt den schematischen Aufbau des Synchrongenerators mit den drei unabhängigen Spannungen

   $$U_j(t) = U_0 \cos\left(2\pi f \cdot t + (j-1)\frac{2}{3}\pi\right), \quad j = 1, 2, 3. \tag{5.40}$$

   Wie im Diagramm aufgetragen sind die sinusförmigen, harmonischen Wechselspannungen jeweils um $120° = \frac{2}{3}\pi$ gegeneinander phasenverschoben. Ihre Am-

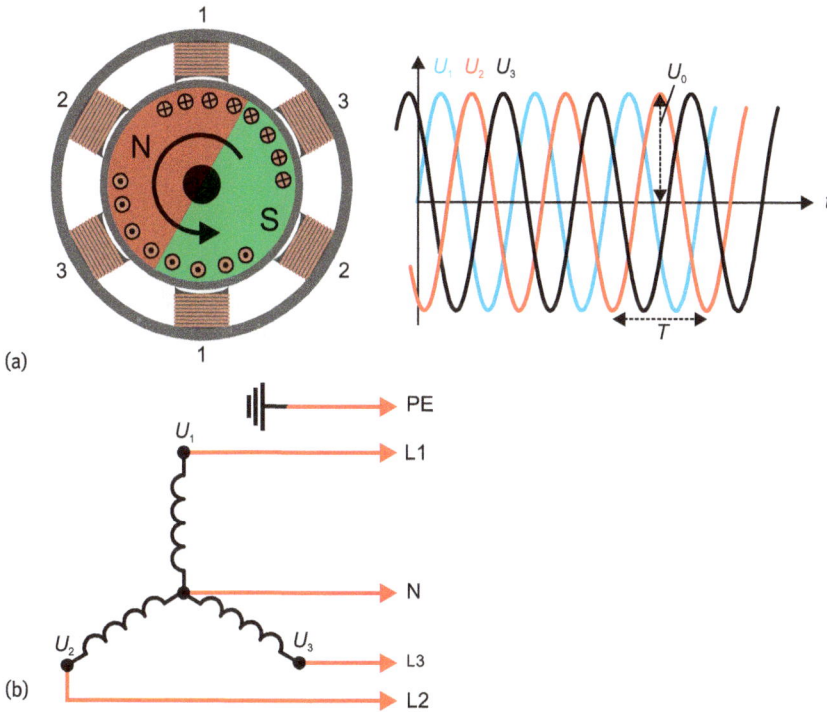

(a)

(b)

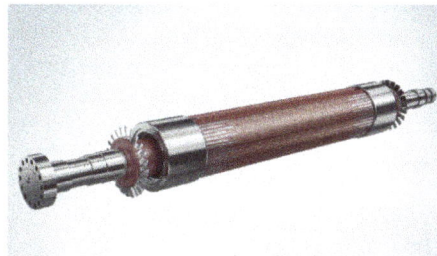

Stator
(c)

Rotor

Abb. 5.22: (a) Prinzipieller Aufbau eines Dreiphasen-Drehstromgenerator. Die Spulenpaare sind mit gleicher Nummer gekennzeichnet. (b) Sternschaltung der drei Phasen. Haushaltsanschlüsse enthalten fünf Leitungen. (c) Blick in einen Stator und auf einen Rotor eines großen Drehstrom-Generators. Mit freundlicher Genehmigung der Siemens AG.

plituden U_0 sind gleich und die Frequenz f wird von der Rotationsfrequenz bestimmt. Die drei Spannungsanschlüsse werden als **Phasen** bezeichnet.

In den heutigen, allgemeinen Stromverbundnetzen ist der Dreiphasenwechselstrom weltweit Standard. Die Tab. 5.1 listet Netzspannungen und -frequenzen für

Tab. 5.1: Netzspannungen und Netzfrequenzen in der Welt. Für die Definition der Effektivspannung siehe Kapitel 6.

Region/Land	f [Hz]	U_0 [V]	U_{eff} [V]
Europa, Asien, Australien, Afrika	50	311–339	220–240
Nord-, Mittelamerika	60	140–177	100–125
Japan	50/60	140–177	100–125

die unterschiedlichen Regionen in der Welt auf. In Europa beträgt die Netzfrequenz 50 Hz, d. h. die Periodenlänge T in Abb. 5.22 (a) beträgt 20 ms. Im zeitlichen Mittel ist die Frequenz sehr stabil. Die Spannungsamplitude U_0 kann schwanken und soll um den Wert von ungefähr 325 V liegen.

Die drei Phasen werden im Kraftwerk auf ein Potenzial bezogen, indem die Spulenanschlüsse wie in Abb. 5.22 (b) zusammengeschaltet werden. Diese **Stern-schaltung** gestattet den Gebrauch von zwei unterschiedlich hohen Spannungen, wie in Kapitel 6 noch näher ausgeführt. In die Haushalte werden fünf Leitungen geführt. Zu den drei Phasen L1, L2 und L3 kommen der *Nullleiter* N vom Sternmittelpunkt und der *Erdschutzleiter* PE hinzu.

Die Abb. 5.22 (c) gewährt einen Blick auf einen zweipoligen Rotor und in das Innere eines realen Stators mit sechs kompliziert verschalteten Feldspulenpaketen eines kommerziellen, großen Drehstromgenerators.

2. **Fahrradlichtmaschine – Dynamo**

Die elektrische Energieerzeugung bei Fahrrädern erfolgt mit einer *Lichtmaschine*, die umgangssprachlich auch Fahrraddynamo heißt. Im Seitenläuferdynamo der Abb. 5.23 dreht sich ein runder, mehrpoliger Magnet in einem Käfig. Die abwech-

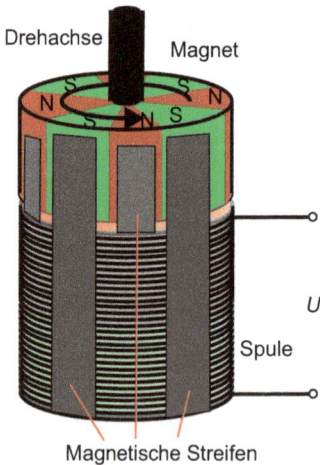

Abb. 5.23: Funktionsprinzip eines Seitenläuferdynamos am Fahrrad. Der mehrpolige Magnet dreht sich in einem Eisenkäfig.

selnden Nord- und Südpole passieren die ferromagnetischen Streifen des Käfigs, die den magnetischen Fluss in eine Spule unterhalb des Magneten leiten und zwar immer abwechselnd ans obere bzw. untere Ende der Spule. Die Eisenkäfige sind so ausgeführt, dass alle Streifen eines Käfigs abwechselnd vor einer Polsorte stehen. Damit wechselt das Magnetfeld in der Spule kontinuierlich seine Richtung. Die Induktionsspannung hängt natürlich von der Rotationsfrequenz und damit von der Geschwindigkeit des Rads ab. Typische Werte sind $U_0 = 8,5\,\text{V}$ bei $3\,\text{W}$ Leistung.

5.4.2 Elektromotoren

Umgekehrt zu den Generatoren werden in Motoren elektrische Ströme zur Wirkung von Drehmomenten und Kräften genutzt. Wir wollen nur kurz einige Wirkungsprinzipien besprechen.

1. **Drehstrom-Motor**

   Der Synchron-Drehstrom-Generator wie in Abb. 5.21 kann prinzipiell auch als Elektromotor arbeiten. In der Innenpolmaschine erzeugen Ströme durch die Feldspulen des Stators ein Drehfeld, das ein Drehmoment am Rotor bewirkt. Drehstrom-Motoren sind meist vielpolig, um ein zeitlich konstantes Drehmoment zu erzeugen.

   Eine besonders einfache Bauweise eines Elektromotors besteht darin, die Feldspulen des Rotors kurzzuschließen. Das Drehfeld wirkt auf die von ihm induzierten Ströme. Die kurzgeschlossenen Feldspulen bestehen meist nur noch aus massiven Kupferkäfigen. Solche Asynchronmotoren sind wegen ihrer Robustheit in industriellen Anwendungen sehr verbreitet. Sie laufen aber asynchron, d. h. dem Drehfeld hinterher, und sind nicht leicht zu regeln.

   Ein einfacher Elektromotor mit einem Starkmagneten, einer Schraube und einer Batterie ist in Abb. 5.24 (a) gezeigt. Das Streufeld des Magneten und der Strom durch die Schraube führen zu einem Drehmoment, das die Schraube in Rotation versetzt. Der Kurzschlussstrom ist groß, so dass am Schleifkontakt die Funken sprühen.

2. **Linearmotor**

   Geradlinige Bewegungen durch magnetische Kräfte können auf vielfältige Weise erzeugt werden. Kommerzielle Linearmotoren funktionieren prinzipiell wie abgewickelte Drehfeld-Motoren. Im bewegten Schlitten befinden sich z. B. Feldspulen, die Gegenfelder zu den alternierenden Magnetfeldern der Schiene erzeugen und durch Abstoßung eine seitliche Bewegung hervorrufen. Eine bemerkenswerte Eigenschaft von Linearmotoren besteht in ihren hohen Beschleunigungen von mehreren g, weshalb sie z. B. in modernen Achterbahnen eingesetzt werden.

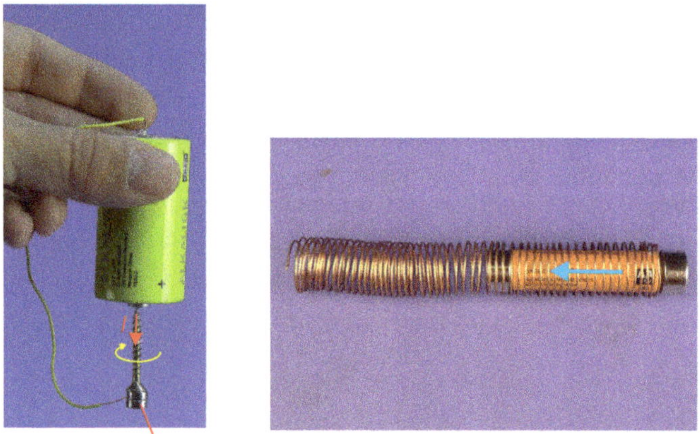

(a)   Magnet   (b)

Abb. 5.24: (a) Einfacher Elektromotor aus Schraube, Starkmagnet und Batterie. (b) In einer größen-angepassten Kupferspule bewegt sich eine Batterie mit aufgesetzten Starkmagneten infolge des Kurzschlussstroms.

In der Schule lässt sich mit Kupferdraht, starken Haushaltsmagneten und einer Standard-Batterie ein eindrucksvoller Linearmotor aufbauen. In der Abb. 5.24 (b) sind auf die Enden einer AA-Batterie starke Scheibenmagnete aufgesetzt, die mit dem Batteriekörper abschließen. Diese Anordnung wird in eine nicht zu eng gewickelte, weiche Kupferspule mit vielen Windungen eingeschoben. Der Spulendurchmesser sollte dem der Scheibenmagneten angepasst sein. Die Batterie wird über die Kupfer-Windungen kurzgeschlossen, so dass lokal entlang der Spulenachse ein Magnetfeld entsteht, das Batterie und Magnete beschleunigt. Der kleine Zug gleitet mit konstanter Geschwindigkeit durch die Kupferspule. Das Experiment bietet sich als Schülerversuch an, wobei mit den Parametern von Wicklungsabstand und Spulendurchmesser gespielt werden kann.

3. **Railgun**

Mit einer sogenannten *Railgun* lassen sich Massen auf sehr hohe Geschwindig-keiten von vielen 1 000 m/s beschleunigen, was mit konventionellen Explosi-onsgeschossen nicht erreichbar ist. Zur Erklärung betrachten wir zunächst den einfachen Linearmotor in Abb. 5.25 (a) der aus einem rollenden oder gleitenden Stab auf zwei Metallschienen besteht. Senkrecht zur Schienenebene bestehe ein starkes homogenes Magnetfeld. Über die Schienen wird ein Strom I eingespeißt. Dieser fließt auch durch den Stab, auf den nach Gl. (4.1) die Kraft

$$F = I \cdot d \cdot B \tag{5.41}$$

wirkt, wobei d der Abstand der beiden Auflagepunkte ist.

Bei der Railgun nutzt man anstelle des permanenten Magnetfelds das durch den Schienenstrom erzeugte zylindersymmetrische Feld, wie in Abb. 5.25 (b)

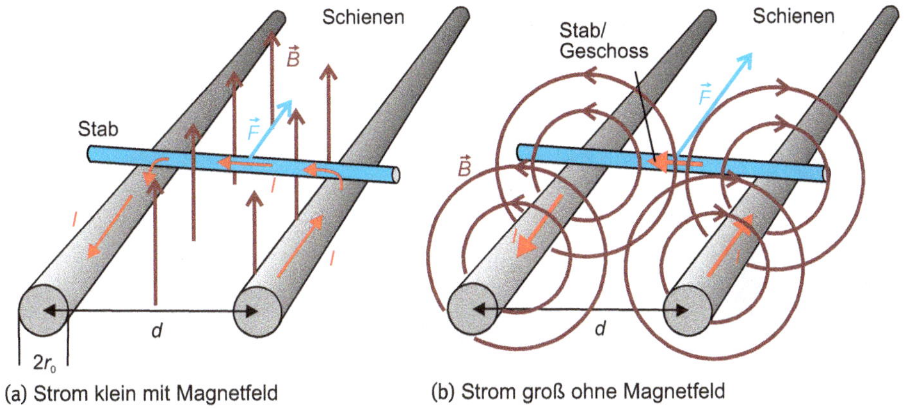

(a) Strom klein mit Magnetfeld

(b) Strom groß ohne Magnetfeld

Abb. 5.25: (a) Einfacher Linearmotor mit einem stromdurchflossenen Stab, der sich auf Schienen in einem homogenen Magnetfeld bewegt. (b) Funktionsprinzip einer Railgun, bei der der Stab durch das Magnetfeld des Stroms angetrieben wird.

skizziert. Dieses erscheint zunächst unvorteilhaft, weil das Feld um einen stromdurchflossenen Leiter bei kleinen Strömen schwach ist. Jedoch hängt die Kraft auf den Stab quadratisch von der Stromstärke ab, weil in Gl. (5.41) auch das B-Feld linear mit I variiert. Bei sehr hohen Strömen wird also eine große Kraft wirken.

In den Übungen soll gezeigt werden, dass diese Kraft ungefähr gleich

$$F = \frac{\mu_0 I^2}{\pi} \ln \left(\frac{d - r_0}{r_0} \right) \tag{5.42}$$

ist mit r_0 als Schienenradius.

Als Zahlenbeispiel nehmen wir an, dass kurzzeitig ein Strom von 10^5 A durch plötzliches Entladen großer Kondensatoren fließt. Bei einem Schienenabstand von 20 cm und einem Schienenradius von 2 cm wirkt auf die Masse eine Kraft von ungefähr 28 kN! Der hohe Strom wird über Schleifkontakte durch das Geschoss geleitet, was wegen des Kontaktwiderstands zu einer erheblichen Wärmeentwicklung führt. Aus dem Stand kann deshalb die Masse nicht beschleunigt werden, weil sie vorher mit den Schienen verschweißt würde. Vielmehr muss sie mit einer möglichst hohen Anfangsgeschwindigkeit auf die Schiene geschossen werden.

Dass der Abschuss einer Railgun ein spektakulärer und lauter Vorgang ist, mag man aus der Abb. 5.26 ermessen. Die Fotografie zeigt den Probeabschuss eines großen Geschosses mit einer Geschwindigkeit von 2 500 m/s und entstand in den Laboren der US Navy. Es ist offensichtlich, dass nach fast jedem Abschuss das Gerät wieder renoviert werden muss.

Abb. 5.26: Abschuss aus einem Prototypen einer großen Railgun (US Navy).

Übungen

1. Es sei eine lange Spule mit einem Querschnitt von 5 cm^2, einer Länge von 1 m, einem Widerstand von 10 Ω und einer Windungszahl von 2 000 gegeben. Wie groß ist ihre Induktivität? Innerhalb der Spule befinde sich eine kleine lange Spule mit halber Querschnittsfläche, halber Länge, halber Windungszahl und halbem Widerstand gegenüber der großen Spule. Es wird eine Spannung von 5 V an die äußere Spule angelegt. Welcher zeitliche Spannungsverlauf wird an der inneren Spule gemessen?

2. Eine Toroid-Spule bestehe aus einem kreisförmigen Ringkern mit $\mu_r = 500$ und Radius $R = 10$ cm. Auf dem Kern sind 1 000 Windungen aufgewickelt. Der Kern hat einen kreisförmigen Querschnitt mit der Fläche $A = 2$ cm^2. Rechnen Sie mit einer Spulenlänge von $2\pi R$.
   - Berechnen Sie die Induktivität der Spule.
   - Sie schließen über einen Widerstand $R = 50$ Ω eine Spannungsquelle von $U = 5$ V an. Wie schnell erreicht der Strom durch den Stromkreis 90 % seines Endwerts?
   - Welche Energie ist nach 0,2 s von der Spannungsquelle abgegeben worden?
   - Wieviel wurde von der in 0,2 s abgegebenen Energie in Wärme und wieviel in Feldenergie verwandelt?

3. Zwei parallele Metallschienen haben einen Abstand von $d = 10$ cm und liegen auf einer schiefen Ebene mit einem Anstellwinkel von $\alpha = 45°$. Die Schienen sind miteinander elektrisch verbunden. Ihr Widerstand sei vernachlässigbar. Ein Metallstab mit der Masse $m = 50$ g gleitet auf den Schienen ohne mechanische Reibung die Ebene hinunter. Der Widerstand des Stabs zwischen den Auflagepunkten betrage $R = 0,1$ Ω. Es wirke nun ein homogenes Magnetfeld $B = 0,5$ T senkrecht zur Auflagefläche der schiefen Ebene. Geben Sie eine allgemeine Formel für die magnetische Reibungskraft an und berechnen Sie die Endgeschwindigkeit des gleitenden Stabs.

4. Ein Flugzeug fliegt mit 300 m/s und wird vom Erdmagnetfeld durchsetzt. Die Komponente senkrecht zum Flugzeug betrage 30 μT. Wie groß ist die Spannung zwischen den Flügelspitzen bei einer Spannweite von 50 m?

5. Ein Aluminium-Ring habe einen kreisförmigen Querschnitt mit Durchmesser von $d = 1$ cm. Der Ring sei ein Torus mit dem Durchmesser der Mittellinie des Rings von $2R = 12$ cm. Senkrecht zur Ringfläche gibt es ein wechselndes Magnetfeld mit $B(t) = B_0 \cos \omega t$, $B_0 = 0,4$ T und Frequenz $f = 50$ Hz. Wie groß ist der Induktionsstrom im Ring? Wieviel Leistung wird im Ring verbraucht? Mit welcher Rate erhöht sich die Temperatur im Ring durch diese Leistung, wenn es keine Wärmeverluste gibt?

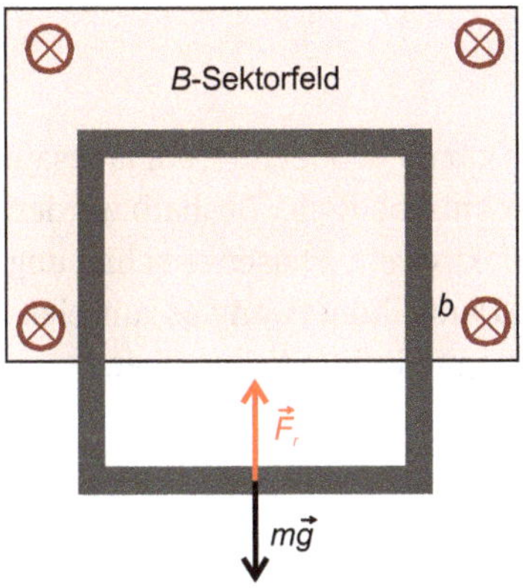

B-Sektorfeld

$\vec{F}_r$

$m\vec{g}$

b

Abb. 5.27: Wirbelstrombremseffekt bei einem fallenden Leiterrahmen.

6. Ein Rad habe vier Speichen aus Kupferstäben mit einem Querschnitt von $0,5\,\text{cm}^2$. Der Winkel zwischen zwei benachbarten Speichen sei $\pi/2$ und die Länge einer Speiche sei 25 cm. Achse und Felge des Rades bestehen aus Metall und seien so dünn, dass der Durchmesser des Rades gleich der doppelten Speichenlänge ist, also 50 cm. Die Speichen sind leitend mit Achse und Felge verbunden. Das Rad rotiere und benötigt für einen Umlauf eine Sekunde. Die Radfläche werde vollständig und senkrecht von einem homogenen Magnetfeld von 1 T durchsetzt. Wie hoch ist die Induktionsspannung zwischen Achse und Felge? Es werden ortsfeste Schleifkontakte an Achse und Felge angebracht und kurzgeschlossen. Welcher Kurzschlussstrom fließt durch eine Speiche? Wie groß sind Kraft und bremsendes Drehmoment, die auf eine stromdurchflossene Speiche angreifen? (Nehmen Sie an, dass der Schwerpunkt einer Speiche in der Mitte ist.)

7. Ein quadratischer Al-Rahmen mit Kantenlänge b wird aus einer Aluminiumscheibe herausgesägt und sei eine massive Leiterschleife. Sie fällt unter dem Einfluss der Schwerkraft $m\vec{g}$ aus einem homogenen magnetischen Sektorfeld heraus (siehe Abb. 5.27). Das magnetische Sektorfeld $\vec{B}$ stehe senkrecht auf der Leiterschleife. Wir betrachten die Situation wie in der Abbildung, dass der untere Steg schon außerhalb des Magnetfelds, der obere aber noch im Magnetfeld ist. Leiten Sie eine Gleichung für die Reibungskraft F_r her. Wie groß ist die Fallgeschwindigkeit als Funktion der Massendichte ρ_m, des spezifischen Widerstands ρ und des Magnetfelds B? Geben Sie einen Wert für die Fallgeschwindigkeit bei $B = 0,8\,\text{T}$ an.

8. Leiten Sie die Gl. (5.42) für die Kraft auf ein Geschoss auf der Railgun her.

6 Wechselspannungen und -ströme

Bisher betrachteten wir Gleichströme, die sich zeitlich gar nicht oder nur sehr langsam ändern. Wechselströme spielen aber eine wichtige technische Rolle. Deshalb werden in diesem Kapitel die grundlegenden Begriffe von Effektivwert, Phasenverschiebung und Impedanz eingeführt. Vom Schwingkreis geht die Darstellung zwanglos zum elektromagnetischen Dipol und der Abstrahlung elektromagnetischer Wellen über.

6.1 Grundbegriffe

6.1.1 Zeitabhängigkeiten

Im ersten Band der Reihe wurde das *Fourier-Theorem* besprochen, nach dem sich eine beliebig periodische Funktion immer als eine unendliche Summe aus harmonischen Sinus- und Cosiniusfunktionen schreiben lässt. Aus diesem Grund kann man sich bei linearen Phänomenen auf harmonische Funktionen beschränken. In Kapitel 5 haben wir auch besprochen, dass technisch erzeugter Wechselstrom idealerweise sinus- bzw. cosinusförmig ist.

Im Folgenden betrachten wir ausschließlich harmonisch alternierende Spannungen und Ströme

$$U(t) = U_0 \cos(\omega t - \varphi_U) \tag{6.1}$$

$$I(t) = I_0 \cos(\omega t - \varphi_I) \tag{6.2}$$

mit den Amplituden U_0, I_0, den Anfangsphasen φ_U und φ_I und der Kreisfrequenz $\omega = 2\pi f$. Die Bedeutung der Größen ist analog zu den mechanischen Schwingungen.

Die Wahl des Zeitnullpunkts ist frei, so dass eine Anfangsphase beliebig gewählt werden kann. Es ist nur die Phasendifferenz zwischen Spannung und Strom wichtig. Wir wählen stets

$$\varphi_U = 0 \quad \Rightarrow \quad \varphi = \varphi_I - \varphi_U = \varphi_I \, . \tag{6.3}$$

Die Abb. 6.1 (a) zeigt einen einfachen Wechselstomkreis mit einem *linearen Verbraucher Z*. Der Buchstabe Z soll verdeutlichen, dass es in dem Verbraucher ohmsche Widerstände, Kapazitäten und Induktivitäten geben kann. Der Begriff *linear* besagt, dass Strom und Spannung am Verbraucher die gleiche Frequenz haben. Durch den Verbraucher kann nur die Phasenverschiebung und das Verhältnis der Amplituden von Strom und Spannung nach dem ohmschen Gesetz verändert werden. In der Abb. 6.1 (b) sind allgemeine Verläufe von $U(t)$ und $I(t)$ aufgetragen. Zwischen Spannung und Strom gibt es eine Phasendifferenz. Wann diese auftritt und wie groß sie ist, wird uns in den folgenden Abschnitten beschäftigen. Die Periodendauer $T = 1/f$ entspricht wie in der Mechanik dem Kehrwert der Frequenz.

https://doi.org/10.1515/9783110469097-006

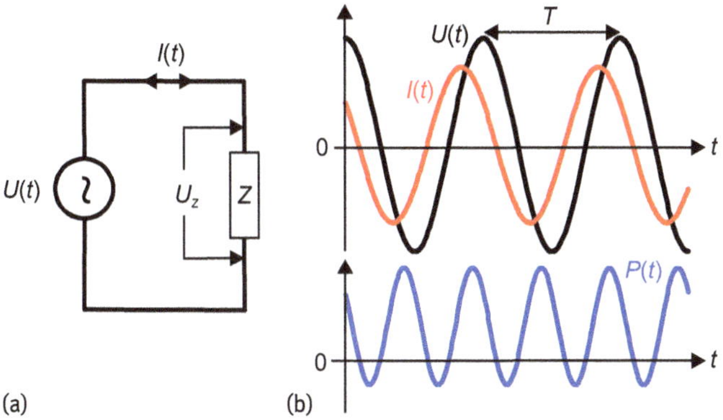

Abb. 6.1: (a) Wechselstromkreis mit Verbraucher Z. (b) Schematischer Verlauf von Spannung, Strom und momentaner Leistung an einem Verbraucher.

Die an Z aufgebrachte Leistung ist auch zeitabhängig und kann wegen der Phasenverschiebung auch negativ sein. Es gilt

$$P(t) = U(t) \cdot I(t) = U_0 I_0 \cos(\omega t) \cos(\omega t - \varphi)$$

$$= U_0 I_0 \left[\underbrace{\cos^2(\omega t)}_{\frac{1+\cos(2\omega t)}{2}} \cos \varphi - \underbrace{\cos(\omega t) \sin(\omega t)}_{\frac{\sin(2\omega t)}{2}} \sin \varphi \right]$$

$$= \frac{U_0 I_0 \cos \varphi}{2} [1 + \cos(2\omega t) - \sin(2\omega t) \tan \varphi] . \tag{6.4}$$

In der Abb. 6.1 (b) ist $P(t)$ für die dargestellte Phasenverschiebung zwischen Strom und Spannung aufgetragen. Die Nulllinie liegt nicht mehr symmetrisch um den Kurvenverlauf.

6.1.2 Effektivwerte

Es gibt im zeitlichen Leistungsverlauf in Gl. (6.4) einen konstanten und einen mit 2ω alternierenden Anteil (siehe auch Abb. 6.1 (b)). Die zeitabhängige Leistung entspricht aber im Allgemeinen noch keinem Verbrauch, weil Energie pro Periode in dem Verbraucher gespeichert und vom Verbraucher wieder abgegeben werden kann. Um die wahre Verbraucherleistung zu bestimmen, definiert man allgemein

Effektivwerte:
Die Effektivwerte von Wechselspannung und Wechselstrom sind diejenigen Gleichspannungs- und Gleichstromwerte, die an einem ohmschen Widerstand $Z = R$ im zeitlichen Mittel die gleiche Leistung verbrauchen, also

$$U_{\text{eff}} \cdot I_{\text{eff}} = \langle P(t) \rangle_t = \frac{1}{T} \int_0^T P(t) \, dt . \tag{6.5}$$

Der zeitliche Mittelwert der Leistung beträgt bei sinusförmigen Wechselspannungen mit Gl. (6.4)

$$\langle P(t)\rangle_t = \frac{U_0 I_0}{2}\cos\varphi\,.\tag{6.6}$$

An einem ohmschen Verbraucher besteht keine Phasendifferenz zwischen Spannung und Strom, $\varphi = 0$, weil Strom und Spannung zueinander proportional sind. Somit gilt

$$U_{\text{eff}}\cdot I_{\text{eff}} = \frac{U_0 I_0}{2}\,,$$

$$RI_{\text{eff}}^2 = \frac{1}{2}RI_0^2\quad\text{und}$$

$$\frac{U_{\text{eff}}^2}{R} = \frac{U_0^2}{2R}\,,$$

woraus als Effektivwerte bei sinusförmigen Wechselspannungen und -strömen

$$U_{\text{eff}} = \frac{U_0}{\sqrt{2}}\approx 0{,}71\,U_0\quad\text{und}\quad I_{\text{eff}} = \frac{I_0}{\sqrt{2}}\approx 0{,}71\,I_0\tag{6.7}$$

folgen. Ein Standard-Messgerät ermittelt bei alternierenden Spannungen und Strömen stets die Effektivwerte, auch wenn die Größen nicht sinusförmig sind. Nennwerte sind praktisch immer als Effektivwerte angegeben.

Beim Dreiphasen-Wechselstrom aus Abschnitt 5.4.1 können in der Sternschaltung der Abb. 5.22 (b) verschiedene effektive Spannungen entnommen werden. Zwischen Nullleiter und Phase liegt eine effektive Spannung von $0{,}71\cdot 325\,\text{V} = 230\,\text{V}$ an (normale Netzspannung). Zwischen den Phasen, z. B. L1 und L2, besteht eine Wechselspannung

$$U_{12} = U_0\left[\cos(\omega t) - \cos\left(\omega t - \frac{2}{3}\pi\right)\right] = -2U_0\sin\left(\omega t - \frac{\pi}{3}\right)\sin\left(\frac{\pi}{3}\right)$$

$$= -\sqrt{3}U_0\sin\left(\omega t - \frac{\pi}{3}\right)\,,$$

deren Amplitude um $\sqrt{3}$ größer ist. Dementsprechend steigt der Effektivwert zwischen den Phasen auf ungefähr 400 V, so dass bei gleichem Strom eine deutlich höhere Leistung dem Netz entnommen werden kann.

6.2 Komplexer Wechselstromwiderstand

Bei der Diskussion zeitlich langsam veränderlicher Vorgänge an Kapazitäten (Abschnitt 3.3.3) und Induktivitäten (Abschnitt 5.2.2) konnte bereits das Voraus- und Hinterherlaufen des Stroms gegenüber der Spannung beobachtet werden. Entsprechend bewirken diese Bauteile in Wechselstromkreisen Phasenverschiebungen zwischen

Strom und Spannung. Damit verhalten sie sich ganz anders als in Gleichstromkreisen, in denen der Kondensator eine Unterbrechung darstellt und die Spule ein ohmscher Widerstand ist.

Die beiden Größen Amplitude und Phase sind in Wechselstromkreisen gleichzeitig zu beachten. Um die umständlichen trigonometrischen Umrechnungen zu vermeiden, werden Wechselstromkreise viel eleganter mit *komplexen Zahlen* beschrieben, die aus zwei unabhängigen, reellen Zahlen zusammengesetzt sind.

6.2.1 Komplexe Zahlen – eine kurze Erinnerung

Im Band 1 wurden diese Zahlen zur Beschreibung von Schwingungen vorgestellt. In aller Kürze erinnern wir an die wesentlichen Eigenschaften.

Komplexe Zahlen erweitern den Zahlenraum der reellen Zahlen. Es werden Wurzeln negativer Zahlen mit berücksichtigt. Komplexe Zahlen lassen sich nicht mehr nach ihrer Größe anordnen, sondern werden in der *Gauß-Ebene* dargestellt. Eine komplexe Zahl z setzt sich als Summe

$$z = a + \mathrm{i}b \quad \text{mit} \quad \mathrm{Re}(z) = a, \ \mathrm{Im}(z) = b \tag{6.8}$$

aus einem Real- und einem Imaginärteil zusammen. Die Zahlen a und b sind reell und die *imaginäre Einheit* i ist definiert als die positive Wurzel aus -1, also

$$\mathrm{i} = +\sqrt{-1} \quad \Rightarrow \quad \mathrm{i}^2 = -1 \,. \tag{6.9}$$

Damit gilt auch die Gleichung $1/\mathrm{i} = -\mathrm{i}$. Komplexe Zahlen werden addiert und subtrahiert, indem die Real- bzw. Imaginärteile addiert bzw. subtrahiert werden. Multiplikation geschieht durch bekannte Algebra unter Berücksichtigung von Gl. (6.9). Die *konjugiert komplexe* Zahl zu $z = a + \mathrm{i}b$ entspricht

$$z^* = a - \mathrm{i}b \,. \tag{6.10}$$

Die gaußsche Ebene wird durch die Real- und Imaginärachse aufgespannt. Die Realachse entspricht dem Zahlenstrahl der reellen Zahlen. Eine komplexe Zahl wird durch einen Zeiger vom Nullpunkt zum Punkt (a, b) dargestellt, wie in der Abb. 6.2 gezeigt.

Der *Betrag* einer komplexen Zahl

$$|z| = \sqrt{z \cdot z^*} = \sqrt{a^2 + b^2} \,, \tag{6.11}$$

entspricht der Länge des Zeigers. Mit dem Betrag kann eine Division komplexer Zahlen auf die Multiplikation zurückgeführt werden, denn es folgt

$$\frac{z_1}{z_2} = \frac{z_1 z_2^*}{z_2 z_2^*} = \frac{1}{|z_2|^2} z_1 z_2^* \,. \tag{6.12}$$

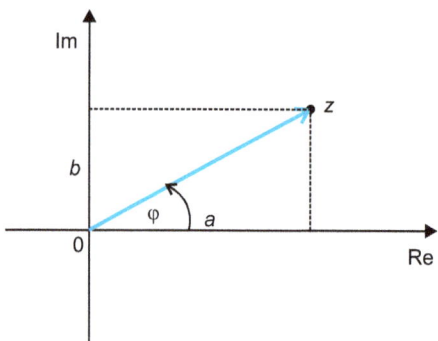

Die Stärke komplexer Zahlen liegt nicht allein in der Berechenbarkeit von Wurzeln aus negativen Zahlen, sondern vielmehr in einer vereinfachten Darstellung der trigonometrischen Funktionen Sinus und Cosinus durch eine Exponentialfunktion. Diese Relation wird durch die fundamentale *Euler-Formel*

$$e^{i\varphi} = \cos\varphi + i\sin\varphi \tag{6.13}$$

ausgedrückt. Der Winkel φ ist in Abb. 6.2 dargestellt. Die natürliche Basis ist die Euler-Zahl $e = 2{,}71828\ldots$. Die Gl. (6.13) kann entsprechend umgeformt werden zu

$$\cos\varphi = \frac{1}{2}(e^{i\varphi} + e^{-i\varphi}) \quad \text{und} \tag{6.14}$$

$$\sin\varphi = \frac{1}{2i}(e^{i\varphi} - e^{-i\varphi}) \,. \tag{6.15}$$

Eine komplexe Zahl lässt sich einfach durch ihren Betrag und ihren Winkel im Zeigerdiagramm als

$$z = |z|e^{i\varphi} \tag{6.16}$$

schreiben. Dieses erinnert bereits an Amplitude und Phasenwinkel der elektrischen Größen in Wechselstromkreisen.

6.2.2 Anwendung komplexer Zahlen auf Wechselstromkreise

Im Folgenden werden komplexe Spannungen und Ströme

$$\tilde{U}(t) = U_0 e^{i\omega t} \quad \text{bzw.} \quad \tilde{I}(t) = I_0 e^{i(\omega t - \varphi)} \tag{6.17}$$

mit einer Schlangenlinie überstrichen. Weil alle physikalischen Observablen reell sind, gilt stets

$$U(t) = \text{Re}(\tilde{U}(t)) \quad \text{und} \quad I(t) = \text{Re}(\tilde{I}(t)) \,. \tag{6.18}$$

Wie im ohmschen Gesetz definieren wir einen **komplexen Wechselstromwiderstand** als Quotienten zwischen Spannung und Strom,

$$Z = \frac{\tilde{U}}{\tilde{I}} = \frac{U_0}{I_0}e^{i\varphi} = |Z|e^{i\varphi} \,. \tag{6.19}$$

Der reelle Betrag des komplexen Widerstands heißt

Impedanz oder Scheinwiderstand

$$|Z| = \frac{U_0}{I_0} \,, \quad [|Z|] = \Omega = \text{Ohm} \,. \tag{6.20}$$

Auch Real- und Imaginärteil von Z,

$$Z = R + iX \,, \tag{6.21}$$

haben eine spezifische Bedeutung und werden als

Wirkwiderstand $R = \text{Re}(Z)$ und

Blindwiderstand $X = \text{Im}(Z)$

bezeichnet. Wirkwiderstände sind ohmscher Natur. An ihnen wird elektrische Leistung verbraucht und Wärme erzeugt. Blindwiderstände dagegen sind reine Kapazitäten und reine Induktivitäten, an denen keine Energie in Wärme umgewandelt wird.

In der Abb. 6.3 sind zwei typische Zeigerdiagramme in der Gauß-Ebene gezeichnet. In der Impedanzdarstellung (Abb. 6.3 (a)) ist Z mit dem Phasenwinkel φ dargestellt, während in Abb. 6.3 (b) die Zeiger des komplexen Stroms und der komplexen Spannung mit ω um den Nullpunkt rotieren. Die konstante Phasenverschiebung ent-

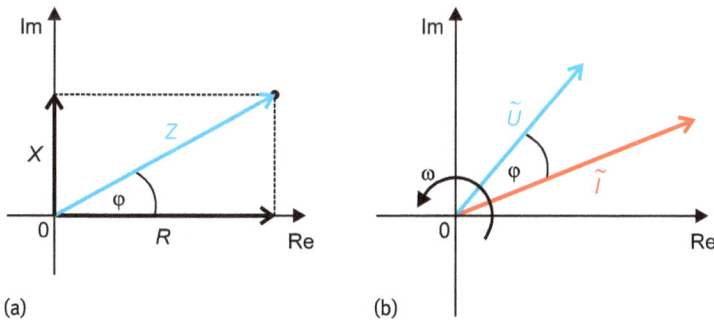

Abb. 6.3: (a) Darstellung der komplexen Impedanz als Zeiger in der Gauß-Ebene. (b) Spannung und Strom als rotierende Zeiger in der Gauß-Ebene.

spricht dem Winkel φ. Dementsprechend gelten die Relationen

$$|Z| = \sqrt{R^2 + X^2} \quad \text{und} \tag{6.22}$$

$$\tan \varphi = \frac{X}{R}. \tag{6.23}$$

Es gelten für Z die gleichen Regeln wie für Gleichstromwiderstände, d. h. bei

$$\textbf{Reihenschaltung} \quad Z_{\text{ges}} = \sum_j Z_j \quad \text{und}$$

$$\textbf{Parallelschaltung} \quad \frac{1}{Z_{\text{ges}}} = \sum_j \frac{1}{Z_j}.$$

Ebenso gelten für Wechselstromkreise die Kirchhoff-Regeln.

Beispiele

1. **Kapazitiver Widerstand**

Wir betrachten eine reine Kapazität C, d.i. ein perfekter Kondensator ohne Verluste und mit widerstandslosen Zuleitungen. Wie in Abb. 6.4 dargestellt, sind Strom und Spannung um $\pi/2 = 90°$ phasenverschoben, denn

$$I(t) = \frac{dQ}{dt} = C\frac{dU}{dt} = CU_0 \frac{d(\cos(\omega t))}{dt} = -C\omega U_0 \sin(\omega t)$$

$$= C\omega U_0 \cos\left(\omega t + \frac{\pi}{2}\right), \tag{6.24}$$

woraus eine Phasenverschiebung von

$$\varphi = -\frac{\pi}{2} \tag{6.25}$$

und mit Gl. (6.24) ein komplexer Wechselstromwiderstand der Kapazität C von

$$Z_C = \frac{U_0}{I_0} \underbrace{e^{-i\pi/2}}_{=-i} = -\frac{i}{\omega C} \tag{6.26}$$

folgt. Am Kondensator eilt der Strom um 90° der Spannung voraus.

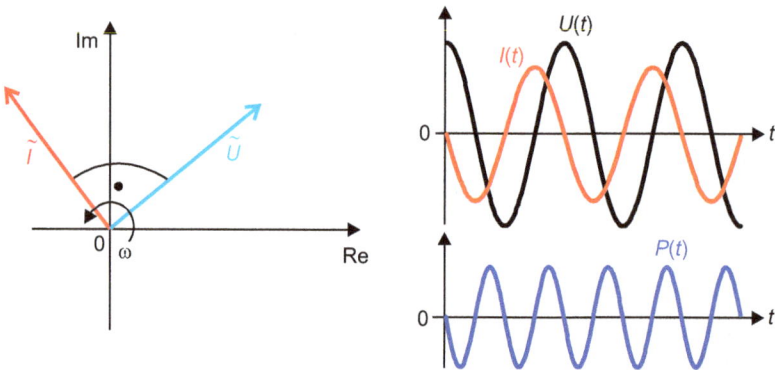

Abb. 6.4: Zeigerdarstellung von $\tilde{U}$ und $\tilde{I}$ sowie zeitliche Verläufe von Strom, Spannung und momentaner Leistung an einer reinen Kapazität C.

Ein idealer Kondensator ist ein reiner Blindwiderstand mit der Impedanz $1/(\omega C)$. Die Impedanz des Kondensators nimmt mit steigender Frequenz und Kapazität ab! Der Begriff Blindwiderstand wird jetzt verständlich, denn nach Gl. (6.6) ist der mittlere Leistungsverbrauch gleich null und die Kurve $P(t)$ schwingt symmetrisch um die Nulllinie.

2. **Induktiver Widerstand**

Eine reine Induktivität L besteht aus einer Spule ohne ohmschen Widerstand. Die Abb. 6.5 zeigt, dass die Spannung dem Strom um $\pi/2 = 90°$ vorauseilt, weil

$$U(t) = L\frac{dI}{dt}$$

$$\Rightarrow I(t) = \frac{U_0}{L}\int \cos(\omega t)\,dt = \frac{U_0}{\omega L}\sin(\omega t) = \frac{U_0}{\omega L}\cos\left(\omega t - \frac{\pi}{2}\right), \qquad (6.27)$$

woraus eine Phasenverschiebung von

$$\varphi = +\frac{\pi}{2} \qquad (6.28)$$

und mit Gl. (6.27) ein komplexer Wechselstromwiderstand der Induktivität L von

$$Z_L = \frac{U_0}{I_0}\underbrace{e^{+i\pi/2}}_{=+i} = i\omega L \qquad (6.29)$$

folgt. Auch eine ideale Induktivität stellt einen Blindwiderstand mit der Impedanz ωL dar. Die Impedanz der idealen Spule nimmt also mit steigender Frequenz und Induktivität zu! Es wird im zeitlichen Mittel keine Leistung verbraucht.

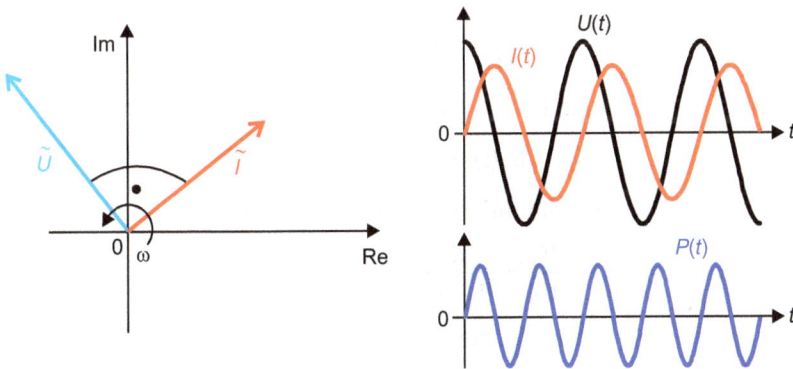

Abb. 6.5: Zeigerdarstellung von $\tilde{U}$ und $\tilde{I}$ sowie zeitliche Verläufe von Strom, Spannung und momentaner Leistung an einer reinen Induktivität L.

3. **Ohmscher Widerstand**

Wie schon diskutiert, liegt keine Phasenverschiebung zwischen Strom und Spannung an einem ohmschen Widerstand vor, womit $Z = R$ und $\langle P(t)\rangle_t = U_0 I_0/2$ folgt.

6.2.3 Zusammengeschaltete Impedanzen

Kondensatoren, Induktivitäten (Spulen) und ohmsche Widerstände sind elektronische Grundbauelemente. Sie sind *passiv*, weil sie keine verstärkende Wirkung haben und sie sind linear, weil sie dem linearen ohmschen Gesetz in komplexer Form

$$\tilde{U}(t) = Z \cdot \tilde{I}(t) \tag{6.30}$$

gehorchen. Schaltungen aus den drei Komponenten ergeben wichtige lineare Funktionsgruppen in der Elektronik. Einfache Beispiele seien kurz vorgestellt.

1. **Hochpass-Filter**

Der einfache Hochpass besteht aus einer Reihenschaltung von Kondensator C und Widerstand R, wie in Abb. 6.6 (a) gezeigt. Dabei wird am ohmschen Widerstand die Ausgangsspannung

$$\tilde{U}_a(t) = \tilde{I}(t)R \tag{6.31}$$

abgegriffen. Den komplexen Strom erhalten wir aus dem komplexen Widerstand der Reihenschaltung

$$Z_{RC} = R + \frac{1}{i\omega C} = R - \frac{i}{\omega C} = |Z|e^{i\varphi} \tag{6.32}$$

mit

$$|Z| = \sqrt{R^2 + \frac{1}{(\omega C)^2}} \quad \text{und} \quad \tan\varphi = -\frac{1}{\omega RC} . \tag{6.33}$$

Strom und Eingangsspannung $\tilde{U}_e(t)$ erfüllen die Gleichung

$$\tilde{U}_e(t) = |Z|e^{i\varphi}\tilde{I}(t) , \tag{6.34}$$

woraus mit Gl. (6.30) das Verhältnis zwischen $\tilde{U}_a(t)$ und $\tilde{U}_e(t)$

$$\frac{\tilde{U}_a}{\tilde{U}_e} = \frac{R}{R - \frac{i}{\omega C}} = \frac{1}{1 - \frac{i}{\omega RC}} \tag{6.35}$$

folgt. Interessieren wir uns nur für die Beträge der Spannungen, ergibt eine kurze Umrechnung

$$\left|\frac{\tilde{U}_a}{\tilde{U}_e}\right| = \frac{\omega RC}{\sqrt{1 + (\omega RC)^2}} . \tag{6.36}$$

In der Abb. 6.6 (b) ist das Spannungsverhältnis aufgetragen. Hohe Frequenzen werden besser durchgelassen als niedrige, was den Namen erklärt. An der charakteristischen Kreisfrequenz $\omega = 1/(RC)$ ist die Ausgangsspannung um den Faktor $1/\sqrt{2}$ gegenüber der Eingangsspannung reduziert.

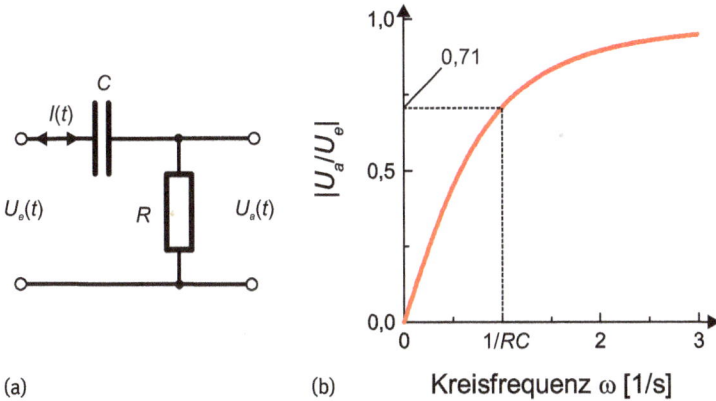

(a)   (b)

Abb. 6.6: (a) Einfacher Hochpass. (b) Reelles Verhältnis von Ausgangs- und Eingangsspannung als Funktion der Frequenz. Mit steigender Frequenz gleichen sich die Spannungen an.

2. **Tiefpass-Filter**

Der einfache Tiefpass besteht wie der Hochpass aus einem Widerstand R und einem Kondensator C, wie in Abb. 6.7 (a) skizziert. Die Schaltung ist wie beim Hochpass als Spannungsteiler aufgebaut, bei dem die Eingangsspannung $\tilde{U}_e(t)$ an beiden in Reihe geschalteten Bauelementen anliegt und die Ausgangsspannung $\tilde{U}_a(t)$ am Kondensator abgegriffen wird. Wir betrachten in diesem Fall direkt die Spannungen als komplexe Größen

$$\tilde{U}_a(t) = \frac{Z_C}{R + Z_C}\tilde{U}_e(t) = \frac{1/(i\omega C)}{R + 1/(i\omega C)}\tilde{U}_e(t) = \frac{1}{1 + i\omega RC}\tilde{U}_e(t)\,. \tag{6.37}$$

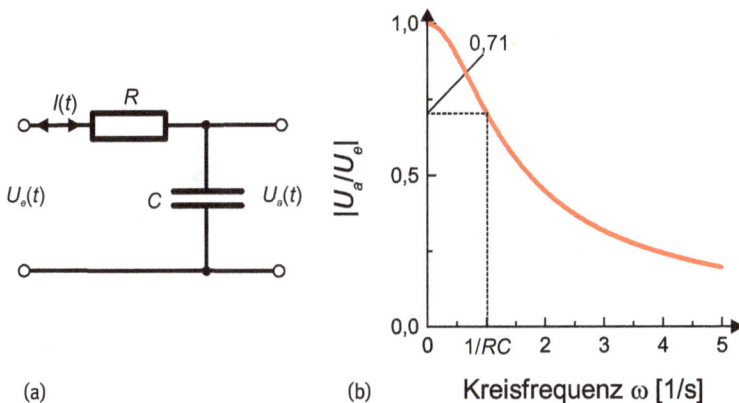

(a)   (b)

Abb. 6.7: (a) Einfacher Tiefpass. (b) Reelles Verhältnis von Ausgangs- und Eingangsspannung als Funktion der Frequenz. Mit fallender Frequenz geht die Ausgangsspannung gegen null.

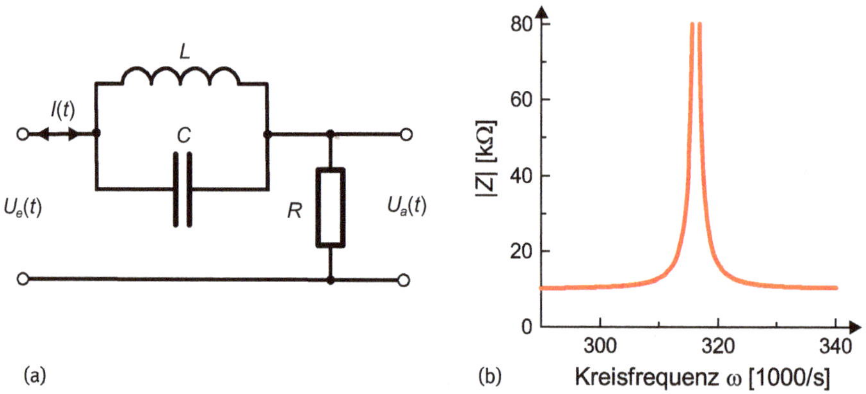

(a)   (b)

Abb. 6.8: (a) Sperrfilter mit Parallelschaltung von Spule und Kondensator. (b) Die Impedanz des Sperrfilters weist eine scharfe Resonanzstelle auf.

Damit sind Phasenlage und Amplitudenverhältnis zwischen $\tilde{U}_e$ und $\tilde{U}_a$ eindeutig festgelegt. Das Verhältnis von komplexer Ausgangs- zu komplexer Eingangsspannung lautet

$$\frac{\tilde{U}_a}{\tilde{U}_e} = \frac{1}{1 + i\omega RC} = \frac{1}{1 + (\omega RC)^2}(1 - i\omega RC),$$ (6.38)

woraus auf das reelle Amplitudenverhältnis

$$\left|\frac{\tilde{U}_a}{\tilde{U}_e}\right| = \frac{1}{\sqrt{1 + (\omega RC)^2}}$$ (6.39)

und auf die Phasenverschiebung zwischen Ausgangs- und Eingangsspannung

$$\tan\varphi = \frac{\text{Im}(\tilde{U}_a/\tilde{U}_e)}{\text{Re}(\tilde{U}_a/\tilde{U}_e)} = -\omega RC$$ (6.40)

geschlossen werden kann. Der Name Tiefpass wird klar, wenn in Abb. 6.7 (b) das Ergebnis von Gl. (6.39) aufgetragen wird. Hohe Frequenzen werden unterdrückt, während niedrige Frequenzen passieren können. Wie beim Hochpass ist bei $\omega = 1/(RC)$ die Ausgangsspannung um $1/\sqrt{2}$ gegenüber der Eingangsspannung reduziert. Die Phasenverschiebung beträgt dann $-45°$.

3. **Sperrfilter**
   Von ganz besonderer Bedeutung sind Zusammenschaltungen von Kondensator und Induktivität/Spule. Hier soll die Parallelschaltung von C und L diskutiert werden, wie sie in Abb. 6.8 (a) im Wechselstromkreis gezeigt ist. Die Eingangsspannung $\tilde{U}_e(t)$ sei harmonisch mit der Kreisfrequenz ω, so dass für den Strom die Gl. (6.30) gilt. Die Ausgangsspannung am ohmschen Widerstand R ist proportional zum Strom wie in Gl. (6.31).

Der komplexe Widerstand der verschalteten Bauelemente beträgt

$$Z = R + \left(i\omega C + \frac{1}{i\omega L}\right)^{-1} = R + i\frac{\omega L}{1 - \omega^2 LC} \, , \tag{6.41}$$

woraus die Impedanz

$$|Z| = \sqrt{R^2 + \frac{(\omega L)^2}{(1 - \omega^2 LC)^2}} \tag{6.42}$$

und die Phasenverschiebung zwischen Strom und Spannung

$$\tan \varphi = \frac{\omega L}{R(1 - \omega^2 LC)} \tag{6.43}$$

folgen. Der Nenner in Gl. (6.41) wird an der *Resonanzkreisfrequenz*

$$\omega_0 = \frac{1}{\sqrt{LC}} \tag{6.44}$$

null und damit werden der Blindwiderstand und auch die Impedanz unendlich groß. Bei dieser Frequenz sperrt also die Parallelschaltung von Spule und Kondensator.

In der Abb. 6.8 (b) ist die Impedanz als Funktion von ω für die Werte $C = 10\,\mathrm{nF}$, $L = 1\,\mathrm{mH}$ und $R = 10\,\mathrm{k\Omega}$. aufgetragen. Sie besitzt an der Resonanzkreisfrequenz $\omega = 316\,000/\mathrm{s}$ ein steiles Maximum und hat die typische Form einer Resonanzkurve, wie wir sie schon bei den mechanischen Schwingungen kennengelernt haben. In Abschnitt 6.3 wird sie noch genauer diskutiert werden. An der Resonanzstelle springt der Phasenwinkel von $-90°$ nach $+90°$. Die Breite und das Maximum der Kurve werden vom ohmschen Widerstand der Spule bestimmt, den wir in diesem Fall aber vernachlässigt haben. Daher geht die Resonanzkurve in Abb. 6.8 (b) ins Unendliche und hat eine unendlich kleine Halbwertsbreite.

Der Wechselstromfluss durch den Kreis im Resonanzfall ist erstaunlich. Im Gesamtkreis fließt bei vernachlässigbarem Spulenwiderstand im Resonanzfall praktisch kein Strom, jedoch fließen Ladungsträger periodisch von einem Kontakt des Kondensators durch die Spule zum anderen und zurück. Die Energie wechselt zwischen elektrischem Feld im Kondensator und magnetischem Feld der Spule. In der Fotografie der Abb. 6.9 ist dieses an den Glühbirnchen L1 und L2 im LC-Parallelkreis erkennbar. Sie leuchten schwach, weil Ladungen im Parallelkreis hin- und herschwingen. Bei Resonanz fließt nur dagegen wenig Strom im Hauptkreis, um die ohmschen Verluste in den beiden Birnchen innerhalb des Parallelkreises auszugleichen. Er reicht nicht aus, um das Lämpchen L3 zu erleuchten. Die Schaltung von L und C wird auch **Parallelschwingkreis** genannt. Bei Resonanz tritt eine *Stromüberhöhung* im Schwingkreis auf, wie das Leuchten der Lämpchen veranschaulicht.

Wir greifen als Zahlenbeispiel auf die Werte des Sperrfilters in Abb. 6.8 (b) zurück, d. h. $C = 10\,\mathrm{nF}$ und $L = 1\,\mathrm{mH}$. Dann resultiert eine Resonanzfrequenz von $f_{\mathrm{Res}} = \omega_0/(2\pi) \approx 50,3\,\mathrm{kHz}$.

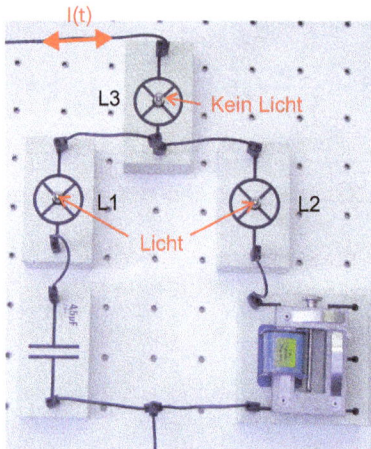

Abb. 6.9: An der Resonanzfrequenz fließt der Wechselstrom im realen Parallelschwingkreis hin und her. Im Außenkreis ist der Strom nahezu null.

Technische Ergänzung: Gleichstrom versus Wechselstrom

Die Elektrizitätsversorgung weltweit stützt sich auf Wechselstrom mit einer Frequenz zwischen 50 und 60 Hz. Die Weichenstellungen für diese Entwicklung erfolgten in den 1890er Jahren. Zu der Zeit wurde die Elektrifizierung großer Städte vorangetrieben. Insbesondere ersetzte elektrisches Licht das bis dahin übliche Gaslicht. In den USA besaß das Unternehmen des Erfinders Thomas Alva Edison (1847–1931) grundlegende Patente für die elektrische Beleuchtung, z. B. für die Glühlampe und bestimmte maßgeblich den frühen Strommarkt vor allem in New York. Zum Schutze eigener Investitionen setzte Edison auf die Gleichstromversorgung. Die Vorteile des Wechselstroms gegenüber dem Gleichstrom waren damals aber schon augenfällig. Michael Faraday präsentierte 1831 das Funktionsprinzip eines Transformators. Wechselstrom konnte einfach transformiert und mit deutlich geringeren Verlusten transportiert werden. Die Umwandlung von Wechsel- in Gleichstrom, die **Gleichrichtung**, ist technisch einfacher zu verwirklichen als der umgekehrte Vorgang der *Wechselrichtung*.

Der amerikanische Ingenieur und Unternehmer George Westinghouse (1845–1914), der 1885 ein elektrisches Wechselstromnetz in Pittsburgh aufbaute, setzte mit wissenschaftlicher Unterstützung von Nikola Tesla auf Wechselstromversorgung. Der Wettbewerb zwischen Edison und Westinghouse entfachte einen erbitterten Streit um Standards und Patente und damit Marktanteile, bei dem sehr viel Geld auf dem Spiel stand. Die als *Stromkrieg* in die Geschichte eingegangene Auseinandersetzung entglitt schnell ins Unsachliche und Persönliche. Die öffentliche Debatte um die Gefährdung von Menschen durch elektrische Stromschläge wurde von Edison genutzt, um die vermeintlich höhere Gefahr des Wechselstroms für Leib und Leben herauszustellen. Durch den stillen Durchbruch der technisch überlegenen Wechselstromverbindungen in Europa und durch die Erfindung einer durch kein Edison-Patent geschützten Glühlampe von Westinghouse war ab 1890 auch in den USA der Siegeszug des Wechsel- und Dreiphasen-Drehstroms unaufhaltsam. Ein Meilenstein dieser Entwicklung war der Auftrag an Westinghouse zur Elektrifizierung der Weltausstellung in Chicago 1893. Sehr viel später räumte Edison sein Festhalten an der allgemeinen Gleichstromversorgung als einen seiner größten Fehler ein.

Die Gleichrichtung der auf kleine Werte transformierten Netzspannung ist wichtig in allen elektronischen Kleingeräten. Eine einfache Schaltung ist der **Brückengleichrichter** mit vier Dioden (*Graetz-Schaltung*), wie in Abb. 6.10 gezeichnet. Eine Diode ist ein preiswertes elektronisches Bauteil, das elektrischen Strom nur in einer Richtung durchlässt. Die Kennlinie wurde schon in Abb. 3.11 vorgestellt. Die Wechselspannung am Eingang der Brücke wird in der Schaltung in alternierenden Gleich-

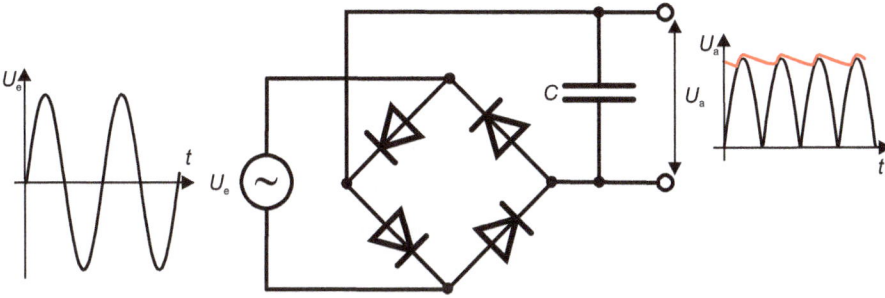

Abb. 6.10: Brückengleichrichter mit Glättungskondensator zur Umwandlung von Wechsel- in Gleichstrom.

strom umgewandelt, weil die negativen Halbwellen ins Positive umgeklappt werden. Üblicherweise glätten große Kondensatoren am Ausgang die Spannung, weil sie als Ladungspuffer wirken. Der rote Spannungsverlauf in Abb. 6.10 ist typisch für eine Gleichspannung mit einem restlichen *Netzbrummen*, das durch weitere aktive Bauelemente weiter geglättet werden kann.

Das schon von Edison angeführte Argument ist richtig, dass Einwirken einer hohen 50 Hz-Wechselspannung auf den menschlichen Körper schädigender ist als eine ebenso hohe Gleichspannung. Das Nervensystem und insbesondere die Herzfunktion wird von niederfrequenten elektrischen Spannungen beeinflusst. Die Gefahr bei einem Stromschlag hängt dabei nicht nur von der Stromstärke, sondern auch vom Stromweg durch den Körper, der Dauer des Stroms und dem Zeitpunkt innerhalb einer Herzschlagperiode ab. Die Abb. 6.11 zeigt für Wechselstrom von 50 Hz Gefährdungsschwellen und -bereiche. Es ist die Körperstromdauer gegen die Stärke des Körperstroms jeweils auf logarithmischen Skalen aufgetragen.

Unterhalb von 300 μA wird der Strom nicht wahrgenommen. Zwischen der Wahrnehmungs- und der Loslassschwelle (Bereich 1) sind Ströme spürbar, aber sie verursachen keine direkten, irreversiblen Schädigungen bei einem gesunden, erwachsenen Menschen. Für Ströme rechts von der Loslassschwelle (Bereich 2) treten nach einer kurzen Zeit Muskelkrämpfe auf, die ein selbständiges Zurückziehen z. B. einer Hand von einer Spannungsquelle verhindern. Diese Situation ist sehr gefährlich, weil das Weiterwirken des Körperstroms schnell zu lebensbedrohlichen Wirkungen führt. So kann die Flimmerschwelle und Bereich 3 in Abb. 6.11 erreicht werden, an der Herzflimmern und der Zusammenbruch des Kreislaufs einsetzen, was schließlich tödlich ist. Die blaue Linie stellt die Auslöseschwelle des Fehlerstromschutzschalters dar, der in der elektrischen Hausinstallation Menschen vor schädigenden Stromschlägen schützt.

Wie hoch der Körperstrom ist und welchen Weg er einschlägt, hängt von der Kontaktsituation ab. Ein Stromfluss durch den Brust- bzw. Herzbereich ist gravierend, was oft bei Strömen von Hand zu Hand oder Hand zu Fuß der Fall ist. Die Stromstärke wird nicht nur vom Körperwiderstand, sondern vor allem von den Kontaktwiderständen bestimmt. Gute isolierende Schuhe reduzieren die Ströme bei gegebener Spannung. Der ungünstigste Unfall tritt ein, wenn die Kontaktwiderstände klein sind, z. B. wenn ein Mensch barfuß auf gut geerdetem Grund steht und mit einer feuchten Hand die Spannungsquelle berührt. Dann wirkt nur der Körperwiderstand von typischerweise 750 Ω zwischen Hand und Fuß. Die Netzspannung von 230 V erzeugt dann einen Strom von 300 mA. Der Schutzschalter schützt den Menschen, weil er innerhalb von Millisekunden den Stromkreis unterbricht (siehe Abb. 6.11). Ohne Schutzschalter tritt sofort Verkrampfung auf und Herzflimmern kann in weniger als einer halben Sekunde einsetzen.

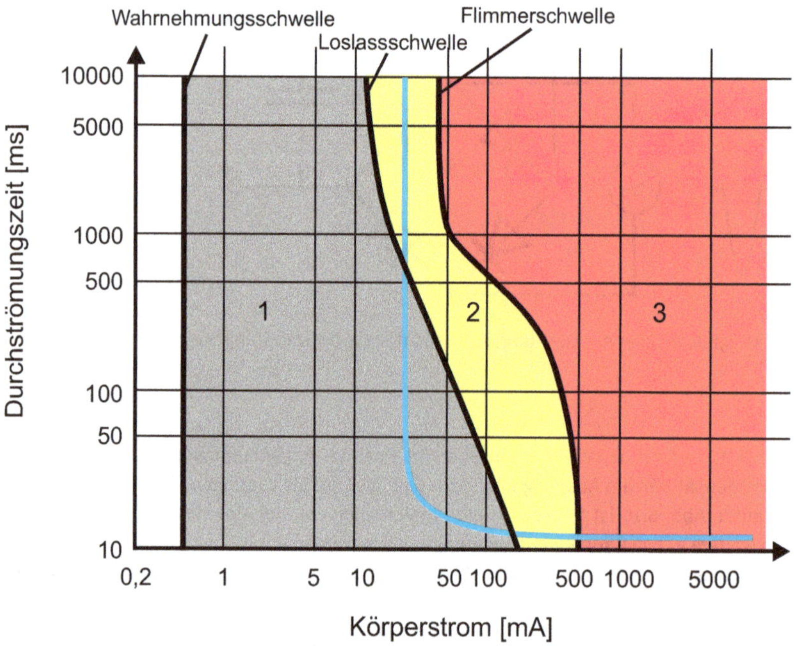

Abb. 6.11: Gefährdung des Menschen durch Stromschlag bei 50 Hz Wechselstrom. Bereich 1: keine bleibenden Schäden; Bereich 2: Muskelverkrampfungen; Bereich 3: Herzflimmern.

Die Schwellenlinien für Gleichströme sind dagegen um einen Faktor von ungefähr drei zu höheren Körperströmen verschoben. Wechselspannungen mit Frequenzen oberhalb von 10 000 Hz wirken wie Gleichströme auch nur thermisch. Aus diesem Grund sind Entladungen aus Tesla-Spulen für den menschlichen Körper ungefährlicher als gleichgroße niederfrequente Netzströme.

6.3 Der elektrische Schwingkreis

6.3.1 Impedanz des Serienschwingkreis

Im Abschnitt 6.2.3 wurde das Sperrfilter als Parallelschaltung von Spule und Kondensator vorgestellt. Der Stromfluss durch das Filter geht bei einer charakteristischen Frequenz auf null zurück und die Durchlasskurve gleicht der Resonanzkurve einer Schwingung. Vergleichbar funktioniert die Reihen- bzw. Serienschaltung von R, L und C, wie sie in Abb. 6.12 dargestellt ist. Die Impedanz ist der Betrag des komplexen Scheinwiderstands,

$$|Z| = \sqrt{R^2 + \left(\omega L - \frac{1}{\omega C}\right)^2}.$$

(6.45)

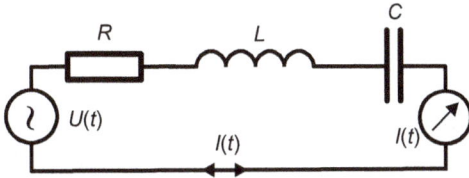

Abb. 6.12: Wechselstromkreis mit einem Serienschwingkreis mit ohmschem Widerstand.

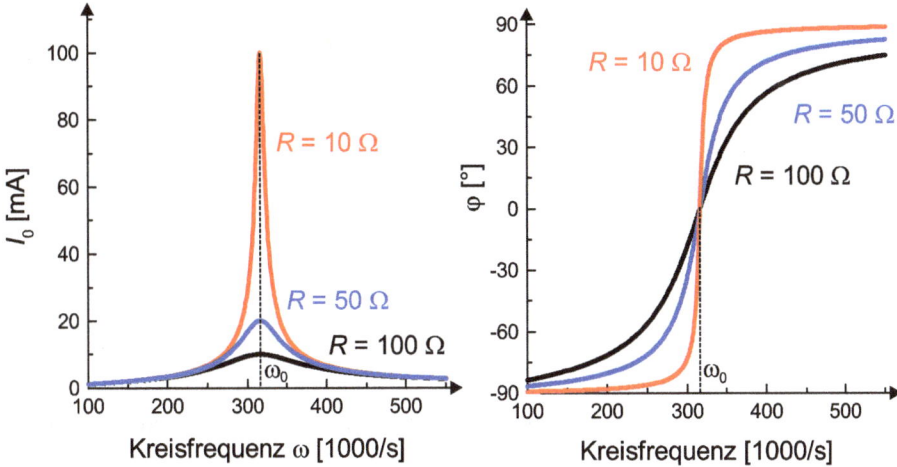

Abb. 6.13: Stromamplitude und Phasendifferenz zwischen Strom und Spannung beim Serienschwingkreis für drei verschiedene Widerstände.

In Abb. 6.13 sind die reelle Amplitude

$$I_0 = \frac{U_0}{|Z|} \tag{6.46}$$

des Stroms und die Phasenverschiebung nach Gl. (6.23) für verschiedene ohmsche Widerstände als Funktion von ω aufgetragen. Es werden wie oben folgende Werte angenommen: $C = 10\,\text{nF}$, $L = 1\,\text{mH}$ sowie $U_0 = 1\,\text{V}$ und $R = 10\,\Omega, 50\,\Omega$ bzw. $100\,\Omega$.

Bei der Resonanzkreisfrequenz $\omega_0 = \sqrt{1/(LC)}$ gilt

$$\omega_0 L - \frac{1}{\omega_0 C} = 0 \quad \Rightarrow \quad |Z| = R \ . \tag{6.47}$$

Die Impedanz wird an dieser Stelle minimal und die Stromamplitude maximal. Der Blindwiderstand und die Phasenverschiebung zwischen Strom und Spannung verschwinden. Die Serienschaltung lässt also bei ω_0 den maximalen Strom durch und somit wird die Leistungsaufnahme der Schaltung ebenfalls maximal. An den Kurven von maximalem Strom und Phasenverschiebung in Abb. 6.13 erkennt man, dass die Breite der Resonanz vom Widerstand R abhängt. Im Grenzfall eines verschwindenden Widerstands liegt im Resonanzfall ein Kurzschluss der Spannungsquelle mit idealerweise unendlich hohem Strom vor. An der Resonanzstelle ist die Phasendifferenz zwischen Wechselspannung und -strom gleich null. Um ω_0 wechselt der Phasenwinkel von $-90° = -\pi/2$ nach $+90° = +\pi/2$.

Sowohl in der Parallel- als auch Reihenschaltung von Widerstand, Kapazität und Induktivität fließen Ladungen hin und her, weshalb man auch von *Schwingkreisen* spricht.

6.3.2 Der elektrische Schwingkreis als harmonischer Oszillator

Es gibt eine enge Analogie zwischen mechanischem Oszillator und elektrischem Schwingkreis, aber auch Unterschiede. Die Kurven in Abb. 6.13 erhält man auch durch eine Betrachtung des mechanischen Analogons. Dieses soll an dem Serienschwingkreis in Abb. 6.12 erklärt werden. Wir nehmen an, dass die Spannungsquelle eine sinusförmige Wechselspannung abgibt, die reell als

$$U(t) = U_0 \sin(\omega t) \tag{6.48}$$

geschrieben werden kann. Anwenden der kirchhoffschen Maschenregel auf den Stromkreis ergibt mit den entsprechenden Spannungsabfällen an den einzelnen Bauelementen

$$- U(t) + R \cdot I(t) + L\frac{dI(t)}{dt} + \frac{1}{C}\int I(t)\,dt = 0 \,. \tag{6.49}$$

Die Gl. (6.49) kann nach der Zeit differenziert werden, so dass

$$-U_0\omega\cos(\omega t) + R\frac{dI(t)}{dt} + L\frac{d^2 I(t)}{dt^2} + \frac{I(t)}{C} = 0$$

$$\Rightarrow \quad L\frac{d^2 I}{dt^2} + R\frac{dI}{dt} + \frac{1}{C}I = U_0\omega\cos(\omega t) \tag{6.50}$$

folgt. Die Gl. (6.50) entspricht formal der Bewegungsgleichung der erzwungenen harmonischen Schwingung des mechanischen Oszillators aus Band 1,

$$m\frac{d^2 x}{dt^2} + 2\gamma m\frac{dx}{dt} + Dx = F_0\cos(\omega t) \,, \tag{6.51}$$

mit der Auslenkung $x(t)$, der Masse m, dem Dämpfungs- bzw. Reibungsparameter γ, der Federkonstante D und der Amplitude der erregenden Kraft F_0.

Es gibt eine Entsprechung zwischen mechanischen und elektrischen Größen, die in der Tab. 6.1 gegenübergestellt sind. Die Massenträgheit beim mechanischen Oszillator wird im elektrischen Schwingkreis von der Induktivität übernommen. Bewegungsenergie der Masse entspricht demnach der magnetischen Feldenergie durch die Bewegung der Ladung durch die Spule. Eine harte Feder bedeutet im Schwingkreis eine kleine Kapazität. Folglich übernimmt die elektrische Feldenergie im Kondensator die potenzielle Energie der Feder. Schließlich entspricht der ohmsche Widerstand der mechanischen Reibung, denn beide wandeln Oszillatorenergie irreversibel in Wärme um und bewirken Verluste der Schwingungsenergie.

Tab. 6.1: Analoge Größen im mechanischen und elektrischen Oszillator

Physikalisches Element	Elektrischer Schwingkreis	Mechanischer Oszillator
Oszillierende Größe	Stromstärke I	Auslenkung x
Trägheit	Induktivität L	Masse m
Härte	Kapazität^{-1} $1/C$	Federkonstante D
Energieverlust, Reibung	Widerstand R	Dämpfungskonstante $2\gamma m$
Charakteristische Kreisfrequenz	$\sqrt{1/(LC)}$	$\sqrt{D/m}$

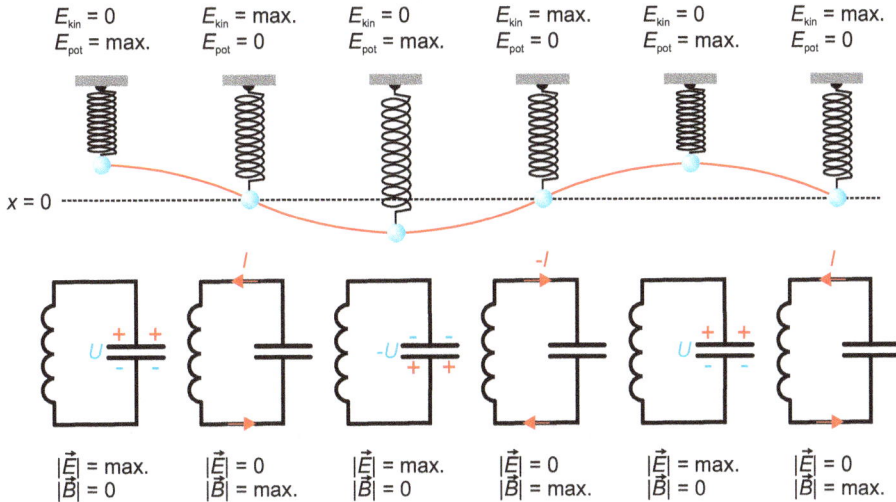

Abb. 6.14: Analoge Momente der Schwingungen eines Federpendels und eines elektrischen Schwingkreises. Zwischen den einzelnen Bildern vergeht eine viertel Periode.

Die analogen Zeitpunkte der verlustlosen Schwingungen eines Federpendels und eines Parallelschwingkreises sind schematisch in der Abb. 6.14 nebeneinander gezeichnet.

In der Physik werden oft Modellanalogien angeführt, weil sie den Aufwand zur Beschreibung ähnlicher Phänomene klein halten. Hier können die analogen Größen in der Lösung für den harmonischen Oszillator der Mechanik ausgetauscht werden und man erhält ohne weitere Rechnung die Stromresonanzkurve des elektrischen Schwingkreis mit

$$I_0(\omega) = \frac{U_0\omega/L}{\sqrt{(\omega_0^2 - \omega^2)^2 + (R\omega/L)^2}} \, , \tag{6.52}$$

wie in Abb. 6.13 aufgetragen. Die Halbwertsbreite der Resonanzkurve und somit die Güte des Schwingkreises hängen vom ohmschen Widerstand ab. Je höher die Verluste, desto geringer die Güte des Schwingkreises.

Bei Analogien ist aber Vorsicht geboten, denn nicht jedes Detail kann von einem physikalischen System auf das andere übertragen werden. Auch in diesem Fall gibt es einige Unterschiede zwischen mechanischem Oszillator und elektrischem Serienschwingkreis.

– In Gl. (6.50) steht die Ableitung von $U(t)$ als erregende Amplitude, so dass für φ als Phasenverschiebung zwischen Strom und Spannung eine Verschiebung von $-\pi/2$ zu berücksichtigen ist. Wie in Abb. 6.13 zu erkennen, ist die Phasenverschiebung an der Resonanzstelle null und nicht wie im mechanischen Fall $\pi/2$.

– Aus dem gleichen Grund taucht in Gl. (6.52) ein ω im Zähler auf, mit der Konsequenz, dass die Resonanzstelle immer bei ω_0 ist, also

$$\omega_{\text{Res}}^2 = \omega_0^2 = \frac{1}{LC} . \tag{6.53}$$

Beim mechanischen Oszillator verschiebt die Resonanzfrequenz mit der Dämpfung!

– Die Kreisfrequenz im Zähler in Gl. (6.52) sorgt auch dafür, dass im Gleichstromfall, $\omega = 0/\text{s}$, der Strom null wird, wie in Abb. 6.13 zu sehen. Dieses ist anschaulich sofort einzusehen, weil der Kondensator Gleichströme sperrt. Der mechanische Oszillator wird dagegen bei statischer Kraft permanent ausgelenkt.

Diese Unterschiede gelten in dieser Form für die Stromresonanz im Serienschwingkreis. Für den Parallelschwingkreis bzw. den Sperrfilter gilt die gleiche Resonanzbedingung, solange kein ohmscher Widerstand in Reihe mit der Induktivität geschaltet wird.

6.3.3 Der freie, gedämpfte elektrische Oszillator

Ohne Erregung verhält sich ein elektrischer Schwingkreis wie ein gedämpftes Federpendel. Wir können wieder die Lösungen aus der Mechanik übernehmen. Es gilt

$$\frac{\mathrm{d}^2 I}{\mathrm{d}t^2} + \frac{R}{L}\frac{\mathrm{d}I}{\mathrm{d}t} + \frac{1}{LC}I = 0 . \tag{6.54}$$

Wird der Schwingkreis durch einen elektrischen Impuls angeregt, gilt für die gedämpfte Schwingung

$$I(t) = I_0 e^{-\frac{R}{2L}t} \cos(\omega t + \varphi_0) \tag{6.55}$$

mit

$$\omega^2 = \frac{1}{LC} - \left(\frac{R}{2L}\right)^2 , \tag{6.56}$$

solange die Dämpfung klein ist, d. h.

$$\frac{R}{2L} < \frac{1}{\sqrt{LC}} \quad \Leftrightarrow \quad R < 2\sqrt{\frac{L}{C}} \tag{6.57}$$

gegeben ist.

Ist die Ungleichung (6.57) nicht erfüllt, kommt es nicht zur Schwingung, sondern der Strom kriecht auf den Nullwert zurück (*Kriechfall* und *aperiodischer Grenzfall*), wie beim gedämpften Federpendel in Band 1 beschrieben.

Beispiel
Für den oben betrachteten Schwingkreis mit der Resonanzfrequenz von $f = 50,3$ kHz bei $C = 10$ nF und $L = 1$ mH liegt für ohmsche Widerstände mit $R < 632\,\Omega$ noch der Schwingfall vor.

6.4 Hertzscher Dipol

6.4.1 Vom elektrischen Schwingkreis zum schwingenden Dipol

Metallische Leiter jedweder Form besitzen nicht nur eine elektrische Leitfähigkeit, sondern auch eine Kapazität und eine Induktivität. In Abschnitt 2.5.2 wurde z. B. die Kapazität einer einsamen Metallkugel im Raum berechnet. Als Konsequenz besitzt also jeder Leiter mindestens eine charakteristische Resonanzfrequenz für elektrische Schwingungen.

Wir betrachten den *hertzschen Dipol*, mit dem Heinrich Hertz 1886 die elektromagnetischen Wellen experimentell nachwies. Er hat eine einfache Form und besteht aus einem geraden Metallstab der Länge ℓ. Dieser elektrische Dipol ist eine Grundform gängiger Radioantennen.

Die Abb. 6.15 skizziert den gedanklichen Übergang vom herkömmlichen elektrischen Schwingkreis zum elektrischen Dipol. Damit sich Elektronen innerhalb des Stabs periodisch auf und ab bewegen, wird die erzwungene Schwingung mit einem resonanten Wechselstrom durch einen parallel zum Dipol liegenden Draht induktiv angeregt. Dieses ist in der Abb. 6.16 (a) schematisch skizziert, während die Abb. 6.16 (b) eine reale experimentelle Anordnung mit Hochfrequenz-Generator und induktiver Energieeinspeisung in den Dipol zeigt. Vor dem Sender befindet sich ein Empfängerdipol, in dessen Stabmitte ein Lämpchen eingebaut ist. Die Übertragung von Energie durch elektromagnetische Wellen wird damit anschaulich demonstriert. Stellt man den Empfängerdipol senkrecht zum Sender, erlischt das Licht.

Durch die Ladungsverschiebung entsteht auf dem Stab eine zylindersymmetrische, stehende Welle des elektrischen und des magnetischen Felds mit der Wellenlänge

$$\lambda \approx \frac{\ell}{2}\,, \tag{6.58}$$

weshalb der hertzsche Dipol zur Klasse der Halbwellendipole gehört. Das Näherungszeichen deutet an, das diese Beschreibung stark idealisiert ist und dass die Wellenlänge real kleiner als ℓ ist.

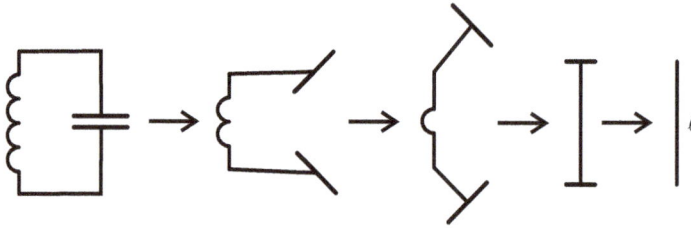

Abb. 6.15: Gedanklicher Übergang vom Parallelschwingkreis zum elektrischen Dipol.

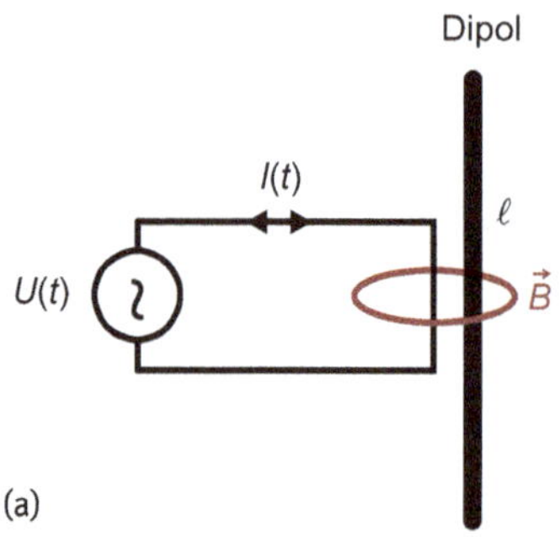

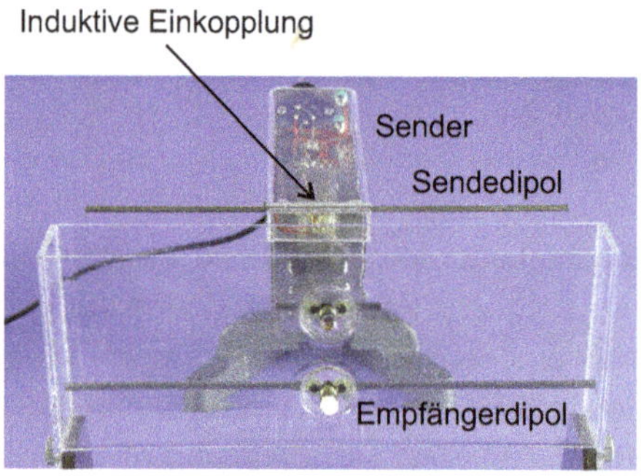

Abb. 6.16: (a) Induktive Einkopplung einer Schwingung in einen hertzschen Dipol. (b) Reale Ausführung in einem Demonstrationsmodell.

In der Abb. 6.17 sind die Phasen einer Schwingung jeweils im Abstand einer viertel Schwingungsperiode $T/4$ gezeigt. Die elektrischen Feldlinien in der Zeichenebene sind in Blau gezeichnet. Durch Rotation um die Dipolachse ergibt sich das räumliche $\vec{E}$-Feldlinienbild. Bei $t = 0$ s seien die Ladungen maximal getrennt, so dass nur ein das elektrische Feld existiert. Bei $t = T/4$ erzeugt der Dipol durch den maximalen Strom im Stab nur ein zylindersymmetrisches Magnetfeld, während das elektrische Feld null ist. Nach einer halben Schwingungsperiode $t = T/2$ wird wieder das elektrische Feld maximal jedoch mit umgekehrter Richtung. Ein Magnetfeld wird nicht erzeugt, weil der Strom im Stab zum Erliegen gekommen ist. Bei $t = 3T/4$ hat sich der Strom und damit das Magnetfeld umgekehrt und so fort.

Die stehende Welle des elektrischen Felds erreicht an den Enden des Dipolstabs maximale Werte (*Bäuche*) und in der Stabmitte ist das Feld null (*Knoten*). Die Stabenden sind also für das elektrische Feld *freie Enden*. Genau umgekehrt verhält sich das magnetische Feld, das in der Dipolmitte einen Bauch und an den *festen Enden* Knoten aufweist. Direkt auf dem Dipol sind die Schwingungen von $\vec{E}$ und $\vec{B}$ um $\pi/2$ phasenverschoben.

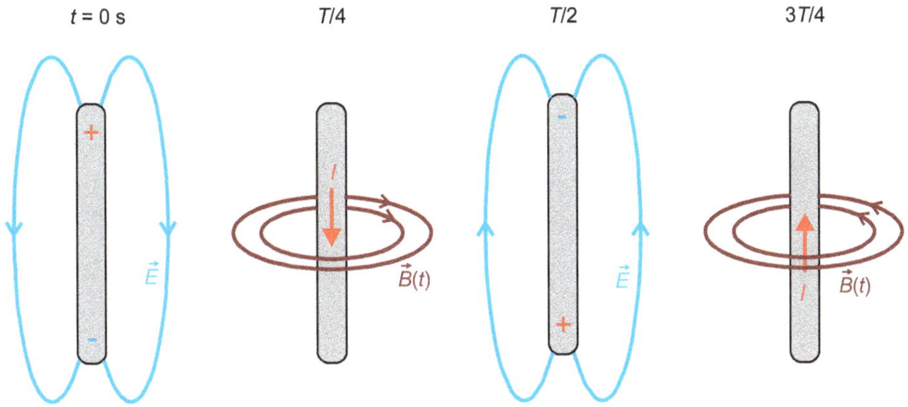

Abb. 6.17: Nahfeld während der Schwingung eines hertzschen Dipols. Es sind die Zeiten maximaler bzw. minimaler Felder gezeichnet.

6.4.2 Ablösung des elektromagnetischen Felds

Die Situationen, die in Abb. 6.17 dargestellt sind, sind Momentaufnahmen der Felder in unmittelbarer Nähe zum Dipolstab. Im Abstand vom Dipol ist die Form der zeitlich veränderlichen Felder anders. Sie wird durch zwei Effekte wesentlich bestimmt.

1. Das elektrische und magnetische Feld breiten sich mit **endlicher** Vakuumlichtgeschwindigkeit

$$c_0 = 299\,792\,458\,\frac{\text{m}}{\text{s}} \tag{6.59}$$

in den Raum aus. Die Feldstärken an einem entfernten Punkt werden daher von der Ladungsverteilung und dem Strom im Dipol zu einem früheren Zeitpunkt bestimmt, weil die Ankunft der Felder an dem Punkt verzögert ist. Aus dem gleichen Grund verschwindet das elektrische Feld im Raum nicht, wenn bei z. B. bei $t = T/4$ der Dipol kein elektrisches Feld erzeugt.

2. Wie im Kapitel 5 erklärt, entstehen elektrische und magnetische Felder nicht nur durch Ladungen bzw. Ströme, sondern zeitlich veränderliche elektrische (magnetische) Felder erzeugen auch magnetische (elektrische) Wirbelfelder. Die beiden Felder sind eng miteinander verkoppelt.

Diese Bedingungen führen zu Feldwirbeln, die sich vom Dipol in den Raum ausbreiten. Die Abb. 6.18 zeigt schematisch elektrische Feldlinien in der Zeichenebene (blau) und das äquatoriale magnetische Feld (braun) für die erste Hälfte einer Schwingungsperiode. Wegen der endlichen Ausbreitungsgeschwindigkeit im Raum verformen sich die elektrischen Wirbel immer stärker zu Kugelschalen. Die gestrichelten Linien bei $t = T/2$ sollen die wechselseitigen Wirbelfelder durch die zeitabhängigen Feldstär-

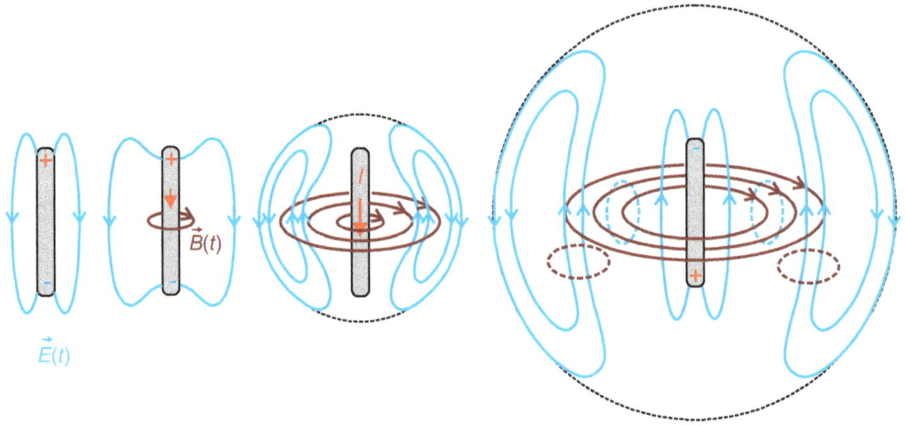

Abb. 6.18: Schematische Darstellung der sich ablösenden Feldwirbel. Das elektrische Feld ist rotationssymmetrisch um die Dipolachse. Die noch erkennbare Phasenverschiebung der Felder existiert praktisch nicht, weil die Felder miteinander gekoppelt sind. Dies wird durch die gestrichelten Linien symbolisiert.

ken symbolisieren, denn in Abb. 6.18 sind elektrisches und magnetisches Feld noch gegeneinander phasenverschoben. Durch die Kopplung der Felder löst sich aber die Verschiebung schnell auf. Man findet, dass bereits in einer Entfernung einer Wellenlänge vom Dipol magnetisches und elektrisches Feld in Phase sind!

Die Abb. 6.19 zeigt schematisch die dreidimensionale Form der Feldlinien des Magnetfelds in der Äquitorialebene des Dipols und des elektrischen Felds im oberen Halbraum. Im Fernfeld d. h. in Abständen, die im Vergleich zur Dipollänge groß sind, erscheint das elektrische Feldlinienbild zunehmend kugelförmig. Beide Felder breiten sich ohne Phasenverschiebung mit c_0 aus. Die Abb. 6.19 ist einer Momentaufnahme aus einer Animation nachempfunden (siehe Ref. [6.1]).

Auf einer Sphäre mit Radius r um den Dipol liegt zur Zeit t ein Feld vor, das zur Zeit

$$t_R = t - \frac{r}{c_0} \tag{6.60}$$

am Dipolstab erzeugt wurde. Das *verzögerte* Erscheinen der Felder im Raum wegen der endlichen Ausbreitungsgeschwindigkeit wird **Retardierung** genannt. Die Zeit t_R heißt auch *retardierte Zeit*.

Die Abb. 6.19 zeigt auch, dass die Feldliniendichte und damit die elektrische Feldstärke auf einer Kugelschale vom Polarwinkel ϑ abhängt. Das Feld breitet sich zwar auf einer Kugeloberfläche aus, ist aber **nicht** kugelsymmetrisch. In der Äquatorialebene ist es am stärksten und gleich null in Richtung der Pole. Durch den schwingenden Di-

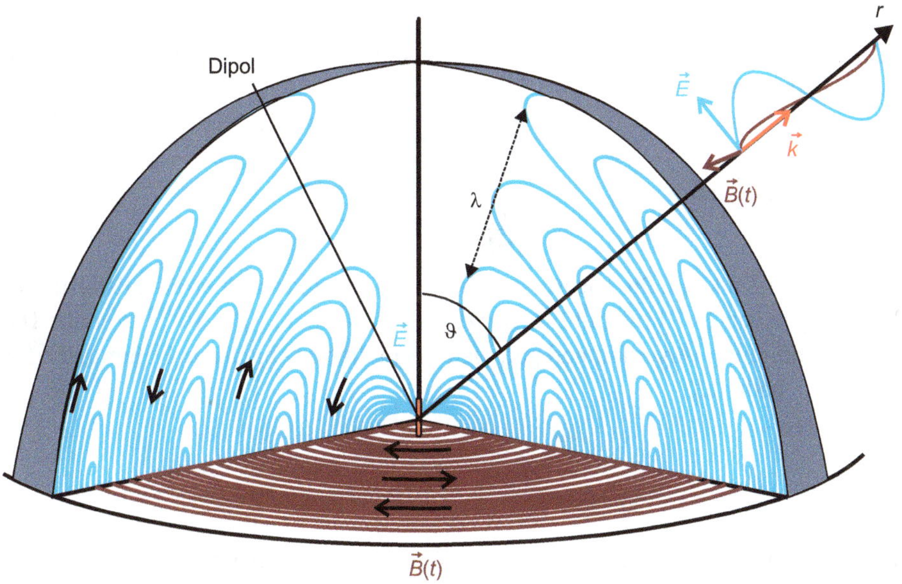

Abb. 6.19: Schematische Darstellung der Ausbreitung der Felder um einen schwingenden Dipol. Magnetfeld und elektrisches Feld sind in Phase. Die Feldlinien stehen senkrecht aufeinander und senkrecht auf der Ausbreitungsrichtung. Es entsteht eine elektromagnetische Welle (nach Ref. [6.1]).

pol entsteht eine elektrische und eine magnetische Welle mit einer Wellenlänge von

$$\lambda = c_0 T \, , \tag{6.61}$$

wobei für den hertzschen Dipol die Wellenlänge λ in erster Näherung auch die Gl. (6.58) erfüllt und damit

$$c_0 T \approx \frac{\ell}{2} \tag{6.62}$$

folgt. Weil der Dipolstab als elektrischer Schwingkreis mit Kapazität C und Induktivität L aufgefasst werden kann, lässt sich Gl. (6.62) zu

$$T^2 = 4\pi^2 L\, C \approx \left(\frac{\ell}{2c_0} \right)^2 \tag{6.63}$$

umformen. Übereinstimmend mit der Gleichung sind C und L eines Stabs in erster Näherung proportional zu ℓ. Man kann daraus die Frequenz der Dipol-Schwingung

$$f = \frac{1}{T} = \frac{1}{2\pi \sqrt{L\, C}} = \frac{2c_0}{\ell} \tag{6.64}$$

bestimmen.

Beispiel

Ein hertzscher Dipol bestehe aus einem Metallstab der Länge 20 cm. Daraus folgt eine Resonanzfrequenz von

$$f \approx \frac{2 \cdot 3 \cdot 10^8 \,\text{m}}{0,2 \,\text{m s}} = 3 \,\text{GHz} \,,$$

woraus das Produkt

$$L\,C = \frac{1}{4\pi^2 f^2} \approx 2,8 \cdot 10^{-21} \,\text{s}^2$$

ermittelt werden kann. Die Theorie sagt in erster Näherung für einen Metallstab dieser Länge Werte von $C \approx 1\,\text{pF}$ und $L \approx 10\,\text{nH}$ voraus, was ein $L \cdot C = 10^{-20}\,\text{s}^2$ ergibt. Die Übereinstimmung ist verblüffend gut, wenn man die verschiedenen Näherungen für λ, C und L bedenkt.

6.4.3 Elektrische und magnetische Felder im Fernfeld des hertzschen Dipols

Die Berechnung der zeitabhängigen Felder um einen hertzschen Dipol wird in Kursen der theoretischen Elektrodynamik ausführlich behandelt. Die Lösung kann analytisch berechnet werden kann, was hier aber zu weit führen würde. Wir wollen das wichtige Fernfeld des schwingenden Dipols genauer betrachten und schreiben das zeitlich veränderliche Dipolmoment im hertzschen Dipol als harmonische Schwingung

$$\vec{p}(t) = \vec{p}_0 \cos(\omega t) \,. \tag{6.65}$$

Die elektromagnetischen Felder werden über das elektrische Potenzial und das Vektorpotenzial berechnet. Im Fernfeld des Dipols mit $r \gg \ell, \lambda$ liefert die Rechnung für die Feldstärken am Ort $\vec{r}$ zur Zeit t

$$\vec{E}(\vec{r}, t) = \frac{\mu_0}{4\pi} \left(\frac{\sin \vartheta}{r} \right) \frac{\mathrm{d}^2 p(t_R)}{\mathrm{d}t^2} \vec{e}_\vartheta \quad = -\frac{\mu_0 p_0 \omega^2}{4\pi} \left(\frac{\sin \vartheta}{r} \right) \cos[\omega(t - r/c_0)]\vec{e}_\vartheta \,, \tag{6.66}$$

$$\vec{B}(\vec{r}, t) = \frac{\mu_0}{4\pi c_0} \left(\frac{\sin \vartheta}{r} \right) \frac{\mathrm{d}^2 p(t_R)}{\mathrm{d}t^2} \vec{e}_\varphi \quad = -\frac{\mu_0 p_0 \omega^2}{4\pi c_0} \left(\frac{\sin \vartheta}{r} \right) \cos[\omega(t - r/c_0)]\vec{e}_\varphi \tag{6.67}$$

mit dem Zahlenwert des Dipolmoments $p(t) = p_0 \cos(\omega t)$. Aus diesen Lösungen lassen sich einige bemerkenswerte Eigenschaften abgestrahlter elektromagnetischer Felder ableiten.

- In den Feldern wird der Laufzeiteffekt durch das Einsetzen der retardierten Zeit $t_R = t - r/c_0$ berücksichtigt. Das Feld zur Zeit t und im Abstand r vom Dipol wird von dem Zustand des Dipols zur Zeit der Abstrahlung t_R bestimmt. Das Einsetzen der retardierten Zeit fügt dem Argument des Cosinus eine räumliche Komponente zu, wobei

$$\cos[\omega(t - r/c_0)] = \cos(\omega t - kr) \tag{6.68}$$

mit $k = \omega/c_0$ geschrieben werden kann. Die Feldstärken sind also periodisch in Raum und Zeit! Die Cosinusfunktion in Gl. (6.68) kennen wir von den mechanischen Wellen. Sie beschreibt hier **elektromagnetische Wellen** mit dem Wellenvektor $\vec{k}$ und der Ausbreitungsgeschwindigkeit c_0! Die Retardierung führt zu einer wellenartigen Ausbreitung der Felder vom Dipol.

- Die Feldstärken im Fernfeld hängen von der zweiten Ableitung des Dipolmoments, d. h. von der *Beschleunigung* $a(t)$ der Ladungen ab, denn in skalarer Schreibweise ist

$$\frac{\mathrm{d}^2 p(t)}{\mathrm{d}t^2} = q a(t) = -\omega^2 p(t) \, . \tag{6.69}$$

Diese Beobachtung hat allgemeine Gültigkeit.

Beschleunigte Ladungen strahlen elektromagnetische Wellen ab.

- Wie schon oben diskutiert, breiten sich das elektrische und das magnetische Feld mit gleicher Phase aus, obwohl sie direkt am Dipol um $\pi/2$ phasenverschoben sind. Die wechselseitige Erzeugung von elektrischen (magnetischen) Wirbelfeldern durch zeitabhängige magnetische (elektrische) Felder im Raum führt zu einer Synchronisierung der beiden schwingenden Feldstärken.
- Der elektrische Feldstärkevektor zeigt in bzw. entgegen der Richtung des Einheitsvektors des Polarwinkels $\vec{e}_\vartheta$, der magnetische Feldstärkevektor dagegen senkrecht dazu in Azimuthwinkelrichtung $\vec{e}_\varphi$. Beide stehen senkrecht zur Ausbreitungsrichtung $\vec{e}_r$. Dieses ist in Abb. 6.19 anschaulich eingezeichnet. Die elektromagnetische Welle ist daher eine **transversale** Welle.
- Magnetische und elektrische Feldstärke erfüllen die einfache Beziehung

$$|\vec{E}| = c_0 \, |\vec{B}| \, , \tag{6.70}$$

die mit der Ausbreitungsrichtung in allgemeiner vektorieller Form

$$\vec{B} = \frac{1}{c_0} \vec{e}_r \times \vec{E} = \frac{1}{\omega} \vec{k} \times \vec{E} \tag{6.71}$$

geschrieben werden kann.

- Die Abstrahlung der elektromagnetischen Welle hängt nicht nur vom radialen Abstand r, sondern auch vom Polarwinkel ϑ ab. Sie ist also nicht kugelsymmetrisch und besitzt eine typische Abstrahlcharakteristik eines elektrischen Dipols. Die Abb. 6.20 zeigt schematisch die Abstrahlintensität in Leistung pro Fläche um den schwingenden Dipol. Sie stellt den Poynting-Vektor $\vec{S}$ (siehe Abschnitt 7.1.4) als Polardiagramm im Querschnitt und dreidimensional dar. Die Länge des Vektors ist ein Maß für die Intensität in der entsprechenden Richtung von $\vec{S}$. Die stärkste Abstrahlung des elektrischen Dipols liegt in der Äquatorialebene senkrecht zum Dipolmoment.
- Wie schon bei den Energiedichten diskutiert, geht die abgestrahlte Energie mit dem Quadrat der Feldstärken und somit mit ω^4! Für die in den gesamten Raum abgestrahlte mittlere Leistung eines elektrischen Dipols ergibt die Rechnung

$$P = \frac{\mu_0 p_0^2 \omega^4}{12 \pi c_0} \, . \tag{6.72}$$

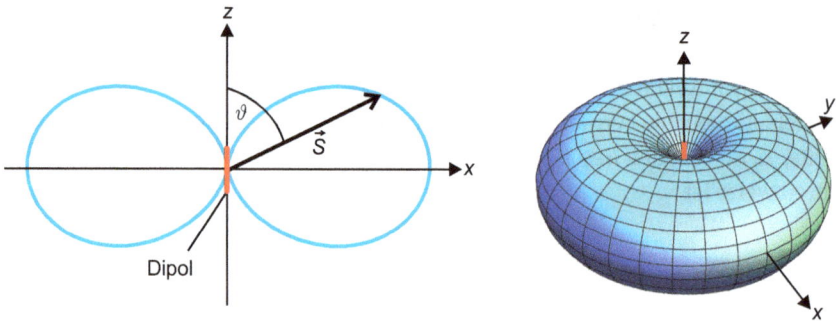

Abb. 6.20: Abstrahlcharakteristik eines elektrischen Dipols im Querschnitt und dreidimensional. Der Betrag von $\vec{S}$ gibt die Intensität der Welle an.

– Auch andere beschleunigte Bewegungsformen von Ladungen führen zur Abstrahlung elektromagnetischer Wellen. So strahlt eine Leiterschlaufe mit periodisch veränderlichem Strom magnetische Dipolstrahlung ab. Ebenso gibt es elektrische Quadrupolstrahlung u.s.w. Es lässt sich allerdings durch Rechnung und Messung beweisen, dass die elektrische Dipolstrahlung im Fernfeld um Größenordnungen dominiert. Informationen werden aus diesem Grund durch elektromagnetische Wellen übertragen, die von elektrischen Dipolantennen ausgesendet werden.

6.5 Beschleunigte Punktladungen

Gleichförmig bewegte Punktladungen erzeugen für den ruhenden Beobachter zwar auch zeitlich veränderliche Felder, aber sie strahlen keine elektromagnetischen Wellen ab. Vielmehr zieht die Ladung das Feld mit sich und es kommt zu keiner Feldablösung. Auch stationäre elektrische Ströme erzeugen keine elektromagnetischen Wellen, selbst wenn sie auf Kreisbahnen fließen, weil die Ladungsverteilung zeitlich konstant ist.

Nur im Falle von beschleunigten, lokal begrenzten Ladungen werden propagierende Wellen in den Raum abgestrahlt. Der mechanischen Bewegung wird durch die Abstrahlung Energie entzogen, bis sie gleichförmig ist. Auch die gleichförmige Kreisbewegung einer Ladung ist beschleunigt. Durch die zum Mittelpunkt gerichtete Zentripetalbeschleunigung, strahlt eine Ladung auf einer Kreisbahn elektromagnetische Wellen ab und wird bis zum Stillstand abgebremst.

Die verlustfreie Bewegung einer Punktladung auf einer Kreisbahn ist nicht möglich! Es ist stets Energie zuzuführen, die die abgestrahlte Energie der elektromagnetischen Welle nachliefert.

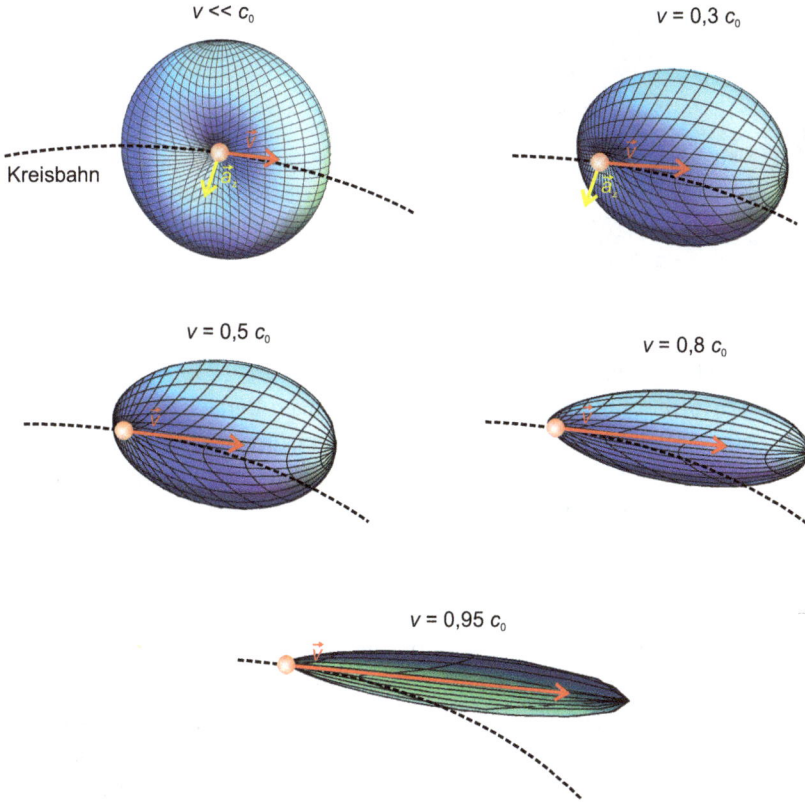

Abb. 6.21: Abstrahlcharakteristik einer Punktladung auf einer Kreisbahn. Die Darstellungen sind nicht maßstäblich! Nähert sich die Geschwindigkeit der Lichtgeschwindigkeit c_0, entsteht eine starke und gerichtete elektromagnetische Abstrahlkeule.

In der Abb. 6.21 ist die Abstrahlcharakteristik einer Punktladung auf einer Kreisbahn für unterschiedliche Bahngeschwindigkeiten gezeigt. Ist die Bahngeschwindigkeit sehr viel kleiner als die Lichtgeschwindigkeit, $|\vec{v}| \ll c_0$, liegt wie beim hertzschen Dipol die maximale Abstrahlrichtung senkrecht zur Beschleunigung, in diesem Fall zur Zentripetalbeschleunigung $\vec{a}_z$.

Bei zunehmenden Geschwindigkeiten wird durch relativistische Effekte die Abstrahlung stark in Bewegungsrichtung verformt. Es entsteht wie in Abb. 6.21 eine immer stärker gerichtete und intensive Strahlungskeule, je näher die Geschwindigkeit an c_0 rückt. Die dargestellten Abstrahlkörper sind *nicht* maßstäblich. So ist die Keule bei $0{,}95 c_0$ um den Faktor $1\,000$ länger als im nicht-relativistischen Fall. Anders als beim harmonisch schwingenden Dipol gibt es bei der Abstrahlung keine Resonanzfrequenz, sondern ein breites Frequenzspektrum.

Anwendungen

– **Synchrotronstrahlung**

Sehr intensive Strahlung im ultravioletten und Röntgen-Bereich (siehe Kapitel 7) wird in großen Speicherringen, sogenannten **Synchrotrons** erzeugt, in denen Elektronenpakete mit Lichtgeschwindigkeit auf einer Kreisbahn gehalten werden. Diese Strahlung ist bedeutend für materialwissenschaftliche Untersuchungen und für die Beantwortung grundsätzlicher Forschungsfragen in den Naturwissenschaften. Die Abb. 6.22 zeigt eine Luftaufnahme des Gebäudes von *BESSY II*, der Berliner Elektronenspeicherring-Gesellschaft für Synchrotronstrahlung.

Der Speicherring innerhalb des beeindruckenden Rundbaus besteht aus einer sehr gut evakuierten Röhre mit Umlenkmagneten und hat einen Umfang von 240 m. Im Betrieb befinden sich in ihm typischerweise 360 Ladungspakete mit $10^9 – 10^{12}$ Elektronen, die für eine Runde ungefähr 800 ns benötigen. Tangential zum Ring stehen Messapparaturen, in denen die Synchrotronstrahlung verwendet wird. Die Strahlungsintensität kann durch spezielle Vorrichtungen (*Undulatoren*) erheblich gesteigert, in denen die Elektronen eine überlagerte, schnelle und kohärente Wellenbewegung vollziehen.

– **Bremsstrahlung**

Prallen sehr schnelle Elektronen mit kinetischen Energien bis zu mehreren 100 keV auf ein Metall, wird durch die schnelle Abbremsung kurzwellige Röntgenstrahlung erzeugt. Das Funktionsprinzip ist in Abb. 6.23 (a) dargestellt. Die negative Beschleunigung erfolgt typischerweise in der Nähe der positiv geladenen Kerne auf stark gekrümmten Bahnkurven. Die Strahlung überstreicht einen weiten Wellenlängenbereich und wird auch als *Bremsstrahlung* bezeichnet. Die in Abb. 6.23 (b) schematisch gezeichnete Röntgenquelle besitzt eine Metallanode aus einem temperaturbeständigen Metall wie z. B. Wolfram. Die gekühlte Anode ist tellerförmig gebaut und wird bei Betrieb gedreht, um die deponierte Energie zu verteilen und ein Aufschmelzen der Anode zu vermeiden. Die gesamte Anordnung befindet sich in einem evakuierten Glaskolben. Solche Quellen sind in medizinischen Röntgengeräten verbreitet.

Kern

Elektron

Bremsstrahlung

Metall (W)

$U_K \approx 10\ \text{V}$

Vakuum

Drehtelleranode

Glühkathode

+

$U_A \approx 100000\ \text{V}$

(a)

(b)

Abb. 6.23: (a) Prinzip der Herstellung von Röntgen-Bremsstrahlung durch Einschuss schneller Elektronen in Materie. (b) Schematischer Aufbau und Foto einer Röntgenquelle.

– **Linearbeschleuniger**

Die intensivsten elektromagnetischen Strahlungsquellen auf der Erde sind soge-nannte *Freie-Elektronen-Laser*. Sie verwenden linear beschleunigte Elektronen-pakete, die zusätzlich durch Undulatoren Schlangenlinien laufen. Sie können ex-trem kurze Wellenpakete aus Röntgenlicht erzeugen, mit denen ultraschnelle Vor-gänge in Materie erforscht werden können. Die Abb. 6.24 zeigt eine Simulation für den Linearbeschleuniger FLASH in Hamburg und stellt die elektromagnetischen Felder in einer komplizierten Resonatorstruktur dar, durch die ein Elektron bzw. ein Elektronenpaket auf eine hohe Energie beschleunigt wird.

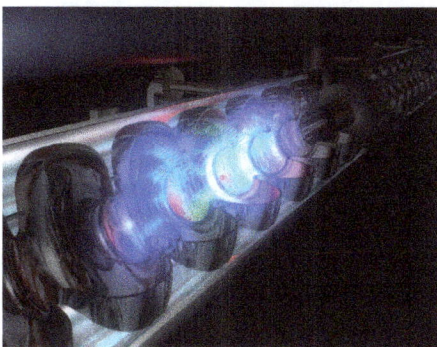

Abb. 6.24: Bild aus einer Simulation für den Linearbeschleuniger FLASH. Mit freundlicher Genehmigung des Deutschen Elektronen-Synchrotrons (DESY) Hamburg.

Quellenangaben

[6.1]   Raimund Girwidz, *Ein Bild sagt mehr als 1000 Worte*, Physik Journal **6** (2018) 53 ff. und Referenzen darin.

Übungen

1. Ein einfacher Stromkreis bestehe aus einer idealen Spannungsquelle U_0 und einer Parallelschaltung aus einem RL-Glied (R und L in Reihe) und einem RC-Glied (R und C in Reihe). Die ohmschen Widerstände in den Gliedern seien gleich. Über einen Schalter wird der Stromkreis geschlossen. Zeigen Sie, dass der Strom instantan auf den Endwert U_0/R steigt, wenn die Zeitkonstanten der Glieder gleich sind. Welches Verhalten findet man sonst?

2. Ein elektronischer Wechselstromgenerator erzeugt harmonische Spannungen mit variabler Frequenz. Der Effektivwert der Wechselspannung betrage 10 V. Wie groß sind effektiver Strom und mittlere Leistung, wenn ein Widerstand von 50 Ω, ein Kondensator mit 1 μF oder eine Spule mit 4 mH angeschlossen wird?

3. Netzspannung von 230 V effektiv wird an einen Verbraucher angeschlossen, der sich wie ein Serienschwingkreis mit $R = 40\,\Omega$, $X_C = 70\,\Omega$ und $X_L = 50\,\Omega$ verhält. Bestimmen Sie die Impedanz, den effektiven Strom, den Phasenwinkel zwischen Strom und Spannung und die verbrauchte Wirkleistung.

4. Zeichnen Sie für den Serienschwingkreis in der Gauß-Ebene die Zeigerdiagramme der Impedanzen und von Strom/Spannung.

5. Betrachten Sie einen einfachen geschlossenen Stromkreis, in dem eine harmonische Wechselspannungsquelle, ein Widerstand von 10 Ω und eine Spule mit 1 H in Reihe zusammengeschaltet sind. Die Spannungsquelle habe eine Amplitude von 5 V und schwinge mit der Frequenz von 440 Hz (Kammerton a).
    –   Geben Sie den komplexen Widerstand und die Impedanz an.
    –   Berechnen Sie den Strom als Funktion der Zeit. Welche Phasenverschiebung besteht zwischen Spannung und Strom? Wie groß ist die mittlere Leistung, die der Spannungsquelle entnommen wird?
    –   Welche Kapazität muss ein Kondensator haben, der in Reihe geschaltet wird, wenn die Phasenverschiebung zwischen Spannung und Strom null werden soll?

6. Es sei ein Sperrfilter wie in Abb. 6.8 gegeben mit $R = 100\,\Omega$, $C = 100\,\mu F$ und $L = 10\,mH$. Es liege eine harmonische Wechselspannung $U_e(t) = U_0 \cos \omega t$ mit $U_0 = 5\,V$ am Eingang an. Geben Sie allgemein den komplexen Widerstand, die Impedanz und die Phasenverschiebung zwischen Eingangsspannung und Strom als Funktion der Kreisfrequenz an. Für welche Frequenz wird der Scheinwiderstand extremal? Wie groß sind der Effektivwert der Eingangsspannung und der minimale und maximale Effektivwert des Stroms? Skizzieren Sie schematisch den Verlauf von $U_{a,eff}/U_{e,eff}$ als Funktion von ω (siehe Abb. 6.8 (a)).

7. Diskutieren Sie die Wheatstone-Brücke für Wechselstrom und vier komplexen Widerständen $Z_j, j = 1 \ldots 4$.

8. Welchen Wert nimmt die Ausgangsspannung bei Hoch- bzw. Tiefpass an, wenn $\omega = 1/(RC)$?

9. Ein Mittelwellensender habe eine Höhe von 150 m und sei in erster Näherung ein hertzscher Dipol. Welche Frequenz haben die abgestrahlten elektromagnetischen Wellen? Seine totale Abstrahlleistung betrage 1 MW. Bestimmen Sie die Amplitude des schwingenden Dipolmoments. Diskutieren Sie das Ergebnis.

7 Elektromagnetische Wellen

In diesem Kapitel werden die Natur und die Eigenschaften elektromagnetischer Wellen besprochen, die uns in verschiedenen Ausprägungen wie Radiowellen, Wärmestrahlung oder Licht aus dem alltäglichen Leben bekannt sind. Alle Phänomene, die bei mechanischen Wellen bereits vorgestellt wurden, finden sich hier wieder. Das Kapitel schließt mit der Ausbreitung elektromagnetischer Wellen in Materie ab, was wichtige Anwendungen und Naturerscheinungen umfasst.

7.1 Eigenschaften elektromagnetischer Wellen im materiefreien Raum

7.1.1 Wellengleichung

Im Band 1 wurden mechanische Wellen diskutiert. Die dort gewonnenen Erkenntnisse können wir übertragen. Wellen werden durch eine räumlich und zeitlich periodische, physikalische Größe beschrieben, die eine **Wellengleichung** erfüllt. Im Falle elektromagnetischer Wellen im materiefreien Raum, wie sie z. B. von einem hertzschen Dipol abgestrahlt werden, sind diese Größen die elektrische und die magnetische Feldstärke. Die entsprechenden, dreidimensionalen Wellengleichungen lauten

$$\Delta \vec{E}(\vec{r}, t) - \epsilon_0 \mu_0 \frac{\partial^2}{\partial t^2} \vec{E}(\vec{r}, t) = 0 \, , \tag{7.1}$$

$$\Delta \vec{B}(\vec{r}, t) - \epsilon_0 \mu_0 \frac{\partial^2}{\partial t^2} \vec{B}(\vec{r}, t) = 0 \tag{7.2}$$

mit dem *Laplace*-Operator in kartesischen Koordinaten

$$\Delta = \frac{\partial^2}{\partial x^2} + \frac{\partial^2}{\partial y^2} + \frac{\partial^2}{\partial z^2} \, . \tag{7.3}$$

In einer Dimension entspricht er der zweiten Ableitung nach einer Ortskoordinate.

    Die Wellengleichungen können direkt aus dem Maxwell-Gleichungen abgeleitet werden (siehe theoretische Ergänzung). Sie sind mathematisch mit den mechanischen Wellengleichungen identisch. Bis auf die Größe der Phasen- bzw. Ausbreitungsgeschwindigkeit hätte man sie aus den Betrachtungen des hertzschen Dipols erraten können.

    Vor der zeitlichen Ableitung steht in der Wellengleichung der quadratische Kehrwert der Phasengeschwindigkeit, die bei elektromagnetischen Wellen der Vakuumlichtgeschwindigkeit c_0 entspricht. Es gilt also die wichtige Relation zwischen den Naturkonstanten

https://doi.org/10.1515/9783110469097-007

Ebene elektromagnetische Welle mit eingezeichneten Wellenfronten. Die Vektoren $\vec{k}$, $\vec{E}$ und $\vec{B}$ bilden ein rechtshändiges System.

$$c_0 = \frac{1}{\sqrt{\epsilon_0 \mu_0}} = 299\,792\,458\,\frac{\text{m}}{\text{s}} \qquad (7.4)$$

woraus klar wird, dass ϵ_0 in SI-Einheiten keinen Fehler aufweist, weil c_0 und μ_0 exakt definiert sind.

Wir beschränken uns im Folgenden auf *ebene Wellen*,

$$\vec{E}(\vec{r}, t) = \vec{E}_0 \cos(\vec{k}\vec{r} - \omega t) = \vec{E}_0 \, \text{Re}\left(e^{i(\vec{k}\vec{r} - \omega t)}\right), \qquad (7.5)$$

$$\vec{B}(\vec{r}, t) = \vec{B}_0 \cos(\vec{k}\vec{r} - \omega t) = \vec{B}_0 \, \text{Re}\left(e^{i(\vec{k}\vec{r} - \omega t)}\right), \qquad (7.6)$$

die ebene Flächen als Wellenfronten haben und in Abb. 7.1 schematisch dargestellt sind. Der Vektor $\vec{k}$ entspricht dem *Wellenvektor*, der senkrecht auf der Wellenfront steht und in Richtung der Ausbreitung zeigt und vom Betrage gleich

$$k = \frac{2\pi}{\lambda} \qquad (7.7)$$

mit der Wellenlänge λ ist.

Einsetzen der Lösungen in die Wellengleichung ergibt die wichtige **Dispersionsrelation** zwischen $\vec{k}$ und ω für elektromagnetische Wellen im Vakuum

$$\omega = c_0 |\vec{k}| = c_0 \cdot k, \qquad (7.8)$$

die mit $\omega = 2\pi/T = 2\pi f$ auch umgeschrieben werden kann in

$$c_0 = \lambda \cdot f. \qquad (7.9)$$

Elektromagnetische Wellen einer Wellenlänge werden auch als einfarbig oder **monochromatisch** bezeichnet. Viele Quellen erzeugen aber Wellen mit einem breiten Frequenz- bzw. Wellenlängenspektrum. In Anlehnung an die Mischung der drei Grundfarben zu Weiß, spricht man dann oft von einem **weißen** Spektrum.

Die Lichtgeschwindigkeit ist im Vakuum konstant und hängt nicht von der Wellenlänge ab! Eine solche Wellenausbreitung nennt man ein wenig irreführend **dispersionsfrei**.

Dispersionsfreiheit bedeutet auch, dass

$$c_0 = \frac{\omega}{k} = \frac{d\omega}{dk} = v_G \,, \tag{7.10}$$

d. h. dass die Phasengeschwindigkeit elektromagnetischer Wellen ohne Materie gleich der Gruppengeschwindigkeit ist.

Es gibt einen bedeutenden Unterschied zwischen elektromagnetischen und mechanischen Wellen. Elektromagnetische Wellen haben *keinen* materiellen Träger! Ihre Ausbreitung wird abstrakt durch physikalische Felder beschrieben.

Theoretische Ergänzung:
Vorhersage elektromagnetischer Wellen aus den Maxwell-Gleichungen
Sobald die Maxwell-Gleichungen vollständig aufgestellt waren, konnte direkt auf die Existenz elektromagnetischer Wellen geschlossen werden. Der experimentelle Nachweis bestätigte die Feldgleichungen überzeugend. Wir wenden die Rotation auf die Rotation von $\vec{E}$ an, so folgt nach einfacher Umformung oder aus Formelsammlungen

$$\nabla \times (\nabla \times \vec{E}) = \nabla(\nabla \cdot \vec{E}) - \Delta\vec{E} \,. \tag{7.11}$$

Im Vakuum existieren keine Ladungen und Ströme, so dass $\nabla \cdot \vec{E} = \rho_q/\epsilon_0 = 0$ und $\vec{j} = 0$. Damit bleibt in Gl. (7.11) nur der Laplace-Operator übrig. Mit den Maxwell-Gleichungen (5.38) und (5.39) gilt

$$-\Delta\vec{E} = \nabla \times \left(-\frac{\partial\vec{B}}{\partial t} \right) = -\frac{\partial(\nabla \times \vec{B})}{\partial t} = -\mu_0\epsilon_0 \frac{\partial^2\vec{E}}{\partial t^2} \,, \tag{7.12}$$

was der Wellengleichung (7.1) für das elektrische Feld entspricht. In gleicher Weise kann mit dem magnetischen Feld verfahren werden.

Die Ansätze (7.5) und (7.6) für ebene Wellen ergeben mit den Maxwell-Gleichungen (5.36) und (5.37) z. B. für das elektrische Feld

$$\nabla \cdot \vec{E} = -\vec{k} \cdot \vec{E}_0 \sin(\vec{k}\vec{r} - \omega t) = 0 \,, \tag{7.13}$$

was $\vec{k} \cdot \vec{E}_0 = 0$ erfordert und den transversalen Charakter der elektromagnetischen Wellen demonstriert.

7.1.2 Polarisation

Wie schon in Abschnitt 6.4.3 bemerkt, sind elektromagnetische Wellen **transversal**, d. h., elektrischer und magnetischer Feldvektor stehen senkrecht auf der Ausbreitungsrichtung bzw. auf den Wellenvektor. Die Maxwell-Gleichungen bestätigen das und aus ihnen folgt direkt die bereits oben erwähnte Relation

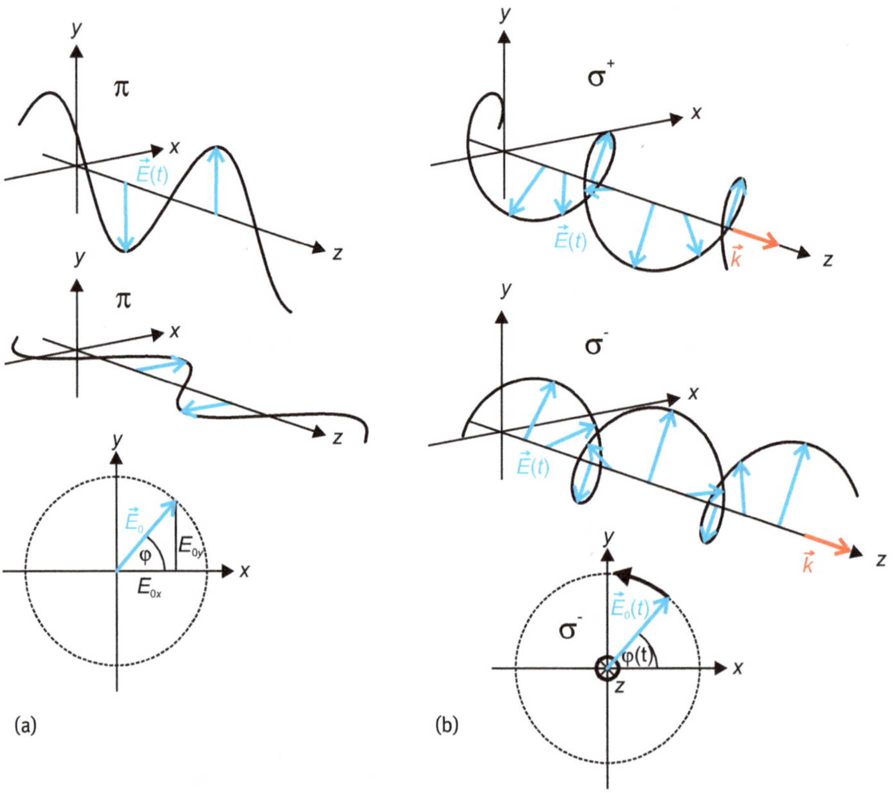

Abb. 7.2: (a) Lineare Polarisationen einer elektromagnetischen Welle. Der elektrische Amplituden-vektor ist zeitlich unverändert. (b) Zirkulare Polarisationen einer elektromagnetischen Welle. Der Amplitudenvektor dreht sich um die Ausbreitungsachse.

$$\vec{B} = \frac{1}{\omega}\vec{k} \times \vec{E} \quad \Rightarrow \quad |\vec{B}| = \frac{|\vec{E}|}{c_0}. \tag{7.14}$$

Bei elektromagnetischen Wellen im Vakuum stehen $\vec{E}$ und $\vec{B}$ senkrecht aufeinan-der und beide senkrecht auf $\vec{k}$. Die Vektoren $\vec{k}$, $\vec{E}$ und $\vec{B}$ bilden ein rechtshändiges Vektorsystem.

Damit existieren zwei linear unabhängige **lineare** Polarisationen, wie in Abb. 7.2 (a) gezeigt. Sie werden in der Regel mit dem griechischen Buchstaben π bezeichnet. Zur Charakterisierung der Polarisation wird in der Regel der elektrische Feldvektor be-trachtet.

Aus zwei sich überlagernden ebenen Wellen gleicher Frequenz aber verschiede-ner linearer Polarisation entsteht eine **zirkular polarisierte** Welle mit einem um $\vec{k}$

rotierenden elektrischen Feldstärkevektor, wenn die Wellen eine Phasendifferenz von $\pm 90° = \pm\pi/2$ aufweisen,

$$\vec{E}(z, t) = E_0\vec{e}_x \cos(kz - \omega t) + E_0\vec{e}_y \cos(kz - \omega t \pm \pi/2)$$
$$= E_0\vec{e}_x \cos(kz - \omega t) \mp E_0\vec{e}_y \sin(kz - \omega t) . \tag{7.15}$$

Die Abb. 7.2 (b) zeigt die beiden unabhängigen zirkularen Polarisationen, die sich je nach Vorzeichen der Phasenverschiebung ergeben. Die Polarisation, die eine Rechts-schraube (Linksschraube) in Ausbreitungsrichtung beschreibt, wird mit σ^+ (σ^-) be-zeichnet. Irreführenderweise gibt es die traditionelle Benennung von rechts-zirkular (links-zirkular) für die σ^--Polarisation (σ^+-Polarisation), weil man hierfür entgegen der Ausbreitungsrichtung schaut. Im Abschnitt 7.3.1 werden wir eine einfache Metho-de kennenlernen, mit der die lineare in zirkulare Polarisation und umgekehrt umgewan-delt werden kann.

7.1.3 Spektrum

Das bekannte Spektrum elektromagnetischer Wellen in der Natur überstreicht mehr als 20 Größenordnungen in Wellenlänge bzw. Frequenz. Es beschreibt einheitlich Phä-nomene wie Licht, Wärme- oder Röntgenstrahlung, die im Alltag sehr unterschiedlich empfunden werden. Einen Überblick über die verschiedenen Spektralbereiche geben die Abb. 7.3 und die Tab. 7.1, wobei es keine scharfen Definitionsgrenzen gibt.

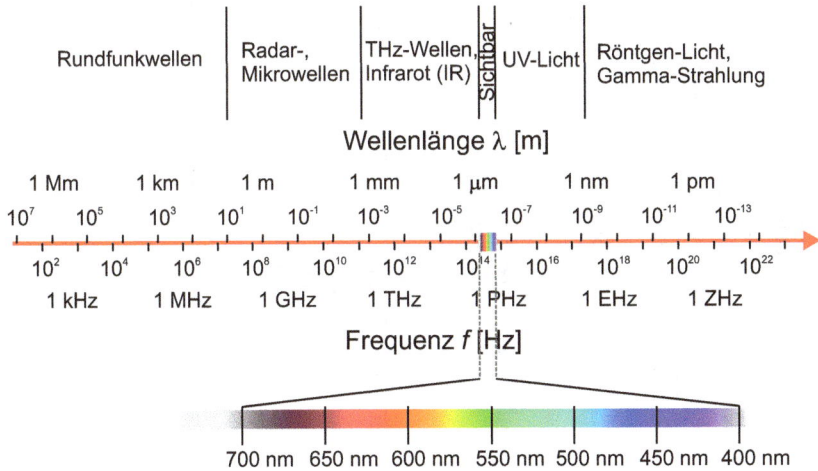

Abb. 7.3: Übersicht über das elektromagnetische Spektrum auf logarithmischer Skala.

Tab. 7.1: Spektrum elektromagnetischer Wellen.

Spektralbereich	Bezeichnung	Wellenlänge	Frequenz	Anwendungen
Radiowellen	LW (Langwelle)	1–10 km	30–300 kHz	Rundfunk, Zeitnormal (DCF)
	MW (Mittelwelle)	100–1000 m	300–3000 kHz	Rundfunk
	KW (Kurzwelle)	10–100 m	3–30 MHz	Rundfunk, Amateurfunk
	UKW/VHF (Ultrakurzwelle)	1–10 m	30–300 MHz	Rundfunk, Fernsehen
Radar- und Mikrowellen	UHF (Ultrahohe Frequenzen)	0,1–1 m	300–3000 MHz	Rundfunk, Fernsehen, Mobilfunk, Mikrowellenherd, WLAN, GPS
	SHF (Super hohe Frequenzen)	1–10 cm	3–30 GHz	Flugradar, WLAN, Richtfunk
	EHF (Extrem hohe Frequenzen)	0,1–1 cm	30–300 GHz	Wolkenradar, Material- und Körperscanner
Terahertzwellen		0,03–3 mm	0,1–10 THz	Körperscanner, Sicherheitstechnik
Infrarotlicht/Wärmestrahlung	FIR (Fern-IR)	0,01–1 mm	0,3–6 THz	Molekülspektroskopie
	MIR (Mittleres IR)	3–50 μm	6–100 THz	Molekülspektroskopie, Thermografie, Sensorik
	NIR (Nah-IR)	0,78–3 μm	100–385 THz	Glasfaserkommunikation, CD
Sichtbares Licht	VIS	380–780 nm	385–790 THz	Beleuchtung, DVD/BR, Optik
Ultraviolettlicht	UV-A	315–380 nm	790–950 THz	Desinfektion, Spektroskopie
	UV-B	280–315 nm	950–1070 THz	Fotolithografie, Desinfektion, Spektroskopie
	UV-C	100–280 nm	1–3 PHz	Fotolithografie
	EUV, XUV	1–100 nm	3–300 PHz	Fotolithografie, Röntgenmikroskopie
Röntgenlicht		0,01–1 nm	0,3–30 EHz	Medizin, Sicherheitstechnik, Materialwiss.
Gammastrahlen		≤ 10 pm	≥ 30 EHz	Medizin, Mößbauer-Spektroskopie

Innovationen und technische Errungenschaften sind aktuell bei den Terahertz-Wellen zu beobachten. Im Alltag kann man dieser Technik bei Körperscannern in den Sicherheitsschleusen von Flughäfen begegnen. Die Wellen werden von Dielektrika nur wenig, von Metallen aber stark absorbiert. Der Terahertzbereich entspricht im Wesentlichen dem des fernen Infrarots.

Anwendungsfelder und Quellen elektromagnetischer Wellen

– **Radiowellen**

Sie dienen seit vielen Jahren der terrestrischen, kabel-ungebundenen Ausstrahlung von Radio- und Fernsehprogrammen. Große Dipolantennen strahlen hohe Sendeleistungen ab.

Weil sich Lang- und Mittelwellen (LW, MW) als *Bodenwellen* (Abb. 7.4) ausbreiten, die der Erdkrümmung folgen, genügen einige wenige starke Sender, um eine breite Abdeckung zu erreichen. Wegen des hohen Energieaufwands und der schlechten Übertragungsqualität ist in Deutschland der Sendebetrieb für LW- und MW-Radioprogramme eingestellt worden. Das DCF77-Zeitzeichen, das die deutsche Normalzeit überträgt und das für die weit verbreiteten Funkuhren notwendig ist, wird weiterhin auf 77,5 kHz vom Sender Mainflingen bei einer Leistung von 50 kW abgestrahlt.

Kurzwellen (KW) sind dagegen *Raumwellen*, die sich geradlinig ausbreiten, aber an der Ionosphäre der Erde reflektiert werden. Wie in der Abb. 7.4 schematisch und nicht maßstäblich dargestellt, wirkt die Atmosphäre wie ein Wellenleiter und trägt Kurzwellen um den Globus. Daher ist dieser Wellenbereich für den Amateurfunk attraktiv. Die Reflektivität der Ionosphäre hängt von der Sonnenaktivität und der Tageszeit ab.

Bei kleineren Wellenlängen ab Ultrakurzwellen (UKW) werden elektromagnetische Wellen zunehmend von der Atmosphäre absorbiert und von der Ionosphäre nur schlecht gespiegelt. Kommunikation ist nur durch ein dichtes Netz relativ schwacher Sender möglich, das auf direkte Verbindung zwischen Sender und Empfänger beruht. Wegen der höheren Trägerfrequenz ist die Bandbreite aber größer und es lässt sich mehr Information pro Zeit übertragen.

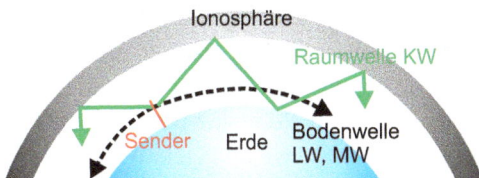

Abb. 7.4: Mittel- und Langwellen breiten sich als erdnahe Bodenwellen aus und erfordern nur wenige starke Sender. Kurzwellen werden an der Ionosphäre reflektiert und können die Erde umrunden.

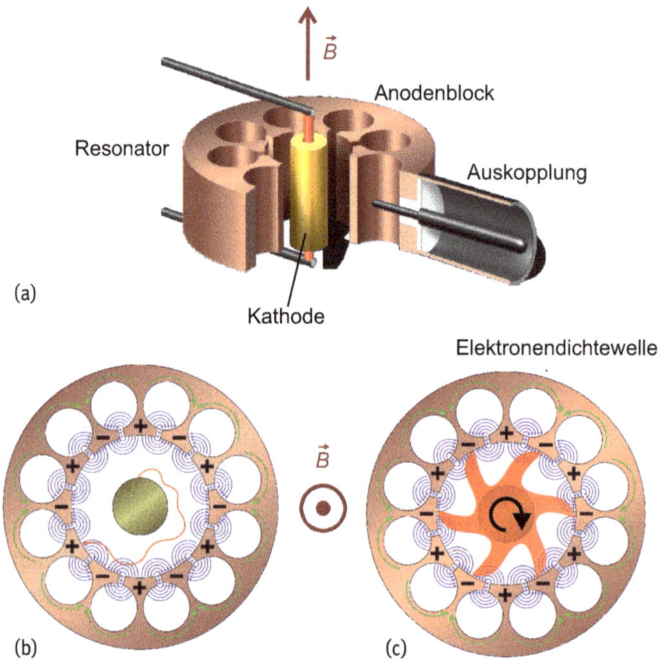

(a)

(b)   (c)

Abb. 7.5: (a) Schnitt durch einen Magnetronresonator. (b) Entstehung elektromagnetischer Felder an den Resonator-Schwingkreisen mit Bahn eines emittierten Elektrons. (c) Umlaufende Elektronendichtewelle. Mit freundlicher Genehmigung von Christian Wolff.

– **Radar- und Mikrowellen**

Elektromagnetische Wellen bis zu wenigen hundert GHz können heute mit elektronischen Bauelementen und Dipolantennen erzeugt und empfangen werden. Elektrische Leitung erfolgt durch besonders angepasste Wellenleitungen. Große Sendeleitungen bei einigen GHz, wie sie bei Radaren aber auch bei Küchenmikrowellen notwendig sind, werden mit *Elektronen-Laufzeiröhren* wie z. B. dem Klyston, der Klystrode oder dem Magnetron erreicht. Sie sind einfach und robust konstruiert. Der Aufbau befindet sich in einer evakuierten Röhre, um freie Elektronen nutzen zu können. Das Funktionsprinzip beruht auf einem intensiven Elektronenstrahl in einem elektromagnetischen Resonator, der auf die gewünschte Frequenz abgestimmt ist. Die Elektronen regen das Resonatorfeld an, das den Elektronenstrahl durch Beschleunigung und Abbremsung geschwindigkeitsmoduliert. Dadurch entwickeln sich Elektronenpakete, die sich im Resonator bewegen und das Feld extrem verstärken. Das Wechselspiel zwischen Feld und Elektronen führt in kurzer Zeit selbständig zu einer stabilen Situation, in der GHz-Wellen abgestrahlt werden.

Als herausragendes Beispiel aus dem Alltag sei in Abb. 7.5 das Prinzip eines Magnetrons erklärt, wie es in Mikrowellenöfen eingesetzt und für einen Stückpreis von wenigen zehn Euro produziert wird. Die Anode hat die Form eines Resonators aus einem massiven, gekühlten Kupferring, in dem regelmäßige Strukturen gefräst oder gebohrt werden (Abb. 7.5 (a)). In der Mitte befindet sich die Elektronenquelle (Kathode) und senkrecht dazu besteht ein starkes Magnetfeld. Die Öffnungen im Resonator wirken wie kleine Parallelschwingkreise, welche durch die auf gekrümmten Bahnen laufenden Elektronen angeregt werden. Die Abb. 7.5 (b) zeigt eine Momentaufnahme mit der Bahnkurve eines Elektrons. Das schwingende Resonatorfeld moduliert die Elektronengeschwindigkeit und -dichte, so dass im eingeschwungenen Zustand eine phasenangepasste Elektronenwelle um die Kathode rotiert (Abb. 7.5 (c)). Sie verstärkt das Resonatorfeld phasenrichtig. Das Feld kann durch eine Metallschlaufe oder -draht ausgekoppelt und über Hohlleiter in den Garraum geleitet werden.

- **Terahertzwellen**

Scanner in der Sicherheitstechnik werden meist im sub-THz-Bereich betrieben. In diesem Frequenzbereich können noch kompakte elektronische Bauelemente eingesetzt werden. In der Forschung werden Frequenzen oberhalb von 1 THz benötigt, die mit starken gepulsten Lichtlasern erreicht werden. Die Laser erzeugen die Wellen entweder durch nicht-lineare Effekte in Kristallen oder sie schalten schnelle elektrische Schalter, so dass ultrakurze elektrische Signale im fs-Bereich ausgesendet werden. Diese Pulse weisen ein THz-Frequenzspektrum auf.

- **Licht im Sichtbaren, IR und UV**

Die Abstrahlung von sichtbaren, aber auch nah-infraroten und ultravioletten elektromagnetischen Wellen beruht auf quantenmechanischen Phänomenen, wie sie in Band 3 genau diskutiert werden. Leuchtmittel und Lichtquellen nutzen den Übergang zwischen energetisch unterschiedlichen Zuständen der Elektronen im Atomen oder Festkörpern. In der Beleuchtungstechnik werden meist folgende Quellen eingesetzt.

- *Temperaturstrahler* wie z. B. Glühbirnen strahlen ein weißes elektromagnetisches Spektrum in Abhängigkeit von ihrer Temperatur ab. Höhere Temperaturen führen zu kürzeren Wellenlängen. Deshalb wechselt die Farbe eines Glühdrahtes mit steigender Temperatur von rot über gelb nach blau-weiß.
- *Gasentladungen und Fluoreszenz-Lampen* basieren auf Veränderungen der elektronischen Struktur in Atomen und Molekülen und kommen in Energiesparlampen und Leuchtstoffröhren vor.
- *Leuchtdioden* erzeugen Licht in bestimmten halbleitenden Materialien durch elektronische Übergänge, die durch Strom in Gang gesetzt werden.

Laser sind besondere Lichtquellen, die auf den gleichen, genannten Prinzipien beruhen, jedoch intensives, gerichtetes und monochromatisches Licht erzeugen können (siehe Band 3).

Die Sonne ist wie die Glühbirne ein Temperaturstrahler allerdings bei sehr hoher Temperatur. Sie hat daher ein kontinuierliches Spektrum, wie im Sichtbaren in Abb. 7.3 gezeigt, mit der maximalen Abstrahlung im Grünen ($\lambda \approx 500\,\text{nm}$).

– **Röntgen- und Gammastrahlung**

  Eine Röntgenlichtquelle, die auf der Abbremsung schneller Elektronen in Metallen beruht, haben wir bereits im Abschnitt 6.5 vorgestellt. Das entsprechende Bremsstrahlungsspektrum ist weiß, d. h. es enthält Wellenlängen über einen weiten Wellenlängenbereich. Einfarbiges Röntgenlicht kann durch energiereiche, elektronische Übergänge in Atomen erzeugt werden.

  Gammastrahlen entstehen durch energetische Übergänge in der Kernmaterie und zwischen Elementarteilchen. Als Beispiel sei die Vernichtungsstrahlung beim Aufeinandertreffen von Materie und Antimaterie genannt.

! Je kurzwelliger die elektromagnetische Strahlung desto energiereicher ist sie. Diese Feststellung bedeutet, dass bestimmte physikalische Prozesse, die eine Aktivierungsenergie erfordern, nur von Licht mit einer Mindestwellenlänge oder darunter angeregt werden können. Diese Beobachtung lässt sich mit der klassischen Elektrodynamik nicht erklären, sondern erfordert quantenmechanische Konzepte. Elektromagnetische Wellen mit Frequenzen oberhalb des sichtbaren Lichts werden auch als **ionisierende Strahlung** bezeichnet, die Elektronen aus Atomen auslösen kann. Sie schädigt dadurch organische Materialien und Moleküle, insbesondere das Erbgut, massiv und ist für Menschen und die belebte Natur schädlich. Mit Fragen des Strahlenschutzes werden wir uns im Band 3 beschäftigen.

7.1.4 Intensität

Elektromagnetische Wellen transportieren Energie und Impuls. Sie werden daher für den materiefreien Informations- und Energietransport durch Felder eingesetzt. Wie bei den mechanischen Wellen verstehen wir unter **Intensität** das Produkt

$$I = w_{\text{e-m}} \cdot c_0 \tag{7.16}$$

zwischen Ausbreitungsgeschwindigkeit c_0 und mittlerer Energiedichte der Welle

$$w_{\text{e-m}} = w_{\text{el}} + w_{\text{mag}} = \frac{\epsilon_0 \langle \vec{E}^2 \rangle_t}{2} + \frac{\langle \vec{B}^2 \rangle_t}{2\mu_0} . \tag{7.17}$$

Die spitzen Klammern $\langle \cdots \rangle_t$ bezeichnen das zeitliche Mittel, was bei harmonischen, ebenen Wellen

$$\langle \vec{E}^2 \rangle_t = \frac{1}{2} E_0^2 \quad \text{und} \quad \langle \vec{B}^2 \rangle_t = \frac{1}{2} B_0^2 \tag{7.18}$$

bedeutet. Unter Berücksichtigung der Gl. (7.4) und (7.14) lässt sich zeigen, dass $w_{\text{el}} = w_{\text{mag}}$ und somit

$$w_{\text{e-m}} = \frac{1}{2} \epsilon_0 E_0^2 = \frac{1}{2} \epsilon_0 c_0 E_0 \cdot B_0 \tag{7.19}$$

gilt. Die Intensität

$$I = \frac{1}{2}\epsilon_0 c_0^2 E_0 \cdot B_0 \tag{7.20}$$

ist die mittlere Energiestromdichte. Sie gibt die Energie an, die pro Zeit und Fläche transportiert wird. Die Intensität hängt quadratisch von der Feldstärke, aber in der klassischen Elektrodynamik nicht von der Frequenz ab. Wie im Band 3 eingehend erläutert wird, widerspricht das wichtigen Beobachtungen, z. B. die der ionisierenden Strahlung.

Es ist praktisch, den Energiefluss als Vektor in Ausbreitungsrichtung zu schreiben. Der entsprechende Vektor ist nach John Henry Poynting (1852–1914) benannt und heißt

Poynting-Vektor

$$\vec{S} = \epsilon_0 c_0^2 \vec{E} \times \vec{B}, \quad \langle |\vec{S}| \rangle_t = I, \quad \vec{S} \parallel \vec{k}, \quad [\vec{S}] = \frac{W}{m^2}. \tag{7.21}$$

Die Energieerhaltung erfordert, dass die zeitliche Änderung der Feldenergie innerhalb eines Volumens gleich der Summe aus Arbeit, die die Felder an Ladungen verrichten, und Energiefluss ist, der in das Volumen bzw. aus dem Volumen strömt. Dieser Satz wird als *poyntingscher* Satz bezeichnet.

Beispiel: Solarkonstante
Die mittlere Leuchtkraft der Sonne beträgt ungefähr $\Phi = 3{,}85 \cdot 10^{26}$ W, die radial abgestrahlt wird. Mit dem Abstand d zwischen Sonne und Erde von 1 AE $\approx 1{,}5 \cdot 10^{11}$ m ergibt sich eine Intensität der senkrechten Sonneneinstrahlung auf die Erde von

$$E_0 = \frac{\Phi}{4\pi d^2} = \frac{3{,}85 \cdot 10^{26}\,\text{W}}{4\pi\,2{,}25 \cdot 10^{22}\,\text{m}^2} = 1\,367\,\frac{W}{m^2}. \tag{7.22}$$

Die Größe E_0 heißt **Solarkonstante** und darf nicht mit der Amplitude der elektrischen Feldstärke verwechselt werden. Je nach Tageszeit, geografischer Breite und Bewölkung erreicht nur ein Bruchteil der Leistung den Erdboden. In Duisburg beträgt die über das gesamte Jahr gemittelte Intensität nur 115 W/m².

7.1.5 Wellenimpuls und Strahlungsdruck

Eine elektromagnetische Welle überträgt nicht nur Energie, sondern auch Impuls, was in der Abb. 7.6 verdeutlicht wird. Fällt die Welle senkrecht auf eine leitende Platte, entsteht durch die elektrische Feldstärke $\vec{E}(t)$ ein Wechselstrom in der Plattenebene. Das Magnetfeld $\vec{B}(t)$ steht senkrecht zu dem Strom, wodurch stets eine Lorentz-Kraft

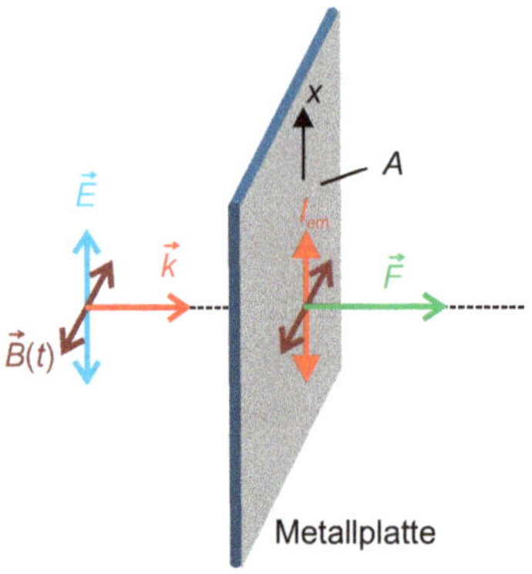

Abb. 7.6: Schematische Erklärung des Strahlungsdrucks: eine auf eine Metallplatte fallende elektromagnetische Welle übt eine Kraft in Ausbreitungsrichtung aus.

in Ausbreitungsrichtung $\vec{k}$ wirkt. Die durch den Strom I_{em} verrichtete Arbeit im kurzen Zeitintervall dt lautet

$$\mathrm{d}W = \underbrace{I_{em}\, x}_{F/B}\, \underbrace{|\vec{E}|}_{c_0 B}\, \mathrm{d}t = F c_0\, \mathrm{d}t \qquad (7.23)$$

mit F als Kraft auf die Metallplatte. Die Größe $F\mathrm{d}t$ entspricht dem Impulsübertrag bzw. dem Kraftstoß. Wir berechnen den Druck auf die Metallplatte durch

$$\frac{F}{A} = \frac{1}{A}\frac{\mathrm{d}W}{c_0\,\mathrm{d}t} = \frac{I}{c_0} \qquad (7.24)$$

mit der Intensität I. Wird die Welle vollständig von der Leiterplatte absorbiert, übernimmt sie den gesamten Wellenimpuls. Daraus folgt der klassische mittlere **Strahlungsdruck**

$$p_S = \frac{I}{c_0} = \frac{1}{2}\epsilon_0 c_0 E_0 \cdot B_0\,, \qquad (7.25)$$

der die gleiche Beziehung wie die mittlere Energiedichte erfüllt! Wird die Welle an der Platte vollständig reflektiert, verdoppelt sich wegen der Impulserhaltung der Strahlungsdruck.

Der Strahlungsdruck auf eine perfekt absorbierende, d. h. schwarze Fläche ist klein. Wird diese einer Intensität von $100\,\mathrm{W/m^2}$ ausgesetzt, ergibt sich $p_S = I/c_0 \approx 3\cdot10^{-7}$ Pa.

> ### Beispiel: Radiometer/Lichtmühle
>
> Das von William Crookes 1873 vorgestellte Radiometer besteht aus einem mit Gas gefüllten Glaskörper, in dem vertikal aufgestellte Blättchen zusammen als Karussell leicht um eine Achse rotieren können. Man spricht deshalb umgangssprachlich von einer Lichtmühle. Eine Blättchenseite ist schwarz und Licht absorbierend, die andere metallisch glänzend und reflektierend. Die Abb. 7.7 zeigt ein typisches Exemplar. Bei Bestrahlung rotiert das Blättchenkarussell und zwar umso schneller, je stärker die Lichtintensität ist. Eine häufig anzutreffende Erklärung zieht den Strahlungsdruck

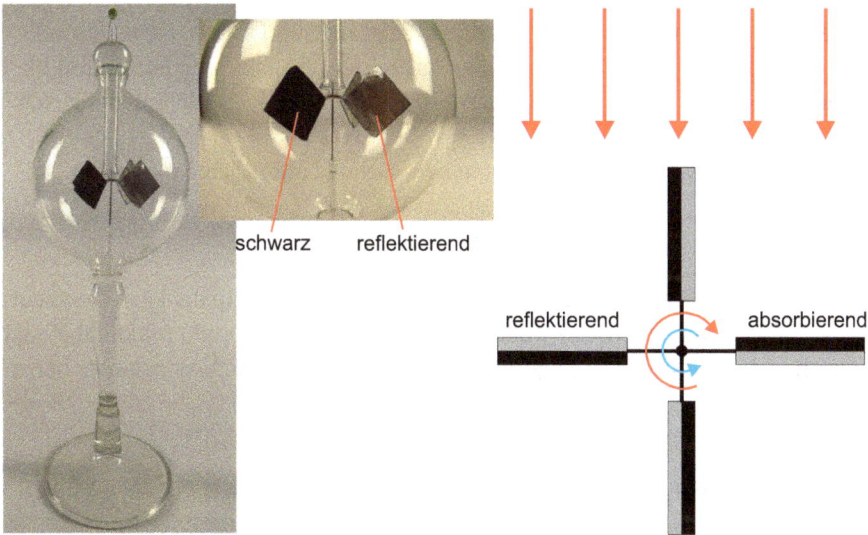

Abb. 7.7: Crookessches Radiometer. Beim Beleuchten der Plättchen dreht sich das Karussell im roten Umlaufsinn. Dieses lässt sich mit dem Strahlungsdruck nicht erklären.

heran, der an der reflektierenden Seite doppelt so groß ist wie auf der schwarzen Seite. Wäre diese Erklärung richtig, müssten die Blättchen von der glänzenden Seite her angetrieben werden. Das entspricht dem blauen Umlaufsinn in Abb. 7.7, die von oben auf das Karussell schaut. Man beobachtet aber den entgegengesetzten Umlaufsinn (rot), denn der Strahlungsdruck ist viel zu schwach für diesen Effekt.

Die verblüffende Beobachtung beruht auf der unterschiedlichen Erwärmung der Flächen. Die Absorption der Welle an der schwarzen Seite, erhöht dort die Temperatur. Da der Glaskolben mit Gas gefüllt ist, treffen die Gasmoleküle die schwarze Seite mit einer höheren Geschwindigkeit und übertragen dort mehr Impuls als auf die reflektierende Fläche.

7.1.6 Wellenausbreitung

Für die elektromagnetische Wellenausbreitung gelten die gleichen fundamentalen Prinzipien wie für mechanische Wellen. Aus Band 1 kennen wir das

Superpositionsprinzip:
Wellen überlagern sich ungestört.

sowie das

Huygens-Prinzip:
- Jeder Punkt einer Wellenfront kann als Ausgangspunkt einer *Elementarwelle* angesehen werden, die bei *isotroper* Ausbreitung kugelförmig ist. Isotrop bedeutet hier, dass die Phasengeschwindigkeit in allen Raumrichtungen gleich ist.
- Die Wellenfront ist die Einhüllende bzw. Summe aller Elementarwellen gleicher Phase.

Das nach Pierre de Fermat (1607–1665) benannte Extremalprinzip der kürzesten Laufwege ist für elektromagnetische Wellen, insbesondere in der Optik, praktikabel und wird auch in der Schule gerne eingesetzt, um Brechungs- und Reflexionsgesetz herzuleiten. Es lautet das

Fermat-Prinzip:
Die Ausbreitung der (elektromagnetischen) Welle zwischen zwei Punkten A und B erfolgt so, dass der eingeschlagene Weg die kürzeste Laufzeit erfordert.

Das Prinzip betrachtet im Wesentlichen die Ausbreitungsrichtung $\vec{k}$ und sieht von der Natur der Welle ab. Diesen Standpunkt werden wir auch in der geometrischen Optik (Kapitel 9) einnehmen. Die Linien senkrecht zu den Wellenfronten nennen wir **Strahlen**.

ℹ Historische Ergänzung: Endlichkeit der Lichtgeschwindigkeit

Über die Frage, ob sich das Licht mit endlicher Geschwindigkeit oder unendlich schnell ausbreitet, wurde bis zum 17. Jahrhundert nur spekuliert. Das änderte sich mit der Erfindung des Fernrohrs, das erste präzise astronomische Beobachtungen ermöglichte. Bereits Galilei war von der Endlichkeit der Ausbreitungsgeschwindigkeit überzeugt. Ihm gelang es aber nicht, einen Wert aus Beobachtungen oder Experimenten abzuschätzen. Auch Newton und Huygens gingen in ihren Lichttheorien von einem endlichen Wert aus. Sie beschrieben die Lichtbrechung korrekt durch eine verlangsamte Ausbreitung in Medien.

Die erste verlässliche Abschätzung erfolgte um 1676 durch Huygens auf der Basis von Messungen des jungen dänischen Astronomen Ole Römer (1644–1710). Römer beobachtete mit dem Fernrohr die 1610 entdeckten galileiischen Monde des Jupiters (Io, Europa, Ganymed und Kallisto), deren Umlaufzeiten durch Eintritt in den Jupiterschatten und Austritt aus dem Jupiterschatten recht genau bestimmt werden konnten. Die Zeiten liegen im Bereich von ungefähr zwei und 17 Tagen. Es war allgemein bekannt, dass sich die Zeitpunkte zukünftiger Ein- und Austritte nicht aus den Umlaufzeiten ergaben. Es bestand eine zeitliche Verschiebung dieser Momente. Römer erklärte das mit unterschiedlichen Laufzeiten des Lichts vom Jupiter zur Erde, weil sich der Abstand zwischen beiden Himmelskörpern im Laufe eines Erdjahrs ändert. Huygens war vor allem von der Tatsache der endlichen Lichtgeschwindigkeit beeindruckt und schätzte auf der Grundlage von Römers Überlegungen nur grob einen Wert von 212 000 km/s ab. Ohne die Näherungen astronomischer Entfernungen wäre er auf 230 000 km/s gekommen. Edmund Halley überprüfte 1694 die Daten von Ole Römer ein weiteres Mal und gelangte zu erstaunlich genauen 300 000 km/s.

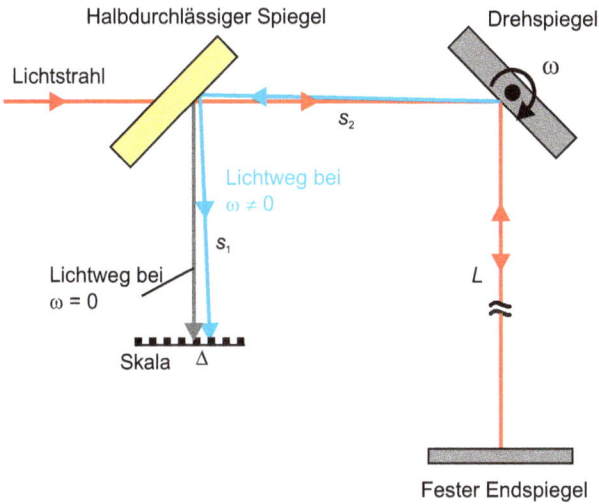

Abb. 7.8: Foucaultsche Drehspiegelmethode zur Bestimmung der Lichtgeschwindigkeit.

Exakte Werte aus raffinierten Laufzeitmessungen gewann man erst Mitte des 19. Jahrhunderts. Weil es keine präzisen und hochauflösenden Uhren gab, behalf man sich und verglich die Laufzeit des Lichts über einen langen Weg mit der Umlaufzeit schnell rotierender Spiegel oder Blenden, die in den Lichtweg gesetzt wurden. Armand Fizeau verwendete 1849 ein schnell rotierendes Zahnrad, das den Lichtstrahl periodisch unterbrach. Léon Foucault erfand die Drehspiegelmethode, mit der er 1851 einen sehr genauen Wert von 298 000 km/s bestimmte. Seine Methode konnte Albert A. Michelson verbessern und ermittelte Werte für c_0 mit einem relativen Fehler von 10^{-5} von der heutigen Definition.

Die Drehspiegelmethode ist in Abb. 7.8 schematisch gezeigt. Sie kann mit Laserlicht ohne großen optischen Aufwand als Schulversuch durchgeführt werden. Ein gerichteter Lichtstrahl trifft zunächst den ruhenden Drehspiegel. Drehspiegel und fester Endspiegel sind so justiert, dass in diesem Fall der Lichtstrahl in sich selbst zurückreflektiert und vom halbdurchlässigen Spiegel auf die Skala gerichtet wird (grauer Strahl).

Rotiert der Drehspiegel mit einer hohen Winkelgeschwindigkeit ω wird der zurückkehrende Lichtstrahl am Drehspiegel unter einem kleineren Winkel reflektiert. Die Veränderung α des Reflexionswinkels ist winzig, aber bei langen Lichtzeigern messbar. Wegen des Reflexionsgesetzes erfährt der Zeiger die doppelte Winkelveränderung, so dass die Verschiebung Δ des Zeigers mit dem Winkel α wie

$$2\alpha = \frac{\Delta}{s_1 + s_2}$$

zusammenhängt. Die Winkelabweichung kann durch die Laufzeit des Lichts von $2L/c_0$ ausgedrückt werden,

$$\alpha = \omega \frac{2L}{c_0} \, ,$$

so dass

$$c_0 = \frac{4\omega L(s_1 + s_2)}{\Delta}$$

gilt. Typische Werte sind $L = 15$ m, $s_1 + s_2 = 5$ m, $\omega = 3\,000/$s und $\Delta = 3$ mm.

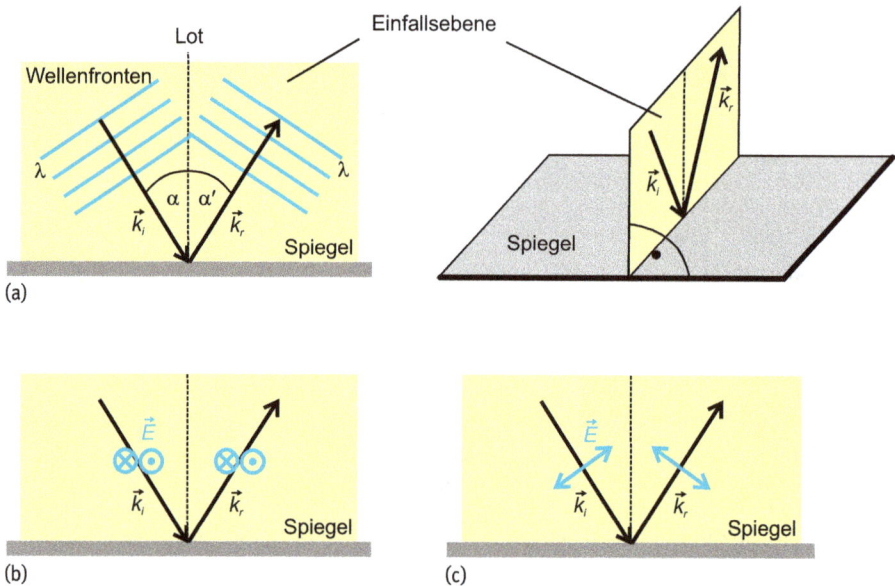

(a)

(b)   (c)

Abb. 7.9: (a) Reflexionsgesetz und Definition der Einfallsebene. (b) S-polarisierte Welle.
(c) P-polarisierte Welle.

7.2 Elektromagnetische Wellen in Materie

7.2.1 Reflexion

Bei der Reflexion an einer spiegelnden Fläche werden Wellen zurückgeworfen. In Band 1 wurde das **Reflexionsgesetz** für mechanische Wellen aus dem Huygens-Prinzip hergeleitet. Für elektromagnetische Wellen gilt analog

$$\text{Einfallswinkel } \alpha = \text{Ausfallswinkel } \alpha' , \tag{7.26}$$

wie in Abb. 7.9 (a) schematisch skizziert.

Die Ebene, die durch die Wellenvektoren $\vec{k}_i$ und $\vec{k}_r$ aufgespannt wird, heißt *Einfallsebene*. Bei linear polarisierten Wellen kann der elektrische Feldvektor $\vec{E}$ in zwei senkrecht aufeinander stehende Anteile zerlegt werden. Steht der elektrische Feldvektor senkrecht auf der Einfallsebene (Abb. 7.9 (b)) spricht man von einer **s-polarisierten** Welle. Liegt er in Einfallsebene, ist die Welle **p-polarisiert** (Abb. 7.9 (c)).

7.2.2 Brechung

Brechung tritt an der Grenzfläche zwischen zwei Medien auf, in denen sich die Welle mit unterschiedlichen Geschwindigkeiten ausbreitet. Im Folgenden seien die Medien homogene und isotrope Dielektrika, in denen die Wellenausbreitung praktisch nicht geschwächt wird (keine Dämpfung!).

Im Falle elektromagnetischer Wellen ist in der Wellengleichung (7.1) $\epsilon_0\mu_0$ gegen $\epsilon_0\epsilon_r\mu_0\mu_r$ zu ersetzen, so dass als Phasengeschwindigkeit im Medium

$$c = \frac{1}{\sqrt{\epsilon_0\epsilon_r\mu_0\mu_r}} \tag{7.27}$$

folgt. Sie ist stets kleiner als c_0. In dieser Relation ist nur ϵ_r wichtig, weil μ_r in Dielektrika praktisch eins ist. Wir definieren als

Brechungsindex oder Brechzahl

$$n = \frac{c_0}{c} = \sqrt{\epsilon_r} \geq 1 \tag{7.28}$$

den Quotienten der Lichtgeschwindigkeiten im Vakuum und in Materie.

Die relative Dielektrizitätskonstante in Medien ist nicht statisch, sondern hängt dynamisch von der Frequenz der elektromagnetischen Welle ab. Dieses Phänomen wird **Dispersion** genannt. Sie ist leicht zu verstehen, weil ϵ_r die Antwort der ladungstragenden Materie auf die wechselnden elektrischen Felder der Welle beschreibt. Weil Ladungen immer mit Massen verbunden sind, erwarten wir Trägheits- und Resonanzeffekte im Frequenzverlauf der Dielektrizitätskonstanten. Man schreibt deshalb anstelle von ϵ_r besser die **dielektrische Funktion** $\epsilon(\omega)$, so dass

$$n^2 = \epsilon(\omega) = 1 + \chi_e(\omega) \tag{7.29}$$

gilt.

Wie bei mechanischen Wellen verkürzt sich die Wellenlänge im Medium (Med) im Vergleich zum Vakuum (Vak) nach der Relation

$$|\vec{k}_{\text{Med}}| = n|\vec{k}_{\text{Vak}}| \quad \Rightarrow \quad \lambda_{\text{Med}} = \frac{\lambda_{\text{Vak}}}{n} \tag{7.30}$$

und die elektrische Feldstärke der Welle schreibt sich in komplexer Schreibweise als

$$\vec{E}(\vec{r}, t) = \text{Re}\left(\vec{E}_0 e^{\text{i}(n\vec{k}_{\text{Vak}}\vec{r}-\omega t)}\right). \tag{7.31}$$

Die Verkürzung der Wellenlänge im Medium wird in Abb. 7.10 für einen hertzschen Dipol unter Wasser veranschaulicht. Die Frequenz der Radiowellen beträgt 434 MHz, was eine Wellenlänge im Vakuum von 69 cm entspricht. Das Lämpchen im längeren Empfängerdipol erlischt, sobald dieser im Wasser ist. Dagegen beginnt das Lämpchen im kürzeren Dipol zu leuchten. Es leuchtet deutlich schwächer, weil das Wasser die Feldenergie abschwächt. Das Längenverhältnis der beiden Dipole beträgt ungefähr 8, was nach Gl. (7.30) dem Brechungindex des Wassers für diese Radiowellen entsprechen müsste. Tatsächlich misst man einen Brechungsindex von 9 für diese Wellenlänge. Bei der Auswertung haben wir vernachlässigt, dass ein Teil des kleinen Dipols außerhalb des Wassers liegt, was einen Fehler verursacht.

In Luft   In Wasser

Abb. 7.10: In Wasser ist die Wellenlänge der elektromagnetischen Welle deutlich verkürzt. Daher leuchtet im Wasser nur das Lämpchen im kurzen Empfangsdipol.

Aus dem Huygens-Prinzip folgt wie bei den mechanischen Wellen das

Brechungsgesetz nach Snellius

$$\frac{\sin \alpha}{\sin \beta} = \frac{c_1}{c_2} = \frac{n_2}{n_1} \, , \tag{7.32}$$

wie es in Abb. 7.11 (a) dargestellt ist. Das Medium mit dem größeren Brechungsindex wird als **optisch dichter**, das andere als **optisch dünner** bezeichnet. Abb. 7.11 (b) zeigt ein bekanntes Beispiel der Brechung von sichtbarem Licht in Wasser. Der Stab knickt scheinbar an der Grenzfläche des Wasser zur Luft ab, obwohl er doch gerade ist.

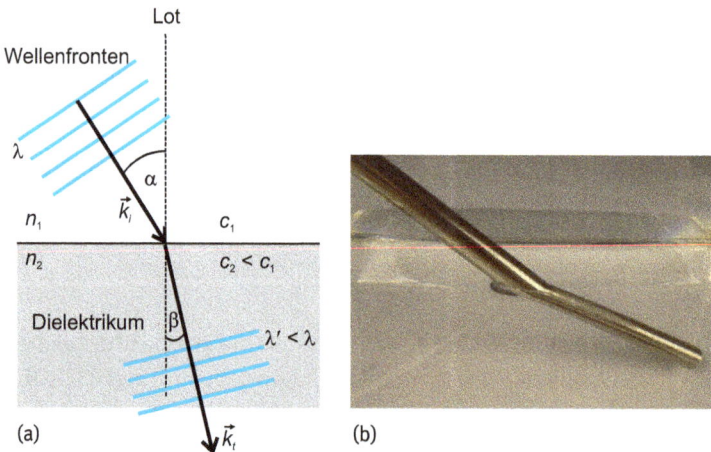

Abb. 7.11: (a) Brechung der Wellen an einer Mediengrenzfläche. Im optisch dichteren Medium wird die Welle zum Lot hin gebrochen. (b) Optische Täuschung eines geknickten Stabs durch die Brechung der Lichtstrahlen an der Wasseroberfläche.

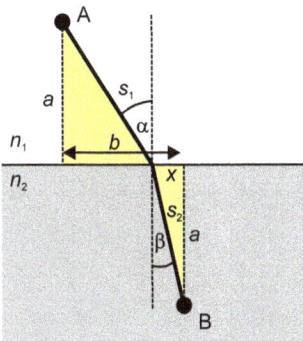

Abb. 7.12: Ableitung des Brechungsgesetzes aus dem Fermat-Prinzip.

Anwendung des Fermat-Prinzips

Mit dem Fermat-Prinzip lassen sich ebenfalls Reflexions- und Brechungsgesetz ablei-ten. Die Laufzeit der Welle zwischen zwei festen Punkten A und B

$$T_L = \frac{1}{c_0} \int_A^B n(s)\,\mathrm{d}s \qquad (7.33)$$

entspricht der **optischen Weglänge**, ausgedrückt durch das Wegintegral des Bre-chungsindexes geteilt durch die Vakuumlichtgeschwindigkeit. Die kürzeste Laufzeit bedeutet auch die kleinste optische Weglänge. Die Gl. (7.33) bescheibt die Laufzeit in allgemeiner Form. Um das Minimum zu ermitteln, muss man im Prinzip alle Wege zwischen A und B betrachten. Die Lösung erfordert anspruchsvolle Methoden der Variationsrechnung.

Für das Brechungsgesetz lässt sich Gl. (7.33) erheblich vereinfachen, so dass wir mit Abb. 7.12 nur eine Variable x für die Berechnung der optischen Weglänge S behal-ten. Wir werten die beiden gelb unterlegten, rechtwinkeligen Dreiecke aus und erhal-ten

$$S = s_1 + s_2 = n_1 \sqrt{(b-x)^2 + a^2} + n_2 \sqrt{x^2 + a^2}\,. \qquad (7.34)$$

Die Extremalbedingung erfordert

$$\frac{\mathrm{d}S}{\mathrm{d}x} = 0 \quad \Leftrightarrow$$

$$\frac{-2(b-x)n_1}{2s_1} + \frac{2xn_2}{2s_2} = 0 \quad \Leftrightarrow$$

$$-n_1 \sin\alpha + n_2 \sin\beta = 0\,,$$

wobei die letzte Zeile das snelliussche Brechnungsgesetz wiedergibt. Ähnlich lässt sich das Reflexionsgesetz ableiten, was sich als Übung empfiehlt.

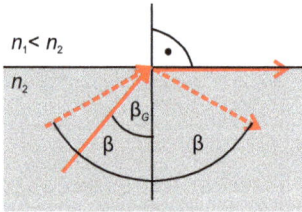

Abb. 7.13: Ab einem Grenzwinkel β_G werden Wellen an der Grenzfläche von optisch dicht zu optisch dünn totalreflektiert.

7.2.3 Totalreflexion

In der Abb. 7.11 kann der Lichtweg auch vom optisch dichteren ins optisch dünnere Medium verlaufen. Bei einem bestimmten Einfallswinkel β_G wird der Ausfallswinkel $\pi/2 = 90°$! Es gilt dann

$$n_1 \sin \pi/2 = n_2 \sin \beta_G$$

oder

$$\sin \beta_G = \frac{n_1}{n_2} . \tag{7.35}$$

Der Winkel β_G heißt **Grenzwinkel der Totalreflexion**. Einfallswinkel, die im optisch dichteren Medium größer als β_G sind, führen zur Totalreflexion, wie in Abb. 7.13 schematisch für zwei Strahlen mit β_G und $\beta > \beta_G$ gezeigt. Die Welle bleibt bei der Totalreflexion im optisch dichteren Medium gefangen und kann das Material nicht verlassen.

Vorkommen der Totalreflexion

Natürliche Totalreflexion begegnet dem Taucher unter Wasser in Abb. 7.14, weil er beim Blick zur Wasseroberfläche nur einen kleinen Ausschnitt des Himmels sehen kann. Außerhalb davon ist es dunkel bzw. sind mögliche Lichtquellen unter Wasser erkennbar. Der Brechungsindex von Wasser für sichtbares Licht beträgt $n = 1,33$, so dass der Winkel des Kegels $\beta = \arcsin(1/1,33) = 48°$ beträgt. Auch beim Regenbogen spielt die Totalreflexion eine wichtige Rolle (siehe Abschnitt 7.2.5).

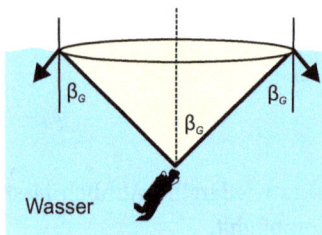

Abb. 7.14: Wegen der Totalreflexion hat der Taucher nur ein eingeschränktes Blickfeld nach außen.

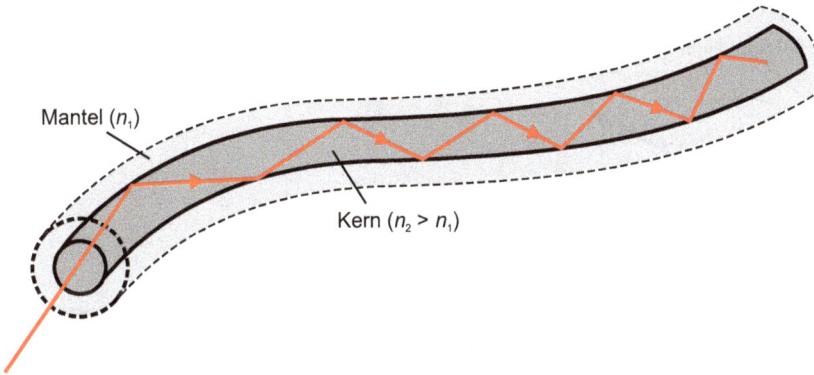

Abb. 7.15: In einer Lichtleitfaser wird ein Lichtstrahl durch die Totalreflexion geführt. Es ist eine Stufenindexfaser dargestellt.

Die Totalreflexion wird auch in technischen Anwendungen genutzt. In der Abb. 7.15 ist schematisch ein Aufbau einer Lichtleitfaser aus Glas, kurz Glasfaser, gezeichnet. Es handelt sich hier um eine Stufenindexfaser mit einem Kern, der einen höheren Berechungsindex als der Mantel hat. Die Grenzfläche zwischen beiden Medien ist abrupt. Die Welle wird vielfach reflektiert und kann so in der Faser transportiert werden.

Die Abb. 7.16 zeigt unterschiedliche Umlenkprismen im Querschnitt, in denen eine oder mehrere Totalreflexionen stattfinden. Sie können Strahlengänge umkehren oder zurückwerfen. Der Retroreflektor ist als Sicherheitsreflektor weit verbreitet und umgangssprachlich als *Katzenauge* bekannt. Er besteht aus drei paarweise senkrecht aufeinander stehenden Spiegelflächen. Durch ihn wird Licht in die Einfallsrichtung zurückreflektiert.

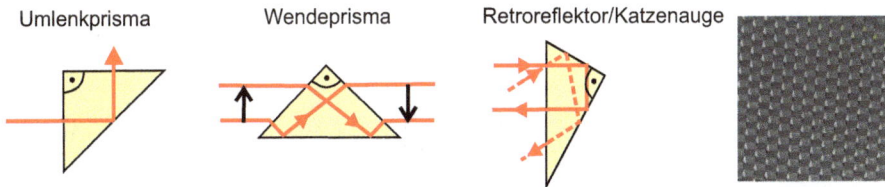

Abb. 7.16: Reflektoren, die das Prinzip der Totalreflexion nutzen. Die Fotografie zeigt einen Retroreflektor im Detail.

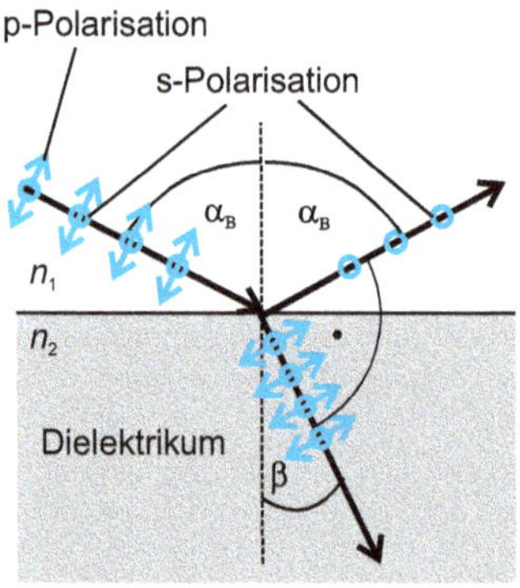

p-Polarisation

s-Polarisation

n_1

n_2

Dielektrikum

α_B α_B

β

Abb. 7.17: Unpolarisierte Wellen, die unter dem Brewster-Winkel auf ein Dielektrikum fallen, werden s-polarisiert.

7.2.4 Brewster-Polarisation

Es lässt sich zeigen, dass das Reflexionsvermögen an einer brechenden, dielektrischen Grenzfläche stark von der Polarisation und dem Einfallswinkel abhängt. Ein Grenzfall ist in der Abb. 7.17 dargestellt. Neben der Strahlen-Richtung von einfallender, reflektierter und gebrochener Welle sind die Polarisationen des elektrischen Feldstärkevektors eingezeichnet. Die Ringe entsprechen der s- und die Pfeile der p-Polarisation.

Für den gezeichneten Fall steht die p-Polarisation der gebrochenen Welle parallel auf der Ausbreitungsrichtung der reflektierten Welle. Dieses widerspricht der transversalen Natur der elektromagnetischen Welle, so dass nur die s-polarisierte Welle reflektiert wird. Der entsprechende Winkel α_B heißt **Brewster-Winkel** und lässt sich aus

$$\beta = \frac{\pi}{2} - \alpha_B \quad \Leftrightarrow$$

$$\sin \beta = \cos \alpha_B \quad \Leftrightarrow$$

$$n_2 \cos \alpha_B = n_1 \sin \alpha_B$$

herleiten. Es gilt

$$\tan \alpha_B = \frac{n_2}{n_1} . \tag{7.36}$$

Vorkommen der Brewster-Reflexion

Wird Licht an Dielektrika reflektiert, ist es wegen des Brewster-Effekts immer teilweise linear polarisiert. Um Spiegelungen z. B. von Wasseroberflächen beim Fotografieren zu reduzieren, wird daher vor das Kameraobjektiv ein Polarisationsfilter gesetzt.

Die Brewster-Reflexion kann auch zur vollständigen Polarisation von elektromagnetischen Wellen eingesetzt werden. Weil der Brechungsindex von der Wellenlänge abhängt (Dispersion), variiert der Brewster-Winkel mit der Wellenlänge.

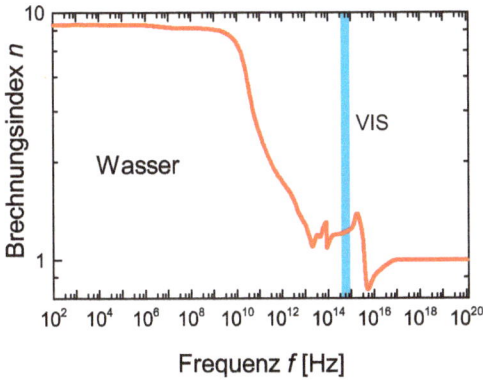

Abb. 7.18: Brechungsindex von Wasser über einen weiten Frequenzbereich. Die blau unterlegte Fläche entspricht dem sichtbaren Bereich.

7.2.5 Dispersion

Der Begriff *Dispersion* umfasst die Wellenlängen- bzw. Frequenzabhängigkeit der Phasengeschwindigkeit elektromagnetischer Wellen, wie sie in Materie in unterschiedlicher Ausprägung zu beobachten ist. Die Atome und Moleküle in den Stoffen reagieren wie permanente oder influenzierte elektrische Dipole auf das elektrische Wechselfeld. Sie haben charakteristische Resonanzfrequenzen, bei denen sie besonders stark antworten. Daher erwarten wir eine ausgeprägte Dispersion in den Stoffen bei bestimmten Frequenzen. Ist jedoch die Frequenz sehr hoch wie bei den Röntgen- oder Gammastrahlen, dass atomare und molekulare Dipole nicht mehr folgen können, verschwindet die Dispersion nahezu und der Brechungsindex ist praktisch gleich eins.

In der Abb. 7.18 ist als Beispiel der Brechungsindex n für reines Wasser unter Normalbedingungen über einen weiten Frequenzbereich abgebildet. Man beachte, dass sowohl die Frequenz- als auch die n-Skala logarithmisch sind. Die blau unterlegte Fläche kennzeichnet den sichtbaren Bereich des Spektrums. Im statischen Fall $f \approx 0\,\text{Hz}$ gibt der Brechungsindex nach Gl. (7.29) die relative Dielektrizitätskonstante der Elektrostatik wieder, $n \approx \sqrt{81} = 9$. Zu höheren Frequenzen nimmt n erst ab und zeigt später ausgeprägte Strukturen, die Resonanzen der Wassermoleküle im flüssigen Aggregatzustand anzeigen. Der Mikrowellenherd arbeitet übrigens bei ungefähr $2,5 \cdot 10^9$ Hz. Bei dieser Frequenz beginnt der Brechungsindex abzufallen. Tatsächlich liegt bei dieser Frequenz keine Resonanz vor, sondern die Wassermoleküle in den organischen Substanzen können dem wechselnden elektrischen Feld nicht mehr sofort folgen. Dieses führt zu einem inneren Reibungseffekt und damit zu einer Erwärmung. Im Sichtbaren beträgt der Brechungsindex 1,33. Er geht bei extrem hohen Frequenzen auf eins zurück.

Der Brechungsindex sagt nicht direkt aus, wie transparent ein Material ist, d. h. wie weit sich die Welle ins Material ausbreiten kann. Mit der *Absorption*, d. h. der Umwandlung der Wellenenergie in Wärme, werden wir uns im nächsten Abschnitt beschäftigen. Man kann aber zeigen, dass an den Resonanzstellen auch die Welle besonders stark geschwächt wird.

Tab. 7.2: Brechungsindex ausgesuchter Gläser und Materialien für $\lambda = 656$ nm.

Material	n
Quarzglas (fused)	1,456
Standardglas	1,539
Bor-Silikatglas	1,517
Kronglas (Standard)	1,506
Flintglas (Standard)	1,615
Plexiglas	1,489
Diamant	2,409
Titandioxid	2,571
Ethanol	1,36
Wasser	1,331
Luft	1,00028

Die Dispersion transparenter Materialien spielt insbesondere in der Optik des sichtbaren Lichts eine wichtige Rolle. In der Tab. 7.2 sind Brechungsindizes einiger wichtiger optischer Gläser und Materialien für die Farbe Rot ($\lambda = 656$ nm) angegeben. Die Werte weichen für verschiedene Hersteller ab. Diamant weist einen herausragend hohen Brechungsindex auf, weshalb in ihm ein kleiner Grenzwinkel der Totalreflexion auftritt. Dieses führt zur bekannten Brillianz geschliffener Diamanten.

Beispielhaft für alle Gläser ist in der Abb. 7.19 der Verlauf des Brechungsindex von Quarzglas im sichtbaren Bereich aufgetragen. Zwischen Wellenlängen von 400 und 800 nm ändert sich n nur um wenige Prozent, wobei die Brechkraft für Licht mit kürzerer Wellenlänge höher ist.

Blaues Licht wird in transparenten Materialien wie Glas stärker gebrochen als rotes. Wellen mit kleineren Wellenlängen breiten sich langsamer im Medium aus.

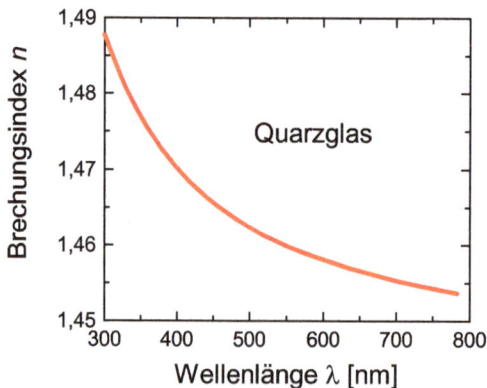

Abb. 7.19: Brechungsindex von Quarzglas im sichtbaren Bereich.

Wie schon im Kapitel 12 in Band 1 diskutiert, sind Gruppengeschwindigkeit $v_G = \frac{d\omega}{dk}$ und Phasengeschwindigkeit $c = \frac{\omega}{k}$ der Welle nicht gleich. Informationen und Signale werden durch Impulse bzw. Wellenpakete transportiert, deren Einhüllende sich mit v_G fortbewegt. Die Gruppengeschwindigkeit und nicht die Phasengeschwindigkeit ist für den Informationstransport relevant. Zwischen den beiden Geschwindigkeiten gilt die Beziehung

$$v_G = c - \lambda \frac{dc}{d\lambda} \,, \tag{7.37}$$

wobei die Ableitung der Phasengeschwindigkeit nach der Wellenlänge die Dispersion im Medium beschreibt. Traditionell gelten die Bezeichnungen

$$\text{normale Dispersion:} \quad \frac{dc}{d\lambda} > 0 \quad \text{und}$$

$$\text{anomale Dispersion:} \quad \frac{dc}{d\lambda} < 0 \,.$$

Die normale Dispersion wie in Abb. 7.19 betrifft den Standardfall und tritt in transparenten Gläsern auf. Dann ist stets $v_G \leq c$.

Dagegen fällt die anomale Dispersion in Medien mit den Bereichen starker Dämpfung bzw. Absorption zusammen. Sie ist nur in exotischen Systemen wie Metalldämpfen oder bestimmten Farbstofflösungen überhaupt zu beobachten. Gl. (7.37) suggeriert, dass mit anomaler Dispersion Signale schneller als c transportiert werden könnten, weil dort $v_G > c$ ist. Dieses würde der Lichtgeschwindigkeit als maximal mögliche Geschwindigkeit widersprechen. Eine genaue Analyse weist nach, dass die Signalgeschwindigkeit auch im Falle anomaler Dispersion immer kleiner als die Phasengeschwindigkeit des Lichts ist!

Anwendungen

– **Prismenspektrograph**

Die Dispersion wird zur spektralen Zerlegung von mehrfarbigem oder weißem Licht eingesetzt. Ein weit verbreiteter Aufbau verwendet ein Glasprisma, auf das eine ebene Lichtwelle unter dem Winkel α einfällt (Abb. 7.20). Wir betrachten hier nur den symmetrischen Strahlengang, d. h. innerhalb des Prismas verläuft die Welle nahezu parallel zur Basislinie d. Dieses gilt natürlich streng nur für eine Wellenlänge. In den Übungen soll gezeigt werden, dass für den symmetrischen Strahlenverlauf der Ablenkungswinkel δ minimal wird.

Aus dem Brechungsgesetz und einfacher Winkelgeometrie folgt für den symmetrischen Strahlengang

$$\sin \alpha = n \sin \beta \,,$$

$$2\beta = \varphi \quad \text{und}$$

$$\delta_{\min} = 2\alpha - \varphi$$

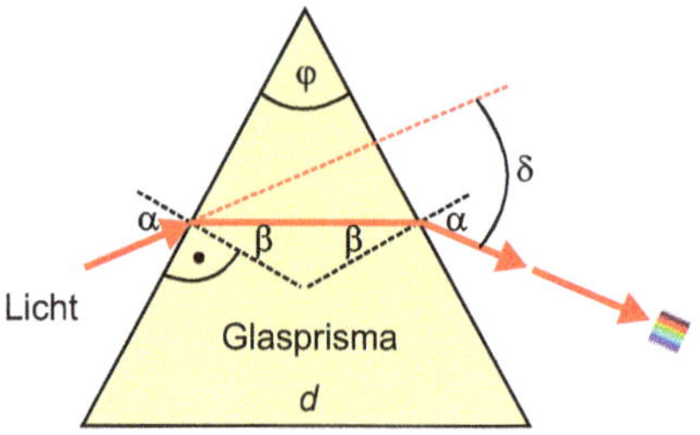

Abb. 7.20: Mit einem Glasprisma kann das Lichtspektrum in seine Einzelwellenlängen zerlegt werden. Es ist der symmetrische Strahlengang dargestellt.

Man bezeichnet φ auch als *brechenden Winkel* des Prismas. Aus den Gleichungen kann

$$n = \frac{\sin[1/2(\delta_{min} + \varphi)]}{\sin[1/(2\varphi)]} \tag{7.38}$$

abgeleitet werden, was den Brechungsindex mit dem minimalen Ablenkwinkel verknüpft.

Die Dispersion ist ein schwacher Effekt, weshalb die spektrale Aufspaltung des Lichts nur im großen Abstand gut zu beobachten ist. Als Beispiel gehen wir von einem Quarzprisma mit $\varphi = 30°$ aus. Für eine Wellenlänge von 400 nm beträgt der Brechungsindex $n_{violett} = 1,47$, für 800 nm ist $n_{rot} = 1,455$. Daraus folgen minimale Ablenkwinkel von $\delta_{min}(400\,\text{nm}) \approx 14,72°$ und $\delta_{min}(800\,\text{nm}) \approx 14,24°$. Die kleine Winkeldifferenz führt in einem Abstand von 1 m zu einer räumlichen Aufspaltung von 8 mm! Man kann also in guter Näherung von einem symmetrischen Strahlengang beider Wellenlängen sprechen.

- **Regenbogen**

Jedermann kennt das Phänomen eines Regenbogens, wenn die Sonne tief am Himmel steht und in eine Regenwand scheint. Der Betrachter sieht mit der Sonne im Rücken eindrucksvolle bunte Bögen. Die Abb. 7.21 (a) zeigt einen eindrucksvollen Doppelbogen, der von Ruben Jakob in der Nähe von Coburg fotografiert wurde.

Der leuchtende innere, *primäre* Bogen erscheint unter einem Winkel von 42° gegenüber der Sonneneinstrahlung mit der Farbfolge von Violett (innen) zu Rot (außen). Das Innere des primären Bogens erscheint deutlich heller als der Außenraum. Der *sekundäre*, schwächere Regenbogen ist unter 51° gegenüber der Sonnenstrahlrichtung geneigt und hat eine umgekehrte Farbreihenfolge. Die Winkel der Regenbögen sind in Abb. 7.21 (b) noch einmal dargestellt.

Die Erscheinungen lassen sich mit Brechung und Totalreflexion erklären. Die Abb. 7.22 zeigt Strahlenverläufe des Primärbogens für eine Wellenlänge an einem kugelförmigen Regentropfen. Nach der Brechung kommt es an der Rückseite des Tropfens zur Totalreflexion. Die Welle wird vor Austreten aus dem Tropfen wieder gebrochen. Dabei werden die Strahlen nach außen scharf begrenzt, was typisch

(a)

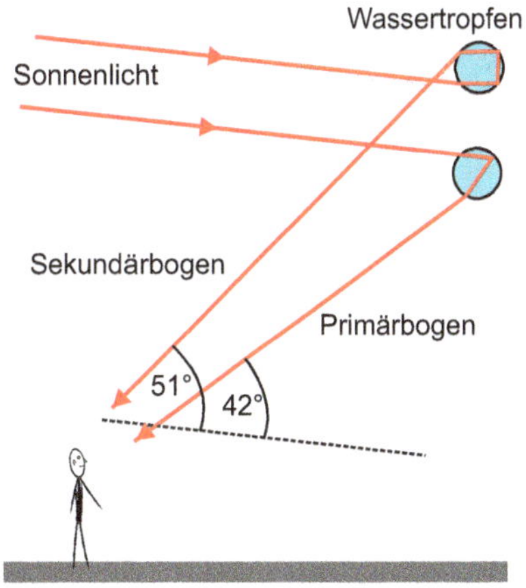

(b)

Abb. 7.21: (a) Regenbögen in der Nähe von Coburg. Mit freundlicher Genehmigung von Ruben Jakob. (b) Schematische Darstellung der Entstehung der beiden Bögen.

für die *Regenbogenstreuung* ist und zu der Helligkeitsverstärkung im Bogen und zur Aufhellung im Inneren führt. Der Strahl, der mit $0{,}86R$ von der Mittellinie entfernt in den Tropfen einfällt, wird am stärksten abgelenkt. Dort kommt es zu einer Strahlenverdichtung. Wegen der Dispersion im Wasser wird blaues Licht unter einem etwas kleinerem Winkel beobachtet als rotes.

Der sekundäre Regenbogen kommt durch doppelte Totalreflexion im Regentropfen zustande, wie schematisch in Abb. 7.21 (b) dargestellt. Dieser Prozess erfordert einen längeren Lichtweg im Wasser und führt infolge der höheren Dämpfung zu einem lichtschwächeren Bogen.

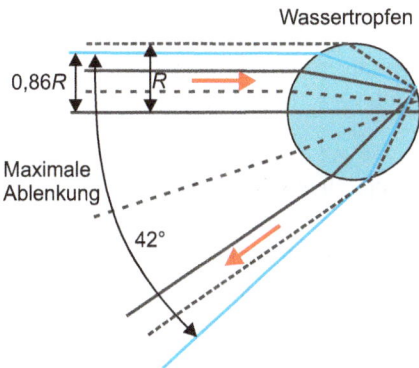

Abb. 7.22: Ausgesuchte Strahlengänge bei der Brechung und Totalreflexion an einem Wassertropfen. Am maximalen Ablenkwinkel kommt es zur Strahlenbündelung und damit zur Verstärkung der Helligkeit.

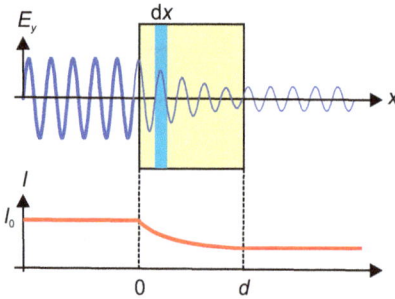

Abb. 7.23: Dämpfung einer elektromagnetischen Welle bei Transmission durch ein Material. Nach dem Beer-Gesetz nimmt die Intensität im Stoff exponentiell ab.

7.2.6 Absorption

Breiten sich elektromagnetische Wellen in Medien aus, werden sie in ihrer Intensität geschwächt, weil Atome und Moleküle angeregt werden und die Wellenenergie schließlich in Wärme umgewandelt wird. Diese Schwächung heißt **Absorption** und hängt vom Material und von der Wellenlänge ab. Die Abb. 7.23 verdeutlicht im Schnitt, wie ein transparentes Medium der Dicke d eine elektromagnetische Welle absorbiert. Die Amplitude und damit die Intensität der durchgehenden, *transmittierten* Welle sind reduziert. Schneidet man gedanklich das Medium in infinitesimal dünne Schichten der Dicke dx, wird beim Durchgang durch eine Schicht die Intensität um den Faktor

$$\frac{dI}{I} = -\alpha\, dx \tag{7.39}$$

geschwächt. Die Größe dI misst die Abnahme der Anfangsintensität I beim Durchgang und ist daher negativ. Die material- und wellenlängenabhängige Größe

$$\alpha = -\frac{1}{I}\frac{dI}{dx}, \quad [\alpha] = \frac{1}{m}, \tag{7.40}$$

heißt **Absorptionskoeffizient** und ist ein Maß für die Stärke der Absorption im Medium. Gl. (7.40) kann leicht integriert werden, woraus das **Beer-Gesetz**

$$I(x) = I_0 e^{-\alpha x} \tag{7.41}$$

folgt. Es besagt, dass die Wellenintensität exponentiell mit dem Weg durch das Medium abnimmt, wie es in Abb. 7.23 skizziert ist. Es ist aber Vorsicht geboten, denn in der Abbildung wird die Reflexion der Welle an der Grenzfläche außer Acht gelassen. Wie im Folgenden erklärt, reflektieren Materialien mit hohem Absorptionskoeffizienten die Welle sehr gut.

Die Absorption elektromagnetischer Wellen kann elegant durch Erweiterung des Brechungsindex um eine imaginäre Komponente beschrieben werden. Es wird ein **komplexer Brechungsindex**

$$\tilde{n} = n + i\,\kappa \tag{7.42}$$

definiert mit n als herkömmlichem, reellem Brechungsindex und κ als sogenanntem **Extinktionskoeffizienten**. Wird der komplexe Brechungsindex in die elektrische Feldstärkewelle eingesetzt, ergibt sich von selbst ein reeller Exponentialterm. Es folgt z. B. bei einer ebenen Welle in x-Richtung

$$\vec{E} = \mathrm{Re}\left(\vec{E}_0 e^{i(\tilde{n}kx - \omega t)}\right) = \mathrm{Re}\left(\vec{E}_0 e^{-\kappa kx}\, e^{i(nkx - \omega t)}\right) \qquad (7.43)$$

und damit für die mittlere Intensität

$$I \propto E_0^2 e^{-2\kappa kx}\,. \qquad (7.44)$$

Es taucht ein Faktor zwei im Exponenten auf, weil die Intensität aus dem Quadrat der Feldstärke berechnet wird. Der Vergleich von Gl. (7.41) mit (7.44) liefert die wichtige Relation zwischen Extinktions- und Absorptionskoeffizienten,

$$\alpha = 2\kappa k\,. \qquad (7.45)$$

Die Größe κ beschreibt also das Absorptionsvermögen eines Materials.

Anwendungen

- **Farben von Metallen**

  Man kann zeigen, dass n und κ die optischen Eigenschaften der Materialien widerspiegeln. Als Beispiel betrachten wir das **Reflexionsvermögen** eines Materials bei *senkrechtem* Einfall der Welle. Es stellt das Verhältnis zwischen reflektierter und einfallender Intensität dar und ist gleich

$$R = \frac{I_r}{I_0} = \frac{(n-1)^2 + \kappa^2}{(n+1)^2 + \kappa^2}\,. \qquad (7.46)$$

  Die Herleitung der Relation ist aufwändig und soll hier entfallen.

  Materialien mit großer Extinktion bzw. Absorption reflektieren Wellen sehr gut, denn für $\kappa \gg n$ folgt $R \approx 1$. Das ist für die drei Metalle Kupfer (Cu), Silber (Ag) und Gold (Au) in Abb. 7.24 dargestellt. Das Reflexionsvermögen der Metalle ist als Funktion der Wellenlänge auf logarithmischer Skala aufgetragen. Im Infraroten reflektieren alle drei Metalle exzellent ($R \approx 100\,\%$). In diesem Bereich ist auch die Absorption stark. Im Falle von Cu und Au erkennt man einen scharfen Abfall des Reflexionsvermögens im sichtbaren Bereich. Rot wird sehr viel besser reflektiert als Blau, was die typischen Farben dieser Metalle hervorruft. Bei Ag findet dieser Abfall erst im Ultravioletten statt, so dass dieses Metall im Sichtbaren glänzend weiß erscheint. Die Ursache dieser Eigenschaften liegt in der elektronischen Struktur dieser Metalle und wird im Band 4 der Reihe erläutert.

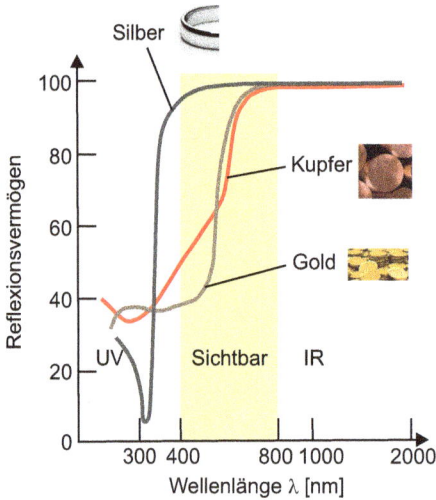

Abb. 7.24: Reflexionsvermögen bekannter Edelmetalle, das die Farben der Metalle erklärt.

– **Glasfasern**

In der Telekommunikation mit hoher Informationsrate werden heute Glasfasern als Lichtwellenleiter (siehe Abb. 7.15) verwendet. Die hohe Frequenz des Lichts bietet eine große Bandbreite und damit eine sehr hohe Informationsübertragung pro Zeit. Als lichtführendes Material wird meist dotiertes Siliziumdioxid (Quarz, fused silica) mit extrem geringer Konzentration von OH-Radikalen eingesetzt. Der Absorptionskoeffizient ist im Sichtbaren und nahem Infrarot sehr klein. Es überwiegen Verluste durch Reflexion und Streuung im Material.

In modernen Kommunikationsglasfasern wird bei Wellenlängen um 1 310 und 1 550 nm eine minimale Dämpfung der Lichtintensität und eine geringe Dispersion gemessen, so dass für die Kommunikation Infrarot-Halbleiterlaser dieser Wellenlängen eingesetzt werden. Ein typischer Dämpfungswert in einer sogenannten Einzelmoden-Stufenindexfaser ist 0,3 dB/km bei $\lambda = 1\,310$ nm. Dieser Wert besagt, dass die Eingangsintensität I_0 auf einem Kilometer auf den Wert $10^{-0,03} I_0 = 0,933 I_0$ geschwächt wird. Eine Nachverstärkung ist oft erst nach 100 km notwendig, wo die Intensität noch 0,1 % der Eingangsleistung beträgt.

7.2.7 Streuung

Wird ein Teil der elektromagnetischen Wellenintensität durch die Wechselwirkung mit Materie in andere Raumrichtungen abgelenkt, spricht man von **Streuung**. Die physikalischen Prozesse hinter der Streuung sind komplex und lassen sich quantenmechanisch erklären. Haben einfallende Welle und Streuwelle die gleiche Wellenlänge, spricht man von *elastischer* Streuung, ansonsten ist die Streuung *inelastisch*.

An dieser Stelle betrachten wir die wichtige elastische, nicht-resonante **Rayleigh-Streuung**, die ein bekanntes Phänomen aus dem Alltag erklärt. Sie geschieht an Streuern, die sehr viel kleiner als die Wellenlänge sind. Bei Licht sind das Moleküle oder Atome. Sie reagieren wie Dipole auf die Lichtwelle. Man spricht von nicht-resonanter Streuung, weil die Streumoleküle im betreffenden Wellenlängenbereich keine starken Resonanzen aufweisen. Wie schon beim hertzschen Dipol in Abschnitt 6.4 besprochen, geht die Abstrahlleistung mit ω^4. Ebenso ist die Streulichtleistung P_S proportional zur vierten Potenz der Lichtfrequenz, also

$$P_S \propto \omega^4 \,, \tag{7.47}$$

d. h. blaues Licht wird sehr viel stärker gestreut als rotes. Dieses ist in der Erdatmosphäre sehr gut zu beobachten. Wie in Abb. 7.25 schematisch und nicht-maßstäblich gezeichnet, wird aus dem weißen Sonnenlicht der blaue Anteil an den Luftmolekülen der Atmosphäre effektiv herausgestreut, während das längerwellige Rot vergleichsweise wenig gestreut wird. Aus diesem Grund erscheint der wolkenlose Himmel blau und die untergehende Sonne bei direkter Betrachtung rot. Das Streulicht ist teilweise polarisiert, so dass in der Fotografie der Effekt mit Polarisationsfiltern verstärkt werden kann.

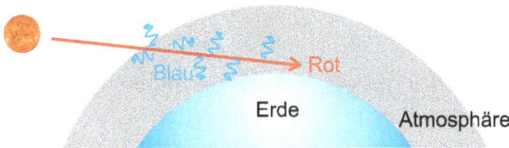

Abb. 7.25: Die Rayleigh-Streuung in der Erdatmosphäre lässt das direkte Sonnenlicht bei Untergang und Aufgang rot erscheinen. Das gestreute Licht ist wie der wolkenlose Himmel blau.

Wolken bestehen aus Wasser- und Eisteilchen, deren Ausdehnung in der Größenordnung der Wellenlänge ist. An ihnen findet daher keine Rayleigh-Streuung statt, sondern weißes Licht wird diffus in alle Richtungen gestreut. Wolken erscheinen deshalb weiß.

7.3 Elektromagnetische Wellen in anisotropen und inhomogenen Medien

Die komplizierten Vorgänge in anisotropen und inhomogenen Medien werden wir qualitativ und ausschließlich für Lichtwellen im Sichtbaren diskutieren, auch wenn sie ganz allgemein für elektromagnetische Wellen gültig sind. Für das sichtbare Spektrum gibt es aber wichtige Anwendungen und alltägliche Naturerscheinungen.

7.3.1 Doppelbrechung

Bisher sind wir von einer isotropen Ausbreitung elektromagnetischer Wellen in einem Medium ausgegangen, d. h. die Ausbreitungsgeschwindigkeit ist in allen Richtungen gleich. Es gibt jedoch Kristalle, in denen sich Lichtwellen mit einem richtungsabhängigen Brechungsindex fortpflanzen. In solchen Materialien ist die Polarisation $\vec{P}$ nicht mehr parallel zur elektrischen Feldstärke $\vec{E}$. Aus der skalaren Größe der elektrischen Suszeptibilität χ_e in Gl. (2.94) wird eine Matrix (Tensor 2. Stufe), die die Richtungsänderung erfasst, so dass

$$\vec{P} = \epsilon_0 \begin{pmatrix} \chi_{xx} & \chi_{xy} & \chi_{xz} \\ \chi_{yx} & \chi_{yy} & \chi_{yz} \\ \chi_{zx} & \chi_{zy} & \chi_{zz} \end{pmatrix} \vec{E} . \tag{7.48}$$

Man kann drei *Hauptachsen* finden, die meist auch Symmetrieachsen des Kristalls sind. Wählt man sie als Koordinatenachsen, werden die Vektoren $\vec{E}$ bzw. $\vec{P}$ in Komponenten entlang der Hauptachsen zerlegt und es bleiben nur drei unabhängige Suszeptibilitätswerte übrig, nämlich

$$\vec{P} = \epsilon_0 \begin{pmatrix} \chi_1 & 0 & 0 \\ 0 & \chi_2 & 0 \\ 0 & 0 & \chi_3 \end{pmatrix} \vec{E} . \tag{7.49}$$

Man bezeichnet diese Rechnung auch als Hauptachsentransformation oder mathematisch als Diagonalisierung der Matrix und wird in Theorie-Kursen behandelt.

Die Gl. (7.49) bedeutet physikalisch, dass nach Gl. (7.29) auch drei verschiedene Brechungsindizes, n_1, n_2, n_3 und damit drei Ausbreitungsgeschwindigkeiten existieren. Zeigt der elektrische Feldstärkevektor in Richtung einer Hauptachse, gilt der entsprechende Brechungsindex und für diesen Fall sind $\vec{P}$ und $\vec{E}$ parallel. Im Allgemeinen hat $\vec{E}$ irgendeine Richtung im Raum, so dass $\vec{P}$ und $\vec{E}$ nicht parallel liegen und die Wellenausbreitung durch alle drei Brechungsindizes bestimmt werden.

Wir betrachten jetzt den einfacheren Fall der *doppelbrechenden Kristalle*, in denen zwei der drei Brechungsindizes gleich sind. Man schreibt $n_1 = n_2 = n_o$ und $n_3 = n_{ao} \neq n_o$ und nennen n_o den Brechungsindex des **ordentlichen** und n_{ao} den Brechungsindex des **außerordentlichen** Strahls. Die n_{ao}-Hauptachse wird als **optische Achse** (o. A.) des Kristalls bezeichnet und die Kristalle nennt man *einachsig*. Sie spielen in der praktischen Optik eine wichtige Rolle.

Ein typischer Vertreter optisch einachsiger Kristalle ist der **Kalkspat** (Kalzit, $CaCO_3$), bei dem für $\lambda = 590$ nm die Werte

$$n_o = 1{,}658 \quad \text{und} \quad n_{ao} = 1{,}486$$

gefunden werden. Die Differenz der Brechungsindizes ist relativ hoch. Es gibt auch Materialien wie z. B. Plexiglas, die unter mechanischer Belastung doppelbrechend werden.

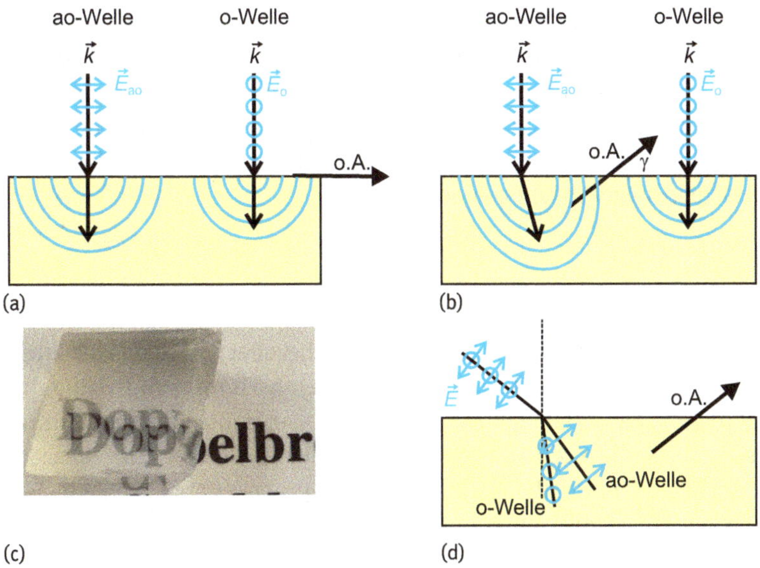

Abb. 7.26: (a) In einem doppelbrechenden Kristall breiten sich ordentliche und außerordentliche Welle unterschiedlich schnell aus. Die Wellen sind sphärisch bei senkrechtem Einfall und wenn die o. A. in der Grenzfläche liegt. (b) Bei geneigter o. A. verformen sich die Wellenfronten der außerordentlichen Welle. (c) Verdoppelung des Bilds bei Blick durch einen Kalkspat. (d) Trennung von ordentlichem und außerordentlichem Strahl bei Brechung.

Die praktische Unterscheidung zwischen ordentlichem und außerordentlichem Strahl wird in Abb. 7.26 deutlich. Je nach Zuschnitt des Kristalls kann der Winkel der o. A. mit der brechenden Grenzfläche eingestellt werden. Es gilt:

- Die Welle des ordentlichen Strahls besitzt einen elektrischen Feldstärkevektor, der senkrecht zur Ebene steht, die von der o. A. und dem $\vec{k}$-Vektor aufgespannt wird. Sie breitet sich mit n_o isotrop im Medium aus.
- Hat die Welle eine Komponente des elektrischen Feldstärkevektors in der Ebene der o. A. und $\vec{k}$, breitet sie sich anisotrop aus je nach Winkel des $\vec{E}$-Vektors zur o. A.

In der Abb. 7.26 (a) liege die o. A. in der Grenzfläche und Zeichenebene. Die linear polarisierten Wellen fallen senkrecht auf die Grenzfläche ein, wobei die Ringe eine Polarisation senkrecht zur Zeichenebene kennzeichnen. Zur Veranschaulichung sind Elementarwellen eingezeichnet, die von den Punkten A und B ausgehen. Für diesen Spezialfall breitet sich auch die außerordentliche Welle isotrop aus, aber mit einer anderen Geschwindigkeit als die ordentliche. Zwischen den beiden senkrecht zueinander polarisierten Wellen entsteht ein Gang- bzw. Phasenunterschied (siehe Anwendungen)!

Steht wie in Abb. 7.26 (b) die o. A. in einem Winkel γ zur Grenzfläche, breitet sich die außerordentliche Welle nicht mehr auf sphärischen Elementarwellen im Medium aus. Vielmehr verformen sich in Abhängigkeit von γ die elementaren Wellenfronten. Der außerordentliche Strahl wird abgelenkt, obwohl er senkrecht einfällt! Dieses Phänomen ist der Grund für den Namen Doppelbrechung, denn wie in der Fotografie der Abb. 7.26 (c) erscheinen Objekte nach Durchgang durch den Kristall doppelt. Bei nichtsenkrechtem Einfall wie in Abb. 7.26 (d) werden ordentlicher und außerordentlicher Strahl unter verschiedenen Winkeln gebrochen.

Anwendungen

– **Polarisatoren**

Mit doppelbrechenden Kristallen lassen sich einfache, aber wirksame Polarisatoren herstellen. Das Beispiel in Abb. 7.27 stellt ein **Glan-Thompson-Prisma** dar. Eine unpolarisierte Lichtwelle fällt senkrecht auf einen doppelbrechenden Kristall, in dessen Ebene die o. A. liegt. Wie schon in Abb. 7.26 (a) erklärt, breiten sich ordentlicher und außerordentlicher Strahl geradlinig, aber mit unterschiedlichen Geschwindigkeiten aus. Sie treffen unter dem Winkel β auf die Grenzfläche des Prismas. Der Winkel ist so gewählt, dass bei dem Brechungsindex des ordentlichen Strahls Totalreflexion eintritt, während der außerordentliche Strahl gebrochen wird und in einem spiegelbildlich angefügten Prisma geradlinig weiterläuft.

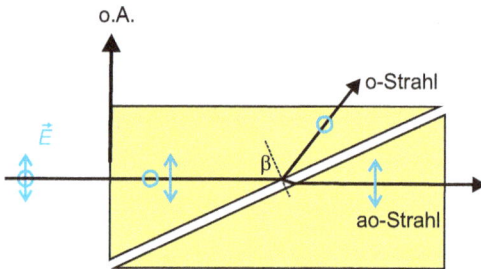

Abb. 7.27: Im Glan-Thompson-Doppelprisma nutzt man die unterschiedlichen Brechungsindizes von o- und ao-Welle aus, um die Welle linear zu polarisieren.

– **Polarisationswandler: $\lambda/4$-Plättchen**

In Abb. 7.28 fällt eine linear polarisierte Welle mit dem $\vec{E}$-Vektor unter 45° zur o. A. in der Grenzfläche auf ein dünnes doppelbrechendes Plättchen. Wie zuvor entsteht beim Durchgang durch das Plättchen ein Gangunterschied. Ist dieser ein Viertel der Wellenlänge des Lichts, wird das linear polarisierte Licht in zirkular polarisiertes umgewandelt. Vor der Brechung schreibt sich der Feldstärkevektor

$$\vec{E}_{\text{vorher}} = E_x \vec{e}_x \cos(kz - \omega t) + E_y \vec{e}_y \cos(kz - \omega t)$$

mit $E_x = E_y$. Nach dem Durchgang sind die Komponenten um $\lambda/4$ verschoben bzw. um $\pi/2$ phasenverschoben, so dass

$$\vec{E}_{\text{nachher}} = E_x \vec{e}_x \cos(kz - \omega t) + E_y \vec{e}_y \cos(kz - \omega t + \pi/2)$$
$$= E_x [\vec{e}_x \cos(kz - \omega t) - \vec{e}_y \sin(kz - \omega t)] \,,$$

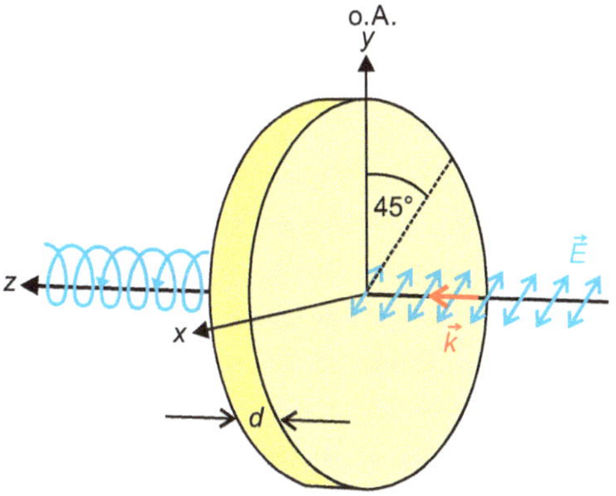

Abb. 7.28: Das $\lambda/4$-Plättchen wandelt linear polarisiertes in zirkular bzw. in elliptisch polarisiertes Licht oder umgekehrt um.

folgt, was einer zirkular polarisierten Welle entspricht. Als Übung kann gezeigt werden, dass dafür die Dicke des Plättchens gleich

$$d = \frac{(m + 1/4)\lambda}{|n_\mathrm{o} - n_\mathrm{ao}|} \quad \text{mit} \quad m = 0, 1, 2, 3, \ldots \tag{7.50}$$

sein muss.

Weicht der Winkel von 45° ab, entsteht elliptisch polarisiertes Licht. Auch umgekehrt kann mit einem solchen Plättchen aus zirkular polarisiertem Licht wieder linear polarisiertes entstehen.

– **Polarisationsdreher: $\lambda/2$-Plättchen**

Beträgt der Gangunterschied eines doppelbrechenden Plättchens eine halbe Wellenlänge, kann je nach Winkel zur o. A. die lineare Polarisationsrichtung gedreht werden. Das kann in einer Übung leicht nachgerechnet werden.

7.3.2 Inhomogene Medien

In inhomogenen Medien ist der Brechungsindex vom Ort abhängig, $n = n(\vec{r})$, so dass Indexgradienten existieren. Diese entstehen relativ leicht in gasförmigen Medien, in denen n von der Dichte und der Temperatur abhängt. Nach dem Fermat-Prinzip erfolgt die Ausbreitung der Welle nicht mehr geradlinig, weil im Medium keine abrupte, sondern eine kontinuierliche Brechung der Welle geschieht. An dieser Stelle seien kurz zwei prominente Phänomene angesprochen.

– **Atmosphärische Refraktion**

Die Erdatmosphäre ist ein Medium, dessen Dichte mit dem Abstand von der Erdoberfläche stark abnimmt und durch klimatische Bedingungen auch lokal schnell variieren kann. Die Abb. 7.29 zeigt einen in der Astronomie bekannten Effekt, dass ein Stern an einer anderen als seiner wahren Position beobachtet wird. Die Ursache liegt an der gekrümmten Lichtbahn in der Luft, die in der Zeichnung aber stark übertrieben dargestellt ist. Unter 45° beträgt die Abweichung bei normalen atmosphärischen Bedingungen ungefähr eine Bogenminute.

Abb. 7.29: Atmosphärische Refraktion von Sternenlicht führt zur Abweichung zwischen wahrer und scheinbarer Position; hier stark übertrieben dargestellt.

Auch die variierenden Helligkeiten und verschwimmenden Konturen eines beobachteten Sterns lassen sich auf Luftbewegungen und Turbulenzen in der Atmosphäre zurückführen. Beste Beobachtungsbedingungen sind daher mit Weltraumteleskopen zur erreichen, die uns einen ganz neuen Blick in den Kosmos gestatten [7.1].

– **Luftspiegelungen**

Durch Temperaturgradienten in der Luft kann es zu Luftspiegelungen kommen, wie sie an heißen Sommertagen auf Straßen, Wasseroberflächen oder in der Wüste in Form einer *Fata Morgana* zu beobachten sind. Hohe Lufttemperaturen reduzieren die Dichte und damit den Brechungsindex der Luft. Die Abb. 7.30 (a)

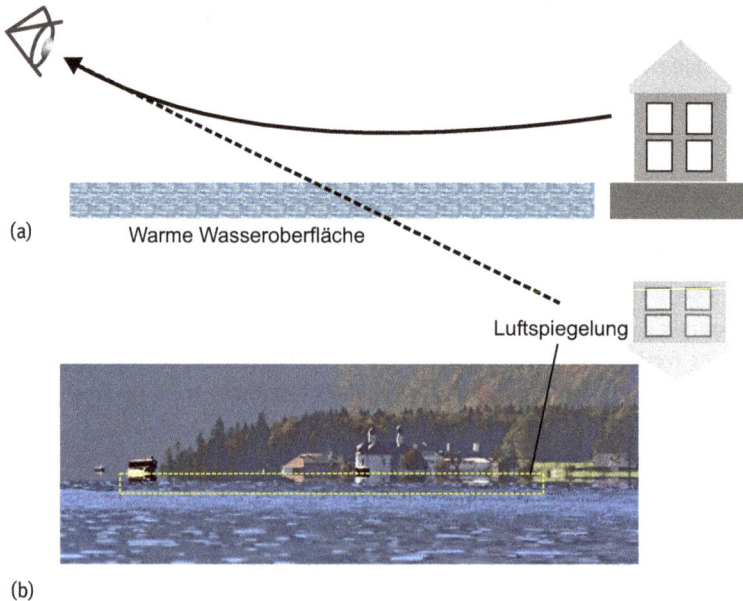

Abb. 7.30: Fata Morgana. (a) Schematisches Zustandekommen einer Luftspiegelung oberhalb einer warmen Wasseroberfläche. (b) Luftspiegelungen am Königssee. Die scheinbaren Objekte sind im gelb umrandeten Bereich zu erkennen. Mit freundlicher Genehmigung von Claudia Hinz.

verdeutlicht schematisch das Zustandekommen eines Spiegelbilds auf einer warmen Wasseroberfläche. Lichtstrahlen werden von den warmen Luftschichten dicht oberhalb des Wassers umgelenkt oder sogar totalreflektiert. Die Fotografie in Abb. 7.30 (b) wurde am Königssee aufgenommen und zeigt Luftspiegelungen von Bäumen, Gebäuden und Schiffen innerhalb des gelb umrandeten Bereichs.

7.4 Polarisation elektromagnetischer Wellen

Methoden, elektromagnetische Wellen zu polarisieren bzw. ihre Polarisation zu beeinflussen, sind in Physik und Technik von großer Bedeutung. Im Folgenden sind einige wichtige Phänomene kurz zusammengestellt.

1. **Passive Linearpolarisatoren**
   Wir haben bereits zwei Effekte kennengelernt, die zu einer linearen Polarisation führen. Dazu zählen die *Brewster-Reflexion* und die *Doppelbrechung* in transparenten Medien. Eine anderes einfaches Verfahren beruht auf dem **Dichroismus** in Materialien, bei dem die Absorption der Welle je nach Polarisationsrichtung verschieden ist.
   Für Linearpolarisatoren werden linienartige Anordnungen eingesetzt. Die Abb. 7.31 zeigt z. B. einen Linearpolarisator für Mikrowellen. Er besteht aus parallelen Metallstangen, die einige Millimeter voneinander entfernt sind. Nur die Feldstärkekomponente senkrecht zu den Stangen wird durchgelassen. Für sichtbares Licht mit deutlich kürzerer Wellenlänge muss der Stangenabstand entsprechend kleiner sein. Es werden in der Regel Kunststofffolien verwendet, in denen langkettige Moleküle parallel ausgerichtet sind.

Abb. 7.31: Linearpolarisator für Mikrowellen aus parallelen Metallstangen im ungefähren Wellenlängenabstand.

2. **Optische Aktivität**
   Wird beim Durchgang einer Lichtwelle durch ein transparentes Material die lineare Polarisationsrichtung gedreht, spricht man von **optischer Aktivität**. Sie ist in Kristallen wie Quarz aber auch in bestimmten Lösungen z. B. von Zuckermolekü-

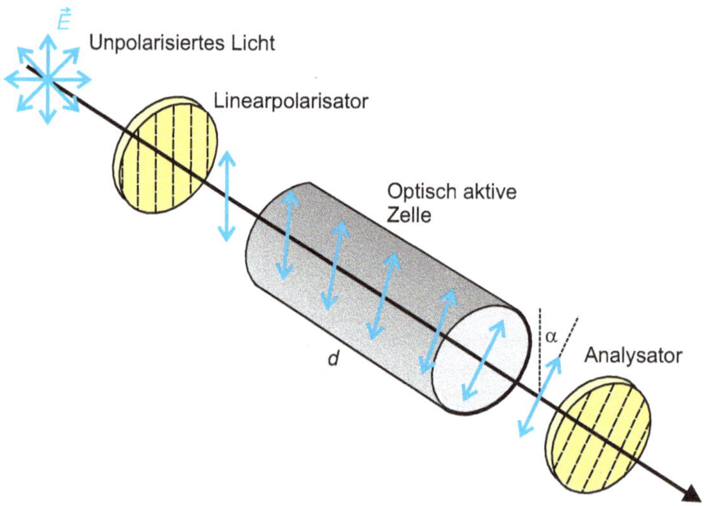

Abb. 7.32: Drehung der Linearpolarisation durch eine optisch aktive Zelle, in der sich z. B. eine Zuckerlösung befindet.

len zu beobachten. Die Kristall- bzw. die Molekülstruktur weist eine schrauben-artige Symmetrie auf und hat eine Drehrichtung, die entweder links- oder rechts-drehend sein kann.

Das Spiegelbild einer Linksschraube ergibt eine Rechtsschraube. Diese Eigen-schaft der Bild-Spiegelbild-Symmetrie finden wir auch beim Übergang von der rechten zur linken Hand, weshalb diese Strukturen auch als links- bzw. rechts-händig, oder kurz *chiral* bezeichnet werden.

Trifft linear polarisiertes Licht auf chirale Moleküle oszillieren Ladungen entlang von Schraubenbahnen. Die vom Molekül gestreute Lichtwelle überlagert sich mit der einfallenden Welle und ergibt ein linear polarisiertes Wechselfeld, dessen Feldrichtungen um den Winkel α gedreht sind.

In Abb. 7.32 ist ein schematischer Versuchsaufbau gezeigt. Der Drehwinkel beträgt nach Durchlaufen der Strecke d durch den optisch aktiven Stoff

$$\alpha = \frac{\pi d}{\lambda}(n_\circlearrowleft - n_\circlearrowright) \tag{7.51}$$

mit dem Brechungsindex $n_\circlearrowleft$ ($n_\circlearrowright$) der linksdrehenden (rechtsdrehenden) Anteile im Material. In Lösungen hängt der Brechungsindex von der Molekülkonzentrati-on ab. Sind ausschließlich rechts- bzw. linksdrehende Moleküle gelöst, kann aus dem Drehwinkel die Konzentration sehr genau bestimmt werden. Dieses Verfah-ren heißt *Polarimetrie* und kann anhand von Zuckerlösungen gut demonstriert werden. Die Anordnung in Abb. 7.32 mit einem Analysator zur Bestimmung des Drehwinkels wird *Polarimeter* genannt.

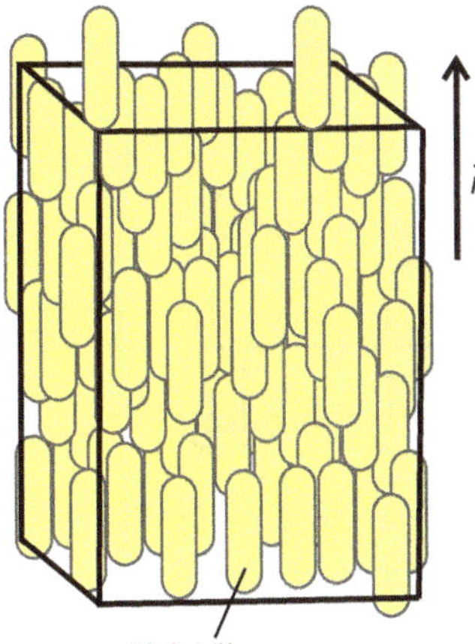

Abb. 7.33: Schematische Zeichnung eines nematischen Flüssigkristalls aus orientierten Molekülen, deren Schwerpunkte aber ungeordnet sind.

Molekül

3. **Flüssigkristall-Anzeigen**

In modernen Monitoren und Flachbildfernsehern sind oft Flüssigkristallanzeigen (LCD = *liquid crystal display*) eingebaut. Die Technologie ist schon viele Jahre bekannt und für die Konsumelektronik perfektioniert worden. Ein Flüssigkristall liegt in einer Zwischenphase zwischen Flüssigkeit und Kristall vor. Sogenannte *nematische* Kristalle bestehen aus langgestreckten, organischen Molekülen, die in einer Richtung $\vec{n}$ (*Direktor*) ausgerichtet, aber deren Schwerpunkte ungeordnet verteilt sind, wie in der Abb. 7.33 schematisch gezeichnet. Flüssigkristalle können Licht in Richtung des Direktors polarisieren. Durch Anlegen einer elektrischen Spannung wird der Direktor in Feldrichtung gedreht. Damit kann der Durchgang von linear polarisiertem Licht durch den Flüssigkristall mit einer äußeren Spannung gesteuert werden.

Diesen Effekt macht man sich im LCD zunutze, wie das Funktionsprinzip in Abb. 7.34 für eine *twisted-nematic*-Flüssigkristallzelle eines Bildpunkts zeigt. Dieser Zellentyp wird oft in modernen Anzeigen verwendet. Die spannungslose Zelle ist so konstruiert, dass sich $\vec{n}$ um 90° (oder mehr) zwischen den beiden Enden dreht. Sie ist zwischen zwei festen, gekreuzten Polarisationsfolien eingeschlossen. Die Polarisation des von links eintretenden, linear polarisierten Lichts dreht sich in der Zelle entsprechend um 90° (Abb. 7.34 (a)) und kann den zweiten Polarisator passieren. Die Zelle erscheint hell. Durch Anlegen einer Spannung richtet sich der Direktor in Ausbreitungsrichtung aus, die Polarisation des einfallenden Lichts ändert sich nicht und das Licht wird in der zweiten Polarisatorfolie absorbiert. Die Zelle sperrt den Lichtweg und ist dunkel (Abb. 7.34 (b)). Ein LCD besteht aus getrennt angesteuerten Flüssigkristallzellen mit Farbfiltern vor einer Hintergrundbeleuchtung.

LCD-Licht ist eine sehr gut linear polarisierte Lichtquelle. In Abb. 7.34 (c) wird ein Polarisationsfilter vor einem hellen Flachbildschirm gehalten. Dreht man die Polarisationsrichtung des Filters um 90°, wird von maximaler Helligkeit zu Dunkelheit umgeschaltet.

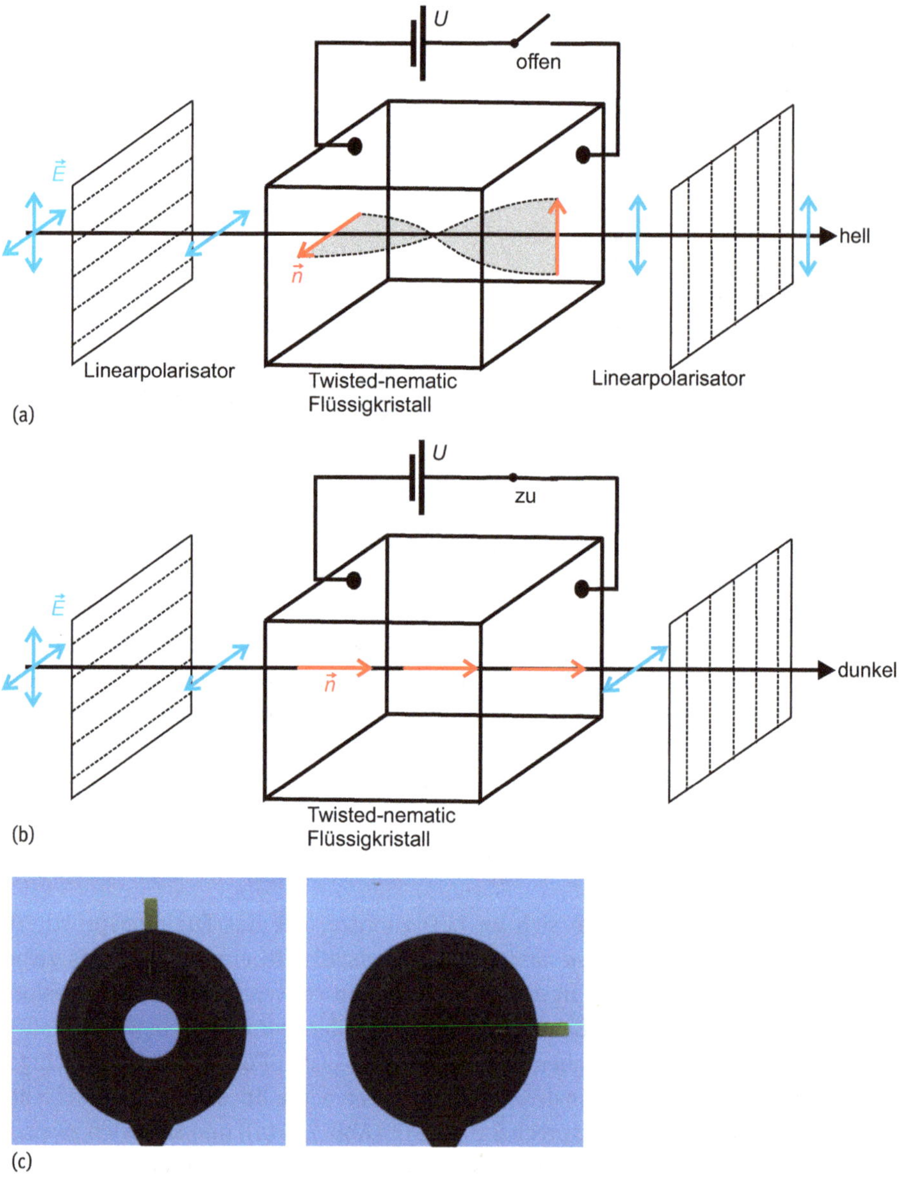

(a)

(b)

(c)

Abb. 7.34: Twisted-nematic-LCD. (a) Liegt keine Spannung an, wird der Feldstärkevektor des Lichts in der Zelle um 90° gedreht und passiert den gekreuzten Polarisator. Die Zelle erscheint hell. (b) Mit angelegter Spannung wird das Licht vom Polarisator absorbiert. Die Zelle erscheint dunkel. (c) Eine Linearpolarisator vor einem hellen LCD-Bildschirm demonstriert die lineare Polarisation des ausgestrahlten Lichts.

Quellenangaben

[7.1] Es gibt beeindruckende Gesamtdarstellungen zum Hubble-Weltraum-Teleskop, z. B. Terence Dickinson, *Hubble's Universe: Greatest Discoveries and Latest Images*, 2. Auflage (Firefly Books, 2017).

Übungen

1. Leiten Sie aus dem fermatschen Prinzip das Brechungsgesetz her.
2. In der Abb. 7.35 (a) trifft ein Lichtstrahl unter 45° auf eine Glasplatte. Am Punkt A soll Totalreflexion erfolgen. Wie groß muss der Brechungsindex des Glases mindestens sein?
3. In der Abb. 7.35 (b) fällt ein Lichtstrahl unter dem Brewster-Winkel auf eine ebene Schicht des Mediums 1 mit Brechungsindex $n_1 = 1,5$. Der gebrochene Strahl soll auf Medium 2 wiederum unter dem Brewster-Winkel einfallen. Wie groß muss der Brechungsindex des Mediums 2 sein? Wie groß ist der Brechungswinkel in Medium 2?
4. Ein Mensch steht an einem See und sieht auf der Wasseroberfläche den Reflex der Sonne. Er wird davon geblendet. Unter welchem Winkel kann er den Reflex der Sonne auf dem See mit Hilfe eines Polarisationsfilters vollständig ausschalten? Der Brechungsindex des Wassers beträgt 1,33.
5. Inmitten eines Sees schaut ein Stab 2 m senkrecht aus dem Seeboden. Er ragt 50 cm aus dem Wasser. Die Wassertiefe beträgt also 1,5 m. Das Sonnenlicht fällt in einem Winkel von 55° bezüglich des Horizonts auf das Wasser. Wie lang ist der Schatten, den der Stab auf den Grund des Sees wirft?
6. Bestimmen Sie die Lichtgeschwindigkeit in Diamant und den Grenzwinkel der Totalreflexion an der Diamant-Luft-Grenzfläche.
7. Ein Lichtstrahl trifft aus Luft auf eine Glasoberfläche mit $n = 1,52$ und wird teilweise reflektiert und teilweise gebrochen. Der Reflexionswinkel ist doppelt so groß wie der Brechungswinkel. Wie groß ist der Einfallswinkel?

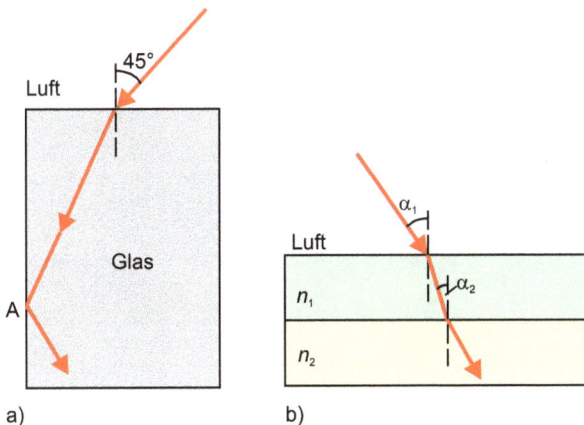

Abb. 7.35: (a) Totalreflexion in Glas. (b) Brewster-Reflexion.

8. Der Strahlengang einer Lichtwelle wird bei nicht-senkrechtem Durchgang durch eine Glasplatte parallel verschoben. Berechnen Sie den seitlichen Versatz einer Lichtwelle mit $\lambda = 500\,\text{nm}$, die unter 45° auf eine 2 cm dicke Platte mit $n = 1{,}6$ fällt. Wie stark wird die Wellenintensität beim Durchgang abgeschwächt, wenn der Extinktionskoeffizient 10^{-5} ist?

9. Betrachten Sie einen nicht-symmetrischen Strahlengang durch das Prisma in Abb. 7.20. Wie groß ist der Ablenkwinkel als Funktion von α_1, α_2 und φ? Geben Sie einen Zahlenwert für $\alpha_1 = 60°$, $\alpha_2 = 50°$ und $\varphi = 30°$ an.

10. Begründen Sie, warum der Ablenkwinkel bei einem Prisma für den symmetrischen Strahlengang minimal wird.

11. Bestätigen Sie die Gl. (7.50) für das $\lambda/4$-Plättchen. Aus Kalkspat wir ein $\lambda/4$-Plättchen hergestellt. Wie dick muss das Plättchen für rotes Licht mit $\lambda = 630\,\text{nm}$ sein?

12. Zeigen Sie, dass ein $\lambda/2$-Plättchen die lineare Polarisationsrichtung drehen kann.

13. Elektromagnetische Wellen können sich auch auf elektrischen Leitern (*Wellenleiter*) ausbreiten. Ein einfaches Beispiel ist die *Lecher-Leitung* oder auch Doppelleitung, die aus zwei parallelen geradlinigen Leitern besteht, deren Abstand voneinander sehr viel größer ist als ihre Durchmesser. Wird eine hochfrequente Wechselspannung am Anfang der Lecher-Leitung angeschlossen, breitet sich die Welle auf dieser aus. Endet die Leitung offen, entsteht dort ein Spannungsbauch und die Welle wird ohne Phasensprung zurückreflektiert (freies Ende). Liegt am Ende ein Kurzschluss vor, entsteht ein Spannungsknoten und die Welle wird mit einem Phasensprung von π zurückreflektiert (festes Ende). Zeigen Sie, dass bei Reflexion auf der Doppelleitung eine stehende elektromagnetische Welle entsteht. Die Spannungsbäuche lassen sich einfach mit einem Leiter mit Glühbirnchen abfahren. Wie groß ist der Abstand der Spannungsbäuche bei einer Frequenz von 3 GHz, wenn als Ausbreitungsgeschwindigkeit c_0 angenommen wird? Wo liegen die Strombäuche und -knoten? Wie verändert sich der Abstand, wenn die Doppelleitung unter Wasser liegt?

8 Wellenoptik

Die Phänomene von Interferenz und Beugung, wie wir sie schon bei den mechanischen Wellen gesehen haben, werden in diesem Kapitel erneut und genauer an Lichtwellen betrachtet. Dazu wird zunächst die Kohärenz von Wellen aus verschiedenen Lichtquellen behandelt. Interferenzerscheinungen an dünnen Schichten und ihre wichtige technische Anwendung in Interferometern werden diskutiert und die Beugungsbilder hinter Spalten und Gittern vorgestellt. Auch wenn wir uns in diesem Kapitel auf elektromagnetische Wellen im Sichtbaren beschränken, sind die dargestellten Phänomene von allgemeiner Gültigkeit.

8.1 Kohärenz

8.1.1 Superpositionsprinzip und Interferenz

Wir erinnern an das *Superpositionsprinzip*, das auch für elektromagnetische Wellen gültig ist und die Grundlage für Interferenz ist: Wellen überlagern sich ungestört.

Haben ausgedehnte Wellen gleicher Frequenz, Polarisation und Amplitude eine feste Phasenbeziehung zueinander in Raum und Zeit, entstehen durch Superposition räumliche *Interferenzmuster* mit Orten, an denen sich die Einzelfeldstärken gerade auslöschen (Knoten) oder maximal addieren (Bäuche). Die auslöschende (verstärkende) Überlagerung wird auch *destruktive* (*konstruktive*) Interferenz genannt. An den Knoten der Lichtinterferenzmuster ist die Intensität dauerhaft null und an den Bäuchen oszillieren die Feldstärken mit der Lichtfrequenz.

8.1.2 Kohärenz von Lichtwellen unterschiedlicher Quellen

Wellen können miteinander interferieren, wenn sie *kohärent* sind. Das erfordert gleiche Wellenlängen, d. h. Einfarbigkeit und eine feste Phasenbeziehung zu jeder Zeit am Überlagerungsort. Gleiche Amplituden garantieren vollständige Auslöschung bei destruktiver Interferenz, ist aber für die Beobachtung von Interferenzmustern nicht zwingend notwendig. Zueinander senkrecht polarisierte Wellen können *nicht* miteinander interferieren.

Meist werden Lichtinterferenzen dann beobachtet, wenn die Ausgangswelle geteilt und mit ihrer Kopie überlagert wird. Lichtwellen bestehen aber im Allgemeinen nur aus kurzen, statistisch unkorrelierten Wellenzügen mit einer typischen *Kohärenzlänge* ℓ_K, die von der Art der Lichtquelle abhängt. Es entstehen Interferenzen nach Teilung der Welle nur dann, wenn der Gangunterschied zwischen den beiden Wellenzügen kleiner als ℓ_K ist. Die Kohärenz der Wellen einiger typischer Lichtquellen wollen wir kurz diskutieren.

https://doi.org/10.1515/9783110469097-008

- **Laserlicht**

Heute stehen im Alltag und in der Schule Laser verschiedener Farben zur Verfügung. Sein Licht zeichnet sich durch eine sehr hohe Kohärenz aus. Es ist monochromatisch, linear polarisiert, gerichtet und hat selbst aus preiswerten Laserquellen Kohärenzlängen von mehreren Kilometern. Es ist für Interferenz- und Beugungsexperimente ideal geeignet. Fällt Laserlicht auf beugende Strukturen kommt es praktisch immer zu einer beobachtbaren Interferenz.

- **Alltägliche Lichtquellen**

Licht aus Alltagsquellen ist in der Regel nicht einfarbig und wegen der kurzen Wellenzüge praktisch inkohärent. Natürliches Licht der Sonne oder von Wärmestrahlern wie Glühbirnen haben Kohärenzlängen, die nur wenig größer sind als die Wellenlänge und im µm-Bereich liegen. Spektrallinien aus Gasentladungen sowie Fluoreszenzlicht z. B. aus Leuchtstoffröhren setzen sich aus längeren Wellenzügen von Zentimetern zusammen.

8.1.3 Kohärenzspalt

Es lassen sich dennoch mit einer relativ inkohärenten Lichtquelle Interferenzen beobachten, wenn das Licht durch einen sehr schmalen *Kohärenzspalt* begrenzt wird. In der Abb. 8.1 (a) ist ein Doppelspalt mit Spaltabstand a im Schnitt gezeigt. Von seinen idealerweise extrem schmalen Spalten gehen zwei elementare Wellen aus, die miteinander interferieren. In der Schnittebene sind die Elementarwellen kreisförmig. Am Schirm kann kein Interferenzmuster beobachtet werden, wenn Wellen aus der inkohärenten, flächigen Lichtquelle (z. B. einer Glühbirne) ohne räumliche Beschränkung einfallen. Einzelne kurze Wellenzüge ergeben Interferenzfiguren, die aber auf dem Schirm gegeneinander verschoben sind. Die inkohärente Überlagerung aller Einzelinterferenzen addieren sich zu einer breiten strukturlosen Intensitätsverteilung.

Wird wie in Abb. 8.1 (b) das inkohärente Licht durch den Spalt der Breite b eingeschränkt, lässt sich noch eben ein Interferenzmuster erkennen, wenn die Wellen von den Rändern A und B des Kohärenzspalts noch interferierbar sind. Sie dürfen nur einen Gangunterschied Δ von weniger als einer halben Wellenlänge an den Öffnungen des Doppelspalts aufweisen, d. h. im Grenzfall eines großen Abstands d zwischen Spalt und Doppelspalt gilt

$$\Delta = \overline{BS_1} - \overline{AS_1} \approx b \sin \vartheta = \frac{b \cdot a}{2d} < \frac{\lambda}{2} \,. \tag{8.1}$$

Umgeformt folgt die Bedingung für Interferenz

$$\frac{b}{\lambda} < \frac{d}{a} \,. \tag{8.2}$$

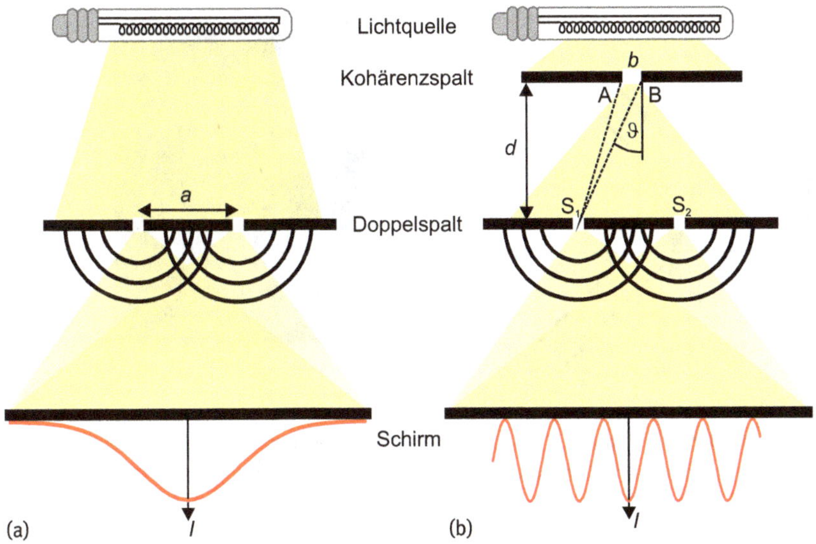

Abb. 8.1: Interferenz an einem Doppelspalt mit inkohärenter Lichtquelle. (a) Ohne Kohärenzspalt ergibt sich kein Interferenzmuster. (b) Bei genügend schmalem Kohärenzspalt haben die Wellen von den Kanten A und B des Spalts einen Gangunterschied kleiner als eine halbe Wellenlänge, so dass Interferenzen auftreten.

Beispiele

Betragen der Abstand zwischen Kohärenzspalt und Doppelspalt $d = 20\,\text{cm}$ und der Spaltabstand $a = 2\,\text{mm}$, kann die Kohärenzspaltbreite bis zu $100 \times \lambda$ sein, also zwischen 40 und 80 µm liegen.

Wie weit dürfen die Öffnungen des Doppelspalts höchstens entfernt sein, um Interferenzen des Sonnenlichts zu sehen? Als Spaltbreite b nehmen wir den Sonnendurchmesser $(1{,}4 \cdot 10^9\,\text{m})$ und als Abstand d eine astronomische Einheit $(1{,}5 \cdot 10^{11}\,\text{m})$. Für eine Wellenlänge von 600 nm errechnet man $a = 65\,\text{µm}$, also ungefähr einem hundertstel Millimeter.

8.2 Interferenz an dünnen Schichten

Eine Reflexion an einer dünnen, transparenten Schicht teilt den Wellenzug. Wird die gebrochene Welle zurückreflektiert, interferiert sie mit der Ursprungswelle. Nur die Überlagerung dieser beiden Wellen ist relevant, wenn die Dämpfung nicht zu vernachlässigen ist (Zweistrahlinterferenz). Bei sehr kleinen Verlusten können dagegen viele interferierende Teilwellen entstehen (Vielstrahlinterferenz).

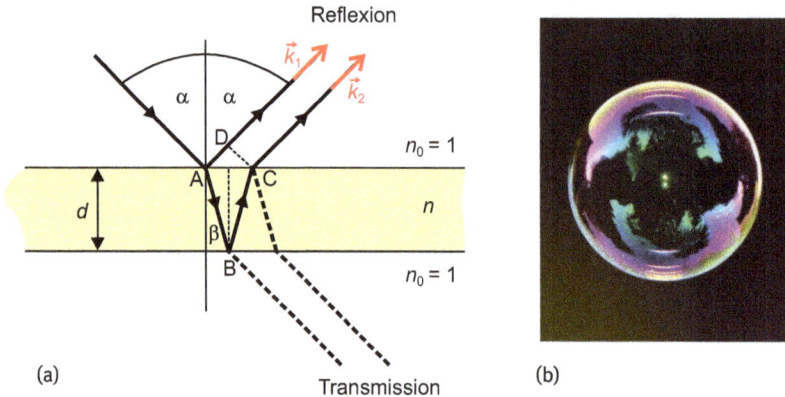

Abb. 8.2: (a) Prinzip der Zweistrahlinterferenz in Reflexion an einer dünnen dielektrischen Schicht.
(b) Schillernde Farben durch Interferenz an der Lamelle einer Seifenblase.

8.2.1 Zweistrahlinterferenz

In der Abb. 8.2 (a) ist ein Schnitt durch eine dünne transparente Lamelle der Dicke d und mit Brechungsindex n gezeichnet, auf die eine Welle unter dem Winkel α einfällt. Es sind die Strahlen als die Richtungen der Wellenvektoren eingetragen. Die unter dem Winkel β gebrochene Welle wird an der hinteren Grenzfläche am Punkt B zurückreflektiert und verläuft nach einer weiteren Brechung im Punkt C parallel zur Ursprungswelle. Die beiden in Reflexion interferierenden Wellen sind mit den Wellenvektoren $\vec{k}_1$ und $\vec{k}_2$ bezeichnet. Sie haben wegen der Absorption im Medium unterschiedliche Intensitäten, die aber nahe genug beieinander liegen, dass Interferenz mit dem Auge zu beobachten ist.

Auch in Transmission interferieren zwei Wellen, deren Strahlen in Abb. 8.2 (a) gestrichelt gezeichnet sind. In diesem Fall finden zwei interne Reflexionen statt, so dass der Intensitätsunterschied zwischen den Teilstrahlen erheblich größer und das Interferenzmuster schwächer ist.

Der *optische Gangunterschied* zwischen den Wellen $\vec{k}_1$ und $\vec{k}_2$ beträgt

$$\Delta s = n(\overline{AB} + \overline{BC}) - \overline{AD} = \frac{2nd}{\cos\beta} - 2d\tan\beta\,\sin\alpha\,, \tag{8.3}$$

wie in der Abb. 8.2 (a) leicht nachzuvollziehen ist. Setzen wir das Brechungsgesetz $\sin\alpha = n\sin\beta$ ein, folgt

$$\Delta s = \frac{2nd}{\cos\beta}(1 - \sin^2\beta) = 2nd\cos\beta \tag{8.4}$$

oder äquivalent ausgedrückt durch den Einfallswinkel

$$\Delta s = 2d\sqrt{n^2 - \sin^2\alpha}\,. \tag{8.5}$$

In die entscheidende *Phasendifferenz* $\Delta\varphi$ der beiden Wellen fließen noch Phasensprünge bei den Reflexionen ein. Diese hängen sowohl von der Polarisation (s oder p), von der Extinktion als auch von den Reflexionswinkeln ab. Eine detaillierte Diskussion führt an dieser Stelle zu weit. Wir verwenden die einfache Faustregel für den Phasensprung $\Delta\varphi_R$ bei Reflexion,

$$\Delta\varphi_R = \begin{cases} \pi, & \text{bei Reflexion einer Lichtwelle am optisch dünneren Medium,} \\ 0, & \text{bei Reflexion einer Lichtwelle am optisch dichteren Medium.} \end{cases} \tag{8.6}$$

Die Regel ist bei senkrechtem Einfall und in transparenten Medien gut erfüllt. In Analogie zu mechanischen Wellen wirkt also die Grenzfläche *optisch dicht nach optisch dünn* wie ein *festes Ende* und umgekehrt die Grenzfläche *optisch dünn nach optisch dicht* wie ein *freies Ende*.

Damit gilt für die gesamte Phasenverschiebung der beiden Teilwellen in Abb. 8.2 (a) unter Berücksichtigung des Phasensprungs bei der inneren Reflexion

$$\Delta\varphi = |\vec{k}| \Delta s - \pi = \frac{2\pi}{\lambda} \Delta s - \pi \, . \tag{8.7}$$

Für die Überlagerung der Wellen treten Interferenzen unter der Bedingung

$$\Delta\varphi = \begin{cases} 2m\pi & \text{für konstruktive Interferenz/Verstärkung,} \\ (2m+1)\pi & \text{für destruktive Interferenz/Auslöschung,} \end{cases} \tag{8.8}$$

mit $m = 0, 1, 2, \ldots$ auf.

Für die Zweistrahlinterferenz erhalten wir also die Bedingung

$$2d\sqrt{n^2 - \sin^2 \alpha} = \left(m + \frac{1}{2}\right)\lambda \tag{8.9}$$

für das Auftreten von Intensitätsmaxima. Die Winkel, unter denen man Interferenzmaxima findet, hängen von der Wellenlänge ab. Dieses wird noch durch die Dispersion $n(\lambda)$ verstärkt.

Zweistrahlinterferenzen verursachen wie in Abb. 8.2 (b) die typischen Regenbogenfarben an Seifenblasen, deren Lamellen dünne Wasserhäute sind. Auch an dünnen Schichtkristallen wie Glimmer oder Ölfilmen auf Wasser werden Interferenzfarben beobachtet.

8.2.2 Interferenz an Schichten wechselnder Dicke

Die Schichtdicke dünner transparenter Lamellen ist oft nicht konstant, sondern variiert örtlich, was Interferenzstrukturen selbst bei senkrechtem Einfall ebener Wellen hervorruft. Ein Phänomen dieser Art sind die **Newton-Ringe**, die früher als stören-

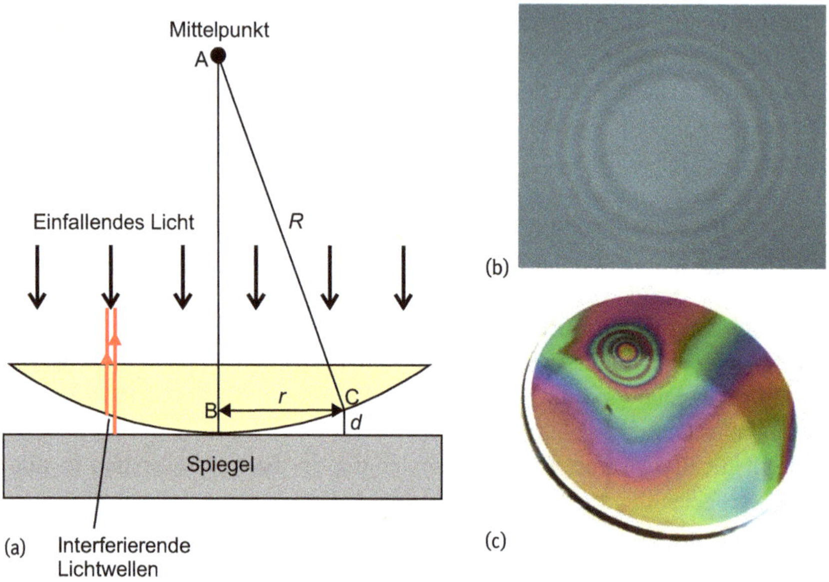

Abb. 8.3: (a) Prinzip der Newton-Ringe als Interferenzmuster an Schichten wechselnder Dicke. (b) Newton-Ringe an einer plankonvexen Linse auf einem Projektor. (c) Interferenzen an einer Lack-Haut mit wechselnder Schichtdicke. Mit freundlicher Genehmigung von Helmut Wentsch, Physikalisches Institut, Albert-Ludwigs-Universität Freiburg.

de Begleiter bei der Projektion von Dia-Positiven zu sehen waren. Sie entstehen durch Luftspalte unterschiedlicher Dicke. Im Falle der Diaprojektion treten sie nur auf, wenn das Dia zwischen zwei Glasplatten gerahmt ist.

Ein Modell für Newton-Ringe ist eine plankonvexe Glaslinse mit schwacher Krümmung, die auf einem ebenen Spiegel liegt. Die Anordnung ist in Abb. 8.3 (a) im Schnitt gezeichnet. Es falle eine ebene Welle senkrecht auf die Linse. In der Abb. 8.3 (a) sind wieder nur die Strahlen senkrecht auf den Wellenfronten eingezeichnet. Die roten Strahlen repräsentieren zwei Wellen, die an diesem Ort interferieren. Weil der Luftspalt $d(r)$ sehr viel kleiner als der Krümmungsradius R ist, kann die Winkelveränderung bei der Brechung am Glas vernachlässigt werden. Wir nehmen daher an, dass die beiden interferierenden Wellen wieder senkrecht austreten. Der Gangunterschied zwischen beiden hängt vom Abstand r ab,

$$\Delta s = d(r) - \frac{\lambda}{2} , \tag{8.10}$$

wobei die Substraktion der halben Wellenlänge wieder den Phasensprung bei der Reflexion an der Glas-Luft-Grenzfläche berücksichtigt. Für das rechtwinkelige Dreieck ABC gilt

$$r^2 = R^2 - (R - d)^2 \approx 2dR . \tag{8.11}$$

Die Näherung ist für $d \ll R$ sehr gut. Für den Gangunterschied folgt dann

$$\Delta s = \frac{r^2}{2R} - \frac{\lambda}{2},$$ (8.12)

der erneut Intensitätsmaxima ergibt, wenn $\Delta s = m\lambda$ ein Vielfaches der Wellenlänge ist. Damit entstehen Interferenzringe im Abstand von

$$r = \sqrt{2R\left(m + \frac{1}{2}\right)\lambda} \quad \text{mit} \quad m = 0, 1, 2, 3, \dots .$$ (8.13)

Der Abstand der Ringe nimmt mit größer werdendem Abstand ab, wie die Fotografie von Newton-Ringen bei senkrechter Durchstrahlung in Abb. 8.3 (b) verdeutlicht. Die Abb. 8.3 (c) zeigt ein weiteres Beispiel von Interferenzen an unterschiedlich dicken Schichten, im Beispiel an einer Lack-Haut.

8.2.3 Vielstrahlinterferenz

Die Zahl der interferierenden Teilwellen kann erheblich gesteigert werden, wenn das Reflexionsvermögen

$$R = \frac{I_R}{I_0} = \frac{|\vec{E}_{0R}|^2}{|\vec{E}_0|^2}$$ (8.14)

fast eins ist. Die Größe R gibt also das Verhältnis von reflektierter zu einfallender Wellenintensität an. Aus Gl. (8.14) folgt, dass sich der Betrag der elektrischen Feldamplitude bei der Reflexion auf $\sqrt{R}E_0$ reduziert, wobei E_0 die Einfallsamplitude ist.

Die Abb. 8.4 (a) zeigt einen schematischen Aufbau aus zwei perfekt parallelen, innen verspiegelten Glasplatten, zwischen denen ein Luftspalt existiert. Diese Anordnung nennt sich **Fabry-Perot-Étalon** und ist in der Hochpräzisionsoptik als Filter von großer Bedeutung.

Um die Diskussion einfach zu halten, betrachten wir den senkrechten Einfall einer ebenen Welle auf die Platten und fragen nach der durchgehenden, d. h. transmittierten Intensität I_T. Die Spiegel mit $R \leq 1$ erlauben den Ein- und Austritt eines Teils der Wellenintensität. Das Fabry-Perot-Étalon stellt einen eindimensionalen Resonator für stehende Lichtwellen dar, der jedoch keinen perfekten Abschluss hat.

Wie in der Abb. 8.4 (a) angedeutet, überlagern sich die austretenden Wellen, die zwischen den Spiegeln vielfach hin- und herlaufen. Um die transmittierte Feldamplitude E_T zu berechnen, verwenden wir die praktische, komplexe Schreibweise der Feldstärke. Die einfallende, ebene Welle, die sich in x-Richtung ausbreitet, wird durch

$$\vec{E} = \vec{E}_0 e^{i(kx - \omega t)}$$ (8.15)

beschrieben. Wegen der geradlinigen Ausbreitung können wir im Folgenden die Vektorpfeile weglassen. Die Welle, die m-mal ($m = 0, 1, 2, \dots$) im Étalon hin- und her-

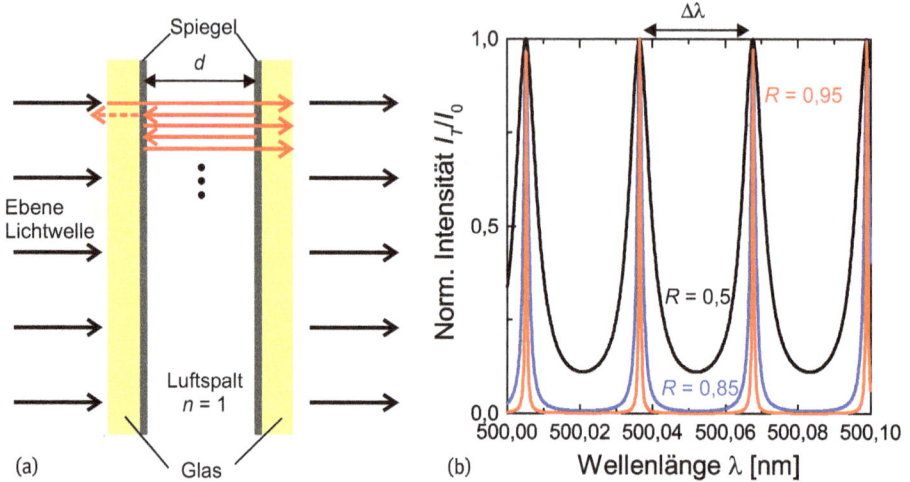

Abb. 8.4: (a) Prinzipieller Aufbau eines Fabry-Perot-Étalons, auf das eine ebene Welle einfällt. (b) Die Transmission durch das Étalon zeigt sehr schmale Maxima in geringen Wellenlängenabständen. Die Kurven gelten für $d = 4\,\text{mm}$ und werden durch die Airy-Formel beschrieben.

läuft, habe eine Wellenamplitude E_m. Die austretende Feldamplitude schreibt sich als Überlagerung aller Wellen, d. h. als Summe

$$E_T = \sum_{m=0}^{\infty} E_m\,, \tag{8.16}$$

wobei die Amplitude der m-tem Welle mit der Einfallsamplitude E_0 wie

$$E_m = E_0(1 - R)R^m e^{ik(2md)} = E_0(1 - R)\left(R\,e^{i2kd}\right)^m \tag{8.17}$$

zusammenhängt. Die Größen R und $2md$ beachten die Doppelreflexion bzw. den Gangunterschied je Durchgang. Die ohne Reflexion durchgehende Welle wird durch die erste Reflexion geschwächt, was der Vorfaktor $(1 - R)$ berücksichtigt. Damit schreibt sich die Summe in Gl. (8.16) als

$$E_T = E_0(1 - R) \sum_{m=0}^{\infty} \left(R\,e^{i2kd}\right)^m = \frac{E_0(1 - R)}{1 - R\,e^{i2kd}}\,. \tag{8.18}$$

In der Umformung von Gl. (8.18) wurde die Summenformel für eine unendliche, geometrische Reihe verwendet. Mit $I_T \propto |E_T|^2$ ergibt sich die reelle, transmittierte Intensität von

$$I_T = I_0 \frac{(1 - R)^2}{(1 - R\,e^{i2kd})(1 - R\,e^{-i2kd})}\,. \tag{8.19}$$

Die Umformung des Nenners in Gl. (8.19) liefert

$$(1 - R\,e^{i2kd})(1 - R\,e^{-i2kd}) = 1 - 2R\cos(2kd) + R^2$$
$$= 1 + R^2 - 2R + 2R - 2R\cos(2kd)$$
$$= (1 - R)^2 + 2R(1 - \cos(2kd))$$
$$= (1 - R)^2 + 4R\sin^2(kd)\,,$$

woraus die sogenannte **Airy-Formel** bei senkrechtem Einfall auf das Étalon

$$I_T = I_0 \frac{1}{1 + F\sin^2(2\pi d/\lambda)} \tag{8.20}$$

mit

$$F = \frac{4R}{(1 - R)^2} \tag{8.21}$$

folgt. Der Verlauf von I_T/I_0 ist in der Abb. 8.4 (b) als Funktion der Wellenlänge für drei Relexionsvermögen $R = 0,5$ $(F = 8)$, $R = 0,85$ $(F = 151)$ und $R = 0,95$ $(F = 1\,520)$ aufgetragen. Als Luftspaltbreite wurde ein Wert von $d = 4\,$mm angenommen. Exemplarisch ist der schmale Wellenlängenbereich im Sichtbaren zwischen 500 und 500,1 nm gewählt worden. Links und rechts von diesem Intervall wiederholen sich die Maxima entsprechend.

Man erkennt scharfe Transmissionsmaxima mit perfekter Transmission bei Wellenlängen, an denen die Sinusfunktion im Nenner von Gl. (8.20) null wird, d. h. für

$$\lambda = \frac{2d}{m}\,, \quad m = 1, 2, 3, \dots. \tag{8.22}$$

Für das Maximum bei 500,036 nm in Abb. 8.4 (b) ist $m = 15\,999$. Bei hohem Reflexionsvermögen der Spiegel wird der Durchlassbereich auf der Wellenlängenskala extrem schmal. Dann wird die Güte des Resonators entsprechend höher. Bei perfekter Reflexion wäre der Bereich unendlich klein, was aber auch bedeutet, dass das Étalon undurchlässig für Licht wird.

Der Wellenlängenabstand zwischen den Maxima in Abb. 8.4 (b) entspricht den stehenden Wellenmoden des Lichts innerhalb des Resonators (siehe Übungen). Der Abstand $\Delta\lambda$ zwischen den Maxima wird *freier Spektralbereich* genannt und hängt von der Ordnung m ab. Er beträgt zwischen dem m-ten und $(m + 1)$-ten Maximum

$$\Delta\lambda = \frac{2d}{m(m + 1)}\,; \quad m = 1, 2, 3, \dots, \tag{8.23}$$

was in Abb. 8.4 (b) 0,03 nm entspricht. Étalons werden als extrem schmalbandige Farbfilter eingesetzt, weil sie Licht innerhalb eines sehr kleinen Wellenlängenintervalls durchlassen. Sie werden dazu oft mit anderen Filtern kombiniert, um sich auf den freien Spektralbereich zu beschränken.

Anmerkungen

Ein Étalon besteht nur einem dünnen Luftspalt und zeigt schon besondere Transmissionseigenschaften für Licht. Werden mehrere dielektrische Schichten bestimmter Dicke auf ein Substrat aufgebracht, können Oberflächen mit perfekter Reflexion innerhalb eines Wellenlängenbereichs hergestellt werden. Solche *dielektrischen Spiegel* erreichen Werte von fast 100 % für bestimmte Wellenlängen. Zum Vergleich erreichen Haushaltsspiegel mit Aluminiumbeschichtung bestenfalls 90–95 %. Nach dem gleichen Prinzip kann auch das Gegenteil nämlich eine *Antireflexschicht* hergestellt werden. Dielektrische Mehrfachschichten werden zur Entspiegelung von Gläsern, z. B. bei Brillen oder Solarzellen, angewendet. Bereits eine $\lambda/4$-Schicht reduziert das Reflexionsvermögen im Sichtbaren um den Faktor zwei.

8.3 Interferometrie

8.3.1 Prinzip

In einem Interferometer wird eine kohärente Lichtwelle in zwei gleich starke Wellen geteilt. Die Teilwellen durchlaufen unterschiedliche optische Wege und werden schließlich im Detektor überlagert und zur Interferenz gebracht. Das Interferenzmuster ist extrem empfindlich auf jede Änderung des optischen Gangunterschieds. Interferometer dienen daher zur Messung von Längen oder Brechungsindexvariationen mit höchster Präzision. Es gibt eine Vielzahl unterschiedlicher Bauformen. Hier betrachten wir die einfache Konstruktion eines **Michelson-Interferometers**, dessen schematischer Aufbau in Abb. 8.5 (a) gezeigt ist. Die Abb. 8.5 (b) verdeutlicht drei Strahlengänge einer Kugelwelle, die von einer Punktquelle ausgeht.

Ein Lichtstrahl trifft auf einen Strahlteiler, der aus einem halbdurchlässigen Spiegel unter 45° besteht. Beide Teilstrahlen laufen zu Spiegeln, werden zurückreflektiert und am Strahlteiler wieder zusammengeführt. In der Regel ist ein Spiegel beweglich, so dass die Länge eines Interferometerarms variiert werden kann. Als Detektor kann eine Kamera oder bei genügender Intensität mit Hilfsoptik ein Beobachtungsschirm dienen. Wegen des divergenten Strahlenbündels lassen sich Interferenzringe beobachten, wie in der Abb. 8.5 (b) nachzuvollziehen ist. Wird der Abstand zwischen Strahlteiler und einem Spiegel nur geringfügig variiert, verändert sich die Ringstruktur. Bei Verschiebungen um mehrere Wellenlängen, typischerweise einige Mikrometer, bewegt sich das Muster um mehrere Ringe nach innen oder außen. Die Interferometrie erlaubt deshalb Längenmessungen bis hinunter zu Atomdurchmessern (0,1 nm)!

Wir wollen beispielhaft den nicht-divergenten Mittelpunktstrahl der Welle betrachten und schreiben als Ausgangsintensität

$$\vec{E} = \vec{E}_0 \cos(kz - \omega t) \, .$$

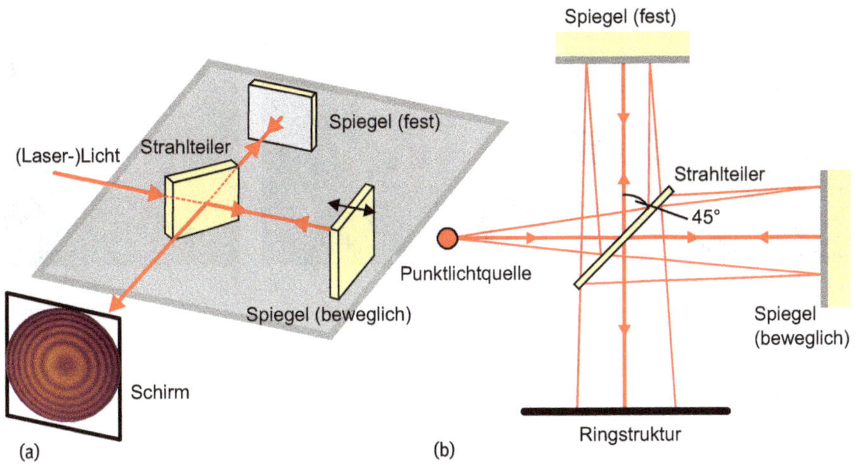

Abb. 8.5: (a) Prinzipieller Aufbau eines Michelson-Interferometers mit zwei Interferometerarmen. (b) Schematische Aufsicht auf ein Michelson-Interferometer mit divergenten Strahlen, die das ringförmige Interferenzmuster erzeugen. Der Mittelpunktstrahl ist stärker gezeichnet.

Am Detektor interferieren die beiden Teilwellen

$$\vec{E}_1 = \sqrt{RT}\vec{E}_0 \cos(\omega t + \varphi_1) \quad \text{und} \quad \vec{E}_2 = \sqrt{RT}\vec{E}_0 \cos(\omega t + \varphi_2) ,$$

wobei der Ortsanteil nicht mitgeführt wurde, weil dieser am festen Beobachtungsort konstant ist. Die Größen R und T geben das Reflexions- bzw. Transmissionsvermögen des Strahlteilers an. Sie treten als Faktoren auf, weil jede Teilwelle einmal transmittiert und einmal reflektiert wird. Alle Phasenverschiebungen sind in φ_j zusammengefasst. Die zeitlich gemittelte Intensität am Detektor bzw. Beobachtungsschirm entspricht der Summe der beiden Teilwellen

$$I = \langle c_0\epsilon_0(E_1 + E_2)^2 \rangle_t = \langle c_0\epsilon_0 RTE_0^2[\cos(\omega t + \varphi_1) + \cos(\omega t + \varphi_2)]^2 \rangle_t , \qquad (8.24)$$

was mit den Additionstheoremen und nach der zeitlichen Mittelung der Cosinusfunktionen zu

$$I = RT \underbrace{c_0\epsilon_0 E_0^2}_{I_0}[1 + \cos(\underbrace{\varphi_1 - \varphi_2}_{\Delta\varphi})] \qquad (8.25)$$

vereinfacht werden kann. Die Funktion gibt die mit der Phasenverschiebung der Teilwellen $\Delta\varphi$ oszillierende Intensität wieder. Maxima liegen vor für $\Delta\varphi = 2\pi \cdot m$ und Minima für $\Delta\varphi = \pi \cdot (2m + 1)$ mit $m = 0, 1, 2, \ldots$.

Veränderliche Längen der Interferometerarme oder transparente Materialien mit $n > 1$ im Lichtweg eines Arms ändern die Phasendifferenz. Die Abb. 8.6 zeigt einige Beispiele für Interferenzringe unter verschiedenen Bedingungen. Die Ringstruktur ist im ungestörten Muster zu sehen. Wird ein dispersives Medium wie z.B. eine dünner Objektträger aus Glas in einen Lichtweg eingeführt, springt das Ringmuster wegen

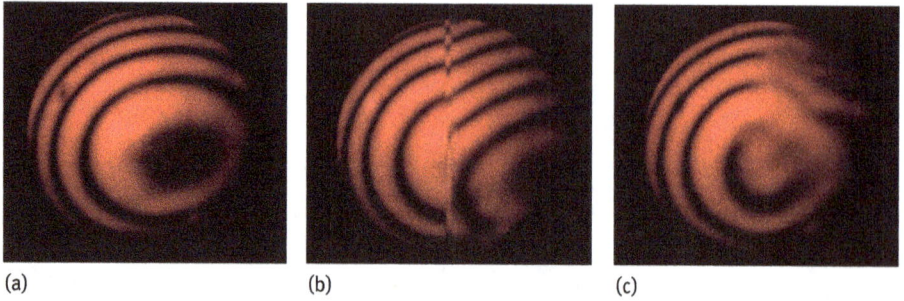

(a)   (b)   (c)

Abb. 8.6: Fotografien von Michelson-Interferogrammen in verschiedenen experimentellen Situationen. (a) Ungestört. (b) Mit halb eingeschobenem Objektträger aus Glas. (c) Mit heißem Streichholzkopf.

des längeren optischen Wegs im Glas. Wie in Abschnitt 7.3.2 diskutiert, verändert eine Temperaturerhöhung in einem Zweig des Interferometers den Brechungsindex der Luft, was im Ringmuster eine unruhige Schlierenbewegung hervorruft.

8.3.2 Anwendung: Michelson-Morley-Miller-Experimente und die Widerlegung der Ätherhypothese

Die experimentellen und theoretischen Erkenntnisse über die elektrischen Phänomene warfen im 19. Jahrhundert einige fundamentale Fragen auf, die die etablierten und bis dahin so erfolgreichen Prinzipien der klassischen Mechanik in Frage stellten. Tatsächlich wurde das Fundament der klassischen Physik in mehrfacher Hinsicht erschüttert, was genauer in Band 3 diskutiert wird. Unter anderem mussten die gewohnten Vorstellungen von Raum und Zeit durch eine vollkommen neue Anschauung ersetzt werden.

Mit der Entdeckung der elektromagnetischen Wellen durch Heinrich Hertz, die sich mit Lichtgeschwindigkeit im materiefreien Raum ausbreiten, und mit dem Erfolg der Maxwell-Theorie setzte sich die Vorstellung von Licht als elektromagnetisches Phänomen durch. Die Ausbreitung des Lichts wollte man mit dem erfolgreichen mechanischen Weltbild in Einklang bringen. Dazu wurde die Existenz eines Mediums – *Äther* genannt – postuliert, das Träger der Wellen sei und in dem sich Licht bzw. elektromagnetische Wellen isotrop mit endlicher Lichtgeschwindigkeit c ausbreiten. Wir verwenden im Folgenden den Buchstaben c für die Lichtgeschwindigkeit auch im Vakuum, um den damaligen, veränderlichen Messwert von der heutigen Naturkonstante c_0 zu unterscheiden.

Dass c endlich ist, zeigten schon astronomische Messungen von Ole Römer im 17. Jahrhundert (siehe historische Ergänzung im Kapitel 7). Ein ziemlich genauer Wert von 298 000 km/s wurde 1851 von Leon Foucault unter Verwendung eines schnell rotierenden Spiegels ermittelt.

Über die physikalische Natur des Äthers wurde ausgiebig spekuliert. Einige Wissenschaftler blieben dem mechanischen Bild treu und vermuteten einen sehr verdünnten, elastischen Festkörper oder eine unsichtbare Maschinerie. Andere hielten ihn eher für ein in der Substanz unbekanntes Medium.

Man fragte, welche Lichtgeschwindigkeit misst ein relativ zu einer Lichtwelle bewegter Beobachter und vertraute dabei der erfolgreichen Galilei-Transformation zwischen Inertialsystemen. Sie stellt eine tragende Säule der newtonschen Mechanik dar (siehe Band 1). In ihr existiert eine *absolute* Zeit, die in allen Inertialsystemen gilt. Wegen der Gleichwertigkeit der Inertialsysteme macht die Definition eines *absoluten* Raums wenig Sinn. Er würde ein Inertialsystem besonders hervorheben.

Im alltäglichen Leben sind die Vorhersagen der Galilei-Transformation meist gut erfüllt. So erscheint z. B. für einen Autofahrer die Geschwindigkeit des Gegenverkehrs um seine eigene Geschwindigkeit erhöht. Wenden wir diese Regel auf Lichtwellen an, entsteht ein Problem. Betrachten wir zunächst einen Beobachter, der sich relativ zu einer Lichtwelle bewegt. Es sind im Prinzip zwei entgegengesetzte Grenzfälle denkbar.

1. Beobachter und hypothetischer Äther bewegen sich gleich, d. h. der Äther wird mit der Materie mitbewegt. Dann misst der Beobachter immer den gleichen Wert für c unabhängig von seiner eigenen Geschwindigkeit. Dieser Fall ist schwer zu begreifen oder theoretisch zu fassen, weil es für beliebig viele Beobachter unterschiedlich mitbewegte Ätherumgebungen geben müsste. Es widerspricht auch anderen experimentellen Beobachtungen und wird trotz sehr komplexer Theorien der Äthermitführung widerlegt.

2. Man nimmt an, dass der Äther in einem absoluten Raum ruht. Damit geht die Äther-Theorie vor die Zeit der Galilei-Transformation zurück. Bewegt sich der Beobachter relativ zum Äther, werden je nach Geschwindigkeit des Beobachters unterschiedliche Werte für die Lichtgeschwindigkeit c erwartet. Man bezeichnete diesen Effekt in Anlehnung an Bewegungen in gasförmigen Medien als *Ätherwind*, der die Lichtausbreitung langsamer oder schneller macht.

Die experimentelle Bestätigung oder Widerlegung des Ätherwinds war wegen der hohen Lichtgeschwindigkeit im Vergleich zu astronomischen und alltäglichen Bewegungen extrem herausfordernd. Eine geeignete Geschwindigkeit ist die Bahngeschwindigkeit der Erde um die Sonne. Sie beträgt ungefähr $v = 30$ km/s und ist eine untere Grenze der Bewegung eines irdischen Beobachters relativ zu einem hypothetischen absoluten Raum. Bewegungen des Sonnensystems und unserer Galaxie können diesen Wert noch vergrößern. Das Verhältnis v/c beträgt ungefähr 10^{-4} und lässt damit nur sehr kleine Effekte erwarten.

Ein erster astronomischer Versuch wurde von François Arago (1786–1853) im Jahr 1810 unternommen. Er richtete sein Fernrohr auf einen Fixstern zu zwei Zeitpunkten mit einem halben Jahr Abstand. Am ersten Ort bewegt sich die Erde mit maximaler Geschwindigkeit v auf den Stern zu, am zweiten mit v vom Stern weg. Die relative Lichtgeschwindigkeit nach der Galilei-Transformation wäre dann $c - v$ bzw. $c + v$. Das gilt

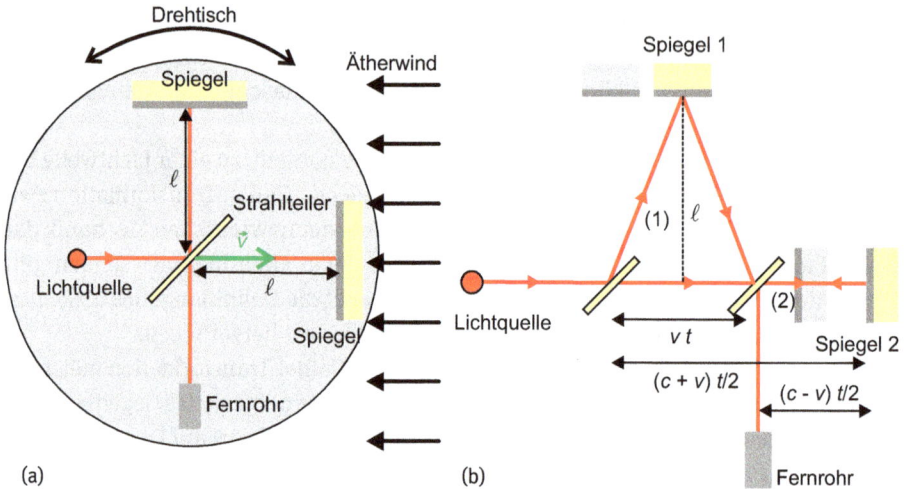

Abb. 8.7: (a) Schematischer Aufbau eines Michelson-Interferometers zum Nachweis des Ätherwinds. (b) Übertriebene Darstellung der Spiegelpositionen bei Zusammenführen der Lichtwellen am Strahlteiler.

insbesondere auch für die Lichtausbreitung in den gläsernen Linsen des Teleskops. Man erwartete, dass die Brechung im Glas und damit die Lage des Brennpunkts in den beiden Lagen verschieden sind. Dieser Effekt geht linear mit dem Verhältnis v/c! Arago und auch spätere Forscher konnten aber *keinen* Unterschied der Brennweite im Teleskop feststellen!

Albert A. Michelson (1852–1931) hatte 1881 die Idee, Interferometer zum Nachweis und zur genauen Vermessung des Ätherwinds einzusetzen. Das Experiment wurde mehrfach mit steigender Präzision zwischen 1881 und 1924 durchgeführt. Michelson begann zunächst in Potsdam und machte später mit Edward W. Morley (1838–1923) in Cleveland hochpräzise Messungen, die von Dayton C. Miller (1866–1941) weiter perfektioniert wurden. Das Prinzip der Messung ist in Abb. 8.7 (a) skizziert. In dem Interferometer mit gleich langen Lichtwegen ℓ liegt ein Arm parallel zur Erdgeschwindigkeit v und der andere senkrecht dazu. Unter der Voraussetzung, dass die Ätherhypothese richtig ist und die Galilei-Transformation gilt, müssten die Laufzeiten der beiden kohärenten Teilwellen wegen der Erdbewegung verschieden sein. Die Abb. 8.7 (b) zeigt in Übertreibung die einzelnen Lichtwege zum Zeitpunkt der Überlagerung am Strahlteiler. Für den Weg (1) über den Spiegel 1 gilt

$$t_1^2 = \frac{4\ell^2 + v^2 t_1^2}{c^2} \, , \tag{8.26}$$

woraus die Laufzeit

$$t_1 = \frac{2\ell}{c} \frac{1}{\sqrt{1 - v^2/c^2}} \tag{8.27}$$

folgt. Für den Lichtweg (2) über den Spiegel 2 ergibt sich wegen der Bewegung von Spiegel und Strahlteiler

$$t_2 = \ell\left(\frac{1}{c+v} + \frac{1}{c-v}\right) = \frac{2\ell}{c(1 - v^2/c^2)} \; . \tag{8.28}$$

Die Differenz der Laufzeiten beträgt näherungsweise

$$t_2 - t_1 = \frac{2\ell}{c}\left(\frac{1}{1 - v^2/c^2} - \frac{1}{\sqrt{1 - v^2/c^2}}\right)$$
$$\approx \frac{2\ell}{c}\left((1 + v^2/c^2) - (1 + v^2/(2c^2))\right) = \frac{\ell}{c}\frac{v^2}{c^2} \tag{8.29}$$

und ist in der Größenordnung von $v^2/c^2 = 10^{-8}$. Die geniale Idee bestand darin, das Interferometer um 90° zu drehen und Verschiebungen im Interferogramm zu beobachten. Weil sich die Laufzeiten der Wege bei der Drehung umkehren, müsste sich die Phasendifferenz zwischen den überlagerten Wellen um

$$\Delta\varphi = \frac{2\pi}{\lambda}\frac{2\ell}{c^2}v^2 \tag{8.30}$$

ändern. Weil 2π einem Interferenzstreifen aus Minimum und Maximum entspricht, erwartet man eine Verschiebung um $\Delta\varphi/(2\pi)$ Streifen. Im Experiment konnten durch Vielfachreflexion die Lichtwege auf $\ell = 11$ m gesteigert werden. Die Wellenlänge des benutzten Lichts lag z. B. bei $\lambda = 590$ nm, so dass man eine deutliche Verschiebung um

$$\frac{2\ell}{\lambda}\frac{v^2}{c^2} = \frac{2 \cdot 11\,\text{m}}{5,9 \cdot 10^{-7}\,\text{m}}10^{-8} = 0,37 \text{ Streifen}$$

erwartete. Es konnten experimentell Verschiebungen um 1/100-tel eines Streifens aufgelöst werden. Aber das Experiment scheiterte – glorreich muss man im Rückblick sagen. Durch die Drehung war nicht die kleinste Spur einer Verschiebung nachweisbar. Als Konsequenz folgte:

Der Ätherwind existiert nicht.

Das negative Ergebnis der Michelson-Morley-Miller-Experimente steht im krassen Widerspruch zur Ätherhypothese und zur Galilei-Transformation. Erst die spezielle Relativitätstheorie Albert Einsteins (Kapitel 10) beschreibt die Beobachtungen richtig. Sie bricht aber vollständig mit den klassischen Vorstellungen von Raum und Zeit und läutete damals eine ganze Reihe von tiefgreifenden Veränderungen des physikalischen Weltbilds seiner Zeit ein.

Einstein wurde ermutigt, seine bahnbrechende Theorie zu verfolgen, weil Jahre zuvor der überragende niederländische Physiker Hendrik Antoon Lorentz (1853–1928) und der irische Physiker George Francis Fitzgerald (1851–1901) einen kühnen, ja nahezu absurden Vorschlag machten. Sie hielten zwar noch an der Idee des Äthers fest, aber stellten die Hypothese auf, dass sich ein Körper, der sich mit Geschwindigkeit v

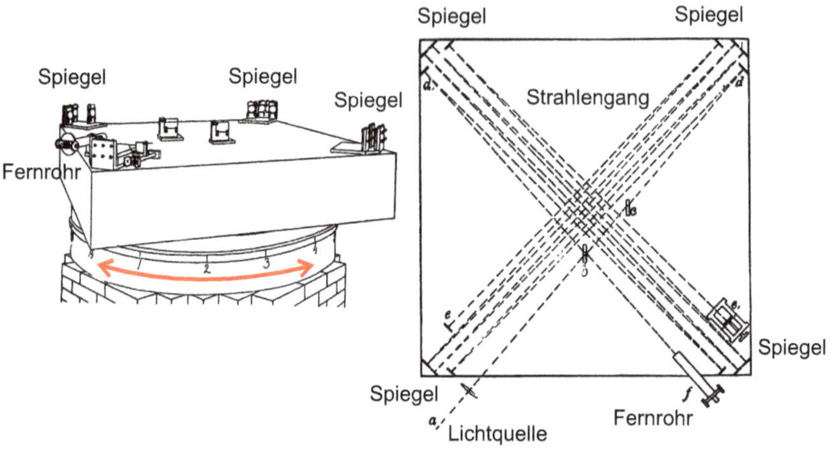

Abb. 8.8: Skizze der Versuchsapparatur und des Strahlengangs aus der Originalveröffentlichung von 1887 [8.1].

gegen den Äther bewegt, in der Bewegungsrichtung um den Bruchteil von $\sqrt{1 - v^2/c^2}$ zusammenzieht. Unter dieser Annahme gibt es keinen Laufzeitunterschied im Interferometer. Diese *Längenkontraktion* findet sich zwanglos auch in Einsteins Theorie wieder.

Heute verstehen wir die Ausbreitung elektromagnetischer Wellen im Bild des Felds, das keinen materiellen Träger benötigt. Einstein schlug vor, anstelle des Feldbegriffs die Bezeichnung Äther beizubehalten, was sich aber nicht durchsetzte.

Die Michelson-Morley-Miller-Experimente waren gerade in Anbetracht der technischen Möglichkeiten von außerordentlicher Genauigkeit und erforderten einen immensen Aufwand. Die Abb. 8.8 zeigt eine Skizze der Apparatur und den optischen Aufbau sowie den Strahlengang aus der Originalveröffentlichung von 1887 [8.1]. Das Interferometer war auf einem massiven Steintisch aufgebaut, der in einem Quecksilberbad schwamm und fast reibungsfrei und ohne Erschütterungen gedreht werden konnte. Michelson standen keine Laser oder hochempfindlichen Detektoren zur Verfügung, sondern er musste inkohärente Lichtquellen durch Spalte interferierbar machen. Er verwendete zur Justage monochromatisches Natriumlicht, für die Messung aber das weiße Licht einer hellen Öllampe, weil Verschiebungen des Interferogramms bei weißem Licht besser zu beobachten sind. Vibrationen durch äußere Erschütterungen, Pferdefuhrwerke o. ä. störten die Messungen und mussten soweit wie möglich ausgeschaltet werden. Zur Beobachtung des Interferenzmusters diente ein Fernrohr.

Bis in die heutige Zeit werden mit modernsten Methoden die Experimente wiederholt. Eine Messung aus dem Jahre 2009 belegt die Konstanz der Vakuumlichtgeschwindigkeit mit einer relativen Genauigkeit von $\Delta c/c \leq 10^{-17}$ [8.2]!

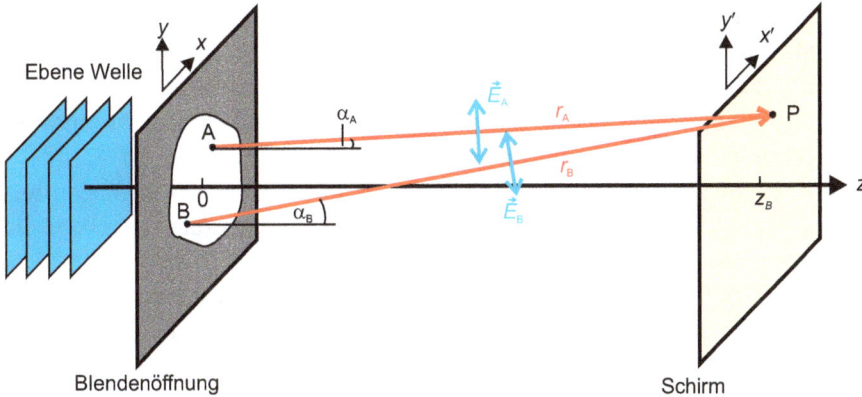

Abb. 8.9: Schematische Darstellung der Überlagerung zweier Elementarwellen aus der Blendenöffnung an dem Punkt P auf dem Schirm. Es sind nur die Strahlen der Wellen von den Ausgangspunkten eingezeichnet.

8.4 Beugung

8.4.1 Grundlagen

Im Kapitel über mechanische Wellen des ersten Bands der Reihe wurde *Beugung* als das Auftreten von interferierender Intensität im geometrischen Schattenraum von Objekten vorgestellt, die als Hindernisse der Welle wirken. Solche Objekte sind üblicherweise Blenden, Gitter, Öffnungen oder Kanten. Das Huygens-Prinzip kann die Beugungsmuster gut erklären, wie in den folgenden Abschnitten an verschiedenen Beispielen gezeigt.

Wir betrachten in Abb. 8.9 ganz allgemein eine beugende Blendenöffnung, auf die eine kohärente, ebene Lichtwelle senkrecht auftrifft. Die Öffnung befinde sich am Ursprung der z-Achse. Jeder Punkt der Öffnung kann als Quelle einer kugelförmigen Elementarwelle angesehen werden. Die Überlagerung aller Elementarwellen ergibt auf dem Beobachtungsschirm am Ort z_B das Interferenzmuster.

In der Abb. 8.9 sind für den Punkt P zwei beispielhafte Teilstrahlen mit den elektrischen Feldstärkevektoren eingezeichnet, die von den Punkten A und B in der Blende als Ursprung von zwei Elementarwellen ausgehen. Am Ort P sind die beiden Feldstärkevektoren unterschiedlich geneigt. Nur die Komponenten parallel zum Schirm $\vec{E}_\parallel = \vec{E}\cos\alpha$ sind relevant. Die Summe der beiden parallelen Feldstärken am Ort P kann in komplexer Schreibweise und skalar als

$$dE_P = e^{i\omega t}\left(\tilde{E}_{0,A}e^{i\varphi_A}\cos\alpha_A \underbrace{\frac{e^{ikr_A}}{r_A}}_{\text{Kugelwelle von A}} + \tilde{E}_{0,B}e^{i\varphi_B}\cos\alpha_B \underbrace{\frac{e^{ikr_B}}{r_B}}_{\text{Kugelwelle von B}} \right) \qquad (8.31)$$

geschrieben werden. Die Summe enthält die Amplitude der Kugelwellenfeldstärke in der Blende $\tilde{E}_0$. Die Tilde verweist darauf, dass bei einer Kugelwelle die Amplitude die Einheit von Feldstärke × Länge hat. In der Gl. (8.31) ist die Abstandsabhängigkeit der Kugelwelle hervorgehoben. Sie geht mit 1/Abstand vom Erreger. Die anderen Größen sind die Phasenlage der Welle φ, der Neigungswinkel α und der Abstand r zum Punkt P. Alle Größen hängen allgemein vom Ort in der Blende ab und haben deshalb die Indizes A bzw. B. Die Brüche in Gl. (8.31) beschreiben in komplexer Form die Ausbreitung einer Kugelwelle.

In P interferieren nicht nur die zwei elementaren Wellen von den Punkten A und B, sondern unendlich viele Elementarwellen von der Blendenfläche (x, y). Aus der Summe wird das komplizierte Integral

$$E_\mathrm{P} = \int \mathrm{d}E_\mathrm{P} = \mathrm{e}^{\mathrm{i}\omega t} \iint\limits_{\text{Blende}} \tilde{E}_0(x, y)\mathrm{e}^{\mathrm{i}\varphi(x,y)} \cos\alpha(x, y) \frac{\mathrm{e}^{\mathrm{i}kr(x,y)}}{r(x, y)} \, \mathrm{d}x\,\mathrm{d}y \,, \tag{8.32}$$

das auch als *Beugungsintegral nach Fresnel-Kirchhoff* bezeichnet wird. Es kann im Allgemeinen nur numerisch berechnet werden. Die beobachtete Lichtintensität an Ort P ist proportional zum Absolutquadrat der Feldstärke, wobei $I = \epsilon_0 c_0 |E_\mathrm{P}|^2$ gilt.

Wir können eine typische Ausdehnung d der beugenden Öffnung, z. B. eine Spaltbreite oder einen Durchmesser, mit der Wellenlänge λ des Lichts vergleichen und dabei folgende Fälle qualitativ unterscheiden, die in der Abb. 8.10 dargestellt sind.

1. Für $d \gg \lambda$ sind die Interferenzeffekte klein und nur an den Kanten schwach ausgeprägt (Abb. 8.10 (a)). Hier gilt in guter Näherung die geometrische Strahlenoptik, die in Kapitel 9 vorgestellt wird.
2. Für $d \geq \lambda$ sind ausgeprägte Beugungserscheinungen zu beobachten, wie sie in diesem Kapitel beschrieben werden (Abb. 8.10 (b)).
3. Ist $d < \lambda$, entwickelt sich hinter der Öffnung meist nur eine Elementarwelle. Lichtintensität ist nur im Nahfeldbereich zu detektieren (Abb. 8.10 (c)).

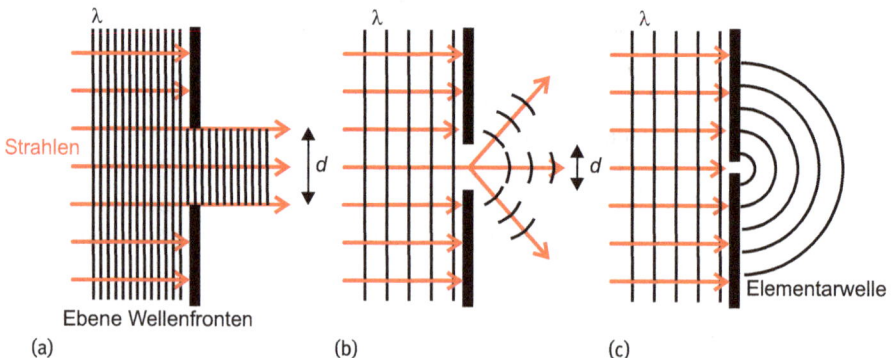

Abb. 8.10: Unterschiedliche Beugungsszenarien: (a) Geometrisches Strahlenbild für $d \gg \lambda$. (b) Prägnante Beugungsmuster für $d \geq \lambda$. (c) Keine Beugungserscheinungen für $d < \lambda$.

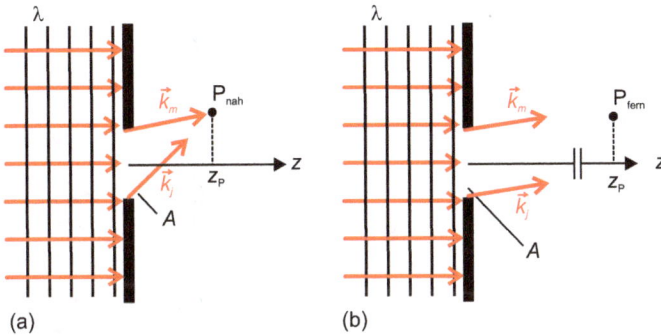

Abb. 8.11: (a) Fresnel-Beugung: der Beobachter ist nah am beugenden Objekt.
(b) Fraunhofer-Beugung: der Beobachter ist weit vom beugenden Objekt entfernt.

Interferenzen durch Beugung sind also besonders gut an Öffnungen zu beobachten, deren Ausdehnung in der Größenordnung der Wellenlänge oder etwas darüber liegt.

Das Aussehen der Beugungsmusters hängt ebenfalls vom Abstand des Beobachters z vom beugenden Objekt ab. Die Abb. 8.11 zeigt schematisch und im Schnitt zwei Grenzfälle für eine Beugungsöffnung der Fläche A.

1. **Fresnel-Beugung:** $z_P \ll A/\lambda$

   In diesem Fall der Abb. 8.11 (a) ist der unterschiedliche Neigungswinkel des Wellenvektors zu berücksichtigen, weil der Beobachtungspunkt P nah zur Beugungsöffnung liegt. Man bezeichnet diesen Grenzfall daher auch als *Nahfeldbeugung*. Die Interferenzfiguren sind kompliziert und oft nur mit dem Beugungsintegral zu berechnen.

2. **Fraunhofer-Beugung:** $z_P \gg A/\lambda$

   Der Beobachter in Abb. 8.11 (b) ist sehr weit vom Objekt entfernt, so dass in guter Näherung die Wellenvektoren der interferierenden Wellen parallel sind. Die Elementarwellen sind eben und haben einen Gangunterschied, der geometrisch an der beugenden Öffnung bestimmt werden kann. Diese *Fernfeldbeugung* oder *Fernfeldnäherung* erlaubt eine relativ einfache, analytische Berechnung der Interferenzfiguren. Im Falle von Lichtwellen mit Wellenlängen unter einem Millimeter ist sie in vielen Konstellationen gut erfüllt.

8.4.2 Beugung am Strichgitter in Fraunhofer-Näherung

In der Abb. 8.12 (a) ist schematisch ein Beugungsstrichgitter gezeigt, das aus N Spalten im Abstand d besteht. Die Größe d wird als **Gitterkonstante** bezeichnet. Die Spaltbreite sei so klein, dass von jedem Spalt eine elementare, zylindrische Welle ausgehe. Jeder Spalt entspricht einer schmalen Lichtquelle mit Punktförmigkeit in y-Richtung. Die Symmetrie gestattet es, die gesamte Anordnung wie in der Abb. 8.12 (b) in der Schnittebene senkrecht zum Gitter zu betrachten. In der Fraunhofer-Näherung gehen

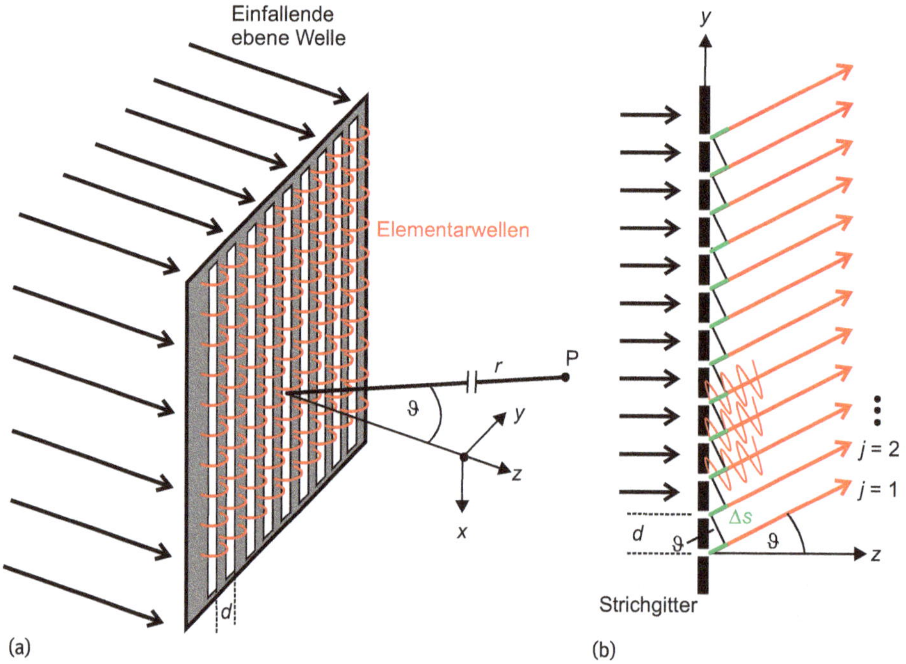

Abb. 8.12: (a) Auf ein Strichgitter fällt eine ebene Welle und wird gebeugt. Bei kleiner Spaltbreite gehen in guter Näherung von den einzelnen Spalten zylindrische Elementarwellen aus. (b) Schnitt durch das Gitter und Darstellung der Gangunterschiede benachbarter Wellenzüge in Fraunhofer-Näherung.

wir davon aus, dass der Beobachtungsschirm sehr weit vom Gitter entfernt steht und *ebene* Wellen an seinem Ort interferieren. Wir fassen auch die explizite 1/Abstand-Abhängigkeit der Feldstärke einer Kreiswelle mit der Feldstärke zusammen, weil in großen Abständen die unterschiedlich langen Wege von den Lichtquellen zum Beobachter für die Amplitude kaum eine Rolle spielen. Für die Amplitude haben also alle Wellen den gleichen Abstand zum Beobachtungsschirm. Die Laufwege beeinflussen dagegen stark die Phasen der Teilwellen.

In der Abb. 8.12(b) sind für die Übersichtlichkeit nur drei Teilwellenzüge eingezeichnet. Wir nehmen einen parallelen Strahlverlauf hinter dem Gitter an. Der Gangunterschied benachbarter Wellenzüge unter dem Beugungswinkel ϑ beträgt

$$\Delta s = d \sin \vartheta \,, \tag{8.33}$$

wenn die Spalte von einer ebenen, senkrecht einfallenden Welle beleuchtet werden. Es gibt also keinen Gangunterschied zwischen den Wellenzügen *vor* dem Gitter. Der entsprechende Phasenunterschied benachbarter Wellen lautet

$$\varphi = \frac{2\pi}{\lambda}\Delta s = \frac{2\pi}{\lambda} d \sin \vartheta = kd \sin \vartheta \,. \tag{8.34}$$

Am entfernten Beobachterort überlagern sich die Teilwellen ungestört, d. h. ihre elektrischen Feldstärken addieren sich.

Wir verwenden die komplexe Schreibweise für E, weil sie die Rechnung sehr vereinfacht. Die beobachtete Intensität des Lichts ist aber reell, weil sie aus dem Betragsquadrat der Feldstärke hervorgeht. Wegen der Fraunhofer-Näherung sind die Feldstärkevektoren parallel und die elektrische Feldstärke kann skalar geschrieben werden. Die Gesamtfeldstärke unter dem Beugungswinkel ϑ entspricht der Summe über die ebenen Wellen bei N beleuchteten Spalten

$$E(\vartheta) = \sum_{j=1}^{N} E_0 e^{i\omega t} e^{ikr_j} \tag{8.35}$$

mit der Amplitude E_0 und dem Lichtweg

$$r_j = r_1 - (j-1)d \sin \vartheta \tag{8.36}$$

zwischen Spalt j und Beobachter. Wie schon erwähnt, ist der Gangunterschied nur für die Phasenverschiebung von Bedeutung. Eingesetzt in Gl. (8.35) liefert

$$E(\vartheta) = E_0 e^{i\omega t} e^{ikr_1} \sum_{j=1}^{N} e^{i(j-1)kd \sin \vartheta} = E_0 e^{i\omega t} e^{ikr_1} \sum_{j=1}^{N} e^{i(j-1)\varphi} \ . \tag{8.37}$$

Die Summe stellt eine endliche geometrische Reihe dar, deren Summenformel nachgeschlagen werden kann und

$$\sum_{j=1}^{N} e^{i(j-1)\varphi} = \sum_{j=1}^{N} \left(e^{i\varphi} \right)^{j-1} = \frac{1 - e^{iN\varphi}}{1 - e^{i\varphi}} \tag{8.38}$$

ergibt. Die reelle Intensität der interferierenden Lichtwellen folgt aus dem Betragsquadrat von $E(\vartheta)$,

$$I = I_0 \left| \frac{1 - e^{iN\varphi}}{1 - e^{i\varphi}} \right|^2 \tag{8.39}$$

mit I_0 als Intensität einer Teilwelle. Zähler und Nenner des Bruchs können mit

$$|1 - e^{i\alpha}|^2 = (1 - \cos \alpha)^2 + \sin^2 \alpha = 4 \sin^2(\alpha/2) \tag{8.40}$$

umgeschrieben werden, so dass wir als Intensität der gebeugten Lichtwelle als Funktion des Beugungswinkels

$$I = I_0 \frac{\sin^2 \left(\frac{N\pi d \sin \vartheta}{\lambda} \right)}{\sin^2 \left(\frac{\pi d \sin \vartheta}{\lambda} \right)} \tag{8.41}$$

erhalten.

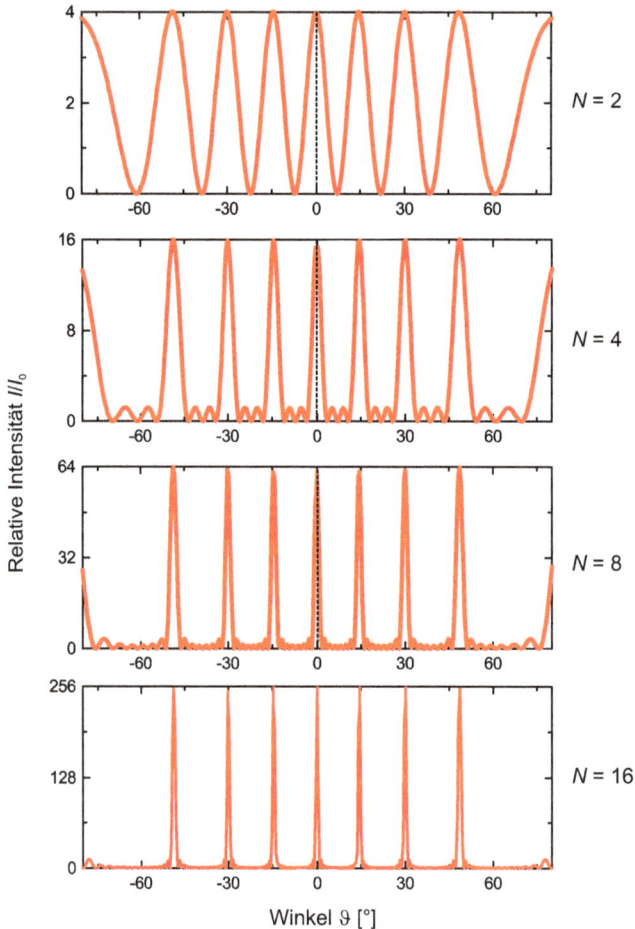

Abb. 8.13: Gitterfaktor: Relative Intensität des gebeugten Lichts hinter einem Spaltgitter als Funktion des Beugungswinkels für $d = 4\lambda$ und unterschiedlicher Spaltzahl.

Der Bruch in Gl. (8.41) wird **Gitterfaktor** $|G|^2$ genannt und ist als I/I_0 in Abb. 8.13 für eine verschiedene Anzahl von Spalten und einem Verhältnis $d = 4\lambda$ als Funktion des Beugungswinkels aufgetragen. Man erkennt, dass mit zunehmender Spaltanzahl die Lichtintensität immer schärfer in die unterschiedlichen Raumrichtungen konzentriert wird. Man achte in Abb. 8.13 auf die Erhöhung der relativen Intensität im Maximum. Die Abb. 8.14 (a) zeigt eine Fotografie zweier Beugungsbilder an einem Gitter mit 50 Spalten pro mm, das mit rotem ($\lambda = 632,8$ nm) und grünem Licht ($\lambda = 532$ nm) von Laserquellen beleuchtet wird. Offensichtlich wird rotes Licht mit der größeren Wellenlänge stärker gebeugt.

Es lassen sich für die Beugung am Strichgitter folgende Beobachtungen zusammenfassen.

– Es gibt intensive *Hauptmaxima*, wenn der Nenner in Gl. (8.41) null wird, d. h. für

$$d \sin \vartheta_m = m \cdot \lambda \,, \tag{8.42}$$

wobei $m = 0, \pm 1, \pm 2, \pm 3, \cdots$ die **Ordnung** des Maximums angibt. Die Lage der Maxima auf dem Beobachtungsschirm hängt von d und λ, aber nicht von N ab! Das bedeutet, dass eine kleinere Gitterkonstante oder eine größere Wellenlänge größere Beugungswinkel hervorruft.

Die Maxima treten immer dann auf, wenn der Gangunterschied zwischen benachbarten Teilwellen gleich der Wellenlänge bzw. ein Vielfaches davon ist. Sie sind umso schärfer, je mehr Teilwellen interferieren. Bei einer sehr großen Zahl findet man selbst bei Gangunterschieden um λ immer Paare von Wellen, die sich auslöschen. Dieses ist analog zur Vielstrahlinterferenz, wie wir sie beim Étalon kennengelernt haben, bei dem durch vielfache Reflexion ebenfalls sehr schmale Intensitätsmaxima auftreten, wenn der Gangunterschied ein ganzzahliges Vielfaches der Wellenlänge ist.

– Weil Gl. (8.42) die Wellenlänge enthält, gilt der wichtige Satz

> **Licht wird umso stärker gebeugt, je größer die Wellenlänge ist.**
> **Rot wird stärker gebeugt als Blau.**

Ein Gitter kann zur Spektralzerlegung von Licht genutzt werden (Abschnitt 8.4.4), wobei in höherer Ordnung unterschiedliche Wellenlängen besser getrennt werden können. Die Abb. 8.14 (b) zeigt die regenbogenfarbigen Beugungsfiguren von weißem Licht an einem Gitter mit 300 Spalten pro mm. In der nullten Ordnung, d. h. in Geradeausrichtung, findet keine spektrale Zerlegung statt, weil für alle Wellenlängen bei $n = 0$ der Ablenkwinkel null ist. Die zweite Ordnung ist deutlich schwächer, aber dafür besser aufgelöst.

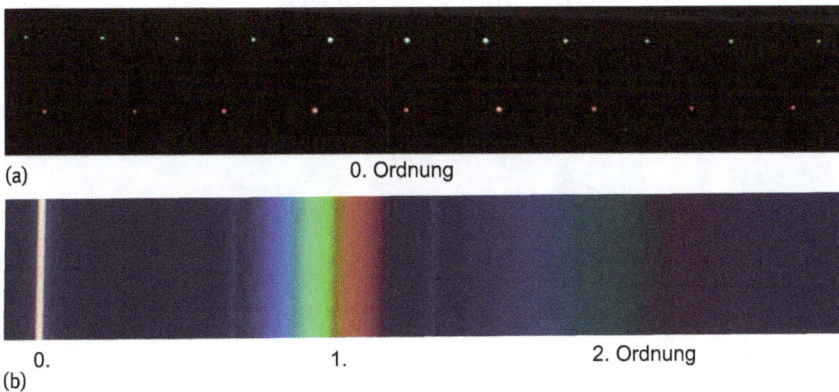

(a)   0. Ordnung

(b)   0.   1.   2. Ordnung

Abb. 8.14: (a) Beugungsmuster hinter einem Gitter mit 50 Spalten pro mm für Licht mit $\lambda = 632{,}8$ nm (rot) und 532 nm (grün). (b) Beugung von weißem Licht an einem Gitter mit 300 Spalten pro mm. Es sind die 0., 1. und 2. Ordnung sichtbar.

– Die Intensität der Hauptmaxima im Beugungsbild beträgt rechnerisch

$$I = I_0 N^2 .\tag{8.43}$$

Wir werden sehen, dass die reale Intensität noch von weiteren Faktoren wie der Spaltbreite abhängt.

– Zwischen den Hauptmaxima existieren $N - 2$ schwache Nebenmaxima, deren Intensität aber mit steigendem N gegen null geht. Für sie wird der Zähler in Gl. (8.41) maximal.

Geometrische Herleitung der Beugungsformel

Meist können im Schulunterricht weder komplexe Zahlen noch Reihen vorausgesetzt werden. Die Summe in Gl. (8.37) kann aber geometrisch veranschaulicht werden, wenn die komplexen Zahlen als Zeiger zu einem Polygon aneinander gereiht werden. Die Abb. 8.15 stellt jeden Summanden $e^{i(j-1)\varphi}$ als Zeiger der Länge eins dar, wobei benachbarte Zeiger den Winkel φ einschließen. Die Summe über alle Summanden entspricht dem Zeiger $\overline{OA}$, dessen Länge

$$\overline{OA} = 2\overline{OB} = 2r\sin(N\varphi/2)\tag{8.44}$$

beträgt mit

$$r = \frac{1}{2\sin(\varphi/2)}\tag{8.45}$$

als Abstand zwischen den Ecken des Polygons zum Mittelpunkt, so dass

$$\overline{OA} = 2\overline{OB} = \frac{\sin(N\varphi/2)}{\sin(\varphi/2)} .\tag{8.46}$$

Die Intensität ist proportional zum Quadrat von $\overline{OA}$ und liefert so Gl. (8.41) ohne komplexe Algebra.

Auch wenn die Zeiger in Abb. 8.15 wie Vektoren addiert werden, sind sie keine Vektoren. Sie geben nicht die Richtung des elektrischen Felds an, sondern repräsentieren die Phasen der Feldstärke in der gaußschen Ebene. In der Literatur werden sie manchmal als *Phasoren* bezeichnet.

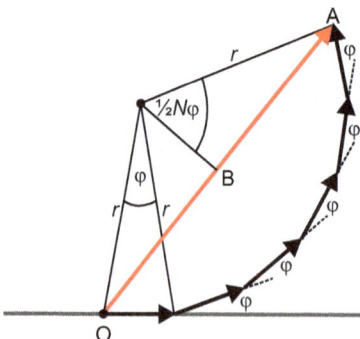

Abb. 8.15: Geometrische Zeigerdarstellung der Summe in Gl. (8.37) zur Herleitung des Gitterfaktors.

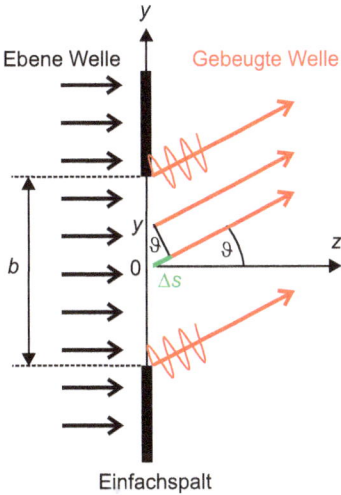

Darstellung des Gangunterschieds zwischen einer ausgesuchten Elementarwelle und der Mittenwelle zur Beugung am Einfachspalt.

8.4.3 Beugung am Einfachspalt in Fraunhofer-Näherung

Um die Beugung von ebenen Lichtwellen an einem Einfachspalt der Breite b zu berechnen, betrachten wir in Abb. 8.16 schematisch die parallel verlaufende Ausbreitung der gebeugten Welle unter dem Beugungswinkel ϑ gezeigt. Anders als beim Gitter interferiert nicht eine diskrete, sondern eine kontinuierliche Schar von Teilwellen, die gedanklich von jedem Punkt des Spalts ausgehen. Der Nullpunkt der y-Achse sei in der Mitte des Spalts und der Abstand von dort zum Beobachter sei r_0. Der Gangunterschied zwischen der Welle vom Nullpunkt und einer Elementarwelle im Abstand y beträgt nach Abb. 8.16

$$\Delta s = y \sin \vartheta \,, \tag{8.47}$$

was einen Phasenunterschied von

$$\varphi(y) = \frac{2\pi}{\lambda} y \sin \vartheta = ky \sin \vartheta \,. \tag{8.48}$$

zur Folge hat. Anstelle der Summe in Gl. (8.37) setzen wir wegen der kontinuierlichen Elementarwellenfront ein Integral ein, so dass

$$E(\vartheta) = E_0 e^{i\omega t} e^{ikr_0} \int_{-b/2}^{b/2} e^{i\varphi(y)} \, \mathrm{d}y = E_0 e^{i\omega t} e^{ikr_0} \int_{-b/2}^{b/2} e^{iky \sin \vartheta} \, \mathrm{d}y \tag{8.49}$$

lautet. Das Integral ist mit der Euler-Formel zu berechnen und ergibt

$$\int_{-b/2}^{b/2} e^{iky \sin \vartheta} \, \mathrm{d}y = \frac{\exp[i(kb \sin \vartheta)/2] - \exp[-i(kb \sin \vartheta)/2]}{ik \sin \vartheta} = 2b \frac{\sin \left(\frac{kb \sin \vartheta}{2} \right)}{\frac{kb \sin \vartheta}{2}} \,. \tag{8.50}$$

(a)

(b)

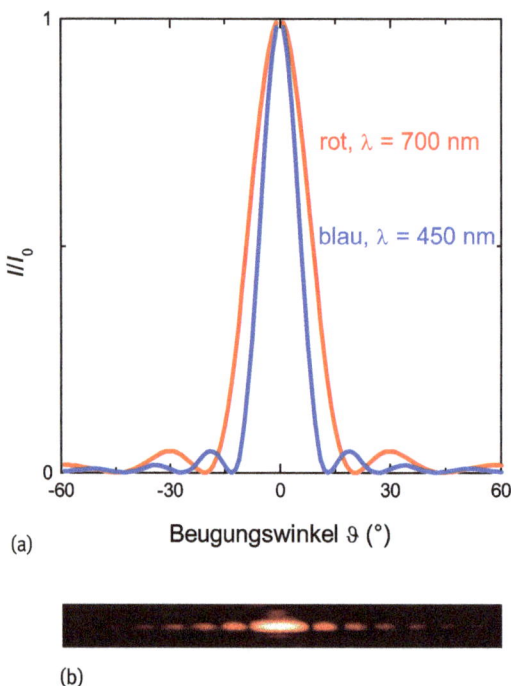

Abb. 8.17: (a) Normierte Intensität des Fraunhofer-Beugungsmusters hinter dem Einfachspalt für zwei Wellenlängen. Die Spaltbreite beträgt 2 μm. (b) Fotografie eines Beugungsmusters am Einfachspalt für Laserlicht mit $\lambda = 632,8$ nm.

Durch Bildung des Absolutquadrats der Feldstärke erhalten wir für die Intensität der gebeugten Lichtwelle hinter dem Einfachspalt in Fraunhofer-Näherung die Funktion

$$I = I_0 \frac{\sin^2\left(\frac{\pi b \sin \vartheta}{\lambda}\right)}{\left(\frac{\pi b \sin \vartheta}{\lambda}\right)^2} \, . \tag{8.51}$$

Die *Spaltfunktion* $|F|^2 = I/I_0$ ist in der Abb. 8.17 für die zwei Wellenlängen 450 und 700 nm und einer Spaltbreite von 2 μm aufgetragen. Die Fotografie zeigt ein Beugungsmuster für Licht mit $\lambda = 632,8$ nm. Man erkennt gut das überstrahlende Hauptmaximum. Die Funktion $|F|^2$ ist typisch für die Struktur der beugenden Öffnung und wird daher auch allgemein **Strukturfaktor** genannt.

Folgende Beobachtungen lassen sich zusammenfassen.
- Es gibt ein breites, intensives Hauptmaximum nullter Ordnung in Geradeausrichtung, $\vartheta = 0°$.

- Daneben sind schwache Nebenmaxima und Auslöschungspunkte vorhanden. Diese **Intensitätsminima** treten auf, wenn der Zähler in Gl. (8.51) null wird, also für

$$b \sin \vartheta_m = m \cdot \lambda \tag{8.52}$$

mit $m = 0, \pm1, \pm2, \pm3, \dots$. Die Nebenmaxima liegen bei Beugungswinkeln, für die

$$b \sin \vartheta_m = (2m + 1)\frac{\lambda}{2} \tag{8.53}$$

gilt.
- Die Abb. 8.17 (a) verdeutlicht, wie stark die Beugung von der Wellenlänge abhängt. Wie beim Gitter wird Rot stärker gebeugt als Blau.

Geometrische Herleitung der Beugungsformel für den Einfachspalt
Das Integral in Gl. (8.51) kann wie die Summe beim Beugungsgitter grafisch als Zeigerkette veranschaulicht werden. In Abb. 8.18 bilden die idealerweise infinitesimalen Zeiger einen Kreisbogen. Die Summe über alle Summanden entspricht wie zuvor dem Zeiger $\overline{OA}$, dessen Länge

$$\overline{OA} = 2\overline{OB} = 2r \sin(\alpha/2) \tag{8.54}$$

beträgt mit der Phasenwinkeldifferenz α zwischen den beiden Teilwellen, die vom Rand des Spalts ausgehen,

$$\alpha = kb \sin \vartheta \tag{8.55}$$

und

$$r = \frac{\ell}{\alpha} \tag{8.56}$$

mit ℓ als der Bogenlänge der gesamten Zeigerkette. Setzt man die Größen ein, folgt

$$\overline{OA} = \ell \frac{\sin[(kb \sin \vartheta)/2]}{(kb \sin \vartheta)/2} \tag{8.57}$$

und nach Quadrieren und Zusammenfassen der Konstanten zu I_0 die Gl. (8.51).

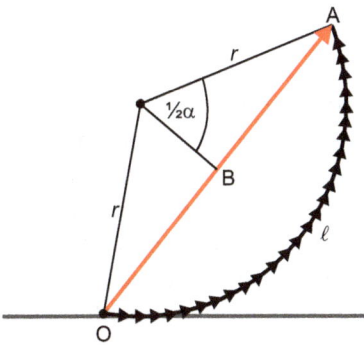

Abb. 8.18: Geometrische Zeigerdarstellung der Summe in Gl. (8.51) zur Herleitung des Strukturfaktors.

8.4.4 Beugung am Gitter mit endlich breiten Spalten in Fraunhofer-Näherung

Die Beugung elektromagnetischer Wellen an periodischen Strukturen ist von großer praktischer Bedeutung. Es werden z. B. Röntgen-Lichtwellen zur Bestimmung der regelmäßigen, dreidimensionalen Atom- oder Molekülanordnung in Kristallen verwendet (Band 4), denn das Beugungsmuster reproduziert die Symmetrie des Gitters. Darüber hinaus enthält das Beugungsbild in dem Strukturfaktor auch Informationen über den Aufbau des einzelnen Moleküls!

Das Beugungsgitter mit endlich breiten Spalten ist ein einfaches, eindimensionales Beispiel einer regelmäßigen Anordnung von Streuern mit innerer Struktur. Wie in den vorangegangenen Beispielen kann man mühsam über die interferierenden Lichtwellen summieren und integrieren. Dabei stellt man fest, dass sich die Beugungsintensität immer als Produkt von Gitter- und Strukturfaktor schreiben lässt. Von höherer mathematischer Warte lässt sich das einfach erklären, weil die Fraunhofer-Beugung die Fourier-Transformierte der beugenden Struktur darstellt. Wir können diesen Sachverhalt im Rahmen dieses Buches nicht im Detail darstellen, sondern verwenden diese Erkenntnis. Die Beugungsintensität hinter dem Gitter mit Gitterkonstante d und N beleuchteten Spalten der Breite b ist gleich dem Produkt aus Gitter- und Strukurfaktor

$$I = I_0 \underbrace{\left[\frac{\sin\left(\pi \frac{Nd}{\lambda} \sin\vartheta\right)}{\sin\left(\pi \frac{d}{\lambda} \sin\vartheta\right)} \right]^2}_{|G|^2} \cdot \underbrace{\left[\frac{\sin\left(\pi \frac{b}{\lambda} \sin\vartheta\right)}{\pi \frac{b}{\lambda} \sin\vartheta} \right]^2}_{|F|^2} . \tag{8.58}$$

Wie in der Abb. 8.19 hüllt die breite Strukturfunktion des Spalts den Gitterfaktor ein, was zu einer Intensitätsvariation der Beugungsstrukturen führt. Es können sogar einzelne Beugungsordnungen ganz ausgelöscht werden, weil an diesen Stellen $|F|^2 = 0$ ist. In der Abb. 8.19 gelten die Werte $b = 2\,\mu m$, $d = 8\,\mu m$, $N = 8$ und $\lambda = 700\,nm$.

Die Abb. 8.20 zeigt berechnete Beugungsmuster hinter Gittern mit wenigen Spalten und $d = 4b$, bei denen die Modulation der Beugungsintensität durch den Strukturfaktor besonders auffällt. Die zentralen Maxima sind überstrahlt, um die Intensität der schwachen höheren Ordnungen der Spaltfunktion zu erkennen.

Anwendungen

– **Doppelspalt**
   Die Beugung von Wellen hinter einem Doppelspalt ist sowohl experimentell als auch theoretisch ein beliebtes physikalisches Modellsystem, weil es einfach und grundlegend ist. Es wird oft für Gedankenexperimente in der Quantentheorie verwendet und wird uns in den weiteren Bänden immer wieder begegnen. Einer der ersten Interferenzversuche wurde von Thomas Young (1773–1829) im Jahr 1802 mit Hilfe eines Doppelspalts, einer Kohärenzblende und einer entfernten Lichtquelle (Sonne) durchgeführt. Ihm zu Ehren wird diese experimentelle Anordnung für Beugungsversuche auch *youngscher Doppelspaltversuch* genannt.

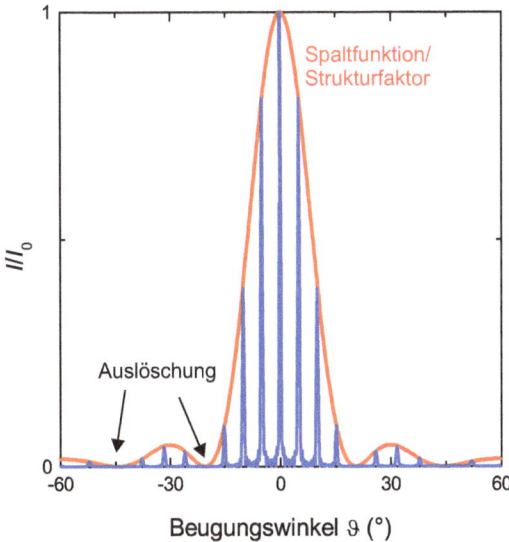

Abb. 8.19: Beugungsintensität hinter einem Gitter mit endlich breiten Spalten. Der Strukturfaktor moduliert die Intensität und kann auch vollständige Auslöschung von Beugungsordnungen hervorrufen. Im dargestellten Fall ist $b = 2\,\mu$m, $d = 4b$, $N = 8$ und $\lambda = 700$ nm.

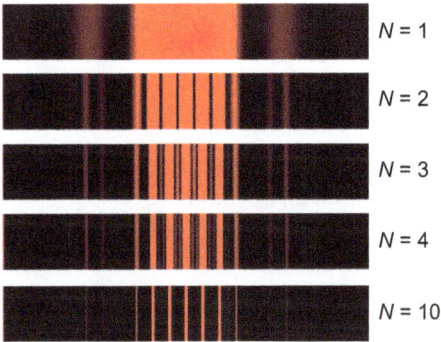

Abb. 8.20: Berechnete Beugungsmuster hinter Mehrfachspalten mit $d = 4b$. Die Spaltfunktion moduliert den Gitterfaktor.

Der Gitterfaktor des Doppelspalts lautet mit Gl. (8.41) und der trigonometrischen Umrechnung $\sin 2\alpha = 2 \sin \alpha \cos \alpha$

$$|G|^2 = \frac{\sin^2\left(\frac{2\pi d \sin\vartheta}{\lambda}\right)}{\sin^2\left(\frac{\pi d \sin\vartheta}{\lambda}\right)} = 4\cos^2\left(\frac{\pi d \sin\vartheta}{\lambda}\right). \tag{8.59}$$

Er entspricht einer quadratischen Cosinus-Funktion, wie in Abb. 8.13 für $N = 2$ zu sehen. Zusammen mit dem Strukturfaktor des Einfachspalts ergibt sich das gesamte Beugungsbild hinter dem Doppelspalt mit Spaltabstand d und Spaltbreite b zu

$$I = I_0 \cos^2\left(\frac{\pi d \sin\vartheta}{\lambda}\right) \frac{\sin^2\left(\frac{\pi b \sin\vartheta}{\lambda}\right)}{\left(\frac{\pi b \sin\vartheta}{\lambda}\right)^2}, \tag{8.60}$$

was als Intensitätsverlauf in Abb. 8.20 qualitativ dargestellt ist. Man erkennt, dass die $\cos^2$-Funktion von der Spaltfunktion eingehüllt wird, so dass einige Beugungsordnungen ausfallen.

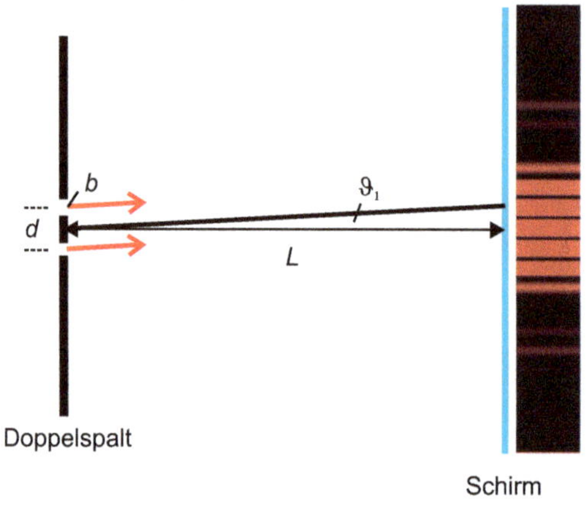

Abb. 8.21: Nicht maßstäbliche Darstellung der geometrischen Abmessungen bei der Beugung am Doppelspalt.

Zahlenbeispiel

Der Beobachtungsschirm sei $L = 1$ m von einem Doppelspalt mit $d = 1$ mm und $b = 0,1$ mm entfernt. Kohärentes, rotes Licht mit der Wellenlänge $\lambda = 650$ nm falle senkrecht auf den Doppelspalt. Der Abstand zwischen den Beugungsmaxima 0-ter und 1-ter Ordnung auf dem Schirm (siehe Abb. 8.21) beträgt

$$\Delta_1 = L \tan \vartheta_1 = L \tan[\arcsin(\lambda/d)] \approx \frac{L\lambda}{d} = 0,65 \text{ mm} \,,$$

wobei die benutzte Näherung $\tan \alpha \approx \sin \alpha$ wegen $\lambda \ll d$ sehr gut erfüllt ist. Die Spaltfunktion hat mit Gl. (8.52) ihr erstes Minimum im Abstand

$$\Delta_2 \approx \frac{L\lambda}{b} = 6,5 \text{ mm}$$

von der Geradeausrichtung, also am Beugungsmaximum zehnter Ordnung des Doppelspalts.

– **Gitterspektrometer**

Der Beugungswinkel hängt von der Wellenlänge ab. Daher sind Gitter exzellent für die spektrale Zerlegung des Lichts geeignet. Die Abb. 8.22 (a) zeigt das sichtbare Linienspektrum einer Helium-Gasentladungslampe in nullter, erster und zweiter Beugungsordnung. In Spektrometern werden in der Regel Reflexionsgitter eingesetzt, die Spiegel mit periodischen Furchen sind. In Abb. 8.22 (b) ist ein typischer Aufbau in der Aufsicht gezeichnet. Das zu spektroskopierende Licht fällt durch einen Spalt auf einen Hohlspiegel, der das Licht parallel auf das Gitter einfallen lässt. Die gebeugte Intensität wird von einem zweiten Spiegel auf den Austrittsspalt fokussiert. Durch Drehung des Gitters kann das Beugungsbild vor dem Austrittsspalt durchgefahren werden. Das spektrale Auflösungsvermögen entspricht

$$\frac{\lambda}{\Delta\lambda} \approx n \cdot N \,, \tag{8.61}$$

ungefähr dem Produkt von Beugungsordnung und Zahl der ausgeleuchteten Spalte bzw. Furchen. Die Größe $\Delta\lambda$ bezeichnet die kleinste noch auflösbare Wellenlän-

0.   1.   2. Ordnung

(a)

Lichtdichtes Gehäuse   Spiegel

Austrittsspalt

Gitter

Eintrittsspalt

Spiegel

(b)

Gitternormale

Blazenormale   1. Ordnung

α α 0. Ordnung

γ

δ

γ

d

(c)

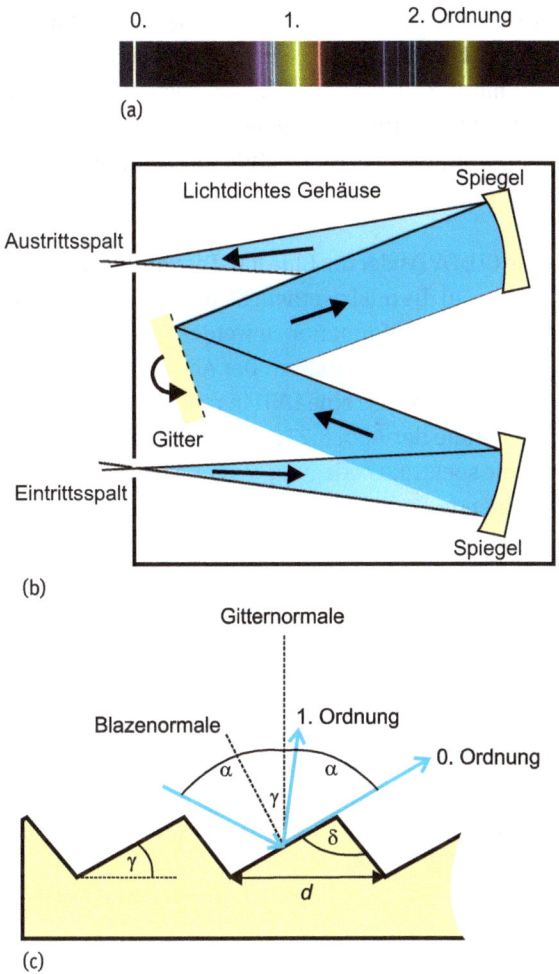

Abb. 8.22: (a) Linienspektrum einer Helium-Gasentladungslampe. (b) Schematischer Aufbau eines Gitterspektrometers in Aufsicht. (c) Reflexion an einem Blaze-Gitter.

gendifferenz. Man erkennt, dass in einer höheren Beugungsordnung unterschiedliche Wellenlängen besser getrennt werden, wie aus Gl. (8.42) zu erwarten und in der Abb. 8.22 (a) zu erkennen ist.

Durch einen raffinierten Trick kann die Lichtintensität in einer Beugungsordnung deutlich gesteigert werden. Dazu wird ein sogenanntes **Blaze-Gitter** verwendet, dessen Querschnitt schematisch in Abb. 8.22 (c) gezeichnet ist. Die beugenden Furchen bestehen aus geneigten Facetten der Breite d. Eine Facette hat ein dreieckiges Profil mit dem Blazewinkel γ und dem Apexwinkel δ. Die Senkrechte auf der Facette ist also um γ gegenüber der Gitternomalen geneigt. Das Licht fällt unter dem Winkel α gegen die Gitternomale ein. Der Beugungswinkel ϑ wird gegenüber der nullten Ordnung gemessen, die in Reflexionsrichtung relativ zur Gitternormalen zeigt. Das Licht wird wegen der Facettenneigung aber relativ zu den Facettennormalen reflektiert. Man stellt den Blazewinkel so ein, dass die Reflexionsrichtung auf den Facetten mit der Richtung der ersten Beugungsordnung zusammenfällt. Diese Bedingung gilt natürlich nur genau für eine Wellenlänge. Diese wird sinnvollerweise so gewählt, dass sie in der Mitte des zu untersuchenden Spektralbereichs liegt.

– **Farben durch Interferenz**

Optische Speichermedien wie die CD, DVD oder die Blue Ray-Disc bestehen aus einer beschichteten Kunststoffscheibe, in die mit Laserlicht Strukturen eingeschrieben bzw. ausgelesen werden können. Die Informationen werden auf einer spiralförmigen Spur als Folge von Nullen und Einsen kodiert. Der Abstand benachbarter Spuren beträgt bei der DVD 740 nm, so dass eine DVD in radialer Richtung als optisches Gitter wirkt. In der Fotografie der Abb. 8.23 (a) sind typische Regenbogenfarben erkennbar, die durch die spektrale Zerlegung weißen Lichts entstehen. Auch in der Natur können leuchtende Farben durch Interferenz an regelmäßigen Strukturen entstehen. Ein bekanntes Beispiel ist der blaue Morphofalter in Abb. 8.23 (b), dessen leuchtende Farbe nicht durch Farbpigmente, sondern durch destruktive Interferenz aller Farben außer Blau an einer regelmäßigen Mikrostruktur der Flügeloberfläche entsteht.

(a) (b)

Abb. 8.23: (a) Spektrale Zerlegung weißen Lichts an einer DVD. (b) Die blaue Farbe des Morphofalters kommt durch Interferenz zustande.

8.4.5 Weitere Beugungsphänomene

1. **Fraunhofer-Beugung an kreisrunden Öffnungen**

Eine typische Beugungsfigur weit hinter kleinen kreisrunden Öffnungen ist in Abb. 8.24 abgebildet. Wegen der Zylinder-Symmetrie der Anordnung bilden sich Beugungsringe konzentrisch um ein intensives zentrales Hauptmaximum. Die Berechnung der radialen Intensitätsverteilung ist mathematisch aufwändiger als im Falle der Spalte und soll hier nicht ausgeführt werden. Wir werden aber im Abschnitt über die Auflösungsgrenze optischer Mikroskope auf das Beugungsmuster zurückkommen, weshalb wir einige Eigenschaften festhalten wollen. Fast 99 % der Intensität liegt im zentralen Hauptmaximum nullter Ordnung. Das erste Intensitätsminimum findet man unter dem Winkel ϑ_1 mit

$$\sin \vartheta_1 = 1{,}22\frac{\lambda}{d}, \tag{8.62}$$

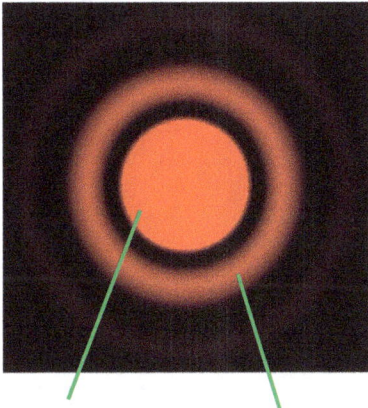

Hauptmaximum   1. Nebenmaximum

Abb. 8.24: Airy-Beugungsscheibchen hinter einer kreisrunden Öffnung.

gegenüber dem Hauptmaximum mit d als dem Durchmesser der Öffnung und λ als Wellenlänge. Die Beugungsfigur in Abb. 8.24 wird auch als Beugungs- oder *Airy-Scheibchen* bezeichnet.

2. **Babinetsches Prinzip**

Zwei Blendenfächen werden als *komplementär* bezeichnet, wenn die eine den Lichtweg dort sperrt, wo die andere Licht durchlässt. Fügt man beide Flächen passgenau zusammen, entsteht ein geschlossene Fläche. Die beiden komplementären Flächen sind also wie Positiv oder Negativ eines Bilds. Ein Spalt und ein Draht gleicher Breite oder eine Kreisblende und eine gleich große Kreisscheibe sind komplementäre Flächen. Jacques Babinet (1794–1872) fasste seine Beobachtungen 1837 in einem praktisch wichtigen Satz zusammen.

> Die Beugungsbilder komplementärer Blendenflächen sind gleich, wenn die Intensität des direkt auftreffenden, ungebeugten Lichts abgezogen wird.

Dieser Effekt gilt sowohl für die Nahfeld- wie die Fernfeldbeugung. Die Abb. 8.25 zeigt zur Bestätigung die identischen Beugungsbilder von Draht und Spalt gleicher Breite.

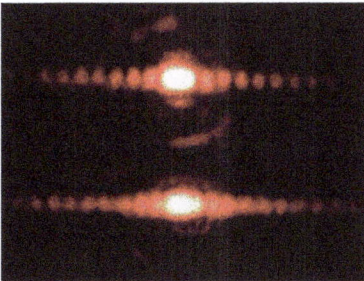

Abb. 8.25: Babinet-Prinzip: Die Beugungsfiguren von Draht (unten) und gleich breitem Spalt (oben) sind identisch.

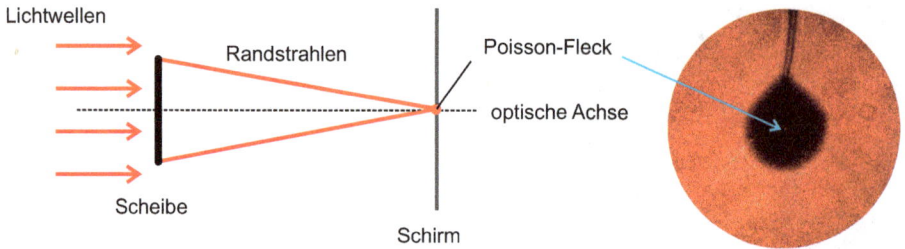

Abb. 8.26: Der Poisson-Fleck entsteht als scharf begrenzter kleiner Leuchtpunkt bei der Beugung von Licht an kreisförmigen Scheiben durch konstruktive Interferenz von Wellen auf der optischen Achse.

3. **Poissonscher Fleck**

Es gibt an kreisrunden Scheiben eine Ausnahme vom Babinet-Prinzip. Auf der optischen Achse findet man im Schattenraum einen scharf begrenzten hellen Fleck, wie in Abb. 8.26 gezeigt. An kreisrunden Öffnungen gibt es dagegen keine Auslöschung! Ursache dieses Flecks ist die konstruktive Interferenz aller Elementarwellen, die von Rand der Scheibe ausgehen. Alle Lichtwege zwischen den Randpunkten und dem Beobachtungspunkt auf der optischen Achse sind gleich lang. Die Fotografie in Abb. 8.26 wurde an einer Kugel mit 4 mm Durchmesser aufgenommen.

Die Bezeichnung des Lichtpunkts geht auf einen Wettbewerb der französischen Akademie der Wissenschaften im Jahr 1818 zurück, der die Natur des Lichts klären sollte. Weit vor der theoretischen Vorhersage und dem experimentellen Nachweis von elektromagnetischen Wellen standen sich zwei Modelle des Lichts unversöhnlich gegenüber. Um Newton scharten sich die Befürworter eines Teilchencharakters des Lichts, während Huygens das Licht als Welle beschrieb. In der Jury befand sich auch Siméon Denis Poisson, der ein Befürworter des Teilchenbilds war. Er wollte den Wellencharakter ad absurdum führen, indem er im Gedankenexperiment einen hellen Fleck auf der optischen Achse hinter kreisförmigen Hindernissen folgerte. Tatsächlich beobachteten schon fast 100 Jahre vorher Joseph-Nicolas Delisle und Giacomo Filippo Maraldi unabhängig voneinander den Fleck. Diese Berichte waren offensichtlich der Pariser Jury nicht bekannt. Daher führte das Jurymitglied François Arago ein präzises Experiment durch, das die Existenz des Flecks nachwies und die Wellentheorie exzellent bestätigte. Im Englischen wird der Fleck daher auch als *Arago spot* bezeichnet.

Wie im Band 3 noch ausführlich dargestellt, versöhnt die Quantentheorie die beiden sich widersprechenden Konzepte von Teilchen und Welle. Dieses geschieht aber auf einer gänzlich neuen und abstrakten Weise.

Quellenangaben

[8.1] A. A. Michelson, E. W. Morley, *On the Relative Motion of the Earth and the Luminiferous Ether*, American Journal of Physics, Band 34 (1883) 333.

[8.2] S. Herrmann, A. Senger, K. Möhle, M. Nagel, E. V. Kovalchuk, A. Peters, *Rotating optical cavity experiment testing Lorentz invariance at the 10^{-17} level*, Physical Review D, Band 80 (2009) 105011.

Übungen

1. Das Étalon ist ein eindimensionaler Resonator für stehende Wellen. Wie sind die Wellenlängen der einzelnen Moden für das elektrische Feld? Begründen Sie, warum die Spiegelflächen feste Enden sind.

2. Im Glimmerblattversuch des bekannten Experimentators Robert Pohl (1884–1976) wird wie in Abb. 8.27 eine dünne Glimmerscheibe konstanter Dicke d mit Licht frontal beleuchtet. In Reflexion entstehen Interferenzringe durch die skizzierte Doppelreflexion an der dünnen Schicht. Die beiden interferierenden Wellen gehen gedanklich von zwei Punktlichtquellen im Abstand $2d$ aus. Stellen Sie eine Bedingung für die Interferenzmaxima auf. Rechnen beispielhaft mit den Zahlenwerten $\lambda = 500\,\text{nm}$, $d = 100\,\mu\text{m}$, $n = 1{,}6$.

3. Sie beleuchten die Anordnung in Abb. 8.3 mit monochromatischem Licht der Wellenlänge von 650 nm. Der 20. dunkle Newton-Ring habe einen Durchmesser von 30 mm. Wie groß ist der Krümmungsradius der Glaslinse?

4. Wieviele Maxima durchlaufen das Zentrum eines Michelson-Interferogramms, wenn bei kohärentem Licht mit einer Wellenlänge von 650 nm eine 1 mm dicke Glasscheibe mit $n = 1{,}55$ in einen Arm eingeschoben wird?

5. Auf ein Strichgitter fällt Licht der Wellenlänge λ unter einem Winkel φ gegenüber der Normalen ein. Zeigen Sie, dass dann die Bedingung zur Beobachtung von Interferenzmaxima

$$d(\sin \vartheta_m - \sin \varphi) = m \cdot \lambda$$

lautet. Bei welchem Winkel ist das Beugungsmuster mit dem bei senkrechtem Einfall identisch, wenn $\lambda = 650\,\text{nm}$ und $d = 0{,}02\,\text{mm}$?

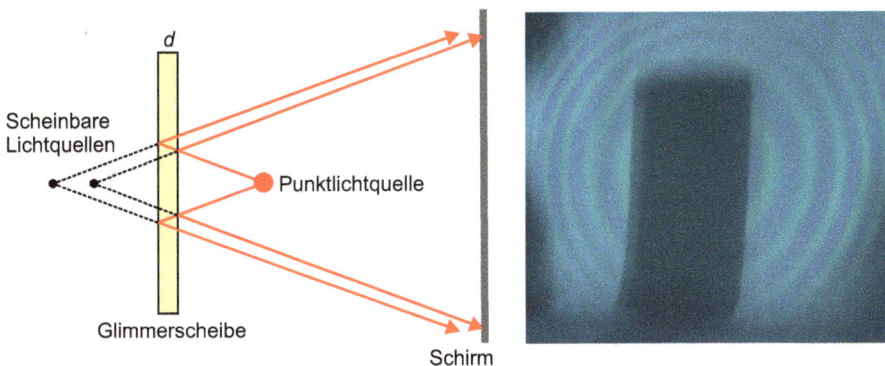

Abb. 8.27: Pohlscher Glimmerblattversuch.

6. Zur Bestimmung der Dicke eines menschlichen Haars beugt man daran kokärentes Licht der Wellenlänge von 600 nm und beobachtet auf dem 1 m entfernten Schirm, dass die beiden ersten Beugungsminima 2 cm voneinander entfernt sind. Bestimmen Sie die Haardicke.

7. Ein Doppelspalt bestehe aus zwei Spalten mit vernachlässigbarer Breite im Abstand d (punktförmige Quellen). Er werde senkrecht mit kohärentem, parallelem Licht beleuchtet. Einen Meter hinter dem Doppelspalt wird das Fraunhofer-Beugungsbild auf einem Schirm parallel zum Spalt abgebildet. Bei Einstrahlung von rotem Licht mit der Wellenlänge von 650 nm ist das erste Beugungsmaximum 5 mm vom Maximum nullter Ordnung (Geradeausrichtung) entfernt. Bestimmen Sie den Abstand d der Spalte.

8. Es ist ein Doppelspalt mit Spaltabstand von 100 µm gegeben, auf den Licht senkrecht einfällt. Wie weit ist auf dem Schirm das zweite Beugungsmaximum für blaues Licht mit einer Wellenlänge von 450 nm von der Geradeausrichtung entfernt? Sie strahlen mit weißem Licht ein. Licht welcher Wellenlänge hat auf dem 2. Beugungsmaximum des blauen Lichts ebenfalls ein Intensitätsmaximum?

9. Auf der Beleuchtungsseite des Doppelspalts der vorangehenden Aufgabe schieben Sie vor einen der beiden Spalte eine Glasscheibe mit 1 mm Dicke und Brechungsindex von 1,4. Das Beugungsmuster verschiebt sich. Berechnen Sie die Verschiebung des ursprünglichen Geradeausmaximums (nullte Ordnung) bei Einstrahlen von blauem Licht (450 nm).

10. Ein Strichgitter mit 300 Spalten pro mm soll zur spektralen Zerlegung von Licht einer Entladungslampe dienen. Das Gitter wird unter senkrechtem Einfall beleuchtet und das Fraunhofer-Beugungsbild auf einem Schirm in 1 m Entfernung beobachtet. Wie groß ist der räumliche Abstand zwischen zwei Linien mit 600 und 620 nm Wellenlänge in erster und in zweiter Beugungsordnung? Welche Beugungsordnung kann im Prinzip noch soeben beobachtet werden?

9 Geometrische Optik

Interferenzerscheinungen sind zwar im Alltag zu beobachten, geläufiger ist uns aber das Konzept der Lichtstrahlen, das viele Phänomene und optische Instrumente erklären kann. Die Strahlenoptik ist ein wichtiger Bereich der angewandten Physik und beruht auf der Erfahrung, dass sich Licht im Raum geradlinig fortpflanzt. Das schon diskutierte Fermat-Prinzip in homogenen Medien drückt den gleichen Sachverhalt mathematisch aus. Um Lichtwellen als Strahlen zu beschreiben, wird das Kapitel zunächst in die Annahmen und Grundlagen der Strahlenoptik und den wichtigen Begriff der Abbildung einführen. In den Anwendungen wenden wir uns erst den Spiegeln und dann den transparenten Linsen zu, mit denen einfache Systeme und Instrumente aufgebaut werden können. Zum Ende des Kapitels werden wir die Grenzen des Konzepts erkennen, weil das Auflösungsvermögen durch die Welleneigenschaften des Lichts bestimmt wird.

9.1 Grundlagen der Strahlenoptik

9.1.1 Begriffe

In der Strahlenoptik sieht man von den Welleneigenschaften des Lichts ab. Man betrachtet vielmehr die Ausbreitung des Lichts, die in homogenen Medien geradlinig erfolgt. Dieses Konzept ist von großer Relevanz für die praktische Optik und gültig, solange Beugungseffekte zu vernachlässigen sind. Das ist gut erfüllt, wenn der Durchmesser des Lichtbündels erheblich größer als die Wellenlänge ist. Trotz der einfachen Annahmen ist die Beschreibung realer optischer Systeme in der Strahlenoptik oft kompliziert. Wir werden in diesem Kapitel nur die Grundlagen und einige einfache idealisierte Systeme besprechen. Zuvor klären wir einige wichtige Begriffe.

– **Lichtstrahlen**
  Sie beschreiben die Ausbreitung des Lichts und stehen senkrecht auf den Flächen konstanter Phase der Welle. Strahlen sind gerichtete Linien im Raum, die durch den Wellenvektor bestimmt werden. Sie geben also immer auch die Propagationsrichtung an. Die Abb. 9.1 zeigt exemplarische Lichtstrahlen im zweidimensionalen Schnitt. Ebene Wellen mit parallelen Wellenfronten (Abb. 9.1 (a)) werden durch ein ebenfalls paralleles Strahlenbündel dargestellt. Man kann das Bündel durch Blenden begrenzen, weil ein Hindernis alle Orte abschirmt, die vom Licht nicht auf direktem Wege erreicht werden können. Von der nahezu punktförmigen Lichtquelle in Abb. 9.1 (b) gehen die Lichtstrahlen radial nach außen. Die Strahlen sehr weit entfernter kleiner Lichtquellen sind praktisch parallel. Das gilt insbesondere für das Sonnenlicht auf der Erde.

https://doi.org/10.1515/9783110469097-009

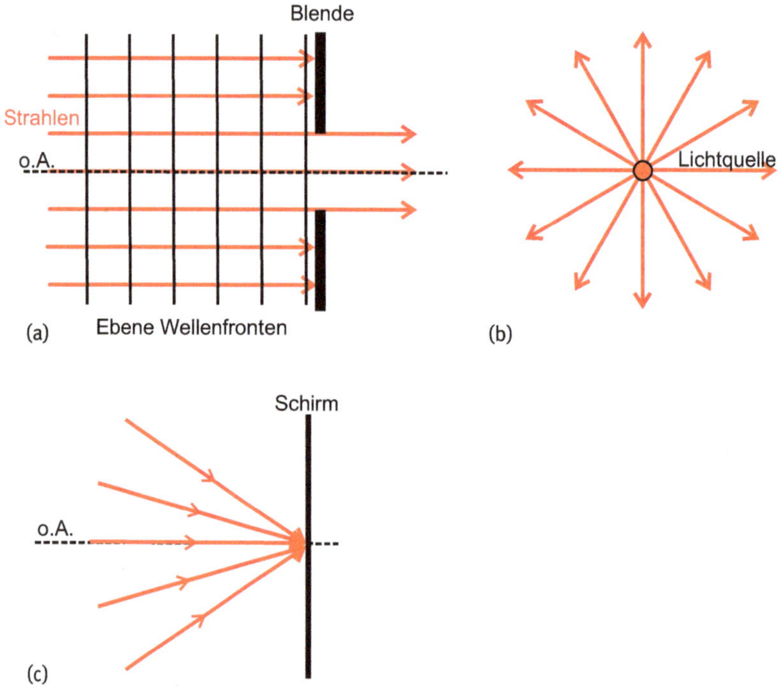

Abb. 9.1: Beispiele für Lichtstrahlen. (a) Paraxiales Strahlenbündel einer ebenen Welle mit Blendenöffnung. Mit o. A. ist die optische Achse bezeichnet. (b) Radiale, divergente Strahlen einer punktförmigen Lichtquelle. (c) Konvergente Lichtstrahlen schneiden sich in einem Punkt auf einem Schirm.

Im Strahlenbild gibt es keine Phaseninformation. Es bleibt also unbestimmt, ob eine Welle gegenüber einer anderen voraus- oder hinterherläuft. Das Strahlenbild, wie es im Folgenden vorgestellt wird, ist also ein stationäres Konzept, in dem Lichtlaufzeiten keine Rolle spielen. An Ende des Kapitels greifen wir diese Frage aber wieder auf.

– **Optische Systeme**
Optische Systeme verändern den Strahlengang des Lichts, um Objekte abzubilden. Sie bestehen aus mindestens einem *optischen Element* wie z. B. einem Spiegel oder einer Linse. Optische Systeme mit definierten Funktionen werden als *optische Instrumente* bezeichnet. Darunter fallen Fernrohre, Lupen, Mikroskope etc.

– **Optische Achse**
Die optische Achse (o. A.) ist eine wichtige Hilfslinie zur Beschreibung optischer Systeme. Sie schneidet die Elemente senkrecht und geht durch ihre Symmetriepunkte, also z. B. durch die Mitte einer Linse. In optischen Instrumenten werden mehrere Elemente auf der o. A. aufgereiht. Der Lichteinfall auf das Element wird relativ zur o. A. beschrieben. In Abb. 9.1 (a) ist die o. A. eingezeichnet. Die Lichtstrahlen sind dort **achsenparallel** oder **paraxial**, d. h. parallel zur o. A.

– **Konvergenz und Divergenz**

Man spricht von divergenten Strahlen, wenn ihr Abstand voneinander mit der Ausbreitung zunimmt, wie z. B. für die Punktlichtquelle in Abb. 9.1 (b). Die Dichte des Strahlenbündels ist in einer Zeichnung also ein qualitatives Maß für die Lichtintensität. Konvergente Strahlen wie in Abb. 9.1 (c) laufen zusammen und schneiden sich in einem Ort. Bei optischen Elementen wie Linsen und Spiegeln gibt es herausragende, charakteristische Strahlenschnittpunkte, die **Brennpunkt** oder **Fokus** genannt werden. In ihnen werden achsenparallele Strahlen gebündelt. Die Schnittpunkte divergenter Strahlen bestimmt man, in dem der Lichtweg zurückverfolgt wird. Aus der Ferne betrachtet, vereinigen sich die divergenten Strahlen in Abb. 9.1 (b) in der Punktlichtquelle.

Die Erzeugung paralleler Strahlenbündel definierter Breite wird als **Kollimation** bezeichnet. Divergente Strahlen aus einer Punktlichtquelle können mit einer Sammellinse kollimiert werden. Der Zuschnitt paralleler Strahlenbündel wie in Abb. 9.1 (a) erfolgt durch Kollimatorspalte bzw. -blenden.

– **Optische Abbildungen**

Eine der wesentlichen Funktionen der Strahlenoptik besteht darin, die Abbildungseigenschaften von optischen Systemen zu beschreiben und vorherzusagen. In der Abb. 9.2 ist schematisch eine Abbildung im Raum und als Schnittfläche dargestellt, die die o. A. enthält. In diesem Kapitel gehen wir immer davon aus, dass das optische System zylindersymmetrisch um die o. A. ist. Die betrachteten Spiegel und Linsen sind also kreisrund, solange nichts anderes gesagt wird. Vor dem optischen System steht ein Objekt, von dessen Oberflächenpunkte Lichtstrahlen ausgehen. Wir betrachten meist nur die Strahlen von einem repräsentativen Punkt P des Objekts und schließen analog auf den Rest der anderen Punkte.

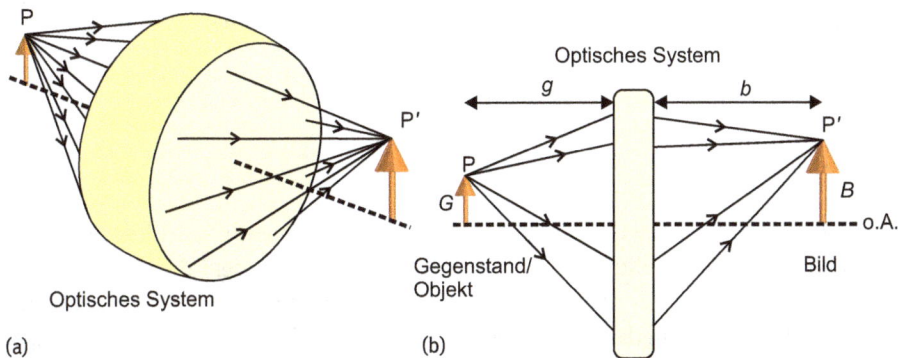

(a)   (b)

Abb. 9.2: (a) Schematische Darstellung einer optischen Abbildung. Das optische System bildet jeden Punkt des Objekts in einen Bildpunkt ab; repräsentativ für den Punkt P gezeichnet. (b) Optische Abbildung im Querschnitt mit charakteristischen Größen: Gegenstandsweite g, Gegenstandshöhe G, Bildweite b und Bildhöhe B.

Bündelt das optische System die von P ausgehenden Punkte wieder in einem *Bildpunkt* P' spricht man von einer *optischen Abbildung*.

Eine Abbildung beschreibt demnach das Phänomen, Licht, das von einem *Objekt* ausgeht, in einem *Bild* wieder zu vereinen. Wie dieses gelingt, hängt von den Abbildungseigenschaften der enthaltenen optischen Elemente ab. Sie werden in den folgenden Abschnitten für einfache Systeme genau vorgestellt.

– **Gegenstands- und Bildweite**

Als *Gegenstandsweite g* wird die Strecke auf der o. A. zwischen Objekt und optischen System bezeichnet (siehe Abb. 9.2 (b)). Man erkennt, dass diese Größe bei ausgedehnten Objekten und Systemen kein einfach zu bestimmender Wert ist. Analog wird als *Bildweite b* der Abstand zwischen dem Bild und dem optischen System verstanden. Wie in Abb. 9.2 (b) eingetragen, bezeichnen G und B die *Gegenstands*- bzw. die *Bildhöhe*.

– **Reelle und virtuelle Bilder**

Bilder, die durch Abbildungen von Objekten entstehen, werden *reell* genannt, weil sie auf Mattscheiben gesehen oder auf Filmen oder Detektoren aufgenommen werden können. Optische Abbildungen haben den Sinn, von Gegenständen reelle Bilder zu erzeugen. Um sogenannte *virtuelle* Bilder zu sehen oder aufzunehmen, wird noch ein weiteres optisches System oder Instrument (Auge, Kameraobjektiv etc.) benötigt, das aus dem virtuellen Bild ein reelles Bild macht.

– **Gauß-Optik**

Eine wichtige Näherung ist im Folgenden die Annahme kleiner Winkel, die die Strahlen zur optischen Achse oder auch zueinander einnehmen. Für kleine Winkel α gilt im Bogenmaß

$$\tan \alpha \approx \sin \alpha \approx \alpha \, .$$

Die Kleinwinkelnäherung wird in der Regel mit dem Begriff der gaußschen Optik bezeichnet. Sie ist in der Regel für Strahlen gut erfüllt, die nah zur optischen Achse verlaufen.

9.1.2 Licht und Schatten

Hinter Blenden entstehen Gebiete, in denen das Licht nicht vordringt. Diese Schattenbereiche können durch die Randstrahlen leicht bestimmt werden, die von der Lichtquelle ausgehend gerade noch die Blende passieren können. In der Abb. 9.3 befindet sich eine Scheibe in dem Strahlengang zweier Punktlichtquellen. Die Lichtkegel werden durch die Blende begrenzt. Hinter der Blende entsteht ein Bereich des *Kernschattens*, in dem überhaupt kein Licht vordringt. In den *Halbschatten*-Räumen ist Licht einer Lichtquelle direkt zu sehen. Liegt eine ausgedehnte Lichtquelle vor, sind die Halbschattengebiete deutlich kleiner.

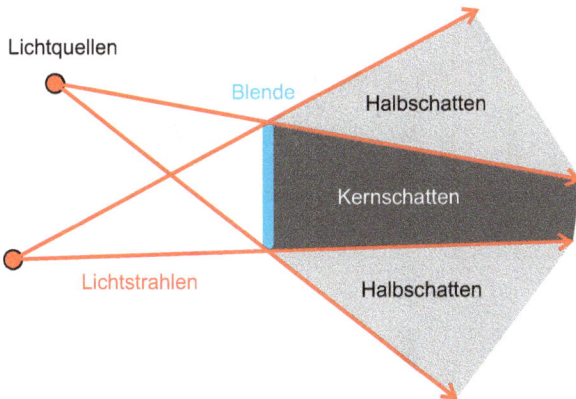

Abb. 9.3: Im Raum des Kernschattens eines Objekts ist keine der beiden Lichtquellen direkt sichtbar. Im Halbschattenraum wird eine Lichtquelle ausgeblendet.

9.1.3 Lochkamera

Wir haben das Zusammenführen divergenter Strahlen als Kriterium einer optischen Abbildung festgelegt. Auch im Grenzfall, dass nur einzelne Strahlen vom Punkt P durch das optische System gelangen, können Objekte abgebildet werden. Ein bekanntes Beispiel ist die Lochkamera, die nur aus einer kleinen kreisförmigen Öffnung und einem Schirm oder einer Fotoplatte besteht, wie in Abb. 9.4 (a) gezeichnet. Sie besitzt kein fokussierendes Element wie z. B. eine Linse. Von jedem Punkt des Objekts wird im Prinzip nur ein Strahl durchgelassen, der auf den Schirm trifft. Damit lässt sich eine lichtschwache Abbildung erreichen, wie die Fotofolge für unterschiedliche Lochdurchmesser in Abb. 9.4 (b) demonstriert. Es gibt eine optimale Lochgröße, die von der Wellenlänge abhängt. Ist das Loch zu klein, lassen prägnante Beugungserscheinungen das Bild verschwimmen. Ist es zu groß, kommen divergente Strahlen von den einzelnen Punkten des Objekts durch die Öffnung und erzeugen als Bild keinen Punkt, sondern einen ausgedehnten Lichtfleck, wie die Abb. 9.4 (c) schematisch zeigt. Bei optimalem Lochdurchmesser werden diese Lichtpunkte so klein, dass das menschliche Auge Bilddetails wahrnimmt. Dennoch erscheint das Bild immer ein wenig verschwommen, weil das Loch eben keine ideale, punktförmige Abbildung erzeugen kann. Die sogenannten *Sonnentaler* (Abb. 9.4 (d)), wie sie in der Natur unter Blätterdächern von Bäumen bei sonnigem Wetter beobachtet werden, sind Abbilder der Sonne durch kleine Öffnungen im Blätterdach (siehe Ref. [9.2]).

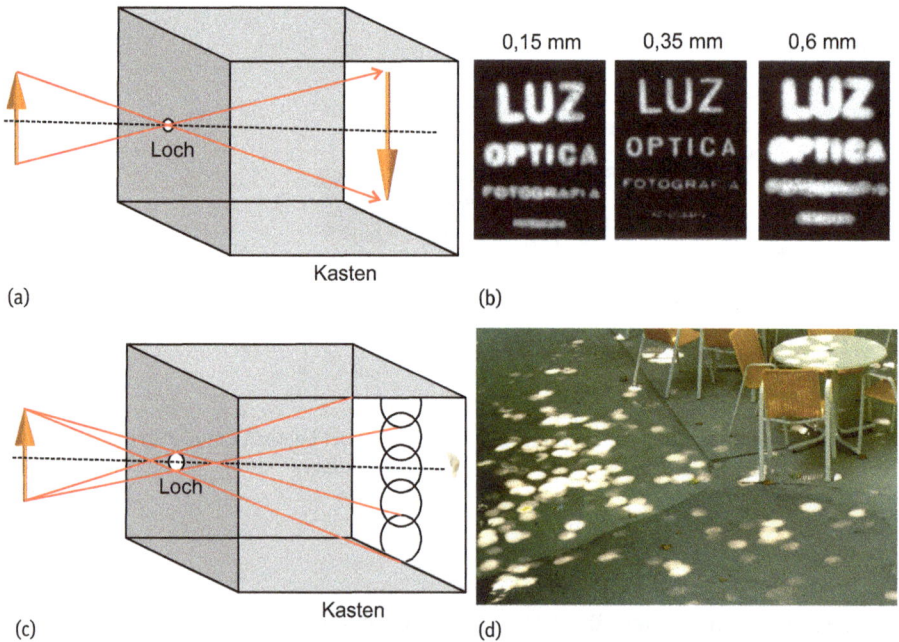

(a)

(b)

0,15 mm   0,35 mm   0,6 mm

(c)

Kasten

(d)

Abb. 9.4: (a) Abbildung eines Gegenstands mit einer Lochkamera. (b) Beispiel für Abbildungen mit einer Lochkamera mit unterschiedlichen Lochdurchmessern. Übernommen aus Ref. [9.1]. (c) Zu große Öffnungen lassen das Bild verschwimmen. (d) Phänomen der Sonnentaler [9.2]. Mit freundlicher Genehmigung von Prof. Dr. H. Joachim Schlichting, Westfälische Wilhelms-Universität Münster.

9.2 Spiegel

9.2.1 Ebener Spiegel

Ein ebener Spiegel reflektiert Lichtstrahlen von einem Gegenstand nach dem Reflexionsgesetz nach Gl. (7.26). Das ist für jeweils zwei Strahlen von den Objektspitzen in Abb. 9.5 gezeigt. Der Betrachter, der in der Abbildung durch das stilisierte Augensymbol dargestellt ist, empfängt divergierende Lichtstrahlen, die in seinem Auge zu einem reellen Bild zusammengefügt werden. Für ihn liegt der Ursprung der Lichtstrahlen in einem virtuellen Bild hinter dem Spiegel, von dem die Strahlen scheinbar ausgehen. Am ebenen Spiegel sind Bild- und Gegenstandshöhe sowie Bild- und Gegenstandsweite gleich. Das virtuelle Bild steht aufrecht. Der ebene Spiegel erzeugt zwar kein reelles Bild, jedoch stellt er ein optisches Element dar, das *jeden* Punkt eines Gegenstands in einen virtuellen Bildpunkt abbildet.

Das Spiegelbild ist seitenverkehrt, wie in Abb. 9.6 an einem Koordinatenkreuz veranschaulicht. Durch die Reflexion bleiben die x- und z-Richtungen erhalten, während die y-Richtung parallel zur einfallenden Strahlenrichtung ihr Vorzeichen um-

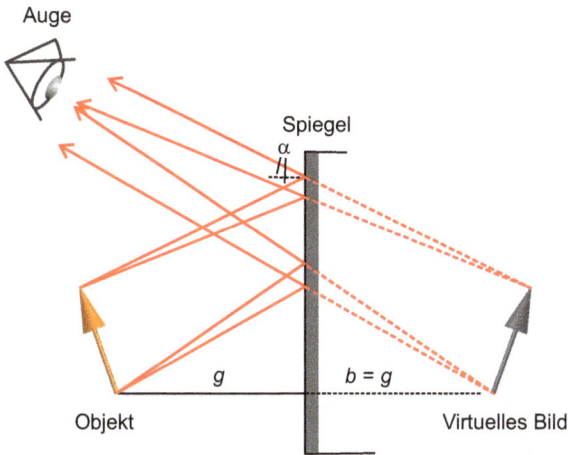

Abb. 9.5: Der ebene Spiegel erzeugt ein virtuelles Bild hinter der Spiegelebene. Bildhöhe und -weite entsprechen Gegenstandshöhe und -weite.

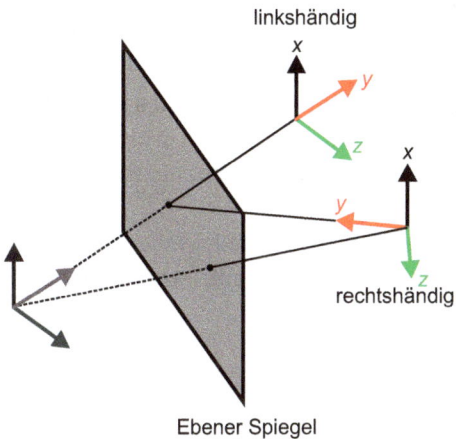

Abb. 9.6: Der ebene Spiegel erzeugt ein revertiertes Bild, weil die Koordinatenachse in Strahlrichtung umgekehrt wird.

kehrt. Man bezeichnet die durch die Spiegelung erzeugte Koordinatentransformation $(x, y, z) \rightarrow (x, -y, z)$ als **Reversion**, weil nur eine Koordinate ihr Vorzeichen ändert. Die Reversion macht aus linkshängigen Objekten rechtshändige und umgekehrt, aber sie invertiert nicht, d. h. das Bild bleibt aufrecht.

Beispiel

Bernd steht in Abb. 9.7 vor einem senkrechten, ebenen Spiegel. Er kann sich nur dann vollständig im Spiegel betrachten, wenn der Spiegel mindestens halb so lang wie seine Körpergröße ist und die Spiegeloberkante zwischen Augenhöhe und Kopfscheitel liegt. Diese Bedingung hängt nicht vom Abstand zum Spiegel ab. In der Abb. 9.7 sind die Randstrahlen von Kopf und Fuß eingezeichnet, die nach der Reflexion Bernds Augen erreichen. Weil Einfalls- und Ausfallswinkel gleich sind, sind für die Spiegelhöhe nur die halben Längen notwendig.

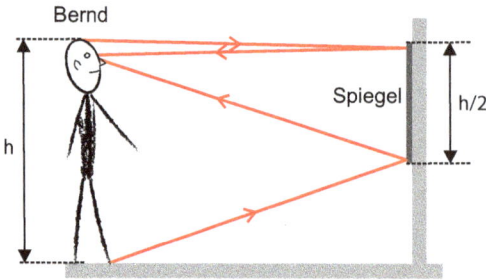

Abb. 9.7: Ein Spiegel der halben Körperhöhe genügt, um sich vollständig in ihm betrachten zu können. Wie hoch er dabei aufgehängt werden muss, hängt von der Augenhöhe, aber nicht vom Abstand zum Spiegel ab.

9.2.2 Sphärischer Hohlspiegel

Ist die Spiegeloberfläche eine innere Kugelfläche, spricht man von einem sphärischen Hohlspiegel oder einem **konkaven** Kugelspiegel. Die Fotografie in Abb. 9.8 gewährt einen direkten Blick in einen Hohlspiegel mit umgekehrtem Bild. In der daneben stehenden Schnittzeichnung ist der Mittelpunkt M und der Radius R der Kugelfläche eingetragen. Die o. A. geht senkrecht durch die Spiegeloberfläche und den Ursprung O, der am Scheitelpunkt (*Vertex*) der Kugelfläche gewählt wird. Zwei paraxiale Strahlen im Abstand h von der o. A. treffen auf den Spiegel und werden nach dem Reflexionsgesetz reflektiert. Beide schneiden die o. A. im Punkt F, dem **Fokus** oder **Brennpunkt** des Hohlspiegels.

Der Abstand $\overline{OF}$ wird die **Brennweite** f genannt. Der Einfallswinkel α tritt noch zweimal in der Zeichnung als Ausfalls- bzw. als Wechselwinkel auf. Das Dreieck $\triangle MFS$ ist gleichschenkelig und es gilt

$$\overline{FM} = \frac{|R|/2}{\cos \alpha} \,, \tag{9.1}$$

womit für die Brennweite

$$f = |R| \left(1 - \frac{1}{2 \cos \alpha} \right) \approx \frac{|R|}{2} \tag{9.2}$$

folgt. Die Betragsstriche um R berücksichtigen, dass per Konvention der Radius beim konkaven Hohlspiegel ein negatives Vorzeichen hat. Dieses wird später noch erläu-

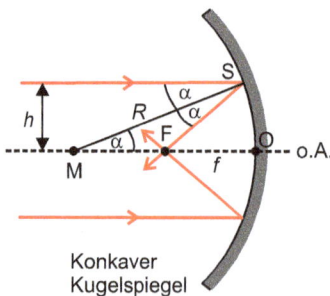

Abb. 9.8: Fokussierung paraxialer Strahlen im Fokus eines sphärischen Hohlspiegels und Fotografie in einen Hohlspiegel.

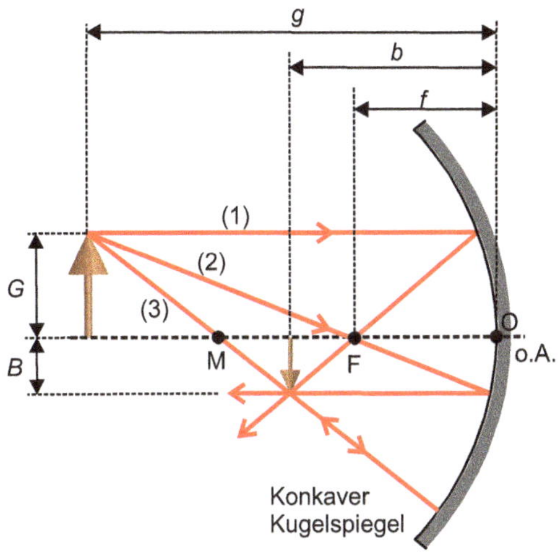

Abb. 9.9: Bildkonstruktion beim sphärischen Hohlspiegel mit drei charakteristischen Strahlen: (1) achsenparalleler Strahl, (2) Brennpunktstrahl und (3) Mittelpunktstrahl.

tert. Die Näherung in Gl. (9.2) gilt nur im Grenzfall kleiner Winkel, d. h. für achsennahe Strahlen mit nicht zu großen h. Ist diese Voraussetzung nicht erfüllt, hängt die Brennweite von h ab, was einen Abbildungsfehler verursacht (siehe Abschnitt 9.4). Wir halten fest:

> Im Grenzfall achsennaher Strahlen (Gauß-Optik) bündelt der sphärische Hohlspiegel alle paraxial einfallenden Lichtstrahlen in einem Brennpunkt. Die Brennweite beträgt
>
> $$f = \frac{|R|}{2} \,, \tag{9.3}$$
>
> dem halben Kugelradius.

Um das Bild eines Gegenstands durch den Hohlspiegel zu konstruieren, betrachten wir in Abb. 9.9 drei charakterististische Strahlen, die von der Spitze des Gegenstands ausgehen. Diese typischen Strahlen sind

1. der **achsenparallele Strahl**, dessen Reflexion durch den Brennpunkt F geht;
2. der **Brennpunktstrahl**, der vor der Reflexion durch den Brennpunkt F geht und achsenparallel reflektiert wird und
3. der **Mittelpunktstrahl**, der durch M geht und in sich zurückreflektiert wird, weil er senkrecht auf den Spiegel trifft.

Alle drei Strahlen schneiden sich in der Spitze des Bilds mit der Bildhöhe B. Das konstruierte Bild in Abb. 9.9 ist reell, umgekehrt und verkleinert.

Die Eigenschaften des Bilds hängen von der Gegenstandsweite g relativ zur Brennweite f ab. Die unterschiedlichen Situationen sind in der Abb. 9.10 zusammengefasst.

Im Fall $g \geq 2f$ (Abb. 9.10 (a)) ist das Bild reell, umgekehrt und verkleinert. Die Bildhöhe ist gleich der Gegenstandhöhe G für $g = 2f$ (Abb. 9.10 (b)). Dann sind auch

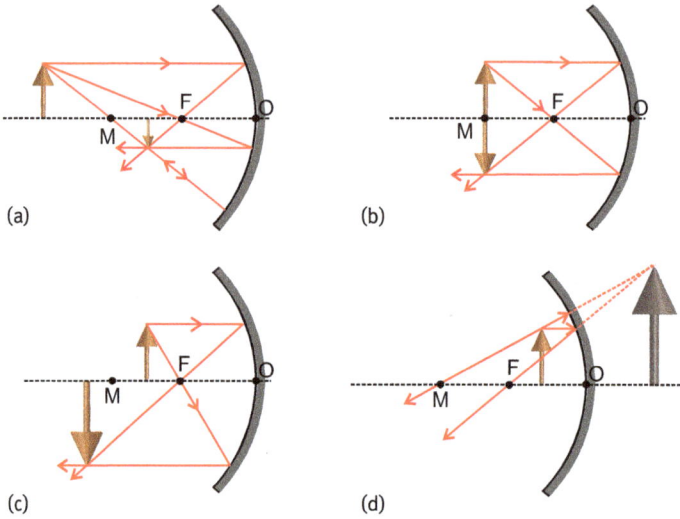

Abb. 9.10: Abbildungssituationen am sphärischen Hohlspiegel. (a) $g > 2f$: Bild reell, umgekehrt, verkleinert; (b) $g = 2f$: Bild reell, umgekehrt, gleich groß; (c) $f < g < 2f$: Bild reell, umgekehrt, vergrößert; (d) $g < f$: Bild virtuell, aufrecht, vergrößert.

die Weiten vom Vertex, g und b, gleich. Für $f < g < 2f$ (Abb. 9.10 (c)) ist das Bild reell, umgekehrt und vergrößert, während es für $g < f$ (Abb. 9.10 (d)) virtuell, aufrecht und vergrößert ist. Steht der Gegenstand im Brennpunkt, existiert kein Bild, weil die Strahlen parallel ausfallen.

Die Relation zwischen g, b und f heißt **Abbildungsgleichung**. Sie kann aus Abb. 9.11 bestimmt werden, in der die Abbildung eines Punkts P auf der o. A. in das Bild P' betrachtet wird. In der achsennahen Näherung der Gauß-Optik gelten die Beziehungen

$$\tan \beta = \frac{h}{g - \Delta} \approx \frac{h}{g},$$

$$\tan \gamma = \frac{h}{b - \Delta} \approx \frac{h}{b},$$

$$\sin \delta = \frac{h}{|R|}.$$

Für achsennahe Strahlen gilt in guter Näherung $\Delta \approx 0$ m und die trigonometrischen Funktionen können mit ihrem Winkel im Bogenmaß gleichgesetzt werden. Darüber hinaus ist $\delta = \alpha + \beta$ und $\gamma = \delta + \alpha$, so dass wir

$$\beta + \gamma = \delta - \alpha + \delta + \alpha = 2\delta,$$

$$\Leftrightarrow \quad \frac{h}{g} + \frac{h}{b} = \frac{2h}{|R|} = \frac{h}{f}$$

und damit die

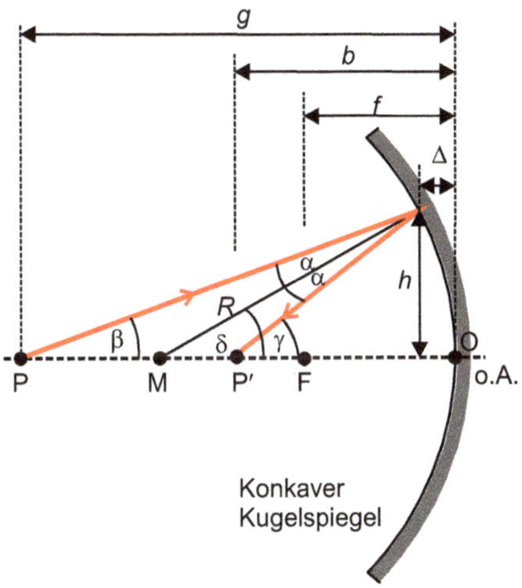

Konkaver
Kugelspiegel

Abb. 9.11: Definition von Winkeln und Abständen
zur Ableitung der Abbildungsgleichung.

Abbildungsgleichung des sphärischen Hohlspiegels

$$\frac{1}{g} + \frac{1}{b} = \frac{1}{f}. \tag{9.4}$$

erhalten. Der **Abbildungsmaßstab**

$$M_\mathrm{T} = \frac{B}{G} = -\frac{f}{g-f} = -\frac{b}{g} \tag{9.5}$$

gibt die transversale Vergrößerung bzw. Verkleinerung des Gegenstands im Bild an. Das negative Vorzeichen weist auf die Umkehrung des reellen Bilds gegenüber dem Gegenstand hin.

Es gilt die Vorzeichenkonvention, wie in der Tab. 9.1 angeben. Beim konkaven Hohlspiegel ist vereinbart, dass die Brennweite, die Gegenstandsweite und die reelle Bildweite positiv sind, während der Radius negativ gemessen wird. Deshalb steht in den Gl. (9.1)–(9.3) der Betrag des Radius.

Tab. 9.1: Vorzeichenkonvention an Abbildungsspiegeln

Größe	Vorzeichen	
	positiv	negativ
Brennweite f	Konkavspiegel	Konvexspiegel
Radius R	Konvexspiegel	Konkavspiegel
	M rechts von O	M links von O
Gegenstandsweite g	links von O	rechts von O
Bildweite b	links von O (reell)	rechts von O (virtuell)
Gegenstandshöhe G	oberhalb der o. A. (aufrecht)	unterhalb der o. A. (umgekehrt)
Bildhöhe B	oberhalb der o. A. (aufrecht)	unterhalb der o. A. (umgekehrt)
Abbildungsmaßstab M_T	aufrechtes Bild	umgekehrtes Bild

Anmerkungen

– Parallele Strahlen, die unter einem Winkel α gegenüber der o. A. auf den konkaven Kugelspiegel einfallen, werden in einem Punkt ober- bzw. unterhalb des Brennpunkts gebündelt. Die Abb. 9.12 zeigt diese Situation. Alle Brennpunkt dieser Art, die durch Variation von α entstehen, bilden die **Fokalebene** des Hohlspiegels.

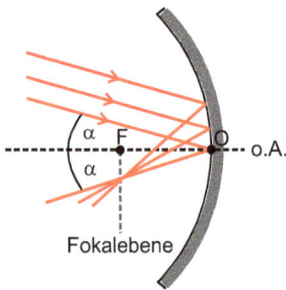

Abb. 9.12: Parallele Strahlenbündel, die nicht achsenparallel einfallen, werden in einem Punkt der Fokalebene ober- bzw. unterhalb von F fokussiert.

– Der **konvexe Kugelspiegel** in Abb. 9.13 erzeugt nur divergente Strahlen und damit virtuelle Bilder. Sie sind stets verkleinert, weshalb solche Spiegel oft zur visuellen Überwachung von Räumen eingesetzt werden. Die Brennweite eines konvexen Kugelspiegels ist per Konvention negativ (siehe Tab. 9.1).

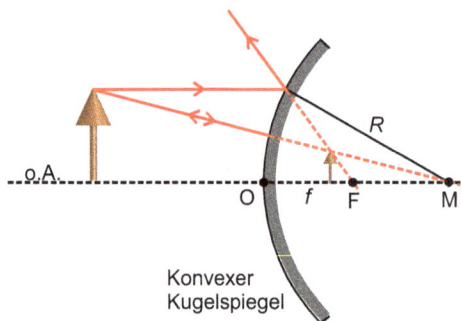

Abb. 9.13: Der konvexe Hohlspiegel erzeugt immer ein verkleinertes, aufrechtes und virtuelles Bild.

– Der Kugelspiegel hat nur in der Kleinwinkelnäherung einen einzelnen Brennpunkt für paraxiale Strahlen. Diese Eigenschaft disqualifiziert ihn z. B. für exakte astronomische Beobachtungen, bei denen besonders scharfe Bilder von weit entfernten Objekten gewünscht sind. Parabolische Hohlspiegel dagegen fokussieren achsenparallele Lichtstrahlen unabhängig von ihrem Abstand von der o. A. in einem Brennpunkt. Präzise Teleskopspiegel aber auch Richtantennen für langwellige elektromagnetische Strahlung sind daher parabolisch geformt. Oft kann die Spiegeloberfläche zum Ausgleich von Dispersion und Verformungen klein-

Abb. 9.14: Fotografie des Radioteleskops des Max-Planck-Instituts für Radioastronomie in Effelsberg/ Eifel.

mechanisch angepasst (*adaptiert*) werden. Die Abb. 9.14 zeigt beispielhaft den parabolisch geformten, voll beweglichen Spiegel des Radioteleskops Effelsberg des Max-Planck-Instituts für Radioastronomie in der Eifel. Der Durchmesser der Parabolantenne beträgt 100 m und die gesamte Stahlkonstruktion hat eine Masse von 3 200 Tonnen. Das Teleskop ist damit eines der größten seiner Art.

9.3 Linsen

9.3.1 Abbildung durch eine brechende, sphärische Grenzfläche

Die Abb. 9.15 zeigt in Querschnitt zwei optisch dichte Medien mit den Brechungsindizes n_1 und $n_2 > n_1$, die durch eine *konvexe*, kugelflächenförmige Grenzfläche voneinander getrennt sind. Der Krümmungsradius beträgt R und hat per Konvention ein positives Vorzeichen. Der Punkt M und o. A. bezeichnen wieder den Mittelpunkt der Kugeloberfläche bzw. die optische Achse. Vom optisch dünneren Medium fällt ein achsenparalleler Strahl unter dem Einfallswinkel α auf die Grenzfläche. Er wird unter dem Winkel β gebrochen wird. Der Schnittpunkt F_1 mit der o. A. entspricht dem Fokus bzw. Brennpunkt der Grenzfläche.

Um die Brennweite f_1 zu berechnen, verwenden wir die geometrischen Beziehungen

$$h = R \sin \alpha \approx f_1 \sin \gamma \,, \tag{9.6}$$

$$\gamma = \alpha - \beta \,, \tag{9.7}$$

wie in der Abb. 9.15 zu ersehen. Durch Umformen nach f_1 und Verwenden der Kleinwinkelnäherung $\cos \alpha \approx 1$, $\cos \beta \approx 1$, erhalten wir

$$f_1 = \frac{\sin \alpha}{\sin(\alpha - \beta)} R = \frac{\sin \alpha}{\sin \alpha \cos \beta - \sin \beta \cos \alpha} R \approx \frac{\sin \alpha}{\sin \alpha - \sin \beta} R \,, \tag{9.8}$$

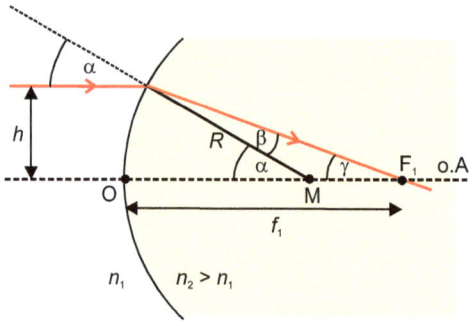

Abb. 9.15: Brechung eines achsenparallelen und achsennahen Strahls an einer sphärischen Mediengrenze optisch dünn nach optisch dicht.

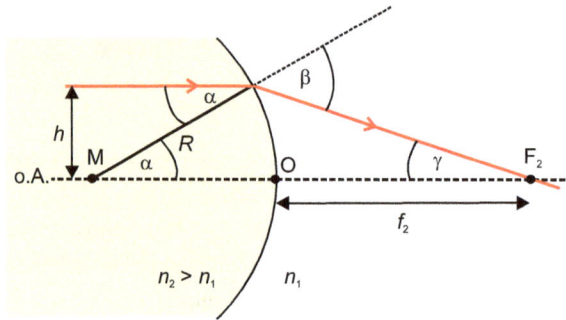

Abb. 9.16: Brechung eines achsenparallelen und achsennahen Strahls an einer sphärischen Mediengrenze optisch dicht nach optisch dünn.

was mit dem Brechungsgesetz $n_1 \sin\alpha = n_2 \sin\beta$ das Ergebnis

$$f_1 = \frac{n_2}{n_2 - n_1} R \tag{9.9}$$

für achsennahe Strahlen liefert.

Es ist aber Vorsicht geboten, weil die Brennweite rechts vom Vertex, wie sie gerade berechnet wurde, anders ist als die links vom Vertex. Achsenparallele Strahlen, die wie in Abb. 9.16 vom optisch dichteren Medium auf die jetzt konkave Kugeloberfläche treffen, werden zur o. A. hin in den Brennpunkt F_2 gebrochen. Weil R jetzt per Konvention ein negatives Vorzeichen hat, erhält man die positive Brennweite

$$f_2 = \frac{n_1}{n_1 - n_2} R = \frac{n_1}{n_2 - n_1} |R| , \tag{9.10}$$

die von Gl. (9.9) abweicht.

Analog zum sphärischen Spiegel können wir durch geometrische Relationen die Abbildungsgleichung für die konvexe, sphärische Grenzfläche herleiten. In der Abb. 9.17 sind alle relevanten Winkel und Abstände eingezeichnet. Der Radius R hat wegen der konkaven Grenzfläche ein positives Vorzeichen. Einfalls- und Brechungswinkel seien so klein, dass das Brechungsgesetz als

$$n_1 \alpha = n_2 \beta \quad \Leftrightarrow \tag{9.11}$$

$$n_1(\varphi + \vartheta) = n_2(\varphi - \gamma) \tag{9.12}$$

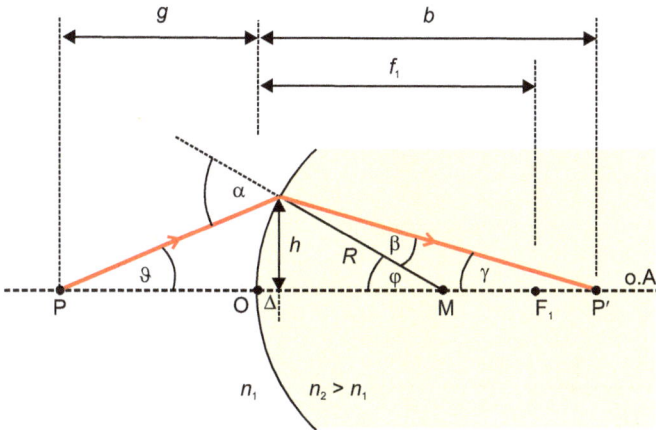

Abb. 9.17: Definition von Winkeln und Abständen zur Ableitung der Abbildungsgleichung an der konvexen, sphärischen Grenzfläche.

geschrieben werden kann. Wie der Abb. 9.17 zu entnehmen ist, können mit $\Delta \approx 0\,\text{m}$ die Winkel durch Längen ausgedrückt werden, weil

$$h = (g + \Delta)\tan\vartheta \approx g\vartheta\,,$$

$$h = (b - \Delta)\tan\gamma \approx b\gamma\,,$$

$$h = R\sin\varphi \approx R\varphi$$

gilt. Werden die Winkel in Gl. (9.12) ersetzt, folgt

$$n_1\left(\frac{h}{R} + \frac{h}{g}\right) = n_2\left(\frac{h}{R} - \frac{h}{b}\right)$$

und damit die Abbildungsgleichung der konvexen, sphärischen Grenzfläche

$$\frac{n_1}{g} + \frac{n_2}{b} = \frac{n_2 - n_1}{R} = \frac{n_2}{f_2} = \frac{n_1}{f_1}\,. \qquad (9.13)$$

9.3.2 Dünne Linsen

Lichtbrechende optische Elemente besitzen üblicherweise zwei brechende Grenzflächen, wenn sich Objekt und Bild im gleichen Medium, meist Luft, befinden. Die Abb. 9.18 zeigt die verschiedenen, sphärische Linsenformen im Querschnitt, d. h. die Grenzflächen entsprechen Kugeloberflächen. Man beachte die Vorzeichenkonvention für die Krümmungsradien der beiden Grenzflächen.

Es wird generell zwischen **Sammellinsen** und **Zerstreuungslinsen** unterschieden. Eine Sammellinse fokussiert parallel einfallende Strahlen in einem Punkt. Ach-

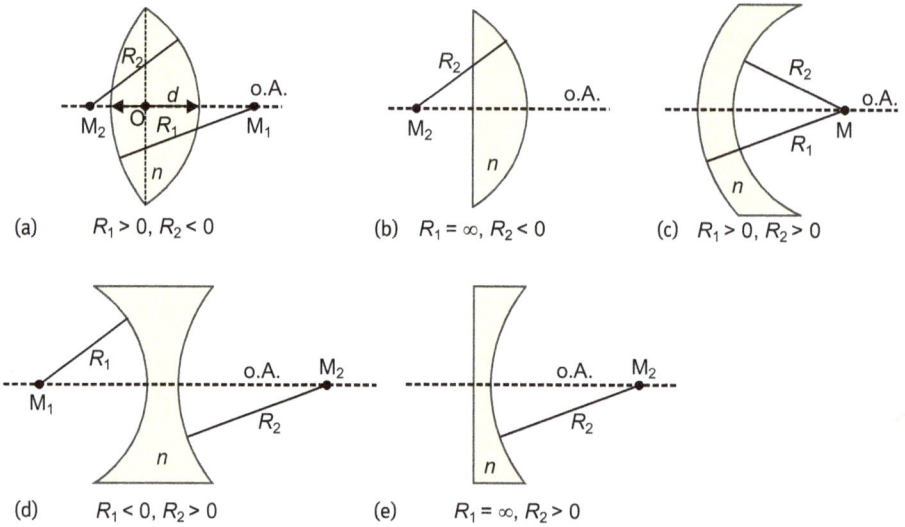

(a) $R_1 > 0, R_2 < 0$ (b) $R_1 = \infty, R_2 < 0$ (c) $R_1 > 0, R_2 > 0$

(d) $R_1 < 0, R_2 > 0$ (e) $R_1 = \infty, R_2 > 0$

Abb. 9.18: Typische sphärische Linsenformen: (a) Bikonvexe Linse, Positiv- bzw. Sammellinse; (b) Plankonvexe Linse, Positiv- bzw. Sammellinse; (c) Konvexe-konkave Linse; (d) Bikonkave Linse, Negativ- bzw. Zerstreuungslinse; (e) Plankonkave Linse, Negativ- bzw. Zerstreuungslinse.

senparallele Strahlen werden im Brennpunkt F auf der o. A. zusammengeführt, wie in Abb. 9.19 (a) gezeichnet. Eine Zerstreuungslinse macht aus parallel einfallenden Strahlen divergente, die von einem virtuellen Punkt vor der Linse ausgehen, wie Abb. 9.19 (b) zeigt.

Wir betrachten im Folgenden exemplarisch die **bikonvexe Sammellinse** mit sphärischen Oberflächen im Detail, wie sie im Querschnitt in Abb. 9.18 (a) gezeichnet ist. Dabei gehen wir zunächst von einer endlichen Linsendicke d aus. Die Oberflächen sollen die Krümmungsradien $R_1 > 0$ m für die linke und $R_2 < 0$ m für die rechte Grenzfläche haben. Die entsprechenden Kugelmittelpunkte sind mit M_1 und M_2 bezeichnet. Der Ursprung der optischen Achse liege am Schnittpunkt mit der Linsensymmetrieachse. Die Linse bestehe aus einen homogenen, transparenten Material mit dem Brechungsindex n und sei von Luft mit $n_{Luft} = 1$ umgeben.

Zur Herleitung der Abbildungsgleichung gehen wir schrittweise vor und betrachten zunächst in Abb. 9.20 (a) das Bild mit der Bildhöhe B_1, das gedanklich nur durch Brechung der Strahlen vom Gegenstand mit der Höhe G an der linken Grenzfläche entsteht. Dabei wird der Urspung am Vertex O_1 festgelegt. Mit Gl. (9.13) erhalten wir

$$\frac{1}{g_1} + \frac{n}{b_1} = \frac{n-1}{R_1} .$$ (9.14)

Alle Abstände haben per Konvention ein positives Vorzeichen. Im zweiten Schritt ermitteln wir das Bild mit Höhe B, das durch die Abbildung an der rechten Grenzfläche aus dem ersten Bild mit B_1 entsteht. Gedanklich lassen wir Strahlen von der Spit-

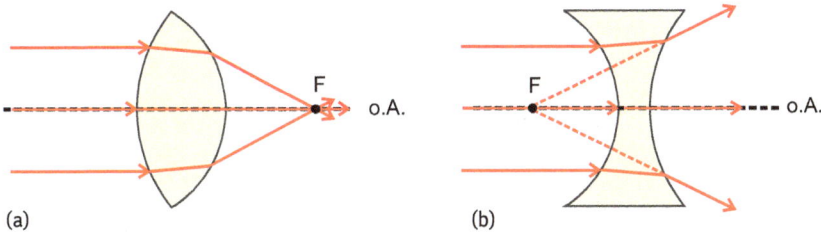

Abb. 9.19: Brechung achsennaher, paraxialer Strahlen. (a) Fokussierung auf den realen Fokuspunkt durch die Sammellinse. (b) Divergenz der Strahlen durch die Zerstreuungslinse und Konstruktion des virtuellen Fokuspunkts.

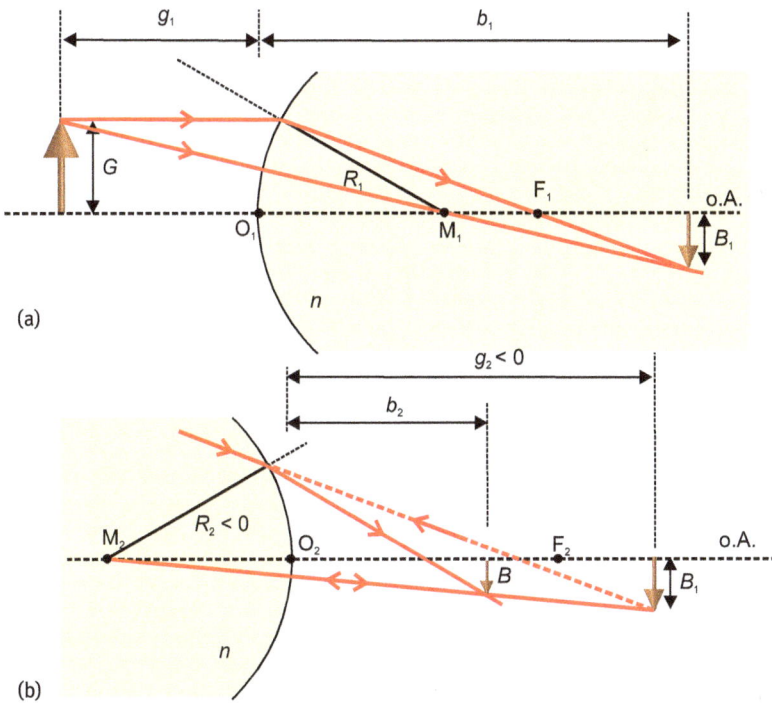

Abb. 9.20: Konstruktion der Abbildungsgleichung für die bikonvexe Linse. (a) Gedankliche Entstehung des Bilds durch Brechung an der linken Grenzfläche. (b) Transformation des Bilds aus (a) auf das eigentliche Bild durch Brechung an der rechten Grenzfläche.

ze von B_1 ausgehen und verlängern sie jenseits der Grenzfläche, wie in Abb. 9.20 (b) skizziert. Kehren wir auf den gleichen Strahlen zurück, müssen wir jetzt die Brechung an der Grenzfläche berücksichtigen. In Abb. 9.20 (b) ist dieses für den oberen Strahlenverlauf eingezeichnet. Der andere Strahl trifft den Mittelpunkt und steht senkrecht auf der Grenzfläche. Er wird nicht gebrochen. Rechnerisch wenden wir wieder Gl. (9.13) an,

$$\frac{n}{g_2} + \frac{1}{b_2} = \frac{1-n}{R_2} \, , \tag{9.15}$$

wobei $g_2 = -(b_1 - d)$ und R_2 nach der Konvention negative Vorzeichen haben! Einsetzen von g_2 in Gl. (9.15) ergibt

$$\frac{-n}{b_1 - d} + \frac{1}{b_2} = \frac{1-n}{R_2} \, . \tag{9.16}$$

Addition der Gl. (9.14) und (9.16) liefert

$$\frac{1}{g_1} + \frac{1}{b_2} = (n-1)\left(\frac{1}{R_1} - \frac{1}{R_2}\right) + \frac{nd}{b_1(b_1 - d)} \, . \tag{9.17}$$

Wir wollen im Folgenden die wichtige Näherung der **dünnen Linse** ansetzen. Für sie gelten die Grenzfälle

$$d \to 0\,\mathrm{m}\,; \quad g_1 \to g\,; \quad b_2 \to b\,, \tag{9.18}$$

woraus die

Linsenschleiferformel

$$\frac{1}{g} + \frac{1}{b} = (n-1)\left(\frac{1}{R_1} - \frac{1}{R_2}\right) \tag{9.19}$$

folgt. Die Längen g, b und R_1 sind positive Zahlen, während R_2 negativ ist.

Lichtsstrahlen sehr weit entfernter Objekte fallen achsenparallel auf die Linse und werden im Brennpunkt fokussiert. Deshalb nennt man die Bikonvex-Linse auch eine Sammellinse. Die Bildhöhe ist dann praktisch null. Daraus kann die Brennweite f der dünnen Linse leicht bestimmt werden. Sie entspricht der Bildweite, wenn der Gegenstand unendlich weit von der Linse entfernt ist, also für $g \to \infty$ gilt $b = f$ und mit Gl. (9.19)

$$f = \frac{1}{n-1}\left(\frac{R_1 \cdot R_2}{R_2 - R_1}\right) \, . \tag{9.20}$$

Beachtet man die Vorzeichenkonvention, folgt für bikonvexe Linsen mit gleichen Krümmungsradien $R_1 = -R_2 = R$

$$f = \frac{R}{2(n-1)} \, . \tag{9.21}$$

Die Linsenschleiferformel nach Gl. (9.19) ergibt die wichtige

Abbildungsgleichung einer dünnen Linse

$$\frac{1}{g} + \frac{1}{b} = \frac{1}{f} \, , \tag{9.22}$$

die mit Gl. (9.4) für den sphärischen Hohlspiegel identisch ist. Die Tab. 9.2 fasst die Vorzeichen der charakteristischen Längen für optische Linsen zusammen.

Tab. 9.2: Vorzeichenkonvention an abbildenden dünnen Linsen

Größe	Vorzeichen	
	positiv	negativ
Brennweite f	Sammellinse	Zerstreuungslinse
Gegenstandsweite g	reelles Objekt (links von O)	virtuelles Objekt (rechts von O)
Bildweite b	reelles Bild (rechts von O)	virtuelles Bild (links von O)
Gegenstandhöhe G	oberhalb der o. A. (aufrecht)	unterhalb der o. A. (umgekehrt)
Bildhöhe B	oberhalb der o. A. (aufrecht)	unterhalb der o. A. (umgekehrt)
Abbildungsmaßstab M_T	aufrechtes Bild	umgekehrtes Bild

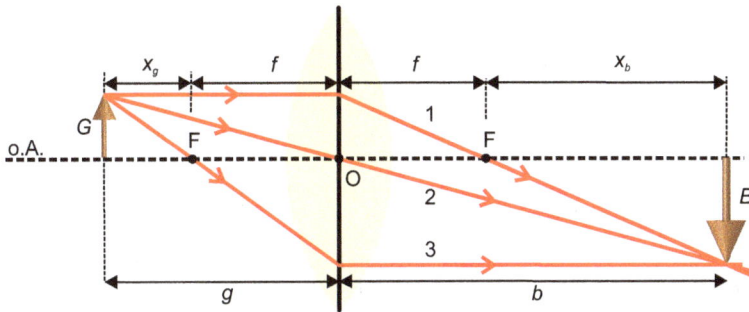

Abb. 9.21: Abbildungskonstruktion an der dünnen Linse. (1) Paraxialer Strahl. (2) Mittelpunktstrahl. (3) Brennpunktstrahl.

Links- und rechtsseitige Brennweite der dünnen Linse sind betragsmäßig immer gleich! Die Abbildungsgleichung gilt sowohl für Sammel- als auch für Zerstreuungslinsen.

Die dünne Linse wird üblicherweise durch eine ebene Fläche symbolisiert, die die o. A. im Ursprung O senkrecht schneidet. Im Querschnitt der Abb. 9.21 wird aus der Ebene ein senkrechter Strich, an dem gedanklich die Brechung abrupt erfolgt. Für die Abbildungskonstruktion verwenden wir die vom Hohlspiegel bekannten, drei charakteristischen Strahlen, die von der Spitze des pfeilförmigen Gegenstands ausgehen.

1. Der paraxiale Strahl geht durch den rechtsseitigen Fokus F.
2. Der ungebrochene Mittelpunktstrahl geht durch den Ursprung.
3. Der Brennpunktstrahl verläuft hinter der Sammellinse achsenparallel.

Die Strahlen schneiden sich in der Spitze des Bilds.

In der Abb. 9.21 liegt die Gegenstandsweite g zwischen f und $2f$ und das Bild ist reell, umgekehrt und vergrößert.

Die Abbildungsgleichung (9.22) kann durch das Umschreiben der Gegenstands- und Bildweite

$$g = f + x_g \quad \text{und} \quad b = f + x_b$$

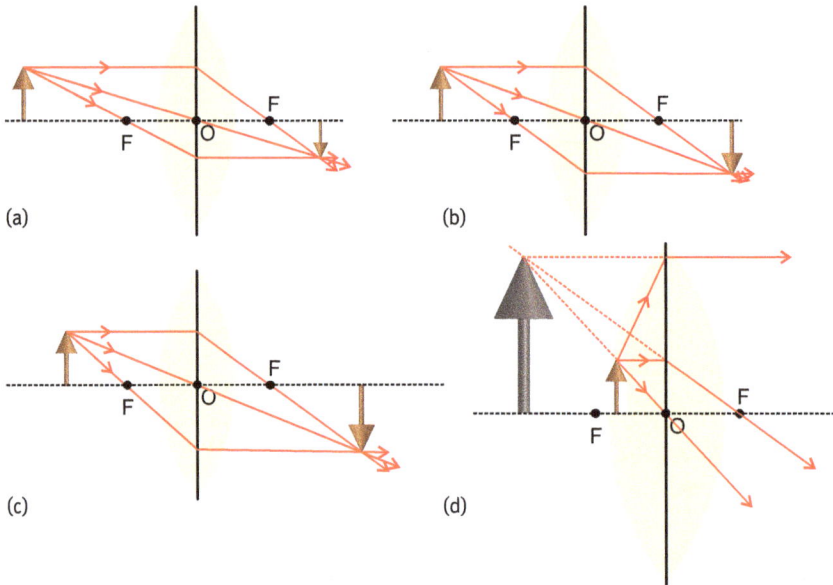

Abb. 9.22: Abbildungssituationen an der dünnen bikonvexen Linse. (a) $g > 2f$: Bild reell, umgekehrt, verkleinert; (b) $g = 2f$: Bild reell, umgekehrt, gleich groß; (c) $f < g < 2f$: Bild reell, umgekehrt, vergrößert; (d) $g < f$: Bild virtuell, aufrecht, vergrößert.

in die äquivalente *newtonsche Abbildungsgleichung*

$$x_g \cdot x_b = f^2 \qquad (9.23)$$

umgeformt werden (siehe Übungen). Der Abbildungsmaßstab bzw. die Transversalvergrößerung durch die dünne Sammellinse ist wie in Gl. (9.5) definiert, also

$$M_T = \frac{B}{G} = -\frac{b}{g} , \qquad (9.24)$$

wobei das negative Vorzeichen erneut die Bildumkehr berücksichtigt.

Die Abb. 9.22 stellt für die Sammellinse die unterschiedlichen Abbildungsszenarien zusammen. Ist $g = 2f$, ist das reelle Bild so groß wie der Gegenstand. Im Fall $g < f$ wird das Bild virtuell und stets vergrößert. Zerstreuungslinsen, wie z. B. die bikonkave Linse in Abb. 9.18 (d), verkleinern immer. Das Bild ist stets virtuell und aufrecht. Die Abb. 9.23 zeigt eine typische Abbildungskonstruktion.

ℹ️ Beispiel

In Gl. (9.22) sind Bild- und Gegenstandsweite austauschbar. Daher gibt es bei einem festen Abstand $g + b$ zwischen Objekt und Bild zwei Linsenpositionen, in denen das Bild scharf auf der Mattscheibe abgebildet ist. Die Abb. 9.24 verdeutlicht dieses für eine Kerzenflamme als Objekt und eine Mattscheibe. Beide sind $L = g + b = 100\,\text{cm}$

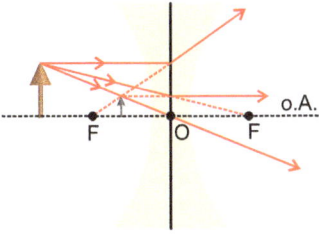

Abb. 9.23: Das Bild an einer dünnen Zerstreuungslinse ist stets virtuell, aufrecht und verkleinert.

Abb. 9.24: Bei festem Abstand zwischen Objekt (Kerze) und Mattscheibe (Bild) sind zwei Konstellationen für eine Abbildung möglich.

voneinander entfernt. Die Sammellinse hat eine Brennweite von $f = 20\,\text{cm}$, so dass es scharfe Abbildungen für

$$\frac{1}{g} + \frac{1}{L-g} = \frac{1}{f}$$

$$\Rightarrow \quad g_{1,2} = \frac{L}{2}\left(1 \pm \sqrt{1 - 4f/L}\right)$$

$$\Rightarrow \quad b_{1,2} = \frac{L}{2}\left(1 \mp \sqrt{1 - 4f/L}\right)$$

gibt mit $g_1 = 72{,}4\,\text{cm}$ und $g_2 = 27{,}6\,\text{cm}$. Für $b_{1,2}$ erhält man die gleichen, komplementären Werte.

9.3.3 Die Brennebene

Die Sammellinse fokussiert achsenparallele Strahlen im Brennpunkt F. Parallele Strahlen, die unter einem Winkel α auf die dünne Sammellinse treffen, werden in einem Punkt F' fokussiert, der in Abb. 9.25 mit dem Mittelpunkt- und dem Brennpunktstrahl, 1 und 2, konstruiert wird. Der Strahl 3 wurde so gezeichnet, dass er durch den Punkt F' geht. Die Abbildung paraxialer Strahlen ist in Abb. 9.25 in Grau eingezeichnet. Variation des Einfallswinkels lässt ein Kontinuum von Punkte F' entstehen,

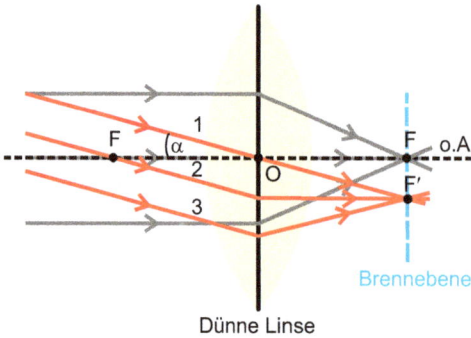

Dünne Linse

Brennebene

Abb. 9.25: Parallele Strahlen, die nicht paraxial einfallen, werden in einem Punkt der Brennebene fokussiert.

die die *Brennebene* definieren. Im Querschnitt der Abb. 9.25 stellt die Brennebene eine Linie durch den Brennpunkt dar, die senkrecht auf der o. A. steht. Räumlich betrachtet ist die Brennebene bei dünnen Linsen eine ebene Fläche, die in F senkrecht von der o. A. geschnitten wird. Bei realen Linsen ist die Brennebene gekrümmt (siehe Abschnitt 6.4).

Wenn wir das Strahlenkonzept kurz außer acht lassen und an die Wellennatur des Lichts denken, überlagern sich Wellenzüge, die parallel von der Lichtquelle ausgehen, in der Brennebene der dünnen Linse. Diese Situation kennen wir von der Fraunhofer-Beugung, bei der parallele, kohärente Wellenzüge im großen Abstand von der Lichtquelle interferieren. Es sind also Fraunhofer-Interferenzmuster in der Brennebene zu erwarten, wenn die Wellenzüge kohärent sind.

In der Abb. 9.26 ist ein beleuchteter Doppelspalt als Objekt eingezeichnet. Wellenzüge, die parallel auf die Linse einfallen, werden in einem Punkt der Brennebene überlagert. Dahinter entsteht in der Bildweite die Abbildung des Doppelspalts. In der Abb. 9.26 sind für die Übersichtlichkeit nur je zwei parallele Strahlen eingezeichnet. Das Interferenzmuster in der Brennebene kann aber von dem der Fraunhofer-Beugung abweichen, weil die optischen Weglängen womöglich durch Dispersion in der Linse noch beeinflusst werden.

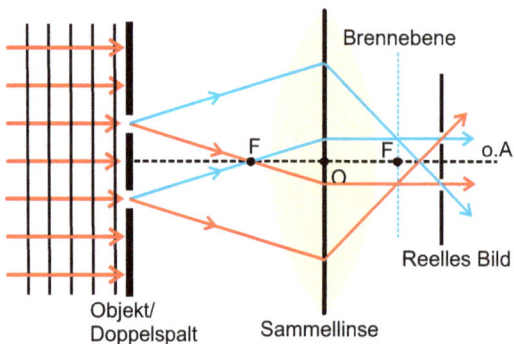

Objekt/
Doppelspalt

Sammellinse

Brennebene

Reelles Bild

Abb. 9.26: Am Beispiel der Abbildung eines Doppelspalts ist zu erkennen, dass sich in der Brennebene parallel vom Objekt ausgehende Strahlen überlagern und dort Interferenzmuster entstehen können.

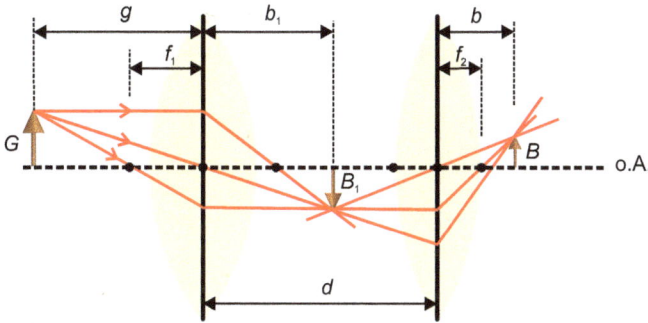

Abb. 9.27: Abbildung durch zwei zusammengesetzte dünne Sammellinsen.

9.3.4 Zusammengesetzte dünne Linsen

Optische Systeme und Instrumente bestehen in der Regel aus mehreren Einzelelementen auf einer o. A. In Kameraobjektiven z. B. befinden sich oft mehr als zehn Einzellinsen, deren Abstände voneinander in Objektiven mit variabler Brennweite auch noch verändert werden. Wir betrachten in Abb. 9.27 den einfachen Fall zweier dünner Sammellinsen im festen Abstand d voneinander. Hier ist d größer als die Summe der beiden Brennweiten, so dass Linse 1 vom Gegenstand ein reelles Zwischenbild erzeugt, das von Linse 2 in das aufrechte, reelle Endbild abgebildet wird. Der Abstand kann aber auch kleiner sein, wobei dann aber auf negative Vorzeichen geachtet werden muss.

Mit den Bezeichnungen aus Abb. 9.27 gelten für die Linsen die beiden Abbildungsgleichungen

$$\frac{1}{g} + \frac{1}{b_1} = \frac{1}{f_1} \quad \text{und} \tag{9.25}$$

$$\frac{1}{d - b_1} + \frac{1}{b} = \frac{1}{f_2}, \tag{9.26}$$

die zusammengefasst

$$\frac{1}{g} + \frac{1}{b} = \frac{1}{f_1} + \frac{1}{f_2} - \frac{d}{b_1(d - b_1)} \tag{9.27}$$

ergeben. Die rechte Seite von Gl. (9.27) können wir als $1/f$ des Gesamtsystems ansehen.

Für den Fall eines verschwindenden Abstands der Linsen, $d \to 0\,\text{m}$, resultiert eine einfache Gleichung für die Gesamtbrennweite der beiden dünnen Linsen

$$\frac{1}{f} = \frac{1}{f_1} + \frac{1}{f_2}. \tag{9.28}$$

Man definiert als **Brechkraft** einer Linse mit Brennweite f die Größe

$$D^* = \frac{1}{f}, \quad [D^*] = \text{Dioptrien} = \text{dpt} = \frac{1}{\text{m}}. \tag{9.29}$$

Für Systeme aus N dünnen Linsen, deren Abstände klein gegenüber den Brennweiten sind, addieren sich die einzelnen Brechkräfte zur Gesamtbrechkraft

$$\frac{1}{f} \approx \sum_{j=1}^{N} \frac{1}{f_j} \quad \text{bzw.} \tag{9.30}$$

$$D^* \approx \sum_{j=1}^{N} D_j^* . \tag{9.31}$$

Die Transversalvergrößerung von Linsensystemen ist das Produkt der Abbildungs-maßstäbe der Einzellinsen. In der Abb. 9.27 ist dieses für die zwei dünnen Linsen leicht nachzuvollziehen, denn es gilt

$$M_{\mathrm{T}} = \frac{B}{G} = \frac{B}{B_1} \cdot \frac{B_1}{G} = M_{\mathrm{T},1} \cdot M_{\mathrm{T},2} . \tag{9.32}$$

ℹ️ Beispiel

Brillengläser sind notwendig, um die Brechkraft des Systems Auge/Brille so zu ver-ändern, damit scharfes Sehen bequem möglich ist (siehe Technische Ergänzung). Ein Brillenglas mit -2 dpt besteht aus einer Zerstreuungslinse (negatives Vorzeichen!) mit einer Brennweite von -50 cm. Es gleicht eine Kurzsichtigkeit aus.

9.4 Aberrationen

Die gaußsche Optik gründet auf der Kleinwinkelnäherung $\sin \alpha \approx \alpha$ und der Vernach-lässigung jeglicher Dispersion. Beim Konzept der dünnen Linse wird davon Gebrauch gemacht. Sie ist eine Idealvorstellung, die in der Wirklichkeit nicht gut erfüllt ist. Es treten deshalb *Abweichungen* von den idealen Abbildungen auf, die als **Aberrationen** bezeichnet werden. Man findet sie bei abbildenden Spiegeln als auch bei Linsen. Wir beschränken uns auf eine qualitative Diskussion der Abbildungsfehler von Linsen.

9.4.1 Monochromatische Aberrationen

Es soll zunächst einfarbiges Licht auf die Linse einfallen. Abweichungen von der idea-len Abbildung treten wegen der linearen Annäherung der Sinus-Funktion auf, was die wahre Geometrie der Abbildung nicht korrekt wiedergibt. Die Sinus-Funktion kann besser angenähert werden, wenn der zweite Summand der Potenzreihenentwicklung mitgenommen wird. Weil die Funktion punktsymmetrisch bzw. ungerade ist, ist der Term nicht quadratisch, sondern von dritter Potenz, d. h. $\sin \alpha \approx \alpha - \alpha^3/6$. Aberra-tionen dritter Ordnung sind diejenigen, die mit dieser Approximation erfasst werden. Im Vergleich zur idealen Abbildung in gaußscher Optik mit linearer Annäherung des Sinus bezeichnet man sie oft auch als *Abbildungsfehler* 3. Ordnung.

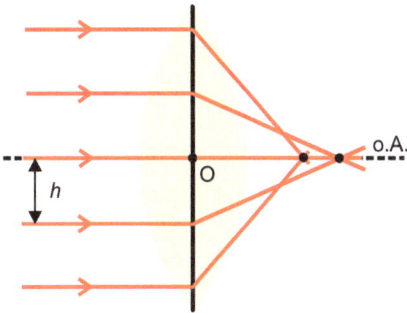

Abb. 9.28: Die sphärische Aberration beschreibt die Verkürzung der Brennweite für achsenferne Strahlen.

Im 19. Jahrhundert beschrieb Philipp Ludwig von Seidel (1821–1896) fünf grundlegende Abweichungen dritter Ordnung, die unter dem Namen **Seidelsche Aberrationen** bekannt sind. Ihr Erscheinen und ihre Ursache werden im Folgenden kurz vorgestellt.

1. **Sphärische Aberration**

   Achsenparallele Strahlen treffen sich im Brennpunkt. Bei Linsen mit kugelförmigen Oberflächen hängt f aber vom Abstand des parallelen Strahls zur o. A. ab. Die Abb. 9.28 zeigt den Effekt, dass achsenfernere Strahlen in einem näheren Brennpunkt fokussiert werden. Der Einfluss der sphärischen Aberration kann durch eine Kreisblende vor der Linse reduziert werden, die das Strahlenbündel auf achsennahe Strahlen einschränkt. Bei asymmetrischen, z. B. plan-konvexen Linsen ist übrigens dieser Fehler unterschiedlich stark ausgeprägt, je nachdem, auf welche Seite der Linse das Strahlenbündel auftrifft.

   Die sphärische Aberration führt zu unscharfen Bildern. Ein berühmter Fall dieses Linsenfehlers trat beim Weltraumspiegelteleskop *Hubble* auf. Beim Schleifen des Primärspiegels wurde irrtümlich eine falsche Kurvenform vorgegeben, in deren Folge eine deutliche Verschiebung des Fokus mit dem Achsabstand der Strahlen entstand. Wie die linke Fotografie der Galaxie M-100 in Abb. 9.29 zeigt, konnten nur unscharfe Bilder aufgenommen werden. Diese Galaxie ist übrigens 55 Millionen Lichtjahre von der Erde entfernt. Mit einer spektakulären Reparatur im Weltraum konnte 1993 eine komplizierte Zusatzoptik installiert werden, die die ‚Fehlsichtigkeit‘ des Teleskops korrigierte. Die Verbesserung ist auf der rechten Seite der Abb. 9.29 zu erkennen, die M-100 mit unzähligen Einzelsternen in

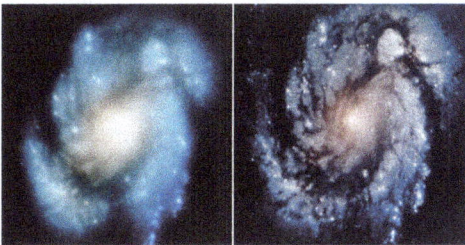

Abb. 9.29: Zwei Fotografien der Galaxie M-100 mit dem Weltraumteleskop *Hubble* vor (links) und nach (rechts) der Korrektur der sphärischen Aberration (Foto: NASA, USA).

exzellenter Schärfe zeigt. Das Hubble-Teleskop vertiefte und veränderte von da an mit seinem ungetrübten, scharfen Blick in den Kosmos unsere Vorstellungen vom Universum.

2. **Koma**

Die Koma beschreibt einen Fehler der selbst bei fehlender sphärischer Aberration für schräg einfallende, parallele Strahlenbündel auftritt. Wie die Skizze in Abb. 9.30 erklärt, verschiebt sich der Fokus für Strahlen, die weiter von der Mitte des Strahlenbündels entfernt sind. Je nach Form der Linse kann die Verschiebung ober- oder unterhalb des zentralen Fokus liegen (positive oder negative Koma). Die Abbildungsabweichung führt bei Lichtpunkten zu einseitigen, schweifartigen Aufhellungen, die der Aberration ihren Namen geben. Weil die Aufhellung nur zu einer Seite erfolgt, spricht man auch von einem asymmetrischen Linsenfehler. Durch das Einführen einer Blende vor der Linse, kann die Koma reduziert werden.

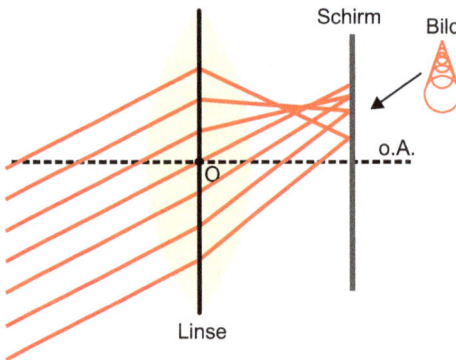

Abb. 9.30: Die Koma führt zu trichterförmigen Verzeichnungen. Die Brennpunkte von Strahlen eines von nicht-paraxialen, parallelen Strahlenbündels hängen vom Abstand zum Mittelpunktstrahl ab.

3. **Astigmatismus**

Astigmatismus (*griech*. Punktlosigkeit) tritt auf, wenn ein Strahlenbündel auf eine Linsenoberfläche mit variierender Krümmung trifft. Dieser Fall tritt z. B. auf, wenn die sphärische Symmetrie der Linse gebrochen ist. Solche elliptisch verformten, brechenden Grenzflächen liegen z. B. bei der Hornhautverkrümmung im Auge vor. Auch bei sphärischen Linsen kommt Astigmatismus vor, wenn das Strahlenbündel nicht zentral, sondern windschief auf die Linse trifft.

Die Abb. 9.31 geht von einer dünnen Linse aus und zeigt die Abbildung eines Objektpunkts P in einen Bildpunkt P' für verschieden auf die Linse einfallende Strahlen, für die unterschiedliche Krümmungsradien und damit unterschiedliche Brennweiten vorliegen. Man kann für das Strahlenbündel zwei Hauptkrümmungslinien auf der Linse festlegen, die mit dem Mittelpunktstrahl durch den Ursprung O zwei Ebenen definieren. Die *Meridionalebene* in Abb. 9.31 wird vom Mittelpunktstrahl und der o. A. aufgespannt, während die *Sagittalebene* senkrecht dazu steht, aber auch den Mittelpunktstrahl enthält. In einem realen optischen

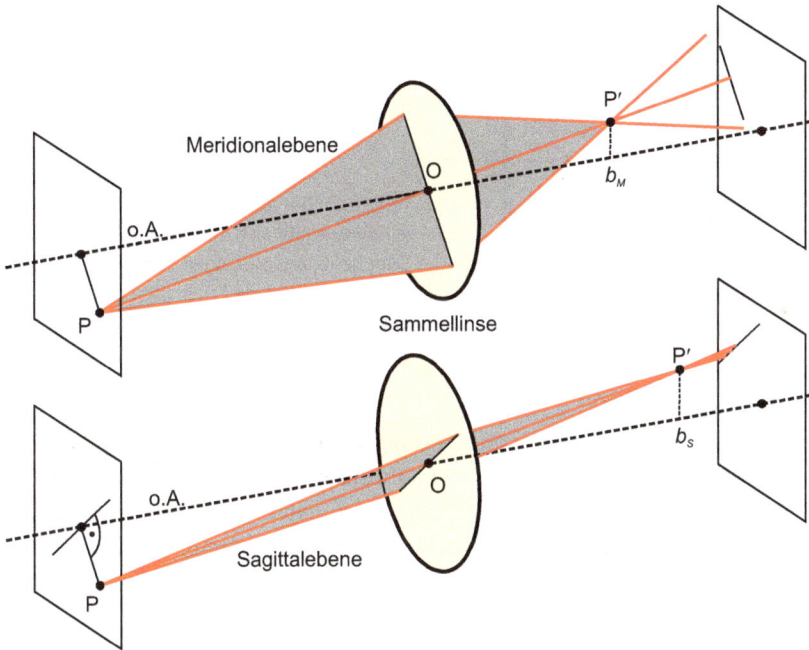

Abb. 9.31: Astigmatismus einer nicht-sphärischen Linse bedeutet unterschiedliche Bildweiten für Sagittal- und Meridionalstrahlen.

System kann die Sagittalebene in der Linse abknicken, d. h. vor und hinter der Linse ist die Sagittalebene unterschiedlich. Im Falle der Linse in Abb. 9.31 wird dieses vernachlässigt. Die Meridionalebene erfährt kein Abknicken durch das optische System.

Sagittalstrahlen werden weniger stark gebrochen als Meridionalstrahlen. Daher ist die meridionale Brennweite kleiner als die sagittale. In der Abb. 9.31 gibt es daher zwei Bildweiten b_S und b_M für die entsprechenden Strahlen. Das hat zur Folge, dass es keinen scharfen Bildpunkt für das gesamte Strahlenbündel gibt. Aus einem Lichtpunkt wird ein Strich an den Orten des Sagittal- bzw. Meridionalschnittpunkts. Dazwischen gibt es nur kreis- oder ellipstisch geformte Lichtflecken. In der Abb. 9.32 sind beispielhaft die Bilder des Buchstabens T an den Bildpunkten b_M und b_S simuliert. Dazwischen ist der Buchstabe stets unscharf.

Abb. 9.32: Typische Bilder des Buchstabens T bei astigmatischer Abbildung. Die beiden Bilder links sind am Sagittal- und am Merdionalbildpunkt zu beobachten. Das Bild rechts stellt einen (unscharfen) Kompromiss zwischen den beiden Grenzfällen dar.

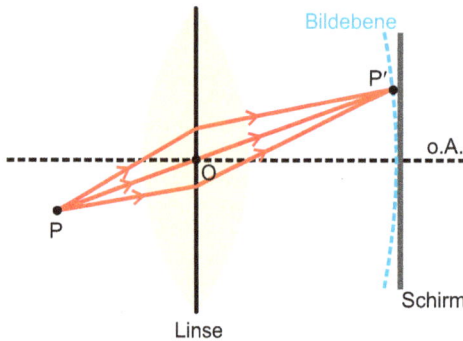

Abb. 9.33: Der Abbildungsfehler der Bildfeldwölbung ergibt sich aus einer gekrümmten Bildebene, was selbst bei achsennahen Objekten entweder die Ecken oder die Mitte eines Bilds unscharf macht.

4. **Bildfeldwölbung**

   Ein optisches System, das frei von allen bisher betrachteten Aberrationen ist, kann immer noch eine Bildfeldwölbung aufweisen. Sie kommt durch die Krümmung der Bildebene zustande, die selbst bei schmalen zentralen Strahlenbündeln wie in Abb. 9.33 auftritt. Das führt zu unscharfen Bildrändern, denn Bilder ausgedehnter Objekte sind entweder nur im Außen- oder im Innenbereich scharf.

5. **Verzeichnungen**

   Diese Aberration deformiert das Bild entweder tonnenförmig oder kissenförmig, wie am Gitter in Abb. 9.34 verdeutlicht. Die Ursache dieses Fehlers liegt darin, dass M_T vom Abstand des Bildpunkts von der o. A. abhängt. Verzeichnungen treten in Systemen auf, in denen Blenden den Strahlengang einschränken.

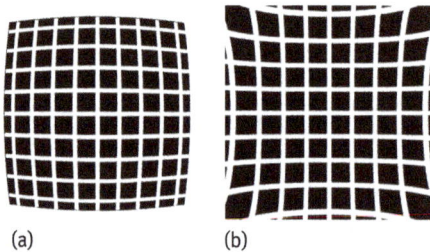

(a) (b)

Abb. 9.34: (a) Tonnenförmige Verzeichnung. (b) Kissenförmige Verzeichnung.

9.4.2 Chromatische Aberration

Durch die Dispersion im transparenten Material verschiebt sich bei einer einfachen Linse die Brennweite mit der Wellenlänge (Abb. 9.35), so dass auf Farbbildern regenbogenförmige Farbkränze entstehen. Der Abbildungsfehler kann durch *achromatische* Linsensysteme, sogenannte *Dubletten*, teilweise behoben werden. Sie setzen sich aus einer Sammel- und einer Zerstreuungslinse aus unterschiedlich stark brechenden Gläsern, üblicherweise Kronglas mit $n = 1,51$ und Flintglas mit $n = 1,6 - 1,7$, zusammen.

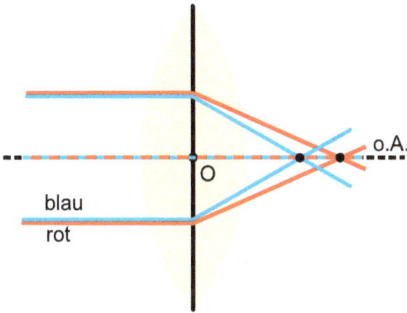

Abb. 9.35: Chromatische Aberration: Die
Brennweite ist für blaues Licht kleiner als für rotes.

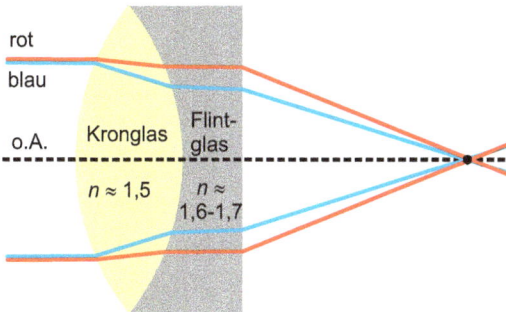

Abb. 9.36: Prinzipieller Aufbau eines
Achromaten als Dublette aus Kron- und
Flintglas mit gleicher Wellenlänge für
rot und blau.

Die Einzellinsen in der Dublette berühren sich und können je nach Konstruktion komplett verklebt sein. Ein Achromat ist meist so gebaut, dass die maximale und die minimale Wellenlänge (z. B. blau und rot) die gleiche Brennweite haben. Das Spektrum dazwischen hat leicht abweichende Fokuspunkte. Die Abb. 9.36 zeigt den schematischen Strahlengang von rot und blau durch eine Dublette mit verklebten Einzellinsen ohne Luftspalt.

9.5 Optische Instrumente

9.5.1 Das menschliche Auge

Das Auge ist ein komplexes optisches System, das als adaptives Instrument die optischen Kenngrößen den Bedingungen anpasst. Die Abb. 9.37 verdeutlicht in dem schematischen Schnitt durch den Augapfel, seinen Aufbau und die für die Optik wesentlichen Elemente.

- Die stabile, ungefähr 0,5 mm dicke *Hornhaut* (*Kornea*) schützt das Auge gegen leichtere Einwirkungen von außen. Sie wird durch Tränenflüssigkeit feucht gehalten. Ihr Brechungindex beträgt 1,376, so dass an der vorderen Grenzfläche zur Luft eine starke Brechung der Lichtstrahlen auftritt. Sie trägt wesentlich zur gesamten Brechkraft im Auge mit ungefähr 42 dpt bei.

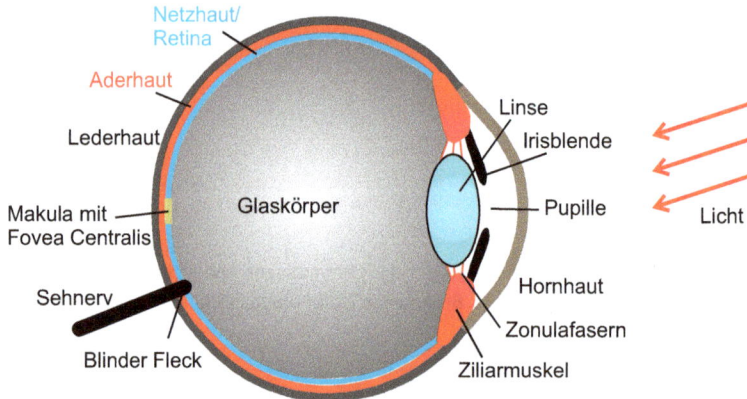

Abb. 9.37: Prinzipieller Schnitt durch den menschlichen Augapfel.

– Die *Iris* ist eine einstellbare Aperturblende, die das einfallende Lichtstrahlenbündel begrenzt. Sie verkleinert sich bei großen Intensitäten, um Schaden von der empfindlichen Netzhaut abzuwenden. Die Einstellung des Auges bei Intensitätsveränderungen bezeichnet man als **Adaption**. Sie wird aber nicht nur durch die Reaktion der Iris, sondern auch durch das Verhalten der Rezeptoren in der Netzhaut bestimmt. Die Adaption an Dunkelheit dauert sehr viel länger als im Hellen.

– Die *Sammellinse* im Auge besitzt eine variable Brechkraft, weil die Ziliarmuskeln die Form der Linse verändern können. Der Brechungsindex der Linse variiert je nach Ort zwischen 1,38 und 1,41. Die Anpassung der Brechkraft zum scharfen Sehen wird **Akkomodation** genannt. Bei einem jungen Erwachsenen kann die Linsenbrechkraft durch Verformung typischerweise zwischen 16 und 28 dpt variiert werden. Die Differenz zwischen diesen Werten ist die Akkomodationsbreite. Sie nimmt von 12 dpt beim jungen Erwachsenen mit zunehmendem Alter rasch ab und beträgt ab 50 Jahren nur noch 1–2 dpt (siehe Technische Ergänzung). Die gesamte Brechkraft des Auges variiert typischerweise zwischen

$$\frac{1}{f} = 58 - 70 \, \text{dpt} \, .$$

– Der *Glaskörper* in Inneren hat den Brechungindex von Wasser, $n = 1,336$. Die Grenzfläche zur Linse trägt nur geringfügig zur Gesamtbrechkraft bei.

– Die *Netzhaut* bzw. *Retina* wandelt als Rezeptorsystem die auftreffende Lichtintensität in elektrische Nervensignale um. Sie setzt sich aus vier verschiedenen Rezeptortypen zusammen. Drei unterschiedliche *Zäpfchen-Rezeptoren* sind jeweils im roten, grünen und blauen Spektralbereich besonders empfindlich und ermöglichen das Farbensehen. Die höchste Empfindlichkeit hat das menschliche Auge im Grünen bei einer Wellenlänge von 555 nm, was mit dem spektralen Intensitätsmaximum des Sonnenlichts gut übereinstimmt. Daneben existieren sehr empfindliche *Stäbchen-Rezeptoren*, die bei einer Wellenlänge von 507 nm besonders empfindlich sind, aber eine breite spektrale Empfindlichkeit haben. Sie ermöglichen das Sehen im Dunkeln. Der Mensch kann daher bei schwacher Beleuchtung keine Farben unterscheiden. Durch die extreme Sensibilität der Stäbchen kann das Auge aber einfallende Lichtleistungen bis zu einer unteren Grenze von 10^{-18} W wahrnehmen! Mit zunehmender Helligkeit werden die Stäbchen unempfindlicher und die Zäpfchen übernehmen die Detektion des Lichts.

Die Retina ist nicht gleichmäßig mit Rezeptoren besetzt. In der Zone des schärfsten Sehens, der *Fovea Centralis*, gibt es nur Zäpfchen mit einer Flächendichte von über 140 000 pro mm^2. Sie ist damit 25-mal höher als in der übrigen Netzhaut. Die Fovea ist mit einem Durchmesser von 1–2 mm klein und liegt innerhalb der sogenannten Makula auf der optischen Achse des Auges. Die mittlere Stäbchendichte in der Netzhaut beläuft sich auf ungefähr 35 000 pro mm^2. An dem Ort, an dem der Sehnerv austritt, besteht der *blinde Fleck*, an dem kein Licht detektiert werden kann.

Die Gefahr, die von ultravioletter Strahlung für das Auge ausgeht, ist allgemein bekannt. So ist die Benutzung von augenschützenden Brillen in Solarien obligatorisch. Die Netzhaut muss aber auch vor starker infraroter Strahlung geschützt werden, wie sie z. B. in Lasern der Kommunikationstechnik auftritt. Oberhalb von 650 nm geht nämlich die Empfindlichkeit der Rezeptoren fast auf null zurück. Die optischen Elemente des Auges lassen aber nahes Infrarotlicht nehezu ungeschwächt durch, so dass hohe Intensitäten nicht wahrgenommen werden und Schädigungen leicht auftreten können!

Hornhaut und Augenlinse zusammen können nicht als System dünner Linsen betrachtet werden. Man kann näherungsweise eine sogenannte Hauptebene in der Linse identifizieren, von der man bild- und gegenstandsseitige Abstände misst. Die Bildweite b, d. h. der Abstand von Linsenebene zur Netzhaut/Fovea ist konstant und beträgt rund 22 mm, wenn keine Fehlsichtigkeit vorliegt. Die feste Bildweite erfordert die Akkomodation, um unterschiedlich entfernte Objekte durch Einstellen der Brennweite scharf sehen zu können. Beim *entspannten* Auge werden paraxial einfallende Lichtstrahlen von weit entfernten Objekten auf die Fovea der Netzhaut fokussiert. Die Bildweite entspricht dann der Brennweite von 22 mm im Auge. Weil keine dünne Linse vorliegt, weicht die wichtige Brennweite vor dem Auge von diesem Wert ab und beträgt ungefähr 17 mm. Die gegenstandsseitige Brechkraft des entspannten Auges beträgt also

$$D_{\text{Auge,entspannt}} = \frac{1}{17\,\text{mm}} = 58{,}8\,\text{dpt}\,. \tag{9.33}$$

Wenn man davon ausgeht, dass eine Akkomodation auf 62,8 dpt ohne Ermüdung möglich ist, kann mit der Abbildungsgleichung (9.22) ein Gegenstand im Abstand

$$s_0 = \left(\frac{1}{f} - \frac{1}{b} \right)^{-1} = (4\,\text{dpt})^{-1} = 25\,\text{cm} \tag{9.34}$$

oder größer noch ohne Mühe scharf gesehen werden. Man nennt s_0 die **deutliche Sehweite**.

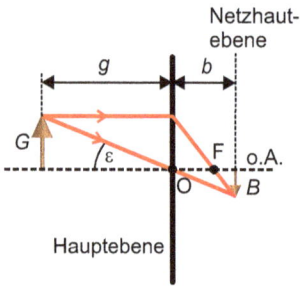

Abb. 9.38: Zur Definition des Sehwinkels ϵ.

Unter dem **Sehwinkel**

$$\epsilon \approx \tan \epsilon = \frac{G}{g} \tag{9.35}$$

wird der Winkel eines einfallenden Lichtstrahls gegenüber der o. A. verstanden, wie in Abb. 9.38 dargestellt. In der Zeichnung wird vereinfachend das Auge als ein System mit einer Hauptebene aufgefasst.

Das menschliche Auge ist ein leistungsfähiges optisches Instrument. Es kann zwei Punkte soeben voneinander trennen, deren achsennahe Strahlen einen Sehwinkelunterschied von 1 Bogenminute ($(1/60)° = 2,9 \cdot 10^{-4}$ rad) aufweisen. Das entspricht einem Abstand zweier Punkte von 0,29 mm in einem Meter Entfernung. Die Orte, an denen die beiden Strahlen auf der Retina auftreffen, liegen nur 5 μm voneinander entfernt, was recht genau dem mittleren Abstand zweier Rezeptoren gleichen Typs in der Fovea entspricht.

Technische Ergänzung: Fehlsichtigkeit

Die Elastizität der Augenlinse und damit die Akkomodationsfähigkeit gehen kontinuierlich von jungen Jahren bis ins Alter zurück. Die sogenannte *Duane-Kurve* in Abb. 9.39 zeigt, wie die Akkomodationsbreite, das ist der Einstellungsbereich der Augenlinse in dpt, mit zunehmendem Alter abnimmt. Liegt sie bei einem Jugendlichen noch deutlich über 10 dpt, fällt sie gleichmäßig, bis sie im Alter zwischen 50 und 60 Jahren nur noch 1 dpt beträgt. Der gelbe Bereich gibt die Schwankungsbreite der Messungen an einer großen Probandengruppe wieder.

Als Konsequenz ist jeder Mensch mit dem Problem des Fern- und Nahsehens konfrontiert. Auch wenn er keine angeborene Fehlsichtigkeit hat, ist oft eine Lese- oder Fernbrille erforderlich.

Natürliche Fehlsichtigkeit ist ebenfalls ein häufiges Phänomen. Wie in Abb. 9.40 schematisch gezeigt, liegt Kurzsichtigkeit (*Myopie*) vor, wenn bei entspanntem Auge die parallelen Strahlen entfernter Objekte vor der Netzhaut fokussiert werden. Die Brennweite ist also zu klein für die Augapfelabmessungen. Weil die Bildweite mit näheren Objekten zunimmt, gibt es einen Fernpunkt, ab dem der Kurzsichtige bei entspannter Linse scharf sieht. Für sehr kleine Abstände treten vor allem im Alter wieder Akkomodationsprobleme auf. Kurzsichtigkeit wird mit Fernbrillen behoben. Sie enthalten Zerstreuungslinsen, die die paraxialen Strahlen aufweiten, so dass diese auf der Retina fokussiert werden. Mit der Brille ist aber das Sehen auf kurzen Distanzen erschwert, weswegen Kurzsichtige entweder Gleitsichtbrillen nutzen oder typischerweise die Brille immer wieder auf- und absetzen.

Die Abb. 9.40 verdeutlicht, dass im Falle der Weitsichtigkeit (*Hyperopie*) parallele Strahlen hinter der Retina fokussiert werden, wenn das Auge entspannt ist. Für nähere Objekte verschlechtert sich die Fokussierung, weil die Bildweite größer als die Brennweite wird. Der Nahpunkt kennzeichnet die

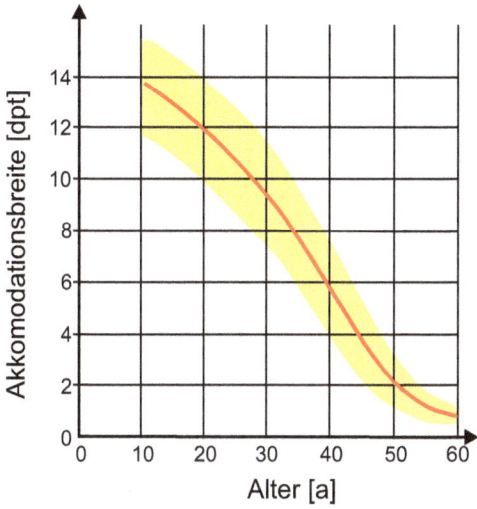

Abb. 9.39: Duane-Kurve: Abnahme der Akkomodationsbreite mit dem Alter.

Myopie/Kurzsichtigkeit

Hyperopie/Weitsichtigkeit

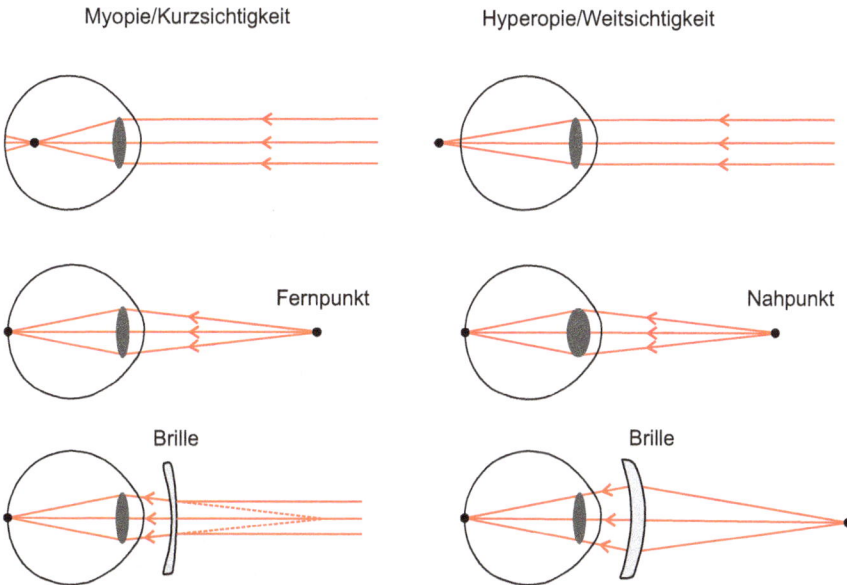

Fernpunkt

Nahpunkt

Brille

Brille

Abb. 9.40: Kurz- und Weitsichtigkeit und ihre möglichen Korrekturen.

Distanz, bei der der Betroffene bei maximaler Akkomodation noch scharf sieht. Mit zunehmendem Alter verschiebt sich der Nahpunkt immer weiter in die Ferne. Dann ist eine Lesebrille notwendig. Sie hat Sammellinsen und fokussiert Bilder naher Objekte auf die Retina. Beim Weitsehen muss die Brille abgenommen werden.

Zu den Fehlsichtigkeiten kommen noch Aberrationen des Auges hinzu. Häufig tritt ein Astigmatismus infolge einer Hornhautverkrümmung auf. Er kann durch speziell geschliffene Gläser korrigiert werden.

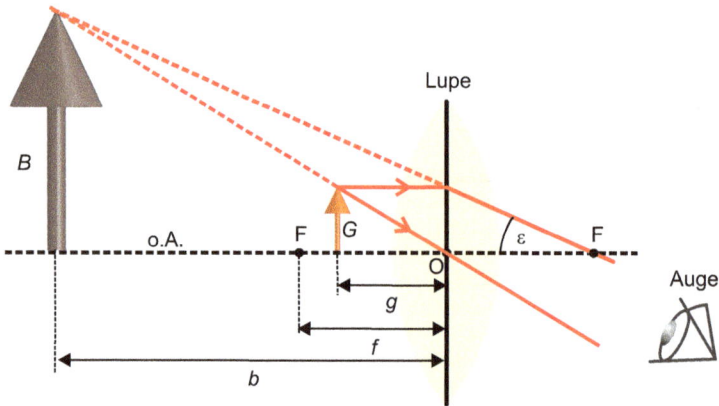

Abb. 9.41: Eine Sammellinse als Lupe. Der Sehwinkel ϵ wird durch die Linse vergrößert.

9.5.2 Die Lupe

Eine einfache Lupe besteht aus einer Sammellinse, die den Sehwinkel, unter dem die Objektstrahlen ins Auge fallen, vergrößert. Dadurch erscheint auch der Gegenstand vergrößert. Das Prinzip ist in Abb. 9.41 dargestellt. Die Linse erzeugt ein aufrechtes, virtuelles Bild, weil $g \le f$ ist.

Man unterscheidet zwei Fälle. Ist $g \approx f$ fallen parallele Strahlen ins Auge, das nicht akkomodieren muss. Für das entspannte Auge erhalten wir dann eine *Vergröße-rung* durch die Lupe von

$$V_0 = \frac{\epsilon}{\epsilon_0} \qquad (9.36)$$

mit den Sehwinkeln $\epsilon = G/f$ mit Lupe und $\epsilon_0 = G/s_0$ ohne Lupe und den Gegenstand in deutlicher Sehweite. Daraus folgt

$$V_0 = \frac{s_0}{f} \,. \qquad (9.37)$$

Eine Brennweite von 10 cm hat eine 2,5-fache Vergrößerung zur Folge.

Ist im anderen Fall $g < f$, muss das Auge akkomodieren und man erhält eine höhere Vergrößerung

$$V = \frac{B/|b|}{G/s_0} = \frac{G/g}{G/s_0} = \frac{s_0}{g} > V_0 \,. \qquad (9.38)$$

9.5.3 Kepler-Fernrohr

Zum Ende des 16. Jahrhunderts war der Verkauf von Brillen und Sehhilfen ein gutes Geschäft aber in einem harten Wettbewerb. Die Qualität der Produkte war relativ schlecht. Jedoch hatte die Kunst des Glasschleifens in einigen europäischen Regionen wie den Niederlanden oder Norditalien große Fortschritte gemacht, dass auch Linsen in höherer Qualität hergestellt werden konnten. Es ist nicht verwunderlich, dass die Entwicklung erster optischer Instrumente mit mehr als einem geschliffenen Glas, Mikroskope und Fernrohre, von einer Region ausging. Die Wiege dieser Erfindungen liegt im niederländischen Middelburg. Die Ideen breiteten sich aber rasant aus, weil sofort das wirtschaftliche und militärische Potenzial der Erfindungen erkannt wurde.

Heute kann nicht genau festgestellt werden, wer Anfang des 17. Jahrhunderts das Linsen-Fernrohr oder das Mikroskop erfunden hat. Sicher ist, dass Hans Lippershey (1570–1619) aus Middelburg im Jahr 1608 ein Patent für ein Fernrohr anmeldete. Es wird auch die These vertreten, dass die benachbarten Brillenmacher um Zacharias Janssen die Erfindung zuerst verfolgten und später erst Lippershey davon Kenntnis bekam.

Galilei war von der Erfindung fasziniert und entwickelte seine Version des Fernrohrs bereits 1609. Das *Galilei-Fernrohr* besteht aus einer Sammel- und einer Zerstreuungslinse und ermöglichte Galilei, revolutionäre Beobachtungen zu machen und bahnbrechende Schlussfolgerungen zu ziehen. Es hatte infolge seiner Konstruktion nur ein kleines Sichtfeld. Das 1611 von Johannes Kepler entworfene Instrument, das im Folgenden näher beschrieben wird, brachte eine deutliche Verbesserung für astronomische Anwendungen.

Das Kepler-Fernrohr besteht aus zwei Sammellinsen, wie die Prinzipzeichnung mit Strahlengang in Abb. 9.42 zeigt. Es wird auch *Refraktor-Teleskop* genannt, weil es licht*brechende* Elemente (Linsen) einsetzt. Die objektseitige Linse wird **Objektiv** genannt und die betrachterseitige Linse ist das **Okular.**

Das Fernrohr vergrößert weit entfernte Objekte, deren Lichtstrahlen parallel ins Objektiv einfallen. Das reelle Zwischenbild mit der Bildhöhe B entsteht im Abstand der Objektiv-Brennweite f_1. Das Auge betrachtet das Bild durch das Okular mit der

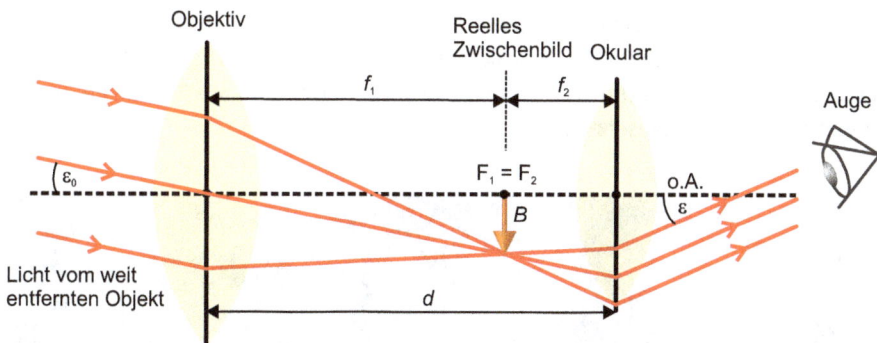

Abb. 9.42: Schematischer Strahlenverlauf in einem Kepler-Fernrohr. Das Objektiv erzeugt ein reelles Zwischenbild B, das vom Auge mit dem Okular als Lupe betrachtet wird.

Brennweite f_2, das als Lupe wirkt. Der Linsenabstand

$$d = f_1 + f_2 \tag{9.39}$$

ist gleich der Summe der einzelnen Brennweiten. Wir verwenden wieder die Kleinwinkelnäherung mit $\tan \alpha \approx \alpha$. Die Vergrößerung entspricht dann dem absoluten Verhältnis zwischen Seh- und Einfallswinkel,

$$|V_{\text{Teleskop}}| = \left| \frac{\epsilon}{\epsilon_0} \right| = \frac{f_1/B}{f_2/B} = \frac{f_1}{f_2} \, , \tag{9.40}$$

und ist gleich der Objektivbrennweite geteilt durch die Okularbrennweite. Weil das Kepler-Fernrohr das Objekt umkehrt, ist V_{Teleskop} an sich negativ. Die starke Vergrößerung kommt dadurch zustande, dass beim Fernrohr $f_1 \gg f_2$ gewählt wird.

Anmerkung

Über viele Jahre wurden Refraktor-Teleskope für Himmelsbeobachtungen eingesetzt. Das räumliche Auflösungsvermögen und die Lichtstärke hängen jedoch von dem Durchmesser des Objektivs ab (siehe Abschnitt 9.6). Sehr große Linsen, die nur am Rand eingefasst werden können, verformen sich durch ihr Eigengewicht, was zu Abbildungsfehlern führt. Man kam daher gegen 1900 auf das seit langem bekannte Spiegelteleskop zurück, das einen Hohlspiegel als Objektiv verwendet. Das Problem der Verformung ist hier weniger gravierend, weil der Spiegel auf seiner gesamten Fläche mechanisch unterstützt werden kann.

Heutige Großteleskope verwenden segmentierte Spiegel, um Fehler infolge von mechanischen Einwirkungen adaptiv zu beheben. Das *Very Large Telescope* der Europäischen Südsternwarte auf dem Paranal in Chile (Abb. 9.43) besteht aus vier Spiegelteleskopen mit einem Durchmesser von je 8,2 m. Ihre Bilder können rechnerisch zusammengefügt werden, was die Auflösung deutlich erhöht und interferometrische Messungen ermöglicht. Die Entwicklung wird weitergehen: im Jahr 2024 soll das *Extreme Large Telescope* als größtes Teleskop für sichtbares Licht fertiggestellt sein. Sein Hauptspiegel wird einen Durchmesser von 39 m aufweisen und aus 798 einstellbaren Segmenten zusammengesetzt sein.

Abb. 9.43: Blick auf die vier Großteleskope des *Very Large Telescope* der Europäischen Südsternwarte auf dem Paranal in Chile (Credit: ESO/B. Tafreshi (twanight.org)).

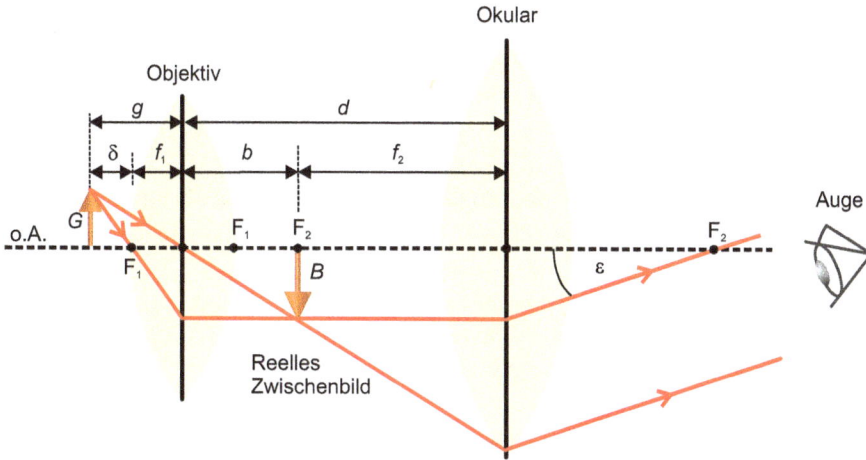

Abb. 9.44: Schematischer Strahlenverlauf in einem Mikroskop. Das Objektiv erzeugt ein reelles Zwischenbild B, das vom Auge mit dem Okular als Lupe betrachtet wird.

9.5.4 Einfaches Mikroskop

Zwei Linsen eignen sich nicht nur, weit entfernte Sterne, sondern auch kleinste, nahe Objekte vergrößert abzubilden. Der Aufbau eines einfachen optischen Mikroskops ist in Abb. 9.44 dargestellt. Das Objektiv erzeugt ein vergrößertes, reelles Zwischenbild des Gegenstands, der ungefähr im Abstand der Brennweite f_1 von der Linse entfernt ist ($\delta \approx 0$ m). Der Betrachter verwendet das Okular wieder als Lupe für das Zwischenbild. In Kleinwinkelnäherung schreiben wir die Vergrößerung des Mikroskops als das absolute Verhältnis des Sehwinkels ϵ in Abb. 9.44 gegenüber dem Sehwinkel $\epsilon_0 = G/s_0$, unter dem der Gegenstand ohne Instrument in der deutlichen Sehweite erscheint,

$$|V_{\text{Mikroskop}}| = \left|\frac{\epsilon}{\epsilon_0}\right| = \left|\frac{\epsilon}{G/s_0}\right| . \tag{9.41}$$

Die Betragsstriche berücksichtigen, dass $V_{\text{Mikroskop}}$ und ϵ nach der Konvention negativ sind.

Für den Sehwinkel verwenden wir die Relationen

$$B = -\frac{b \cdot G}{g} \quad \text{und}$$

$$\epsilon = \frac{B}{f_2} = -\frac{b \cdot G}{g \cdot f_2} ,$$

so dass für die Vergrößerung des Mikroskops

$$|V_{\text{Mikroskop}}| = \left|\frac{(-b \cdot G)/(g \cdot f_2)}{G/s_0}\right| = \frac{b}{g} \cdot \frac{s_0}{f_2} = |M_{\text{T,Objektiv}}| \cdot V_{\text{Okular}} \tag{9.42}$$

folgt. Sie entspricht dem Produkt aus Transversalvergrößerung des Objektivs, die für $g \approx f_1$ sehr groß ist, und Sehwinkelvergrößerung des Okulars. Mit $d = b + f_2$ und $g \approx f_1$ lässt sich Gl. (9.42) umformen zu

$$|V_{\text{Mikroskop}}| = \frac{(d - f_2)s_0}{f_1 f_2} \, . \tag{9.43}$$

Nicht nur die Brennweiten, auch die Tubuslänge d des Mikroskops bestimmt die Vergrößerung. Nehmen wir typische Werte von $f_1 = 5$ mm, $f_2 = 20$ mm und $d = 200$ mm an, erhält man eine rechnerische Vergrößerung von 450.

9.6 Auflösungsvermögen optischer Instrumente

Wir kommen in diesem Abschnitt auf die Wellennatur des Lichts zurück, denn sie erklärt das begrenzte räumliche Auflösungsvermögen optischer Instrumente. Fällt Licht in ein optisches System, z. B. in die Objektivlinse eines Fernrohrs oder einer Kamera, wird an der Eingangsöffnung das Licht gebeugt. Der Beugungseffekt ist zwar klein, weil die Öffnungen sehr viel größer als die Wellenlängen sind, aber er legt ein Kriterium für zwei noch optisch trennbare Objekte fest. Wir stellen zwei, unabhängig voneinander definierte Auflösungskriterien vor, die beide zu sehr ähnlichen Aussagen führen.

9.6.1 Rayleigh-Kriterium

Es wurde von dem bedeutenden britischen Physiker John William Strutt (1842–1919), 3. Baron Rayleigh, für selbstleuchtende, inkohärente Punktlichtquellen formuliert. Wir betrachten exemplarisch eine kreisrunde Sammellinse als optisches System. Sie habe den Durchmesser D. Das Licht zweier getrennter Punktlichtquellen P_1 und P_2 wird in die Bildpunkte B_1 und B_2 abgebildet, wie Abb. 9.45 zeigt. Durch die Beugung an der kreisrunden Öffnung entsprechen die Bilder kleinen Beugungsscheibchen wie in Abb. 8.24. Das **Rayleigh-Kriterium** der optischen Auflösbarkeit zweier Bildpunkte lautet:

> Zwei Beugungsscheibchen können gerade noch voneinander getrennt aufgelöst werden, wenn das Hauptmaximum der Intensität des einen Scheibchens in das erste Minimum des anderen fällt. Bei kreisförmigen Öffnungen muss der Abstand der Bildpunkte mindestens
>
> $$\Delta = 1{,}22 \frac{\lambda}{D} b \tag{9.44}$$
>
> betragen.

In Gl. (9.44) ist b gleich der Bildweite hinter dem ersten optischen Element des Systems, in unserem Beispiel der Bildweite hinter der Linse. Der Vorfaktor vor der Bild-

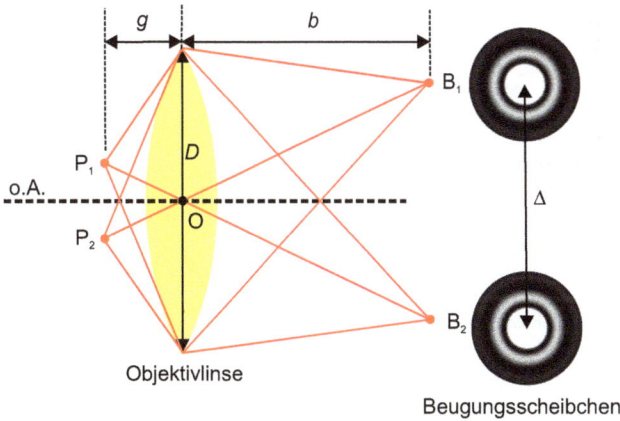

Abb. 9.45: Schematischer Schnitt bei der Abbildung von zwei Objektpunkten P_1 und P_2 durch eine Sammellinse. Die Bilder sind Airy-Scheibchen infolge der Beugung an der Linse mit Durchmesser D.

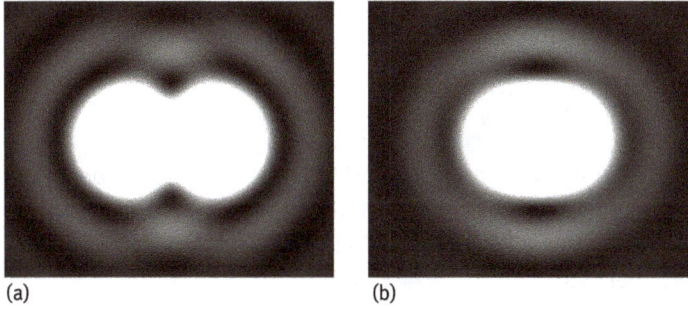

(a)   (b)

Abb. 9.46: (a) Bildpunkte an der Auflösungsgrenze. (b) Bildpunkte können nicht mehr getrennt werden.

weite, $1{,}22\lambda/D$, ist der minimale Öffnungswinkel zwischen den beiden Lichtstrahlen, der noch eine Trennung der Bildpunkte ermöglicht.

Die Abb. 9.46 visualisiert das Kriterium. In Abb. 9.46 (a) können die beiden Bildpunkte gerade noch als einzelne Punkte gesehen werden, während sie in Abb. 9.46 (b) zu einem verformten Fleck zusammenfließen.

Anwendung: Auflösungsvermögen eines Mikroskops

Der kleinste Abstand zwischen zwei noch auflösbaren leuchtenden Punkten unter dem Mikroskopobjektiv lautet mit Gl. (9.44)

$$\Delta_{\text{Ob,min}} = \underbrace{1{,}22\frac{\lambda}{D}b}_{\text{Zwischenbild}}\ \frac{1}{V_{\text{Okular}}}\ . \tag{9.45}$$

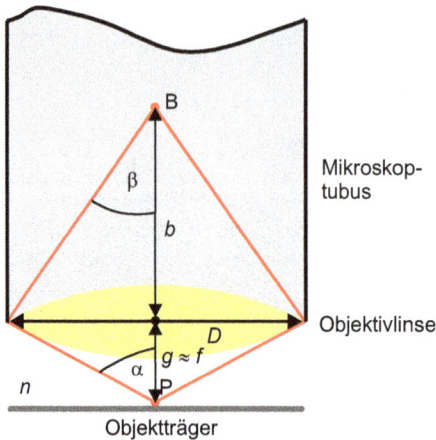

Abb. 9.47: Zum Auflösungsvermögen eines Mikroskops. Durch Vergrößern von *n* oder 2α kann das Auflösungsvermögen verbessert werden.

Für eine fehlerfreie Abbildung wenden wir den *Sinussatz* von Abbe an, dessen Herleitung den Rahmen dieses Kapitels überschreiten würde. Er besagt, dass sich unter der Abbildungsbedingung die Okular-Vergrößerung durch

$$V_{\text{Okular}} = \frac{\sin\alpha}{\sin\beta} \approx \frac{\sin\alpha}{\tan\beta} = \frac{2b\sin\alpha}{D} \tag{9.46}$$

ausdrücken lässt. Die Winkel sind in der Abb. 9.47 erklärt. Der Winkel 2α ist der maximale Öffnungswinkel und hängt von dem Objektivdurchmesser ab. In Gl. (9.46) wurde in guter Näherung ein kleiner Winkel β auf der Zwischenbildseite angenommen. Eingesetzt in Gl. (9.45), erhalten wir

$$\Delta_{\text{Ob,min}} = 0{,}61\frac{\lambda}{\sin\alpha} \quad \text{bzw.} \quad \Delta_{\text{Ob,min}} = 0{,}61\frac{\lambda}{n\sin\alpha}\,. \tag{9.47}$$

Die zweite Gleichung gilt für den Fall, dass zwischen Objekt und Objektiv ein transparentes Medium, z. B. ein sogenanntes Immersionsöl, mit dem Brechungsindex *n* vorliegt.

Das Auflösungsvermögen steigt mit der sogenannten **numerischen Apertur**,

$$\text{NA} = n\sin\alpha\,. \tag{9.48}$$

Es lässt sich insgesamt durch eine kürzere Wellenlänge (Mikroskopie mit blauem Licht) oder durch ein Medium mit hohem *n* zwischen Objektiv und Objekt (*Immersionsmikroskopie*) vergrößern.

Die Auflösungsgrenze des Mikroskops liegt ungefähr bei der halben Wellenlänge des Lichts. Mit kurzwelligem Licht kann sie verkleinert werden.

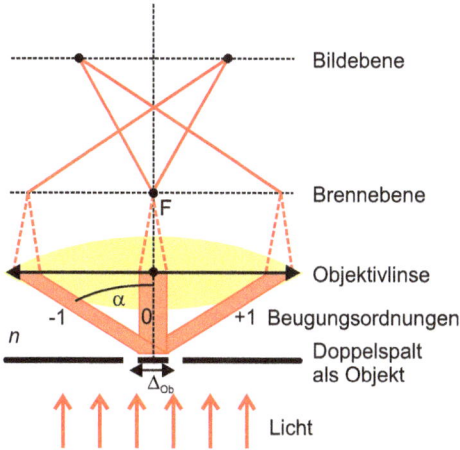

Abb. 9.48: Das Abbe-Kriterium für das Auflösungsvermögen betrachtet die ersten Beugungsordnungen, die noch in die Objektivlinse einfallen müssen.

9.6.2 Abbe-Kriterium

Ernst Abbe (1840–1905) hatte viele Talente. Er war Physiker, Ingenieur und als Alleininhaber der Firma Carl Zeiss sehr erfolgreicher Unternehmer. Die Entwicklung einer Vielzahl optischer Instrumente beruhen auf seinen Ideen. Das nach ihm benannte Auflösungskriterium geht von zwei kohärent beleuchteten Objekten aus, wie z. B. den zwei Spalten unter dem Mikroskopobjektiv in der schematischen Abb. 9.48. Es entsteht ein Beugungsmuster hinter den Spalten, das in der Brennebene abgebildet wird. Das Bild des Doppelspalts selber entsteht in der Bildebene. Das **Abbe-Kriterium** stellt folgende Forderung für die Auflösbarkeit der beiden Spalte:

> Zwei kohärent beleuchtete Objekte, z. B. Spalte, können noch räumlich aufgelöst werden, wenn mindestens die erste Beugungsordnung in das Objektiv fällt.

Wie in Abb. 9.48 gezeichnet, gilt für den Öffnungswinkel 2α

$$\sin \alpha = \frac{\lambda}{\Delta_{Ob}} \tag{9.49}$$

mit der Wellenlänge λ. Daraus folgt der minimale, auflösbare Abstand der Spalte,

$$\Delta_{Ob,min} = \frac{\lambda}{n \sin \alpha} = \frac{\lambda}{NA} , \tag{9.50}$$

unter Berücksichtigung eines Immersionsmediums mit Brechungsindex n. Das Abbe-Kriterium stimmt bis auf den Faktor 0,61 mit dem Rayleigh-Kriterium überein. Es führt eigentlich auch zu kleineren $\Delta_{Ob,min}$, denn es genügt, dass nur ein Teil der ersten Beugungsordnung in die Objektivöffnung fällt, was den Aperturwinkel erhöht.

Die Beugung schafft eine absolute Grenze für die Auflösung linearer, optischer Instrumente, die das Fernfeld des Lichts abbilden. Es gibt heute lichtbasierte Mikroskope, die dennoch räumliche Auflösungen unterhalb der halben Wellenlänge erlauben.

Sie beruhen einmal auf Messungen des optischen Nahfelds der Lichtquellen, wie in der sogenannten SNOM-Mikroskopie. Der Detektor muss dazu in Nanometer-Abständen an die Lichtquelle herangebracht werden und in diesem Abstand das Objekt abfahren. Ein weitere wichtige Methode verwendet nicht-lineare Effekte in fluoreszierenden Molekülen. Sie wird als STED-Mikroskopie bezeichnet. Für weiterführende Informationen sei auf gute Darstellungen in der Literatur und im Internet verwiesen [9.3].

9.7 Wellenfronten in der gaußschen Optik

Im Wellenbild bedeutet eine reelle geometrische Abbildung ohne Abbildungsfehler, dass eine einlaufende Wellenfront durch das optische Element so umgeformt wird, dass die Fronten phasen- und zeitgleich im Bildpunkt ankommen. Dieses ist eine Konsequenz des Fermat-Prinzips. Wir wollen dieses Phänomen unter der Annahme kleiner Winkel (g, b, f groß) und Vernachlässigung aller Abbildungsfehler höherer Ordnung veranschaulichen.

9.7.1 Sphärischer Hohlspiegel

In der Abb. 9.49 (a) fällt eine ebene Welle auf einen sphärischen Hohlspiegel, der in erster Näherung aus den ebenen Fronten Kugelwellen formt, die im Brennpunkt zusammenlaufen. Dieses wird sofort plausibel, wenn man gedanklich die Zeit rückwärts laufen läßt. Dann entstehen aus der punktförmigen Lichtquelle am Brennpunkt Kugelwellen, die nach Reflektion als ebene Wellenfronten auslaufen.

Betrachten wir in Abb. 9.49 (b) zwei kurze Lichtimpulse z. B. von einem Laser. Impuls 1 fällt auf der o. A. ein, während Impuls 2 den Spiegel im Abstand h von der o. A. trifft. Wenn Impuls 2 den Spiegel im Punkt B erreicht, ist Impuls 1 noch im Punkt A

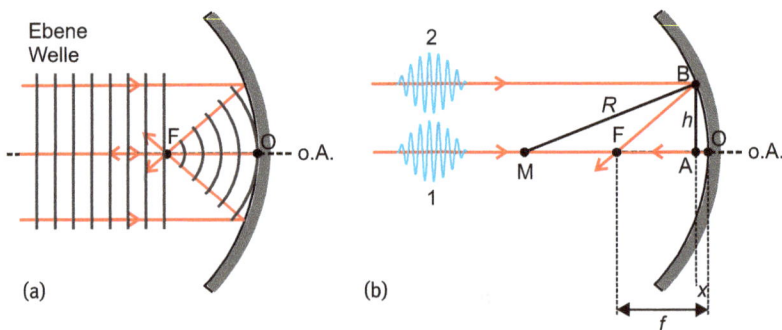

Abb. 9.49: (a) Verbiegung der ebenen Wellenfronten zu Kugelwellen durch einen Hohlspiegel. (b) Zwei paraxiale Lichtimpulse erreichen in erster Näherung zur gleichen Zeit den Brennpunkt.

und eine Strecke x vom Spiegel entfernt. Wir berechnen die optischen Weglängen beider Impulse zum Brennpunkt ab diesem Moment. Die optische Weglänge für Impuls 1 vom Punkt A bis zum Brennpunkt F beträgt

$$\text{OWL}_1 = f + x \approx f + \frac{h^2}{4f} \, . \tag{9.51}$$

Die Näherung gilt für kleine Winkel, weil für kleine x und h und mit $f = R/2$ mit

$$R^2 = (R - x)^2 + h^2 = R^2 - 2xR + x^2 + h^2 \approx R^2 - 2xR + h^2$$

die Näherung

$$x = \frac{h^2}{2R} = \frac{h^2}{4f} \tag{9.52}$$

folgt.

Die optische Weglänge für Impuls 2 vom Punkt B zum Brennpunkt F folgt aus dem Pythagoras-Satz und anschließenden Näherungen

$$
\begin{aligned}
\text{OWL}_2 &= \sqrt{\left(f - \frac{h^2}{4f}\right)^2 + h^2} \\
&= \sqrt{f^2\left(1 - \frac{h^2}{4f^2}\right)^2 + h^2} \\
&\approx \sqrt{f^2\left(1 - \frac{h^2}{2f^2}\right) + h^2} \\
&= f\sqrt{1 - \frac{h^2}{2f^2} + \frac{h^2}{f^2}} \\
&= f\sqrt{1 + \frac{h^2}{2f^2}} \\
&\approx f + \frac{h^2}{4f} = \text{OWL}_1 \, . \tag{9.53}
\end{aligned}
$$

In der ersten Näherung wurde ein Term mit h^4 weggelassen und in der zweiten die Approximation $\sqrt{1 + y} \approx 1 + 0{,}5y$ für kleine y verwendet. Innerhalb der Kleinwinkelnäherung sind die beiden optischen Weglängen gleich und die beiden Impulse erreichen gleichzeitig den Brennpunkt. Abbildungsfehler lassen sich übrigens genauso analysieren. Sie liegen bei abweichenden optischen Weglängen vor, die eigentlich gleich sein müssten.

9.7.2 Sphärische Sammellinse

Eine Überlegung wie beim Hohlspiegel können wir auch bei der Sammellinse anstellen. Die Abb. 9.50 (a) zeigt im Prinzip, wie die Linse die ebenen Wellenfronten des paraxial einfallenden Strahlenbündels in zusammenlaufende Kugelwellen umformt.

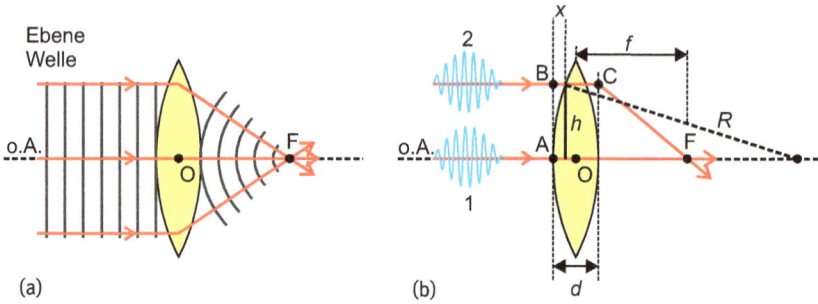

Abb. 9.50: (a) Verbiegung der ebenen Wellenfronten zu Kugelwellen durch eine sphärische Linse. (b) Zwei paraxiale Lichtimpulse erreichen in erster Näherung und ohne Abbildungsfehler zur gleichen Zeit den Brennpunkt.

Dieses gilt beim Fehlen jeglicher Abbildungsfehler. Bei der Linse wird die optische Weglänge durch die Dispersion im Linsenmaterial mitbestimmt, d. h. die Idealvorstellung der dünnen Linse scheitert hier, weil bei ihr keine Laufzeitverzögerung im Material auftreten kann.

In Abb. 9.50 (b) betrachten wir daher zwei Lichtimpulse und deren optische Weglängen von A nach F bzw. von B nach F. Vereinfachend nehmen wir eine bikonvexe, sphärische Linse mit gleichen Krümmungsradien an. Die optische Weglänge $\overline{AF}$ des Impulses 1 auf dem Mittelpunktstrahl beträgt

$$OWL_1 = f + \left(n - \frac{1}{2}\right)d \tag{9.54}$$

mit d als Linsendicke.

Für den Lichtimpuls 2 nehmen wir vereinfachend an, dass auf der Linsendicke $d \ll f$ der Strahl nahezu paraxial verläuft, so dass

$$OWL_2 = n(d - 2x) + 2x + \overline{CF} = nd + 2x(1 - n) + \overline{CF} \tag{9.55}$$

folgt. Analog zu Gl. (9.52) kann die Kleinwinkelnäherung, $x = h^2/(2R)$, eingesetzt werden, was

$$OWL_2 = nd + \frac{h^2}{R}(1 - n) + \overline{CF} = nd - \frac{h^2}{2f} + \overline{CF} \tag{9.56}$$

ergibt. Für die Strecke $\overline{CF}$ nähern wir wieder,

$$\overline{CF} = = \sqrt{\left(f - \frac{d}{2}\right)^2 + h^2}$$

$$= f\sqrt{\left(1 - \frac{d}{2f}\right)^2 + \frac{h^2}{f^2}}$$

$$\approx f\sqrt{1 - \frac{d}{f} + \frac{h^2}{f^2}}$$

$$\approx f - \frac{d}{2} + \frac{h^2}{2f} . \tag{9.57}$$

Damit wird aus Gl. (9.56)

$$\text{OWL}_2 = nd - \frac{h^2}{2f} + f - \frac{d}{2} + \frac{h^2}{2f} = f + \left(n - \frac{1}{2}\right)d = \text{OWL}_1 \, . \qquad (9.58)$$

Anmerkung

Die geometrische Optik betrachtet Lichtstrahlen, die aus der Wellenausbreitung definiert werden. Lichtstrahlen beruhen in der klassischen Optik auf einer künstlichen Idealvorstellung, mit der optische Abbildungen gut beschrieben werden können. In der Quantenphysik, die im Band 3 der Reihe vorgestellt wird, gewinnt diese Idealvorstellung einen realen physikalischen Inhalt. Dort wird Licht nicht nur als Welle, sondern auch als Strom von Einzelteilchen betrachtet, die Impuls und Energie besitzen und die *Photonen* genannt werden. Entsprechend lassen sich die Gesetze der geometrischen Optik auf Bahnkurven und Laufzeiten der Photonen zurückführen. Laufzeitprinzipien sind uns schon beim fermatschen Prinzip begegnet und erhalten im Teilchenbild der Photonen eine physikalische Anschauung.

Quellenangaben

[9.1] P. Bergvall, N. Joel, *UNESCO Pilot Project on New Methods and Techniques in Physics Teaching*, UNESCO (Sao Paulo, 1964), SC/WS/160 67-68/AVS/13000/22-12 11.

[9.2] H. J. Schlichting, *Sonnentaler fallen nicht vom Himmel*, Der Mathematisch-Naturwissenschaftliche Unterricht, Band 48/4 (1995) S. 199 ff.

[9.3] Z. B. Hintergrund-Informationen zum Chemie-Nobelpreis 2014 auf der Internet-Seite der Schwedischen Akademie der Wissenschaften, www.nobelprize.org.

Übungen

1. Zwei planparallele Spiegel stehen sich im Abstand von 30 cm mit den spiegelnden Flächen zueinander gegenüber. Zwischen den Spiegeln ist ein punktförmiges Objekt im Abstand von 5 cm zu einem Spiegel. Es erzeugt eine unendliche Anzahl von Bildern in den Spiegeln. Bestimmen Sie für die drei nächsten Bilder auf jeder Seite die Abstände zum nächsten Spiegel.
2. Ein sphärischer Hohlspiegel habe den Krümmungsradius von 1 m. Ein 50 cm großer Gegenstand stehe 2 m vorm Spiegel auf der optischen Achse. Wie groß ist die Brennweite? Konstruieren Sie das Bild mit Hilfe dreier charakteristischer Strahlen. Berechnen Sie die Bildhöhe, die Bildweite und den Abbildungsmaßstab. Welche Eigenschaften hat das Bild?
3. Leiten Sie aus der Abbildungsgleichung einer dünnen Linse die newtonsche Abbildungsgleichung nach Gl. (9.23) her.
4. Ein Diaprojektor vergrößert ein Dia der Höhe 2 cm, das im Abstand von 13 cm vor der Objektivlinse steht, um den Faktor 25. Wie groß ist der Abstand zwischen Leinwand und Linse des Projektors? Geben Sie die Brennweite und die Brechkraft der Linse an.
5. Ein Fotograf will einen 22 m hohen Baum aus einer Entfernung von 50 m fotografieren. Welche Brennweite muss er für sein Objektiv einstellen, damit das Bild vom Baum gerade den 24 mm hohen Sensor ausfüllt?

6. In welchem Abstand muss ein Objekt vor einer dünnen Sammellinse stehen, damit das Bild virtuell und dreifach vergrößert ist?

7. Betrachten Sie die Abbildung eines Objekts mit einer dünnen Sammellinse zu einem reellen Bild. Wie verändert sich die Abbildung, wenn bildseitig zwischen Linse und Brennpunkt ein Glas der Dicke d eingeschoben wird? Das Glas liege planparallel zur Linse.

8. Betrachten Sie den Vollmond von der Erde aus mit einem Teleskop mit der Objektivbrennweite von 3 m und der Okularbrennweite von 0,1 m. Wie groß ist der Sehwinkel, unter dem das Bild des Monds gesehen wird?

9. Nehmen wir an, das menschliche Auge sei ein perfektes optisches Instrument und das Auflösungsvermögen wird nur durch die Irisblende von 3 mm bestimmt. Wie weit können zwei Punkte in 2 km Entfernung auseineinander sein, damit sie vom Auge noch getrennt wahrgenommen werden? Rechnen Sie mit einer Wellenlänge von 500 nm.

10 Grundbegriffe der speziellen Relativitätstheorie

Das Nullergebnis der Michelson-Morley-Miller-Experimente verursachte große Verwerfungen im Weltbild der klassischen Physik. Die meisten etablierten Physiker waren mit der Äther-Hypothese und mit den mechanischen Grundprinzipien eng verhaftet. Eine neue und systematische Beschreibung der Effekte ohne Rückgriffe auf gewohnte Prinzipien wurde 1905 von Albert Einstein in seiner Arbeit *Zur Elektrodynamik bewegter Körper* vorgestellt und später als spezielle Relativitätstheorie bezeichnet. Sie beruht auf wichtigen Vorarbeiten von Hendrik Lorentz, der mit mathematischen Kunstgriffen wie z. B. mit der in Kapitel 8 erwähnten Längenkontraktion den Äther als physikalisches Objekt beibehalten wollte. Aufbauend auf zwei experimentell fundierten Voraussetzungen stellte Einstein die Frage nach der Rolle von Zeit und Raum in der Physik gänzlich neu. Im Ergebnis machen absolute Dimensionen keinen Sinn mehr. Ein absoluter Raum und eine absolute Zeit wie in der Galilei-Transformation existieren nicht. An ihrer Stelle treten eigene, im Inertialsystem gebundene Größen wie z. B. die *Eigenzeit*.

Die spezielle Relativitätstheorie beschreibt die Transformation von physikalischen Größen zwischen Inertialsystemen. Das mathematische Werkzeug ist die sogenannte *Lorentz-Transformation*, die die Galilei-Transformation ablöst bzw. nur im Grenzfall kleiner Relativgeschwindigkeiten enthält. Anders als bei Galilei ist die Lorentz-Transformation vierdimensional, weil nicht nur die Raum-Koordinaten, sondern auch die Zeitkoordinate beim Übergang von einem System zum anderen geändert werden. Die Transformationsgleichungen sind Gegenstand theoretischer Kurse und ihre genaue Diskussion würde hier zu weit führen. Im Folgenden sollen nur die Ideen und die grundlegenden Ergebnisse der einsteinschen Kinematik und Dynamik anschaulich durchgesprochen oder auch ohne Herleitung vorgestellt werden, soweit sie für die Elektrodynamik von Bedeutung sind.

10.1 Einsteinsche Kinematik

10.1.1 Postulate

Einstein stellt seiner Theorie zwei allgemeingültige Postulate voran.

1. **Relativitätsprinzip:**
   In allen gleichförmig bewegten Systemen, den Inertialsystemen, gelten die gleichen Naturgesetze in ihrer einfachsten Form. Eine Unterscheidung von Inertialsystemen, welches ruht und welches sich bewegt, ist nicht möglich.

https://doi.org/10.1515/9783110469097-010

2. **Konstanz der Lichtgeschwindigkeit:**
   Die (Vakuum-)Lichtgeschwindigkeit wird in allen Inertialsystemen mit dem gleichen Wert c_0 gemessen.

Auf diesen beiden einfachen Voraussetzungen baute Einstein seine Thesen auf, die inzwischen ungezählte Male experimentell bestätigt wurden.

10.1.2 Lorentz-Transformation

Um die Diskussion einfach zu halten, betrachten wir wie in Abb. 10.1 zwei Systeme, eines von Anna und eines von Bernd, die sich relativ gegeneinander mit $v = v_x$ entlang der x-Achse bewegen. Wer sich bewegt und wer in Ruhe ist, kann nicht entschieden werden. In der Zeichnung in Abb. 10.1 wurde willkürlich die Perspektive von Bernd als ruhender Beobachter gewählt, der Anna mit $\vec{v}$ bewegt sieht. Zur Zeit $t_0 = 0\,\text{s}$ sollen beide Koordinatensysteme den gleichen Ursprung haben (Abb. 10.1 (a)), wobei die Koordinaten von Anna mit Strich versehen sind. Bernd und Anna messen in ihren Systemen die gleiche Lichtgeschwindigkeit $c = c_0$. Den Index lassen wir im Folgenden der Übersichtlichkeit halber weg.

Zum Zeitnullpunkt werde von $x = x' = 0\,\text{m}$ ein Lichtblitz ausgesendet und am Punkt P detektiert. Bernd misst den Punkt P bei $(x, y, z)^\text{T}$ zur Zeit t, während Anna die gestrichenen Koordinaten $(x', y', z')^\text{T}$ zur Zeit t' angibt (Abb. 10.1 (b)). Wegen der Konstanz der Lichtgeschwindigkeit gilt auf jeden Fall

$$x^2 + y^2 + z^2 = (c \cdot t)^2 \quad \text{und} \tag{10.1}$$
$$x'^2 + y'^2 + z'^2 = (c \cdot t')^2 \; . \tag{10.2}$$

Die Frage besteht darin, wie sich die gestrichenen in die ungestrichenen Werte überführen lassen. Weil die Relativbewegung in x-Richtung geht, können wir schon $y = y'$ und $z = z'$ schreiben. Für die x-Komponenten machen wir einen linearen Ansatz

$$\gamma \cdot x' = x - v \cdot t \quad \text{und} \tag{10.3}$$
$$\gamma \cdot x = x' + v \cdot t' \tag{10.4}$$

mit einer noch zu bestimmenden Konstanten γ. Die Gleichungen sind symmetrisch und gelten gleichzeitig, weil keines der beiden Inertialsysteme ausgezeichnet ist und daher die Transformationsformel in beiden Richtungen gleich sein muss. Umformen der Gl. (10.3) und (10.4) liefert

$$v \cdot t' = \gamma x - x' = \frac{1}{\gamma}[(\gamma^2 - 1)x + v \cdot t]$$

und damit die Übertragung der Zeitkoordinate

$$\gamma t' = \frac{(\gamma^2 - 1)x}{v} + t \; . \tag{10.5}$$

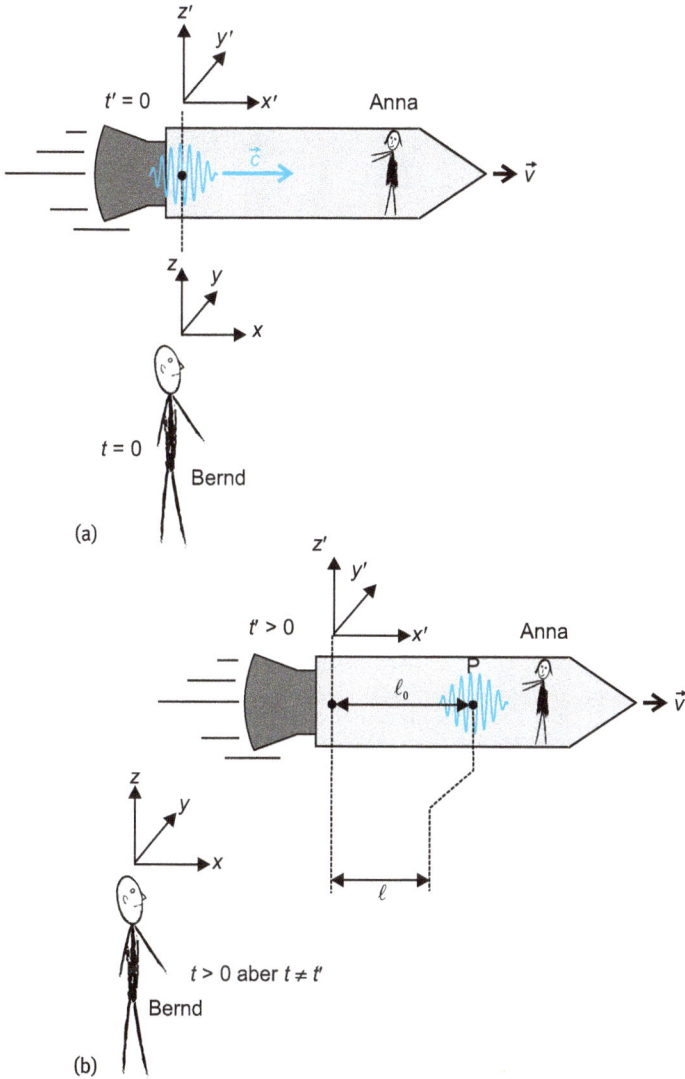

Abb. 10.1: Beschreibung der Lorentz-Transformation. (a) Bernd ist ruhender Beobachter und Anna bewegt sich mit hoher Geschwindigkeit. Zum Zeitnullpunkt fallen die beiden Koordinatensysteme zusammen. (b) Längen im bewegten System erscheinen dem ruhenden Beobachter verkürzt und Vorgänge erscheinen verzögert.

Die Konstante gilt es zu bestimmen. Dazu betrachtet man die Lichtausbreitung nur in x-Richtung, so dass aus den Gl. (10.1) und (10.2)

$$x = c \cdot t \quad \text{und} \quad x' = c \cdot t' \tag{10.6}$$

folgt, was in die Gl. (10.3) und (10.4) eingesetzt

$$\gamma c \cdot t' = (c - v)t \quad \text{und} \quad \gamma c \cdot t = (c + v)t' \tag{10.7}$$

liefert. Multiplikation der beiden Gleichungen und Auflösung nach γ ergeben das gewünschte Ergebnis

$$\gamma = \sqrt{1 - v^2/c^2} . \tag{10.8}$$

Für diese Umformungen wurden nur die einsteinschen Postulate herangezogen. Fassen wir die Relationen zusammen, erhalten wir die **Lorentz-Transformation**

$$x = \frac{x' + vt'}{\gamma} = \frac{x' + vt'}{\sqrt{1 - v^2/c^2}} , \tag{10.9}$$

$$y = y' , \tag{10.10}$$

$$z = z' , \tag{10.11}$$

$$t = \frac{t' + vx'/c^2}{\gamma} = \frac{t' + vx'/c^2}{\sqrt{1 - v^2/c^2}} . \tag{10.12}$$

Für den Grenzfall kleiner Relativgeschwindigkeiten $v \ll c$ geht die Lorentz- in die Galilei-Transformation über.

10.1.3 Der Verlust der Gleichzeitigkeit

Es gibt in der Lorentz-Transformation keine absolute Zeit, sondern nur noch Eigenzeiten in den Systemen. Die gezeigte Umrechnung von (x', t') in (x, t) verkoppelt Orts- und Zeitkoordinate. Misst Anna in ihrem System zwei Vorgänge an verschiedenen Orten x_1' und x_2' zur gleichen Zeit t', ergibt die Umrechnung, dass Bernd die Vorgänge zu unterschiedlichen Zeiten t_1 und t_2 beobachtet, weil in der Gleichung für t auch der Ort x' in Annas System steht. Umgekehrt gilt natürlich das Gleiche. Gleichzeitigkeit existiert nur noch in einem Inertialsystem. Daraus folgt auch, dass Anna ihre Uhren zwar auf die gleiche Zeit einstellen kann (Synchronisation), aber dass Bernd unterschiedliche Zeiten beobachtet und umgekehrt.

10.1.4 Lorentz-Fitzgerald-Längenkontraktion

Wie in Abschnitt 8.3.2 geschildert, versuchten Lorentz und Fitzgerald mit einer kühnen Kontraktionshypothese, die experimentellen Befunde von Michelson und Morley mit der Ätherhypothese in Einklang zu bringen. Der mathematische Kniff wird durch die Relativitätstheorie zur physikalischen Gewissheit.

Bewegte Objekte sind in Bewegungsrichtung verkürzt. Die Länge eines Massstabs, die im mitbewegten System gleich der Eigenlänge ℓ_0 ist, wird vom ruhenden Beobachter mit

$$\ell = \ell \cdot \gamma = \ell_0 \sqrt{1 - v^2/c^2} \tag{10.13}$$

gemessen.

Bernd misst die Länge ℓ_0 in Annas Rakete in Abb. 10.1 (b) verkürzt. Dieses Phänomen ist auch wechselseitig, weil umgekehrt Anna Objekte in Bernds System verkürzt erscheinen. Dieses kuriose Ergebnis folgt direkt aus der Lorentz-Transformation, denn Anna bestimmt $\ell_0 = x'_1 - x'_2$ und Bernd misst $\ell = x_1 - x_2$ durch gleichzeitige Bestimmung der x-Werte, so dass sich mit $t_1 = t_2$

$$\ell_0 = x'_1 - x'_2 = \frac{x_1 + vt_1}{\gamma} - \frac{x_2 + vt_2}{\gamma} = \frac{x_1 - x_2}{\gamma} = \frac{\ell}{\gamma}$$

Gl. (10.13) ergibt.

Es ist ein verbreiteter Irrtum, dass die Längenkontraktion eine sichtbare Stauchung der bewegten Objekte hervorruft. Anders als beim Messen kommt es beim *Sehen* darauf an, dass das wahrgenommene Licht *gleichzeitig* ins Auge bzw. in die Kamera fällt. Es müssen also noch Laufzeiteffekte beachtet werden. Dieser Umstand wird schon in einer frühen, aber lange Zeit vergessenen Arbeit von Anton Lampa aus dem Jahr 1924 [10.1] diskutiert.

Heute können Computersimulationen ‚Fahrradtouren' mit nahezu Lichtgeschwindigkeit visualisieren. Dazu sei der Besuch der instruktiven Internetseite des Instituts für Physik der Universität Hildesheim empfohlen [10.2, 10.3]. Aus diesen Simulationen sind in Abb. 10.2 drei Bilder entnommen. Abb. 10.2 (a) zeigt in der oberen Reihe Momentaufnahmen eines mit $0{,}9c$ am ruhenden Beobachter vorbeifliegenden Würfels. Die Längenkontraktion lässt den Würfel gedreht und leicht verzerrt erscheinen. Die Würfelkette darunter zeigt im Vergleich den nicht-relativistischen Fall. Die visuelle Drehung ist auch in Abb. 10.2 (b) erkennbar, die eine Häuserfront in Tübingen für zwei Situationen zeigt, zum einen bei frontaler Betrachtung eines ruhenden Betrachters und zum anderen für einen mit $0{,}9c$ vorbeifahrenden Beobachter, der über seine linke Schulter schaut.

10.1.5 Zeitdilatation

Lorentz konstatierte bereits in seinen Arbeiten, dass in einem bewegten System ein anderes Zeitmaß verwendet werden muss. Diese Zeitdehnung wird als *Zeitdilatation* bezeichnet und besagt:

(a)

(b)

Abb. 10.2: Simulationen, wie Gegenstände bei Geschwindigkeiten nahe c dem Betrachter erscheinen. (a) Würfel mit $0,9c$ (oben) im Vergleich zum nicht-relativistischen Fall. (b) Tübinger Marktplatz aus der Sicht eines vorbeifahrenden Radfahrers mit kleiner und mit $0,9c$ Geschwindigkeit. Bilder aus Ref. [10.3]. Mit freundlicher Genehmigung von Prof. Dr. Ute Kraus, Universität Hildesheim.

Bewegte Vorgänge verlaufen langsamer bzw. bewegte Uhren gehen langsamer. Prozesse im bewegten System, die vom mitbewegten Beobachter in einem *Eigenzeitintervall* Δt_0 beobachtet werden, verlaufen für den ruhenden Beobachter innerhalb einer Zeit

$$\Delta t = \frac{\Delta t_0}{\gamma} = \frac{\Delta t_0}{\sqrt{1 - v^2/c^2}} \, . \tag{10.14}$$

Die Abb. 10.3 verdeutlicht noch einmal die Situation. Annas Uhr besteht aus einer Lichtwelle, die die Strecke s senkrecht zur Bewegungsrichtung auf und ab läuft. Sie misst für einen Durchgang $\Delta t_0 = 2s/c$. Bernd sieht durch die Bewegung von Annas Rakete längere Wege. Diesem Fall sind wir bereits bei der Berechnung der Laufzeitdifferenz im Interferometerarm senkrecht zur Bewegungsrichtung im Michelson-Morley-Miller-Experiment begegnet. Es folgte das Ergebnis nach Gl. (10.14).

Die Zeitdilatation macht sich ebenso wie die Längenkontraktion erst bei sogenannten relativistischen Geschwindigkeiten nahe der Lichtgeschwindigkeit bemerkbar. In der Abb. 10.4 ist $(\Delta t - \Delta t_0)/\Delta t_0$ gegen v/c doppellogarithmisch für den Bereich $10^{-3}\,c$ bis c aufgetragen. Für irdische Geschwindigkeiten ist die Dehnung extrem klein. Für ein Flugzeug mit $1\,000\,\text{km/h}$ beträgt $\Delta t/\Delta t_0 = 1 + 4 \cdot 10^{-13}$!

Längenkontraktion und Zeitdilatation haben auch zur Folge, dass sich Geschwindigkeiten unterschiedlich schneller Objekte nicht einfach vektoriell addieren, wie man es in der newtonschen Physik macht. Eine weitere wichtige Korrektur ist der

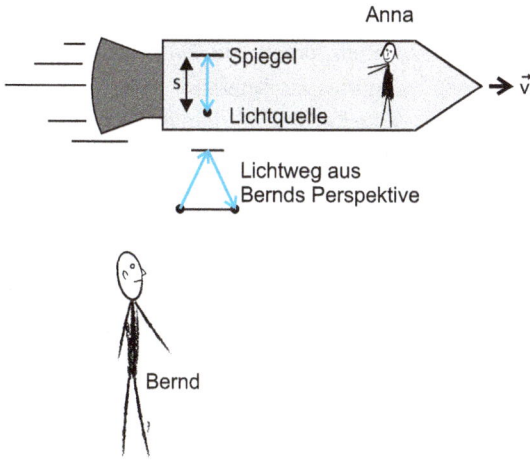

Abb. 10.3: Veranschaulichung der Zeitdilation. In Annas System schwingt die Lichtuhr mit einer Periode von der Quelle zum Spiegel und zurück. Der Lichtweg beträgt $2s$. Für Bernd ist der Lichtweg wegen v länger. Weil die Lichtgeschwindigkeit aber die gleiche ist, muss die Periode offenbar länger sein.

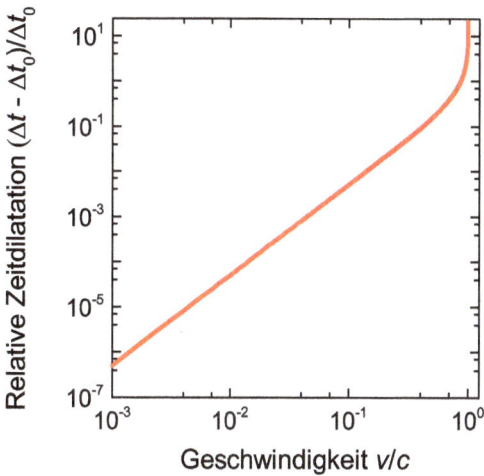

Abb. 10.4: Relative Zeitdehnung als Funktion der Geschwindigkeit. Fern von der Lichtgeschwindigkeit ist die Zeitdilatation ein sehr kleiner Effekt.

Doppler-Effekt für elektromagnetische Wellen, die mit Lichtgeschwindigkeit propagieren. Die Unterscheidung zwischen bewegter Quelle und bewegtem Beobachter macht keinen Sinn mehr. Hier sei auf die genaue Diskussion von Addition relativistischer Geschwindigkeiten und Doppler-Effekt in den theoretischen Kursen verwiesen.

Anwendung: Lebensdauer von atmosphärischen Myonen

Die Relativitätstheorie macht erstaunliche Vorhersagen, die auf den ersten Blick der alltäglichen Erfahrung und Intuition widersprechen. Dieser Eindruck täuscht, denn alle Hypothesen werden eindrucksvoll experimentell bestätigt. Mit der Präzision heutiger Uhren lässt sich der Zeitdilatationseffekt selbst bei kleinen Geschwindigkeiten nachweisen. Bereits in den 1940er Jahren wurde die Zeitdehnung bei der Lebensdauer schneller Teilchen entdeckt.

Das Myon ist ein solches Elementarteilchen mit negativer Ladung und mit einer ungefähr 207-fachen Elektronenmasse. Freie Myonen haben eine Halbwertszeit von $\tau_{\mu 0} = 1,5\,\mu s$, d. h. die Hälfte eines Myonenensembles ist innerhalb dieser Zeit zerfallen. Es ist bekannt, dass durch hochenergetische Kernprozesse in der Atmosphäre Myonen durch die energiereiche kosmische Strahlung entstehen. Die Prozesse finden hauptsächlich in einer Höhe von typischerweise 10 km statt. Die entstandenen Myonen besitzen relativistische Geschwindigkeiten von $v_\mu = 0,999\,c$. Infolge der kurzen Lebensdauer sind aber schon nach einer Flugzeit von $v_\mu \cdot \tau_{\mu 0} = 450$ m die Hälfte der Myonen verschwunden. Auf dem Flug zur Erdoberfläche überlebte nur ein winziger Anteil von $2^{-10\,000/450} = 2 \cdot 10^{-7}$, wenn es den Effekt der Zeitdilatation nicht gäbe. Kosmische Myonen werden aber in großer Zahl auf der Erde gemessen. Die Ursache dafür ist die Zeitdilation des Zerfalls. Für den ruhenden Beobachter auf der Erde verlängert sich die Halbwertszeit der bewegten Myonen auf

$$\tau_\mu = \frac{\tau_{\mu 0}}{\sqrt{1 - v^2/c^2}} = \frac{1,5\,\mu s}{\sqrt{1 - 0,999^2}} = 33,5\,\mu s\,, \tag{10.15}$$

weshalb auf dem 10 km-Flug zur Erdoberfläche bis zu 2^{-1}, also die Hälfte aller entstandenen Teilchen überlebt.

10.2 Einsteinsche Dynamik

Die dynamischen Größen werden in der speziellen Relativitätstheorie ebenso nach Lorentz transformiert. Wir werden im Folgenden nicht die theoretischen Herleitungen beschreiben, sondern die Diskussion qualitativ halten und möglichst anschaulich argumentieren.

10.2.1 Impuls, Kraft und Massenzunahme

Die Vakuumlichtgeschwindigkeit stellt eine obere, nicht überschreitbare Grenze dar. Was geschieht dann mit Teilchen, die eine konstante Kraft erfahren? In der newtonschen Mechanik steigt die Geschwindigkeit zeitlich linear, weil die Beschleunigung konstant ist. Der Weg nimmt quadratisch mit der Zeit zu. Sobald die Geschwindigkeit des Teilchens sehr groß wird, erwartet man eine asympotische Annäherung von v an c.

Die Lorentz-Transformation liefert als relativistischen Impuls eines mit $\vec{v}$ bewegten Teilchens

$$\vec{p} = \frac{m_0 \vec{v}}{\sqrt{1 - v^2/c^2}}\,, \tag{10.16}$$

wobei m_0 die **Ruhemasse** des Teilchens ist. Diese Masse wird für das unbewegte Teilchen gemessen. Die Relation für den Impuls ergibt sich als Ableitung des Orts nach der Eigenzeit des Systems multipliziert mit der Ruhemasse.

Gl. (10.16) können wir auch so interpretieren, dass die beobachtete Masse des bewegten Teilchens größer ist als die Ruhemasse, wenn der Impuls universell gleich $m\vec{v}$ gesetzt wird. Diese Massenzunahme wird tatsächlich beobachtet. Je näher $|\vec{v}|$ der Lichtgeschwindigkeit kommt, desto größer wird die von einem ruhenden Beobachter gemessene Masse. Dieser Effekt heißt

Relativistische Massenzunahme

$$m(v) = \frac{m_0}{\sqrt{1 - v^2/c^2}} \qquad (10.17)$$

und folgt dem gleichen funktionalen Verlauf wie die Zeitdilation nach Gl. (10.14). Bei der Beschleunigung leichter Teilchen können schon bei moderaten elektrischen Feldern relativistische Geschwindigkeiten erreicht werden, wie das unten stehende Beispiel demonstriert.

Die Grundgleichung der Mechanik und damit die Definition der Kraft

$$\vec{F} = \frac{d\vec{p}}{dt} \qquad (10.18)$$

ist weiterhin gültig. Setzt man Gl. (10.16) ein und führt die Ableitung durch, erhält man

$$\vec{F} = \frac{m_0}{\sqrt{1 - v^2/c^2}} \frac{d\vec{v}}{dt} + \frac{m_0 \vec{v}(v/c^2)}{(\sqrt{1 - v^2/c^2})^3} . \qquad (10.19)$$

Im Allgemeinen ist die Kraft *nicht* mehr proportional zur zeitlichen Ableitung der Geschwindigkeit, der klassischen Beschleunigung, also $\vec{F} \neq m\frac{d\vec{v}}{dt}$!! Dieser Fall macht sich natürlich erst wieder im Grenzfall extrem hoher Geschwindigkeiten bemerkbar.

Beispiel: Beschleunigung auf relativistische Geschwindigkeit
Elektronen besitzen eine sehr kleine Ruhemasse und erreichen auch in relativ kleinen elektrischen Feldern in kurzer Zeit Geschwindigkeiten nahe c. In einem schwachen homogenen Feld von $E = 1$ V/m erfährt ein Elektron eine klassische Beschleunigung von $a = e_0 E/m_e \approx 1{,}8 \cdot 10^{11}$ m/s^2, d. h. in 1,7 ms erreichte das Elektron nach der Newton-Mechanik Lichtgeschwindigkeit. Den richtigen Verlauf der Geschwindigkeit v als Funktion der Zeit t berechnet sich mit Gl. (10.16) als

$$p = m_e at = \frac{m_e v}{\sqrt{1 - v^2/c^2}} \quad \Rightarrow \quad v = \frac{at}{\sqrt{1 + (at)^2/c^2}} \qquad (10.20)$$

und ist in Abb. 10.5 (a) als v-t-Diagramm aufgetragen. Das entsprechende x-t-Diagramm ist in Abb. 10.5 (b) gezeigt. Es enthält die typische Parabel aus der Newton-Mechanik, während sich relativistisch der Weg zunehmend linear mit der Zeit verändert.

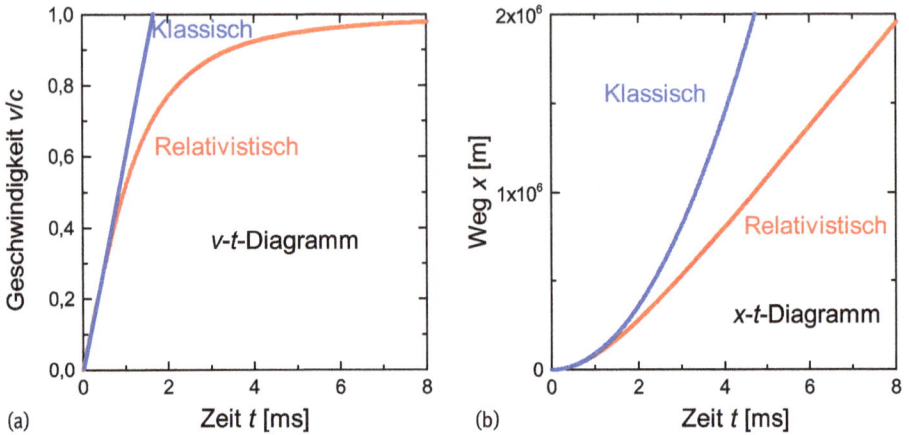

(a)   (b)

Abb. 10.5: (a) Geschwindigkeit-Zeit-Diagramm für ein Elektron in einem Feld von 1 V/m mit und ohne relativistischer Massenzunahme. (b) Weg-Zeit-Diagramm des Elektrons im Feld von 1 V/m mit und ohne relativistische Korrektur.

10.2.2 Kinetische Energie und Masse

Die Erhaltungssätze sind auch bei relativistischen Geschwindigkeiten gültig. Die kinetische Energie eines Teilchens, auf das eine konstante Kraft wirkt, nimmt mit der Zeit zu. Dieses geschieht im relativistischen Fall nicht allein durch Geschwindigkeits- sondern auch durch Massenzunahme für den ruhenden Beobachter. Masse scheint eine mit der Energie verbundene Größe zu sein.

Die kinetische Energie bzw. die Beschleunigungsarbeit eines freien Teilchen berechnet sich wie im newtonschen Fall

$$E_{\text{kin}} = \int \vec{F} \cdot d\vec{r} = \int \frac{d}{dt}\left(\frac{m_0\vec{v}}{\sqrt{1-v^2/c^2}}\right) \cdot d\vec{r} = \int \vec{v} \cdot d\left(\frac{m_0\vec{v}}{\sqrt{1-v^2/c^2}}\right), \qquad (10.21)$$

wobei wir in letzten Schritt die Differenziale vertauscht haben. Beachten wir, dass $\vec{v}\,d\vec{v} = v\,dv$, kann Gl. (10.21) partiell integriert werden, so dass

$$E_{\text{kin}} = \frac{m_0 v^2}{\sqrt{1-v^2/c^2}} - \int \frac{m_0 v}{\sqrt{1-v^2/c^2}}\,dv \qquad (10.22)$$

folgt. Um eine konkrete kinetische Energie des Teilchens zu berechnen, führen wir die Integration in den Grenzen von 0 bis v durch und erhalten

$$E_{\text{kin}} = \frac{m_0 v^2}{\sqrt{1-v^2/c^2}} - m_0 c^2 \sqrt{1-v^2/c^2} - m_0 c^2 = \frac{m_0 c^2}{\sqrt{1-v^2/c^2}} - m_0 c^2 . \qquad (10.23)$$

Diese Gleichung lässt sich mit Gl. (10.17) in die fundamentale Relation

$$E_{\text{kin}} = (m - m_0)c^2 \tag{10.24}$$

umschreiben. Die kinetische Energie eines freien Teilchens ist gleich

$$E_{\text{kin}} = \text{Gesamtenergie} - \text{Ruhemasse} \cdot c^2 = E_{\text{ges}} - m_0 c^2 \tag{10.25}$$

$$\text{mit}$$

$$E_{\text{ges}} = m \cdot c^2 \, , \tag{10.26}$$

Die letzte Gleichung ist die allgemein bekannte und populäre Einstein-Relation zwischen Masse und Energie.

Masse und Energie sind im relativistischen Sinne gleichartige physikalische Größen. Dieses bedeutet auch, dass Masse nicht mehr eine Konstante ist wie in der klassischen Mechanik!

Die Gl. (10.26) lässt sich in

$$E_{\text{ges}}^2 = \frac{m_0^2 \cdot c^4}{1 - v^2/c^2} = \frac{m_0^2 \cdot c^4 - m_0^2 \cdot v^2 \cdot c^2 + m_0^2 \cdot v^2 \cdot c^2}{1 - v^2/c^2} = m_0^2 c^4 + p^2 c^2 \tag{10.27}$$

umformen, was eine andere, wichtige Beziehung für die kinetische Energie eines freien Teilchens,

$$E_{\text{ges}} = \sqrt{m_0^2 c^4 + p^2 c^2} \, , \tag{10.28}$$

ergibt. Es gibt Teilchen ohne Ruhemasse, wie z. B. das Photon, ein elementares Lichtteilchen, das im Band 3 eingeführt wird. Masselose freie Teilchen bewegen sich mit Lichtgeschwindigkeit und ihre Energie beträgt

$$E_{\text{ges}} = E_{\text{kin}} = p \cdot c \, , \tag{10.29}$$

so dass kinetische Energie und Impuls proportional zueinander werden. In der klassischen Physik gilt für massebehaftete, freie Teilchen eine quadratische Abhängigkeit, $E = p^2/(2m)$.

Die bekannte Formel der kinetischen Energie aus der newtonschen Mechanik erhält man aus Gl. (10.23) im Grenzfall kleiner Geschwindigkeiten $(v/c)^2 \ll 1$, indem die Näherungsformel $1/\sqrt{1-x} \approx 1 + 1/2x + 3/8x^2 + \ldots$ für $x \ll 1$ angewendet wird. Sie verändert Gl. (10.23) zu

$$E_{\text{kin}} = m_0 c^2 \left(\frac{v^2}{2c^2} + \frac{3v^4}{8c^4} + \ldots \right) = \frac{m_0 v^2}{2} + \frac{3m_0 v^4}{8c^2} + \ldots \, . \tag{10.30}$$

ⓘ Beispiel

Masse und Energie sind äquivalente physikalische Größen. Der Proportionalitätsfaktor c^2 in Gl. (10.26) ist sehr groß, d. h. kleine Massen haben einen extrem hohen Energiegehalt. Vor allem in kernphysikalischen Vorgängen werden nennenswerte Massen in Energie und umgekehrt Energien in Masse umgewandelt. Beispielhaft greifen wir eines der größten Kernkraftwerke heraus, das derzeit in Finnland gebaut wird. Es wird im Betrieb eine Bruttoleistung (Elektrische Energie plus Wärme) von 1,7 GW erzeugen. Pro Tag werden dann

$$m = \frac{1,7 \cdot 10^9 \, \text{W} \cdot 86\,400\,\text{s}}{c^2} = 1,6\,\text{g},$$

also nur rund 2 g Masse in Energie umgewandelt!

10.3 Anwendung auf bewegte Ladungen

10.3.1 Magnetismus

In den Kapiteln über Magnetismus haben wir bereits erwähnt, dass – anders als in der klassischen Elektrodynamik beschrieben – das magnetische Feld eigentlich keine eigenständige Feldgröße ist. Das Magnetfeld und die Lorentz-Kraft sind vielmehr eine direkte Folge des Relativitätsprinzips, wenn es auf bewegte Ladungen und elektrische Felder angewendet wird. Diese Erkenntnis ist nicht erstaunlich, denn das magnetische Feld wird von bewegten Ladungen erzeugt bzw. die Lorentz-Kraft wirkt auf bewegte Ladungen. Damit sind alle physikalischen Vorgänge der Lorentz-Transformation unterworfen. Magnetismus entsteht also aus der Verbindung von Relativität und elektrischen Feldern.

Die Diskussion der Lorentz-Transformation von Feldern geht weit über den Rahmen dieses Buchs hinaus. Wir wollen nur mit einem bekannten Gedankenspiel erklären, dass die magnetische Kraft auf bewegte Ladungen relativistisch beschrieben werden kann. In der Abb. 10.6 (a) ist eine Situation aus der klassischen Elektrodynamik gezeigt. Durch einen insgesamt elektrisch neutralen Elektronenleiter fließt ein Strom mit der Stärke I. Der technische Strom I beruht auf der Bewegung der Elektronen in entgegengesetzter Richtung. Die positiven Ionenrümpfe des Metalls sind dagegen ortsfest. Diese gleichförmige Bewegung mit der Driftgeschwindigkeit $\vec{v}$ ruft ein konzentrisches Magnetfeld $\vec{B}$ um den Leiter hervor. Im Abstand R vom Leiter befinde sich ein Elektron als Punktladung, das sich parallel zum Leiter bewegt. Der Einfachheit halber soll seine Geschwindigkeit wie die der Elektronen im Leiter $\vec{v}$ sein. Infolge der Lorentz-Kraft erfährt das Elektron eine zum Leiter gerichtete Kraft

$$|\vec{F}_{\mathrm{L}}| = e_0 v B = e_0 v \frac{\mu_0 I}{2\pi R} = e_0 \frac{\mu_0 \rho_+ A v^2}{2\pi R} \tag{10.31}$$

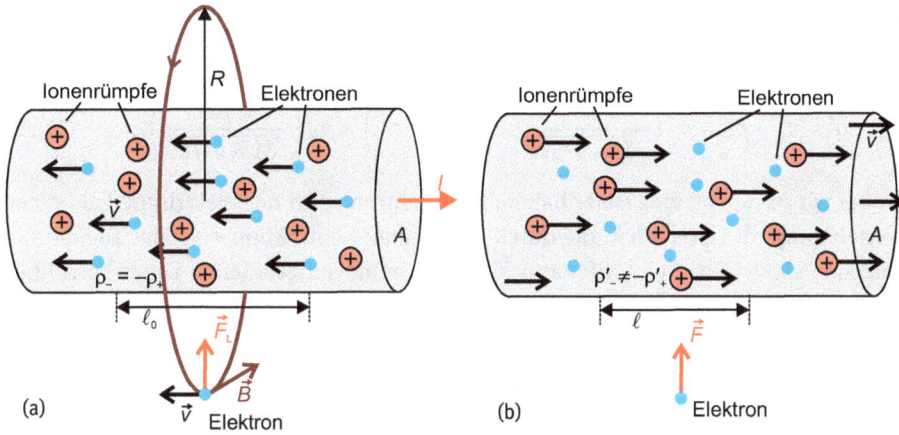

Abb. 10.6: (a) In der Perspektive des ruhenden Leiters wirkt die Lorentz-Kraft auf das bewegte Elektron infolge des Stroms I im Leiter. (b) Aus der Sicht des Elektrons bewegt sich der Leiter. Durch die Lorentz-Kontraktion entsteht eine Nettoladung, deren Feldkraft das Elektron spürt und der Lorentz-Kraft im Fall (a) entspricht.

mit der Querschnittsfläche A des Leiters. Wegen der elektrischen Neutralität des Leiters sind die negative Elektronendichte und die positive Ionenrumpfdichte bis auf das Vorzeichen gleich, $\rho_- = -\rho_+$.

Was verändert sich nun, wenn wir uns in das Bezugssystem des bewegten Elektrons versetzen, wie in Abb. 10.6 (b) skizziert? Das Leiterstück bewegt sich mit v relativ zur Punktladung und mit ihm die positiven Ionenrümpfe. In Bewegungsrichtung führt dieses aus der Sicht des Elektrons zu einer Lorentz-Kontraktion.

In dem unbewegten Leiterstück der Länge ℓ_0 befindet sich die positive Ladung $Q_+ = \rho_+ \ell_0 A$. Wegen der Lorentz-Kontraktion aus der Sicht des äußeren Elektrons gilt $Q_+ = \rho_+ \ell_0 A / \sqrt{1 - v^2/c^2}$. Weil die Ladung erhalten bleibt, erhöht sich offenbar die positive Ladungsdichte auf

$$\rho'_+ = \frac{\rho_+}{\sqrt{1 - v^2/c^2}} \,, \tag{10.32}$$

wobei der Strich für das Bezugssystem des äußeren Elektrons steht. Die Elektronen im bewegten Leiter scheinen für das äußere Elektron still zu stehen, allerdings im längenkontrahierten Leiter. Deshalb muss auch die Elektronendichte aus der Sicht des äußeren Elektrons transformiert werden. Es gilt umgekehrt zu Gl. (10.32)

$$\rho_- = \frac{\rho'_-}{\sqrt{1 - v^2/c^2}} \,, \tag{10.33}$$

also

$$\rho'_- = \rho_- \sqrt{1 - v^2/c^2} \,. \tag{10.34}$$

Für die gesamte Ladungsdichte, die im unbewegten Leiterstück stets null ist, ergibt sich jetzt ein von null verschiedener Wert

$$\rho' = \rho'_+ + \rho'_- = \rho_+ \left(\frac{1}{\sqrt{1 - v^2/c^2}} - \sqrt{1 - v^2/c^2} \right) = \rho_+ \left(\frac{v^2/c^2}{\sqrt{1 - v^2/c^2}} \right), \quad (10.35)$$

wobei wir $\rho_- = -\rho_+$ eingesetzt haben. Das Elektron spürt das elektrische Feld einer Nettoladung im Leiterstück, die durch die Lorentz-Kontraktion entsteht. Die daraus folgende elektrische Feldkraft kann für einen homogen geladenen Leiter berechnet werden und beträgt

$$|\vec{F}| = e_0 \frac{\rho_+ A}{2\pi\epsilon_0 R} \frac{v^2/c^2}{\sqrt{1 - v^2/c^2}} = e_0 \frac{\mu_0 \rho_+ A v^2}{2\pi R \sqrt{1 - v^2/c^2}}, \quad (10.36)$$

wobei wir $1/c^2 = \epsilon_0 \mu_0$ verwendet haben. Die elektrische Feldkraft entspricht im Grenzfall kleiner Geschwindigkeiten ($v \ll c$) genau der Lorentz-Kraft in Gl. (10.31). Das Magnetfeld von bewegten Ladungen ist eine relativistischer Effekt, der die Änderung des elektrischen Felds durch die Bewegung erfasst.

Die Anwendung der Lorentz-Transformation ist oft unübersichtlich. Daher wird in der Physik weiterhin das Magnetfeld $\vec{B}$ in Sinne der klassischen Elektrodynamik gebraucht. Man sollte aber nicht vergessen, dass es eigentlich nur ein abgeleitetes Hilfsfeld ist und keine Grundkraft darstellt.

10.3.2 Magnetfeld bewegter Punktladungen

Zwei Punktladungen, die sich parallel mit gleicher, konstanter Geschwindigkeit $\vec{v}$ bewegen, üben für den ruhenden Beobachter eine magnetische und eine elektrische Kraft aufeinander aus. Die spezielle Relativitätstheorie zeigt, dass die Kräfte die Relation

$$\vec{F}_{\text{mag}} = -\frac{v^2}{c^2} \vec{F}_{\text{el}} \quad (10.37)$$

erfüllen. Erreichen die Punktladungen nahezu Lichtgeschwindigkeit, heben sich die Kräfte auf, d. h. für den ruhenden Beobachter wechselwirken die Ladungen offenbar nicht miteinander.

Setzt man $\vec{F}_{\text{mag}} = q\vec{v} \times \vec{B}$ und $\vec{F}_{\text{el}} = q\vec{E}$, wird im ruhenden Laborsystem die Beziehung

$$\vec{B} = \frac{1}{c^2} \vec{v} \times \vec{E} \quad \text{bzw.} \quad |\vec{B}| = \frac{v}{c^2} |\vec{E}| \quad (10.38)$$

für das elektrische und das magnetische Feld einer bewegten Ladung Q gelten.

In der Abb. 10.7 werden die elektrischen Felder einer ruhenden gegenüber einer bewegten Punktladung zusammenfassend verglichen. Die Feldlinienbilder in der Zeichenebene entstehen wieder durch einen Flächenschnitt durch die dreidimensionale

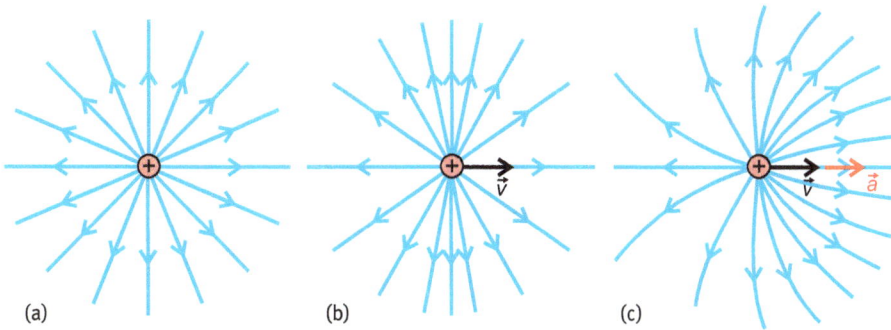

Abb. 10.7: Schematische Schnitte durch die Feldlinienbilder einer Punktladung. (a) Ruhende positive Ladung. (b) Gleichförmig bewegte Ladung mit v nahe c. (c) Beschleunigte Punktladung bei relativistischer Geschwindigkeit.

Feldverteilung. Das bekannte kugelsysmmetrische Coulomb-Feld einer ruhenden Ladung q zeigt Abb. 10.7 (a). Bei gleichförmiger Bewegung der Ladung werden durch die Lorentz-Kontraktion die Feldlinien senkrecht zu $\vec{v}$ gestaucht, wie in Abb. 10.7 (b) im Falle einer relativistischen Geschwindigkeit dargestellt. Das Feldlinienbild verliert sein sphärische Symmetrie und erhält eine Polarwinkelabhängigkeit,

$$\vec{E} = \frac{q}{4\pi\epsilon_0 r^2} \frac{1 - v^2/c^2}{(1 - (v^2 \sin^2 \vartheta)/c^2)^{3/2}} \vec{e}_r \,, \tag{10.39}$$

die aus der Lorentz-Transformation folgt. Das erhöht die Feldstärke senkrecht zur Bewegungsrichtung, was durch ein Magnetfeld beschrieben werden kann.

In der Abb. 10.7 (c) sind die Feldlinien einer konstant und geradlinig beschleunigten Punktladung skizziert. Die Beschleunigung führt zu einer Abstrahlung elektromagnetischer Wellen in Bewegungsrichtung, die mit zunehmender Geschwindigkeit immer gerichteter wird. Wie in Abschnitt 6.5 besprochen, ruft eine gleichförmige Kreisbewegung nahe c als beschleunigte Bewegung die vorwärts gerichtete Synchrotronstrahlung hervor.

Quellenangaben

[10.1] Anton Lampa, *Wie erscheint nach der Relativitätstheorie ein bewegter Stab einem ruhenden Beobachter?*, Zeitschrift für Physik, Band 27 (1924) S. 138 ff.

[10.2] www.tempolimit-lichtgeschwindigkeit.de (Stand: 15.06.2018)

[10.3] Ute Kraus, Marc Borchers, *Fast lichtschnell durch die Stadt*, Physik in unserer Zeit, Heft 2 (2005) S. 64–69; Ute Kraus, Hanns Ruder, Daniel Weiskopf, Corvin Zahn, *Was Einstein noch nicht sehen konnte – Visualisierung relativistischer Effekte*, Physik Journal Band 7/8 (2002) S. 77 ff.

Übungen

1. Sie heben eine Masse im Schwerefeld der Erde um 10 m. Um wieviel erhöht sich die relativistische Masse infolge der Zunahme der potenziellen Energie?

2. Ein Elektron und ein Positron (Anti-Elektron) vernichten sich unter Aussendung energiereicher elektromagnetischer Strahlung, sogenannter *Vernichtungsstrahlung*. Die Massen der beiden Elementarteilchen sind gleich. Wieviel Energie ist im Feld enthalten?

3. In einem Linearbeschleuniger werden Protonen auf eine kinetische Energie von 1 GeV beschleunigt. Die schnellen Teilchen durchfliegen gleichförmig eine Strecke von 3 km.
   - Wie groß ist die Geschwindigkeit eines Protons für den ruhenden Beobachter?
   - Wie groß ist die Masse eines Protons für den ruhenden Beobachter?
   - Wie groß ist die Gesamtenergie des Protons?
   - Wieviel Zeit benötigt das Proton für den Flug der geradlinigen Strecke für den ruhenden Beobachter?
   - Wieviel Zeit vergeht für den Flug im Protonensystem aus der Sicht des ruhenden Beobachters?
   - Wie kurz erscheint dem Proton die Strecke?

4. Unter Vernachlässigung von Beschleunigungsphasen könnte man gedanklich verderbliche Güter durch gleichförmigen Transport mit nahezu Lichtgeschwindigkeit konservieren. Eine biologische Probe halte nur einen Tag. Sie wird mit der Geschwindigkeit *v* auf Reisen geschickt und kehrt nach 100 Tagen zur Erde zurück. Wie hoch muss *v* mindestens sein, damit die Probe nach Rückkehr nicht verdorben ist? (Anmerkung: wegen der Beschleunigungs- und Umkehrphasen im Flug gibt es hier keine Symmetrie in der Zeitdilatation.)

Bildnachweis

A. A. Michelson, E. W. Morley, *On the Relative Motion of the Earth and the Luminiferous Ether*, American Journal of Physics: 8.8

American Institute of Physics (AIP), Emilio Segrè Visual Archives: 1.3, 1.4, 1.5, 1.6 (a)

Charles Augustin Coulomb, *Mémoires* (Gauthier-Villars, 1884): 2.7 (a)

Christian Wolff: 7.5

Claudia Hinz: 3.32 (a), 7.30 (b)

Deutsches Elektronensynchrotron Hamburg (DESY): 6.24, Titelbild

Deutsches Geoforschungszentrum Potsdam (GFZ): 4.33 (a)

European Southern Observatory (ESO)/B. Tafreshi (twanight.org): 9.43

General records of the Department of Energy, USA: 4.12 (b)

Gudrun Wolfschmidt, Universität Hamburg: 4.1

H. Joachim Schlichting, Westfälische Wilhelms-Universität Münster: 9.4 (d)

Helmholtz-Gesellschaft, Bessy II: 6.22

Helmut Wentsch, Physikalisches Institut, Albert-Ludwigs-Universität Freiburg: 2.52 (Entladung), 5.18 (a), 8.3 (c)

High Field Magnet Laboratory der Raboud University Nijmegen: 4.28

John Tyndall, *Lessons in Electricity at the Royal Institution*, 1875–76, (Longmans, Green, 1876): 2.44 (a)

Library of Congress, USA: 1.2, 1.6 (b)

NASA, USA: 9.29

Nexans GmbH: 3.10

P. Bergvall, N. Joel, *UNESCO Pilot Project on New Methods and Techniques in Physics Teaching*, UNESCO (Sao Paulo, 1964), SC/WS/160 67-68/AVS/13000/22-12 11: 9.4 (b)

Pixabay: 8.2 (b)

Ruben Jakob: 7.21 (a)

Siemens AG: 5.22 (c)

US Navy: 5.26

Ute Kraus, Universität Hildesheim: 10.2

Wikimedia Commons: 1.1, 5.19, 8.23 (b)

Wikimedia Commons: Andreas Möller: 4.33 (b) (Licence: Creative Commons Attribution-Share Alike 3.0 Unported)

Wikimedia Commons: Dr. Schorsch: 9.14 (Licence: Creative Commons Attribution-Share Alike 3.0 Unported)

Wikimedia Commons: Nitromethane: 3.32 (b) (Licence: Creative Commons Attribution-Share Alike 3.0 Unported)

Wikimedia Commons: Rschiedon: 6.23 (b) (Licence: Creative Commons Attribution-Share Alike 3.0 Unported)

Alle anderen Abbildungen wurden vom Autor selbst angefertigt.

https://doi.org/10.1515/9783110469097-011

Stichwortverzeichnis

https://doi.org/10.1515/9783110469097-012

www.ingramcontent.com/pod-product-compliance
Lightning Source LLC
Chambersburg PA
CBHW080659220326
41598CB00033B/5267